"十一五"国家重点图书

现代高炉长寿技术

张福明　程树森　编著

U0314989

北　京

冶金工业出版社

2012

内 容 提 要

高炉长寿是高炉本身设计、建设、运行、管理的最终结果的集中表现之一，是事关钢铁厂炼铁系统全局的系统工程。

本书结合近20年来国内外高炉长寿技术实践，分析了现代高炉的技术特征和生产特点，系统总结了高炉长寿基础研究、设计与应用实践的成果。书中详细阐释了高炉内衬与冷却器破损机理以及现代高炉长寿技术相关理论，系统分析了高炉内型设计、高炉内衬结构、高炉冷却技术、高炉炉体监测技术、延长高炉寿命的操作与维护技术等，归纳总结了现代高炉长寿技术的应用实践与发展方向，旨在让读者更为全面深刻地认识高炉长寿这项综合技术。

本书可供高炉炼铁领域的生产、设计、科研、管理、教学人员阅读。

图书在版编目（CIP）数据

现代高炉长寿技术/张福明，程树森编著．—北京：冶金工业
出版社，2012.9

"十一五"国家重点图书

ISBN 978-7-5024-6015-0

Ⅰ．①现…　Ⅱ．①张…　②程…　Ⅲ．①高炉—寿命—研究

Ⅳ．①TF57

中国版本图书馆 CIP 数据核字（2012）第 211581 号

出 版 人　谭学余
地　　址　北京北河沿大街嵩祝院北巷 39 号，邮编 100009
电　　话　(010)64027926　电子信箱　yjcbs@ cnmip. com. cn
责任编辑　刘小峰　曾　媛　美术编辑　李　新　版式设计　孙跃红
责任校对　王永欣　刘　倩　责任印制　张祺鑫
ISBN 978-7-5024-6015-0
冶金工业出版社出版发行；各地新华书店经销；三河市双峰印刷装订有限公司印刷
2012 年 9 月第 1 版，2012 年 9 月第 1 次印刷
169mm×239mm；37.5 印张；732 千字；582 页
99.00 元
冶金工业出版社投稿电话：(010)64027932　投稿信箱：tougao@cnmip. com. cn
冶金工业出版社发行部　电话：(010)64044283　传真：(010)64027893
冶金书店　地址：北京东四西大街 46 号(100010)　电话：(010)65289081(兼传真)
（本书如有印装质量问题，本社发行部负责退换）

前　言

　　高炉炼铁技术的规模化发展始于工业革命以后。19 世纪初，当蒸汽机问世以后，采用牛可门式蒸汽机驱动鼓风机替代了人工鼓风、畜力鼓风和水力鼓风，随之焦炭替代了木炭作为燃料和还原剂，使高炉炼铁摆脱了手工作坊式的生产模式，逐渐演变成具有工业化生产雏形的规模化生产。1828 年，热风炉的发明和应用，使高炉由冷风炼铁改为热风炼铁，尽管当时的风温仅有 146℃，但这是具有划时代意义的重大技术革命，现代高炉的雏形已经基本形成。近 200 年来，随着人类科技文明的进步，高炉炼铁这个具有千年之久的古老技艺已经嬗变为一门多学科集成的工程科学。

　　高炉炼铁历史悠久，很难像其他工程技术一样准确地划分出发展时代。现代高炉炼铁技术的迅猛发展始于 20 世纪 70 年代，这期间由于转炉炼钢技术的快速发展，带动了整个钢铁工业的技术进步，高炉现代化、大型化、高效化、机械化、自动化、长寿化等方面均取得了长足进步。

　　20 世纪 70 年代，随着人类科技水平的发展，国内外高炉大型化进程加快，高炉容积已经扩大到 $5000m^3$ 以上，日产铁量达到 10000t 以上，这在当时已是十分巨大的技术成就。高炉主要工艺技术指标均得到显著提高，精料、高风温、富氧喷煤、无料钟炉顶与炉料分布控制技术相继得到成功应用，高炉炼铁技术取得了空前的发展。与此同时，延长高炉寿命也成为世界各国炼铁工作者普遍关注的课题。1982 年在加拿大召开的高炉炉衬寿命最佳化学术年会，来自欧洲、北美洲、亚洲与大洋洲的 12 个主要产铁国家约 100 名炼铁工作者参加，发表了 18 篇论文。与会者围绕如何延长高炉寿命这个中心课题交换了各自的经验并进行了讨论，对促进高炉长寿技术的发展起到了积极的推动作用，引领了世界范围的高炉长寿技术研究开发的浪潮。通过经验总结,高炉寿命由原来的 5~6 年延长到 10 年以上,在当时的条件下已是成绩卓著。

20 世纪 80 年代以后,以日本、欧洲国家为代表的炼铁工业发达国家,在高炉长寿技术领域进行了卓有成效的创新实践,有效延长了高炉寿命,高炉长寿纪录不断刷新,受到世界各国的普遍关注。高炉长寿是系统工程,延长高炉寿命是综合技术。总结研究分析这一时期长寿高炉的实践经验,概括起来可以归纳为以下六方面:

一是改善高炉冷却方式。高炉冷却方式由工业水开路循环冷却、自然循环汽化冷却、强制循环汽化冷却逐渐演变为纯水(软水)密闭循环冷却。直至目前,纯水(软水)密闭循环冷却已成为高炉冷却的主流模式,冷却水质的改善是高炉实现长寿的最重要的核心技术。

二是改进高炉冷却器结构。20 世纪 70 年代,苏联开发成功铸铁冷却壁汽化冷却技术,日本引进冷却壁技术以后,对冷却壁的材质、镶砖结构、角部冷却、双层冷却、上部和中部凸台冷却壁结构均进行了有效的改进完善,由最初的第一代冷却壁相继开发出第四代冷却壁,形成砖衬—冷却壁一体化结构,使冷却壁使用寿命延长到 15 年以上;与此同时,铜冷却板结构也进行了较大的改进,"双进 4 通道"和"双进 6 通道"高效铜冷却板得到应用,而且在高炉高热负荷区采用密集式铜冷却板结构,缩小了上下两层冷却板的间距,提高了冷却强度;将铸铁冷却壁和铜冷却板组合而成的板—壁结合冷却结构在一些高炉上也得到应用,并取得了较好的长寿实绩。在这一时期,采用铸铁冷却壁、铜冷却板或板—壁结合的高炉均取得了高炉长寿的实绩。

三是改进耐火材料内衬结构。高炉炉缸炉底和炉腹至炉身下部是制约高炉寿命的关键部位,除了改善冷却方式和改进冷却器结构以外,一系列新型优质的耐火材料相继问世,与高炉冷却技术相匹配。用于高炉炉缸炉底的炭砖理化性能有了很大的改进,微孔炭砖、石墨炭砖、热压小块炭砖等新型炭砖得到成功应用;综合炉底结构和陶瓷杯结构在此期间陆续得到推广;用于炉腹至炉身下部的耐火材料由黏土砖、高铝砖、刚玉砖、硅线石砖逐渐演变为碳化硅砖,砖衬结构的砌筑方式是砖衬紧贴冷却壁砌筑,以加强冷却器对砖衬的冷却。无论是采用何种冷却结构的高炉，砖衬厚度都呈减薄的趋势，日本第四代冷却壁将冷却壁和砖衬设计为一体化结构，砖衬厚度大幅度减薄。

　　四是优化高炉操作。高炉精料技术、炉料整粒、炉料分布控制技术与无料钟炉顶设备的推广应用，使高炉操作技术不断优化，高炉顺行状况得到改善。通过合理布料配合下部调剂，使高炉煤气利用率提高，煤气分布合理，控制边缘煤气流过分发展、降低炉墙热负荷技术已经成为高炉长寿操作的关键。与此同时，人们对炉缸工作、风口回旋区燃烧、炉缸渣铁排放等现象进行了深入研究，特别是为抑制炉缸炉底交界处的象脚状异常侵蚀和炉缸壁环裂提出了许多行之有效的技术措施并得到实践验证，为延长高炉寿命起到了决定性作用。

　　五是开发应用高炉炉体自动化检测与控制技术。这一时期是计算机技术发展最为迅猛的时期，计算机控制成为现代高炉自动化装备的标志。为了延长高炉寿命，一系列用于炉衬温度监测、厚度监测的新型仪表开发成功，使炉衬的残余厚度在可控的范围内变化，大大提高了炉衬异常破损的可预测性；为延长冷却器的使用寿命，监控炉体热负荷的变化，新型流量计、温度监控装置和检漏装置也得到开发应用；为延长高炉寿命而开发成功的各种炉衬侵蚀数学模型相继问世并得到应用，为炉缸炉底内衬寿命的大幅度延长起到了支撑保障作用。

　　六是开发炉体维护技术。针对炉缸炉底的异常侵蚀，人们开发了含钛物料补炉技术。根据炉缸冷却壁的进出水温差和热负荷变化，判断炉缸炉底内衬的侵蚀状况，在炉料中加入含钛炉料，在高炉冶炼过程中，炉料中的含钛物料被还原，形成高熔点的 Ti(N，C) 沉积在被侵蚀的炉缸炉底内衬表面，有效抑制了炉衬的进一步侵蚀，为延长高炉炉缸炉底寿命起到了至关重要的作用。20 世纪 80 年代，以日本为代表，相继开发了高炉炉腹至炉身部位的炉衬喷补、压浆造衬等炉衬修补技术，对破损的冷却板和冷却壁进行局部更换，在炉壳上增加圆柱形冷却器提高冷却效果，这些技术措施对延长高炉风口以上部位的寿命都起到了积极的作用，使高炉各部位基本达到均匀破损，高炉寿命已延长到 10~15 年。

　　20 世纪 90 年代以来，国内外高炉长寿技术在已有技术的基础上又有了新的发展，取得了更为令人瞩目的实绩。随着高炉大型化的进程加快，以中国为代表的一大批现代化大型和超大型高炉相继问世，成为高炉炼铁技术装备总体水平提高最迅速的国家。除此之外，中国在现代高炉长寿技术的基础理论研究开发、工程设计优化、装备系统集成以及生产实践等诸多方面都取得了重大突破，引领了新时期高炉长寿技术进步的潮流。

本书以作者对高炉长寿技术多年的系统研究为基础，结合近20年来国内外高炉长寿技术实践，系统分析了现代高炉的技术特征和生产特点，总结了对高炉长寿基础理论研究、设计与应用实践的成果，按涉及高炉长寿技术的领域分章节进行了分析论述，旨在更为清晰地将高炉长寿这个综合技术解析完整，从而为实现现代高炉长寿技术进步提供帮助。

全书共分11章，第1章为概述，阐述了延长高炉寿命的意义和目的，介绍了现代高炉长寿技术的发展现状。第2章为高炉内衬和冷却器的破损机理的研究，剖析了高炉不同部位耐火材料内衬的工作条件和破损机理，针对高炉炉缸炉底和炉腹至炉身下部耐火材料内衬破损原因进行了深入分析，有许多结论是本书作者最近一时期的研究成果；结合不同结构形式冷却器的工作条件进行了分析研究，讨论了铸铁冷却壁、铜冷却板和铜冷却壁等主要冷却器的破损机理。第3章系统论述了高炉长寿的基础理论和研究成果，将作者10余年来对高炉过程的理论解析以及高炉过程的传热、流体流动、应力应变等传热学、流体力学、弹塑性力学的研究结果进行系统总结，同时吸收了国内外的最新理论研究成果，力图将现代高炉长寿技术理论体系比较全面地展现出来。第4章为高炉内型优化设计研究，作者统计了近20年来国内外新建或大修改造的200余座容积为1000m^{3}以上的高炉内型参数，对其按不同级别进行了数理统计和分析，得出了适用于现代高炉生产状况下的高炉内型参数数学回归公式，为高炉内型的优化提供参考和借鉴。第5章为高炉炉缸炉底耐火材料内衬和冷却结构，结合作者的研究结果和国内外高炉炉缸炉底的结构优化，介绍了不同炉缸炉底内衬和冷却结构的设计及生产实践。第6章为高炉炉腹至炉身冷却和耐火材料内衬结构，介绍了近年来特别是铜冷却壁大规模应用以来高炉炉体冷却和耐火材料结构的变化趋势。第7章为高炉冷却器，系统论述了不同结构形式冷却器的特点，结合作者的研究成果，对冷却器的结构优化和进一步提高传热效率进行了分析研究。第 8 章为高炉冷却系统，介绍了不同的高炉冷却系统的技术特点，重点论述了纯水（软水）密闭循环冷却系统的设计、操作及维护的主要技术要素。第 9 章为高炉炉体监测与维护技术，系统介绍了高炉本体的自动化监测仪器、仪表和系统，对高炉炉衬侵蚀数学模型、冷却器热负荷模型及作者开发研究的炉墙测厚与冷却水热负荷管理系统进行了介绍。第 10 章为延长高炉寿命的操作与维护技术，系统介绍了延长高炉寿命的炉体维护技术以及首钢高炉炉役末期的长寿维护实践。第 11 章为高炉长寿技术的应用实践与发展方向展望，介绍了近 20 年来在国内外具有里程碑意义的高炉长寿实践，对高炉长寿技术的发展方向进行了探讨和展望。

　　本书的作者来自我国重点冶金院校、工程设计研究单位和钢铁企业，他们是长期工作在科研、教学、设计、生产一线的专家和学者。本书的主要作者多年来始终致力于高炉长寿技术的研究开发与技术创新，在高炉长寿技术领域具有丰富的理论研究成果和工程技术实践经验。大家在百忙之中积极热情参与，为本书的编写付出了辛勤的心血和智慧，在此向大家致以衷心的谢意！

　　参加本书各章编写的人员名单如下：

第 1 章　张福明　程树森

第 2 章　张福明　程树森　钱世崇　周　宏　潘宏伟　赵宏博

第 3 章　程树森　赵宏博　解宁强　张利君　青格勒　陈　川　吴　桐

第 4 章　张福明　钱世崇　周　宏　孟祥龙

第 5 章　钱世崇

第 6 章　钱世崇

第 7 章　张福明　钱世崇　周　宏

第 8 章　张福明　李　林　钱世崇　周　宏

第 9 章　张福明　胡祖瑞　赵宏博　霍守峰　周　宏　李　林

第 10 章　张福明　赵宏博　李　林　周　宏

第 11 章　张福明　胡祖瑞　赵宏博

　　全书由张福明、程树森主编，并对全书各章节进行了修改完善、统稿定稿。

　　承蒙北京科技大学顾飞教授、首钢张伯鹏教授级高级工程师的热情举荐，使本书成为"十一五"国家重点图书；北京科技大学杨天钧教授为本书的编辑出版提供了指导和帮助，在此一并表示感谢！在长期的高炉长寿技术研究和高炉工程设计中，得到了吴启常大师、银汉教授级高级工程师的热情支持和帮助；在本书编写过程中，参考了殷瑞钰院士、张寿荣院士、项钟庸大师、王筱留教授、刘云彩教授级高级工程师、于仲洁教授级高级工程师等前辈专家学者的著作，作者在此一并表示衷心的感谢！本书编写过程中还得到了北京首钢国际工程技术有限公司、北京科技大学的支持和帮助，特别是得到了北京首钢国际工程技术有限公司董事长、总经理何巍教授级高级工程师和炼铁设计室、科技质量部、图文科技公司、动力设计室等单位领导和同事的大力支持与帮助；同时还得到了首钢炼铁厂、迁钢炼铁厂、首秦炼铁厂、首钢京唐炼铁部的支持和帮助，在此向他们表示诚挚的感谢！冶金工业出版社社长谭学余先生对本书的编写出版给予了大力支持和帮助，亲自参与了书稿的审查和定稿工作；第一编辑室主任刘小峰先生，作为本书的责任编辑，他从本书开始策划酝酿到杀青成稿，都付出了极大的心血和努力，本书的成功出版与他的大力支持和帮助是密不可分的；曾媛女士在书稿各阶段的编辑过程中严谨细致，精益求精，使本书避免了一些疏漏和差错，在此对谭社长及两位责任编辑的辛勤工作和付出表示衷心的感谢！本书成稿以后，北京首钢国际工程技术有限公司教授级高级工程师毛庆武、颉建新、唐振炎等专家对书稿的有关章节进行了审阅，提出了宝贵的意见和建议，作者对此表示衷心感谢！

　　由于作者水平所限，加之经验不足，本书的两位主编和所有作者都工作繁忙，书中疏漏之处敬请各位专家、学者和广大读者批评指正，以便在再版时予以修正完善。

张福明　程树森

2012 年 7 月

目　录

1 高炉长寿技术发展现状

从 20 世纪 70 年代开始，以日本、欧洲为代表的工业发达国家和地区，将计算机信息技术和一系列现代科技成果应用于高炉炼铁生产，开发了许多先进的高炉炼铁工艺和装备技术，使现代高炉在大型化、高效化、自动化、长寿化等方面取得巨大的进展。在现代炼铁工艺中，高炉炼铁工艺具有生产规模大、运行效率高、燃料消耗低、生产成本低、能量利用充分、工艺技术成熟等诸多优点，在未来的炼铁工业发展过程中，仍将具有重要的主导地位。现代高炉生产要实现"高效、低耗、优质、长寿、清洁"的目标，要进一步提高劳动生产率，节约资源和能源的消耗，实现清洁生产和绿色制造。现代高炉的技术发展理念应按照发展循环经济和低碳生产的原则，将高炉原有的单一生铁制造功能转变为具备优质生铁制造、高效能源转换和消纳废弃物实现资源化的三重功能。

1.1 现代高炉的主要技术特征

第一次工业革命极大地推进了现代工业的快速发展。18 世纪中晚期英国人詹姆斯·瓦特（James Watt）发明了改进型蒸汽机以后，开始采用蒸汽机驱动的高炉鼓风机，高炉使用焦炭的炼铁工艺得到普及发展。现代高炉炼铁工艺的发展渊源可以追溯到 1828 年，英国人尼尔森（Tames Beaumont Neilson）发明了鼓风加热技术，利用热风炉加热高炉鼓风，高炉开始使用热风技术，形成了现代高炉炼铁工艺的雏形，从而高炉的生产模式基本确定下来。现代高炉炼铁技术经过近两个世纪的发展，渐趋成熟、日臻完善，已经完成了从技艺向工程科学的嬗变，高炉已成为现代大型钢铁工业的象征，在未来的发展中仍将具有重要的主导地位。

随着工业化进程的加快，20 世纪中后期是高炉炼铁技术快速发展时期，氧气顶吹转炉的成功问世，使炼钢生产效率大幅度提高，对高炉炼铁技术发展起到了强有力的引领作用，带动了高炉炼铁技术现代化和工艺装备大型化。20世纪 70 年代的两次全球石油危机，又极大地促进了高炉喷煤技术的飞跃发展，以廉价易得的非炼焦煤代替焦炭、重油和天然气等资源供给不足的高价值燃料，使现代高炉在优质炼焦煤资源日趋短缺的状况下依然能够保持勃勃生机。回顾现代高炉炼铁技术的发展历程可以看出，在资源制约、能源危机、相关技术领域和相关产业快速发展的影响下，高炉炼铁工艺都会产生重大的技术变革和技术创新。

近20年来，国内外高炉炼铁技术在大型化、高效、长寿、低耗、环保方面取得长足技术进步，特别是高炉长寿、高风温、富氧喷煤、煤气干法除尘—TRT等单项技术成就突出。高炉寿命同比提高了10年，并提出寿命达到25年的目标；高炉风温提高了100℃，达到1250℃，并提出达到1300℃的目标；燃料比降低到520kg/t以下，并提出了降低到490kg/t以下的目标；煤比达到150kg/t以上，并提出了达到200~250kg/t的目标。近20年高炉炼铁技术的进步主要体现在能耗和效率两个方面，这些技术进步与高炉大型化发展密不可分，在钢铁厂整体流程结构优化下的高炉大型化是现代高炉炼铁技术的发展趋势。

进入21世纪以来，高炉炼铁工艺再次受到自然资源短缺、能源供给不足以及环境保护等方面的制约，面临着较大的发展问题。面对当前严峻的形势和挑战，21世纪高炉炼铁工艺要实现可持续发展，必须在高效低耗、节能减排、循环经济、低碳冶金、清洁环保等方面取得显著突破，需要进一步提高风温、降低燃料比、延长高炉寿命，以提高高炉炼铁技术的生命力和竞争力[1]。

近年来，日本、欧洲、中国的高炉燃料比都呈显著的下降趋势。2008年欧洲15国高炉平均燃料比已降低到496kg/t，焦比降低到351.8kg/t，煤比达到123.9kg/t以上，喷吹重油天然气为20.3kg/t[2]。日本28座高炉平均燃料比也达到500kg/t以下，煤比达到120kg/t以上，焦比降低到380kg/t以下[3,4]。2010年中国重点钢铁企业高炉平均燃料比为518kg/t，煤比达到149kg/t以上，焦比降低到369kg/t以下[5]，燃料比仍高于日本和欧洲的平均水平。图1-1~图1-3分别为欧洲、日本和中国高炉平均燃料比、入炉焦比和煤比的变化。表1-1列出了我国部分先进大型高炉的主要技术经济指标[6]，表1-2列出了国外先进高炉的主要技术经济指标。

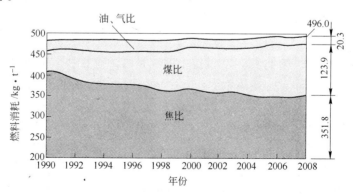

图1-1 欧洲15国高炉燃料比的变化

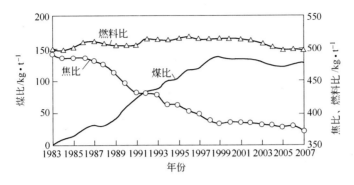

图 1-2　日本高炉燃料比的变化

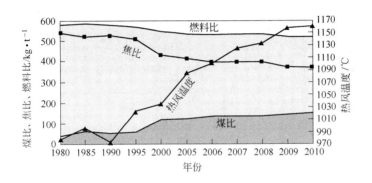

图 1-3　我国重点钢铁企业高炉燃料比的变化

表 1-1　我国部分先进高炉主要技术经济指标（2011 年 1~6 月数据）

高　炉	京唐 1 号（2010 年 3 月）	迁钢3 号	宝钢3 号	宝钢4 号	武钢8 号	沙钢5800m³	太钢5 号	马钢1 号	鞍钢鲅鱼圈1 号
高炉有效容积/m³	5500	4000	4350	4747	3800	5800	4350	4000	4038
平均风温/℃	1300	1280	1236	1254	1192	1230	1243	1225	1225
富氧率/%	3.81	4.42	3.94	1.16	6.47	9.47	4.97	3.63	2.93
燃料比/kg·t⁻¹	480	503	—	488	532	502	502	514	523
入炉焦比/kg·t⁻¹	269	291	288	292	322	293	305	336	320
焦丁/kg·t⁻¹	36	36	18	26	33	48	10	36	52
煤比/kg·t⁻¹	175	176	185	170	177	161	187	142	151
利用系数/t·(m³·d)⁻¹	2.37	2.39	2.50	2.02	2.69	2.21	2.50	2.22	2.11
吨铁风耗/m³·t⁻¹	917	997	974	1035	1082	855	—	1065	—

表 1-2　国外部分先进高炉主要技术经济指标

高　炉	日本新日铁大分2号	日本新日铁君津4号	日本住友鹿岛1号	日本JFE福山5号	韩国现代唐津1号	韩国浦项光阳4号	德国施委尔根2号	荷兰艾莫伊登7号
高炉有效容积/m³	5775	5555	5370	5550	5250	5500	5513	4450
炉缸直径/m	15.5	15.2	15	15.6	14.85	15.6	14.9	13.8
日产铁量/t·d⁻¹	13500	12900	11425	12650	11600	13750	10194	10000
利用系数/t·m⁻³·d⁻¹	2.34	2.32	2.13	2.28	2.2	2.5	1.85	2.25
燃料比/kg·t⁻¹	475	482	—	490	490	490	497	510
焦比/kg·t⁻¹	355	332	—	355	310	290	345	280
煤比/kg·t⁻¹	120	150	—	120	180	200	152	230
风温/℃	1200	1200	1250	1250	1230	1250	1119	1260
富氧率/%	3.5	—	3	—	5.6	10	3.7	10
入炉风量(标态)/m³·min⁻¹	8550	—	7800	8660	7250	7000	6952	6400
热风压力/MPa	0.45	—	0.49	0.42	0.423	0.43	0.466	—
炉顶压力/MPa	—	0.29	0.294	0.275	0.235	0.275	0.274	0.23

现代大型高炉的技术特征和发展趋势主要包括以下几个方面。

1.1.1　精料

精料是现代大型高炉高效、低耗、优质、长寿的基础,是高炉炼铁工艺中最主要的支撑技术之一,也是高炉炼铁生产实施"减量化"的重要措施。当前世界主要产钢国都在提高矿石入炉品位、稳定入炉原燃料成分、提高熟料率并改善其冶金性能和原燃料整粒等方面采取了许多有效的技术措施并取得显著成效。特别是高炉大型化以后,对焦炭质量提出更高的要求,焦炭的高温冶金性能、反应性(CRI)和反应后强度(CSR)成为衡量焦炭质量的重要依据。具体体现在:

(1)提高入炉矿品位可以显著提高产量、降低燃料消耗、降低渣量并改善高炉顺行状况。实践表明,入炉矿石品位提高1%,相应可以提高产量2.5%~3%,可降低焦比1.5%~2%。

(2)稳定入炉原料的成分,对于大型高炉操作稳定顺行具有重大意义。随着优质铁矿石资源的日益减少和铁矿石价格的不断攀升,单纯追求提高入炉矿综合品位会受到制约,因此,稳定入炉矿成分并减少成分波动、适度利用低品质矿石资源、优化炉料结构,已成为现代高炉不可回避的研究课题。

(3)提高熟料率,采用合理炉料结构,对高炉增产节焦、节能降耗具有显著效果。大型高炉熟料率一般达到80%以上,熟料率提高1%,可增产0.3%,降低焦比约1.5kg/t。提高熟料率,采用合理的原料结构是现代高炉发展精料技术的重要内容。我国高炉以高碱度烧结矿配加酸性球团和部分块矿的炉料结构为主，今后的发展趋势是根据铁矿石资源的变化和环境的制约，适当加大球团矿的入炉比率，在熟料率保持相对稳定的前提下，适度调整人造矿石（烧结矿、球团矿）的比率，提高高炉生产的综合效率和效益，降低生产成本。

（4）原燃料整粒技术对保持高炉炉况顺行，合理控制炉内煤气流分布提供了有利条件。高炉入炉原燃料在仓下进行筛分处理，降低入炉粉末，可以有效提高炉料透气性，改善高炉还原过程，促进高炉稳定顺行，目前高炉入炉粉末一般低于3%~5%。为进一步提高炉料透气性，增加产量和降低燃料消耗，不少高炉还采用了烧结矿和焦炭分级入炉工艺，将小粒度的焦丁回收与矿石混装入炉，在改善高炉透气性、降低能源消耗、降低生产成本等方面效果显著；回收小粒度烧结矿用于抑制边缘煤气流，也是节约资源、降低成本、实现高炉生产减量化的重要措施。

（5）提高焦炭质量。焦炭是高炉赖以生存的重要燃料，其在高炉内的骨架作用仍是其他燃料所无法替代的。生产实践表明，随着高炉容积的扩大，高炉料柱中的矿焦比增加，焦炭在高炉内的停留时间延长，焦炭在高炉内的负荷增加，而且所受到的破损作用几率更大，因此，焦炭在软熔带和滴落带的骨架作用更为突出，高炉炼铁对焦炭质量的要求更加提高。特别是高炉大型化以后，对焦炭质量提出更高的要求，焦炭不但应具有较高的机械强度（$M_{40} \geq 85\%$，$M_{10} \leq 6\%$），热反应性（CRI）和反应后强度（CSR）也成为衡量焦炭质量的重要依据。实践表明，在高炉低燃料比、大喷煤操作条件下，焦炭反应后强度 $CSR \geq 66\%$，热反应性 $CRI \leq 25\%$，焦炭平均粒度不小于45mm，这是高炉大喷煤操作的重要保障条件。

进入21世纪以后，我国钢产量的快速增长导致进口矿石量大幅攀升，由2000年的69.90Mt增长到2010年的618.64Mt，增长了近8倍；进口铁矿石生产的生铁量由2001年的39%增加到2010年的62%。由此可见，进口铁矿石在我国炼铁工业发展进程中发挥了重要作用。与此同时，我国炼铁工业对进口铁矿石的依赖性日益增加，在国内优质矿石资源短缺、进口铁矿石价格攀升的情况下，使炼铁生产成本大幅度提高。

尽管我国煤炭资源丰富，但经济可开采储量不足，2003年公布的中国煤炭经济可开采储量为1450亿吨，优质炼焦煤资源相对短缺，可开采储量为662亿吨，且分布极不平衡。近年来，不少钢铁企业从国外进口优质主焦煤，主焦煤进口比率正在逐年递增。铁矿石和优质炼焦煤资源的短缺，制约了我国钢铁工业的持续发展。进口矿石和主焦煤价格的大幅攀升，使炼铁制造成本加大，在资源、能源条件制约日益严重的情况下，高炉炼铁应积极应对当前形势，通过实施"减量化"精料技术，提高资源与能源的利用效率，降低高炉炼铁过程含铁物质和能量的耗散。

采用合理炉料结构对当代高炉生产作用重大，是保障高炉生产稳定顺行的关键要素。多年以来，我国高炉炉料结构形成了以高碱度烧结矿为主，适量配加酸性球团和少量块矿的模式。当前，国际上主要产钢国在注重改善入炉矿石冶金性能的同时，提高综合入炉矿品位和成分稳定性，结合矿石资源条件和造块生产工艺，以实现资源减量化和最佳化利用为目标，确定经济合理的炉料结构。在优质矿石价格日益攀升的条件下，当前国内外先进高炉炉料结构的一个显著变化趋向是，降低了烧结矿的使用比率，而不同程度地增加了球团矿和块矿使用比率。进入 21 世纪以来，日本和韩国的钢铁厂开始调整高炉炉料结构，将烧结矿比率降低到 66% ~ 80%，增加了块矿使用比率。日本为了降低原料成本，开发并应用了MEBIOS（嵌入式铁矿石烧结）等一系列低品质矿石利用技术。近年来，欧洲高炉的炉料结构也发生了显著变化，1990 年烧结矿比率约为 80%，块矿比率低于10%；2008 年，欧洲主要产钢国的高炉平均炉料结构为烧结矿 66.2%，球团矿23.4%，块矿 10.4%，烧结矿比率大幅度下降，球团矿使用比率显著提高。荷兰艾莫伊登厂 6 号、7 号高炉的炉料结构为烧结矿 44%，球团矿 52%，块矿4%[7]；瑞典 SSAB 公司的高炉采用 100% 球团矿；2011 年末，芬兰罗德洛基厂 2座高炉的炉料结构，由烧结矿 70% ~ 75%、球团矿 25% ~ 30% 改变为采用 100%球团矿；欧洲还有部分高炉的块矿使用量已达到 20% 左右。表 1-3 列出了亚洲部分大型高炉炉料结构，表 1-4 列出了 2008 年欧洲部分国家高炉炉料结构。

表 1-3 亚洲部分大型高炉炉料结构

高　炉	高炉容积/m³	入炉品位/%	烧结矿/%	球团矿/%	块矿/%
首钢京唐 1 号	5500	58.88	69.2	21.2	9.6
首钢京唐 2 号	5500	59.39	65.3	24.4	10.3
沙钢华盛 1 号	5800	59.20	65.1	20.7	14.2
宝钢 3 号	4350	60.28	63.4	21.6	16.0
宝钢 4 号	4747	59.91	65.7	18.3	16.0
马钢 2 号	4000	58.46	73.8	21.4	4.8
首钢迁钢 3 号	4000	58.92	70.1	23.2	6.7
鞍钢鲅鱼圈 1 号	4038	59.38	73.7	14.8	11.5
太钢 5 号	4350	59.22	75.0	19.0	6.0
本钢新 1 号	4747	59.91	72.2	23.5	4.3
日本大分 2 号	5775	—	81.0	4.0	15.0
日本君津 4 号	5555	58.00	80.0	10.0	10.0
日本福山 5 号	5500	—	66.0 ~ 71.0	10.0 ~ 5.0	24.0
韩国唐津 1 号	5270	60.00	80.0	5.0	15.0
韩国光阳 2 号	4350		78.0	0	22.0
韩国光阳 4 号	5500	60.00	80.0	12.0	8.0
韩国光阳 5 号	3950	—	82.0	5.0	17.0

表 1-4 2008 年欧洲部分国家高炉炉料结构 （％）

国 家	烧结矿	球团矿	块 矿
奥地利	43.9	32.2	23.9
比利时	88.5	7.3	4.2
芬 兰	60.2	38.3	1.5
法 国	84.8	9.0	6.2
德 国	60.7	25.4	13.9
意大利	55.2	33.8	11.0
荷 兰	43.8	51.8	4.4
西班牙	75.7	16.7	7.6
英 国	70.7	19.1	10.2
欧盟平均	66.2	23.4	10.4

毋庸置疑，经济合理的炉料结构是保障当代高炉炼铁技术持续发展的关键要素。在当今条件下，炉料结构的确定要兼顾资源可获取性、技术可行性和经济性，通过择优比较，探索适宜企业条件的炉料结构。值得指出，开发低品质矿的利用技术，并不是简单地降低入炉矿品位，而是采用新技术实现低品质资源的合理利用。另外还应提高球团矿使用比率，球团矿作为优质原料应当进一步扩大使用量。在保障高炉生产稳定顺行的前提下，适度增加块矿比率也可以使炉料成本下降，但这需要统筹考虑块矿比率增加后，对高炉燃料比和辅助原料消耗的影响。企业应建立基于运筹学数学规划的炉料结构优化模型，通过数学模型择优确定合理的炉料结构。

1.1.2 高风温

高风温是现代高炉的重要技术特征。自 180 年前高炉采用鼓风加热技术以来，风温已由最初的 149℃ 提高到 1300℃ 以上。高风温是高炉降低焦比、提高喷煤量、提高产量的重要技术途径，成为高炉炼铁发展史上极其重要的技术进步。高炉炼铁使用高风温是当今世界炼铁技术发展的方向，高风温技术是一项综合技术，进一步提高风温是 21 世纪高炉炼铁技术的热点研究课题[8,9]。高风温是强化高炉冶炼、降低燃料消耗、增加产量的有效措施。

高炉冶炼所需要的热量，一部分是燃料在炉缸燃烧所释放的燃烧热，另一部分是高温热风所带入的物理热。热风带入高炉的热量越多，所需要的燃料燃烧热就越少，即燃料消耗就越低。实践表明，在风温 1000 ~ 1250℃ 的范围内，提高风温 100℃ 可以降低焦比 10 ~ 15kg/t，提高喷煤量约 25kg/t，增加产量约 4%。由此可见，提高风温可以显著降低燃料消耗和生产成本。除此之外，提高风温还有助于提高风口前理论燃烧温度，使风口回旋区具有较高的温度，炉缸热量充沛，有利于提高煤粉燃烧率、增加喷煤量，还可以进一步降低焦比。因此，高风温是高炉实现大喷煤操作的关键技术，是高炉降低焦比、提高喷煤量、降低生产成本的重要技术途径，是高炉炼铁发展史上极其重要的技术进步。

高风温技术是一项综合技术，涉及整个钢铁厂物质流、能量流流程网络的动态运行和结构优化，应当在整个钢铁厂流程网络的尺度上进行研究。高风温对于优化钢铁厂能源网络结构、降低生产成本和能源消耗、实现低品质能源的高效利用、减少 CO_2 排放等都具有重大的现实意义和深远的历史意义。进入 21 世纪以来，一系列高风温技术相继开发并应用在大型高炉上，高风温技术的创新与应用实践取得了显著的技术成效。现代大型高炉的设计风温一般为 1200 ~ 1300℃，提高风温已成为当前高炉炼铁技术发展的一个显著趋势[10]。

当前，国内外高风温技术发展水平并不平衡，2010 年中国重点钢铁企业的高炉平均风温为 1160℃，先进高炉的风温已达到 1250 ~ 1300℃，技术水平差距很大，进一步提高风温仍然是 21 世纪高炉炼铁技术的热点研究课题。

提高风温为高炉生产带来的积极作用表现为：由热风炉带入高炉的热量在高炉内可以全部得到利用，提高风温可以提高炉缸温度，使炉缸热量充沛，改善炉缸工作状态。高风温对增加喷煤量、提高煤粉燃烧率具有积极意义，是高炉实现大喷煤量的关键因素之一。当高炉喷吹燃料时，高风温能使喷吹物在风口前燃烧分解吸热时有充足的热补偿，从而有利于提高喷吹物的置换比。提高风温是推动炼铁技术进步和产生巨大经济效益的有效途径，也是重要的节能增效技术[11]，因此，国内外都在进一步提高风温到 1250 ~ 1300℃甚至更高。

1.1.3 富氧喷煤

高炉喷煤是 20 世纪 60 年代高炉炼铁技术的一项重大创新和技术进步。1973 年石油危机发生以后，高炉喷煤技术得到广泛的重视；1978 年第二次石油危机的爆发，20 世纪 80 年代以后，形成了世界范围内高炉喷煤技术的发展高潮。近年来，随着稀缺的炼焦煤资源日益匮乏，高炉喷吹非炼焦煤以替代昂贵的焦炭，使现代高炉在减少资源和能源消耗、合理利用资源和能源、降低生产成本和减少环境污染等方面取得重大成效，高炉喷煤已成为现代高炉最显著的技术特征。当前高炉喷煤量已经达到 200 ~ 250kg/t，喷煤率达到 40% ~ 45%，煤粉成为现代高炉炼铁工艺中重要的燃料和还原剂。高炉喷煤技术的成功应用，使高炉炼铁工艺对炼焦煤的依赖性下降，高炉燃料结构中约有 40% 的煤粉替代了资源短缺且价格高昂的焦炭，使高炉炼铁工艺又焕发出勃勃生机，这也是目前高炉工艺仍占主导地位的一个重要因素。高炉喷煤的极限始终是炼铁工作者研究的重点课题，现代大型高炉的喷煤量要达到 200kg/t 以上，而且应当实现低燃料比条件下，喷吹率要达到 45% 以上。理论研究和实践证实，鼓风富氧对提高煤粉燃烧率和喷煤量的作用十分显著,已成为高炉大喷煤操作的重要支撑技术。鼓风富氧是当代高炉强化冶炼的有效技术措施之一,可以充分发挥高风温、喷煤降焦的综合作用。高炉鼓风富氧不仅能够提高产量,还可以提高风口前理论燃烧温度,提高煤粉燃烧率和喷煤量,有效降低炉腹煤气量,改善煤气能量利用和高炉透气性,而且对于提高炉顶煤气热值也会带来益处。当前高炉富氧率一般达到3%~5%,部分大型高炉富氧率达到10%左右。随着高炉炼铁技术进步,国内外对高炉鼓风富氧的认识也逐渐发生变化。在当前的冶炼条件下,高炉鼓风富氧的主要目标已不再是追求提高产量、强化冶炼。

鼓风富氧是高炉氧—煤强化冶炼的重要技术措施之一,可以发挥高风温、喷煤降焦的综合作用[12]。高炉鼓风富氧不仅可以有效提高产量,还可以提高理论燃烧温度、提高喷煤量、降低炉腹煤气量、改善煤气能量利用和高炉透气性。理论研究和实践证实,高炉富氧对提高煤粉燃烧率和喷煤量的作用十分显著,成为高炉大量喷煤操作的重要支撑技术。提高鼓风富氧率是近10年高炉炼铁技术的一个重要趋向。不少高炉富氧率已达到3%~5%以上,部分钢铁企业提高鼓风富氧率已达到5%以上,甚至达到8%~10%。荷兰康力斯艾莫伊登厂、韩国浦项光阳厂以及中国沙钢5800m³大型高炉,富氧率都达到了10%,取得了良好的技术成效和显著的综合效益。

1.1.4 高炉大型化与长寿化

高炉大型化和长寿化是当今世界高炉炼铁技术的主要发展趋势,大型高炉具有投资和占地省、劳动生产效率高、能源消耗低、生产成本低、污染物排放少、环境治理效果好等诸多综合优势。大型高炉可以有效地提高炼铁工业的综合技术装备水平,具有可持续发展的优势和技术装备竞争力,是实现炼铁生产高效、优质、低耗、长寿、清洁的必由之路。

随着装备制造、计算机信息技术和材料科学等相关产业的快速发展,世界范围的高炉大型化进程加快。20世纪70年代以日本为代表的工业发达国家,相继建成了一批容积5000m³以上的特大型高炉,引领了国际高炉炼铁大型化发展的潮流。由于大型高炉具有单位投资省、生产效率高和运行成本低等技术优势,使高炉大型化已成为当今国际炼铁技术发展的主流趋势。

高炉大型化使单座高炉的产量有较大幅度的增加,提高单炉产量则提高了劳动生产率,从而提高了高炉的竞争力。近20年来,日本运行高炉的数量由1990年的65座减少到28座,高炉数量降低了56.9%,高炉平均容积由1558m³提高到4157m³,提升幅度达到166.8%,平均单炉年产量达到350万吨;欧洲运行高炉的数量由1990年的92座降低到58座,高炉数量降低了37%,高炉平均容积由1690m³提高到2063m³,比原来增长了22%,日本和欧洲高炉数量和平均容积基本代表了工业发达国家近 20 年高炉大型化的进程和发展现状。对于现代高炉大型化发展趋势，延长高炉寿命则具有更加重要的意义和作用。

1.1.4.1　国外高炉大型化发展现状

A　日本高炉大型化发展现状

近 30 年来，日本积极推进高炉大型化。20 世纪末期，日本率先建造了 5000m³ 以上特大型高炉。目前全世界 20 座运行的 5000m³ 级高炉中日本就有十余座，其中新日铁公司大分厂 1 号、2 号高炉有效容积均为 5775m³，成为当时世界上最大的高炉。日本在役高炉数量由 1990 年的 65 座下降到 28 座，下降幅度为 56.9%，高炉的平均有效容积由 1558m³ 上升到 4157m³，上升幅度为 166.8%。与此同时，日本高炉燃料比已经普遍降低到 500kg/t 以下，煤比达到 120kg/t 以上，焦比降低到 380kg/t 以下。图 1-4 是近 20 年来日本高炉数量和容积的变化[4]，目前日本单个钢铁厂一般配置 2~3 座高炉，也有一些钢铁厂只有 1 座高炉生产，2010 年新日铁大分厂年生产能力为 963.4 万吨，仅有 2 座 5775m³ 高炉运行。

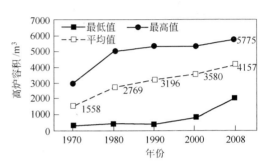

图 1-4　日本高炉数量及容积的变化

B　欧洲高炉大型化发展现状

欧洲在役高炉数量由 1990 年的 92 座减少到 58 座，下降幅度为 37%。高炉平均工作容积由 1690m³（有效容积约为 2150m³）上升到 2063m³（有效容积约为 2480m³），上升幅度为 22%。欧洲高炉燃料比已经降低到 496kg/t，焦比降低到 351.8kg/t，煤比达到 123.9kg/t 以上，喷吹重油天然气为 20.3kg/t。图 1-5 是近 20 年来欧洲高炉数量和容积的变化，欧洲单个钢铁厂的高炉数量基本是 2~3 座高炉，如德国蒂森克虏伯（TKS）的施委尔根厂年产量约为 780 万吨，目前仅有

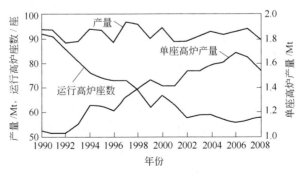

图 1-5　欧洲 15 国高炉数量及产能的变化

2座高炉运行($1 \times 4407 m^3 + 1 \times 5513 m^3$)。

1.1.4.2 国内高炉大型化发展现状

日本和欧洲的高炉大型化发展开始于20世纪80年代，快速发展期为1990年以后。在钢铁厂整体流程结构优化的前提下高炉数量减少、高炉容积扩大，单座高炉的产量提高。20世纪90年代，我国钢铁工业发展迅猛，钢铁产量持续增长，在高效连铸、高炉喷煤、高炉长寿、连续轧制等关键共性技术取得重大突破的同时，我国钢铁厂整体流程结构优化、高炉大型化的发展进程也随之加快。

1985年9月，宝钢1号高炉（$4063 m^3$）建成投产，成为我国高炉大型化发展进程的重要里程碑。然而真正大面积推进钢铁厂整体流程结构优化的高炉大型化，应该是进入21世纪以后。近年来，我国高炉大型化发展迅猛，2000年我国$2000 m^3$以上的高炉仅有18座，到2010年$2000 m^3$以上的高炉已发展到108座，太钢、马钢、本钢、鞍钢鲅鱼圈等新建的$4000 m^3$级高炉已经相继投产，首钢京唐钢铁厂的1号、2号高炉（$5500 m^3$）也分别于2009年5月和2010年6月建成投产，沙钢$5800 m^3$高炉于2009年10月建成投产，这些特大型高炉的建成投产标志着我国高炉大型化已经步入国际先进行列。据不完全统计，至2010年，我国在役和正在建设的$1080 m^3$以上高炉数量为227座，高炉总容积为$429420 m^3$。其中，$1080 \sim 1780 m^3$高炉为119座，$2000 \sim 2500 m^3$高炉为27座，$2500 \sim 4080 m^3$高炉为61座，$4000 m^3$以上高炉为20座。图1-6是2010年我国$1000 m^3$以上大型高炉数量分布。

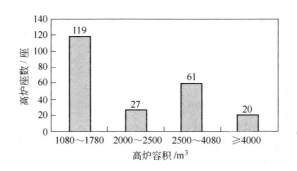

图1-6 2010年我国$1000 m^3$以上大型高炉数量分布

实践证实，我国高炉大型化带动了高炉炼铁技术进步。目前，我国重点钢铁企业高炉燃料比已降低到520kg/t以下，焦比降低到370kg/t，煤比达到150kg/t以上，炼铁工序能耗（标煤）降到410kg/t以下。从2005年开始，随着$1080 m^3$以上大型高炉数量的增加，高炉燃料比和入炉焦比显著降低。

表1-5、表1-6分别列出了20世纪90年代以后国内外部分新建或大修改造高炉的情况，表1-7列出了近年来我国高炉大型化的进程。

表 1-5 国外 20 世纪 90 年代以后部分新建或大修改造的高炉

序号	高 炉	高炉容积/m³	投产时间(年·月·日)	装料设备	炉体冷却结构	铜冷却壁应用情况	冷却水质	炉缸炉底结构	大修时间/d
1	日本福山4号	4288	1990.6.11	料钟	冷却壁	2段铜冷却壁	纯水		
2	日本福山4号	5000	2006.5.5						72
3	日本福山5号	5500	2005.4.1	无料钟					58
4	日本水岛4号	5005	2001.10						
5	日本鹿岛3号	5050	1990.8.24	无料钟	冷却壁		纯水		206
6	日本名古屋1号	4650	1991.5.6	无料钟	冷却壁		纯水		115
7	日本大分1号	4884	1993.5.18	料钟	冷却壁	炉腹至炉身中部采用铸铜冷却壁	纯水	大块炭砖	124
8	日本广烟4号	4250	1998.1.1	无料钟	冷却壁		纯水		
9	日本千叶6号	5153	1998.5.26	无料钟	板壁结合	冷却壁与铜冷却板结合	纯水		62
10	日本君津3号	4822	2001	无料钟	冷却壁	炉缸、炉腹、炉腰、炉身共11段，556块	纯水		80
11	日本大分2号	5775	2004.5.15	料钟	冷却壁	炉腹至炉身中部铸铜冷却壁	纯水		79
12	日本君津4号	5555	2003.5.8	无料钟	冷却壁	铁口下部，炉腹至炉身中部中部11段556块铸铜冷却壁	纯水		
13	日本鹿岛新1号	5370	2004.9	无料钟	冷却壁		纯水		新建
14	日本京滨2号	5000	2004.3.24	无料钟	冷却壁		软水		
15	日本鹿岛3号	5370	2007.5	无料钟	冷却壁		纯水		
16	日本仓敷2号	4100	2003.11.13	无料钟	冷却壁		纯水		75
17	日本仓敷4号	5005	2001				纯水		70
18	日本加古川2号	5400	2007.5.24						

序号	高炉	高炉容积/m³	投产时间(年·月·日)	装料设备	炉体冷却结构	铜冷却壁应用情况	冷却水质	炉缸炉底结构	大修时间/d
19	日本水岛4号	5005	2001.1						
20	日本水岛2号	4100	2003.11						
21	韩国光阳4号	3800	1992	无料钟	板壁结合		纯水		206
22	韩国光阳5号	3800	2000	无料钟	冷却壁		纯水		
23	韩国浦项3号	4350	2006.5.4	无料钟	冷却壁	炉缸、炉腹至炉身中部	软水	大块炭砖—陶瓷杯	58
24	韩国光阳3号	5500	2009.7.21	无料钟	冷却壁		软水		
25	韩国浦项4号	5600	2010.10.8	无料钟	冷却壁		软水		
26	韩国唐津1号	5250	2010.7.21	无料钟	板壁结合		软水		新建
27	韩国唐津2号	5250	2010.11.23	无料钟	板壁结合		软水		新建
28	德国马里蒂姆A	2022	1991.6	无料钟	冷却壁		软水		130
29	德国施委尔根2号	5513	1993.11	无料钟	板壁结合炉身为铜冷却板	炉腰1段用SMS轧制铜冷却壁	软水	大块炭砖—陶瓷杯	新建
30	德国不莱梅2号	3198	1999	无料钟	冷却壁	炉腹4段,炉缸2段采用PW连铸坯铜冷却壁	软水		
31	德国迪林根4号	2120	1996	无料钟	冷却壁	炉腹、炉腰4段用SMS轧制铜冷却壁	软水		
32	德国迪林根5号	2800					软水		
33	德国施委尔根1号	4416	1996.6	无料钟	板壁结合炉身为铜冷却板	炉腹、炉腰3段用SMS轧制铜冷却壁(7块为上一代)(使用11年以后的)	软水	大块炭砖—陶瓷杯	80
34	德国马里蒂姆B	2374	1998.6	无料钟	冷却壁	炉身7段+炉缸2段为SMS轧制铜冷却壁	软水	大块炭砖—陶瓷杯	175

续表1-5

序号	高炉	高炉容积/m³	投产时间(年.月.日)	装料设备	炉体冷却结构	铜冷却壁应用情况	冷却水质	炉缸、炉底结构	大修时间/d
35	德国HKM	2445	1998.9	料钟	板壁结合	炉腹、炉腰6段用高度600mm铜冷却壁			
36	荷兰艾莫伊登6号	2670	2002	无料钟	冷却板		软水		
37	荷兰艾莫伊登7号	4450	1991	料钟	冷却板				
38	奥地利林茨A	2772	1994.9	无料钟	冷却壁		软水		154
39	法国敦刻尔克4号	4265	2000	无料钟	冷却壁	炉腹、炉腰4段用SMS轧制铜冷却壁	软水		
40	比利时西德玛A	2931	2003.6.27	无料钟	冷却壁	炉缸3段,101块铜冷却壁,炉腹、炉腰5段210块铜冷却壁	软水	大块炭砖—陶瓷垫	91
41	比利时西德玛B	2630	2001.11.4	无料钟	冷却壁	炉缸2段,76块铜冷却壁,炉腹、炉腰7段294块铜冷却壁	软水	大块炭砖—陶瓷垫	74
42	美国盖瑞13号	$V_w=2955$	1991.6.20	无料钟	板壁结合		软水	炉底大块炭砖,炉缸壁热压小块炭砖	57

表1-6 2000年以后国内部分新建或大修改造的高炉

序号	高炉	高炉容积/m³	投产时间(年.月.日)	装料设备	炉体冷却结构	铜冷却壁应用	炉缸炉底内衬结构	冷却水质
1	首钢迁钢1号	2650	2004.10.8	无料钟	冷却壁	炉腹、炉腰、炉身下部4段	炉底大块炭砖+陶瓷垫,炉缸壁热压小块炭砖	软水+工业水
2	首钢迁钢2号	2650	2006.1.8	无料钟	冷却壁	炉腹、炉腰、炉身下部4段	炉底大块炭砖+陶瓷垫,炉缸壁热压小块炭砖	软水+工业水

续表 1-6

序号	高 炉	高炉容积 /m³	投产时间 (年.月.日)	装料设备	炉体冷却结构	铜冷却壁应用	炉缸炉底内衬结构	冷却水质
3	首钢迁钢3号	4000	2010.1.8	无料钟	冷却壁	炉腹、炉腰、炉身下部4段	炉底大块炭砖+陶瓷垫，炉缸壁热压小块炭砖	软水
4	首钢首秦1号	1200	2004.6	无料钟	冷却壁	全铸铁冷却壁	炉底半石墨炭块及微孔炭砖垫，炉缸壁环砌UCAR热压小块炭砖	软水
5	首钢首秦2号	1800	2006.5	无料钟	冷却壁	炉腹、炉腰、炉身下部3段	炉底半石墨炭块及微孔炭砖垫，炉缸壁热压小块炭砖	软水
6	首钢京唐1号	5500	2009.5.21	无料钟	冷却壁	炉缸、炉腹、炉腰、炉身下部6段	炉底大块炭砖+陶瓷垫，炉缸壁热压小块炭砖	除盐水
7	首钢京唐2号	5500	2010.6.26	无料钟	冷却壁	炉缸、炉腹、炉腰、炉身下部6段	炉底大块炭砖+陶瓷垫，炉缸壁热压小块炭砖	除盐水
8	宝钢4号	4747	2005.4.27	无料钟	板壁结合		炉底大块炭砖，炉缸壁热压小块炭砖	纯水
9	宝钢2号（第二代）	4366	2006	无料钟	板壁结合			纯水
10	宝钢1号（第三代）	5046	2009.2.15	无料钟	板壁结合		炭砖+陶瓷垫	纯水
11	宝钢新疆八一1号	2500	2008.2.28	无料钟	冷却壁	炉身下部及铁口区	大块炭砖—陶瓷杯结构	软水
12	宝钢梅钢新1号	3200	2009.5.12	无料钟	板壁结合		SGL大块炭砖—陶瓷杯结构	软水
13	鞍钢新1号	3200	2003.4	串罐无料钟	板壁结合		炉底满铺三层半石墨国产炭砖+一层石墨炭砖+一层NDK微孔炭砖，炉缸壁为微孔炭砖及法国陶瓷杯	除盐水

续表 1-6

序号	高炉	高炉容积 /m³	投产时间 (年.月.日)	装料设备	炉体冷却结构	铜冷却壁应用	炉缸炉底内衬结构	冷却水质
14	鞍钢6号（中修）	1050	2001.3	无料钟				
15	鞍钢新2号	3200	2005.12.5	无料钟	冷却壁	铁口区、炉腹至炉身下部4段共10m	UCAR热压炭砖+国产刚玉莫来石陶瓷杯	除盐水
16	鞍钢新3号	3200	2006.12.28	无料钟	冷却壁	铁口区、炉腹至炉身下部4段共10m	UCAR热压炭砖+国产刚玉莫来石陶瓷杯	除盐水
17	鞍钢新7号	2808	2004.9	无料钟	冷却壁	炉缸、炉腹、炉腰、炉身下部3段	炉底半石墨炭砖，微孔炭砖；炉缸热压小块炭砖+陶瓷杯	软水
18	鞍钢4号	1501	2000.5	无料钟	冷却壁			软水
19	鞍钢11号（大修）	2841	2001.12	无料钟	冷却壁		炉底4层炭砖+陶瓷杯，炉缸内侧陶瓷杯，外侧炭砖	软水
20	鞍钢新5号	2580	2009.6.30	无料钟	冷却壁	炉腹、炉腰、炉身下部4段	微孔炭砖+陶瓷杯	除盐水
21	鞍钢鲅鱼圈1号	4038	2008.9.6	无料钟	板壁结合	炉缸1段+铁口区、炉腹至炉身下部12m	炭砖+陶瓷垫结构，炉底采用石墨砖+D级大块炭砖+陶瓷垫，炉缸侧壁采用NMA+NMD热压小块炭砖	软水
22	鞍钢鲅鱼圈2号	4038	2009.4.27	无料钟	板壁结合	炉缸1段+铁口区、炉腹至炉身下部12m	炭砖+陶瓷垫结构，炉底采用石墨砖+D级大块炭砖+陶瓷垫，炉缸侧壁采用NMA+NMD热压小块炭砖	软水
23	本钢6号	4350	2008.10.9	无料钟	板壁结合	炉腹、炉腰、炉身下部5段	炉底大块炭砖+陶瓷垫，炉缸壁热压小块炭砖	软水+工业水

续表 1-6

序号	高 炉	高炉容积/m³	投产时间（年.月.日）	装料设备	炉体冷却结构	铜冷却壁应用	炉缸炉底内衬结构	冷却水质
24	本钢 5 号	2686	2001.7	无料钟	冷却壁	炉腹中部至炉身下部 2 段	炉缸内衬采用 NMA 和 NMD 小块炭砖，炉底满铺石墨焙烧炭砖和石墨炭砖 + 陶瓷杯	软水
25	本钢 7 号	2946	2005.9	无料钟	板壁结合			软水
26	太钢 3 号	1800	2007.7	无料钟	板壁结合		石墨砖 + 炭砖	软水 + 工业水
27	太钢 5 号	4350	2006.10.13	无料钟	板壁结合	炉腹至炉身中部 3 段	炉缸 UCAR 热压小块炭砖 + 陶瓷垫，炉底满铺 3 层大块炭砖	软水 + 工业水
28	太钢 4 号	1650	2000.11	无料钟	冷却壁	无铜冷却壁	炉缸环砌莫来石微孔炭砖，炉底 2 层国产半石墨化炭砖	软水
29	沙钢 1 号	2500	2002.10	无料钟	冷却壁	炉身中下部高温段	炉缸炉底采用 NDK 微孔石墨炭砖 + 陶瓷杯	软水
30	沙钢 2 号	2500		无料钟	冷却壁	炉身中下部高温段壁	炉缸炉底采用 NDK 微孔石墨炭砖 + 陶瓷杯	软水
31	沙钢 3 号	2500	2005.4	无料钟	冷却壁	炉身中下部高温段	炉缸炉底采用 NDK 微孔石墨炭砖 + 陶瓷杯	软水
32	沙钢华盛 1 号	5800	2009.10.21	无料钟	冷却壁	炉腹至炉身下部 5 段	炉缸内环砌小块陶瓷砖，外环砌超微孔炭砖，炉底平铺石墨炭砖及超微孔炭砖 + 陶瓷垫	软水

续表1-6

序号	高炉	高炉容积/m³	投产时间(年·月·日)	装料设备	炉体冷却结构	铜冷却壁应用	炉缸炉底内衬结构	冷却水质
33	武钢5号(第二代)	3403	2007.12	无料钟	冷却壁	无铜冷却壁	炉缸侧壁采用普通炭砖和微孔炭砖及高铝砖，炉底2层普通炭砖2层高铝砖	联合软水
34	武钢6号	3200	2004.7.16	无料钟	冷却壁	炉腹炉身下部第6~8段采用3段铸铜冷却壁	炉底采用半石墨炭砖，炉缸炉底交界处和炉缸侧壁采用微孔炭砖，采用炭砖+陶瓷杯炉缸内衬结构	联合软水
35	武钢7号	3200	2006.6.28	无料钟	冷却壁	炉缸第2、3段采用2段铸铜冷却壁，炉腹炉身下部第6~9段采用4段轧制铜冷却壁	炉缸侧壁采用模压微孔小炭砖+SGL超微孔炭砖+陶瓷杯，炉底采用超微孔炭砖和高导热石墨砖	联合软水
36	武钢1号(第三代)	2200	2001.5.19	无料钟	冷却壁	炉身下部采用2段铜冷却壁	炉环砌炭砖+高铝砖，炉底环砌半石墨炭砖+高密度炭砖+砌高高铝砖	联合软水
37	武钢4号(第四代)	2600	2007.5.18	无料钟	冷却壁	炉腹至炉身第6~9段采用砖壁合一铜冷却壁	水冷炭砖薄炉底+陶瓷杯	联合软水
38	武钢8号	3800	2009.8.3	无料钟	冷却壁	炉腹至炉身下部	水冷炭砖砌炉底+陶瓷杯	联合软水
39	马钢三铁1号	4000	2007.2.9	无料钟	冷却壁	炉腹、炉腰、炉身下部第6段	炉缸炉底采用NDK微孔炭砖、高导热炭砖+SAVOIE陶瓷杯	软水
40	马钢三铁2号	4000	2007.5.25	无料钟	冷却壁	炉腹、炉腰、炉身下部第6段	炉缸炉底采用NDK微孔炭砖、高导热炭砖+SAVOIE陶瓷杯	软水

续表 1-6

序号	高炉	高炉容积 /m³	投产时间（年.月.日）	装料设备	炉体冷却结构	铜冷却壁应用	炉缸、炉底内衬结构	冷却水质
41	唐钢新1号	3200	2007.9.8	无料钟	冷却壁	炉腹、炉腰、炉身下部5段	炉底大块炭砖，炉缸热压炭砖（NMA+NMD）+陶瓷杯	软水
42	天钢1号	2000	2004.2.29	无料钟	冷却壁	炉腹、炉腰、炉身下部5段，炉缸铁口区	炉底大块炭砖，炉缸热压小块炭砖，陶瓷杯	软水
43	天钢2号	3200	2006.5.2	无料钟	冷却壁	炉腹、炉腰、炉身下部5段	炉缸侧壁采用热压小块炭块（NMA+NMD），炉底D级大炭块，国产陶瓷杯	软水
44	柳钢1号	2000	2008.1	无料钟	板壁结合			软水
45	湘钢1号	2580	2006.11.20	无料钟	冷却壁			软水
46	承钢新3号	2500	2009.8.23	无料钟	冷却壁	炉腹至炉身下部	微孔炭砖+陶瓷杯结构，炉底采用半石墨炭砖+微孔炭砖+陶瓷垫，炉缸侧壁为微孔炭砖	软水
47	鄂钢新1号	2600	2010.1.22	无料钟	冷却壁	炉腹、炉腰、炉身下部3段轧制铜冷却板	炉缸壁为超微孔、微孔炭砖+小块陶瓷杯；炉底满铺石墨炭砖+超微孔炭砖+陶瓷垫	联合软水
48	韶钢8号	3200	2009.10.16	无料钟	冷却壁	炉腹、炉腰、炉身下部6段	UCAR热压小块炭砖+陶瓷杯	软水
49	新（余）钢9号	2500	2009.2.16	无料钟	冷却壁	炉腹至炉身下部3段	SGL微孔炭砖+陶瓷杯	联合软水
50	新（余）钢10号	2500	2009.11.9	无料钟	冷却壁	炉腹至炉身下部3段	SGL微孔炭砖+陶瓷杯	联合软水

续表 1-6

序号	高炉	高炉容积/m³	投产时间（年.月.日）	装料设备	炉体冷却结构	铜冷却壁应用	炉缸炉底内衬结构	冷却水质
51	攀钢新 3 号	2000	2005.12.10	无料钟	冷却壁	炉腹上部、炉腰 2 段	石墨炭砖 + 半石墨炭砖 + 陶瓷杯	软水
52	南钢	2000	2004.6.29	无料钟	冷却壁	炉腹至炉身下部	UCAR 热压小块炭砖 + 陶瓷杯	软水
53	韶钢 7 号	2500	2005.8.18	无料钟	板壁结合		NDK 大块炭砖 + 陶瓷杯	软水
54	莱钢 1 号	1880	2004.6.18	无料钟	冷却壁	炉腹、炉腰、炉身下部 4 段	UCAR 热压炭砖（NMA + NMD）+ 陶瓷杯	软水
55	莱钢 2 号	1880	2005.2.26	无料钟	冷却壁	炉腹、炉腰、炉身下部 4 段	UCAR 热压炭砖（NMA + NMD）+ 陶瓷杯	软水
56	涟钢 6 号	2200	2003.12.4	无料钟	冷却壁	炉腹、炉腰、炉身下部	炭砖 + 陶瓷杯	联合软水
57	涟钢 7 号	3200	2009.10.7	无料钟	冷却壁	炉腹、炉腰、炉身下部	炭砖 + 陶瓷杯	联合软水
58	邯钢 5 号	2000	2005.7.9	无料钟	冷却壁	炉腹至炉身下部 3 段		软水
59	邯钢新区 1 号	3200	2008.4.17	无料钟	冷却壁	炉腹至炉身下部 4 段	炭砖 + 陶瓷杯	联合软水
60	邯钢新区 2 号	3200	2008.4.21	无料钟	冷却壁	炉腹至炉身下部 4 段	炭砖 + 陶瓷杯	联合软水
61	邯钢东区 1 号	3200	2009.7.6	无料钟	冷却壁	炉腹至炉身下部 4 段	炭砖 + 陶瓷杯	软水
62	湘钢新 2 号	2580	2010.3.23	无料钟	冷却壁	炉腹至炉身下部	炭砖 + 陶瓷杯	联合软水
63	天铁 1 号	2800	2009.6.21	无料钟	冷却壁	炉腹至炉身下部 3 段	炭砖 + 陶瓷杯结构，炉底采用国产高导热半石墨炭砖，炉缸侧壁采用 SGL 高导微孔炭砖	联合软水

续表 1-6

序号	高炉	高炉容积/m³	投产时间（年.月.日）	装料设备	炉体冷却结构	铜冷却壁应用	炉缸炉底内衬结构	冷却水质
64	兴澄特钢1号	3200	2009.9.25	无料钟	冷却壁	炉腹至炉身下部	炭砖+陶瓷杯结构，炉底采用国产石墨炭砖+微孔炭砖+超微孔炭砖，炉缸侧壁采用超微孔炭砖，其内采用陶瓷杯	软水
65	莱钢银山3号	3200	2010.3.26	无料钟	冷却壁	炉缸2段，炉腹至炉身下部5段	炭砖+陶瓷杯结构，炉底采用石墨炭砖+微孔炭砖+超微孔炭砖，炉缸侧壁为热压小块炭砖	软水
66	韶钢8号	3200	2009.10.16	无料钟	冷却壁	炉腹至炉身下部4段	采用炭砖+陶瓷垫结构，炉底为国产石墨炭砖+半石墨炭砖+微孔炭砖+超微孔炭砖，炉缸侧壁采用热压小块炭砖	软水
67	首钢水钢4号	2380	2011.3.29	无料钟	冷却壁	炉腹至炉身下部	采用炭砖+陶瓷杯结构，炉底采用国产石墨炭砖+半石墨炭砖+微孔炭砖+超微孔炭砖，炉缸侧壁采用超微孔炭砖	软水
68	重钢新区1号	2500	2009.12	无料钟	板壁结合	炉腹至炉身下部	炭砖+陶瓷杯	软水
69	重钢新区2号	2500	2010.11.26	无料钟	板壁结合	炉腹至炉身下部	炭砖+陶瓷杯	软水
70	宣钢2号	2500	2010.9.20	无料钟	冷却壁	炉腹至炉身下部4段	炭砖+陶瓷杯	联合软水
71	宣钢8号	2000	2011.6.10	无料钟	冷却壁	炉腹至炉身下部3段	采用国产大块炭砖+陶瓷杯结构	软水
72	济钢4号	3200	2010.8.3	无料钟	冷却壁	炉腹至炉身下部	炭砖+陶瓷砖，炉缸炉底采用日本TYK超微孔炭砖，炉底采用石墨炭砖+半石墨炭砖+微孔炭砖+超微孔炭砖+超微孔炭砖陶瓷垫结构	软水

表 1-7　近年来我国高炉大型化的进程

项　目	2004 年	2005 年	2006 年	2010 年 3 月
>1000m³ 高炉数量/座	77	110	121	203
>1000m³ 高炉总容积/m³	142661	203245	230258	429420
>1000m³ 高炉平均容积/m³	1852.7	1847.7	1903.0	2115.4

实现高炉长寿是一项系统工程，是现代高炉工艺装备、工程技术、操作与维护技术的集成。高炉长寿化与高炉大型化相互支撑，引领现代高炉炼铁技术不断创新。国内外高炉长寿技术在近 20 年间取得重大突破，实现了高炉一代炉龄 20 年、单位容积产铁量达到 10000t/m³ 以上的目标，正向高炉一代炉龄 25 年、单位容积产铁量达到 15000t/m³ 以上的目标迈进。我国部分大型高炉寿命已经达到 15 年、单位容积产铁量达到 10000t/m³ 以上，但和国际先进水平相比仍有差距。长寿高炉的工程设计至关重要，是现代高炉实现长寿的基础和前提，没有科学合理的高炉设计，高炉长寿将只能是美好的期望。目前，以现代传热学理论为基础的现代高炉长寿设计体系已经基本形成，将在未来的设计实践中不断创新发展。

1.1.5　节能减排与环境清洁

高炉炼铁过程既是铁氧化物的还原和渣铁熔化过程，也是能量转换过程[13]。焦炭和煤粉等燃料在高炉反应进程中转化为高炉煤气，参与还原反应后的高炉煤气是钢铁厂重要的二次能源，二次能源的回收再利用是现代高炉的重要的技术特征之一，也是现代高炉炼铁实现循环经济、低碳冶炼的主要趋向。

高压操作是现代高炉冶炼的主要强化措施之一。炉顶煤气余压发电（TRT）是利用炉顶煤气余压透平发电，将煤气的动能转化为电能，这是现代高炉能源回收和利用的重要措施之一，可回收鼓风机能量消耗的 25% 左右，现代大型高炉煤气余压发电可达到 30~40kW·h/t，采用煤气全干法布袋除尘技术，TRT 发电量还可以提高 10~20kW·h/t。

利用热风炉烟气余热预热煤气和助燃空气，可将煤气和助燃空气温度提高到 180~200℃，提高热风炉理论燃烧温度约 100~150℃，提高风温约 80℃。预热后的热风炉烟气还可以作为喷煤制粉系统的干燥剂，利用烟气余热干燥煤粉，使热风炉烟气低温余热可以得到较充分利用。

高炉炉渣显热的回收利用目前已经取得初步成效。冲渣水余热回收采暖是一项重大节能措施，特别对北方的钢铁厂和社会采暖具有现实意义，鞍钢、首钢等企业对此都进行过卓有成效的应用，回收冲渣水余热进行余热发电目前也在研究开发之中；沿海建设的钢铁厂还可以利用冲渣水余热产生蒸汽，用于海水淡化；新型干法炉渣粒化工艺目前正在开发中，可以实现高炉炉渣的资源化综合利用和炉渣显热的高效回收，使资源、能源得到更为合理的优化利用。

环境友好和清洁生产是现代高炉炼铁技术实现可持续发展的重要环节。高炉炼铁生产是多系统集成的复杂过程，也是环境污染较为严重的生产单元。要在现代高炉设计中高度重视环境保护，对粉尘、废气、废水、噪声、固体废弃物等要采取有效的控制治理措施，在生产过程中尽可能将生产废物转化为产品或资源，降低资源和能源的消耗，采取清洁化生产工艺，使生产过程产生的废物减量化、资源化，基本实现废水和固体废弃物的"零排放"。

现代高炉还可以消纳社会废弃物，高炉喷吹废塑料工艺在德国、日本的高炉上已经取得成功，为废塑料的无公害处理开拓了一个新的技术途径，使现代化钢铁厂的功能得到拓展，构建了现代钢铁厂和社会之间发展循环经济的循环链。

1.1.6 高炉自动化与智能化控制

随着信息技术和计算机控制技术的迅猛发展，现代高炉自动化检测与控制技术也取得了长足进步，实现了高炉生产的自动化控制与操作。高炉自动化设备包括电控、仪表和计算机控制系统，硬件系统不断更新完善，软件系统不断开发和应用，对高炉生产全过程及设备进行控制、监测及显示。一系列完善的数学模型和人工智能化专家冶炼系统在现代高炉上得到成功应用，使现代高炉操作实现了高效化、数字化、智能化和精准化。

1.2 国内外长寿高炉实绩

现代高炉炼铁已经有近 200 年的发展历程，随着高炉炼铁技术的不断发展完善，高炉生产效率大幅度提高，高炉综合技术水平不断创新。当代高炉炼铁已经不再单纯追求生产效率的提高，而是要实现高炉炼铁的高效、低耗、长寿、清洁的综合目标，通过延长高炉寿命来降低高炉炼铁成本已经得到国际炼铁界的一致认同。

实现高炉长寿是一项复杂的系统工程，高炉长寿技术是综合技术，延长高炉寿命要以整体设计优化为重点，进行全面系统的长寿设计；在高炉设计、建造、生产、维护的各个过程都应对延长高炉寿命给予足够的重视，采取行之有效的技术措施。提高冷却设备和耐火材料的加工制造及施工安装质量；高炉冷却设备与优质耐火材料应合理匹配，确保高炉各部位寿命同步；采用质量稳定的优质原燃料，提高精料水平，保证高炉生产稳定顺行，使高炉获得高效、低耗、长寿并举的目标；改善高炉操作、采用有效的监测与维护措施也是实现高炉长寿的重要保障[14]。

半个多世纪以来，现代高炉长寿技术经历了几个重要的发展历程，高炉长寿技术的不断创新发展，使现代高炉寿命达到了 20 年以上的技术水平。

20 世纪 50 年代以后，将炭砖和碳质材料应用在炉缸炉底，使高炉炉缸炉底寿命大幅度延长，彻底扭转了高炉炉缸炉底采用高铝质和黏土质材料寿命不足2年的局面。全炭砖炉底、综合炉底等炉缸炉底结构也相应问世并取得较好的使用效果。目前，各种性能优异的炭砖和碳质材料已成为高炉炉缸炉底不可或缺的关键材料，是现代高炉实现20年以上寿命的重要技术保障。

20世纪60年代以后，各种结构形式的冷却器相继开发和应用，对高炉长寿起到了重大的推动作用。铸铁冷却壁的推广应用和铜冷却板的结构优化，为延长高炉炉腹以上区域的寿命功不可没。

20世纪70年代以后，在苏联高炉汽化冷却技术的基础上，软水密闭循环冷却技术开发成功并得到应用，使高炉冷却介质质量得到根本改善，有效地延长了冷却器的使用寿命，使高炉寿命普遍延长。目前软水（纯水）密闭循环冷却技术已成为现代高炉冷却工艺的主导技术，也是高炉长寿技术的优先首选技术。

20世纪80年代以后，以日本为代表相继开发研制了第三代和第四代铁素体基球墨铸铁冷却壁，由于冷却壁本体材质的改进和设计结构的优化，使冷却壁的冷却效率得到提高，冷却壁工作寿命大幅度延长；与此同时，一系列新型优质耐火材料相继问世，热压炭砖、微孔炭砖、高导热石墨砖、陶瓷杯等各种耐火材料优化配置的炉缸炉底结构在高炉上应用推广，使高炉炉缸炉底寿命进一步延长，达到10~15年的水平；碳化硅、半石墨、氮化硅结合碳化硅、塞隆结合碳化硅、塞隆结合刚玉等新型耐火材料在高炉炉腹至炉身区域得到应用，结合高炉冷却技术的创新发展，当时设计建造的高炉寿命已经实现了20年以上。

20世纪90年代以后，在已经取得的高炉长寿技术基础上，以德国为代表在高炉炉腹至炉身下部采用铜冷却壁，由于铜冷却壁优异的导热性能，使铜冷却壁的传热效率大幅度高于铸铁冷却壁，特别是在高炉炉腹至炉身下部可以稳定地形成保护性渣皮，可以抵抗高炉高热负荷的冲击，同时减薄了炉衬厚度甚至取消了铜冷却壁热面的砖衬结构；铸铁冷却壁则使用在热负荷相对波动较小的炉缸炉底区域和炉身中上部区域，用于炉身部位的铸铁冷却壁也取消了凸台结构与铜冷却壁相适应，形成了基于软水密闭循环冷却、高效铜冷却壁和薄壁炉衬为一体的现代薄壁高炉结构，为高炉进一步延长寿命、减少炉体维护维修创造了更加有利的条件，使高炉寿命在不中修的条件下达到20年以上成为现实。

为降低生产成本、提高钢铁企业竞争力，世界各主要产钢国都非常重视高炉大型化和长寿化。发达国家大型高炉一代寿命在不中修的条件下已经达到15年，部分高炉寿命已经达到20年以上。在20世纪80年代以后，我国高炉采用了许多长寿综合技术，使高炉寿命得到了大幅度的延长，大多数1000m³以上的高炉寿命已经突破10年，部分大型高炉在不中修的条件下寿命达到了15年以上。进入21世纪以来，日本大型高炉的一代寿命目标为20~25年，单位容积产铁量为16500t/m³以上；韩国和欧洲、北美等的主要产钢国新建或大修改造后的高炉设计寿命普遍为 20 年以上；我国 2000～3200m³ 级高炉的设计寿命一般为 15 年以上，3200m³ 级高炉的设计寿命为 15～18 年，4000m³ 级的高炉设计寿命一般为 20 年以上，5000m³ 级高炉的设计寿命要达到 25 年以上。

近 20 年来，高炉长寿技术主要在日本、德国、荷兰、法国、英国等钢铁工业发达国家得到较快发展，一些高炉达到了很长的炉役寿命。这些高炉普遍的特点是：高炉设计中采取了有效的长寿技术；使用高质量的原燃料，提高了矿石和焦炭的冶金质量；高炉操作长期稳定顺行；在炉缸炉底采用了优质的炭砖或陶瓷杯结构；尽管长寿高炉的冷却结构和方式不尽相同，但都在炉腰和炉身下部采用先进可靠的冷却设备；另外还都采用了高质量的施工以及先进的维护技术等。表1-8 列出了国外部分长寿高炉的实绩，基本代表了国外高炉长寿技术的发展现状。

表1-8 国外部分长寿高炉实绩

高 炉	高炉容积/m³	开停炉时间 （年.月.日）	寿命/a	一代炉役单位容积 铁产量/t·m⁻³
日本千叶6号	4500	1977. 6. 17～1998. 3. 24	20. 9	13386
日本鹿岛3号（第一代）	5050	1976. 9. 9～1990. 1. 31	13. 4	9535
日本鹿岛3号（第二代）	5050	1990. 8～2004. 9. 24	14	9246
日本鹿岛2号	4800	1990. 1～2005	约16	
日本福山4号	4288	1978. 2～1990. 2	12	8162
日本福山4号	4288	1990. 2～2006. 2. 22	16	
日本福山5号	4664	1986. 2. 19～2005. 1. 31	19	
日本名古屋1号	3890	1979. 3～1992. 1	12. 9	9230
日本大分1号	4158	1979. 8～1993. 1	13. 3	9803
日本大分2号	5245	1988. 12. 12～2004. 2. 26	15. 2	11826
日本仓敷4号	4826	1982. 1. 29～2001. 10. 15	19. 9	
日本君津4号	5151	1988. 7. 4～2003. 2. 9	14. 6	
日本君津3号	4063	1986. 4. 17～2001. 1. 19	14. 8	
日本仓敷2号	2857	1979. 3. 20～2003. 8. 29	24. 5	15600
日本小仓2号	1850	1981. 3. 18～2002. 3. 31	21	
日本京滨2号	4052	1979. 7～1990. 6	10. 9	
日本和歌山4号	2700	1982. 2～2009. 7. 11	27	
日本和歌山5号	2700	1998. 2 至今	>23	
韩国光阳1号	3800	1987. 4～2002. 3. 5	15	11316
韩国光阳2号	3800	1988. 7～2005. 3. 14	16. 8	13557
韩国浦项2号	2550	1983. 5～1997. 8	13. 9	10287
韩国浦项3号	3795	1989. 1～2006. 3	17. 2	13720

高　炉	高炉容积/m³	开停炉时间 （年．月．日）	寿命/a	一代炉役单位容积 铁产量/t·m⁻³
荷兰艾莫伊登 6 号	2678	1986. 4 ~ 2002. 5. 28	16	12696
荷兰艾莫伊登 7 号	4450	1991. 6 ~ 2005. 12	14.5	11034
法国福斯 1 号	2843	1981. 7 ~ 1991. 7	10	6102
法国福斯 2 号	2843	1982. 5 ~ 1993. 11	11.7	7342
英国雷德卡 1 号	4305	1986. 10 ~ 1997. 10	10	7468
德国汉博恩 9 号	2132	1987. 12 ~ 2006	18	15000
德国施委尔根 2 号	5513	1993. 10 至今	>18	
德国迪林根 5 号	2631	1985. 12. 17 ~ 1997. 5. 16	11.4	7754
比利时西德玛 A 号	2931	1992. 6. 1 ~ 2003. 3. 28	10.8	6576
比利时西德玛 B 号	2630	1989. 6. 16 ~ 2001. 9. 21	12.3	8205

由表 1-8 可以看出，近 20 年来国外高炉寿命普遍得到了大幅度提高。日本 20 世纪 80 年代初期建设的高炉寿命已能达到 15 年左右，个别的高炉寿命已经达到 20 年以上；欧洲 20 世纪 80 年代中后期建设的高炉寿命也能达到 12 年以上；日本和欧洲在 20 世纪 80 年代后期建设的高炉寿命目标普遍都为 15 年以上。

我国高炉长寿技术自 20 世纪 80 年代末以来也取得了长足的进步。通过在炉缸炉底采用优质炭砖和陶瓷质材料，解决了炉缸炉底短寿和炉缸烧穿问题；通过在炉腹、炉腰和炉身下部采用先进的冷却系统和新型耐火材料，开发和采用软水密闭循环冷却系统、高韧性球墨铸铁冷却壁，采用板壁结合冷却结构，开发和采用碳化硅砖等，解决了炉腹至炉身下部寿命短而且经常需要中修的突出问题，高炉寿命普遍延长。表 1-9 是我国部分长寿高炉的实绩。

表 1-9　我国部分长寿高炉实绩

高　炉	高炉容积/m³	开停炉时间 （年．月．日）	寿命/a	一代炉役单位容积 铁产量/t·m⁻³
宝钢 1 号（第一代）	4063	1985. 9. 15 ~ 1997. 4. 1	10.5	7950
宝钢 1 号（第二代）	4063	1997. 5. 25 ~ 2008. 9. 1	11.2	9091.5
宝钢 2 号（第一代）	4063	1991. 6. 29 ~ 2006. 8. 31	15.2	11612.3
宝钢 3 号	4350	1994. 9. 20 至今	>17	12070（至 2009.6）
武钢 5 号（第一代）	3200	1991. 10. 19 ~ 2007. 5. 30	15.6	11097
首钢 3 号	2536	1993. 6. 2 ~ 2010. 12. 21	17.6	13991
首钢 1 号	2536	1994. 8. 9 ~ 2010. 12. 21	16.4	13328
首钢 4 号	2100	1992. 5. 15 ~ 2007. 12. 31	15.6	12560
梅山 1 号	1080	1986. 1. 15 ~ 1995. 11. 25	8.9	6978
梅山 2 号	1250	1986. 12. 27 ~ 1997. 9. 12	10.8	7022

从表1-9中可以看出，我国在20世纪80年代中后期建设的一些高炉寿命能够达到8~10年，这与20世纪80年代初期高炉炉缸炉底寿命短并且一代炉役期间还要进行1~2次中修的状况相比具有很大的进步。进入20世纪90年代以后，我国高炉长寿技术取得更大进步，宝钢、首钢、武钢的大型高炉寿命已经达到15年以上。当时一批新建的高炉设计寿命也已提高到12年以上，目前这些20世纪90年代建成投产的高炉寿命大部分都超过了设计寿命。通过国内外长寿高炉的业绩对比也可以看出，由于我国高炉原燃料条件、技术装备，特别是高炉长寿综合技术方面仍存在问题，我国高炉寿命与国外先进高炉相比仍然具有很大差距。

1.3 延长高炉寿命的意义和作用

延长高炉寿命的意义和作用包括以下几个方面：

（1）延长高炉寿命可以有效提高高炉生产效率。现代高炉的高效和长寿是相互支撑、协同作用的两个要素。大型化的现代高炉生产要求稳定顺行，延长高炉寿命就是延长高炉稳定运行的生命周期，其实质则是提高了高炉生产效率。高炉一代炉役期间，其寿命延长一年就可以显著增加产量，产生可观的经济效益。高炉一代炉役期间的铁产量是衡量高炉生产效率的重要指标，单位容积产铁量则是衡量高炉寿命的综合指标。

（2）延长高炉寿命是高炉大型化的重要技术支撑。高炉大型化是建立在原燃料条件改善、操作技术优化、工程系统集成等诸多要素条件之上的。高炉长寿化是高炉大型化的基础和前提，不能实现长寿的大型高炉从根本上就失去了技术发展优势。因此，延长高炉寿命是高炉大型化的重要技术保障。高炉大型化以后，钢铁企业的高炉数量大为减少，因而要求高炉寿命越来越长，作业率越来越高，这样才能保证钢铁联合企业的正常生产，充分发挥各工序设备的能力，因此，延长高炉寿命已成为高炉大型化的前提条件和重要的技术支撑。

（3）延长高炉寿命可以大幅度降低大修投资。高炉大型化以后，高炉建设投资费用增加。延长高炉寿命，可以减少高炉大修和维修的费用，有效降低工程投资，节约建设成本。从降低炼铁生产成本因素考虑，延长高炉寿命意义重大。现代高炉大修和相关配套设施的检修更换，单位投资约在30万元/m^3，在新技术改造和扩容大修时费用更高，甚至达到40万元/m^3以上，一座容积2500m^3级的高炉大修改造，工程投资将近10亿元。由此可见，延长高炉寿命，可以有效地降低高炉大修费用，减小经济损失，提高企业经济效益。

（4）延长高炉寿命可以有效降低高炉大修期间减产损失，提高经济效益。高炉大修期间将造成高炉停产，对企业的铁产量和生产平衡影响很大，经济效益损失巨大，高炉容积越大，这种影响也就越大。在目前的条件下，一般高炉大修的工期约 60 ~ 200 天, 在此期间高炉停炉造成的产量损失和经济损失对整个钢铁企业都将是一个较大的负担, 所以延长高炉寿命也是降低企业经济损失的有效措施。

现代化高炉由于技术装备水平高, 新建高炉的工程投资巨大, 高炉进行大中修所需的费用可观。高炉容积越大、技术装备水平越先进, 高炉停炉进行大中修的损失也就越大。延长高炉寿命可以降低高炉大中修费用, 减少高炉频繁大中修对生产的影响, 保证钢铁联合企业各工序设备能力的充分发挥, 对于提高钢铁联合企业经济效益意义十分重大。德国蒂森公司在 1993 年 10 月建成投产了施委尔根 2 号高炉, 这座高炉容积为 $5513m^3$, 炉缸直径为 14.9m, 建造投资约为 7.8 亿马克, 设计寿命为 15 年以上, 目前这座欧洲最大的高炉仍在运行, 实际寿命已经达到了 18 年。

(5) 延长高炉寿命是实现高炉稳定顺行、高效低耗的重要保障。高炉生产的稳定顺行是高炉实现高效低耗的基础, 没有高炉顺行, 根本就无法实现高炉生产的高效低耗。高炉在一代炉役期间, 应长期具备良好的工作状况。特别是高炉炉体冷却设备、耐火材料、炉壳等关键系统, 应能够在不维修或少维修的条件下, 满足高炉高效化生产的要求。如果高炉本体状况不佳, 高炉 "带病操作", 将影响高炉生产能力的发挥, 也会造成事故隐患。因而对于大型高炉而言, 更要求高炉寿命要满足高效化生产的要求, 不因高炉寿命而影响高炉正常生产; 进而言之, 高炉长寿则是现代大型高炉实现稳定高效生产的重要基础和保障。

(6) 延长高炉寿命已成为现代高炉技术进步的主要标志。现代高炉生产都是以长寿技术为基础, 高炉富氧喷煤、提高产量、降低消耗等都要以高炉长寿作为基础保障。高炉富氧喷煤可使高炉焦比大幅度下降, 使焦平—高炉传统炼铁流程的竞争力提高。高炉频繁进行大中修将使高炉在正常生产状态下的作业时间大为减少, 不利于提高喷煤量和产量; 高炉精料、高顶压、高风温以及过程计算机控制技术等也都因此而失去应有的作用。因此, 现代化高炉都致力于延长高炉寿命, 使高炉在整个炉役期间长时间地保持良好的炉体状况, 充分发挥高炉的效能, 提高高炉一代炉役期间的工作效率, 延长高炉寿命则成为现代高炉技术进步的主要标志。

高炉炼铁生产成本占整个钢铁联合企业生产成本约 50% 以上, 炼铁工序能源消耗占整个钢铁制造流程能源消耗约 70%。因此, 提高生产效率、降低生产成本、降低能源消耗是钢铁企业实现可持续发展的必由之路, 达到上述目标的重要措施之一就是设计、建造长寿高效高炉。由于高炉的大型化和复杂化, 高炉一次大修的工程投资巨大, 高炉长寿问题成为国内外炼铁工作者越来越关注的技术焦点。

参 考 文 献

[1] 张福明. 21 世纪初巨型高炉的技术特征[J]. 炼铁，2012，31(2)：1~8.

[2] Peters Michael，Lüngen Hans Bodo. Iron making in western Europe[J]. Journal of Iron and Steel Research International，2009，16(S2)：20~26.

[3] Takashi Miwa. Development of iron-making technologies in Japan[J]. Journal of Iron and Steel Research International，2009，16(S2)：14~19.

[4] Tatsuro Ariyamal，Shigeru Uedal. Current technology and future aspect on CO_2 mitigation in Japanese steel industry[J]. Journal of Iron and Steel Research International，2009，16(S2)：55~62.

[5] 张寿荣. 进入 21 世纪后中国炼铁工业的发展及存在的问题[J]. 炼铁，2012，31(1)：1~6.

[6] 刘琦. 国内特大型高炉生产技术点评[J]. 冶金管理，2011(12)：45~51.

[7] 张寿荣，傅连春，杨佳龙. 2011 年欧洲炼铁技术考察报告[J]. 炼铁，2011，30(6)：52~57.

[8] 张福明，钱世崇，张建，等. 首钢京唐 5500m³ 高炉采用的新技术[J]. 钢铁，2011，46(2)：12~17.

[9] 钱世崇，张福明，李欣，等. 大型高炉热风炉技术的比较分析[J]. 钢铁，2011，46(10)：1~6.

[10] 张福明，梅丛华，银光宇，等. 首钢京唐 5500m³ 高炉 BSK 顶燃式热风炉设计研究[J]. 中国冶金，2012，22(3)：27~32.

[11] 马金芳，万雷，贾国利，等. 迁钢 2 号高炉高风温技术实践[J]. 钢铁，2011，46(6)：26~31.

[12] 沙永志. 高富氧大喷煤技术分析[J]. 炼铁，2006，25(6)：19~22.

[13] 殷瑞钰. 冶金流程工程学(第 2 版)[M]. 北京：冶金工业出版社，2009：276~277.

[14] 张福明，党玉华. 我国大型高炉长寿技术发展现状[J]. 钢铁，2004，39(10)：75~78.

2 高炉内衬与冷却器破损机理研究

高炉内衬和冷却器的破损是影响高炉寿命的重要原因，高炉一代炉役寿命主要取决于高炉内衬和冷却器的寿命。高炉炼铁生产过程大型化、连续化的特点，使高炉破损的机理错综复杂，不同原燃料条件、操作条件和装备水平的高炉破损机理也不尽相同。探索和研究分析高炉内衬和冷却器的破损机理，采取行之有效的技术措施，采用先进合理的高炉长寿设计、高效可靠的炉体冷却技术和耐火材料，加强炉体自动化监测与维护，提高高炉操作水平，减少高炉异常破损，是延长高炉寿命的重要技术途径。

2.1 高炉内衬破损机理

高炉炉体是由炉壳、冷却器、耐火材料内衬及附属设备组成的。高炉内衬是设置在高炉炉壳内部与炉料、液态渣铁及煤气直接接触的耐火材料体系，在高炉冶炼过程中直接承受机械、高温热力和化学侵蚀，以保护高炉炉壳和其他金属结构，减少高炉冶炼过程的热量损失，并形成高炉操作内型。现代高炉冷却器无论采用何种形式，都应与高炉内衬形成一体化结构，对耐火材料内衬提供有效的冷却，使其在允许的温度条件下长时间工作，同时保护炉壳不致产生过热，以延长高炉寿命。随着高炉长寿技术进步，现代高炉高效、无过热冷却技术体系已经初步建立，基于高炉无过热冷却体系的高炉长寿综合技术成为现代高炉长寿的基本技术理念。尽管如此，现代高炉直至目前尚不能完全摆脱对耐火材料的依赖，特别是高炉炉缸炉底部位，优质的耐火材料及合理的内衬结构仍是高炉长寿的重要技术支撑。研究分析现代高炉耐火材料内衬侵蚀机理，采取行之有效的技术措施，对于延长高炉寿命具有重要意义。

2.1.1 炉缸炉底内衬破损机理

直至目前，高炉炉缸炉底仍然是制约高炉寿命达到 15 年以上的关键部位，即炉缸炉底的使用寿命是决定高炉寿命的关键因素，进而言之，炉缸炉底的使用寿命仍是高炉一代炉役寿命的标志。因此，通过对炉缸炉底内衬侵蚀机理的研究分析可以发现问题的本质，从而制订科学合理的技术对策。在高炉炉役末期，当炉缸炉底内衬厚度被侵蚀减薄到一定程度时，导致冷却壁进出水温差和热负荷持续升高，采取相应的维护措施以后仍然效果不佳，导致高炉安全生产受到威胁，此时需要考虑对高炉进行停炉大修。

造成炉缸炉底耐火材料内衬侵蚀破损的原因是极其复杂的，甚至是多种因素共同作用的结果，而且不同的原燃料条件、操作条件和耐火材料及内衬结构其破损机理也不尽相同。

2.1.1.1 炉缸炉底内衬侵蚀破损状况

根据高炉停炉后对炉缸炉底内衬侵蚀结果的研究发现，高炉炉缸炉底侵蚀破损的形状主要有三类：（1）炉底中心部位侵蚀严重的锅底状侵蚀；（2）炉缸侧壁和炉缸炉底交界处侵蚀严重的象脚状侵蚀；（3）炉缸炉底内衬均匀侵蚀，炉缸炉底交界处未出现明显的象脚状侵蚀，炉底也未出现锅底状侵蚀，这类内衬侵蚀属于正常侵蚀，也是现代长寿高炉应取得的令人满意的结果。通过对高炉停炉后对炉缸炉底内衬侵蚀破损调查发现，在铁口至风口的炉缸侧壁炭砖中存在环状裂缝，即"炉缸炭砖环裂"，炉缸侧壁环状裂缝有时甚至与炉缸象脚状的侵蚀边界相连通，给炉缸侧壁带来安全隐患。

A 锅底状侵蚀

20 世纪 60 年代，高炉炉缸炉底内衬主要以黏土砖和高铝砖为主，炭砖尚未得到普遍应用。当时的高炉炉底结构主要是由高铝砖和炭砖构成的综合炉底，高炉开炉以后，炉底侵蚀严重，形成了类似锅底状的侵蚀，甚至有些高炉还因此发生了炉底烧穿。形成锅底状侵蚀的原因主要是由于炉缸死焦柱下部铁水较强的流动、冲刷所致，用于炉底的耐火材料难以抵抗铁水的剧烈冲刷，加之高炉炉底冷却功能不完备，这种异常侵蚀一般会造成高炉炉底炭砖层减薄，甚至会造成炉底烧穿。在高炉加入钛化物护炉操作的条件下，高熔点的钛（碳、氮）等物质沉积在侵蚀严重的部位，在炉底冷却的条件下沉积的凝固层将阻止侵蚀进一步扩散，使炉缸炉底获得较长的寿命。例如，鞍钢 10 号高炉第二代 1963 年大修，高炉容积 $1513m^3$，炉底和炉缸周边采用炭素预制块，炉底中心采用厚度 5.4m 的黏土砖，高炉生产 8.5 年以后，炉底侵蚀了 1.1m。典型的炉缸炉底锅底状侵蚀如图 2-1 所示。

B 象脚状侵蚀

象脚状侵蚀是现代高炉炉缸炉底内衬最主要的侵蚀类型。其特征是在炉缸炉底交界处内衬侵蚀外形呈象脚状，即在炉缸炉底交界处内衬侵蚀严重，侵蚀线向炉缸侧壁和炉底周边扩延，高炉炉缸炉底纵剖面的侵蚀线并不完全对称，铁口区域下方的炉缸侧壁侵蚀最为严重，对应炉缸第 2 段冷却壁的位置，炉缸侧壁侵蚀更为严重，残余炭砖厚度不足 300mm，甚至造成高炉炉缸烧穿。这类侵蚀对高炉炉缸炉底寿命危害巨大，是制约高炉寿命的主要因素。产生象脚状异常侵蚀的主要原因是由于炉缸死焦柱的周边存在铁水环流，在高炉出铁时，铁水沿死焦柱周边在炉缸周边呈环状流动，特别是当炉缸死铁层深度较浅和死焦柱透液性不良时，死焦柱沉坐在炉底，铁水环流对炉缸侧壁和炉缸炉底交界部位的冲刷作用加剧，在铁口

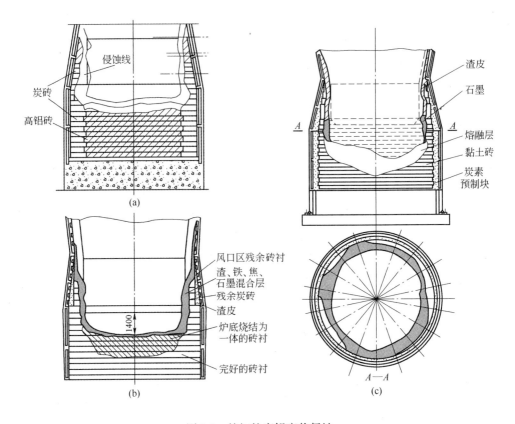

图 2-1 炉缸炉底锅底状侵蚀

（a）武钢 1 号高炉（第一代）炉缸炉底侵蚀状况（1978 年）；（b）首钢 3 号高炉（第一代）炉缸炉底
侵蚀状况（1970 年）；（c）鞍钢 10 号高炉（第二代）炉缸炉底侵蚀状况（1972 年）

中心线以下，导致在炉缸侧壁和炉缸炉底交界处出现严重的象脚状异常侵蚀。

首钢高炉在 20 世纪 60 年代开始采用炭砖—高铝砖综合炉底技术，使用情况一直较好，在当时的条件下高炉炉缸炉底使用寿命可以达到 10 年以上。到 20 世纪 80 年代中期以后，随着高炉冶炼强度的提高，炉缸炉底问题变得突出。4 号高炉（1200m³）于 1983 年 6 月进行大修，投产 13 个月以后，炉缸第 2 段冷却壁水温差大大超过规定标准，1986 年 3 月发生了炉缸烧穿事故，寿命不足 3 年。3 号高炉（1036m³）于 1984 年 1 月大修后投产，当年 5 月，炉缸铁口区域冷却壁水温差达到 1℃ 以上，炉缸第 2 段冷却壁改用 1.3MPa 高压水冷却，但 1989 年 11 月炉缸发生烧穿，1990 年 3 月停炉大修，寿命不足 6 年[1]。20 世纪 80 年代末期，我国高炉在强化冶炼的状况下，频繁出现炉缸烧穿事故，教训十分惨痛，炉缸炉底的短寿问题尤为突出。

通过高炉炉体破损调查发现，首钢高炉炉缸炉底破损情况与同期国内外大体一致，即象脚状异常侵蚀和炉缸环裂。象脚状侵蚀最严重的部位是炉缸炉底交界处，实测发现该区域的残余炭砖距冷却壁热面最薄处不足100mm。另外，炉缸环形炭砖均出现环裂现象，裂缝宽度80~100mm，裂缝由炉缸侧壁最上层的炭砖一直延伸到炉缸炉底交界处，个别部位炉缸环状裂缝与象脚状侵蚀边界相连通。

直至目前，现代高炉炉缸炉底内衬异常侵蚀仍主要以象脚状侵蚀为多。图2-2是湘钢1号高炉炉缸炉底侵蚀形状，图2-3~图2-5分别是武钢4号高炉（2516m³）第一至三代炉役炉缸炉底侵

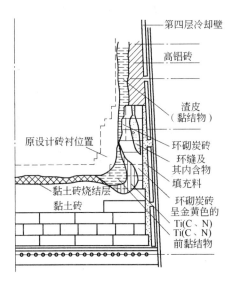

图2-2　湘钢1号高炉炉缸炉底
内衬侵蚀状况

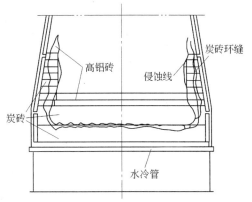

图2-3　武钢4号高炉（第一代）炉缸
炉底内衬侵蚀状况（1984年）

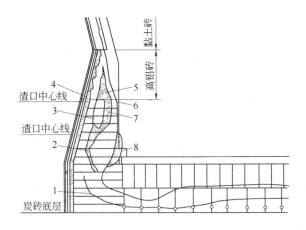

图2-4　武钢4号高炉（第二代）炉缸炉底内衬侵蚀状况（1996年）

1—炉底炭砖裂纹；2—炉缸侧壁炭砖环裂；3—空洞；4—填料；5—高铝砖环状裂缝；
6—侵蚀线；7—渣铁凝结物；8—沉积物

蚀状况[2]，图 2-6 是德国蒂森施委尔根 1 号高炉 1989 年炉缸炉底内衬侵蚀状况，图 2-7、图 2-8 分别是首钢 4 号高炉（1200m³）和首钢 5 号高炉（1036m³）炉缸炉底侵蚀状况，图 2-9 是荷兰艾莫伊登厂 6 号高炉炉缸炉底侵蚀状况。

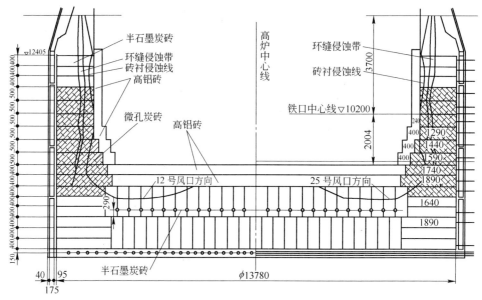

图 2-5　武钢 4 号高炉（第三代）炉缸炉底内衬侵蚀状况（2006 年）

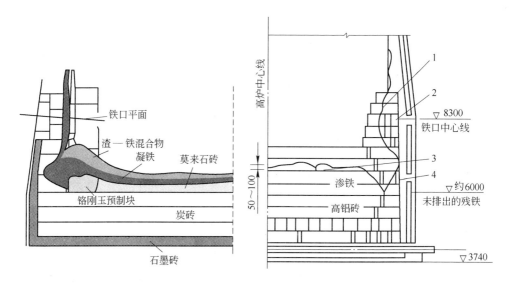

图 2-6　德国蒂森施委尔根 1 号高炉
炉缸炉底内衬侵蚀状况（1989 年）

图 2-7　首钢 4 号高炉（1200m³）炉缸炉底内衬
侵蚀状况（1987 年）

1—侵蚀线；2—裂缝；3—熔结物；4—焦炭

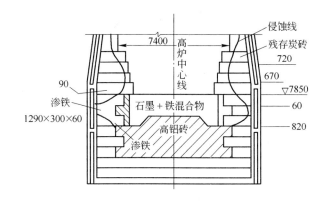

图 2-8 首钢 5 号高炉（1036m³）炉缸炉底内衬侵蚀状况（1990 年）

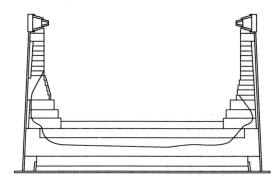

图 2-9 荷兰艾莫伊登厂 6 号高炉炉缸炉底侵蚀状况（1991 年）

C 均匀侵蚀

炉缸炉底内衬均匀侵蚀表现为炉缸侧壁和炉底内衬侵蚀形状比较均匀，基本是原高炉设计内型的扩大，炉缸侧壁炭砖侵蚀减薄，炉底上部的 1～3 层砖衬侵蚀消失，未出现明显的锅底状或象脚状异常侵蚀，但侵蚀最严重的部位仍是炉缸侧壁和炉底的交界处，只是象脚状异常侵蚀的特征并不显著，炉缸侧壁残余炭砖厚度大幅度减薄，炉缸炉底内衬侵蚀后形成的操作内型并不规整平滑。国内外 20 世纪 90 年代以后建成投产的大型高炉，由于加深了死铁层深度，采用了高导热性、低渗透性的优质炭砖和合理的内衬设计结构，并且配置了可靠的炉缸炉底冷却系统，高炉炉缸炉底内衬侵蚀形状由锅底状侵蚀或象脚状侵蚀逐渐演变为均匀侵蚀。宝钢 2 号高炉（4063m³）于 1991 年 6 月开炉，一代炉龄在无中修的条件下达到了 15 年 2 个月，单位高炉容积产铁量达到 11612.4t/m³。在高炉停炉以后的调查中发现，炉缸铁口以下区域的炭砖普遍存在脆化现象，在炭砖热面有长度为 200～500mm 的脆化层，而且越靠近炭砖热面，炭砖脆化程度越严重，甚至出现粉化现象，在脆化层的缝隙中发现片状金属，发现在炭砖脆化层存在凝固的渣铁壳。凝铁层厚度为 300~700mm，靠近铁口区域的炉缸侧壁凝铁层相对较薄，而靠近炉底区域的凝铁层则较厚。

图 2-10 是宝钢 2 号高炉（4063m³）炉缸炉底内衬侵蚀状况，图 2-11 是武钢 5 号高炉（3200m³）炉缸炉底内衬侵蚀状况，图 2-12 是首钢 2 号高炉（1726m³）炉缸炉底内衬侵蚀状况，图 2-13 是荷兰艾莫伊登厂 7 号高炉炉缸炉底内衬侵蚀状况。

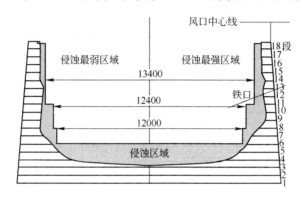

图 2-10　宝钢 2 号高炉（第一代）炉缸炉底内衬侵蚀状况（1998 年）

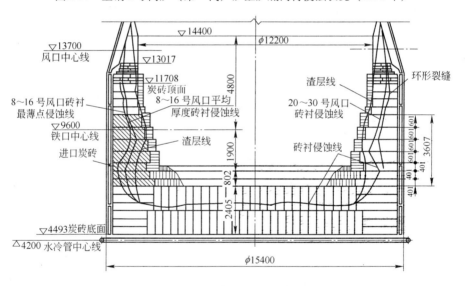

图 2-11　武钢 5 号高炉（第一代）炉缸炉底内衬侵蚀状况（2007 年）

2.1.1.2　炉缸炉底内衬侵蚀破损机理分析

实践表明，高炉炉缸炉底内衬侵蚀破损机理十分复杂，不同的高炉由于原燃料条件、操作条件各不相同，高炉技术装备也存在差异，特别是高炉炉缸炉底耐火材料内衬材质和设计结构以及炉缸炉底冷却系统配置不同，其侵蚀破损机理也不尽相同。研究分析高炉炉缸炉底内衬的破损规律和侵蚀机理，从而有针对性地

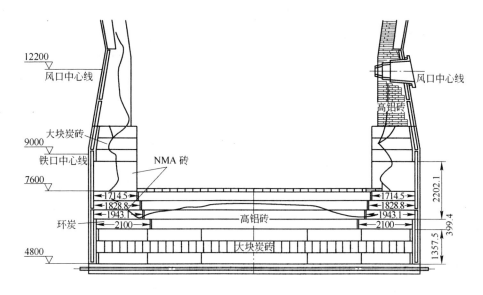

图 2-12　首钢 2 号高炉炉缸炉底内衬侵蚀状况（2003 年）

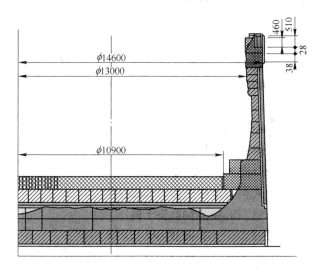

图 2-13　荷兰艾莫伊登厂 7 号高炉炉缸炉底侵蚀状况（1991 年）

采取有效技术措施，以延长现代高炉寿命[2]。

造成高炉炉缸炉底内衬侵蚀的原因可以分为物理破损和化学侵蚀两大类。物理破损主要包括液态渣铁的机械冲刷、高温热应力的破坏、铁水的渗透和漂浮作用；化学侵蚀主要包括高温液态渣铁的熔蚀、碱金属及锌的破坏、水蒸气和二氧化碳对炭砖的氧化破坏等。高炉炉缸炉底是多相态共存的区间，风口回旋区燃料的燃烧、炉缸煤气的产生以及高温液态渣铁的储存和排放均在此区间进行。

毋庸置疑，在当今技术条件下，高炉一代炉役期间炉缸炉底内衬的侵蚀破损是难以避免的，而且炉缸炉底内衬的使用寿命仍然是决定高炉一代炉役寿命的关键所在，因此，应抑制炉缸炉底内衬的异常侵蚀，不因局部异常侵蚀而造成高炉停炉大修；而实现炉缸炉底内衬的整体均匀侵蚀，则是现代高炉延长炉缸炉底寿命的主要技术目标。通过对高炉炉缸炉底内衬侵蚀破损形状的调研分析可以看出，锅底状侵蚀和象脚状侵蚀均是炉缸炉底内衬的异常侵蚀，更是制约高炉炉缸炉底内衬使用寿命的关键因素。

A　锅底状侵蚀形成机理

近年来，通过高炉停炉后对炉缸炉底内衬侵蚀破损情况的调查分析发现，传统的炉缸炉底锅底状侵蚀目前已经基本得到有效遏制。造成锅底状侵蚀是由于炉缸死焦柱以下存在较强的铁水流动，对炉底内衬形成强烈的冲刷磨损而造成的。

20世纪50年代，传统高炉炉底普遍采用黏土砖或高铝砖，炉底较厚，为高炉炉缸直径的50%左右，图2-14是首钢3号的炉缸炉底内衬结构。这种炉底结构未设冷却装置，导热性能差，人们期望采用较厚的炉底来抵抗铁水的侵蚀。但即便如此，高炉炉底侵蚀深度却达到炉底厚度的70%，甚至部分高炉还发生了炉底烧穿事故。为了提高高炉炉底的使用寿命，杜绝炉底烧穿事故的发生，人们采用加厚炉底的措施，并提高硅酸铝质耐火材料的性能，但实践证实，尽管提高了硅酸铝质耐火材料的性能、加厚了炉底厚度，但并没有从根本上改变炉底结构、延长炉底寿命。1944年，苏联切良宾斯克厂1号高炉率先采用了黏土砖—炭砖综合炉底结构。当时人们对高炉使用炭砖的认识并不是十分清晰，仅认为炭砖具有很高的熔点，将其作为替代黏土砖的耐火材料在高炉炉底使用，其目的仍是期望依靠炭砖抵抗高温铁水的热量。最初综合炉底的结构是炉底下部砌筑黏土砖，上部工作层砌筑炭砖，但该高炉投产84天以后炉底炭砖侵蚀消失，从铁口竟漂出炉底黏土砖。高炉被迫大修后，将炭砖和黏土砖砌筑位置互调，将黏土砖砌筑在炉底工作层，将炭砖砌筑在炉底下部，使用15年而没有进行大修[3]。从此，由黏土砖和炭砖组合砌筑的综合炉底结构得到普遍推广应用。20世纪50年代以后，美国、日本、德国和

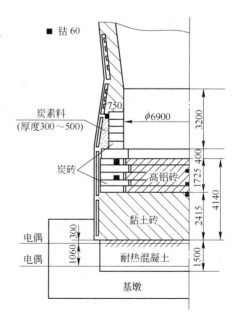

图2-14　首钢3号高炉（第一代）
炉缸炉底结构（1959年）

我国的高炉先后采用综合炉底技术，并进行了不同结构形式的试验，取得了较好的应用效果。生产实践证明，将高导热的炭砖砌筑在炉缸侧壁、炉底下部和周边部位，将黏土砖或高铝砖等硅酸铝质耐火材料砌筑在炉底上部的中心区域，并配置合理的炉底冷却，这样的综合炉底结构可以获得良好的高炉长寿效果。直至今日，综合炉底技术仍在日本和我国许多大型高炉上应用。

20世纪60年代初，炭砖—高铝砖综合炉底结构问世不久，仍普遍采用厚炉底结构，炉底总厚度达到4.0m以上，炉底下部的2~3层为满铺炭砖，其上为6~7层综合炉底，炭砖砌筑在炉底周边，中心部位为高铝砖。在当时的条件下，耐火材料抗铁水渗透、耐冲刷能力不足，特别是用于综合炉底中心部位的高铝砖和黏土砖，其理化性能较差，难以抵抗铁水的渗透熔蚀和冲刷磨蚀，而且不少高炉采用风冷炉底或未设炉底冷却装置，加之炉底厚度过厚造成传热能力不足，造成炉底中部侵蚀破损严重并成为当时高炉寿命最主要的制约因素。图2-15是首钢1号高炉（576m³）第九代炉缸炉底内衬结构，20世纪80年代典型的综合炉底结构如图2-16所示。

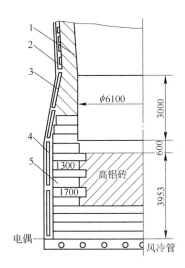

图2-15　首钢1号高炉第九代炉缸
炉底内衬结构（1965年）

1—黏土砖；2—镶砖冷却壁；3—单根水管光面
冷却壁；4—双根水管光面冷却壁；5—炭砖

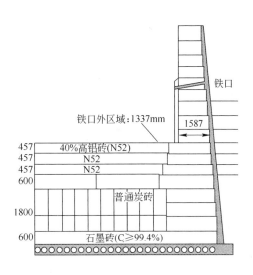

图2-16　20世纪80年代典型的
综合炉底结构

另外，当时高炉的生产效率和强化程度不高，在炉底温度超过临界温度时，一般采取冶炼铸造生铁的技术措施，石墨的沉积对于修补侵蚀破损的炉底内衬具有积极作用，使炉底侵蚀能够得到控制。当高炉炉底侵蚀严重时，一般还会采取休风停炉的措施，使积存于炉底侵蚀严重部位的液态渣铁凝结，这种凝结的渣铁壳对于阻滞炉底侵蚀也起到了有效作用，使高炉炉缸炉底可以获得较长的寿命。在当时的冶炼条件下，高炉炉缸炉底的使用寿命甚至可以达到 15 年以上。

20 世纪 80 年代以后，随着高炉炼铁技术的进步，高炉生产效率和强化程度普遍提高，高炉出铁量也显著提高，炉缸中铁水环流对炉缸炉底内衬的侵蚀破损加剧，使炉缸炉底内衬的侵蚀破损特征也由传统的锅底状侵蚀转化为典型的象脚状侵蚀。

B　象脚状侵蚀形成机理

由图 2-2 ~ 图 2-9 中可以看出，象脚状侵蚀是指炉缸炉底内衬的侵蚀线在炉缸炉底交界处呈现象脚状。事实上，一般大中型高炉都会出现异常侵蚀，只是严重程度不同而已。在炉缸炉底内衬交界处发生象脚状异常侵蚀，使得炉缸炉底交界处耐火材料内衬厚度减薄，出现不均匀破损，缩短了炉缸炉底的整体寿命，象脚状侵蚀严重时，甚至会在该部位发生炉缸烧穿。20 世纪 80 年代以来，直至目前国内外不少大型高炉发生炉缸烧穿事故，究其原因绝大多数是由于象脚状异常侵蚀所致，危害巨大。毫无疑义，为了延长炉缸炉底的使用寿命，必须采取有效措施防止象脚状异常侵蚀的发生。

目前，炉缸炉底内衬象脚状侵蚀仍是影响炉缸炉底使用寿命十分关键的主要因素，尽管现代高炉出现象脚状异常侵蚀的状况和程度有所不同，但造成炉缸炉底象脚状异常侵蚀的主要原因却大致相同，在国内外高炉上存在普遍性。

a　铁水渗透破坏

位于死铁层部位的炭砖没有渣皮覆盖，长期与铁水直接接触；同时由于在炉缸炉底交界处铁水的静压力最大，铁水沿炭砖气孔通道和裂缝向炭砖内部渗透，并且对炭砖产生物理破坏和化学溶解。达到一定程度后，炭砖的结构遭到破坏，形成无数的小炭块，在铁水的包围中，逐渐溶解于铁水中，产生微观"漂浮"侵蚀现象。炉缸炉底承受很高的铁水静压力，铁水静压力的作用强化了铁水对炭砖的渗透作用。当炭砖气孔直径大于 $2\mu m$ 时，铁水沿炭砖气孔向炭砖内部渗透，铁水渗透深度可充满整个气孔，渗透的铁水溶解炭砖中的黏结剂，进而熔蚀炭砖中的炭颗粒，破坏炭砖组织致密性，降低了炭砖的强度。渗入到炭砖气孔中的铁水与炭砖发生化学反应，生成了 Fe_xC 一类的脆性物质，这种物质生成以后在炭砖的气孔中产生体积膨胀，使炭砖气孔脆化、破裂，在炭砖热面形成脆化层，从而使炭砖组织脆化变质，理化性能下降。另外，渗入到炭砖内部的铁水在温度降低时凝固，产生体积收缩；当温度升高时凝固的凝铁又被熔化，发生体积膨胀，这种反复的凝固—熔化和体积的收缩—膨胀使炭砖内部产生热应力，造成炭砖脆化开裂。

b　炉缸内铁水环流

由于炉缸内死焦柱的存在，当高炉出铁时炉缸内铁水的流动主要存在三种方式。一是炉缸内的铁水穿透死焦柱流向铁口，但这种流动的阻力很大，当死焦柱透液性不良时，炉缸中的铁水很难穿透死焦柱流至铁口；二是在死铁层深度足够且死焦柱漂浮在铁水中的状态下，铁水从炉底表面和死焦柱下部的死铁层中穿流流向铁口；三是在死铁层深度不足、死焦柱沉坐在炉底的状态下，炉缸透液性变差，铁水沿死焦柱周边和炉缸侧壁的空隙流向铁口，形成沿炉缸周边的铁水环流，铁水环流加剧了铁水对炭砖表面脆化层的冲刷磨蚀，使炭砖减薄，因此铁水环流是形成炉缸炉底象脚状异常侵蚀的一个主要因素。关于炉缸铁水流动现象的研究分析将在第 3 章中详细论述。

另外，还有研究表明[4]，由于炉缸中的铁水存在温度差，靠近炉缸中心的铁水温度较高，而靠近炉缸边缘和炉底的铁水温度较低，边缘铁水的表面张力大于中心，因此产生了表面张力差所产生的推动力，使炉缸中心铁水产生向边缘流动的趋势，而处于炉缸边缘的铁水温度低且体积密度大，产生向下流动的趋势，在这两种力的作用下，使炉缸内的铁水沿死焦柱的锥表面和沿炉缸侧壁向下流动，在炉缸侧壁形成所谓的纵向环流。尽管这种铁水的纵向环流破坏作用不如铁水环流显著，但铁水纵向环流对死铁层区域的炉缸侧壁内衬也会产生冲刷作用，因此有研究者认为，炉缸铁水的纵向环状流动也是炉缸炉底交界处出现象脚状异常侵蚀的原因之一。

c 碱金属及锌等对炭砖的侵蚀

热力学计算表明，高炉炉缸仅能存在纯的碱金属蒸气，不会存在碱金属的氧化物和碳酸盐，并且碱金属蒸气压很低，不是对炉缸炭砖进行侵蚀的直接原因，而当前大多文献认为环裂是碱金属蒸气侵蚀的结果。炭砖传热性能较差时炭砖内部热应力较大，诱发炭砖产生微裂纹，纯的碱金属蒸气通过炭砖的微裂纹不断向炭砖低温区流动和扩散，微裂纹是环裂产生的诱因。在炉缸的高压环境下，800 ~ 900℃时钾蒸气在微裂纹中液化，然后与炭砖的硅铝质灰分发生反应，造成灰分体积膨胀 30% ~ 50%，加剧炭砖微裂纹扩展而形成裂纹，这是环裂产生的必要条件。计算表明，只有碱金属蒸气富集液化后才能与 CO 共同作用，在裂纹里形成活性炭沉积，这种反应持续不断地进行，对炭砖裂纹进行持续的膨胀挤压，炭砖裂纹不断扩展，最终割裂炭砖形成环裂。提高炭砖传热效果和阻止炉缸 CO 窜气是避免炭砖产生环裂的根本措施。

d 炉缸侧壁炭砖的环状断裂

高炉生产实践表明，具有一定长度的炭砖，由于在热面和冷面存在较大的温差，在炭砖内产生较大的温差热应力，容易引起炭砖环裂；碱金属蒸气侵入炭砖中使其变脆，强度降低，从而使炭砖环裂加剧。炉缸环形炭砖出现环裂后，裂缝处出现气体隔热层，其内部热量向炉缸外部传递阻力增大，其外部的冷却作用也因此而降低，使环裂缝内侧的炭砖温度升高，侵蚀速度加快。由于碱金属蒸气侵蚀发生在 800℃ 左右，所以炭砖环裂也发生在炭砖 800℃ 等温线附近。

对于传统结构的炉缸炉底内衬，在炉缸环形炭砖中间产生环状断裂，也称之为环形脆化层。这种环形脆化层在炉缸侧壁环形炭砖中间呈带状分布，并基本与炭砖的热面平行，中间环带具有一定的宽度，在环状脆化层以内的炭砖已变成粉状。环状脆化层的形成，使炭砖的整体导热性能大大降低。这样，炭砖热面温度升高，会进一步促进铁水的渗透，从而加快了对炭砖的侵蚀，使炉缸寿命大幅度降低。

e H₂O 和 CO₂ 的氧化熔蚀

高炉炉缸所用炭砖含碳量很高，碳元素对于氧化是异常敏感的。对于炭砖炉缸来说，其侵蚀主要是铁水和碱金属氧化物的熔蚀，以及铁氧化物和氧化性气体，如 CO_2、H_2O 等氧化性气体和 FeO 的氧化熔蚀作用等，在风口、冷却器漏水时，炉缸侧壁炭砖会遭受水蒸气的氧化破坏。

同样，上述损坏的决定因素仍然是温度。因为如果炭砖热面温度降到 1150℃ 铁水凝固临界温度以下，铁水将会凝固在炭砖表面，上述各种侵蚀可大大地缓解，甚至不会发生。所以，减少炉缸炭砖的侵蚀也可归结为通过加强冷却和使用高导热炭砖来降低砖衬热面温度问题。

综上所述，炉缸炉底象脚状异常侵蚀和炉缸环裂是由炉缸设计结构、耐火材料性能、施工质量、冷却制度、出铁制度以及操作制度等多方面因素造成的。

从高炉设计角度分析，采用合理的炉缸炉底结构，强化炉缸炉底冷却，提高炭砖导热系数，降低炭砖气孔率，保持炉缸活跃和炉缸透液性、透气性是减缓象脚状异常侵蚀的基础。从高炉操作角度分析，稳定高炉热制度，控制合理的冶炼强度，平衡稳定的出铁是抑制炉缸炉底象脚状异常侵蚀和炉缸环裂的关键。

C 炉缸环裂机理

炉缸环裂是指炉缸侧壁炭砖出现环状断裂，在垂直方向上由风口区一直延伸到炉缸炉底交界处，甚至与象脚状侵蚀连通，炉缸侧壁炭砖被一种环形侵蚀缝分割为内外两部分，形成环状侵蚀缝后阻碍炉缸热量传递，从而加速炭砖侵蚀破损，缩短一代炉役寿命。长期以来，由于高炉原燃料条件不同，所采用的炉缸设计结构和炭砖质量也存在差异，因此，造成炭砖环裂的原因一直众说纷纭。近年来高炉生产实践和理论研究表明，碱金属和锌是破坏炭砖形成炉缸环裂的主要原因，但对其侵蚀机理并不十分明确。本节中依据高炉冶炼特点和实际高炉破损调研结果，采用热力学计算、微观观测、扫描电镜能谱分析结合对炉缸炭砖环裂机理进行了系统地研究。

a 炭砖环裂内物质的 SEM-EDS 图谱分析

　　在某厂高炉破损调查中发现，炭砖沿高炉炉缸圆周方向形成环形裂缝，炭砖被分割为内外两部分，有的环缝中有凝固渣铁，环缝内炭砖变成炭粉或碎片，环裂缝可一直延伸至炉底。

　　图 2-17 和表 2-1 是某高炉炭砖环裂缝内试样的 SEM-EDS 图谱分析结果。从分析结果中可以看出，炭砖环裂缝内有较多的碳、钾、锌，证实了碱金属和锌是造成炭砖环裂的主要原因。

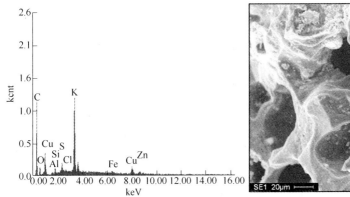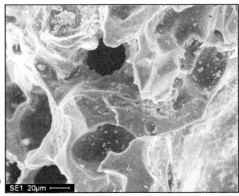

图 2-17　环裂缝内试样 SEM-EDS 图谱分析结果

表 2-1　环裂缝内试样能谱分析结果　　　　　　（%）

元素	C	O	Al	Si	S	Cl	K	Fe	Cu	Zn
含量	65.64	7.85	0.27	0.75	1.13	0.48	13.49	1.2	6.26	2.94

　　b　炉缸内含钾化合物的变化

　　高炉炉缸是高压下的强烈还原气氛，不管钾以硅酸盐、碳酸盐或是其他形式进入高炉炉缸后，钾的最终形态都将是单质钾蒸气，这一点可以从热力学角度得到说明。

硅酸钾

　　当炉料中的硅酸钾进入高炉后，在炉缸内可以发生以下反应：

$$K_2SiO_3 + C \xrightarrow{\hspace{1cm}} 2K + SiO_2 + CO \tag{2-1}$$

$$\Delta G_1 = \Delta G_1^{\ominus} + RT\ln \frac{p_K^2 \cdot p_{CO} \cdot a_{SiO_2}}{a_C \cdot a_{K_2SiO_3}}$$

$$= 298000 - 158.15T + 8.314T\ln(p_K^2 \cdot p_{CO}) \quad (kJ/mol)$$

　　吉布斯自由能计算表明，硅酸钾在高炉内不能被 CO 还原，只能在炉缸内被焦炭还原，从式（2-1）可以看出，硅酸钾在炉缸内被焦炭还原为钾蒸气是吸热反应，炉缸高达 1600~2000℃ 的高温环境和较低的碱金属蒸气压，都十分有利于硅酸钾的还原，部分硅酸钾被焦炭还原为钾蒸气进入煤气流，没来得及还原的硅酸钾将进入炉渣，随炉渣排出。

碳酸钾

与硅酸钾一样，碳酸钾在炉缸内也不能稳定存在，将被还原为钾蒸气进入高炉煤气，炉缸内碱蒸气分压很低，使得碳酸钾在进入炉缸前的 1150℃ 中高温区即开始被还原为钾蒸气，进入到高炉煤气中。反应式如下：

$$K_2CO_3 + 2C = 2K + 3CO \qquad (2\text{-}2)$$

$$\Delta G_2 = \Delta G_2^\ominus + RT\ln\frac{p_K^2 \cdot p_{CO}^3}{a_C^2 \cdot a_{K_2CO_3}}$$

$$= 213800 - 152.16T + 8.314T\ln(p_K^2 \cdot p_{CO}^3) \quad (kJ/mol)$$

氧化钾

在炉缸高温和强烈还原性气氛下，氧化钾根本不可能稳定存在。热力学计算表明，温度在 800~900℃ 时，氧化钾就已经不能稳定存在。因而高炉炉缸内也不存在氧化钾。反应式如下：

$$K_2O + C = 2K + CO \qquad (2\text{-}3)$$

$$\Delta G_3 = \Delta G_3^\ominus + RT\ln\frac{p_K^2 \cdot p_{CO}}{a_C \cdot a_{K_2O}}$$

$$= 98500 - 89.25T + 8.314T\ln(p_K^2 \cdot p_{CO}) \quad (kJ/mol)$$

综上所述，在炉缸高温高压的强还原性气氛下，硅酸钾、碳酸钾、氧化钾的稳定性依次减弱，它们在炉缸的最终状态只能是单质钾蒸气。

c 钾对炭砖产生环裂的影响机理分析

上述的分析指出，在高炉炉缸内，含钾化合物只能以钾蒸气的形式存在。高炉入炉原燃料的碱负荷一般要求低于 5kg/t。分析计算氧化钾的情况，假定风口压力为 0.4MPa，入炉碱负荷中折算的氧化钾含量为 2kg/t，含钾化合物完全被还原为钾蒸气进入炉缸煤气，炉缸中钾蒸气分压约为 2×10^{-4}MPa[5]，炉缸中 CO 分压约为 0.16MPa，分析过程中忽略单质钾在气—固—液三相转变时的熔变。

压力对钾沸点的影响

众所周知，炉缸是一个高压环境，高压将使得液体的沸点升高，因此采用克拉佩龙—克劳修斯方程讨论钾蒸气在高压时的液化条件。该方程阐述的是单元系统相平衡时压力与温度的关系：

$$\frac{\mathrm{d}p}{\mathrm{d}T} = \frac{\Delta_{\mathrm{vap}}H}{T\Delta_{\mathrm{vap}}V} \qquad (2-4)$$

对于蒸发问题,液相蒸发后的气相体积与原液相体积相比要大得多,为简化问题,将液相蒸发后的气相体积作为蒸发过程体积的变化值,此时克拉佩龙—克劳修斯方程可进一步简化:

$$\frac{\mathrm{d}p^*}{\mathrm{d}T} = \frac{\Delta_{\mathrm{vap}}H}{TV_{(\mathrm{g})}} = \frac{\Delta_{\mathrm{vap}}Hp^*}{RT^2} \qquad (2-5)$$

积分后得到:

$$\ln p^* = -\frac{\Delta_{\mathrm{vap}}H}{RT} + C \quad （C 为积分常数） \qquad (2-6)$$

式中 p^* ——温度 T 时液相的饱和蒸气压;

$\Delta_{\mathrm{vap}}H$ ——蒸发过程的焓变,J/mol。

在温度变化不大时,忽略温度对 $\Delta_{\mathrm{vap}}H$ 的影响。计算得到不同环境压力下钾的沸点,见表2-2。

表2-2 不同环境压力下钾的沸点

环境压力/kPa	沸点/℃	环境压力/kPa	沸点/℃
101.3（1.0atm）	759	303.9（3.0atm）	897
152.0（1.5atm）	806	354.6（3.5atm）	919
202.6（2.0atm）	842	405.2（4.0atm）	939
253.3（2.5atm）	872	455.9（4.5atm）	958

根据克拉佩龙—克劳修斯方程的解析解可以得到,当环境压力为 152.0 ~ 354.6kPa(1.5 ~ 3.5atm)时,钾的沸点约为 800 ~ 900℃,比常压下的沸点高出 50 ~ 150℃。即钾蒸气在炉缸高压条件下,可在 800 ~ 900℃温度区间内液化。

当液态钾与 CO 流接触时,可以发生如下情况:(1)液态钾被 CO 氧化生成氧化钾和活性炭;(2)液态钾被 CO 氧化生成碳酸钾和活性炭。

液态钾在炭砖上的富集

多次高炉破损调查发现了残余炭砖或黏结物中含有 K_2O[1]。基于该事实,对炉缸炭砖环裂的形成机理提出以下观点:钾蒸气通过特殊通道进入炉缸侧壁。在钾蒸气的穿透过程中,温度不断下降,在温度低于其沸点后开始液化,可能于 800 ~ 900℃温度区间内液化富集形成液态钾,然后参与一系列化学反应促使炭砖形成环裂。

炭砖微裂纹的形成

当炭砖传热性能较好时,炭砖热面温度较低,炭砖热面容易形成保护性渣铁壳,渣铁壳的作用有:

（1）渣铁壳导热系数低，可以阻滞炉缸热量的传输，能够对炭砖形成保护；

（2）钾蒸气在向炉缸侧壁炭砖的流动和扩散过程中，能够与渣铁壳中的硅铝质成分反应，阻碍了钾蒸气流动和扩散；

（3）炭砖传热性能好，炭砖内部温度分布均匀，热应力较小，炭砖不易产生微裂纹，即使有钾蒸气在炭砖表面液化成液态钾，也仅能与炭砖表面反应，液态钾不能渗透到炭砖内部，无法对炭砖进一步破坏；

（4）炭砖温度低，根据阿仑尼乌斯公式可知，低温降低了化学反应速率，不利于反应的快速进行。由此可见，当炭砖传热性能良好时，炉缸炭砖不易产生环裂。

当炭砖传热性能较差时，炭砖热面温度较高，炭砖热面不容易形成渣铁壳，无法对炭砖进行有效的保护，使炭砖完全暴露于钾蒸气的气氛中，并且炭砖内的温度梯度较大，形成较大的热应力 σ_{th}（单位为 MPa）：

$$\sigma_{th} = \frac{\alpha E \Delta T}{1 - \gamma} F \tag{2-7}$$

式中　α——线膨胀系数，其值为 4.5×10^{-6}；

　　　E——弹性模量，其值为 GPa；

　　　γ——泊松比，其值为 0.2；

　　　F——形状约束系数；

　　　ΔT——温差，K。

表 2-3 给出了炭砖内部热应力的计算结果。

表 2-3　炭砖内部热应力的计算结果

导热系数/W·(m·K)$^{-1}$	温差/℃	热应力/MPa
16	700	40
5	870	50

合格炭砖的抗压强度通常在 36MPa 以上，当炭砖的传热性能较差时，炭砖内部温差增大，产生的热应力超过最小抗压强度的 40%，炭砖可能早已开始产生微裂纹，这种微裂纹为钾蒸气在炭砖内部进行流动和扩散提供了特殊的通道，有利于钾蒸气不断向炭砖内部流动和扩散，钾蒸气在微裂纹内流动和扩散过程中，在低于沸点的一段温度区间内不断液化富集。所以，炭砖由于热应力产生的微裂纹成为钾蒸气流动和扩散的通道，是炭砖产生环裂的诱因。

炭砖微裂纹的扩展

当钾蒸气在炭砖微裂纹流动和扩散过程中，温度不断降低，在温度区间为 800~900℃ 时不断液化富集，当炉缸内 CO 分压为 162.1kPa(1.6atm) 时，可以与炭砖的硅铝质灰分发生如下反应：

$$6K_{(1)} + 3CO + 3Al_2O_3 \cdot 2SiO_2 + 10SiO_2 == 3[K_2O \cdot Al_2O_3 \cdot 4SiO_2] + 3C$$

$$(2-8)$$

$$\Delta G_8 = -524800 + 241.0T - 8.314T\ln p_{CO}^3 = -290249 \quad (kJ/mol)$$

在高炉炉缸实际工况条件下，上述反应的吉布斯自由能为负，液态钾很容易和炭砖内的硅铝质灰分发生反应，反应后灰分体积膨胀约为30%。

$$6K_{(1)} + 3CO + 3Al_2O_3 \cdot 2SiO_2 + 4SiO_2 == 3[K_2O \cdot Al_2O_3 \cdot 2SiO_2] + 3C$$

$$(2-9)$$

$$\Delta G_9 = -523300 + 276.4T - 8.314T\ln p_{CO}^3 = -252944 \quad (kJ/mol)$$

同样，上述反应也可以发生，反应后灰分体积膨胀约为50%。

一般情况下，当炭砖灰分达到20%，钾蒸气的液化富集也主要集中在钾蒸气沸点以下800~900℃的温度区间内，所以与液态钾直接接触的灰分更少，硅铝质灰分反应生成物覆盖在炭砖表面，阻碍反应的进行，因而与液态钾发生化学反应的炭砖灰分有限。因此，液态钾与灰分反应后，能够加速炭砖微裂纹的形成和扩展，在炭砖中形成裂纹，但不至于使炭砖发生明显断裂。

炉缸环裂的形成

不断扩展的炭砖裂纹阻碍了炉缸热量的传输，靠近炉壳一端的裂纹处温度越来越低。

当炭砖裂纹不断扩展，钾蒸气随煤气源源不断地渗透和扩散至裂纹处，钾蒸气在渗透和扩散过程中温度不断降低，在低于沸点后的一段温度区间里（800~900℃），不断液化富集，液态钾可以与CO发生化学反应：

$$2K_{(1)} + CO == K_2O + C \quad (2-10)$$

在 $T = 1023K$ 时，令 $\Delta G_{10} = -98500 + 89.25T - 8.314T\ln p_{CO,min} = 0$，计算得到反应（2-10）能够进行的最小CO分压 $p_{CO,min} = 42.55kPa(0.42atm)$。因此，在炉缸环境下，CO分压最高可达162.1kPa(1.6atm)，液态钾可以与CO发生上述反应（2-10）。液态钾与CO还可发生反应：

$$2K_{(1)} + 3CO == K_2CO_3 + 2C \quad (2-11)$$

在 $T = 1023K$ 时，令 $\Delta G_{11} = -213800 + 152.16T - 8.314T\ln p_{CO,min}'^3 = 0$。

同样反应（2-11）能够进行的最小CO分压 $p_{CO,min}' = 10.13kPa$。因此，在炉缸工况条件下，液态钾也可以与CO发生上述反应。在钾蒸气沸点以下的同样温度，发生上述两种情况时最小CO分压分别为42.55kPa和162.08kPa，因而反应（2-11）将优先进行。

上述反应（2-10）和反应（2-11）的特点是：气态的反应物CO经反应后形成的是固态石墨；如果CO与液态钾进入炭砖裂纹后持续不断地进行化学反应，石墨不断累积，沉积的石墨膨胀挤压炭砖，将使裂纹不断地扩展，碳酸钾、氧化钾在形成过程中也产生膨胀，完全可以使得微裂纹扩展为大的裂纹，从而使炭砖在钾蒸气强烈液化富集的区域（800~900℃温度区间）出现断裂。

综上所述，钾对炉缸炭砖环裂的影响可以归纳为：

（1）炭砖传热性能不良时，在炭砖内部产生较大的热应力，热应力诱发炭砖产生微裂纹，成为钾蒸气渗透和扩散的特殊通道，是钾侵蚀炉缸炭砖的诱因；

（2）钾蒸气沿着炭砖微裂纹、气孔或砌筑缝隙进行流动和扩散，流动和扩散过程中温度不断降低，降至800~900℃后，钾蒸气大量液化并逐渐富集，液态钾开始与所接触的炭砖灰分发生反应，生成钾霞石或白榴石，生成物体积膨胀，加剧微裂纹的扩展从而形成裂纹；

（3）钾蒸气液化后，按照反应（2-10）、反应（2-11）的方式在炭砖裂纹处进行持续不断的反应，生成的石墨不断沉积，石墨体积膨胀不断挤压炭砖，促使炭砖裂纹持续不断地扩展，最终能够促使炭砖形成足够大的裂纹以致断裂；

（4）炭砖断裂后形成气隙，阻碍炉缸热量的传输，炭砖断裂处温度将不断降低，更有利于钾蒸气不断液化富集，反应（2-10）和反应（2-11）仍可持续发生，继续生成大量的石墨挤压炭砖，进一步扩大裂缝宽度，最终形成炉缸环裂。

由于在炉缸圆周方向上的传热基本是均匀的，理论上在炉缸圆周方向上都可能形成裂缝，当圆周方向的裂缝相互贯通、连为一体时，炉缸炭砖的最终侵蚀状态就呈现为炉缸环裂。

钾蒸气不能对炭砖环裂产生影响

为了研究气态钾对炭砖环裂产生的影响，首先计算了钾蒸气与 CO 反应所需的最小分压 p_K，以分析钾以蒸气形式能否对炭砖造成破坏。为了计算得到反应所需的最小钾蒸气分压，假定 CO 分压 p_{CO} 约为 162.08kPa（CO 分压越高越有利于钾蒸气与 CO 反应）。

当钾蒸气与 CO 反应转化成氧化钾时：

$$2K_{(g)} + CO \rightleftharpoons K_2O + C \tag{2-12}$$

$$\Delta G_{12} = \Delta G_{12}^{\ominus} + RT\ln\frac{a_C \cdot a_{K_2O}}{p_K^2 \cdot p_{CO}} = -98500 + 89.25T - 8.314T\ln(p_K^2 \cdot p_{CO})$$

在 $T = 1023K$ 时令上式等于零，得到 $p_K = 52.68kPa(0.52atm)$，即钾蒸气的分压需要达到 52.68kPa 时，钾蒸气才能按照上述反应（2-12）对炭砖造成侵蚀，这在实际高炉生产过程中是不能实现的。因此，不能用气态钾蒸气来解释其对炉缸炭砖的破坏。

当钾蒸气与 CO 反应转化为碳酸钾时：

$$2K_{(g)} + 3CO \rightleftharpoons K_2CO_3 + 2C \tag{2-13}$$

$$\Delta G_{13} = \Delta G_{13}^{\ominus} + RT\ln\frac{a_C^2 \cdot a_{K_2CO_3}}{p_K'^2 \cdot p_{CO}^3} = -213800 + 152.16T - 8.314T\ln(p_K'^2 \cdot p_{CO}^3)$$

同样在 $T = 1023K$ 时令上式等于零，得到 $p'_K = 16.21kPa(0.16atm)$，即在这种情况下，钾蒸气的分压需要达到 16.21kPa 时，钾蒸气才能侵蚀炭砖，这种情况在实际高炉生产过程中也难以实现。

因此，无论是以反应（2-12）还是反应（2-13）的方式，钾蒸气均不能对炉缸炭砖造成破坏。因而不能用钾蒸气解释炭砖出现环裂的原因，具体地说就是钾蒸气不会对炉缸环裂产生直接的影响。

炉壳裂纹产生的原因

只要入炉炉料内含有一定量的碱金属，按照上述炭砖环裂形成机理，炉缸炭砖环裂处就可以不断地富集液态钾，与 CO 不断地发生反应生成固体石墨，沉积的石墨不断对裂纹产生膨胀挤压，环裂缝隙不断加宽。由于环砌的炭砖在约束的条件下很难向高炉内膨胀，而只能向炉壳方向膨胀，当填料和炉壳无法抵抗这种膨胀过程时，炉壳便会产生裂纹。

炉缸环裂后的残余炭砖

炭砖环裂形成以后，沿高炉半径方向被分割为前后两部分，中间形成气隙，靠近炉内的半截炭砖失去有效的冷却，温度逐渐升高，当炭砖温度高于 900℃后，钾蒸气不能在炭砖内液化富集，从而不会对炭砖进一步侵蚀。这就是在炉缸破损调查中发现的，炭砖环裂处靠近高炉内的半截炭砖仍能存在的原因。

防止炭砖环裂的根本措施

根据炭砖环裂的形成机理，提出防止炭砖环裂的根本措施是：必须强化对炭砖的有效冷却，提高炭砖传热性能，降低炭砖整体温度，降低炭砖内部热应力，防止由于热应力产生的微裂纹，从源头上断绝钾蒸气向炭砖内部流动和扩散。因此，在高炉设计时应将炭砖冷面与冷却壁热面直接接触，炭砖与冷却壁之间不设碳质填料，以改善炭砖的传热过程，对炭砖进行有效的冷却，保障热量能够顺畅地传出。

综上所述，在高炉炉缸条件下，仅能存在纯的碱金属蒸气，碱金属氧化物和碳酸盐不能稳定存在。钾蒸气不是侵蚀炉缸炭砖的直接原因，而液态碱金属则是侵蚀炉缸炭砖的直接原因。炭砖传热性能差造成炭砖内部产生微裂纹，微裂纹是钾蒸气流动和扩散的特殊通道，是钾侵蚀炉缸炭砖的诱因。液态钾与接触的炭砖灰分反应，造成灰分体积膨胀，加剧微裂纹的形成和扩展，有利于钾蒸气的流动和扩散以及液态钾金属的富集。液态钾与窜入炉缸的 CO 在炭砖裂纹处持续不断地反应，形成的石墨持续不断挤压裂纹，促使裂纹不断扩展，形成较宽的裂纹。提高炭砖传热性能，抑制炉缸煤气窜气是避免炉缸环裂产生的根本措施[6]。

2.1.2 炉腹至炉身内衬破损机理

2.1.2.1 炉腹至炉身内衬破损状况

20 世纪中后期，高炉炉腹至炉身下部区域始终是高炉破损最严重的部位。

当时高炉设计普遍采用"厚壁内衬"的设计理念，即通过加厚耐火材料内衬厚度，以抵抗内衬的侵蚀破损。炉腰区域的炉衬厚度约为 800~1000mm，当时炉衬厚度达到 575mm 已属薄壁内衬结构。而且，在炉腹以上区域采用的耐火材料主要是普通的高铝砖或黏土砖，耐火材料的综合性能难以适应恶劣的工况条件，高炉开炉一年以后，炉腹至炉身下部区域的砖衬就会出现明显侵蚀甚至消失。加之当时高炉冷却主要采用开路循环工业水冷却系统，冷却水管极易形成水垢造成冷却能力不足。炉腹至炉身中部的冷却器主要采用普通铸铁冷却壁，传热性能不良，不能承受高热负荷的热冲击，极易出现冷却壁大量烧损。炉身中部普遍采用支梁式水箱，其冷却能力更是有限，对砖衬的支撑作用也明显不足。绝大多数的高炉在炉身上部至炉喉钢砖下沿 2~3m 的区域没有设置冷却装置，高铝质耐火材料在无冷却的条件下工作。当时世界上一部分高炉在炉腹以上区域采用铜冷却板，由于铜冷却板的高导热性和对砖衬的有效支撑，采用铜冷却板结构的高炉，其炉腹以上区域的使用寿命比采用铸铁冷却壁的高炉普遍延长。

但在当时的技术条件下，无论采用何种炉体冷却结构，炉腹至炉身下部区域的异常破损都十分严重，一般 3~5 年内该区域的内衬就会侵蚀消失，为了维持高炉生产不得不采取中修措施，即局部更换风口以上区域的砖衬。在 20 世纪 90 年代以前，高炉一代炉役期间一般要进行 2~3 次的中修换衬。

20 世纪 80 年代以后，高炉炉腹以上区域的破损成为制约高炉寿命最关键的环节。炉腹以上砖衬的过早破损和严重侵蚀，造成冷却器的大量损坏，高炉炉腹至炉身下部区域经常处于过热状态，在高温煤气热冲击、液态渣铁侵蚀、炉料磨损、碱金属及锌的化学侵蚀等多种破坏因素的综合作用下，砖衬和冷却器的使用寿命严重制约了高炉正常生产和高效长寿。当时炉腹至炉身下部区域的严重破损已成为世界性的技术难题。随着高炉冶炼技术进步，高炉强化程度提高，高炉喷煤技术的推广应用为高炉操作带来了新的课题。为了攻克高炉强化以后出现的炉腹至炉身下部区域短寿的技术难题，一系列长寿新技术得到开发应用[7]。

首先是冷却水质的改善。国内外不少高炉为了解决冷却水管结垢的问题，采用了软水或纯水密闭循环冷却技术，其核心目的是抑制冷却器水管的内壁结垢，以提高冷却效率，抵抗高热负荷的冲击。以欧洲为代表的软水密闭循环冷却系统在新建的高炉上得到了广泛的应用，基本解决了冷却器水管结垢的致命难题。

其次是新型冷却器的开发和应用。以日本为代表，相继开发了第二代、第三代和第四代铸铁冷却壁，改进了冷却壁水管的布置结构，强化了对冷却壁凸台和边角部位的冷却，使冷却壁具有更高的冷却能力，以抵御炉役末期砖衬消失以后的高热负荷，基本实现了依靠冷却壁热面形成的保护性渣皮延长高炉寿命的目标。与此同时，改进了冷却壁的材质和结构，铁素体基球墨铸铁冷却壁得到应用，由于这种冷却壁具有较高的伸长率，可以避免由于冷却壁本体伸长率不足而导致的冷却壁机械破损，降低了冷却壁本体的内应力，使冷却壁使用寿命延长。而且冷却壁的镶砖结构和凸台结构都进行了设计优化，以更好地对砖衬提供有效的支撑，使砖衬能够维持更长的时间。第四代冷却壁是冷却壁—砖衬一体化结构，砖衬与冷却壁本体集成为一体，其目的是提高冷却壁和砖衬的综合传热性能、降低热阻，同时使砖衬具有稳固的支撑，避免了在冷却壁凸台损坏以后，由于失去有效支撑而造成砖衬的脱落。铜冷却板的结构也进行了优化，开发了6通路冷却板，提高了冷却能力，而且在炉腰炉身区域，采用密集式铜冷却板，缩小了铜冷却板的间距，提高了冷却板—炉衬的综合传热性能。铜冷却板与炉壳的密封连接方式也进行了优化和改进，有效地减少了由于煤气泄漏造成的炉壳过热、发红等问题，使冷却板和砖衬的使用寿命都大幅度延长。

再次是用于炉腹至炉身区域的新型耐火材料也得到应用。硅线石砖、刚玉砖、各类碳化硅砖、塞隆结合碳化硅砖、半石墨炭砖以及碳质复合的 C-SiC 砖、C-Al_2O_3 等新型耐火材料开始应用于高炉炉腹至炉身区域。配合软水密闭循环冷却技术和高效冷却器，以 Si_3N_4-SiC 为代表的碳化硅砖在炉腹至炉身下部取得了较好的应用效果，成为20世纪末国内外高炉炉腹至炉身下部区域主流的砖衬材质。在 Si_3N_4-SiC 基础上开发成功的塞隆结合碳化硅砖，在高炉上也获得成功应用。在改善冷却水质、开发应用新型冷却器和耐火材料的同时，一系列高炉修复维护措施也相继问世。炉衬喷补、压浆造衬、局部更换冷却壁等替代高炉中修的维修措施使高炉在不中修的条件下寿命可以达到10年以上。

尽管高炉炉腹至炉身下部区域采取了一系列综合长寿技术，但该区域仍是高炉破损最严重的部位之一，对高炉生产稳定顺行和高炉长寿都有重大影响。直至目前，该区域仍是高炉炉体的薄弱环节，仍需要给予足够的重视。在高炉炉腹至炉身下部采用铸铁冷却壁的情况下，高炉开炉以后，炉腹区域的砖衬一般3年左右就会侵蚀消失，主要依靠渣皮工作；炉腰和炉身下部砖衬也会出现严重侵蚀甚至脱落，高炉内型出现明显的变化。其侵蚀特征是炉腰直径扩大，炉腹角变小，炉身角变小，在炉腹至炉身下部所对应的6~7段冷却壁的高度上，冷却壁热面的砖衬几乎消失殆尽，主要依靠渣皮保护。铸铁冷却壁在没有砖衬的情况下，承受着高温煤气的热冲击和液态渣铁的侵蚀，冷却壁局部过热经常发生，由于铸铁冷却壁的传热能力有限，在渣皮脱落以后很难迅速构建新的保护性渣皮，在此阶段由于温度超过铸铁冷却壁的相变温度而极易导致冷却壁热面龟裂和熔蚀，长期往复的交替破坏作用最终使冷却壁本体破损严重，直至水管烧坏、冷却壁失效。

炉腹至炉身下部区域同样是采用铜冷却板的高炉破损最严重的区域。但由于冷却结构不同，与采用铸铁冷却壁的高炉相比，采用铜冷却板冷却结构具有几个主要差异。一方面铜冷却板的导热性能优于铸铁冷却壁，而且对耐火材料砖衬具有"点式"冷却功能，即可以对耐火材料砖衬提供有效的深度冷却，使砖衬在较低的温度下工作，有效延长了耐火材料砖衬的使用寿命。另一方面，密集式铜冷却板可以为砖衬提供有效的支撑，使砖衬避免大面积的脱落，因此采用铜冷却板的高炉即使在炉役末期仍能维持一定厚度的残余砖衬，这与采用冷却壁的高炉截然不同。再者，铜冷却板损坏主要集中在前端，当砖衬侵蚀以后，铜冷却板裸露出来，失去了砖衬的有效保护，直接与高温煤气、液态渣铁和炉料相接触，即便形成渣皮也容易脱落，铜冷却板烧损在所难免。当铜冷却板损坏以后可以从炉壳外部进行更换，这是采用冷却板结构的一个优势。

炉身中上部处于块状带区域，其砖衬损坏程度相对较轻，但在炉役中后期该区域的砖衬也破损严重。特别是炉喉钢砖下沿的炉身上部，在未采用冷却的条件下，开炉几年以后就会出现破损，尽管并未威胁高炉寿命，但炉壳过热发红、炉喉钢砖变形、煤气泄漏等时常出现，还会影响高炉炉料分布和煤气流分布，影响高炉生产的稳定顺行。图 2-18 是典型的高炉炉体破损状况，图2-19是武钢 4 号高炉（第一代）炉体破损情况，图 2-20 是包钢 3 号高炉（2200m³）炉体破损情况，图 2-21 和图 2-22 分别是采用铜冷却板的宝钢 2 号高炉和荷兰艾莫伊登 6 号高炉的炉体破损的变化情况。

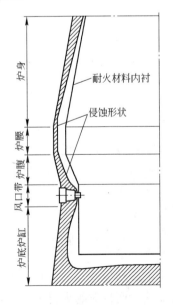

图 2-18　典型的高炉炉体破损状况

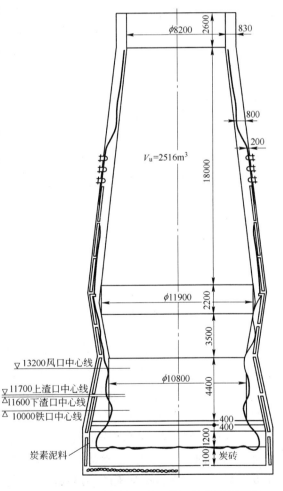

图 2-19　武钢 4 号高炉（第一代）炉体破损情况

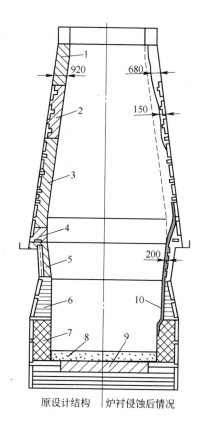

图 2-20　包钢 3 号高炉（2200m³）炉体破损情况（1997 年）

1，9—高铝砖；2—不烧铝炭砖；3，5—烧成铝炭砖；4—Si₃N₄-SiC 砖；

6—炭砖；7—热压炭砖；8—高铝浇注料；10—渣皮

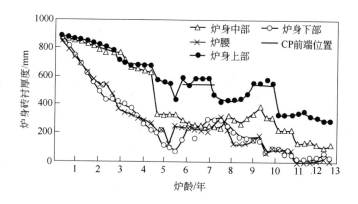

图 2-21　宝钢 2 号高炉炉腰、炉身部位砖衬破损变化趋势

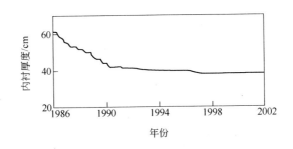

图 2-22 荷兰艾莫伊登 6 号高炉炉腰部位内衬变化趋势

2.1.2.2 炉腹至炉身内衬破损机理分析

我国大多数高炉在炉腹、炉腰和炉身下部采用冷却壁结构。这种采用冷却壁结构的高炉在开炉初期，在冷却壁热面有一定厚度的耐火材料砖衬保护冷却壁，但在炉役中后期冷却壁热面的耐火材料不可避免地出现侵蚀、减薄、破损，冷却壁将直接与高温煤气、炉料和液态渣铁接触。一般而言，冷却壁热面的炉衬寿命仅为整个炉役寿命的 1/3 左右。国内外许多钢铁厂曾对炉体的破损做过一系列破损调查和研究，研究分析了高炉内衬的侵蚀机理，曾得出了化学侵蚀是造成炉衬耐火材料过早损坏的结论。

高炉炉衬的破损分为一次性损坏和长期的缓慢损坏。一次性损坏是由于对热膨胀考虑不足造成热应力对炉衬产生的破坏，以及由于过高的温升而引起的炉衬的剥落。炉衬缓慢损坏的主要原因比较复杂，包括化学侵蚀，诸如锌、碱金属和 CO 沉积、氧化等化学反应所造成的化学侵蚀，以及由化学侵蚀所引起的应力疲劳所产生的裂纹。交替受压和松弛产生微裂纹，也会引起炉衬的缓慢损坏。下降炉料和高炉煤气的冲刷磨损也会引起炉衬的缓慢损坏，这种破坏作用主要发生在高炉炉身的块状带，在高炉下部并不是主要的破损因素。化学侵蚀和温度波动所引起的热冲击损坏则是造成高炉炉腹至炉身下部炉衬损坏的最主要的原因。

A 化学侵蚀和热冲击损坏的共同作用

a 温度对化学侵蚀的主导作用

国外一些研究表明，温度在许多炉衬侵蚀的机理中具有重要作用，造成炉衬侵蚀的化学反应经常是温度越高反应速率越快。而且耐火材料的破裂、剥落以及压力疲劳在高温条件下更为严重。表 2-4 列出了高炉内主要化学侵蚀的温度范围。

表 2-4 高炉内主要化学侵蚀的温度范围

化学侵蚀	反应温度/℃	化学侵蚀	反应温度/℃
CO 沉积	450~850	O_2 的氧化	>400
碱金属和锌侵蚀	800~950	CO_2 和 H_2O 的氧化	>700

从表2-4中可以看出，当温度低于400℃时，尚未达到各类化学侵蚀反应的温度，因此可以使炉衬耐火材料避免各类化学侵蚀的破坏。生产实践表明，对于高炉采用的较高质量的耐火材料，碱金属侵蚀仍然是造成炉衬损坏的主要原因，所以，800℃左右应是炉衬化学侵蚀的敏感温度和临界温度，低于这个温度炉衬化学侵蚀则变得缓慢。

b 炉衬热损坏

高炉炉腹、炉腰和炉身下部的炉衬，除了化学侵蚀以外，耐火材料所承受的高热负荷和热震冲击也是炉衬损坏的主要原因。这是由于软熔带恰好处于该区域，炉腹煤气上升过程中穿透软熔带，在此过程中出现煤气流二次分布，煤气流分布随机变化会引起炉腰和炉身下部温度相应变化，炉衬热负荷也随之出现波动。荷兰艾莫伊登厂通过对高炉热负荷和温度的实际测量发现，该区域的温度变化幅度在采用100%烧结矿时可达50℃/min，而使用50%烧结矿和50%球团矿时可高达150℃/min，采用球团矿比率越高，炉衬温度和热负荷波动越大。除此之外，高炉布料制度、送风制度和富氧喷煤操作等也对炉衬温度变化具有显著影响。

为了防止炉衬的热冲击损坏，在高炉设计中必须选择合理的耐火材料和冷却方式来抑制或减缓这种破坏。一般而言，耐火材料的导热系数越高，抗热震性能就越强。为了抵抗温度波动所造成的热震破坏，选择合理的耐火材料对延长寿命具有积极作用。表2-5列出了一些常用耐火材料及铸铁冷却壁的导热系数和抗热震性能。

表2-5 高炉用耐火材料和铸铁冷却壁的导热系数及其抗热震性能

材 料	导热系数/W·(m·K)$^{-1}$	开始产生裂纹时的临界温度变化/K·min^{-1}
石墨质	80 ~ 120	500
半石墨质	40 ~ 60	250
碳化硅质	12 ~ 18	40 ~ 50
铸铁冷却壁	40 ~ 50	50
高铝质（$w_{Al_2O_3} = 85\%$）	1.2 ~ 2.0	5
黏土质（$w_{Al_2O_3} = 45\%$）	1.2 ~ 1.5	4
刚玉质	1 ~ 2	2 ~ 4

由表2-5可以看出，在炉料结构为100%烧结矿时，高炉内温度波动为50℃/min，各种高铝质耐火材料的抗热震性能很差，均不适用于炉腹、炉腰和炉身下部温度波动较大的区域。碳化硅质耐火材料可以承受40~50℃/min的温度变化才开始出现裂纹，其抗热震性能也不能抵御更高温度波动的热震破坏，当入炉球团矿比率增加、喷煤量提高、产量增加的情况下，高炉边缘气流发展，炉衬温度和热负荷变化增大，碳化硅质耐火材料的适用性变差。

石墨质和半石墨质耐火材料具有优良的导热性和抗热震性能，在高炉炉腹、炉腰和炉身下部采用石墨质或半石墨质耐火材料可以获得较好的应用效果，在国内外高炉生产实践中也得到证实。

在高炉设计中，也可以采用耐火材料的抗急冷急热性能指标来衡量耐火材料的抗热冲击能力。该指标更容易进行测量和定量化，并与开始产生裂纹的临界温度变化指标具有一定的相关联系。

由于高炉各部位的工作条件的不同，不同的破坏机理对各部位砖衬的破坏作用程度也不尽相同，表2-6列出了几种炉衬破损机理对高炉各部位的影响程度。由表2-6可以看出，热负荷、热冲击和碱金属及锌侵蚀是造成炉身下部炉衬损坏的主要原因。

表2-6　炉衬破损机理对高炉不同部位的影响程度

破损机理	炉腹	炉腰	炉身下部	炉身中部	炉身上部	炉喉
热冲击	6	10	10	9	2	1
热负荷	6	7	8	5	1	2
炉渣侵蚀	10	11	3	1	N/A	N/A
碱金属和锌侵蚀	4	6	7	4	6	3
氧化	2	5	4	6	2	1
冲刷磨损	2	5	6	7	7	10

由此可知，炉衬的温度场分布和耐火材料的性能是决定炉身下部炉衬寿命的重要因素。高炉设计和生产操作对高炉炉身下部寿命的影响均通过这两个方面反映出来。

B　炉腹区域内衬破损机理

高炉炉腹位于炉缸风口回旋区的上方，高温炉腹煤气经该区域向上排升；同时软熔带根部通常处于炉腹部位，因此该区域的工作条件十分恶劣，也是高炉内衬和冷却壁极易出现破损的部位。在炉腹区域，受到高温煤气强烈的热冲击作用，特别是在边缘煤气流发展时，炉衬或冷却器的热面温度通常高达 1300~1600℃，而且由于气流分布不稳，造成温度波动巨大，砖衬和冷却器承受着巨大的温度变化引起的热冲击，热力破坏作用十分突出。与此同时，炉腹"上大下小"的几何结构，使砖衬和冷却器承受着软熔带熔滴的液态渣铁和高速上升的高温煤气流的冲刷、化学侵蚀以及氧化作用，上部炉料所形成的侧压力、摩擦力以及高炉崩料、坐料所产生的巨大冲击力也主要作用于炉腹区域。

对于采用冷却壁结构高炉而言，无论炉腹区域采用何种耐火材料砖衬，一般开炉以后的 1~3 年内，炉腹区域砖衬几乎全部消失，主要依靠冷却器的冷却作用，在其热面附着一层凝铁、焦炭和凝渣的混合物，即保护性"渣皮"。实践证实，高炉一代炉役期间，炉腹区域主要依靠这种保护性的渣皮维持工作，渣皮厚度一般为 20~100mm，而且渣皮厚度也是根据高炉炉况不断变化的，在边缘煤气流发展、炉墙热负荷升高以及下降炉料冲击时，渣皮还会脱落，在冷却器的冷却作用下，达到热平衡时，新的渣皮还会形成，这个过程周而复始、循环往复。由此可见，实现炉腹区域的高效冷却至关重要，必须改善水质、提高冷却器的传热性能，形成表面光滑均匀的保护性渣皮，这是实现炉腹区域长寿的最重要的环节。因此进入 21 世纪以后，国内外大型高炉在炉腹区域普遍采用铜冷却壁，其主要目的就是利用铜冷却壁的高导热性，使保护性渣皮能够快速形成，炉腹区域采用铜冷却壁以后，甚至可以取消其热面的砖衬，用一层 100mm 左右的喷涂料代替，在开炉初期保护铜冷却壁免受各类物理损坏。对于炉腹区域采用铸铁冷却壁和铜冷却板时，应优先选用导热性能优异的耐火材料，而且应该减薄砖衬厚度，增加冷却器/砖衬的综合传热性能，使保护性渣皮能够稳定形成。

C 炉腰和炉身下部内衬破损机理

炉腰和炉身下部区域是高炉软熔带所处的区域，和炉腹一样，是高炉炉体破损最严重的部位。由于高炉原燃料条件和操作条件存在差异，炉腰和炉身下部的损坏机理也不尽相同，但都是各种破坏因素综合作用的结果，只是不同的高炉其破损原因的主次顺序有所差异而已。

对于绝大多数高炉而言，热力破坏仍是重要的原因。煤气上升过程中，要穿透软熔带焦窗向上运动，在此区间煤气流进行第二次分布。高温煤气穿透焦窗时，煤气流的运动方向并非垂直向上，一部分煤气沿炉墙边缘向上流动，对炉衬和冷却器造成热力破坏。当高炉边缘煤气流过分发展时，这种破坏作用更为严重。图 2-23 是高炉煤气穿透软熔带时的示意图。实测表明，高炉内热流强度最大的区域在炉身下部，热流强度取决于高炉冶炼强化的程度以及煤气流分布等因素。对于同一座高炉，炉身下部的热流强度，也将随着炉衬的侵蚀状态而发生很大的变化。在炉衬被完全侵蚀消失以后，冷却器热面完全暴露在高炉中，高炉将依靠在冷却器热面形成的渣皮维持长期工作。如果操作条件变化、边缘煤气流发展时会造成渣皮脱落，其热流强度将出现剧烈的波动。炉腰至炉身下部的热流强度一般可以达到 $30000 \sim 50000 \mathrm{W/m^2}$ 甚至更高，对高炉炉衬和冷却器的破坏作用最为突出。热力破坏行为表现为：一方面，高温煤气流流经炉衬或冷却壁热面时，使炉衬或冷却壁的热面渣皮脱落、温度升高，造成炉衬或冷却壁内部产生较大的温差热应力，从而导致热应力破损；另一方面，高温煤气流的热冲击，造成炉衬或冷却壁出现较大的温度波动，产生较高的热震应力或热冲击应力。这两方面都是炉衬或冷却壁热力破坏的重要原因，而温度波动产生的热冲击应力的破坏作用更为严重。

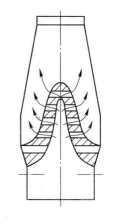

图 2-23 煤气流穿透软熔带时分布示意图

在炉衬热面温度升高时，各类化学侵蚀反应也相应加剧，造成了热力破坏和化学侵蚀同时进行的综合破损。高炉内的化学侵蚀主要包括：碱金属和锌的化学侵蚀、CO 所产生的碳素沉积、CO_2 和 H_2O 的氧化作用等。随着高炉原燃料条件的变化和钢铁厂粉尘的循环利用，高炉内的碱金属和锌富集循环，不但在高炉内容易产生高炉结厚、结瘤、悬料，还会对炉衬造成化学侵蚀，缩短高炉寿命。碱金属和锌的破坏行为不仅表现在炉缸炉底的炭砖，对炉腹、炉腰和炉身的耐火材料内衬同样具有不可忽视的破坏作用。图 2-24、图 2-25 分别是武钢 4 号高炉和 5

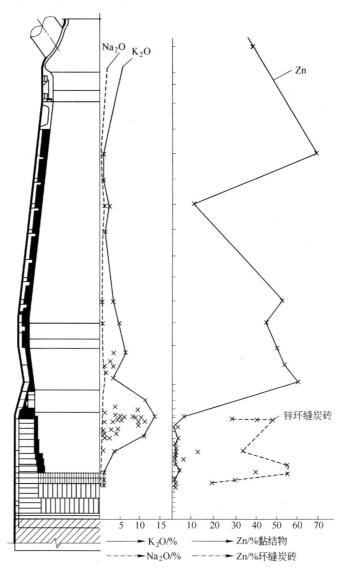

图 2-24　武钢 4 号高炉沿高度方向碱金属和锌在炉体黏结物中的分布

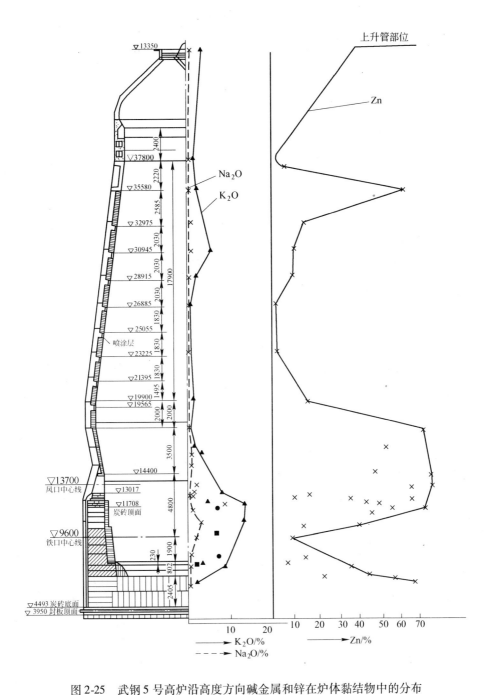

图 2-25　武钢 5 号高炉沿高度方向碱金属和锌在炉体黏结物中的分布

号高炉碱金属和锌在炉体的分布情况；图 2-26 是宝钢高炉碱金属和锌在炉体的
分布情况。

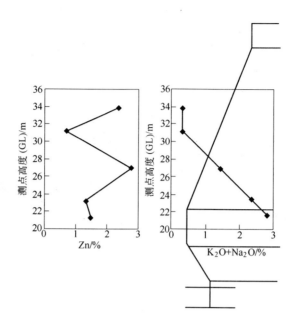

图 2-26　宝钢高炉沿高度方向碱金属和锌的分布

碱金属和锌在高炉的破坏作用不容忽视，近年来由于高炉原燃料条件的变化，炉料中的有害元素含量上升，而且由于含锌废钢在转炉中的大量使用，使转炉烟气粉尘中锌含量增加，再经过烧结工序回收利用，使高炉炉料中的锌负荷和碱金属负荷增高。而且，碱金属和锌会在高炉内不断循环富集，如果不采取特殊的脱除工艺，则很难摆脱这种有害元素所带来的危害。所以，采用转底炉处理钢铁厂粉尘，不但可以回收除尘灰中的铁元素，还可以将锌从工艺流程中脱除，回收二次资源，实现固体废弃物的资源高效利用。碱金属和锌在高炉内会造成炉缸堆积、炉衬结厚、高炉结瘤，破坏高炉顺行，还会破坏风口区砖衬，引起风口的上翘和曲变，对炉缸炉底炭砖的破坏更为突出，而且还和焦炭发生化学反应，破坏焦炭强度、引起焦炭粉化，破坏高炉稳定顺行。

K、Na 等碱金属和 Zn 的氧化物与炉衬中的 Al_2O_3、SiO_2 生成低熔点的硅酸盐类物质，使炉衬损坏。K、Na 蒸气与炉衬中的 Al_2O_3、SiO_2 生成钾霞石（$K_2O \cdot Al_2O_3 \cdot 2SiO_2$）和白榴石（$K_2O \cdot Al_2O_3 \cdot 4SiO_2$），钾霞石的体积膨胀 49% ~ 50%，白榴石的体积膨胀 30%，这两类低熔点物质的生成，使炉衬体积出现异常膨胀，导致炉衬软熔、疏松、开裂、剥落，造成破损。在高温区这种破坏作用更为加剧。K、Na 的沸点分别为 799℃ 和 882℃，K_2O 和 Na_2O 在高炉炉身中部的中温区被还原为气态单质，随着煤气流的上升，与炉料中的矿物结合生成硅酸盐、碳酸盐和氰化物并随着炉料进入高温区，进而又被还原为碱金属蒸气随煤气上升。在高炉冶炼过程中，在煤气与炉料相向运动的条件下，这种过程循环往复，一部分碱金属在高炉上下部之间循环转移，很少一部分随煤气或炉渣排出，造成碱金属在高炉炉内的循环富集。

锌在高炉中的危害近年来有加重趋势，研究表明，不少高炉出现的炉况波动、炉衬损坏、风口破损、冷却器损坏都与锌的危害直接相关。锌的氧化物在1000℃的高温区被还原为单质锌蒸气，锌的沸点为907℃，随着上升煤气流向上运动，当到达中温区时，又被煤气中的 CO_2 氧化并冷凝生成粉末状的ZnO，一部分ZnO附着于煤气粉尘中排出高炉，还有一部分ZnO附着在炉料中随着炉料下降再次进入高温区。同碱金属一样，锌在高炉内部也存在循环富集现象，在高炉内形成的锌蒸气渗入到炉衬的缝隙或气孔中，使炉衬体积膨胀而出现脆化破损。对于采用冷却壁的高炉，锌会造成炉衬或冷却壁热面形成的渣皮频繁脱落，脱落的渣皮经常会损坏风口，使风口扭曲变形甚至砸坏风口；对于采用冷却板的高炉，锌会造成炉腹炉腰区域的渣皮黏结牢固，甚至出现炉墙结厚，经常出现悬料，破坏高炉稳定顺行。在风口高温区的锌蒸气渗入到风口组合砖或冷却器的缝隙中，在温度降低以后冷凝形成液体，渗入到风口组合砖中的锌会造成砖衬体积膨胀、脆裂和损坏，导致风口设备受到挤压变形、扭曲上翘。锌对炉缸炉底炭砖和陶瓷材料的破坏作用同碱金属一样具有危害。

高炉初渣一般在炉腰和炉身下部区域形成，初渣中 FeO 含量高、侵蚀性强，用于炉腹、炉腰和炉身下部的耐火材料砖衬都会受到高炉炉渣的侵蚀，特别是对于硅酸铝系的耐火材料，由于其抵抗炉渣侵蚀能力较差，炉渣的侵蚀作用就更为显著。在采用导热性、抗渣性、抗碱性、耐磨性、抗氧化性都比较优异的 Si_3N_4-SiC 砖、Sialon-SiC 砖以及半石墨炭砖以后，该区域炉渣侵蚀破坏得到较好的遏制。

2.1.3 炉身中上部内衬破损机理

高炉炉身中上部处于块状带，相对温度较低，尚没有液态渣铁的生成，因此液态渣铁的侵蚀也就不会在这个区域存在。实践表明，炉身中上部主要是下降炉料和上升煤气流的冲刷磨蚀以及碱金属和锌对砖衬的破坏。高炉边缘煤气流的过分发展，会造成对炉衬的冲刷磨损，而且煤气流的热冲击还会引起炉喉钢砖变形甚至烧坏，造成炉喉区域的炉料分布失常，炉料下降紊乱，使炉身上部砖衬破损加剧，这种效果形成恶性循环，炉料的分布失常使煤气流分布紊乱，下降炉料与上升煤气交替作用，炉身中上部炉衬破损更加严重。在炉身上部未采用水冷壁结构以前，炉身上部无冷区经常要进行喷补或压浆造衬，以维护合理的高炉操作内型。

2.1.4 高炉内衬侵蚀机理研究方向

高炉寿命是冷却系统、耐火材料和高炉冶炼过程相互作用的结果。现代高炉长寿综合技术的开发和应用，使高炉的寿命已能延长到 15~20 年，部分大型高炉寿命甚至达到 20 年以上，高炉单位容积产铁量达到 $15000t/m^3$。高炉寿命的大幅度延长不仅是由于耐火材料和冷却系统设计的改进，高炉精料水平的提高、炉料分布控制技术的改进、高炉冶炼过程控制、炉体自动化监测以及维护技术的提高，对延长高炉寿命都具有重要作用。

毋庸置疑，降低炉体热负荷和炉衬热负荷波动对于延长高炉寿命意义重大。这是因为高炉在较高热负荷和热负荷波动的条件下，质量再好的耐火材料也难以实现高炉长寿。必须建立无过热、低应力的炉体设计体系，实现高效冷却系统、无过热冷却器、合理耐火材料材质和合理的结构匹配，构建基于高效冷却的自保护炉体结构，这是未来高炉长寿的必由之路。

高炉操作对高炉炉衬热负荷影响重大，与此同时，耐火材料和冷却系统的设计也对热负荷具有重要影响。在高炉冷却系统正常工作状态下，冷却器热面能够形成稳定的保护性渣皮，渣皮厚度能够对通过炉衬的热流起到有效的调节作用。显而易见，高炉炉衬热负荷的平均水平是由高炉操作模式所决定的，而不是由耐火材料和冷却系统的设计所决定的。在一定的操作条件下，系统热阻与冷却和炉衬系统无关。高炉操作过程中，高热负荷和热负荷波动所造成炉衬的热损坏仍是从冷却器和炉衬设计角度难以解决的问题，只有依靠改善原料和操作条件来解决。实践证明，通过控制高炉炉料分布来抑制边缘煤气流是降低炉衬热负荷和减少热负荷波动最有效的措施。

由炉衬侵蚀机理可知，高炉炉身下部温度最高可达 1200℃ 以上，并且温度波动也极其频繁，在这个部位要依靠砖衬来维持较长的寿命是十分困难的。从侵蚀机理的分析中可以明确，温度不论对化学侵蚀还是对热损坏都具有关键作用。为了延长高炉寿命，应用传热学对炉衬温度进行计算研究十分重要，构建基于传热学理论的无过热、低应力炉体结构是延长高炉寿命的重要途径。

2.2 高炉冷却器破损机理

用于高炉不同的部位的冷却器由于其工况不同，破损情况和破损机理也不尽相同[8,9]。在高炉相同部位采用不同结构形式的冷却器，其破损情况和破损机理也存在差异，因此高炉冷却器的破损机理需要针对具体的冷却器结构进行研究分析。

现代高炉炉缸炉底侧壁普遍采用冷却壁，也有部分高炉采用炉壳喷水或夹套式的冷却方式，炉底普遍采用水冷管结构。炉缸炉底冷却壁一般为光面冷却壁，材质为灰铸铁或含铬铸铁，目前在不少高炉炉缸炉底交界处采用了铜冷却壁。炉腹、炉腰和炉身区域的冷却器结构呈现多样化。一种是采用全冷却壁式的炉体结构；另一种是在炉腹、炉腰和炉身采用冷却板；还有将上述两种冷却方式结合的

"板壁结合"冷却方式。对于采用冷却壁冷却结构的高炉，目前应用比较普遍的是在炉腹、炉腰和炉身下部采用铜冷却壁，炉身中上部采用球墨铸铁冷却壁，炉身上部至炉喉钢砖下沿采用C形水冷壁结构，而且采用这种冷却结构的高炉绝大部分还采用薄壁内衬结构，冷却壁热面的砖衬厚度通常小于400mm，不少高炉甚至取消砖衬结构，铸铁冷却壁热面仅设置镶砖，铜冷却壁热面则采用喷涂，喷涂层厚度约100mm。由于炉腹至炉身下部区域是高炉容易异常破损部位，也有不少高炉在炉腹、炉腰和炉身采用铜冷却板结构，炉体砖衬需要维持一定的厚度，而且用于炉腹、炉腰和炉身下部的耐火材料要具有较高的综合性能。"板壁结合"结构尽管具有冷却壁和冷却板的双重优点，但由于在炉体结构设计和安装施工中比较复杂，因此"棋盘式"布置的"板壁结合"冷却结构在高炉上应用得并不普遍，通常的"板壁结合"冷却结构是在炉缸炉底区域采用冷却壁，炉腹至炉身下部区域采用铜冷却板，炉身中上部采用冷却壁。

2.2.1 铸铁冷却壁破损机理

生产实践证实，高炉炉缸炉底采用的铸铁冷却壁一代炉役期间基本保持完好，破损程度相对较轻，一般很少出现异常破损。但高炉铁口区附近的冷却壁由于砖衬的减薄和铁口孔道的损坏，经常会出现局部冷却壁温度过高甚至局部烧损，这种现象在铁口出铁量大、铁口维护不良、出铁操作不合理的高炉上屡见不鲜。在炉役中后期，由于炉缸炉底象脚状侵蚀，会造成炉缸炉底交界处的冷却壁热负荷和冷却水温差升高，在砖衬减薄、炉缸维护不及时的情况下，还会发生炉缸烧出事故，冷却壁被铁水烧毁。近年来由于炉体冷却结构的变化，少数高炉风口区域的铸铁冷却壁出现损坏，这主要是由于炉腹采用铜冷却壁以后，炉缸风口区铸铁冷却壁与炉腹铜冷却壁厚度相差较大，在交界处为了处理不同结构冷却壁的界面，而造成风口区铸铁冷却壁的设计结构不合理，从而使铸铁冷却壁出现损坏。

炉腹至炉身下部自20世纪80年代以后，随着球墨铸铁冷却壁的研制成功，在该区域主要采用双排冷却水管的球墨铸铁冷却壁，炉腰、炉身的冷却壁采用凸台结构，采用双排水管的球墨铸铁冷却壁，可以在不中修的条件下，维持一代炉役寿命，但冷却壁破损严重，冷却水管大量损坏。炉身中上部一般采用带凸台的单排管球墨铸铁冷却壁或灰铸铁冷却壁，炉役末期该区域的冷却壁也破损严重。

炉腹至炉身区域的铸铁冷却壁，在炉役末期基本呈现相同的破损特征，而炉腹至炉身下部区域的冷却壁破损更为严重。其破损情况表现为：

（1）冷却壁厚度大幅度减薄，冷却水管裸露。一般残余厚度约为原厚度的一半，冷却水管热面的铸铁基本消失，大量冷却水管裸露，冷却壁基体被侵蚀减薄到冷却水管的热面之后。

（2）冷却壁本体严重变形、开裂，冷却壁边角部位侵蚀严重，热面呈现不均匀的侵蚀，局部突出、局部凹陷，裂纹纵横交错甚至贯通整个壁本体，冷却壁的整体原貌基本不复存在。

（3）冷却壁本体产生挠性变形和翘曲。炉役末期，铸铁冷却壁侵蚀严重、出现过热，由于温差热应力使冷却壁发生形变，冷却壁结构尺寸越大，其挠性变形量也越大，在固定螺栓的约束下，在高度方向上冷却壁呈凸形。甚至出现固定螺栓被拉弯、拉长，冷却壁内的螺栓头烧毁，冷却壁与炉壳产生错位变形等现象。

（4）冷却水管大量损坏。采用凸台结构的冷却壁，开炉几年以后就会出现凸台冷却水管烧损，到炉役中期冷却壁凸台基本已全部消失，冷却壁热面主要依靠黏结的渣皮或定期喷补、压浆所形成的造衬进行工作，冷却壁前排冷却水管在炉役末期频繁烧损，而且当一根水管烧坏以后，也会造成周边冷却水管的快速损坏，在前排冷却水管烧坏以后，后排水管很快就会被烧毁，最后造成整个冷却壁的冷却水管全部烧坏，不少高炉冷却壁的冷却水管在炉役末期损坏严重。还有一些高炉由于冷却壁设计或制造安装等问题，冷却壁进出水管在炉壳处被大量切断，这种现象在高炉开炉一段时间就会出现。其主要原因是冷却壁进出水管、保护套管以及与炉壳的连接方式不合理造成的，高炉开炉以后，冷却壁温度升高而发生热膨胀位移，如果进出水管的设计结构不合理，就会出现水管被切断的问题。

2.2.2　球墨铸铁冷却壁破损机理

通过对高炉炉腹至炉身的球墨铸铁冷却壁的破损调查研究，分析冷却壁的破坏行为，球墨铸铁冷却壁的破损机理主要包括：

（1）化学侵蚀。球墨铸铁冷却壁本体中含碳量较高，当温度在700℃以上，煤气中的CO_2将和球墨铸铁中的碳发生化学反应（$C + CO_2 \rightarrow 2CO$），球墨铸铁中的碳氧化以后，使铸铁基体产生微小的孔洞和裂纹，这易引起冷却壁铸铁基体发生化学侵蚀。在700℃高温条件下，铸铁基体会出现较高的热膨胀，使碳素氧化而形成的孔洞、裂纹并生长扩大，最后导致铸铁冷却壁出现本体龟裂、局部剥落、水管裸露。研究表明，铸铁基体中的铁也与CO_2发生化学反应，使铸铁基体材质劣化。碱金属在800℃左右，将严重地侵蚀冷却壁基体。但在更高温度，由于碱金属难以沉积，化学侵蚀将减弱。在高炉冶炼条件下，球墨铸铁冷却壁还会发生渗碳破坏。在400～600℃的温度区间，煤气中的CO发生碳素沉积反应（$2CO \rightarrow CO_2 + C$），在冷却壁本体出现裂纹或空洞的情况下，煤气中的CO深入其中，使化学生成的碳沉积在冷却壁裂纹和孔洞中，使冷却壁渗碳。武钢通过多年的研究发现[2]，由于球墨铸铁冷却壁的渗碳引起冷却壁开裂，由炉身上部向下温度越高越严重。高炉开炉以后，随着时间的推移，球墨铸铁冷却壁的渗碳程度增加，龟裂也更趋严重。高炉开炉4～5年以后，球墨铸铁冷却壁一般会出现烧损和磨蚀，但开裂现象并不普遍。10～15年以后，由于球墨铸铁冷却壁的渗碳而造成的开裂就十分严重，甚至引起冷却水管的断裂和冷却壁的烧损。

（2）热应力损坏。球墨铸铁冷却壁由于冷热面存在较高的温差，冷却壁热面渣皮的生成和脱落使冷却壁在冷却和受热的状态下交替工作，壁体内部将产生热应力，导致壁体产生裂纹和龟裂，从而使冷却水管暴露在高温煤气之下，最终使水管损坏而漏水。冷却壁热面温度越高，这种破坏就越严重。冷却壁冷热面温度差越高，铸铁在热冲击下的损坏也就越快。温升越快以及冷热变化越频繁，热应力损坏也更加严重。在冷却壁热面砖衬消失以后，冷却壁依靠渣皮提供保护，一旦渣皮脱落，冷却壁热面温度急剧升高，在冷却壁本体内产生很高的温差热应力，所产生的热应力甚至超过了铸铁冷却壁的抗拉强度（球墨铸铁一般为400～450MPa，灰铸铁一般为200～300MPa），在超高热应力的作用下，造成冷却壁开裂。另外，冷却壁温度的反复波动，还容易引起冷却壁变形，内应力的变化使冷却壁出现热疲劳破损。

球墨铸铁冷却壁温度在400℃以下时，各项力学性能基本不随温度变化，抗拉强度、屈服强度、伸长率等主要力学参数基本维持恒定。但温度超过400℃以上时，抗拉强度急剧下降，伸长率也发生很多的变化，力学性能随着温度的升高呈明显的恶化趋势。因此，不少高炉将球墨铸铁冷却壁安全工作温度控制在400℃以内，以保证主要力学性能不发生较大的恶化。

（3）相变破坏。当温度达到727℃时，铁素体基球墨铸铁将发生相变，由铁素体、珠光体等向奥氏体转变，并发生17%的体积收缩。冷却壁反复受热和冷却，相变反复发生，将使冷却壁产生裂纹，并不断扩展，从而使壁体发生损坏，造成水管的暴露和破裂，使冷却壁漏水失效。另外，当温度达到1250℃以上时，球墨铸铁将被熔蚀，出现高温烧毁。因此，对于采用球墨铸铁的冷却壁，一般将其安全使用温度控制在700℃以下，主要目的就是控制球墨铸铁的相变破损。

由此可见，冷却壁热面温度过高是造成冷却壁损坏的主要原因。产生裂纹和龟裂更易使冷却壁过早损坏，这也是一些高炉在开炉较短时间内就发生冷却壁损坏的根本原因。当温度在700℃以下时，球墨铸铁冷却壁发生化学侵蚀和产生裂纹的机会大为减少，将可以获得较长的使用寿命。因此，在冷却壁和高炉设计中，采取的基本对策就要尽可能提高冷却壁的冷却能力，使其在无过热的条件下工作，在高炉炉内煤气温度升高到极端温度时，冷却壁的壁面温度仍保持在700℃以下，这将使冷却壁保持在安全状态下工作，延长冷却壁的使用寿命。

（4）球墨铸铁抗热震性能差，导热系数低。冷却壁在高热负荷区工作时，冷热面的温差可高达500℃以上，而且经常大幅波动，这必然会产生很大的热应力，致使金属疲劳而产生裂纹。特别是在高温状态下，铸铁的强度大幅度降低，更容易产生裂纹，并随时间的推移裂纹逐步扩大，最终导致冷却水管裸露烧坏、断裂和漏水。另外，当炉料中球团矿比率达到50%时，高炉内煤气流分布出现波动，炉衬热负荷和温度波动增大，铸铁冷却壁的抗热震性能差的缺陷将更为明显。

(5) 铸铁冷却壁制造工艺是其容易损坏的重要原因。高炉铸铁冷却壁采用铸造方法制造，先将钢质冷却水管预置在铸模中，然后浇入液态铸铁，最后冷却成型。从铸造到出模需要约48~70h。在此期间，冷却水管长时间与高温铸铁紧密接触，因此冷却水管也经历了从高温（1773~1873K）到低温（473~573K）的温变过程。由于冷却水管内壁与大气相通，所以冷却水管内表面会发生氧化。同时铸铁中的碳含量高于钢质冷却水管，其外表面（与铸铁相接触的部分）会发生渗碳反应。这一系列物理化学变化对冷却壁的使用性能和寿命都会产生很大的影响。

为克服这一问题，国内外普遍采用在冷却水管外壁涂以0.2~0.3mm厚的防渗碳涂层，该涂层可以抑制冷却水管表面的渗碳和脆化。这样虽然解决了水管渗碳问题，但是这层涂料一般是陶瓷质材料，必然会影响冷却水管的导热性能。另外，因温差热膨胀，水管和冷却壁壁体之间会产生0.1~0.3mm厚的气隙层，陶瓷涂层和气隙层的热阻约占冷却壁总热阻的40%~80%，导致冷却壁冷却效率下降，壁体温度升高，甚至危及冷却壁的寿命。可见，涂层和气隙层是铸铁冷却壁壁体温度过高的主要原因。在冷却壁制造过程中，增加防渗碳涂层的导热性能、降低热阻，减少冷却水管与壁体间的气隙是降低铸铁冷却壁壁体温度，提高铸铁冷却壁使用寿命的主要途径。对于裸露的铸铁冷却壁，当高炉内温度超过913℃、边缘接触压力达到10MPa时，壁体热面热应力已经进入屈服状态，热面在高于屈服点的交变载荷下工作，极易产生裂纹并迅速扩展，从而导致冷却壁龟裂破损。这是铸铁冷却壁容易破损的另一个重要原因。

(6) 高温煤气流和炉料的冲刷磨损。高炉炉腹至炉身下部的冷却壁在渣皮脱落、失去保护的情况下，不仅受到高温煤气的热冲击，还会加快冷却壁的磨损。一方面下降炉料与冷却壁接触，在下降过程中，使冷却壁热面的镶砖和铸铁本体遭到机械磨蚀；另一方面，高温煤气流在上升过程中携带大量粉尘直接冲刷冷却壁表面，使冷却壁本体或水管遭受机械磨损。在炉身中上部的块状带，下降炉料和携尘煤气的冲刷对冷却壁的机械磨损也十分严重。

2.2.3 钢冷却壁破损机理

20世纪90年代，我国开发了钢冷却壁。由于钢具有较好的导热性能，而且抗拉强度高、伸长率高、熔点高、抗热冲击能力强，同时冷却壁水管和冷却壁本体的热阻大大降低，整体传热性能增强，在我国济钢、鞍钢、首钢、南钢等高炉上得到应用。钢坯钻孔或铸钢冷却壁在综合性能方面与铸铁冷却壁相比，显示出较好的技术优势[10~13]。

钢冷却壁作为新一代高炉冷却壁，由于材质与冷却水管材质相近，与球墨铸铁冷却壁相比，具有伸长率高、抗拉强度大、熔点高、抗热冲击性强及整体导热性能好等优点。国外早在1982年就开始对铸钢冷却壁进行研究，但由于钢液温度高，在浇注、凝固过程中，冷却水管很容易发生变形和熔化穿透，这一难题限制了钢冷却壁工业规模化生产应用。

钢冷却壁在使用过程中，造成钢冷却壁破损的主要原因与铸铁冷却壁有很多相同或相似之处。尽管钢的力学性能优于球墨铸铁，但导热系数低于铸铁，导热性不如灰铸铁，因此钢冷却壁仍然不能完全克服铸铁冷却壁的技术缺陷。对于钢坯或钢板钻孔成型的钢冷却壁，由于取消了铸入的冷却水管，因此钢冷却壁的整体热阻会比铸铁冷却壁低，有利于冷却壁传热。对于铸钢冷却壁而言，冷却水管也无需采取特殊的防渗碳处理，由于取消了防渗碳涂层，也会降低冷却壁的整体热阻，这对于提高铸钢冷却壁的传热性能都是有利的。

钢冷却壁破损的一个主要原因是在使用过程中的渗碳化学侵蚀。在高温工况条件，如果钢冷却壁的表面温度超过了允许温度，会造成机械强度急剧下降，造成钢冷却壁热面出现微小的裂纹，冷却壁本体晶粒长大。在高炉冶炼条件下，高炉煤气中的CO进入到裂纹中，在一定温度条件下发生碳素沉积反应，使钢冷却壁本体渗碳、脆化，进而加剧了裂纹的长大，使钢冷却壁热面开裂严重。当裂纹贯穿冷却水道时，就会造成钢冷却壁严重烧损、漏水，最终导致钢冷却壁的失效。同时，热应力的破坏也是钢冷却壁破损的一个重要原因。在钢冷却壁制造、安装和使用过程中，应力集中会导致钢冷却壁本体出现破损，甚至冷却水管也会由于热应力过大而被损坏。

2.2.4 铜冷却壁破损机理

安装在高炉内的热面裸露的铸铜冷却壁，其热变形趋势及变形幅度不仅与壁体温度分布有关，还与壁体边缘接触压力有关。在温度不变的条件下，当壁体边缘接触压力小于50MPa时，铸铜冷却壁向热面凸起，形成"弓形"。当壁体边缘接触压力大于50MPa时，受边界约束的限制，冷却壁向冷面凸起，形成向冷面凸起的"弓形"。

高炉冷却壁的热应力与壁体的温度分布以及壁体边缘接触压力有关。在温度不变的条件下，边缘接触压力越小，壁体所受的热应力就越小。在边缘接触压力相同的条件下，炉温越高，壁体热应力越大。对于裸露的铸铜冷却壁，当煤气温度为1153℃、边缘接触压力小于100MPa时，铸铜冷却壁壁体热应力小于纯铜的抗拉强度，所以，铸铜冷却壁在高热负荷下工作不会产生疲劳裂纹；对于裸露的合金化管铸铁冷却壁，当高炉内煤气温度超过 913℃、边缘接触压力为 10MPa 时，壁体热面热应力已经进入屈服状态，热面在高于屈服点的交变载荷下工作，裂纹极易产生和扩展，从而导致冷却壁破损。这是铸铁冷却壁容易破损的主要原因。

高炉冷却壁的热应力与壁体的温度分布以及壁体边缘接触压力有关。在温度不变的条件下，边缘接触压力越小，壁体所受的热应力就越小。在边缘接触压力相同的条件下，炉温越高，壁体热应力越大。对于裸露的铸铜冷却壁，当炉温 1153℃、边缘接触压力小于 100MPa 时，铸铜冷却壁壁体热应力小于纯铜的抗拉强度，所以，铸铜冷却壁在高热负荷下工作不会产生疲劳裂纹。

参 考 文 献

[1] 张福明. 首钢高炉炉缸内衬设计与实践[C]//中国金属学会炼铁专业委员会. 高炉长寿及快速修补技术论文集, 1999: 164~169.

[2] 张寿荣, 于仲洁, 等. 武钢高炉长寿技术[M]. 北京: 冶金工业出版社, 2009: 26~33.

[3] 韩行禄, 刘景林. 耐火材料应用[M]. 北京: 冶金工业出版社, 1986: 52~64.

[4] 周世倬, 魏肃非. 高炉内衬侵蚀机理及防护对策[C]//中国金属学会. 1991 炼铁学术年会论文集（中册）, 鞍山, 1991: 26~29.

[5] 项钟庸, 王筱留, 等. 高炉设计——炼铁工艺设计理论与实践[M]. 北京: 冶金工业出版社, 2009: 72~81.

[6] 潘宏伟, 程树森, 余松, 等. 高炉炉缸炭砖环裂机制初探[J]. 钢铁, 2011, 46(3): 12~17.

[7] 张福明. 大型长寿高炉的设计探讨[C]//中国金属学会. 高炉长寿技术会议论文集, 梅山, 1994: 22~28.

[8] 陈令坤, 宋木森. 武钢 4 号高炉冷却壁破损的原因[J]. 炼铁, 2008, 27(5): 13~17.

[9] 胡源申, 袁晓敏, 王彪, 等. 马钢 3 号高炉 HT 铸铁冷却壁破损分析[J]. 炼铁, 1996, 15(2): 1~5.

[10] 张福明, 黄晋, 徐辉, 等. 新型冷却壁的设计研究与应用[C]//中国金属学会, 2000 全国炼铁年会论文集, 上海, 2000: 321~325.

[11] 张士敏, 王东升, 金宝昌, 等. 高炉钢冷却壁的应用及分析[J]. 炼铁, 2001, 20(1): 44~47.

[12] 高新运, 高贤成, 曹洪志, 等. 铸钢冷却壁在济钢高炉的应用[J]. 炼铁, 2001, 20(6): 9~11.

[13] 李小静, 彭群, 朱童斌. 马钢高炉铸钢冷却壁的开发与应用[J]. 炼铁, 2003, 22(1): 45~47.

3 现代高炉长寿技术理论研究

高炉是一个高温、高压、密闭的冶金反应器，其内部存在着高温煤气流的上升和炉料的下降，相应地存在着渣、铁、气、固态炉料的多相之间的传输现象和物理、化学反应，高炉内部自上而下炉体内衬和冷却器遭受着高温煤气和渣铁的冲刷、化学侵蚀、高温及热应力破坏，因此炉身中下部、炉腰炉腹的冷却器破损和炉缸炉底内衬的侵蚀成为高炉长寿的限制性环节。

对于高炉炉身中下部、炉腰炉腹的冷却器破损而言，其破损的最本质推动力是高温和热震破坏，当冷却器"过热"超过其安全工作温度时，如铸铁冷却壁热面温度超过760℃、铜冷却壁热面温度超过150℃时，其屈服强度会发生急剧下降，进而导致冷却壁变形，而冷却壁变形会引起"气隙"隔热层的出现，增大热阻而加剧冷却壁的烧损，严重者还可能拉断水管向炉内漏水。因此，保证冷却器自身无"过热"、无"过热应变"是实现其安全和长寿的关键，这就要求对冷却器的温度场和应力场分布进行优化设计和有效掌控。冷却器的热应变、应力由其受力约束和温度分布决定，因此需首先掌握冷却器的温度分布，而冷却器内的温度分布主要由三方面因素影响：（1）热面边界条件。即冷却器热面所遭受的高温煤气的冲刷程度，主要指煤气流速，而且高炉内部不同位置的冷却器前的煤气流速也在发生着变化，因此需要结合高炉送风制度和布料制度以及设计炉型，模拟研究高炉内部块状带、软熔带、滴落带、回旋区内的煤气流速度场分布，研究布料制度、软熔带形状、回旋区深度、矿焦比等原料条件和操作制度对气流分布的影响，进而才能明确边缘气流的变化及其对冷却壁热面冲刷，确定其对不同部位冷却器热面的冲刷程度和换热边界条件。（2）冷却器自身材质及结构。在明确了冷却器热面的煤气流边界条件后，冷却器自身材质选用以及设计结构是影响其内部温度场分布的另一环节，不同冷却壁水管管径、管间距、肋及镶砖厚度等结构参数均会对冷却器温度场分布、热面温度、热负荷等造成影响。（3）冷却制度。即冷却器冷面的传热边界条件，包括冷却水速、水温对冷却器温度场分布的影响。在明确了上述三方面对冷却器温度场分布的影响后，在温度场计算结果的基础上就可以进一步通过应变、应力计算，研究冷却器的应力场分布，明确不同情况下冷却器所遭受的应力是否超过了其屈服强度。综上可知，对于炉身中下部、炉腰及炉腹区域冷却器安全和长寿的研究，首先需要通过对炉内煤气流速度场分布的研究明确其热面换热条件，分析高炉操作制度对边缘气流的控制作用以及对冷却器热面换热的影响，再通过建立冷却器传热模型明确其温度场分布以及热面温度，最后在温度场计算结果的基础上建立应变、应力计算模型，研究冷却器的应力场分布，明确其最大应力是否超过屈服强度，综合判断冷却器安全工作状态，明确不同因素对冷却器长寿的影响。

炉缸炉底是高炉工作环境最恶劣的区域，此区域内的耐火材料始终受到高温渣铁的冲刷、侵蚀、高温及热应力破坏，炉缸烧穿将直接导致高炉一代炉役终结停炉大修。炉缸炉底内衬的破坏包括渣铁熔蚀、渗铁、炭砖脆化、环裂等多种破损形式，前人从耐火材料制备角度对炉缸炉底所用内衬的耐火度、抗渣铁熔蚀性能、微孔率等方面进行了诸多的改进和新耐火材料品种的研发，也取得了较好的成效，但是，在国内外市场原料条件下降、炉缸容积增大、冶炼强度提高、喷煤量增加的情况下，炉缸安全问题出现了新的变化，即使高炉采用合理的设计，在投产运行后也可能由于炉缸中心死焦柱扩大，铁水环流增强，炉缸侧壁遭受的铁水冲刷、侵蚀、高温及应力破坏加剧，使炉缸侵蚀易于向象脚状侵蚀发展，给炉缸长寿带来极大的隐患。为了实现高炉炉缸炉底的长寿，仅从耐火材料性能改善角度是远远不够的，还必须通过对炉缸内流动和传热现象进行深入的研究，这是由于无论炉缸炉底内衬以何种形式遭受破坏，其最本质的推动力依然是内衬的"过热"，如炉缸炉底侵蚀线是1150℃，炭砖脆化线是870℃，如果内衬热面的铁水温度能够降至1150℃以下形成"自保护"渣铁壳时，炉缸炉底的砖衬温度均降至其安全工作温度以下，渗铁、环裂、应力破坏等现象将都能得到有效抑制。

炉缸炉底的温度场分布同样也是由三方面因素决定：（1）炉缸内铁水流动状态。炉缸内铁水流场的分布特点对炉缸炉底侵蚀有着至关重要的影响，铁水流速的分布将直接影响炉缸炉底不同部位内衬热面的换热条件。如果炉缸内铁水环流严重将导致炉缸侧壁侵蚀加剧，使侵蚀向"象脚状"或"蒜头状"发展；如果炉缸内铁水环流得到有效抑制，则侵蚀将向"锅底状"发展。因此，应首先对炉缸内铁水流场进行模拟研究，明确炉缸死焦柱状态、出铁参数、鼓风参数等对炉缸内渣铁流场以及渣滞留量的影响，掌握生产操作参数对炉缸内铁水流动特点的影响。（2）炉缸炉底自身耐火材料搭配及设计结构。现代高炉炉缸炉底由多种不同导热性能的耐火材料搭配构成，不同耐火材料的搭配导致炉缸炉底热阻和温度场分布特点的不同，进而决定着炉缸炉底侵蚀程度和侵蚀形式的不同，同时，炉缸炉底设计结构的不同也影响着整体温度场分布，因此，必须建立传热数学模型计算研究设计结构和耐火材料搭配对其温度场分布的影响。（3）炉缸冷却器的选取和冷却强度。炉缸冷却器材质的不同和冷却器设计结构的不同也会对炉缸炉底温度场分布产生影响，如目前某些新建高炉已经在铁口附近区域选用了铜冷却壁，冷却器的水管管径、管间距、水管中心线距热面距离、冷却水速、水温等参数均对炉缸传热产生影响，与此同时，如何依据炉缸内衬不同侵蚀阶段的热阻变化，预判不同残衬厚度下冷却器的选择对侵蚀和温度场分布的影响也具有重要意义。

综上所述，在炉缸炉底长寿研究方面，首先通过对炉缸内铁水流场的模拟研究明确生产操作参数对炉缸内铁水流速分布和流动状态的影响，明确炉缸炉底不同部位铁水的流速特点和换热条件，再建立起包含铁水、炉缸炉底内衬、填料、冷却器、炉壳在内的温度场计算模型，同时考虑铁水凝固潜热和渣铁壳的生成对侵蚀及温度场影响，最终综合计算分析耐火材料搭配、炉缸炉底设计结构、冷却器选用以及冷却制度对炉缸炉底温度场分布、冷却壁应力场分布的影响。

3.1 高炉炉缸液态渣铁流动现象

3.1.1 高炉中的渣铁液体运动

3.1.1.1 渣铁液体在滴落时液泛现象

当渣铁在软熔带生成并滴落时，液体在焦炭孔隙中是贴壁流动的，而煤气则在剩余的中间通道中流过。当孔隙中的液体滞留量越多，气体的通道越小，阻力损失就越大，液体受到的浮力也越大。达到某一界限点时，煤气阻力急剧增大，使液体也被吹起，这就是液泛现象。根据模型实验，Sherwood 确定，液泛的发生与液体的灌入量、煤气流量与流速，以及液体与气体性质等因素有关，并将上述因素归纳为液泛因子 $f \cdot f$ 和液气流量比 $f \cdot r$：

$$f \cdot f = \frac{v_g^2 \cdot s}{g \cdot \varepsilon^3} \cdot \frac{\rho_g}{\rho_1} \cdot \mu_1^{0.2} \tag{3-1}$$

$$f \cdot r = \frac{G_1}{G_g} \cdot \left(\frac{\rho_g}{\rho_1} \right)^{0.5} \tag{3-2}$$

在高炉条件下，$f \cdot r = 0.001 \sim 0.01$，并且有：

$$f \cdot f = (f \cdot r)^{-0.38} \times 0.081 \tag{3-3}$$

式中　v_g——煤气流动的实际流速，m/s；

s——焦炭粒子的比表面积，m^2/m^3；

ε——散料层的孔隙度；

ρ_g，ρ_1——煤气和液体的密度，kg/m^3；

G_1，G_g——液体和煤气的质量流量，kg/s；

μ_1——液体的黏度，Pa·s。

实际上，$f \cdot f$ 是气体浮力与液体下降力的比值。产生液泛的根本原因是在有液体流过散料层（称为灌液填充床）中气体的压力降梯度显著增大。根据欧根方程的表达式：

$$\frac{\Delta p}{L} = \frac{1.75(1 - \varepsilon)\rho u^2}{\varepsilon^3 d_{\rm p} \Phi} \tag{3-4}$$

式中　$\dfrac{\Delta p}{L}$——散料层的压力降梯度，N/m³；

$\quad\quad u$——气体的空炉流速，m/s；

$\quad\quad d_{\rm p}$——颗粒直径，m；

$\quad\quad \rho$——气体密度，kg/m³；

$\quad\quad \Phi$——颗粒的形状系数。

灌液填充床内气流的压力降梯度与没有液体的一般散料层的压力降梯度的关系是：

$$\frac{\Delta p_{\rm i}}{L_{\rm i}} = \frac{\Delta p_{\rm d}}{L_{\rm d}} \cdot \frac{(1 - \varepsilon_{\rm i})/\varepsilon_{\rm i}^3}{(1 - \varepsilon_{\rm d})/\varepsilon_{\rm d}^3} \tag{3-5}$$

式中　$\dfrac{\Delta p_{\rm i}}{L_{\rm i}}$——湿料层的压力降梯度；

$\quad\quad \dfrac{\Delta p_{\rm d}}{L_{\rm d}}$——干料层的压力降梯度；

$\quad\quad \varepsilon_{\rm i}$——湿料层的孔隙度；

$\quad\quad \varepsilon_{\rm d}$——干料层的孔隙度。

由此可见，由于炉腹区焦炭层中滞留有液体以及焦炭高温强度变差，使焦炭层的孔隙度变小，煤气通过该区域的压力降梯度将显著大于块状带（即干区）。因此，降低湿区压力降梯度可以防止液泛现象。降低湿区压力降梯度的措施有：（1）采用提高炉顶压力、富氧鼓风及其他降低燃料消耗以减少煤气工况体积，降低煤气流速；（2）降低渣量，改善炉渣的流动性和稳定性；（3）提高液体的表面张力、降低液体润湿性；（4）提高焦炭的高温强度，保持均匀的焦炭粒度，增大湿区焦炭床的孔隙度，这对于防止液泛具有决定性意义。

3.1.1.2　炉缸内液态渣铁流动

在高炉生产过程中，液态渣铁连续生成并存储在炉缸内，按照高炉操作程序间歇排放。由于良好的渣铁排放和"洁净"炉缸的获得对高炉操作十分重要，所以从炉缸排放渣铁成为高炉操作者关注的重点。在渣铁排放过程中，渣铁流动状态对炉缸工作具有两方面的影响：一是炉缸中渣铁滞留量影响到炉缸工作状态、铁水质量和炉况顺行等冶炼过程，炉况不顺行会导致高炉操作不稳定，进而影响高炉炉缸渣铁的流动，导致炙热的铁水与炉缸炉底热面直接接触，破坏炉缸炉底内衬热面形成的渣铁凝聚物；炉缸中渣滞流量的增多，则增加了对炉缸壁的侵蚀速度而导致高炉下部悬料。二是渣铁流动方式对炉缸壁的侵蚀会产生不同的影响。

在出铁出渣后期，在炉缸内渣铁液面接近渣铁口平面时，由于煤气压力的作用和渣铁液面的倾斜，致使炉缸内会残留部分渣铁。高滞留量炉渣容易形成填充和液泛现象，这可能会导致悬料和炉渣倒灌入风口。在此情况下，高滞留量炉渣成为高炉操作中最重要的问题之一。为了维持高炉操作的稳定，则必须了解高炉内渣铁的排放状态，特别是要精确掌握炉渣流动方式[1~4]。

　　炉缸中残留的液体在正常炉况时主要是炉渣，因为炉渣黏度比铁水大100倍以上。但在异常炉况时铁水也会残留在炉缸内，因此利用炉缸渣铁残留率可作为判断炉缸工作状况的一个评价指数。

3.1.2　炉缸炉底液态渣铁流动的数值研究

3.1.2.1　高炉排放过程中的渣铁流动

　　图3-1为高炉排放过程中距炉底0.01m的平面上铁水瞬态流动变化情况，图3-2为铁口中心线垂直断面上铁水瞬态流动变化情况。

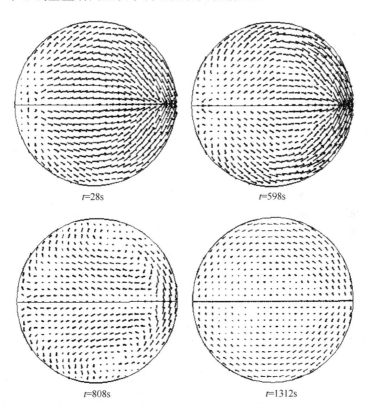

$t=28s$　　　　　　　　　　　　$t=598s$

$t=808s$　　　　　　　　　　　　$t=1312s$

图3-1　死焦柱浮起时距炉底0.01m水平断面的铁水流场图

　　从图3-1、图3-2可以看出，铁水流动路径随着排放时间发生了改变，由排放初始时刻铁水分别向铁口及铁口对面流动转为全部向铁口反方向流动。当死焦柱浮起时，在炉缸底部存在较大的无焦空间，炉底水平环流不明显，铁水排放都

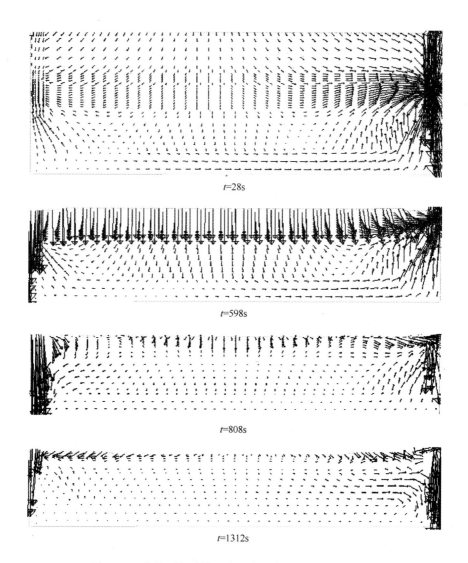

图 3-2 死焦柱浮起时铁口中心线垂直断面的铁水流场图

流过无焦空间，导致通过狭小空间的铁流量较大，流速较快。在炉缸排放过程中，铁水的流速随着时间发生变化。排放结束时，炉缸内滞留的渣铁水含量少，渣铁界面几乎到达铁口以下，此时炉缸内铁水已经不再向铁口区域流动，因此对死铁层内铁水流动的影响也较小，炉缸底部铁水流动较弱。

对不同排放时刻距炉底 0.01m 平面上的黏性剪切力进行计算分析可知，黏性剪切力的变化趋势和流动速度是一致的。在开始出渣后，由于炉渣的黏度大，出铁速度开始减小，黏性剪切力也开始减小。当死焦柱浮起时，炉底铁水的水平环流现象不明显，但是黏性剪切应力最大的位置仍然出现在铁口两侧的炉缸壁面区域，可见炉缸壁面处的速度变化较大，铁水流动对炉缸炉底耐火材料的冲刷磨损较为严重。

3.1.2.2 死焦柱浮起和沉坐对渣铁流动的影响

高炉死焦柱在炉缸中有"浮起"和"沉坐"两种存在形式。图3-3、图3-4分别反映了死焦柱沉坐时，炉缸开始排放铁水和开始排放炉渣时液态渣铁的流场分布。

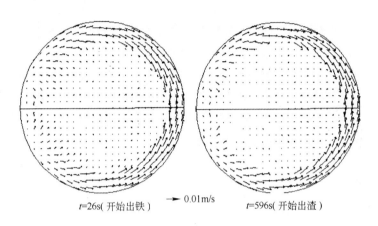

t=26s（开始出铁）　　→ 0.01m/s　　t=596s（开始出渣）

图 3-3　死焦柱沉坐时距炉底 0.01m 水平断面的铁水流场图

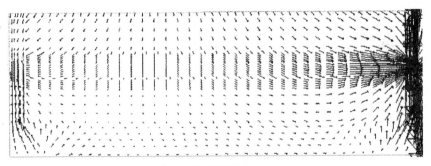

t=26s（开始出铁）

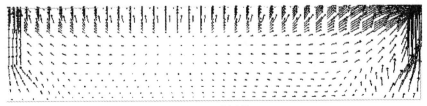

t=596s（开始出渣）
→ 0.3m/s

图 3-4　死焦柱沉坐时垂直切面的铁水流场图

如图可见，当死焦柱沉坐在炉底时，炉缸中心区域的流动阻力变大，通过中心区域的铁水流量减少，流速变慢，炉缸侧壁的环流明显加强，环流速度较大，铁水的这种环状流动容易造成炉缸与炉底交界部位的严重侵蚀，即象脚状异常侵蚀。

此外，当死焦柱沉坐在炉底时，最大黏性切应力出现在炉缸壁面附近的无焦空间内，中心区域的黏性切应力很小。死焦柱沉坐时同浮起时比较，炉缸壁面的黏性剪切应力较大，而中心区域则较小。这主要是由于铁水的流动方式所引起的：当死焦柱浮起时，由于形成流通管道，接近炉缸底部的液体流速明显增加，将会导致炉缸壁和炉底的侵蚀速率增加，因此中心区域的黏性切应力较大；而当死焦柱沉坐时，中心区域的流动阻力增大，通过中心区域的液体流量减少，速度减慢，中心区域的黏性剪切应力也较小，有利于保护炉底，然而却造成炉缸环流速度加大，对炉缸侧壁和炉缸炉底交界处内衬的侵蚀速率增大。

3.1.2.3 铁口直径对渣铁流动的影响

图 3-5 为铁口直径增大后，渣铁质量流量随排放时间的变化曲线。可以看出，当铁口直径增大时，排放过程中液态渣铁的排放质量流量均增大，而排放时间大大缩短。由于铁液的出口流量大，开始出渣的时间提前至 248s 左右。

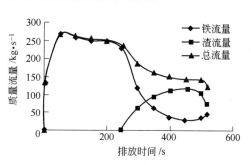

图 3-5 渣铁质量流量随时间变化曲线

图 3-6 为铁口直径增大到 90mm 时，距炉底 0.01m 的水平切面上铁水流场图，当铁口直径增大时，渣铁质量流量增大，炉缸底部的铁水环流明显增大，黏

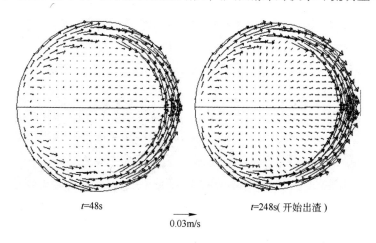

t=48s $\qquad$ t=248s(开始出渣)

0.03m/s

图 3-6 铁口直径增大时距炉底 0.01m 水平断面的铁水流场图

性剪切应力也随之增大，加速炉缸壁面和底部的侵蚀速率。因此，为了减轻渣铁水对炉缸炉底的冲刷侵蚀，高炉出铁操作时应降低炉缸排放速率。

3.1.2.4 死铁层深度对渣铁流动的影响

理论研究和生产实践均表明，死铁层深度是影响炉缸炉底形成象脚状侵蚀的一个重要因素。图 3-7 解析了死铁层深度 h 对炉缸炉底铁水流动的影响，其中图 3-7（a）为距炉底 0.01m 水平断面上的铁水流场图，图 3-7（b）为距炉底 0.5m 水平断面上的铁水流场图。

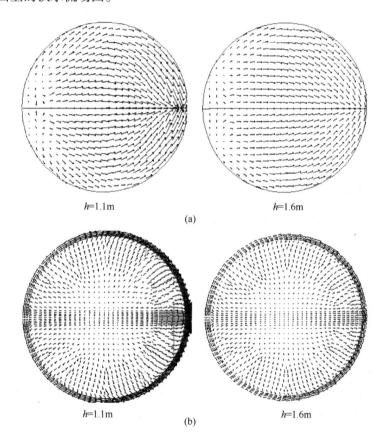

h=1.1m h=1.6m

(a)

h=1.1m h=1.6m

(b)

图 3-7 死铁层深度对水平断面上铁水流动的影响

（a）距炉底 0.01m 水平断面；（b）距炉底 0.5m 水平断面

图 3-8 为不同死铁层深度时，炉缸排放过程中最大环流速度随距炉底高度的变化曲线，其中横坐标表示距炉底的不同高度，纵坐标表示该高度下水平断面上的最大环流速度。图 3-9 为同一时刻，死铁层深度分别为 1.1m 和 1.6m 时，不同炉缸高度上环流速度的比较。

图 3-7 ～图 3-9 从不同方面均表明，当死铁层深度加深时，炉缸环流速度减

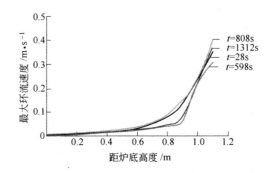

图 3-8 炉缸排放过程最大环流速度随距炉底高度的变化曲线

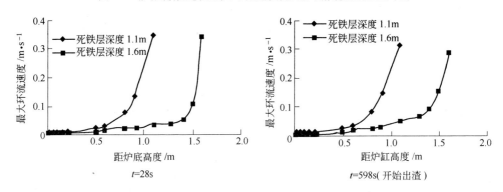

图 3-9 不同死铁层深度下最大环流速度的比较

小,铁水环流冲刷减慢,有利于延长炉缸炉底寿命。宝钢 2 号高炉炉役末期炉缸侧壁温度每年超过危险温度(205℃)达半年之久,炉缸炭砖侵蚀加剧影响了高炉正常生产,也严重威胁了炉缸寿命和 15 年以上高炉长寿目标的实现。导致 2 号高炉历次炉缸侧壁温度攀升和炉缸侵蚀加重的主要原因之一就是铁水环流加剧。上述的研究分析表明,炉缸周边铁水环流强度与死铁层深度具有密切关系,死铁层深度越浅,死焦柱底部储存的铁水量越少,周边铁水流量越大,炉缸环流也就越强烈;铁口附近区域和炉缸侧壁炭砖受到流动渣铁的强烈冲刷磨蚀,从而造成炉缸侧壁温度升高。因此,适当增加死铁层深度是延长炉缸炉底内衬寿命的关键技术措施。

3.1.2.5 孔隙度对渣铁流动的影响

图 3-10 为孔隙度大小不同时,距炉底 0.5m 面上水平断面的铁水流场图。从图 3-10 可以看出,当焦炭孔隙度减小时,铁水环流速度增大,通过中心区域的铁水流量减小,容易造成炉缸象脚状侵蚀。

铁水环流强度与死焦柱体积、孔隙度(即炉芯焦透液性)关系极大,而且死焦柱孔隙度的影响要比其体积大得多。炉芯焦粒度越小、粉末越多,则孔隙度

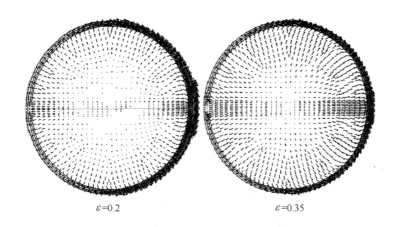

$\varepsilon=0.2$ $\varepsilon=0.35$

图 3-10 焦炭孔隙度对炉缸水平断面上铁水流动的影响

越小，其中残留的渣铁量越多，透液性越差，炉缸侧壁的温度越高，炉缸中心越不活跃，而铁水环流强烈。在实际生产中，由于初始中心煤气流较弱，炉缸中心难以吹透，结果造成死焦柱处于呆滞状态，炉芯焦更新缓慢，同时高炉下部边缘气流偏强，沿炉缸周边滴落的铁水量增加，提高了环流铁水的流量，从而引起炉缸炭砖的严重磨损。

3.1.3 炉缸渣滞留量的数值模拟

高炉生产时，液态渣铁连续生成并存储在炉缸中，按照高炉操作制度间歇排放。由于良好的渣铁排放和"洁净"炉缸的获得对高炉操作十分重要，所以从炉缸排放渣铁成为高炉操作者的主要关心作业内容之一。当炉缸内存留液体量增加时，高炉风压急剧增大，紧随其后是炉料下降不规则。炉缸液体存留量过多，被认为是高炉大滑料的原因之一，随之会造成炉缸冻结。由于铁水黏度仅为炉渣的1/100，炉渣比铁水更容易滞留在炉缸内，所以要更加重视炉缸中炉渣的排放。在研究炉缸渣铁滞留时，一般将滞留量看作是动滞留量（与液体流量有关）和静滞留量（停止供液后静止于料床的液体）的总和。高炉内动滞留量主要取决于冶炼强度，静滞留量则与焦床性质（粒度、形状、孔隙度）与炉渣性质（密度、表面张力、渣—焦接触角）有关[5]。

在炉缸排放过程中，炉缸内液体表面形成了一个向铁口倾斜的斜面，当铁口处出现煤气时，一般认为炉缸排放结束，显然这时仍然有大量的液体存留在炉缸内。实践证明，渣铁要排放干净而获得一个空的炉缸状态是十分困难的。因此，通过对高炉炉缸渣铁排放过程进行模拟计算，从而可以了解掌握影响炉缸排放的因素。

3.1.3.1　炉缸排放结束后的渣铁界面形状

图 3-11 为死焦柱浮起时，炉缸排放开始时刻和结束时刻渣面、渣铁面形状图。此时，死焦柱的孔隙度为 0.35，颗粒大小为 0.04m。

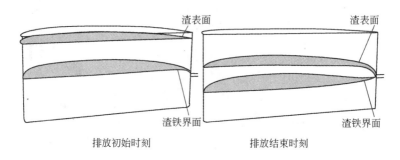

图 3-11　炉缸排放中渣面和渣铁界面形状变化图

由图 3-11 可见，排放结束时炉缸内渣面形成了一个向铁口倾斜的斜面，渣面的形状和位置取决于重力和死焦柱阻力之间的平衡。渣铁界面形成了铁口附近略高的斜面，因此即使铁水液面平均高度低于铁口高度，死铁层中的铁水仍然能继续排出，直到气体从铁口逸出时，认为炉缸排放过程结束。

3.1.3.2　中心死焦柱对渣滞留量的影响

炉缸内的焦炭受到上部炉料的压力与炉缸存积的液态渣铁和风口区上升气流浮力的双重作用，在出铁后焦炭充满整个炉缸，在出铁前焦炭则浸浮在渣铁中。炉缸内焦炭的性质（粒度、形状、孔隙度）对渣铁的排放具有很大的影响。

A　死焦柱对渣滞留量的影响

炉缸中死焦柱是否存在对渣滞留量的影响如图 3-12 所示。可以看出，炉缸中的死焦柱对渣滞留量的影响很大。当存在中心死焦柱时，由于渣铁的黏度和焦炭的阻力，炉缸液面的趋向是铁口附近低，铁口对面高，排放结束后的渣滞留量也较多。当炉缸内不存在中心死焦柱时，渣滞留量很小，约是存在死焦柱时的1/5 倍左右，渣液交界面比较平稳。这是由于液体存留量是穿过焦炭床流体阻力的函数，高阻力产生高滞留量，当炉缸内不存在死焦柱时，压力损失小，渣的滞留量也大大减小。

图 3-12　死焦柱存在时和不存在时对渣滞留量的影响（垂直断面）

B 炉缸焦炭粒径对渣滞留量的影响

图 3-13 所示为在其他参数相同的条件下，焦炭颗粒大小对渣滞留量的影响。图 3-14 为不同焦炭颗粒直径下渣滞留量随排放时间的变化曲线，其中横坐标代表排放时间，纵坐标代表不同时刻炉缸内渣含量与初始时刻渣含量的比率。

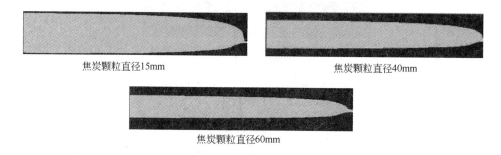

焦炭颗粒直径15mm   焦炭颗粒直径40mm

焦炭颗粒直径60mm

图 3-13　炉缸焦炭粒度对渣滞留量的影响（垂直断面）

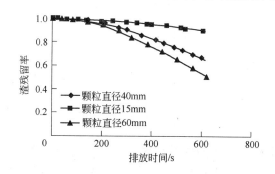

图 3-14　炉缸内不同焦炭颗粒直径渣含量随时间变化

从图 3-13、图 3-14 可以看出，焦炭粒径是影响炉缸排放的一个重要因素。焦炭直径越大，焦炭床透气性越好，炉缸内渣含量减小的越快，排放结束后的渣滞留量越少，炉缸排放越干净。焦炭直径越小，则炉缸内渣—气界面越陡，相应压力梯度较大，存留比明显增大。这主要是因为焦炭粒度小，比表面积大，渣焦反应面积大，焦炭表面黏结的炉渣就多，透气性差，同时焦炭粒度还直接影响到炉缸内焦炭床的结构。

C 炉缸焦炭粒径分布对渣滞留量的影响

焦炭的粒径分布不同，渣滞留量也不一样。图 3-15 所示为在其他参数相同的条件下，焦炭粒径分布对渣滞留量的影响。图 3-16 为不同粒径分布下渣滞留量随排放时间的变化曲线，其中横坐标代表排放时间，纵坐标代表不同时刻炉缸内渣含量与初始时刻渣含量的比率。可以看出，焦炭粒径分布对渣滞留量及最终的渣面和渣铁面形状都有影响。当边缘区域的焦炭粒径增大时，焦炭的透气性

焦炭粒径均匀分布，中心40mm

边缘粒径60mm，中心40mm

边缘无焦炭，中心40mm

图 3-15 焦炭粒径分布对渣滞留量的影响

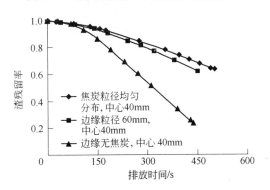

图 3-16 不同焦炭粒径分布情况下渣含量随时间变化

好，渣滞留量减小，所形成的向铁口倾斜的渣表面越平稳，铁口附近的渣含量少，但是对总渣量影响不是很大；当边缘区域没有焦炭颗粒时，渣滞留量大大减小，且最后形成的渣面、渣铁面的形状也发生改变。

当边缘存在无焦空间时，排放结束后渣面、渣铁面形成的形状如图 3-17 所示，渣滞留量明显减小，渣铁交界面形成了一个锅底状形状，中间的渣量最多，逐渐向两端减少。这是因为液态渣铁总是朝向阻力小的区域流动，同时炉缸边缘区域里的渣铁水流动速度快，最后形成两端渣量少，中间渣量多的渣面形状，说明无焦空间的存在能显著地改善炉缸排放效率。如果可以控制死焦柱的结构，则

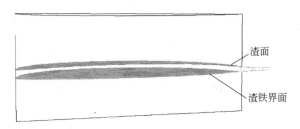

图 3-17 边缘区域存在无焦空间时排放结束后的形状图

可以有效地减少渣滞留量，同时多铁口位置设计也应该根据排放结束后所形成的渣面形状，从而使炉缸尽可能的排放干净，获得"洁净"的炉缸。

D 炉缸孔隙度大小对渣滞留量的影响

图 3-18 反映了在其他参数相同的条件下，孔隙度大小对渣滞留量的影响，图 3-19 为不同孔隙度大小时渣滞留量随排放时间的变化曲线，其中横坐标代表排放时间，纵坐标代表不同时刻炉缸内渣含量与初始时刻渣含量的比率。

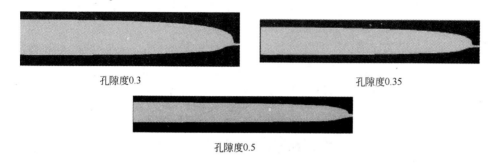

图 3-18 孔隙度对渣滞留量的影响（垂直切面）

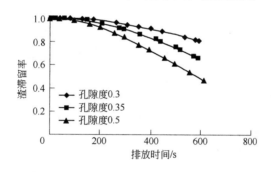

图 3-19 不同孔隙度条件下渣含量随排放时间变化

可以看出，焦炭孔隙度也是影响炉缸排放的一个重要因素，并明显地影响存留比。渣滞留量随着孔隙度的增大而减少，孔隙度越大，通过死焦柱的压力损失越小，渣面也越平稳。在软熔带以下，焦炭是唯一存在的固体炉料，炉缸内焦炭对渣铁流动具有很大的影响。良好的焦炭热强度、较高的孔隙度是炉缸内渣铁顺利排出炉外的根本保证。根据流出系数 $F_1 = 180 \dfrac{(1-\varepsilon)^2}{\varepsilon^3} \cdot \dfrac{1}{(\phi d_p)^2} \cdot \dfrac{\mu_1 v_0}{\rho_1 g} \cdot \left(\dfrac{D}{H}\right)^2$，增大焦炭床的孔隙度，使炉缸内焦炭床保持良好的透气性，可以减小渣滞留量，是实现良好的炉缸排放条件之一。

3.1.3.3 渣铁黏度对渣滞留量的影响

黏度是均匀液体流动时的物理特征之一，主要受液体组成和温度的影响。炉渣的黏度不仅关系到高炉的顺行，也对炉内的传热、传质，从而对反应速度、金属收得率与炉衬寿命等都有影响。液态炉渣的黏度是炉渣流动速度不同的相邻液层间产生的内摩擦力系数，即在单位面积上相距单位距离的两个相邻液层间产生单位流速差时的内摩擦力，用 η 表示，单位是 Pa·s，炉渣的流动性与 η 成反比。

图 3-20 显示了其他参数相同的情况下，炉渣黏度对铁口中心线垂直断面上的渣滞留量的影响。图 3-21 为炉缸排放过程中 3 种不同黏度的渣其滞留量随时间的变化曲线，其中横坐标代表排放时间，纵坐标代表不同时刻炉缸内渣含量与初始时刻渣含量的比率。如图所示，排放过程中渣滞留量随着排放时间增加而逐渐减小，黏度越大，排放结束后的渣滞留量越多，渣气面越不平稳。渣铁黏度对气流阻力有很大影响，从而影响通过焦炭床的压力梯度。渣铁的黏度大，通过焦炭床的压力梯度变大，不利于炉缸排放，渣滞留量变大。

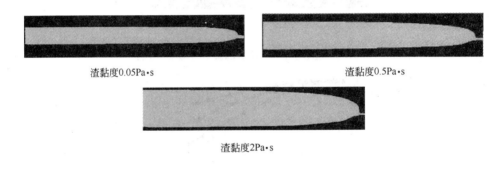

渣黏度0.05Pa·s   渣黏度0.5Pa·s

渣黏度2Pa·s

图 3-20   黏度对渣滞留量的影响（垂直断面）

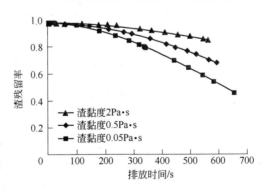

图 3-21   不同炉渣黏度下渣残留率随排放时间变化

由于黏度主要受到液体组成和温度的影响，当液体的温度升高时，炉渣受温度影响而变稠。炉渣稠化，增加了炉渣在焦炭中的滞留量，恶化料柱透气性，所以在生产中应避免过高的炉温。当向高炉中加入钒钛矿护炉时，由于钛渣性质的不稳定性，对高炉冶炼的影响不容忽视。随着渣中钛的低价氧化物和钛的碳、氮化物数量的增多，炉渣将出现变稠带铁的现象，并影响出渣出铁的正常进行。

3.1.3.4 铁口直径对渣滞留量的影响

铁口直径影响出铁速度，因此，可在保持其他参数不变的情况下，改变铁口直径大小，研究其对渣滞留量的影响，从而间接反映出铁速度对渣滞留量的影响。图 3-22、图 3-23 显示了在其他参数相同的条件下，铁口直径对渣滞留量的影响，其中图 3-22 是炉缸直径为 4.4m 的小型高炉，图 3-23 是炉缸直径为 10m 的大型高炉。图 3-24 表示了两座不同高炉分别改变铁口直径时，铁口流量随排放时间的变化，其中横坐标为炉缸排放时间，纵坐标为铁口流量。

铁口直径60mm　　　　　　　　　　　　铁口直径90mm

图 3-22　小型高炉铁口直径对渣滞留量的影响（垂直切面）

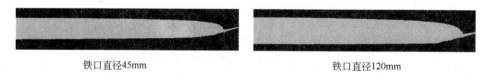

铁口直径45mm　　　　　　　　　　　　铁口直径120mm

图 3-23　大型高炉铁口直径对渣滞留量的影响（垂直切面）

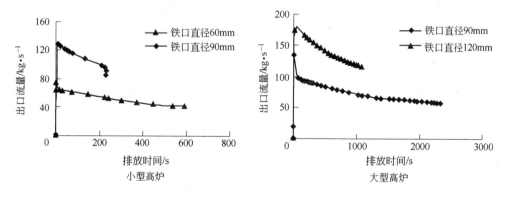

图 3-24　不同铁口直径下铁口流量随时间变化曲线

由图 3-22、图 3-23 中可以看出，在其他参数相同的条件下，改变铁口直径，渣的滞留量随之变化。从大小高炉渣滞留量的变化都可看出，渣滞留量随着铁口直径的增大明显增大。由图 3-24 可以看出，随着铁口直径增大，铁口流量增加，导致出铁时间短，渣存留量增大，没有实现良好的炉缸排放，将会对炉缸工作状态、铁水质量及炉况顺行等冶炼过程带来不利的影响。因此，控制适宜的出铁速率会显著地减少存留的炉渣量，这是实现良好的炉缸排放条件之一。

3.1.3.5 铁口角度对渣滞留量影响

图 3-25 是铁口角度分别为 8°、15°、20°时，铁口中心线垂直断面上的渣滞留量。由计算结果知，上述 3 种情况的渣残留量分别为 0.53、0.54、0.54，由此可见，铁口角度对炉缸渣滞留量的影响并不显著。

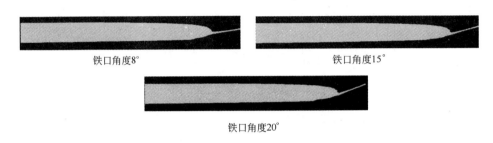

铁口角度8°   铁口角度15°

铁口角度20°

图 3-25 铁口角度对渣铁滞留量的影响（垂直断面）

3.1.4 小结

通过数值模拟计算分析研究了炉缸瞬态排放过程中，死焦柱状态、铁口直径、死铁层深度以及无焦空间大小对炉缸液态渣铁流动的影响；模拟并计算分析了焦炭粒径、孔隙度、渣铁黏度及出铁速率对炉缸排放结束后渣滞留量的影响。通过数学模拟计算研究，得到以下基本结论：

（1）炉缸死焦柱浮起和沉坐时铁水流动路线发生改变。当死焦柱沉坐时，铁水形成边缘环流，炉缸炉底交界部位侵蚀严重，容易形成象脚状侵蚀；当死焦柱浮起时，在焦炭床下部存在一个管道流，接近炉底的铁水流速明显增加，将会导致炉底的侵蚀速率增加。

（2）减小铁口直径能降低排放速率，铁口直径越小，铁水的流动速度越小，炉底的黏性剪切力也越小，对炉底的冲刷侵蚀也随之减小。

（3）炉缸死焦柱活性下降、死铁层深度浅，将会加剧铁水环流冲刷侵蚀，引起高炉炉缸侧壁温度升高和象脚状异常侵蚀。

（4）焦炭的粒径和孔隙度影响焦炭床的透气性，粒径和孔隙度越大，焦炭床透气性越好，通过焦炭床的压力损失越小，炉缸排放结束后渣滞留量越少，炉缸排放越干净。

（5）渣铁黏度对气流阻力具有很大影响，渣铁的黏度大，不利于炉缸排放，排放结束后渣滞留量增大。

（6）炉缸排放速率低，导致出铁时间延长，炉缸渣滞留量减少，可实现良好的炉缸排放，获得"洁净"的炉缸。

3.2 高炉炉缸炉底传热学研究

3.2.1 模型概述

建立正确的模型是达到良好计算模拟效果的基础，没有正确的模型，再完善的计算程序也不能得到正确的计算结果。一个模型的建立包括物理模型和数学模型两个部分，根据物理模型，选择合适的数学模型来进行求解。考虑到高炉炉缸炉底的实际形状，物理模型分为正方体模型和扇形壳体模型，数学模型可以选择有限差分和有限元两种方法。

3.2.2 高炉炉缸炉底物理模型的建立

典型的高炉炉缸炉底结构如图 3-26 所示[6]，其物理模型如图 3-27 所示。

在建立高炉炉缸炉底温度场计算模型时，对高炉过程做如下的简化和假设：

（1）通过炉缸炉底温度场的计算来推断炉缸炉底的侵蚀状况，1150℃ 等温线即为侵蚀参考线。

（2）在传热计算中，对方程的离散在柱坐标系下进行。

（3）选用的基础物理模型如图 3-27 所示，模型中包括的炉缸炉底结构和物性参数有喷水冷却或冷却壁冷却的炉壳参数、炉缸所用耐火材料的导热系数及

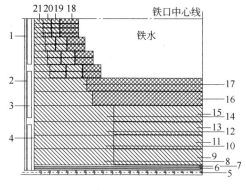

图 3-26 典型的高炉炉缸炉底结构

1—炉壳；2—炉壳与冷却壁之间填料层；3—冷却壁；
4—填料层；5—炉底冷却水管；6—炉底钢板；
7—炉底碳素捣料层；8,10,12,14—炉底靠冷面的
4 层不同材质的耐火砖；9,11,13,15—炉底靠近
中心的 4 层不同材质的耐火砖；16—炉底靠近
铁水的 2 层耐火砖；17—炉缸炉底拐角的
2 层耐火砖；18~21—炉缸不同
材质的 4 种耐火砖

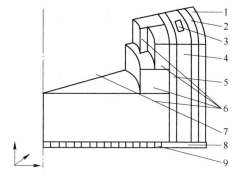

图 3-27 高炉炉缸炉底温度场
计算物理模型

1—炉壳；2—炉壳与冷却壁之间填料层；
3—冷却壁水管；4—冷却壁本体；
5—填料层；6—耐火材料；7—铁水；
8—炉底碳素捣料层；9—炉底冷却水管

物性参数、炉底所用耐火材料的导热系数及物性参数、炉缸模型尺寸、炉底冷却参数。

由图 3-27 可知，此炉缸炉底的物理模型具有很强的通用性，能够满足实际高炉炉缸炉底的结构和所选用耐火材料的多样性。

完成炉缸炉底结构尺寸及物性参数的输入，建立物理模型后，就可以划分网格，建立数学模型进行炉缸炉底温度场分布的计算。将设计的高炉看作是一个轴对称容器，在传热计算中，本模型采用对于高炉炉缸炉底计算精度较高的扇形壳单元体，如图 3-28 所示。

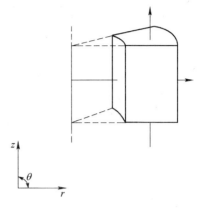

图 3-28 柱坐标系下的扇形壳
单元体示意图

3.2.3 高炉炉缸炉底数学模型的建立及离散化

常用的炉缸炉底数学模型包括有限元模型和有限差分模型。采用差分办法来求解温度场分布是更为普遍应用的方法，根据壳体的能量平衡原理建立控制微分方程，在柱坐标系下，其控制方程为：

$$\rho c_p \frac{\partial T}{\partial t} = \frac{\partial}{\partial z}\left(k \frac{\partial T}{\partial z}\right) + \frac{1}{r}\frac{\partial}{\partial r}\left(kr \frac{\partial T}{\partial r}\right) + \frac{1}{r}\frac{\partial}{\partial \theta}\left(\frac{k}{r}\frac{\partial T}{\partial \theta}\right) + s \tag{3-6}$$

考虑到炉缸的轴对称性，采用二维模型计算。二维条件下，其控制方程变为：

$$\rho c_p \frac{\partial T}{\partial t} = \frac{\partial}{\partial z}\left(k \frac{\partial T}{\partial z}\right) + \frac{1}{r}\frac{\partial}{\partial r}\left(kr \frac{\partial T}{\partial r}\right) + s \tag{3-7}$$

式中 ρ——控制单元体的密度；

c_p——控制单元体的质量定压热容；

k——控制单元体的导热系数；

T——单元体的温度；

s——控制单元体内的源项。

柱坐标系下非稳态计算方程的离散化，其控制方程为：

$$\frac{\partial}{\partial \tau}(\rho H) = \frac{\partial}{\partial z}\left(k \frac{\partial T}{\partial z}\right) + \frac{1}{r}\frac{\partial}{\partial r}\left(kr \frac{\partial T}{\partial r}\right)$$

$$H = (LS + c_p T) \tag{3-8}$$

式中 L——铁水的相变热；

$\quad\quad S$——凝固率；

$\quad\quad c_p$——铁水的质量定压热容。

由相邻的南（S）、北（N）两个单元通过导热流入单元 P 的净热量为：

$$\int_{\tau}^{\tau+\Delta\tau}\int_{w}^{e}\int_{s}^{n} r\frac{\partial}{\partial z}\Big(k\frac{\partial T}{\partial z}\Big)\mathrm{d}r\mathrm{d}z\mathrm{d}\tau = \int_{\tau}^{\tau+\Delta\tau}\int_{w}^{e}\int_{s}^{n} r\frac{\partial}{\partial z}\Big(k\frac{\partial T}{\partial z}\Big)\mathrm{d}r\mathrm{d}z\mathrm{d}\tau$$

$$= \int_{\tau}^{\tau+\Delta\tau}\int_{w}^{e} r\Big[\frac{T_N-T_P}{\dfrac{(\delta z)_n}{k_n}}-\frac{T_P-T_S}{\dfrac{(\delta z)_s}{k_s}}\Big]\mathrm{d}r\mathrm{d}\tau$$

$$= \frac{r_P\Delta r\Delta\tau}{\dfrac{(\delta z)_n}{k_n}}(T_N-T_P)-\frac{r_P\Delta r\Delta\tau}{\dfrac{(\delta z)_s}{k_s}}(T_P-T_S) \quad (3\text{-}9)$$

由相邻的东（E）、西（W）两单元通过导热流入单元 P 的净热量为：

$$\int_{\tau}^{\tau+\Delta\tau}\int_{w}^{e}\int_{s}^{n} \frac{1}{r}\frac{\partial}{\partial r}\Big(kr\frac{\partial T}{\partial r}\Big)r\mathrm{d}r\mathrm{d}z\mathrm{d}\tau = \int_{\tau}^{\tau+\Delta\tau}\int_{s}^{n}\int_{w}^{e} \frac{\partial}{\partial r}\Big(kr\frac{\partial T}{\partial r}\Big)\mathrm{d}r\mathrm{d}z\mathrm{d}\tau$$

$$= \int_{\tau}^{\tau+\Delta\tau}\int_{s}^{n}\Big[\Big(kr\frac{\partial T}{\partial r}\Big)_e-\Big(kr\frac{\partial T}{\partial r}\Big)_w\Big]\mathrm{d}z\mathrm{d}\tau$$

$$= \frac{r_e\Delta z\Delta\tau}{\dfrac{(\delta r)_e}{k_e}}(T_E-T_P)-\frac{r_w\Delta z\Delta\tau}{\dfrac{(\delta r)_w}{k_w}}(T_P-T_W) \quad (3\text{-}10)$$

对方程的时间项即方程的左面进行离散得：

$$\int_{\tau}^{\tau+\Delta\tau}\int_{w}^{e}\int_{s}^{n} \rho\frac{\partial H}{\partial\tau}r\mathrm{d}r\mathrm{d}z\mathrm{d}\tau = \rho\Delta V\Delta H = \rho\Delta V(\Delta Q+c_p\Delta T)$$

$$= \rho\Delta V\Delta Q+\rho c_p\Delta V(T_P^1-T_P^0)$$

$$= -\rho\Delta VL\Delta S+\rho c_p\Delta V(T_P^1-T_P^0) \quad (3\text{-}11)$$

不包括凝固潜热，则 $-\rho\Delta VL\Delta S=0$；包括凝固潜热，则 $-\rho\Delta VL\Delta S\neq0$。

能量平衡关系是：

｛各相邻单元流入单元 P 的热量｝ + ｛内热源产生的热量｝ = ｛单元 P 热焓的增量｝

在本计算中，不考虑内热源产生的热量，这样，整理可得到：

$$-\rho\Delta VL\Delta S+\rho c_p\Delta V(T_P^1-T_P^0) = \frac{r_P\Delta r\Delta\tau}{\dfrac{(\delta z)_n}{k_n}}(T_N-T_P)-$$

$$\frac{r_P \Delta r \Delta \tau}{\frac{(\delta z)_s}{k_s}}(T_P - T_S) + \frac{r_e \Delta z \Delta \tau}{\frac{(\delta r)_e}{k_e}}(T_E - T_P) - \frac{r_w \Delta z \Delta \tau}{\frac{(\delta r)_w}{k_w}}(T_P - T_W)$$

即：

$$a_P T_P = a_E T_E + a_W T_W + a_S T_S + a_N T_N + b \tag{3-12}$$

其中：

$$a_E = \frac{r_e \Delta z}{\frac{(\delta r)_e}{k_e}}, \ a_W \frac{r_w \Delta z}{\frac{(\delta r)_w}{k_w}}, \ a_N = \frac{r_n \Delta r}{\frac{(\delta z)_n}{k_n}}, \ a_S = \frac{r_s \Delta r}{\frac{(\delta z)_s}{k_s}}$$

$$a_P = a_E + a_W + a_S + a_N + \frac{\rho c_p \Delta V}{\Delta \tau} \tag{3-13}$$

$$b = \frac{\rho \Delta V L \Delta S + \rho c_p \Delta V T_P^0}{\Delta \tau} \tag{3-14}$$

式中　L——铁液的结晶潜热，kJ/kg；

　　　ΔS——固相增量，%。

3.2.4　边界条件和初始条件的处理

边界条件是决定一个方程有唯一解的必要条件。在非稳态过程中则需要再加上初始条件才能获得唯一的解。

3.2.4.1　炉缸边界条件的确定

炉缸的边界条件有 3 种：绝热边界，恒温边界和对流边界。因为将炉缸视为对称结构，则炉缸中心线边界为绝热边界；炉缸壁上沿是从整个高炉上切取下来的，因为热流主要是在 r 方向，所以在 z 方向也看作是绝热过程；铁水的上表面看作是恒温边界；冷却壁与冷却水，炉壳与空气之间为对流边界，如图 3-29 所示。

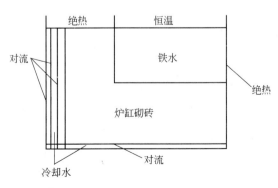

图 3-29　边界示意图

根据以上分析，绝热边界是在节点的上边界和左边界，即在该方向上流入或流出的热量为零。在该节点的方程中，绝热边界方向上的 $a_{n\|e} \times T_{n\|e} = 0$（$\|$

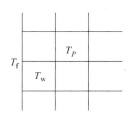

图3-30 对流边界示意图

代表"或"）；恒温边界的处理比较简单，即在包括恒温边界节点的方程中，用已知的温度代替相应方向的温度 T。

如图3-30所示，以左对流为例，对流边界的处理应用牛顿冷却定律，即在一单位时间内，从一单位表面积的固体表面流入流体的热量 $q = h(T_w - T_f)$。

由此可见，对流换热的热流强度 q 是由换热系数 h，固体表面温度 T_w 与流体的主流温度 T_f 之差决定的。这类边界条件要避免处理 T_w，根据热流相等的条件，则有：

$$q_B = \frac{T_f - T_w}{\frac{1}{\alpha}} = \frac{T_w - T_P}{\frac{(\delta r)_w}{K_B}} = \frac{T_f - T_P}{\frac{1}{\alpha} + \frac{(\delta r)_w}{K_B}} \quad (3-15a)$$

这样流过单元体 w 方向的热量为：

$$q = \frac{T_f - T_P}{\frac{1}{\alpha} + \frac{(\delta r)_w}{K_B}} r_w (\Delta z)_P \quad (3-15b)$$

式中 α——对流换热系数；

$(\delta r)_w$——边界处网格的 δr；

$(\Delta z)_P$——控制体的高度；

K_B——边界处材质的导热系数；

r_w——边界处的半径。

这样就可以避免直接处理边界的温度了。

3.2.4.2 不规则形状边界的处理

当炉缸外边界是倾斜的时候，就要遇到不规则边界，要进行特殊处理，用边界控制容积的热平衡来建立边界节点的离散化方程。

设边界节点 P 的相邻节点有边界节点 A、B、C 和内部节点 E、W、S，由于边界节点并不恰好位于网格节点上。因此，必须以最靠近边界的节点为边界节点。对于炉壳属于第三类边界条件的情况，如图3-31所示。

控制容积 B 的热平衡方程如下：

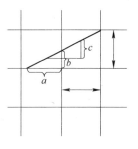

图3-31 不规则形状边界
节点 B 的控制容积

$$Q_C + Q_{AB} + Q_{CB} + Q_{PB} = 0 \tag{3-16}$$

考虑一种简单的情况，假设 $\Delta r = \Delta z = l$，P 至 A 的距离为 $a \cdot l$，P 至 B 的距离为 $b \cdot l$，而 B 到 C 的距离为 $c \cdot l$。由控制体容积 B 的边界长度可算出对流传热量为：

$$Q_C = \frac{1}{2}(\sqrt{a^2 + b^2} + \sqrt{1 + c^2}) \cdot l \cdot a \cdot (T_f - T_B) \tag{3-17}$$

其他邻点对节点 B 的导热量为：

$$Q_{PB} = \frac{1}{2}(1 + a)\frac{k(T_P - T_B)}{b} = \frac{1 + a}{2b}k(T_P - T_B) \tag{3-18}$$

$$Q_{AB} = \frac{bl}{2}k\frac{T_A - T_B}{l\sqrt{a^2 + b^2}} = \frac{bk}{2}\frac{T_A - T_B}{\sqrt{a^2 + b^2}} \tag{3-19}$$

$$Q_{CB} = \frac{bk}{2}\frac{T_C - T_B}{\sqrt{1 + c^2}} \tag{3-20}$$

将上述 4 个 Q 值都带入式（3-16），就可建立如下的节点 B 的离散化方程：

$$\left[\frac{al}{k}(\sqrt{a^2 + b^2} + \sqrt{1 + c^2}) + \frac{1 + a}{b} + \frac{b}{\sqrt{a^2 + b^2}} + \frac{b}{\sqrt{1 + c^2}}\right]T_B$$

$$= \frac{al}{k}(\sqrt{a^2 + b^2} + \sqrt{1 + c^2})T_f + \frac{1 + a}{b}T_P + \frac{b}{\sqrt{a^2 + b^2}}T_A + \frac{b}{\sqrt{1 + c^2}}T_C$$

$$\tag{3-21}$$

上述推导 Q_{AB} 和 Q_{CB} 的过程中，都用 $bl/2$ 作为导热面积，这是一种近似的方法，因为它们实际上并不等于控制容积的界面面积。采用各种复杂的手段处理不规则形状的边界条件，将拓宽有限差分法的应用范围。但是，不规则形状边界将给有限差分法带来许多困难和麻烦。

3.2.4.3 初始条件

初始条件就是待求的非稳态传热问题在初始时刻待求变量的分布，可以是常值，也可以是空间坐标的函数。初始条件是非稳态过程的开始，初始条件开始的影响很大，但随时间的推移，其影响将逐渐减弱，并最终达到一个新的稳定状态。在最终的稳定状态解中再也找不到初始条件的影响痕迹，而主要由边界条件决定。虽然如此，选择初始条件仍然要考虑两方面的因素，一方面是符合真实的实际状况，另一方面，不关注中间传热过程时，应尽量选择与最终稳态分布相适合的初始计算条件，这样可以减少迭代次数，从而节省计算机消耗的时间。研究计算中，将铁水瞬间滴落满炉缸作为初始条件。

3.2.5 凝固潜热的处理

在高炉的传热过程中，由于冷却系统的冷却作用，使炉缸内部的铁水被冷却，铁水的冷却过程实质上是铁水内部显热（温度下降）和潜热（相变结晶）不断向外界耗散的过程。在铁水凝固过程释放的总能量中，凝固潜热占有相当大的比例，是否考虑结晶潜热处理、处理结晶潜热的优劣对炉缸温度场数值计算精度具有十分关键的作用。

对相变传热处理的主要困难是相变热的处理。相变热相当于一个移动热源存在于两相区内。处理这一问题将是处理相变热的关键，对于这一问题的处理，在以往的文献中大多以等价比热的形式出现。具体做法是将相变热（凝固潜热）分配到两相区的比热中，相当于在原物性参数比热的基础上，加上一个由相变热构成的修正量，并认为当温度处于两相区时，采用等价比热，否则用实际比热。该方法的最大优点是避开了对源项的直接处理，但是由此带来的问题也是严重的。应该说，相变源项存在的条件与时间进程前后的稳定（凝固率）有关，只有当前后温度均在相变区内时，等价比热才能正确使用，否则是不正确的。

经研究表明，将潜热作为源项的处理相变传热方法是最为合理的方法[7]，根据炉缸炉底的包括凝固潜热的非稳态计算模型，对方程的时间项即方程的左面进行差分，其离散结果：

$$\int_{\tau}^{\tau+\Delta\tau}\int_{w}^{e}\int_{s}^{n}\rho\frac{\partial H}{\partial\tau}r\mathrm{d}r\mathrm{d}z\mathrm{d}\tau = \rho\Delta V\Delta H = \rho\Delta V(\Delta Q + c_p\Delta T)$$

$$= \rho\Delta V\Delta Q + \rho c_p\Delta V(T_P^1 - T_P^0)$$

$$= -\rho\Delta VL\Delta S + \rho c_p\Delta V(T_P^1 - T_P^0) \tag{3-22}$$

能量平衡关系是：

{各相邻单元流入单元 P 的热量} + {内热源产生的热量} = {单元 P 热熔的增量}

计算中，不考虑内热源产生的热量，这样，整理可得到：

$$-\rho\Delta VL\Delta S + \rho c_p\Delta V(T_P^1 - T_P^0) = \frac{r_P\Delta r\Delta\tau}{(\delta z)_n}(T_N - T_P) -$$
$$\frac{r_P\Delta r\Delta\tau}{(\delta z)_s}(T_P - T_S) + \frac{r_e\Delta z\Delta\tau}{(\delta r)_e}(T_E - T_P) - \frac{r_w\Delta z\Delta\tau}{(\delta r)_w}(T_P - T_W) \tag{3-23}$$

其中的源项 $b = \dfrac{\rho \Delta V L \Delta S + \rho c \Delta V T_P^0}{\Delta \tau}$，其中包含相变热的项为

$$S = \frac{\rho \Delta V L \Delta S}{\Delta \tau} = \frac{\rho L}{\Delta \tau} = \Delta V \Delta S = \rho L \frac{\Delta f_s}{\Delta \tau} \tag{3-24}$$

式中，f_s 为相变率，L 为相变潜热。

差分方程采用全隐式差分格式，来说明相变热源相的差分方法。

将相变热构成的源项作为求解对象，直接进行差分计算，具体处理过程如下：

$$S = \rho L \frac{f_s^1 - f_s^0}{\Delta \tau}, f_s = f(T) = \frac{T_1 - T}{T_1 - T_s}$$

$$\begin{cases} 0 & T > T_1 \\ f_s = f(T) & T_s \leqslant T \leqslant T_1 \\ 1 & T < T_s \end{cases} \tag{3-25}$$

式中，T_1 为液相线温度；T_s 为固相线温度。本计算中，$T_1 = 1200\,^\circ\!C$，$T_s = 1150\,^\circ\!C$；L 为相变潜热，计算中取值为 56kJ/kg。源项与时间间隔前后各自的相变率（温度）有关，而此时的温度又分别有 3 种可能的情况，因而将出现 9 种可能的情况。这个过程的实现可以用一个简单的通式来代替，如下所示：

$$\begin{cases} 0 & T^0 > T_1 \\ f_s^0 = f(T^0) & T_s \leqslant T^0 \leqslant T_1 \\ 1 & T^0 < T_s \end{cases} \tag{3-26}$$

$$\begin{cases} 0 & T^1 > T_1 \\ f_s^1 = f(T^1) & T_s \leqslant T^1 \leqslant T_1 \\ 1 & T^1 < T_s \end{cases} \tag{3-27}$$

$$S = \rho L \frac{f_s^1 - f_s^0}{\Delta \tau} \tag{3-28}$$

3.3　高炉炉缸炉底设计结构的评析

炉缸炉底的寿命是高炉长寿的主要限制性环节之一，因此延长高炉炉缸炉

底的安全工作时间是一个重大的问题。造成炉缸炉底侵蚀破损的原因是错综复杂的，包括铁水环流的机械冲刷、高温热应力破坏和化学侵蚀等。如果炉缸炉底内衬始终保持在较低的温度状态，就能够有效减缓或抑制侵蚀，延长炉缸炉底的使用寿命。进而言之，如果将耐火材料和炙热的铁水隔离而使其处于安全工作温度，则上述侵蚀将被阻止。因此，高炉的设计者们运用传热学原理，不断地提高炉缸炉底耐火材料和设计结构的合理性，高炉炉缸炉底结构由最初的高铝砖或黏土砖无冷却炉缸炉底结构，发展到大块炭砖和高铝砖结合并采用冷却的综合炉底结构，炉缸炉底耐火材料的导热性、抗氧化性及强度性能逐渐提高。20世纪80年代，当法国陶瓷杯和美国热压高导热小块炭砖技术出现以后，"传热法"高导热小块炭砖炉缸炉底和"隔热法"陶瓷杯复合炉缸炉底成为目前最主流的两种炉缸炉底内衬结构，两者尽管在炉缸炉底结构设计存在差异，但其技术原理却是一致的，即尽可能将1150℃等温线向炉缸中心推移，使其远离碳质材料内衬。两种典型的炉缸内衬结构在炉底都具有共同之处，就是炉底的内衬材料应以炭砖和石墨砖为主，并在炉底炭砖上部采用1到2层陶瓷或高铝质的砖衬作为保护层，即所谓的"陶瓷垫"；而对于炉缸侧壁是否采用陶瓷杯，技术观点则是不尽相同。另外，这两种炉缸炉底结构在实际生产使用中仍存在着一些不足之处，前者被认为炉缸炉底热量损失大，冶炼强度低；而后者则认为造价较高，而且在使用过程中陶瓷杯砌体内部还可能会产生膨胀或开裂。本节将利用上述的炉缸炉底温度场计算模型，通过对这两种典型的炉缸炉底内衬结构进行建模计算，从传热学的本质上阐明这两种不同结构炉缸炉底的长寿途径和各自的特点，进而得出其共同的长寿实质，并分析其存在的技术缺陷和需要改进完善之处[8]。

3.3.1　"传热法"和"隔热法"炉缸炉底结构分析

3.3.1.1　"传热法"炉缸炉底结构分析

对于采用热压小块炭砖的"传热法"炉缸内衬而言，普遍认为其优点是由于发挥了热压小块炭砖的高导热性，使铁水的热量很快地传入炭砖，再由炭砖很快地传出炉缸而被冷却水带走，进而使靠近炭砖热面的铁水凝固形成渣铁壳，高温等温线大部分集中在低导热系数的渣铁壳内，炭砖的温度梯度小并处于安全的工作温度，以达到保护炉缸炉底的目的。这与炉腰炉腹部位采用铜冷却壁，迅速吸收并传递高温煤气的热量，以降低热面温度使渣铁液凝固结壳的理念是相同的，即"传热法"炉缸的长寿理念是利用高导热系数的炭砖直接接触铁水，快速吸收并传递铁水热量，使靠近炭砖的铁水降温凝固结壳。但值得注意的是，炭砖的导热系数远比铜的要小，尽管石墨炭砖导热系数可达100W/（m·K）以上，但由于其耐铁水侵蚀性能差，采用"传热法"炉缸结构不可能使用石墨炭砖直接接触铁水，而且炉缸炭砖厚度也远大于铜冷却壁厚度，因而炉缸热阻必然远大于铜冷却壁热阻。通过炉缸的热流强度远小于铜冷却壁能保证热面结壳的热流强度，因而"传热法"炉缸结构是否能够满足渣铁壳的生成的条件，需要根据炉缸炭砖的导热系数对其温度场进行计算研究，从而判断能否将1150℃侵蚀线推出炭砖热面。就国内大部分高炉而言，炉缸炭砖平均导热系数达到30W/(m·K)以上，就可以称之为高导热系数的炉缸体系，对炉缸壁厚度为1.5m，炭砖导热系数为40W/(m·K)时的"传热法"炉缸炉底进行建模计算，其温度场分布如图3-32所示。

由图可知，自炉缸热面至冷面的6条等温线分别对应1150℃至200℃6个由高到低的温度，1150℃侵蚀线未被推移到炭砖热面之外，炉缸内衬热面没有形成渣铁壳，侵蚀较为严重。虽然，由于采用了高导热系数的炭砖，炉缸炭砖层内的温度梯度小，有利于避免炭砖环裂的发生，但在1150℃侵蚀线进入炭砖的前提下，高导热系数反而使炭砖层温度过高，1000℃、800℃等温线都已经进入到炉缸炭砖内，使部分炭砖达到了其脆化温度区间，为炉缸长寿带来了隐患。同时，由于炉缸部位靠近冷却壁的炭砖温度高达200℃左右，和冷却水对流换热量大，造成炉缸热量损失过多。

由此可见，采用"传热法"炉缸结构时，为了将1150℃侵蚀线推出炭砖热面以外，炉缸热阻必须满足一定的要求，在其他条件不变的情况下，逐渐增加炉缸炭砖的导热系数。通过计算温度场分布可知，当炉缸炭砖导热系数达60W/(m·K)时，炭砖热面的铁水温度才降至1150℃，温度场分布如图3-33所示。由图3-33可以看出，在炭砖导热系数增至60W/(m·K)后，1150℃侵蚀线才基本被推出炭砖热面，靠近铁口处侵蚀线依然存留在炭砖内部，此时炉缸炭砖温度很高，870℃炭砖脆化线已进入炉缸较深，即使此后炭砖热面能够形成渣铁壳，由于渣

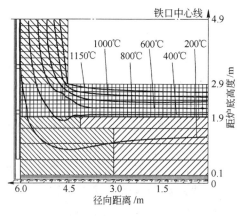

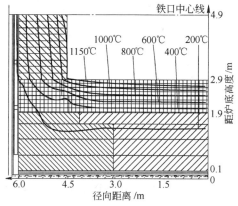

图3-32　炉缸炭砖导热系数均为
40W/(m·K)的温度场分布

图3-33　炉缸炭砖导热系数均为
60W/(m·K)的温度场分布

铁壳后面的炭砖脆化较严重，渣铁壳也不易稳定存在。

因此，"传热法"炉缸结构要形成渣铁壳，对炭砖的导热系数要求很高，而且为了使渣铁壳稳定存在，保证870℃脆化线不进入炭砖，对炉缸炭砖的导热系数要求将更高。因此，对目前采用"传热法"的高炉炉缸结构，在生产中炉缸炭砖导热系数达不到要求时，炉缸内衬一般是要被先侵蚀到一定厚度，造成炭砖温度升高，热流变大，此后随着侵蚀的进程炉缸热阻减小到一定程度时，才可能形成渣铁壳，炉缸温度及热流相应随之减小。由于生产过程中入炉原料条件、冶炼强度、死焦柱等因素发生变化，炉缸内铁水的流动状况也随之改变，当炉缸铁水流动加快或环流加强后，铁水和炉缸的换热量增大，炉缸温度场分布也将发生变化，如图3-34所示。

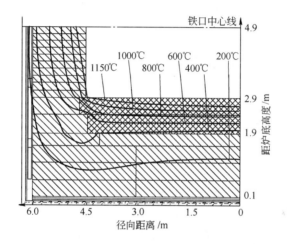

图 3-34　铁水流动加快后炭砖导热系数均为60W/(m·K)的温度场分布

对比分析采用高导热的"传热法"炉缸结构，虽然在一定的生产条件下可以将1150℃侵蚀线推出炭砖热面，但如果生产波动引起铁水流动变快后，即使采用较深的死铁层，降低了炉缸炉底交界处的铁水环流，但在铁口下方和炉缸的中上部，侵蚀受铁水流动变快影响仍然较大。由于高导热炭砖对铁水流动的反应敏感，容易吸收热量，因此不能再将1150℃侵蚀线推出热面，虽然交界部位依然可以有渣铁壳存在，但炉缸中上部侵蚀较严重，这也正是高炉出现象脚状异常侵蚀的原因所在。

"传热法"的总体技术理念是炉缸总热阻越低越利于抑制炉缸侵蚀。但研究发现，只增加炉缸靠近铁水的第一层炭砖的导热系数到80W/(m·K)，炉缸侵蚀不但没有减缓，反而更加深入，如图3-35和图3-36所示。由此可知，并不是炉缸总热阻减小，侵蚀线就相应被推向炭砖热面。这是由于铁水凝固潜热的存在，如果不考虑铁水凝固潜热，炭砖导热系数越高，侵蚀线越容易被推出炭砖热面，

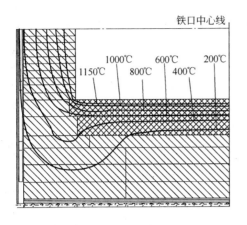

图 3-35　炉缸全部炭砖导热系数为
40W/(m·K)的炉缸温度场分布

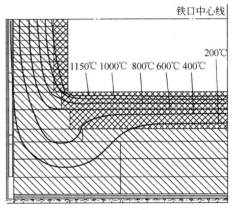

图 3-36　炉缸靠近铁水的第一层炭砖
导热系数为80W/(m·K)，其余为
40W/(m·K)的炉缸温度场分布

但由于铁水凝固潜热的存在，当采用高导热炭砖时，要克服的凝固潜热也增大，因此侵蚀线的移动和炭砖导热系数的变化趋势在炭砖导热系数增大到一定程度时并不相同，这是一个非线性过程。由上述对比研究也可以看出，提高炉缸炭砖综合导热系数有助于将1150℃侵蚀线推向炭砖外部；但若将导热系数高的炭砖应用在炉缸内衬热面，非但起不到阻滞1150℃侵蚀线的作用，反而还会恶化炉缸温度场分布，加剧炉缸内衬侵蚀。

　　实践表明，生产操作条件的变化，在导致炉缸炉底铁水流动情况的改变后，都会影响炉缸渣铁壳的稳定存在，侵蚀将会继续进行，为炉缸长寿带来隐患。这也是实际高炉生产过程中炉缸热电偶温度在下降之后还会回升的主要原因之一。

　　综上所述，"传热法"炉缸结构的技术特点是利用炭砖的高导热性，在铁水和炭砖间形成低导热系数的"自保护"渣铁壳，这种炉缸结构设计体系的总体理念是合理的，在实际生产中也取得了高炉长寿的实绩。但这种设计尚存在不足之处，其设计结构对于炉缸炭砖的导热系数要求较高，甚至要达到60W/(m·K)以上，在炉缸侧壁铁水环流加强时，则要求炭砖导热系数更高才能形成渣铁壳，而高导热系数的炭砖制造成本也较高。由此可见，"传热法"炉缸炉底存在上述的弊端，是由于片面地夸大了冷却水的冷却作用，忽视了铁水对高导热系数炭砖的高传热，炉底各层炭砖被视为一个整体来提升导热系数降低热阻，因此，在非稳态过程中，提高炉缸炉底冷却水带走热量的同时也过多地增大了铁水进入炭砖的热量，铁水在降温过程中又释放了大量的凝固潜热，提高了渣铁壳生成的难度和炉缸的热负荷，即炭砖导热系数要求更高。即使炉缸炭砖导热系数满足要求，能够形成渣铁壳，但由于形成渣铁壳前高导热系数的炭砖过于容易接收铁水的热量，很快达到其脆化温度，易发生渗碳反应，尽管形成渣铁壳，渣铁壳不容易稳定存在，炉缸长寿依然存在隐患。

3.3.1.2 "隔热法"陶瓷杯复合炉缸炉底分析

"隔热法"陶瓷杯复合炉缸炉底的设计理念是将低导热系数的陶瓷杯直接接触铁水，利用其抗铁水侵蚀能力强、耐高温的特性把铁水和炭砖隔离起来，阻止过多的热量传入炭砖中[5]，使炭砖处于安全工作温度区间。

实践证实，"隔热法"炉缸炉底的陶瓷杯结构具有延长高炉寿命的作用，但陶瓷杯能否长期存在和陶瓷杯被侵蚀掉后残余炭砖能否保证"自保护"渣铁壳的形成，必须结合陶瓷杯和所采用的炭砖，通过计算其温度场分布来进行分析判断。

我国某钢铁厂3号高炉采用了陶瓷杯匹配自焙烧炭砖的复合炉缸炉底结构，该高炉运行7年半，炉身下部炉壳多处开裂，炉体耐火材料侵蚀严重。出现这种情况的原因是显而易见的，该高炉的设计决定了其使用寿命，该高炉开炉后炉缸炉底温度场分布如图3-37所示。由图3-37可以看出，600℃以上高温线基本集中在陶瓷杯内，炉缸炉底的自焙烧炭砖无法达到其焙烧温度，自焙烧炭砖的导热系数都在10W/(m·K)以下，而且由于自热面至冷面自焙烧炭砖的温度逐渐降低，其导热系数也越来越小，靠近冷却壁的自焙烧炭砖基本未被焙烧，导热系数不大于3.6W/(m·K)，整个炉缸炉底的热阻过大，使冷却系统难以发

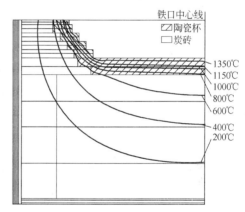

图 3-37　某钢铁厂 3 号高炉开炉后
炉缸炉底的温度场分布

挥作用。而且该高炉死铁层深度不足1200mm，铁水流动强，对陶瓷杯的冲刷侵蚀及对流换热加大，大量的热量都集中在陶瓷杯内，1350℃等温线已进入了陶瓷杯之内，由于长时间直接被炙热的铁水冲刷，陶瓷杯以不可逆转的速度被侵蚀，即使在陶瓷杯被侵蚀消失以后，由于炉底自焙烧炭砖仍未能达到焙烧要求，平均导热系数只在6W/(m·K)左右，1150℃侵蚀线一直停滞在炭砖热面以内，无法形成"自保护"的渣铁壳，因此，该高炉寿命只勉强达到了七年半。在炉役后期炉缸炉底温度场分布如图3-38所示，炉底自上而下第二条等温线即1150℃侵蚀线。

上例的实践证实，自焙烧炭砖—陶瓷杯复合炉缸炉底结构的设计是不合理的。考虑到陶瓷杯被侵蚀消失以后，炉缸炉底要依靠"自保护"渣铁壳来阻止

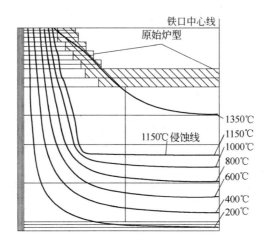

图 3-38　某钢铁厂 3 号高炉炉役后期炉缸炉底温度场分布

铁水的侵蚀，目前"隔热法"炉缸炉底结构的设计逐渐采用导热系数更高的炭砖和陶瓷杯搭配使用。

我国某大型钢铁企业的 5 号高炉采用普通炭砖结合高铝砖的"隔热法"炉缸炉底，但仍然达到了长寿目的，此处将对该高炉炉缸炉底的长寿原因进行研究分析。

该高炉开始投产时，炉缸炉底的温度场分布如图 3-39 所示。

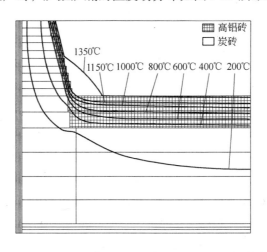

图 3-39　某钢厂 5 高炉开炉初期炉缸炉底温度场分布

由图可以看出，开炉后直接面对炙热铁水的低导热系数高铝砖对保护炭砖起到了一定的作用，使热量集中在高铝砖内，炭砖温度较低；普通炭砖在高铝砖存在情况下并不能充分发挥冷却水作用，没有渣铁壳生成，铁水直接冲刷高铝砖，甚至使 1350℃ 等温线都进入到高铝砖内，因此开炉 2 年后高铝砖被侵蚀光，变成为"传热法"的"全炭砖"炉缸炉底结构,但残余的普通炭砖炉缸炉底并不能将1150℃侵蚀线阻滞在炭砖热面以外,而如前所述炭砖导热系数大于高铝砖使得温度梯度减小,炭砖迅速升温,炉底中心线第一层炭砖下的热电偶温度高达650℃,如图3-40所示。

在炉底温度迅速升高以后,该高炉采取了持续不断的钒钛矿护炉操作,在炭砖层之上形成了低导热系数的钒钛化合物,炭砖层才被保护起来,一直加入的钒钛矿代替了此前高铝砖对炭砖层的保护,即此后全炭砖炉缸炉底长寿的实质是通过加入钒钛矿在铁水和炭砖之间形成了一层低导热系数的"保护壳",使炉底热电偶的温度稳定在610℃左右,如图3-41所示。

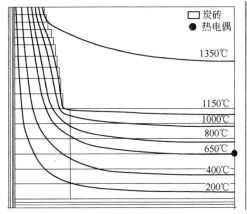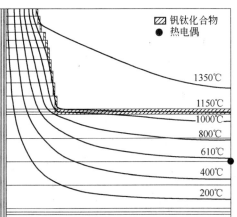

图 3-40 高铝砖被侵蚀消失后而未加 　图 3-41 钒钛矿护炉后的
钒钛矿护炉时的炉缸温度场分布 　　炉缸炉底温度场分布

综上所述,作为我国高炉长寿成功案例的某钢铁企业的 5 号高炉,其炉缸炉底长寿的原因并不是起"隔热"作用的高铝砖的长期存在(高铝砖仅在开炉 2年内起到了保护炭砖的作用),也不是靠炭砖的"传热"生成了"自保护"的渣铁壳,而是另一种来源,即"他保护"的低导热系数的钒钛化合物,即在高铝砖被侵蚀消失以后,持续的钒钛矿的消耗换取了炉缸炉底的长寿。可见,该高炉炉缸炉底的长寿实质同样是在炉缸炉底炭砖和铁水间保证低导热系数物质的存在,但无法实现"自保护"长寿。

对于"隔热法"陶瓷杯匹配"传热法"高导热系数炭砖的复合炉缸炉底结构,取炉缸炉底炭砖导热系数 $60W/(m \cdot K)$,建模计算其温度场分布如图3-42所示。

由图3-42可以看出,由于铁水和炭砖之间低导热系数陶瓷杯的存在,阻止了铁水对炭砖的直接侵蚀,且高导热系数炭砖的采用使炉缸炉底等温线整体向炉内热面移动,与采用普通炭砖的"隔热法"炉缸炉底相比,炭砖温度降低,充

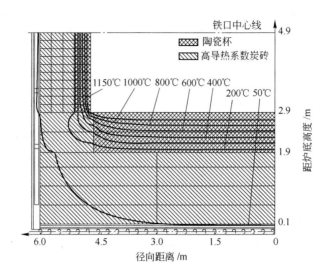

图3-42　炭砖导热系数为60W/(m·K)的陶瓷杯复合炉缸炉底温度场分布

分发挥了陶瓷杯的"隔热"作用。但也可以看出，采用高导热系数的炭砖使陶瓷杯内高温等温线更加密集，陶瓷杯中热应力增大，恶化了陶瓷杯的工作环境。而且在陶瓷杯较厚时，铁水的热量很难传入炉缸炉底的炭砖，冷却系统不能充分发挥应有的作用，即使采用"传热法"高导热炭砖，仍然无法将1150℃侵蚀线推出陶瓷杯热面，陶瓷杯长期与流动的高温铁水接触，其保护作用属于一种不可逆转的"消耗型保护"。由于陶瓷质材料具有较炭砖更好的耐热强度，其被侵蚀消耗的时间会更长一些，对于较高成本的陶瓷杯和高导热系数炭砖结合的炉缸炉底结构而言，高炉寿命的延长是以较高的投入为代价的。如果1150℃侵蚀线未被推出耐火材料以外，高温等温线会集中分布在低导热系数的陶瓷杯内，对炭砖保护具有明显的阶段性，而炭砖的高导热性作用被抑制，所以陶瓷杯与高导热性的炭砖匹配的结构在经济上仍需认真研究论证。此种结构在整个炉役期间很难达到"隔热"和"传热"的双重效果，难以形成"自保护"的渣铁壳，而高导热系数炭砖和陶瓷杯的匹配，使等温线分布过于集中在陶瓷材料内，从材料热应力的角度分析，"隔热法"和"传热法"的结合对改善炉缸炉底耐火材料的工作环境并非具有积极作用。随着陶瓷杯侵蚀减薄，由于高导热的炭砖的导热（冷却）作用，会使陶瓷杯内的高温等温线分布更为集中，陶瓷杯壁冷—热面的温度梯度变得更大，使陶瓷杯内热应力增加，从而造成陶瓷杯热应力破损。炉缸中陶瓷杯直接与高温铁水接触，没有任何保护，大量的热量长期积储在陶瓷杯内，陶瓷杯作为炭砖的保护层被逐渐侵蚀消耗，这也是"隔热法"设计体系的一个基本技术理念。在未达到一个侵蚀平衡厚度前陶瓷杯的侵蚀是始终进行的，而且这个过程是不可逆过程。计算结构表明当炉缸陶瓷杯厚度剩余100mm时，1150℃侵蚀线才会被推至陶瓷杯热面。

由于炉役末期，陶瓷杯变薄且热应力较大，在炉缸铁水环流加强时，渣铁壳易脱落，陶瓷杯仍会被继续侵蚀。当陶瓷杯被完全侵蚀消失以后，炉缸炉底将转变为高导热系数的"传热法"全炭砖炉缸炉底，然而"传热法"炉缸炉底依然存在隐患，炉缸炉底侵蚀仍可能进一步加剧。

采用"隔热法"炉缸炉底时，陶瓷杯在没有被完全侵蚀之前，炉缸炉底靠近冷面的温度受陶瓷杯厚度变化影响很小，炉缸炉底热电偶一般都设置在此区域，对炉缸炉底侵蚀状况的变化在陶瓷杯未被完全侵蚀之前并不敏感，从而不利于炉缸炉底侵蚀的准确监控。

通过对炉底厚度为 2.4m，导热系数为 20W/(m·K) 的全炭砖炉缸炉底进行建模计算，得出其炉缸炉底温度场分布如图 3-43 所示。

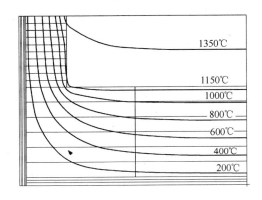

图 3-43　导热系数为 20W/(m·K) 的全炭砖炉底的温度场分布

由图 3-43 可以看出，自上而下 7 条等温线分别对应 1350℃ 至 200℃ 7 个由高到低的温度，1150℃ 侵蚀线未被推移出炭砖热面之外，没有形成渣铁壳。同时，由于炭砖的高导热性，炉底炭砖内的温度梯度小，等温线间距大，炉底炭砖温度过高，1000℃、800℃ 等温线都已经进入到炉底上部两层炭砖内，使这两层炭砖基本都达到了其脆化温度，给高炉炉底安全长寿带来了隐患，同时由于靠近冷却系统的炭砖温度较高达到 180℃ 左右，和冷却水对流换热大，热量损失过多。

全炭砖炉底为了把 1150℃ 侵蚀线推出炭砖热面以外，炉底的热阻也必须满足一定的要求，取炉底炭砖总厚度为 2.4m，炭砖导热系数从 20W/(m·K) 递增到 100W/(m·K)，计算炉缸炉底的温度场分布，得到 1150℃ 侵蚀线距炉底第一层炭砖热面的平均距离和炭砖导热系数的关系如图 3-44 所示。图中纵坐标为正，表示 1150℃ 侵蚀线被推出炭砖热面以外；纵坐标为负，表示 1150℃ 侵蚀线在炉底炭砖的内部，绝对值代表 1150℃ 侵蚀线到第一层炭砖热面的平均距离。

由图 3-44 的计算结果可知，当炭砖的导热系数高达 70W/(m·K) 以上时，

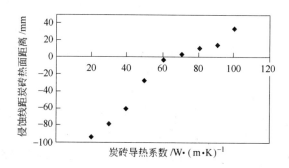

图 3-44 全炭砖炉底侵蚀线距炭砖热面的平均距离和炭砖导热系数的关系

1150℃侵蚀线才被推出炭砖热面以外, 而且在炭砖导热系数从 70W/(m·K) 升高
到 100W/(m·K) 时, 侵蚀线被推出炭砖热面的距离依然很小, 渣铁壳较薄, 而
且当 1150℃ 侵蚀线被推出炭砖热面后, 渣铁壳形成将导致炉底总热阻增大, 平衡
被破坏, 此时侵蚀线下移, 而 870℃炭砖脆化线是否进入炭砖层也将由渣铁壳厚
度而决定, 所以在炉底固定厚度的前提下, 必须保证在形成渣铁壳且温度场重新
分布后, 870℃炭砖脆化线依然在炭砖热面以上, 但由于采用高导热系数的全炭
砖炉底, 接近铁水的最上层炭砖太过容易接收铁水的热量, 因此, 靠近铁水的炭
砖在未形成渣铁壳之前就具有较高的温度, 甚至靠近铁水的炭砖已达到其脆化温
度, 故即使形成 "自保护" 渣铁壳, 渣铁壳仍然难以结厚并稳定存在。

　　通过以上的分析可以看出, 传统的 "隔热法" 陶瓷杯复合炉缸炉底仍存在
以下技术缺陷: 在投资成本方面, 陶瓷杯本身的成本较高, 而且为了在陶瓷杯减
薄或消失时, 剩余的炭砖能发挥冷却系统的作用, 继续延长炉缸炉底的寿命, 在
采用陶瓷杯的条件下又匹配了高导热的炭砖, 而高导热的炭砖成本也较高, 因此
相对而言采用陶瓷杯—高导热炭砖的炉缸炉底工程造价增高。在高炉生产过程
中, 陶瓷杯复合炉缸炉底虽然利用了陶瓷杯的耐高温性能保护了炭砖, 但过度的
隔热也使靠近陶瓷杯热面的铁水热量很难顺畅传出, 使陶瓷杯热面温度降低到
1150℃凝固线以下, 也即很难存在可再生的 "自保护" 渣铁壳。由于炙热铁水的
环流冲刷, 陶瓷杯即使有较高的耐热性和耐冲刷性, 但依然会被侵蚀, 而且这个
过程是不可逆的, 即陶瓷杯复合炉缸炉底属于 "消耗延寿"。同时由于高温等温
线都集中在陶瓷杯内, 使炉缸炉底冷却系统的冷却作用不能得到充分发挥。某些
企业的高炉在采用陶瓷杯以后, 为了降低工程投资, 炉缸炉底不再采用高导热性
的炭砖, 为高炉炉缸炉底安全长寿带来了隐患。

3.3.1.3 "传热法" 和 "隔热法" 炉缸炉底的综合分析

　　不同结构的炉缸炉底长寿的技术实质是相同的, 即在高温铁水和炭砖之间形
成一个低导热系数的 "保护壳", 使高温等温线聚集在其内, 以降低炉缸炉底耐

火材料的工作温度。两者延长炉缸炉底寿命的不同方法在于，"传热法"是迅速吸收传递铁水热量促使炭砖热面形成保护壳，因此需要高导热系数炭砖；"隔热法"是避免或减少铁水热量进入炭砖以保护炉缸炉底，因此需要隔热性能好的低导热的陶瓷质材料。"隔热法"和"传热法"结合的炉缸炉底的设计理念是正确的，但却只能分阶段地先"隔热"后"传热"，炉缸炉底的热阻仍然是被当作一个整体来分析，忽视了铁水和冷却水的不同影响范围。

"传热法"全炭砖炉底延长高炉寿命的关键是要在铁水和炭砖间形成"自保护"的渣铁壳，但此方法对炭砖的导热系数要求较高，如果炭砖导热系数达不到要求，炉缸炉底无法形成渣铁壳，炭砖的高导热作用将适得其反，加剧侵蚀并造成热损失过大。即使全炭砖炉底可以令接近炭砖热面的铁水降至1150℃凝固温度下，渣铁壳也不易结厚及稳定存在，同时炉底炭砖温度在形成渣铁壳之前很容易达到脆化温度，高炉长寿仍存在隐患。

"隔热法"陶瓷杯复合炉缸炉底延长高炉寿命的关键是在铁水与炭砖之间设置"他保护"的耐高温的陶瓷质材料作为"保护壳"，但由于陶瓷质的低导热系数，严重抑制了炉缸炉底的冷却作用，冷却水无用损耗较大，即使炉底采用高导热系数的炭砖，也很难使铁水在陶瓷杯热面凝固成渣铁壳，因此，陶瓷杯始终承受炙热铁水的冲刷，高炉寿命的延长则是以陶瓷杯的不可逆转的消耗为代价。

目前最具代表性的上述两种炉缸炉底结构都有取得高炉长寿的成功的案例，实践证实，上述两种炉缸炉底设计体系总体上是合理可靠的。但从传热学研究结果分析仍存在一些技术缺陷，仍需要进一步优化改进完善。合理发挥炉缸炉底冷却系统的作用，保证炉缸炉底"自保护"渣铁壳的形成和稳定存在，是优化改进炉缸炉底结构设计的根本出发点。

3.3.2 影响高炉炉缸炉底寿命的其他因素

3.3.2.1 死铁层深度的设计

"象脚状"侵蚀对炉缸炉底的长寿危害最大，在实际生产中，往往因为炉缸侧壁热电偶温度和冷却壁热流异常升高，不得不采取生产操作调节和护炉措施，影响了高炉的稳定顺行。通过对炉缸内铁水流场及剪切应力场的计算分析得出[9]，铁水环流是造成炉缸炉底交界处侵蚀严重的主要原因，如图3-45所示。图3-45（a）为炉缸的纵剖面流场图，其中箭头的大小代表流速的大小，可见炉缸炉底交界处的铁水流速较大，铁口及铁口对面区域、铁口水平面附近炉缸壁面、铁口正下方炉缸炉底交界处渣铁冲击严重；图3-45（b）为炉底标高上的横剖面剪切应力图，可以看到炉底与铁口中心线夹角为10°到100°处的剪切应力最大；图3-45（c）为炉缸炉底交界的横剖面流场图，可以看到炉缸炉底交界处铁水环流严重。

为了减弱和抑制炉缸中的铁水环流，就需要适当增加死铁层深度，使高炉运

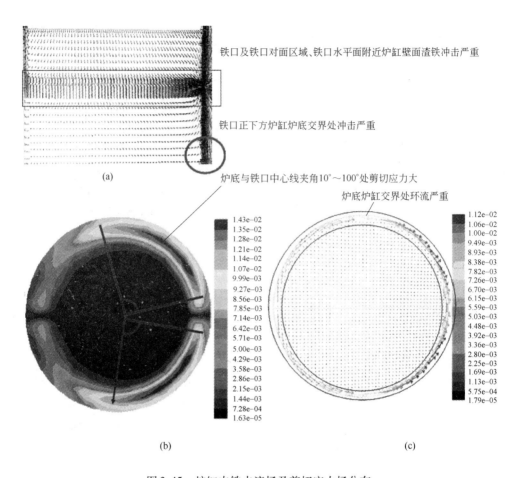

(a)

(b)　　　　　　　　　　　　　(c)

图 3-45　炉缸内铁水流场及剪切应力场分布

行过程中死焦柱始终处于浮起状态，这样使炉底存在无焦空间，如图 3-46 所示。适当加深死铁层深度，一方面可以减弱铁水环流；另一方面如果死铁层足够，也会降低靠近炉底炭砖的铁水流速和温度，利于减缓炉底炭砖的侵蚀。国内某 750m³ 高炉在运行了 12 年后停炉大修，破损调研发现炉底炭砖仍剩余 1300mm，而当时该炉底采用的还是冷却能力较弱的风冷系统，可见该高炉在运行过程中，随着炉缸炉底内衬的侵蚀，死铁层深度不断增加，大大超过了炉缸内径（4m）的 20%，导致炉底靠近炭砖的铁水流速和温度都较低，与炭砖的对流换热减少，这是炉底炭砖剩余厚度较大的主要原因。

在当前的高炉设计中，死铁层深度的设计值一般都设定为炉缸内径的 20% 左右，该数值应通过对死焦柱受力的计算，进而确定合理的死铁层深度的设计数值。

3.3.2.2　耐火材料导热系数的检验

造成高炉炉缸炉底侵蚀破坏的因素是复杂的，其中包括高温渣铁的冲刷磨

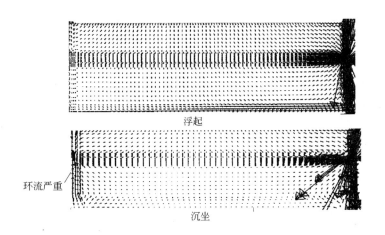

浮起

环流严重

沉坐

图 3-46 死焦柱浮起和沉坐时炉缸内铁水环流的变化

蚀、碱金属侵蚀、渗铁、热应力破坏等，但由于这些破坏产生的前提都是高温，因此选择合理的耐火材料，使得炉缸炉底耐火材料内衬的热面温度低于1150℃进而形成"自保护"渣铁壳，保护炉缸炉底耐火材料内衬处于其安全工作温度范围内，是炉缸炉底长寿的技术关键，其中对耐火材料导热系数的检验至关重要。

图 3-47 显示的是国内某高炉采用了"隔热法"陶瓷杯复合炉缸炉底的温度场分布。在高炉投产仅一个月后，炉缸炉底温度异常升高，炉底陶瓷垫下的热电偶温度甚至超过了1000℃，开炉不到一年陶瓷杯已基本被侵蚀消失，其原因正是由于耐火材料的导热系数在高炉运行时和设计指标相差甚远[10]，陶瓷杯导热系数高于其设计值使得铁水的热量过于容易导出，且炉底靠近热面的炭砖存在渗铁，更为严重的是炉底靠近冷系统的炭砖导热系数低于 1W/(m·K)，远低于其设计值12W/(m·K)，使得传入炉缸炉底的热量很难被冷却水传出，造成了这座

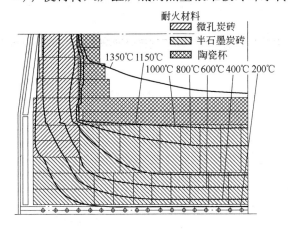

图 3-47 某高炉炉缸炉底耐火材料导热系数异常的温度场分布

高炉的炉缸炉底的异常侵蚀。

可见，在高炉砌筑前对炉缸炉底耐火材料性能指标的检验，尤其是对其导热系数的检验至关重要，是实现高炉长寿设计目标的重要保障。

3.3.2.3 炉缸炉底填料、捣料的选择

除了陶瓷杯和炭砖的合理匹配外，炭砖和冷却系统之间的填料、捣料的选择也至关重要。如果填料、捣料等不定型耐火材料的导热系数过低或在开炉后产生气孔、气隙，将直接阻碍炉缸炉底内衬的热量有效地传递到冷却系统，成为炉缸炉底传热的限制性环节，从而导致炉缸炉底侵蚀加剧。某高炉开炉仅3年后炉底捣料层的电偶温度即超过了400℃，引起了高炉操作人员的重视和警戒，通过对其炉缸炉底进行侵蚀计算分析，如图3-48所示，可见炉底陶瓷垫已经被侵蚀掉了两层。判断其炉底温度异常升高的主要原因是捣料层导热系数过低，这也和实际炉底捣料层出现过串气现象相符，直接影响了炉底的长寿，严重抑制了冷却水作用的发挥。另外，该高炉由于炉底捣料层导热系数过低导致炉底侵蚀加剧，不得不在捣料层上重新安装了新的冷却水管。

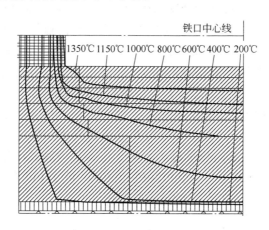

图3-48 某高炉炉底捣料层导热系数过低的炉缸炉底温度场分布

因此，炉缸炉底填料、捣料层导热系数应尽量提高，应与和其相接触的耐火材料的导热性相近或一致，炉缸炉底环形炭砖与冷却壁之间应取消捣料层，使炭砖直接与冷却壁接触，减少系统热阻，提高炉缸内衬—冷却壁的综合传热效能。

3.3.2.4 炉缸炉底热电偶的设置

某些高炉在设计时，并未引起对炉缸炉底热电偶布置的重视，在高炉投产后，仅仅通过对冷却水热流的监测并不能全面准确地掌握炉缸炉底的侵蚀状况，高炉长寿存在隐患。特别是某些高炉，仅仅在炉底布置了少量热电偶，而在可能出现象脚状侵蚀的炉缸区域并未安装热电偶，不利于高炉的安全生产。如某高炉在大修破损调查时，炉底剩余厚度在1000mm以上，而炉缸侧壁最薄处不超过

200mm，这就是由于没有在炉缸侧壁设置热电偶，在高炉停炉前并未引起足够的重视。随着高炉炉缸炉底科学设计理念的发展，适当减薄炉底厚度，增加热电偶的数量，科学合理布置炉缸炉底热电偶，对高炉长寿具有重要的意义。

通过对高炉炉缸炉底设计结构的评析，从该角度研究了影响炉缸炉底寿命的因素和应采取的措施，可总结如下：

（1）"传热法"高导热炭砖炉缸炉底在高炉投产初期不易形成稳定的渣铁壳，此时炭砖的高导热作用不能充分发挥，反而会造成炭砖温度较高且炉缸热量损失较大，同时"传热法"炉缸受铁水流动影响较大，高炉长寿仍存在隐患。

（2）"隔热法"陶瓷杯复合炉缸炉底的设计在陶瓷杯耐火材料导热系数及合理厚度选择、陶瓷垫与炉底炭砖的合理匹配上仍然存在问题。

（3）炉缸铁水环流是造成象脚状异常侵蚀的主要原因，因此应适当增加死铁层的设计深度，保证高炉运行过程中死焦柱始终处于浮起状态。

（4）炉缸炉底耐火材料导热系数的检验对于实现炉缸炉底的长寿至关重要。

（5）炉缸炉底填料、捣料等不定型耐火材料的导热系数应尽量提高，应减少或取消填料、捣料设计结构，使得炭砖与冷却壁直接接触，改善传热过程、提高传热效率，以充分发挥冷却系统的作用。

（6）炉缸炉底热电偶的合理布置对实现高炉的长寿也尤为重要。

3.4 不同炉缸炉底内衬结构的温度场研究分析

3.4.1 炉缸侧壁采用全石墨砖结构的分析

为了提高炉缸的传热性能，不少高炉炉缸侧壁采用高导热的全石墨砖结构，图3-49为炉缸侧壁采用全石墨砖"传热法"炉缸结构的温度场分布，可以看出

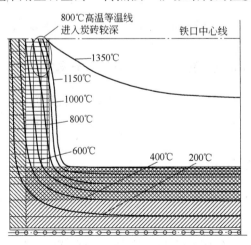

图3-49　炉缸侧壁采用全石墨砖结构的温度场分布

这种设计结构存在以下不足:

(1) 渣铁壳未生成前炉缸侧壁温度梯度小, 砖衬温度过高, 容易使炭砖层达到炭砖脆化温度;

(2) 渣铁壳未生成前, 炉缸炉底热量损失较大;

(3) "传热法"炉缸炉底设计体系过分强调了提高碳质材料导热系数以发挥冷却系统的作用, 忽视了提高碳质材料导热系数的同时铁水的凝固潜热影响;

(4) 受铁水流动变化影响较大, 渣铁壳不易稳定存在。

3.4.2   炉缸侧壁采用全大块炭砖结构的分析

图 3-50 为炉缸侧壁全部采用大块炭砖的温度场分布, 由图 3-50 可见, 该设计结构未考虑铁水和冷却水的不同影响范围, 炉缸热阻过大, 1150℃侵蚀线未被推出炭砖热面, 而且大块炭砖高温区间较大。

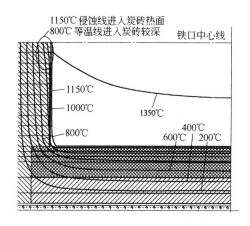

图 3-50   炉缸侧壁全部采用大块炭砖结构的温度场分布

3.4.3   炉缸侧壁采用热压炭砖 (NMA + NMD) 结构的分析

图 3-51 为炉缸侧壁采用热压炭砖结构的温度场分布, 从图中可以看出, 此种炉缸结构的温度场分布比较合理, 1150℃侵蚀线基本推出炭砖热面, 800℃等温线进入炭砖层较浅。

3.4.4   炉缸第 2 段冷却壁的分析

铜冷却壁由于其优异的导热性能已成功应用于炉身下部、炉腰和炉腹等区域, 有利于在其热面形成"自保护渣皮", 基本解决了高炉中部区域的短寿问题。对于炉缸炉底, 由于耐火材料的热阻是传热过程的主要限制性环节, 且炉缸炉底不但实现长寿还要尽可能降低热量损失, 因此在炉缸区域采用铜冷却壁的高

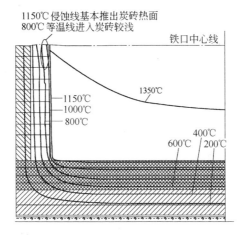

图 3-51 炉缸侧壁采用热压炭砖结构的温度场分布

炉为数不多，但为了提高炉缸冷却能力，使高炉寿命达到 25 年以上，目前国内外部分新建或大修改造的大型高炉在炉缸炉底交界处和铁口区均采用了铜冷却壁。对于这种新型的炉缸冷却模式，需要通过炉缸热阻比例和温度场分布对炉缸侧壁采用铜冷却壁或铸铁冷却壁进行综合分析比较。

炉缸侧壁由冷面到热面的热阻包括冷却水和管壁的对流换热热阻 R_1、壁体热阻 R_2、侧壁炭砖热阻 R_3、侧壁保护砖热阻 R_4。下面分别对其计算：

（1）对流换热热阻 R_1。

对炉缸冷却壁而言，当冷却水管内径为 0.048m 时，即使取水速低于 1.3 m/s，$Re = \dfrac{vd}{\nu} = \dfrac{1.3 \times 0.048}{0.659 \times 10^{-6}} = 94689 > 10^4$，属于充分发展的湍流。冷却水和管壁之间的对流换热系数为：

$$\alpha = 0.023 Re^{0.8} Pr^{0.4} \lambda/d$$

$$= 0.023 \times 94689^{0.8} \times 4.31^{0.4} \times 0.635/0.048$$

$$= 5225 \mathrm{W}/(\mathrm{m}^2 \cdot \mathrm{K})$$

即热阻 $R_1 = 1/\alpha = 1.914 \times 10^{-4}$。

（2）水管热面距冷却壁热面热阻 R_2。

冷却管壁距离冷却壁热面的距离为 0.032m，对于铸铁冷却壁，$R_2 = 0.032/35 = 9.143 \times 10^{-4}$；对于铜冷却壁，$R_2 = 0.032/380 = 0.842 \times 10^{-4}$。

（3）炉缸侧壁炭砖热阻 R_3。

按炉缸侧壁炭砖最薄为 800mm 计算，$R_3 = 0.3/50 + 0.5/15 = 393.3 \times 10^{-4}$。

（4）炉缸侧壁保护砖热阻 R_4。

按炉缸侧壁炭砖热面设厚度为 200mm 的保护砖计算，$R_4 = 0.2/2 = 1000 \times 10^{-4}$。

（5）气隙热阻 R_5。

假设冷却壁和炭砖间存在气隙、壁体和水管间存在气隙或者是冷却壁水管热面局部过热产生气泡，空气的导热系数仅为 0.025W/(m·K)，约为炭砖导热系数的千分之一，因此 1mm 的气隙热阻 $R_5 = 0.001/0.025 = 400 \times 10^{-4}$。

由此，可以计算得出不同工况状态下各热阻所占的比例，见表 3-1。温度场分布见图 3-52 ~ 图 3-54。

表 3-1 不同工况下采用铸铁冷却壁和铜冷却壁时炉缸侧壁的热阻百分比（%）

工 况		冷却水热阻	壁体热阻	炭砖热阻	保护砖热阻
开炉初期	铸铁冷却壁	0.14	0.65	28.01	71.20
	铜冷却壁	0.14	0.06	28.17	71.63
无保护砖后	铸铁冷却壁	0.47	2.26	97.27	
	铜冷却壁	0.48	0.22	99.3	
炭砖剩余 0.3m	铸铁冷却壁	2.69	12.87	84.44	
	铜冷却壁	3.05	1.34	95.61	
假设存在 0.001m 气隙	铸铁冷却壁	0.24	1.14	48.90	1mm 气隙热阻 49.72
	铜冷却壁	0.24	0.11	49.41	1mm 气隙热阻 50.24

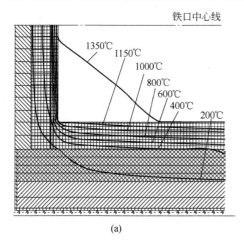
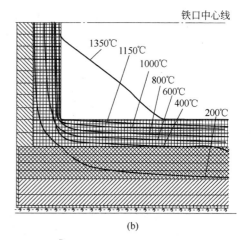

(a) (b)

图 3-52 原始设计结构的温度场分布

（a）炉缸侧壁有保护砖时铸铁冷却壁；（b）炉缸侧壁有保护砖时铜冷却壁

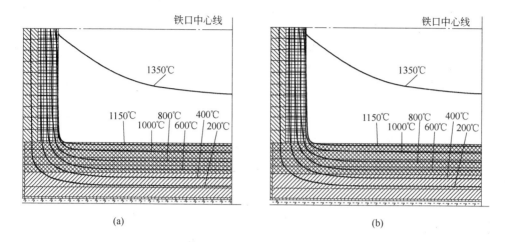

图 3-53 炉缸侧壁无保护砖后的温度场分布
（a）无保护砖后铸铁冷却壁；（b）无保护砖后铜冷却壁

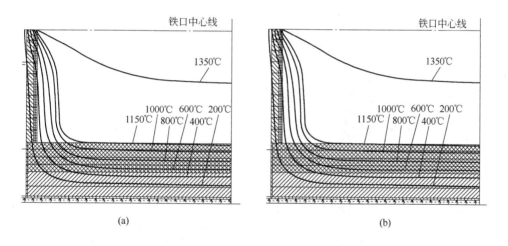

图 3-54 炉役末期的温度场分布
（a）炉役末期铜冷却壁；（b）炉役末期铸铁冷却壁

通过表 3-2 和图 3-52～图 3-54 的理论分析可见，在开炉初期及炭砖剩余厚度较大时，冷却壁体热阻不是炉缸传热的主要限制环节，因此炉缸采用铸铁冷却壁或铜冷却壁温度场的差异不大；到炉役后期，当炭砖残余厚度仅存 0.3m 时，不同壁体热阻也仅相差 10% 左右，可见炉缸冷却壁壁体材质对于炉缸传热效果影响并不显著。改善炉缸传热的关键环节应防止铸铁冷却壁气隙及水管渗碳，如果冷却壁壁体和炭砖之间存在气隙，则会严重影响炉缸热量顺利传出，因此炭砖应紧贴冷却壁砌筑，尽量减少炭砖和冷却壁之间的接触热阻。

应该指出，上述对比分析结果是建立在理论计算基础上的，对炉缸传热过程和传热学参数的选取设定了一些条件。实际应用中，炉缸关键部位采用铜冷却壁可以提高传热效率，特别是在炉役末期，在炉缸炭砖侵蚀变薄以后，强化炉缸冷却（提高冷却水流量、压力、水速等）对于炭砖表面形成保护性渣铁壳仍具有重要作用，因此炉缸关键部位采用铜冷却壁对于高炉炉缸长寿仍具有积极作用。

3.4.5 炉底采用石墨砖+D级大块炭砖+陶瓷垫结构的分析

图3-55为炉底采用石墨砖+D级大块炭砖+陶瓷垫结构，陶瓷垫侵蚀消失以后的温度场分布。这种炉底结构陶瓷垫下部满铺导热系数为9W/(m·K)的D级大块炭砖，在其下部采用高导热的石墨砖。可见其缺点是D级大块炭砖的导热系数较低，即使炉底最下一层采用高导热的石墨砖，但在陶瓷垫侵蚀消失以后，D级大块炭砖成为炉底传热的限制性环节，炉底热阻过大，不能将1150℃侵蚀线推出炭砖热面。由图3-55可见炉底炭砖热面高温区间较大，在炉底不易形成"自保护"渣铁壳。

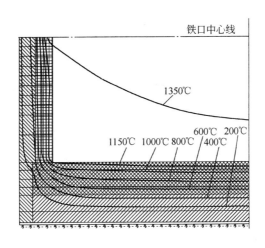

图3-55　炉底采用石墨砖+D级大块炭砖+陶瓷垫结构陶瓷垫
侵蚀消失后的温度场分布

3.4.6 炉底采用石墨砖+超微孔炭砖+微孔炭砖+陶瓷垫结构的分析

炉底陶瓷垫下部满铺炭砖的选择和匹配也应符合传热学的原则，图3-56（a）为满铺炭砖采用"梯度布砖"设计结构，即炭砖导热系数逐渐增大，炉底炭砖导热能力逐渐增强，可见这种炉底结构的1150℃侵蚀线深度和800℃等温线深度都要小于图3-56（b）的"非梯度布砖"设计结构。

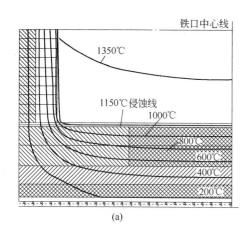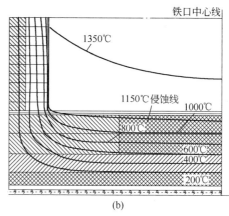

图 3-56　不同炉底满铺炭砖设计结构的温度场分布

（a）梯度布砖：超微孔＋高导热炭砖＋石墨砖；（b）非梯度布砖：超微孔＋微孔＋石墨砖

3.4.7　炉缸炉底侧壁 NMA 砖使用区域的分析

炉缸炉底侧壁 NMA 砖使用区域的温度场分布如图 3-57 所示。在高炉生产过程中，随着炉底侵蚀厚度的加深，炉底周边将逐渐转变成为新的炉缸侧壁，因此，如图 3-57（a）和（b）比较可知，当陶瓷垫侵蚀消失以后，整个炉缸炉底侧壁全部采用 NMA 砖的炉底温度场分布要优于将 NMA 砖仅用于炉缸侧壁区域的结构，两者1150℃侵蚀线进入深度基本无差别，但炉缸炉底侧壁全部采用 NMA 砖时，800℃和

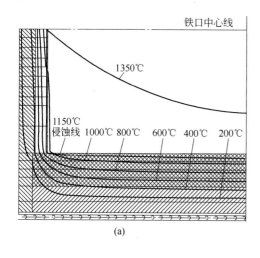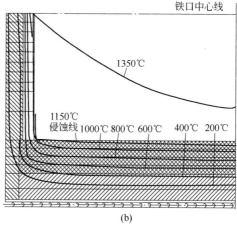

图 3-57　炉缸炉底侧壁 NMA 砖不同使用区域的温度场分布

（a）侧壁 NMA 砖到炉底；（b）侧壁 NMA 砖不到炉底

400℃等温线进入炉底的深度比炉缸侧壁局部采用 NMA 砖的结构要更小一些，可见炉缸炉底侧壁全部采用高导热的热压炭砖 NMA 砖，从传热学角度分析具有优势。

3.5 高炉炉缸炉底结构优化设计研究

3.5.1 炉缸炉底设计结构对侵蚀的影响

为了延长高炉炉缸炉底的寿命，合理的炉缸炉底设计结构的特点是：

(1) 1150℃侵蚀线基本被推移出炉缸炉底内衬热面；

(2) 1350℃等温线被推移出炉缸炉底内衬热面，且与1150℃等温线之间有约0.5m的间距，使靠近砖衬热面的铁水处于两相区内，流动缓慢，易于在砖衬热面形成保护性渣铁壳；

(3) 870℃等温线（炭砖脆化线）被推出炭砖层热面；

(4) 炉缸炉底砖衬中等温线分布合理，高温等温线不过于密集且高温区间小，避免砖衬中高温热应力过度集中产生破坏；

(5) 炉缸炉底交界处应采用圆弧过渡的砌筑结构，以减小应力集中和铁水流动的冲刷侵蚀；

(6) 采用设置合理的炉缸炉底内衬温度监测系统和冷却壁水温在线监测系统，以便及时准确地掌握炉缸炉底内衬工作和侵蚀状态。

为了延长炉缸炉底的寿命，冶金工作者从热量传输方面入手，一直致力于改变炉缸炉底所用耐火材料的导热系数及设计结构，以达到最佳的"传热"或"隔热"的效果。"传热法"的高导小块炭砖炉缸炉底结构和"隔热法"的陶瓷杯复合炉缸炉底结构通过采取不同的技术措施来抵抗铁水的侵蚀，但这两种炉缸炉底设计结构仍存在缺陷，没能将炉缸炉底内衬对铁水侵蚀的抵抗作用和冷却系统作用很好地结合起来，其根本原因就是认为炉缸炉底的热阻基本是一个整体，忽视了不同砖层材质热阻的改变对整个炉缸炉底温度场分布的影响。为了更加清晰地研究分析，在保持炉缸炉底总热阻不变的前提下，计算分析不同的设计结构对炉缸炉底温度场分布的影响[11]，如图3-58和图3-59所示。

图3-58是自上而下炭砖导热系数从5W/(m·K)逐渐增大到40W/(m·K)的温度场分布，图3-59是自上而下炭砖导热系数从40W/(m·K)降低到5W/(m·K)的温度场分布。图3-58和图3-59中炉底和炉缸每层炭砖的厚度均相同，可见总热阻相同的炉缸炉底，采用不同的布砖方式，温度场的分布明显不同，后者炉底的各层炭砖的温度都远高于前者，而且1150℃侵蚀线的位置也更深，同时后者靠近冷却系统的炭砖温度更高，导致热量损失更大，即前者的传热方式要优于后者。由此可知，炉缸炉底各层耐火材料的热阻对炉缸炉底侵蚀的影响应该分开来看，要抵抗铁水的侵蚀和发挥冷却系统的作用，炉缸炉底不同导热系数砖衬的布置方式是极其重要的。在靠近铁水处的耐火材料的导热系数如果过

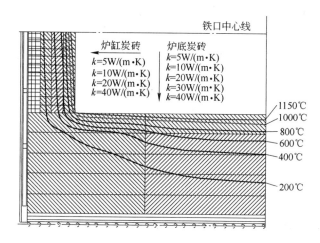

图 3-58 炭砖导热系数自热面至冷面逐渐增大的温度场分布

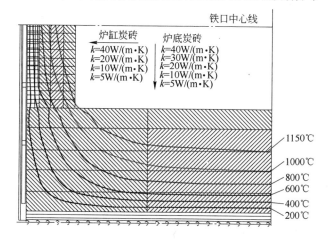

图 3-59 炭砖导热系数自热面至冷面逐渐减小的温度场分布

高，高温铁水的热量很容易传递到砖衬中，使砖衬温度迅速升高到较高的温度。

可见炉缸炉底布砖方式的不同对温度场分布的影响很大，要考虑铁水和冷却水的不同影响范围。图 3-60 为靠近铁水的炉缸炭砖导热系数为 $80W/(m \cdot K)$，其余部位的炭砖导热系数为 $40W/(m \cdot K)$ 时的温度场分布，可见，将高导热炭砖应用在炉缸壁热面，无法把 1150℃ 侵蚀线推出其热面时，增加靠近铁水炭砖的导热系数，虽然可以使整个炉缸的热阻减小，但侵蚀反而更加严重，这说明单纯地减小炉缸热阻以减缓炉缸侵蚀是不可行的，忽视了对铁水的抵抗，在整体热阻无法满足结壳所需热流时，只会起到适得其反的作用。而如果把炉缸靠近冷却壁的炭砖的导热系数提高，将靠近冷却壁的炉缸炭砖导热系数提高到 $80W/(m \cdot K)$，其余炭砖的导热系数为 $40W/(m \cdot K)$，如图 3-61 所示，则 1150℃ 侵蚀线进入

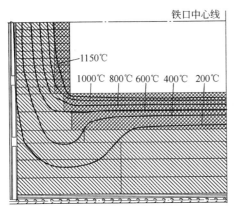

图 3-60 将高导热炭砖应用在炉缸
侧壁热面的温度场分布

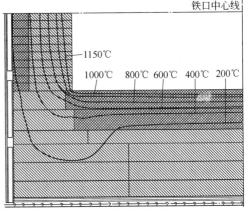

图 3-61 将高导热炭砖应用在炉缸
侧壁冷面的温度场分布

炭砖的深度变浅。由此可见，即使是减小炉缸砖衬的热阻，也要考虑铁水和冷却水的不同影响范围。所以在靠近铁水的部位，要设置导热系数既不是很高也不能过低的耐火材料，其导热性如果和陶瓷杯一样几乎绝热，将无法保证铁水能传出自身凝固所需释放的热量，不会形成"自保护"的渣铁壳，因此，接近铁水的耐火材料要达到恰当的"避热"而非"绝热"。对于靠近冷却系统的砖衬，如果采用低导热系数的耐火材料，将无法充分发挥冷却系统的作用，使得热量都积聚在炉缸砖衬内，会加剧炉缸的侵蚀，只有在靠近冷却系统的砖衬采用高导热系数的耐火材料，才能使积聚在炉底的热量迅速的导出，由于冷却水的作用是将炉缸炉底传出的热量顺畅地带走，因此可将此过程称之为"扬冷"。

生产实践中，某些"传热法"炉缸炉底所面临的热损失过大的问题，其根本原因并不在于炭砖的高导热系数，而是接触铁水的炭砖没有做到合理的"避热"，使铁水的热量很容易的传递到炉缸炉底，进而造成热损失过大。如果只为了防止热损失过大，就降低靠近冷却壁耐火材料的导热性，将使得铁水传入砖衬中的热量长期积聚于炉缸炉底，造成炉缸炉底温度大幅度升高，而无法达到高炉长寿的目的。所以靠近冷却壁的耐火材料还是要具有高导热性，才能把积聚于砖衬中的热量顺畅地导出，这是发挥冷却系统作用的前提，但这只是炉缸炉底抵抗铁水侵蚀的必要而非充分条件，接近铁水的砖衬要同时做到适度的"避热"，才可以达到最佳的传热效果。

由此可见，在各种耐火材料的导热系数一定的前提下，不同的炉缸炉底设计结构，会因冷却水和铁水对侵蚀影响的不同而导致温度场的分布不同，以此为基础，"传热法"炉缸炉底和"隔热法"陶瓷杯复合炉缸炉底存在弊端的原因就显而易见了。

对于"传热法"的炉缸炉底，每层耐火材料的导热系数都很高，热量传输很容易，但由于靠近铁水的砖衬的高导热性，铁水的热量过于容易地进入炉底炭砖，而且炉底冷却系统及捣料的热阻，都使得冷却水从炉缸炉底带出热量的能力在没有渣铁壳形成前小于铁水向炭砖传入热量的能力，炉缸炉底将会持续升温，即"传热法"炉缸炉底"避热"不足。同时炭砖内的温度梯度小，接近冷却水的炭砖的温度达到200℃左右，使得冷却水和炭砖间的对流换热加大，造成炉缸炉底热量损失过多。因此，"传热法"炉缸炉底"避热"不足、"扬冷"过大。如图3-62所示，即炭砖导热系数为40W/(m·K)，炉底厚度为2.4m时的"传热法全炭砖"炉底温度场分布。

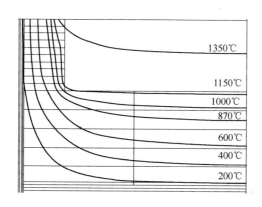

图3-62　全炭砖炉底"避热"不足、"扬冷"过大的温度场分布

对于陶瓷杯复合炉缸炉底，由于陶瓷杯的低导热系数，铁水的热量不易传入其中，也就是铁水很难释放出足够的热量到陶瓷杯中，铁水温度很难降低到1150℃凝固线以下，即在陶瓷杯内衬的热面无法形成"自保护"的渣铁壳，虽然陶瓷杯耐热性能优异，但长期直接面对高温铁水的冲刷磨蚀，由于其他热力学、热化学破坏等因素，也会逐渐被侵蚀，即陶瓷杯复合炉缸炉底在靠近铁水端"避热"过大，进而由于绝大部分的热量都被陶瓷杯阻隔，炉缸炉底炭砖的温度较低，尤其是靠近冷却壁的炭砖温度只有80℃左右，冷却水带走的热量较少，即使在陶瓷杯外部采用较高导热系数的炭砖，冷却水在陶瓷杯存在时也不能充分发挥效能，陶瓷杯复合炉缸炉底以陶瓷杯的损耗为长寿代价，即"避热"过大、"扬冷"不足。如图3-63所示，即为陶瓷垫厚度为0.4m，炉底炭砖总厚度为2.4m，炭砖导热系数为40W/(m·K)时的陶瓷杯复合炉缸炉底的温度场分布。

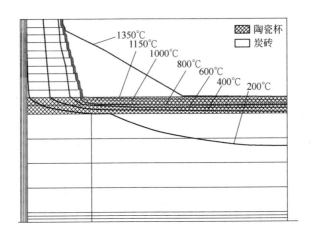

图 3-63 陶瓷杯复合炉底"避热"过大、"扬冷"不足的温度场分布

3.5.2 "扬冷避热型梯度布砖法"炉缸炉底设计结构

由上述分析可以看出，炉缸炉底恰当的"扬冷避热"，才能体现出炉缸炉底长寿节能的实质，就是要保证炉缸炉底有能力将高温铁水传入耐火材料的热量顺畅导出，使靠近铁水砖衬热面的温度降低至1150℃凝固线，生成"自保护"的不需要额外成本的"可再生"的渣铁壳，阻挡铁水对炭砖的侵蚀，并以此为前提尽量减小铁水额外的热量进入炭砖，以达到合理的"避热"。在靠近铁水砖衬达到合理"避热"的基础上，逐渐提高炉底靠近冷却系统耐火材料的导热性，使进入砖衬的热量快速地传过炉底被冷却水带走，令炉底炭砖层基本保持较低的温度，以达到恰当的"扬冷"。

因此，在不同铁水传热或冷却水"传冷"的影响范围内，应选择不同的耐火材料导热系数。在炉缸炉底非稳态升温过程中，其接近铁水的热端，铁水热量进入炭砖的能力要大于炭砖传出热量的能力；而在接近冷却系统的冷面，冷却水的对流换热能力要大于炭砖的导热能力。因此，如果把导热系数小的耐火材料布置在靠近冷却系统，而导热系数大的耐火材料布在靠近铁水，则铁水的侵蚀能力将加大，而冷却水的"传冷"能力将被抑制。所以，靠近铁水的炭砖应选取导热系数大小适中、孔隙度低、抗铁水渗透性优异的材质；而对于不与铁水直接接触的炭砖，为避免炭砖层温度过高，就要求尽快把铁水凝固所传入砖层的热量导走，即在靠近热面的第一层炭砖后部的各层炭砖的导热系数要大于其上一砖的导热系数，这样进入炭砖的热量才能尽快传至炉缸炉底，进而被冷却水带走。对于紧靠冷却系统的最后一层砖，要选用最高导热性的炭砖，以保证在生成渣铁壳时最大限度地发挥冷却水的"扬冷"作用。同时，注意到冷却系统并不是分布在每层砖以下，对于最下层炭砖的"传冷"能力势必大于上述每层炭砖之间热量传输的能力，故炉缸炉底布砖方式应是自热面至冷面，第一层砖的导热系数最小，最后一层砖的导热系数最大，而在第一层砖和最后一层砖之间要适当增大各层砖的导热系数和厚度，这样在形成渣铁壳前炉底温度才不会过高且能发挥冷却系统的作用。此外，由于"扬冷避热"炉缸炉底的温度梯度自热面到冷面逐渐减小，为了减小应变造成的热应力破坏，耐火材料的厚度及热膨胀系数也应该自热面到冷面逐渐增加。上述优化的炉缸炉底布砖方式，由于导热系数、厚度及热膨胀系数逐渐变化，因此可以近似称之为"梯度布砖法"。

同时，为了防止炉缸炉底在生产过程中出现象脚状侵蚀，还应根据高炉设计参数合理增加死铁层深度，保证死焦柱浮起以减弱炉缸铁水环流，在炉缸炉底设计中尽量减少或取消填料、捣料等不定型耐火材料，使炉缸侧壁炭砖直接接触冷却壁，炉底可以在冷却水管与石墨砖之间采用高导热的石墨垫。

综上所述，经炉缸炉底传热学计算提出"扬冷避热型梯度布砖法"的长寿保温型炉缸炉底结构，这种优化设计的炉缸炉底结构自热面到冷面，依次布置导热系数为5W/(m·K)、15 W/(m·K)、30W/(m·K)、50W/(m·K)的耐火材料砖衬，可分别对应塑性相结合刚玉砖、超微孔炭砖、高导热炭砖及石墨砖，炉底总厚度为 2.2m，炉缸壁总厚度为 1.1m，炉缸炉底交界处采用圆角砌筑结构。这种设计理念的典型的炉缸炉底结构在高炉开炉后的温度场分布如图 3-64 所示，可见采用"梯度布砖法"的炉缸炉底可以将1150℃侵蚀线推移至炉缸炉底陶瓷质砖衬的热面，易于形成"自保护"的渣铁壳，且在形成渣铁壳前800℃以上高温线集中在塑性相结合刚玉砖内，使得炉缸炉底炭砖均处于安全工作温度内，同时塑性相结合刚玉砖在保护炭砖的同时也基本达到了温度梯度最小（热面1150℃，冷面800℃），这样还减小了自身受到的热应力，达到了合理的

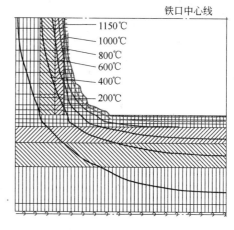

图 3-64 按照"梯度布砖法"理念设计的
炉缸炉底初始温度场分布

"避热"。此外，由于炭砖的导热系数梯度增加，炭砖内的温度分布也更为合理，使得炉缸炉底靠近冷却系统的炭砖温度在100℃左右，即可以发挥冷却水的作用又不会造成过大的热量损失，实现了适度的"扬冷"。

3.5.3 "扬冷避热型梯度布砖法"在新建大型高炉设计中的应用

"扬冷避热梯度布砖法"克服了传统高炉炉缸炉底结构设计中存在的缺陷，

提出了高炉长寿的本质是保证其"自保护"渣铁壳的生成和稳定存在，同时降低了炉缸炉底的热量损失，是一种长寿节能型炉缸炉底设计体系。目前新建的大型高炉已开始采用该理念进行高炉炉缸炉底的结构设计。图 3-65 为某新建大型高炉原始设计方案的炉缸炉底温度场分布。由图可见，由于原始设计方案陶瓷垫过厚且导热系数过低，从而导致从 400～1250℃ 等温线都集中在陶瓷垫中，没有"自保护"渣铁壳生成，而且陶瓷垫内热应力过大，同时陶瓷垫下基本全部采用了微孔炭砖，不符合"扬冷避热梯度布砖"的设计理念。计算表明，在陶瓷垫侵蚀消失以后也很难将 1150℃ 侵蚀线推至炭砖热面，炉底仍将继续被侵蚀。图 3-66 为采用"扬冷避热梯度布砖"理念进行设计优化后的炉缸炉底温度场分布，可见改进后的重新设计的炉缸炉底砖衬温度分布更加合理，达到了"扬冷避热"，有利于实现高炉的长寿高效。

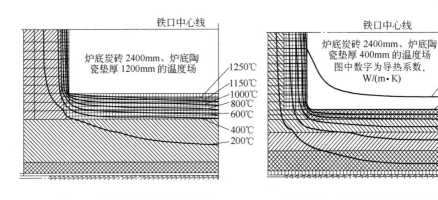

图 3-65 原始设计的温度场分布   图 3-66 优化设计后的温度场分布

应当指出，炉缸炉底结构的合理设计，不但要考虑到设计炉型对应的温度场分布，同时还要考虑高炉投产后随着炉缸炉底内衬的侵蚀，当砖衬减薄以后或陶瓷垫基本被侵蚀消失时，剩余的炭砖是否能够利于"自保护"渣铁壳的长期稳定存在。经过计算分析可知，即使是采用"隔热法"设计体系，为了实现高炉的长寿，炉底陶瓷垫下的炭砖布置也要符合"扬冷避热梯度布砖"的理念。某新建大型高炉在炉底陶瓷垫下设计了两种不同的炭砖布置方案：方案一是在陶瓷垫下自热面到冷面分别布置超微孔炭砖、高导热炭砖及石墨炭砖；方案二是分别布置超微孔炭砖、微孔炭砖及石墨炭砖。这两个方案的主要区别在于方案一遵循导热系数梯度增加的原则，而方案二在超微孔炭砖下布置了导热系数降低的微孔炭砖。对于这两种炉底满铺炭砖的设计方案，进行开炉初期的温度场计算对比，得出两种方案的温度场分布差异较小。这是由于在开炉初期陶瓷垫较厚，是传热过程的限制性环节，因此炉底炭砖在陶瓷垫较厚时对温度场影响较小，但是如果陶瓷垫基本被侵蚀消失以后，对两种设计方案的温度场进行计算比较，如图 3-67 所示。由图可见，符合"扬冷避热梯度布砖"理念的方案一的炉底温度场分布

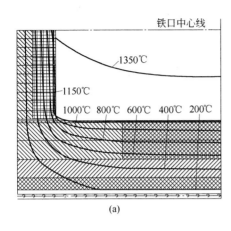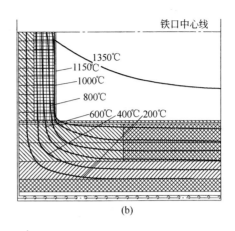

图 3-67　不同炭砖布置方案对炉底温度场分布的影响

（a）方案一：陶瓷垫基本被侵蚀消失后；（b）方案二：陶瓷垫基本被侵蚀消失后

要优于方案二，不但 1150℃ 侵蚀线更容易被推出炭砖热面，而且炉底炭砖高于 800℃ 的区域也要小于方案二，更利于实现炉底的长寿。

3.5.4　炉缸炉底热电偶布置优化设计

炉缸炉底热电偶的合理布置，是实现高炉投产运行后及时全面的侵蚀监测的必要条件。传热学上的半无限大物体的非稳态导热理论可近似应用于高炉炉缸炉底的加热过程，当炉缸炉底某一局部温度突然升高或降低时，其附近区域对此变化的反应敏感时间因材料导热系数而异，导热系数高的反应时间快。因为高炉炉缸炉底自热面到冷面各层耐火材料的导热系数不同，所以低导热系数的耐火材料如果某处发生异常侵蚀，其周围区域的温度对此变化的反应较不敏感，所以在导热系数低的砖衬中热电偶之间的间距要小些，否则可能无法及时发现异常侵蚀，反之在导热系数高的砖衬中热电偶之间的间距可以大些。"扬冷避热梯度布砖法"炉缸炉底的耐火材料导热系数自热面到冷面逐渐增大，也恰好符合热电偶在圆周方向上分角度布置时对应弧长的增大。考虑到侵蚀变化的影响区域，以保证尽快发现砖衬侵蚀变化为前提，以铁口为起点，在圆周方向上每隔 20° 选取剖面布置热电偶，炉缸炉底垂直剖面的热电偶优化布置如图 3-68 所示。

在炉缸侧壁的中上部，自上而下在不同标高的砖层界面处，半径向由内向外前后设置两个热电偶。这种"步进式"的热电偶布置方式可以判断炉缸的侵蚀状况、热流方向和大小的变化，并可以通过和冷却壁的平均热流对比来预测局部可能出现的异常侵蚀。在此基础上，还可以在半径向等间距地布置 3 个热电偶，这样两个热电偶之间如果温差不同，还可以判断炭砖导热系数在生产过程中的变

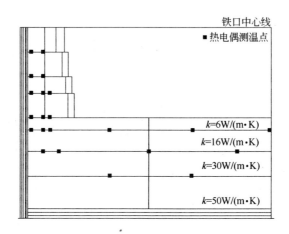

图 3-68　炉缸炉底垂直剖面上的热电偶布置示意图

化或环裂、窜气等异常状况的存在。

在炉缸炉底交界处，可以布置径向距离不相等的两环热电偶，可以判断在固定角度的剖面上此处热流方向及大小，进而推断侵蚀线位置，及时判断是否出现象脚状侵蚀。

由炉底第一层满铺炭砖开始，在不同砖层的界面处分别设置热电偶。在炉底最下两层热电偶应靠近冷却壁布置，这是由于高炉实际生产中，炉底侵蚀线将向下推移而使炉底侧壁成为新的炉缸侧壁。此外，随着炉底耐火材料导热系数逐渐增加，每层布置的热电偶数目也可以逐渐减小，并且在炉底交叉布置热电偶，还可以满足全面的温度场监测，有利于判断炉底局部是否存在渗铁或耐火材料导热系数是否发生变化。在炉缸炉底的每个垂直剖面内，大约需要设置 20 个热电偶测温点。

由高炉炉缸炉底结构设计的优化研究，可以总结出以下几点：

（1）即使炉缸炉底采用完全相同的耐火材料内衬，但采取不同的布砖方式其温度场分布将产生很大差别而导致寿命的不同，靠近铁水区域要恰当"避热"而非"绝热"，而逐渐靠近冷却水区域应充分"扬冷"。

（2）基于对"传热法"和"隔热法"炉缸炉底内衬设计体系的研究分析，提出了"扬冷避热型梯度布砖法"长寿保温型炉缸炉底设计的新理念，这种新型的炉缸炉底设计结构利于"自保护"渣铁壳的稳定生成，具有更为合理的温度场和应力场分布，减少了炉缸炉底的热量损失。其结构设计特点是，自砖衬热面到冷面，依次布置导热系数、厚度和热膨胀系数逐渐增加的耐火材料砖衬，炉底总厚度约为 2.2m，炉缸侧壁总厚度约为 1.1m。

（3）为了实现炉缸炉底的长寿，除了内衬结构的合理设计，在高炉投产后还要加强对炉缸炉底内衬侵蚀的在线监测，根据耐火材料的导热系数自热面至冷面逐渐增加，且为了及时监测象脚状侵蚀、渗铁及耐火材料导热系数变化等异常现象，提出了炉缸炉底热电偶的优化设置的方案。

3.6 炉缸死焦柱对炉缸排放及炉缸炉底内衬侵蚀的影响

炉缸死焦柱状态是影响高炉下部料柱透气性和透液性的重要因素。目前已有的研究大多将炉缸死焦柱视为一个整体，设定了其孔隙度和浮起或沉坐状态后再研究铁水流场和炉缸炉底的温度场。但是高炉实际运行时由于中心不活、边缘堆积、碱金属影响等原因死焦柱沿炉缸径向的孔隙度不均匀，且出铁过程死焦柱往往处于动态的浮起和沉坐。此外，炉缸炉底侵蚀和死焦柱状态变化密切相关，但关于死焦柱状态对炉缸炉底侵蚀形式的影响，以及如何依据死焦柱状态和侵蚀监测结果来指导有针对性地炉缸炉底维护仍有待于深入研究。因此，通过建立包含死焦柱的炉缸排放过程模型，研究死焦柱在排放时始终浮起、始终沉坐和先浮起后沉坐的动态变化以及死焦柱在径向不同位置孔隙度的变化对出铁过程的影响，建立死焦柱受力数学模型，研究通过出铁参数和炉缸炉底热电偶温度（高炉运行中的可检测到外围参数）变化来判断死焦柱状态和炉缸炉底侵蚀的状态，分析死焦柱状态对炉缸炉底侵蚀形式的影响，从而提出依据死焦柱状态和炉缸炉底侵蚀监测结果对炉缸炉底进行有效维护的方法[12]。

3.6.1 不同死焦柱状态对炉缸透液性影响的物理模拟

3.6.1.1 实验原理

试验研究目的是模拟高炉死焦柱的不同状态对炉缸透液性的影响，即通过物理模拟分析死焦柱的状态对高炉出铁参数的影响机理。高炉炉缸内流体流动非常复杂，铁水受到重力、惯性力及黏性力的作用，实验采用弗劳德数（Fr）相似来组织实验。首先确定尺寸因子 $\lambda\left(\lambda = \dfrac{l_m}{l_r}\right)$，这里 λ 取 20；而对于雷诺数

$$Re = \frac{\rho vl}{\mu} = 4\rho Ql/\pi\mu d^2$$

式中　下标 m——模型；

　　　下标 r ——原型；

　　　　l——原型特征长度，m；

　　　　v——原型中液体流动的特征速度，m/s；

　　　　λ——比例因子；

　　　　ρ——铁水密度，kg/m³；

　　　　Q——铁水质量流量，kg/s；

μ——铁水黏度，Pa·s。

要求 $Re > [1 \times 10^4, 1 \times 10^5]$，即 Re 处于第二自模化区，这时流动湍流程度不受 Re 影响。

通过上面相似准数的建立，确定模型参数，模型尺寸见表3-2。

表3-2　实际高炉和试验模型尺寸

项　目	实　际　参　数	模　型　参　数
高炉容积/m³	1880	
炉缸内径/m	10.2	0.515
焦炭颗粒直径/mm	20	6、10、25、38
孔隙度	0.4	0.387
铁口直径/mm	50~55	5、8、10、15（每次试验开一个铁口）

为了研究死焦柱的不同状态对铁水排放过程的影响，实验进行了不同死焦柱形状，不同死焦柱密度，不同的沉坐始终浮起实验。

3.6.1.2　炉缸内液面高度相同时死焦柱浮起沉坐对排放的影响

在试验过程中，无论死焦柱处于沉坐还是浮起，死焦柱置于炉缸后，炉缸内液面高度均相同，并且在浮起时死焦柱的下底面位于铁口水平面以上。此时，死焦柱沉坐时比死焦柱浮起时炉缸内含有液体的总体积要小。

当死焦柱高度为200mm、孔隙度为0.4、死铁层深度为130mm、液面高度为300mm、铁口长度为90mm、铁口直径为10mm、铁口角度为10°时，死焦柱进入液体的体积为20mm。实验对比了3种不同的实验条件：（1）死焦柱在整个出铁过程完全沉坐；（2）死焦柱在整个出铁过程始终浮起（此时死焦柱进入液体的体积为20mm）；（3）进行死焦柱不同浸入深度（40mm 或 60mm）的实验。

实验结果如图3-69所示。对比死焦柱完全沉坐和始终浮起两条曲线可以看出，在相同的排放时间内，死焦柱始终浮起时累计排放的液体总量高于完全沉坐的情况。主要原因是，在炉缸液面条件相同的实验条件下，对于始终浮起时，其炉缸内的液体总量高于完全沉坐的液体总量，即始终浮起时能够供排放的液体总量高于完全沉坐时的液体总量。由图还可知，随着排放过程的进行，在相同的排放周期内，始终浮起时的排放速率要高于完全沉坐的排放速率，主要原因是，假设死焦柱静止不动，死焦柱始终浮起时，随着排放过程

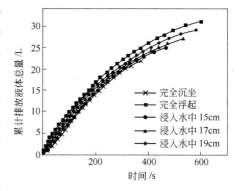

图3-69　累计排放液体的体积随排放
时间的变化规律

的进行，液面应该不断下降，死焦柱也随着排放过程的进行不断下降，下降时将底部无焦空间的液体排开，抵消了排放造成液面迅速下降的现象。

对比不同的死焦柱浸入深度可以发现，死焦柱浸入水中的深度越大，其累计的排放液体体积总量越大。这是因为，死焦柱进入水中的深度大，在排放过程中，能够排开的位于无焦空间的液体越多，累计排放总量也就越大。

本次实验说明，死焦柱的沉坐和浮起主导并影响着排放过程的快慢以及累计排放的液体体积总量。当死焦柱高度仍然维持 200mm、孔隙度为 0.4、死铁层深度为 130mm、铁口直径为 10mm、铁口角度为 10°时，死铁层浸入液体的高度为 20mm。实验对比了三种不同的实验条件：（1）铁口长度为 30mm；（2）铁口长度为 60mm；（3）铁口长度为 90mm。

实验结果如图 3-70 所示。实验表明，铁口越长，单位时间排出的液体量以及累计排放的液体总量越大。这是因为铁口的角度一定时，当铁口长度越长，铁口前越低，所承受的水的压力越大，液体排放速度越快。另一方面，当铁口长度越长，铁口前越低，死铁层越浅，能够排放的液体总量也越多。

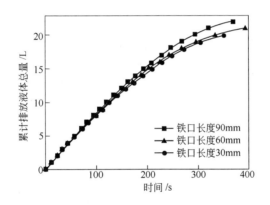

图 3-70 铁口长度对累计排量的影响

3.6.1.3 炉缸内总的液体体积相同时死焦柱浮起沉坐对排放的影响

在本实验中，主要考虑当炉缸中总的液体体积一定时，即整个炉缸所含的液体体积相等，当死焦柱沉坐或浮起时，其液面高度不同。当死焦柱完全沉坐在炉底时，其液面高度最高。

实验条件为：死焦柱高度为 400mm、孔隙度为 0.38、死铁层深度为 130mm、铁口长度为 90mm、铁口直径为 10mm、铁口角度为 10°。实验过程中，每次都将死铁层压入炉缸底部，使死铁层完全沉坐后注水，注入水后液面高度为 350mm，以此注水量为标准，进行 3 种不同条件的实验：（1）死焦柱在整个出铁过程完全沉坐；（2）死焦柱在整个出铁过程始终浮起；（3）死焦柱在整个出铁过程先沉坐后浮起，即死铁层浮起时浸入水中的深度大于死铁层的深度，在排放末期，由于死铁层深度不足以使死焦柱上浮，死焦柱将经历沉坐的阶段。实验结果如图3-71和图3-72所示。

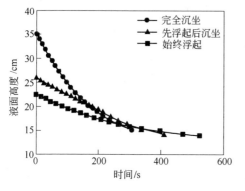 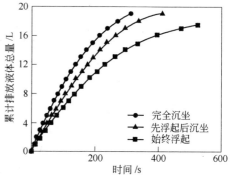

图 3-71　液面高度随排放时间的变化　　　图 3-72　累计排放总体积随排放时间的变化

从实验结果可以看出，当死焦柱完全沉坐时，其液面下降速度最快，在相同的铁口直径条件下，说明完全沉坐时液体的排放速度最大。这主要是因为，在试验条件下，炉缸内总的液体体积相等，当死焦柱完全沉坐时，排开的无焦空间里的液体体积最大，致使液面最高，铁口处的压力最大，液体将以较大的速度排出，液面下降很快。从实验结果还可以看出，当死焦柱完全沉坐时，累计的排放液体总体积最大，且出铁时间最短。

3.6.1.4　死铁层以上液体体积相同时死焦柱浮起沉坐对排放的影响

在本实验中，主要考虑当死焦柱的底部低于铁口平面时，无论死焦柱处于何种状态，铁口以上的液体体积和高度均相等，且铁口以上液体的高度恒为130mm，即炉缸内的液面高度恒为260mm。实验目的是模拟和分析实际高炉每次的出铁量基本相等的情况。实验结果如图3-73和图3-74所示。

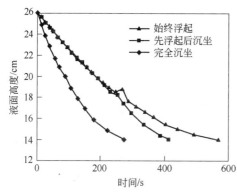 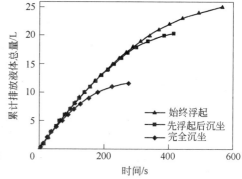

图 3-73　液面高度随排放时间的变化　　　图 3-74　累计排放总体积随排放时间的变化

　　从实验结果可以看出，当死焦柱始终浮起时，其液体排放速度最快，在铁口直径相同的条件下，始终浮起时液体的排放速度最大。其主要原因是，在试验条件下，铁口以上的液体体积和高度均相等，且死焦柱的底部位于铁口平面以下。当死焦柱完全沉坐时，铁口水平面至液面顶部的液体体积最小，即可供排放的液体体积最小。一方面，当死焦柱始终浮起时，在排放过程中死焦柱随着液面的下降自身也不断下降，不断排开死铁层内的液体，因此，死焦柱下降过程中，自身的下降过程弥补了由于液面下降造成的压力差的减小，缓和了铁口附件的压力减小。而当死焦柱完全沉坐时，铁口水平面至液面的液体量较少，随着排放过程的进行，液面的高度很快下降至铁口水平面，出铁过程也随之很快结束。

　　在本实验过程中，按照预定方案进行示踪剂实验，当死焦柱在整个出铁过程中都浮起时，在出铁过程中，随着出铁时间的延长，死焦柱在炉缸内不断下降，死焦柱在下降过程中不断地将底部无焦空间内的液体排开，无焦空间的体积不断减小。示踪剂实验结果表明，当死焦柱浮起时，在排放过程中，底部发现了明显环流，示踪剂沿着滴入位置不断向下流动，到达炉底后，沿着炉缸炉底交界处向铁口方向运动。

　　由上可知，当死焦柱处于浮起状态时，如果中心死焦柱孔隙度下降透液性降低，则炉缸侧壁和炉底无焦空间内的铁水流速都将增加，对应实际高炉，则可能出现当炉缸不活时炉缸侧壁和炉芯电偶温度均上升的现象；当死焦柱沉坐时，由于炉底基本不存在无焦空间，如果死焦柱孔隙度下降透液性降低，则炉缸侧壁的无焦空间内铁水流速加快，而炉底液体的渗透更少，对应实际高炉，则可能出现当炉缸不活时炉芯温度下降而侧壁温度上升的现象。

3.6.1.5　不同区域死焦柱孔隙度变化对排放的影响

　　当死焦柱高度为400mm、孔隙度为0.38时，其状态完全沉坐，即死焦柱在整个排放过程中均沉坐于炉底。死铁层深度为130mm、铁口长度为90mm、铁口直径为10mm、铁口角度为10°时，炉缸内的液面高度为260mm。考虑铁口周围区域孔隙度发生变化时对铁水排放的影响，进行了3种实验：（1）铁口附近的孔隙度减小时；（2）炉缸中心处的孔隙度减小时；（3）铁口对面的孔隙度减小时。实验过程中通过添加"隔网"的方式改变铁口周围的孔隙度，实验结果如图3-75和图3-76所示。

　　从图3-75和图3-76中可以看出，铁口对面有"隔网"的实验结果与死焦柱内没有"隔网"的实验结果基本重合，即铁口对面的死焦柱孔隙度减小时，液面位置随时间的下降规律基本不变，累计排放的液体总量基本不变，这说明铁口对面的死焦柱孔隙度减小后，对整个排放过程几乎没有影响。铁口前有"隔网"时，与铁口前无"隔网"相比，液面高度下降最为缓慢，累计排放液

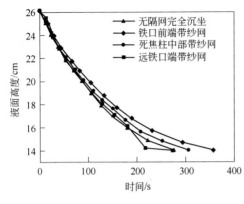

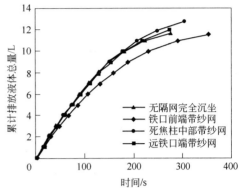

图 3-75   液面高度随排放时间的变化   图 3-76   累计排放总体积随排放时间的变化

体总量最小。这主要是因为，液体在排放过程中，到达铁口后，由于铁口处的孔隙度较小，阻力较大，减缓了液体流出速度，因而液面下降速度有所减小；在阻力增加的情况下，比铁口前无"隔网"相比，液体流速较小，经历了较长的小流速排放时期，并提前进入呈滴状流下的状态，此时视为出铁过程结束，停止排放，因而排放时间长，原本可以排出的液体又无法排出，因而累计排放的液体总量也有所减小。当死料堆中心有网时，即死焦柱中部的孔隙度减小时，与死料堆中心无"隔网"相比，液面位置下降的稍微缓慢，累计排放的液体基本不变。其主要原因是死料堆中心添加"隔网"后，死焦柱整体孔隙度变小，液体在其内的流动阻力增大，到达铁口处的流速变缓，因而液面的下降速度有所变缓。

3.6.1.6   炉缸透液性判断方法的探讨

通过上述的物理模拟可知，炉缸出铁参数和死焦柱状态直接相关，尤其是死焦柱的浮起高度对排放过程影响最大。高炉实际生产中，在冶炼强度一定的情况下（即上述模拟中死铁层以上液体体积相同的情况），炉缸内死焦柱浮起高度越大，每次排放时的出铁量越多、排放速度越快。因此，在判断炉缸内部透液性变化时，可以通过出铁参数（高炉外围的可检测参数）的变化来进行实时地检测。死焦柱在径向上透液性的变化对出铁排放有着不同的影响，如果已经判断出死焦柱处于浮起和沉坐状态后，还可以通过出铁的变化再来判断死焦柱径向上透液性的变化，即判断炉缸中心不活或边缘堆积等不同位置的异常，可见，建立死焦柱受力数学模型判断其浮起或沉坐状态，对判断炉缸的透液性变化具有重要的意义。

当死焦柱浮起或沉坐状态发生变化后，炉缸内铁水的流动状态也受到影响，并进而影响炉缸炉底砖衬的侵蚀，而炉缸炉底侵蚀内型的变化，又会反过来影响死焦柱的浮起或沉坐状态及炉缸的出铁参数。例如，随炉底侵蚀的加剧、死铁层深度增加使得死焦柱更容易浮起，炉缸侧壁砖衬减薄会增加炉缸的横截面积，使得铁水高度降低出铁速度减缓。可见，研究死焦柱状态对炉缸炉底侵蚀的影响，实时监测炉缸炉底侵蚀内型（炉缸容积）的变化，结合死焦柱受力模型判断其浮起或沉坐状态，才能更好地掌握炉缸透液性的变化。

3.6.2 炉缸死焦柱受力数学模型建立及浮起高度影响因素研究

为研究死焦柱在高炉生产过程中的状态，将整个死焦柱视为一个受力的单元体，则作用其上的力有重力 G，煤气浮力 P，渣铁浮力 F_i、F_s 和炉壁摩擦力 f（如果料柱沉坐炉底还有炉底对料柱的支撑力 F_b）。死焦柱在炉缸内的行为（沉坐或浮起）应取决于上述诸力合力的作用结果。如果垂直向下的合力（$G - P - F_i - F_s - f$）大于零，则死焦柱沉坐炉底，否则死焦柱将浮在渣铁水中。为保证死焦柱在高炉生产过程中始终保持浮起状态，设计死铁层深度应在某一临界值以上。在高炉排尽渣铁时炉缸内液面高度最低，如果此时死焦柱能浮起，则就能保证其一直处于浮起状态，即死铁层的最小设计值为此刻死焦柱浸入铁水的深度。此时由于铁口以上的炉渣和铁水全部排出，炉缸仅剩下铁水，浮起的高炉料柱仅受到自身重力、煤气浮力、铁水浮力和炉壁摩擦力的作用，进而得到要保证死焦柱浮起所需的最小死铁层深度表达式如式（3-29），通过获取具体高炉的设计参数和操作数据可以利用式（3-29）来判断死焦柱在高炉出铁完毕后死铁层深度是否足以使其浮起[13]。

$$h_{\min} = \frac{\rho_m g \Delta V + \rho_c g V_H (1 - \varepsilon_d) - P - f}{(\rho_i - \rho_c)(1 - \varepsilon_d) g A} \tag{3-29}$$

式中　$h_{\min}$——最小死铁层深度，m；

ρ_m——块状带的平均密度，kg/m³；

g——重力加速度，m/s²；

ΔV——块状带所占体积，m³；

ρ_c——焦炭的表观密度，kg/m³；

V_H——铁口至风口段体积，m³；

ε_d——死焦柱孔隙度，无量纲数；

P——煤气浮力，N；

f——炉墙摩擦力，N；

ρ_i——铁水密度，kg/m³；

A——炉缸横截面积，m²。

为了更加准确的描述一般状态下死焦柱在炉缸中的状态，以及与之对应的炉渣液面高度，在上述模型的基础上建立了一般条件下的死焦柱受力模型。图 3-77

为高炉出铁前后死焦柱在渣铁中的状态变化。如果不考虑出铁时炉渣滞留炉缸和出铁时渣铁液面的弯曲，认为铁口打开后渣铁液面水平下降。观察一个出铁周期，在出铁结束时，炉渣全部排出，铁水液面到达铁口平面无法再排出，用泥炮封堵铁口（如图3-77（a）所示）；在铁口封堵以后，炉缸内开始积聚渣铁，铁水液面开始超过铁口中心线，炉渣位于铁层上方，也按一定速度上升，直至开铁口前（如图3-77（b）所示）。死焦柱浸入铁水与炉渣中的深度分别代入渣铁水浮力计算公式得到：

炉渣浮力 $\qquad F_s = \rho_s g A \kappa L_i (1 - \varepsilon_d)$ (3-30)

铁水浮力 $\qquad F_i = \rho_i g A (h + L_i - h_c)(1 - \varepsilon_d)$ (3-31)

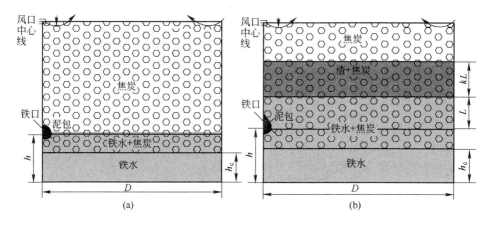

图 3-77 高炉出铁前后死焦柱在渣铁中的状态变化

(a) 出铁结束；(b) 开铁口前

整个料柱重力 G 计算公式调整为：

$$G = \rho_m g \Delta V + \rho_c g [V_H + A(h - h_c)](1 - \varepsilon_d)$$ (3-32)

式中 h_c——死焦柱浮起高度，正值表示浮起，负值表示料柱沉坐炉底，m；

$\quad L_i$——死铁层上方铁层深度，m；

$\quad \kappa$——渣铁深度比，$\kappa = \gamma \dfrac{\rho_i}{\rho_s}$；

$\quad \gamma$——渣比，kg/kg。

由死焦柱浮起时受力平衡得到：$G = P + f + F_s + F_i$，并将各项的表达式代入，可得到死铁层上方铁层深度 L_i：

$$L_i = \frac{\rho_m g \Delta V - P - f}{g A (\kappa \rho_s + \rho_i)(1 - \varepsilon_d)} + \frac{\rho_c h_H - (\rho_i - \rho_c) h}{\kappa \rho_s + \rho_i} + \frac{\rho_i - \rho_c}{\kappa \rho_s + \rho_i} h_c$$ (3-33)

令 $\quad a = \dfrac{\rho_m g \Delta V - P - f}{g A (\kappa \rho_s + \rho_i)(1 - \varepsilon_d)} + \dfrac{\rho_c h_H - (\rho_i - \rho_c) h}{\kappa \rho_s + \rho_i}, \quad \lambda = \dfrac{\kappa \rho_s + \rho_i}{(\rho_i - \rho_c)(\kappa + 1)}$

可以得到一般情况下死焦柱浮起高度 h_c：

$$h_c = \lambda H_s - \lambda a(\kappa + 1) \tag{3-34}$$

式中 H_s——炉渣液面距离铁口的高度，m；

  a——与高炉设计参数和实际操作数据有关的常数，m；

  λ——与高炉炉况相关的常数；

  h——设计死铁层深度，m。

由式（3-34）中可以得出：

（1）对于某一特定高炉，参数 a 仅与高炉设计参数和实际操作数据有关，且是一常数。一旦炉况一定，只要给出炉渣液面距离铁口的高度 H_s 就可以估算出死焦柱浮起高度 h_c，通常炉渣液面高度 H_s 是可以根据高炉内型和渣比计算得到的。

（2）将某高炉炉役后期炉型参数与操作参数代入式（3-34）中，死焦柱浮起高度与炉渣液面高度的关系如图 3-78 所示。

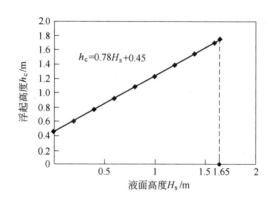

图 3-78 死焦柱浮起高度与炉渣液面的关系

由图 3-78 中可以看出，当 H_s 为 0 时，浮起高度为 0.45m，相当于图 3-77 (a) 中的情形，即铁口以上的渣铁全部排出，死焦柱浮起 0.45m。

根据上述讨论的炉役后期料柱状态，如果打开铁口排放掉全部的炉渣（0.9m 深），死焦柱浸入铁水的深度会加深至 0.95m。而此时炉缸死铁层为 1.35m，死焦柱会浮起 0.40m；如果使用估算最小死铁层的式（3-29）计算，死焦柱浸泡在铁水中的深度应该为 0.89m，估算的浮起高度为 0.46m，与式（3-34）计算结果基本一致。

（3）当 H_s 为 0 时，此时的浮起深度 h_c 与估算的最小死铁层 h 之和应该等于实际炉缸深度。

（4）式（3-34）比式（3-29）的实用性更为广泛，不仅可以用来计算一般情形下的料柱浮起程度（计算的浮起值小于等于 0 时，表示料柱沉坐炉底），而且还可以替代式（3-29）来估算最小死铁层深度，判断死焦柱的状态。

（5）式（3-34）表明死焦柱浮起高度与炉渣液面高度为线性关系，不同的高炉其斜率基本相同，但根据高炉参数不同，直线会上移或者下移（如图3-79所示）。若死铁层深度过浅，液面上升时，料柱一直沉坐，浮起高度为0，当液面足够高时，开始浮起。但炉渣液面高度在一个出铁周期内上升有限，而且最高不能超过风口，所以对于某些高炉来说，死焦柱有可能在整个冶炼过程中一直沉坐炉底。

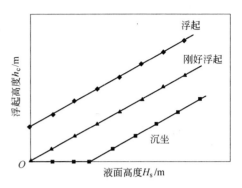

图 3-79　不同高炉的死焦柱浮起高度

在实际高炉运行过程中，由于原燃料及生产操作参数的变化会影响炉缸死焦柱的状态，通过计算不同条件下的"最小死铁层深度"的变化，可以比较不同参数对死焦柱浮起或沉坐状态的影响。下面以某实际高炉为例，探讨各因素对"最小死铁层深度"的影响，即对炉缸死焦柱状态的影响。

3.6.2.1　块状带平均孔隙度的影响

固定其他参数，块状带平均孔隙度分别取 0.50、0.51、0.52、0.53、0.54、0.55、0.56、0.57、0.58、0.59，计算结果如图3-80所示。

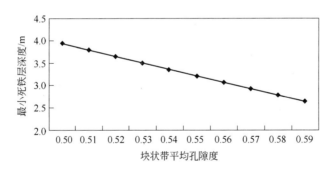

图 3-80　块状带平均孔隙度对最小死铁层深度的影响

由图可见，块状带平均孔隙度增大，死焦柱更加容易浮起。这是因为孔隙度的增大导致炉料混合密度的减小，同样容积内的炉料重力减小，使得死焦柱浮起所需的最小死铁层深度减小，即炉缸内死焦柱更易于浮起。

3.6.2.2　矿石的表观密度的影响

固定其他参数，矿石的表观密度分别取 3000kg/m³、3100kg/m³、3200kg/m³、3300kg/m³、3400kg/m³、3500kg/m³、3600kg/m³、3700kg/m³、3800kg/m³、3900kg/m³，计算结果如图3-81所示。

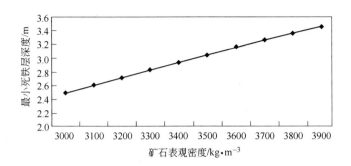

图 3-81 矿石的表观密度对最小死铁层深度的影响

由图可见，矿石的表观密度增大使最小死铁层深度 h 增加。矿石的表观密度 ρ_0 增大，导致炉料混合密度的增大，同样容积内的炉料所受重力增大，使得死焦柱易于沉坐。

3.6.2.3 矿石品位的影响

固定其他参数，矿石品位分别取 57%、57.5%、58%、58.5%、59%、59.5%、60%、60.5%、61%、61.5%，计算结果如图 3-82 所示。由图可见，矿石品位增大，最小死铁层深度减小。

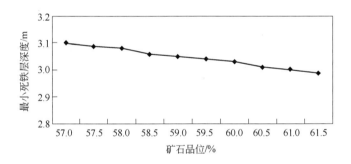

图 3-82 矿石品位对最小死铁层深度的影响

3.6.2.4 炉料下降速度的影响

固定其他参数，炉料下降速度 u 分别取 0.0011m/s、0.0012m/s、0.0013 m/s、0.0014m/s、0.0015m/s、0.0016m/s、0.0017m/s、0.0018m/s、0.0019 m/s、0.002m/s，计算结果如图 3-83 所示。由图可见，炉料下降速度增大，最小死铁层深度基本不变。这是因为炉料下降速度只影响炉墙摩擦力，根据计算炉墙摩擦力仅为煤气浮力的约 1/70，所以，炉料下降速度的改变几乎没有影响。

3.6.2.5 高炉压差的影响

固定其他参数，高炉压差分别取 170kPa、175kPa、180kPa、185kPa、

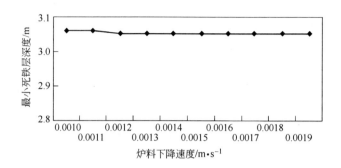

图 3-83　炉料下降速度对最小死铁层深度的影响

190kPa、195kPa、200kPa、205kPa、210kPa、215kPa，计算结果如图 3-84 所示。由图中可以看出，高炉压差增大，最小死铁层深度减小。这是因为压差增大，使得煤气浮力增大，从而使死焦柱更易于浮起。

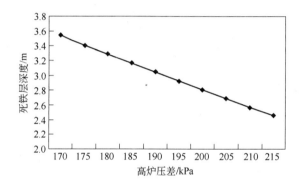

图 3-84　高炉压差对最小死铁层深度的影响

3.6.2.6　焦比的影响

固定其他参数，焦比分别取 260kg/t、270kg/t、280kg/t、290kg/t、300kg/t、310kg/t、320kg/t、330kg/t、340kg/t、350kg/t，计算结果如图 3-85 所示。由图

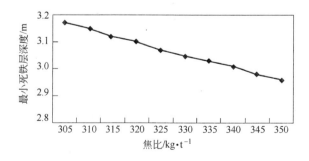

图 3-85　焦比对最小死铁层深度的影响

可见，焦比增大，最小死铁层深度减小。这是因为随着焦比的上升，意味着整个料柱中焦炭的量增多，混合炉料的密度减小，使得料柱重力减小，进而使得最小死铁层深度减小。

由图可知，当块状带平均孔隙度、矿石品位、高炉压差增大时都会使死焦柱更容易浮起，进而改善炉缸铁水流动情况，提高炉缸的透液性。当矿石的表观密度和焦比减小时，死焦柱更容易沉坐，因此，随着目前高炉冶炼时焦炭负荷的提高，更要对炉缸工作状态进行及时的监测和调控，通过控制原料质量、优化鼓风参数和装料制度等措施来保证死焦柱的浮起和炉缸具有良好的透液性。

3.6.3 死焦柱状态对炉缸炉底侵蚀的影响

结合死焦柱受力模型和炉缸炉底侵蚀监测模型，可以实时对炉缸死焦柱状态和侵蚀变化进行在线监测。

某高炉在运行过程中，炉缸炉底热电偶温度在一个月内经历了比较明显的三个变化过程，如图3-86所示。5月1日到5月11日，有所波动但总体变化不大；5月11日到5月22日，都呈总体上升趋势；5月22日到5月31日，都呈下降趋势。对应的该高炉在5月中旬炉况不顺，炉缸渣铁排放后渣滞留量大，并出现了风口烧坏现象。该高炉在炉缸发生异常时，对应的入炉焦炭质量也有所下降。图3-87是焦炭中灰分含量的变化，因此初步判断是由于炉缸死焦柱透液性恶化，即炉缸活跃性下降影响了正常生产。但是，在炉缸异常发生时，炉底中心温度（TE1019）和炉缸侧壁温度（TE1123）同步升高，这和已有的判断炉缸活跃性的认识有所不同。一般认为，炉底中心温度下降而炉缸侧壁温度上升时代表炉缸活跃性下降。通过死焦柱受力模型和炉缸炉底侵蚀监测模型，解释了此高炉出现的

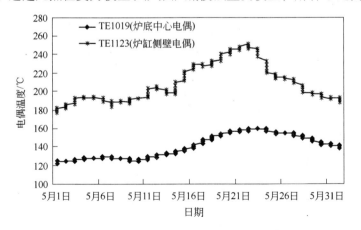

图3-86 某高炉5月份炉缸炉底部分热电偶温度变化趋势

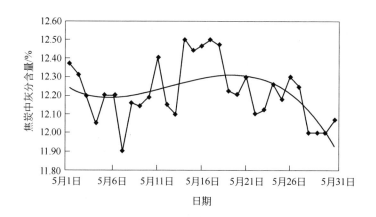

图 3-87 某高炉 5 月份焦炭中灰分含量的变化

异常，并指导高炉操作人员采取了有效地炉缸维护。

该高炉的设计及生产参数如下：$V = 1780\text{m}^3$，$D = 10.85\text{m}$，$h_H = 3.6\text{m}$，$d_T = 6.8\text{m}$，$N = 21$，$\varepsilon = 0.5$，$\varepsilon_d = 0.4$，$\rho_0 = 3500\text{kg/m}^3$，$\rho_c = 1000\text{kg/m}^3$，$m_c = 280$ kg/t，TFe $= 0.59$，$\Delta p = 1.38 \times 10^5\text{Pa}$，$u = 0.0015\text{m/s}$，$d_p = 0.035\text{m}$，$\rho_i = 7000$ kg/m^3，$\rho_g = 1.18\text{kg/m}^3$，$v_t = 240\text{m/s}$。

将这些参数代入死焦柱受力模型，计算得出死焦柱浮起所需的最小死铁层深度为 1.7m。该高炉炉缸死铁层设计深度为 1.8m，基本大于最小死铁层深度，而且通过侵蚀模型的实时监测结果，可知由于炉缸炉底的侵蚀，炉底剩余厚度减薄，死铁层深度已经加深至 2.3m 左右，远大于最小死铁层深度，表明在出铁前后该高炉的死焦柱都将处于浮起状态。

研究表明，当死焦柱处于浮起状态时，出铁时铁口以下的铁水将主要沿着死焦柱内部的孔隙、炉缸侧壁和炉底的无焦空间流向铁口，这样当死焦柱透液性恶化时，死焦柱内铁水流过阻力增大，而侧壁和炉底的无焦空间内的铁水流速增加，炉缸侧壁和炉底的砖衬遭受的高温铁水冲刷、传热以及剪切应力破坏都将加剧，进而使砖衬减薄、炉缸侧壁和炉底中心温度都升高。而国内其他某些高炉在炉缸不活时出现的炉底中心温度降低炉缸侧壁温度升高的原因，可能是由于死焦柱在出铁时处于沉坐状态，这样当死焦柱透液性恶化时，铁水在炉缸侧壁无焦空间的流速增加，而在炉底中心由于不存在无焦空间，随着死焦柱透液性的下降，中心部位铁水的渗透和传热都减弱，使炉底中心温度下降。此外，该高炉在炉缸发生异常时，出铁量并未有明显地下降，反而略有升高，依据以上的物理模拟研究可知，铁口附近区域死焦柱透液性下降会使液体排放量下降，而中心部位孔隙度下降基本不会影响排放量但会使排放速度增加，因此，综合考虑炉底中心和炉缸侧壁电偶温度同步升高，判断炉缸异常的主要原因是中心不活，必须明确恢复炉况的主要出发点应是活跃炉缸中心,改善死焦柱透液性。据此,采取了增加鼓风动能、控制焦炭质量、发展中心气流等操作调节手段,相应地在5月下旬炉缸侧壁和炉底中心的电偶温度都随之下降,炉缸炉底砖衬热面形成了稳定的保护渣铁壳,如图3-88所示,实现了对炉缸的有效维护[14]。

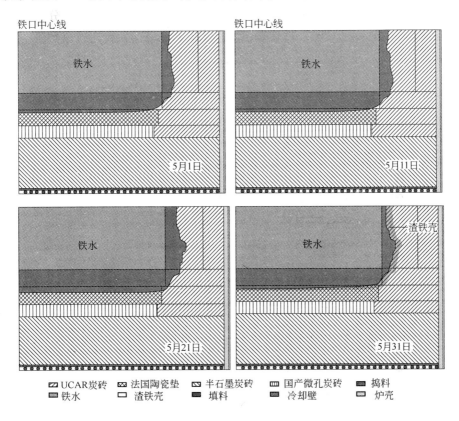

图3-88 某高炉5月份炉缸炉底侵蚀及渣铁壳的变化

3.7 高炉煤气流运动的计算分析

3.7.1 高炉煤气流对高炉操作及高炉长寿的影响

高炉内煤气流的分布状况直接影响煤气利用率与高炉顺行。高炉顺行与煤气利用之间存在一定的矛盾,合理的煤气流分布就是采用适当的送风制度和布料方式,控制好炉内煤气流的发展,在保证高炉顺行的基础上,达到煤气能量的最佳利用、降低燃料消耗的目的。

高炉生产的长期实践表明,作为上部调节手段的布料制度在高炉生产中具有重要的作用。高炉内的煤气流对高炉内部温度场分布、软熔带的位置和形状、高炉的顺行状况和煤气利用率有很大影响。炉腹煤气经过软熔带以后，受炉料分布不均的影响，而进行煤气流的重新分布。炉料透气性好将促进煤气流的发展，反之则抑制煤气流的发展，甚至导致高炉悬料的发生。而在料面附近的煤气流分布也将受料面形状的影响而发生改变。

新建高炉基本都采用了无料钟布料装置，有利于控制的合理炉料分布。现代高炉炉料分布控制的关键是，应以理论为基础，充分发挥无料钟炉顶具备多功能布料的技术优势，从而达到优化布料的目的。而炉料的特性、布料形状和料层内部结构对煤气流也有不同的影响。

密闭的高炉和复杂的炉况，给研究高炉煤气流的分布带来很大的困难。近几年数值模拟仿真技术在高炉炼铁的理论解析研究中得到了应用发展，复杂的高炉冶炼过程通过各类数学模型的仿真模拟研究逐渐清晰，其中高炉布料与煤气流间的相互作用关系也已成为当前研究的热点内容之一。

3.7.2   高炉煤气流模型

自 1975 年由 Standish 组织的高炉气体动力学研讨会以来，多孔介质内流体动力学为高炉煤气流计算奠定了理论基础。在这次研讨会上展示了高炉块状带内的煤气流和风口燃烧带的数值研究结果。许多研究者[15~20]引用此数值模拟结果，但对于模型边界条件和动量方程的应用[17,19]仍存在争议。

本节研究采用数值模拟计算了高炉块状带内的煤气流分布，并对煤气流分布的控制方程、边界条件进行了较为详细的分析；研究分析了不同料面形状（V形、M形和带平台的 V 形）、炉料安息角（堆角）、粒径、孔隙度等炉料特性及布料顺序等因素对高炉煤气流分布的影响；还分析了高炉开炉和停炉时的炉身下部料柱结构、料柱高度对煤气流分布的影响。

3.7.2.1   控制方程

在一般质量守恒方程中，由高炉冶炼过程化学反应引起的源项和瞬态过程的累积项可以忽略[23]，工程上一般可以采用如下的质量守恒方程：

$$\mathrm{div}\boldsymbol{G} = 0 \tag{3-35}$$

式中 $\boldsymbol{G}$——煤气质量流速。

Ergun 方程是多孔介质内流体流动的半经验动量方程，Ergun 方程的向量方程可用下式表示：

$$\mathrm{grad}p = -(f_1 + f_2 \mid \boldsymbol{G} \mid)\boldsymbol{G} \tag{3-36}$$

式（3-36）中各系数的定义如下：

$$f_1 = 150(1 - \varepsilon)^2 \mu / \rho (\phi_\mathrm{p} d_\mathrm{p})^2 \varepsilon^3 \tag{3-37}$$

$$f_2 = 1.75(1 - \varepsilon)/\rho(\phi_p d_p)\varepsilon^3 \qquad (3-38)$$

式中 f_1, f_2——Ergun 方程的第一和第二阻力系数；

$\qquad p$——煤气压力；

$\qquad d_p$——炉料颗粒粒径；

$\qquad \phi_p$——炉料的形状系数；

$\qquad \mu$——煤气的黏度；

$\qquad \varepsilon$——炉料的孔隙度；

$\qquad \rho$——煤气密度。

多孔介质空间内的 N-S 方程的二次方程与式（3-36）一致，式（3-36）在工程计算中被广泛应用。但有些研究者应用其他的动量向量方程，而 Ergun 方程只引用于外力计算，另外附加应用惯性部分，如 N-S 方程。然而，这种方程是相互矛盾的，因为，Ergun 方程为了处理惯性流已经增加了二次速度项。所以 Ergun 方程不仅有摩擦力，还包括了涡流耗散部分。此外，惯性力不会在料床中引起可观察到的流动，因为通过两个相邻颗粒间的流体碰撞颗粒后瞬间失去惯性，随后流向空隙的位置。这不是煤气本身的惯性力，而是煤气到碰到炉料后对炉料颗粒的动态压力。即便可以应用 N-S 方程，但 N-S 方程的向量部分最终与作用力呈一维线性关系。因此，Ergun 方程相联了多个一维压力损失数据，应代表所有压力项与其他力的经验关系。

通过散度和连续性方程可得到如下方程：

$$\Delta p = -\boldsymbol{G} \cdot \mathrm{grad}(f_1 + f_2 \mid \boldsymbol{G} \mid) \qquad (3-39)$$

式中 Δ——拉普拉斯算子。

除了式（3-36）的数值解外，式（3-39）的求解都可以得到相对误差较小的压力场计算结果。

3.7.2.2 边界条件

本节煤气流分布数学模型的边界条件如下：

（1）中心轴对称；

（2）炉墙不渗透；

（3）出口和入口为等压状态。

3.7.2.3 控制方程的求解

式（3-35）和式（3-36）联立求解可以得到速度场，通过式（3-39）的求解可以得到压力场。控制方程在适当的初始条件和边界条件下，应用松弛法和有限差分法进行求解。本节计算的数学模型控制方程的离散计算用网格数为径向 61 个、纵向 121 个，这样可以方便应用满足连续性方程的流线方程 φ。轴对称流的无反应流体方程可用下列方程表示：

$$G_r = (1/r)(\partial\varphi/\partial z), \ G_z = -(1/r)(\partial\varphi/\partial r) \qquad (3\text{-}40)$$

计算结果用质量流速、质量流量和流线及等压线来表示。将式（3-36）和式（3-40）结合可以得到如下方程：

$$\mathrm{grad}\,p \cdot \mathrm{grad}\,\varphi = -(f_1 + f_2 \,|\, \boldsymbol{G}\,|)[G_r(-rG_z) + G_z(rG_r)] = 0 \qquad (3\text{-}41)$$

式（3-41）表明，流线和等压线是正交，这说明等压线与炉墙和中心轴正交。所以炉顶料面的煤气流向与料面正交。有些文献中出现了边界上的不规则流线和等压线，这可能应用了错误的数值计算。无论如何，炉顶煤气流应不仅受径向炉料分布而是受料面形状的影响。

求解速度和压力方程时，每个循环计算的最小相对误差取为3%。这个误差标准可以满足计算精度，可以用两种方法加以证明：第一，无论是不是规则的非均匀料层，数值计算的流线与等压线关系应满足式（3-41）；第二，即使是随意设置初始条件的非均匀流下，数值计算的料柱压力损失应与采用 Ergun 公式计算的结果一致。

3.7.3　高炉块状带内的煤气流计算分析

3.7.3.1　数值计算参数

表3-3 列出了高炉块状带内的煤气流模型数值计算参数。

表 3-3　煤气流模型数值计算参数

项　目	焦炭	矿石	项　目	焦炭	矿石
d_p/m	0.04	0.02	ϕ_p	0.65	0.7
ε	0.45	0.35	$\alpha/(°)$	35	30
$G_{\mathrm{belly}}/\mathrm{kg} \cdot (\mathrm{m}^2 \cdot \mathrm{s})^{-1}$	1.0		$\rho/\mathrm{kg} \cdot \mathrm{m}^{-3}$	1.25	
$p_{\mathrm{out}}/\mathrm{Pa}$	3.2×10^5		$\mu/\mathrm{kg} \cdot (\mathrm{m} \cdot \mathrm{s})^{-1}$	1.67×10^{-5}	

3.7.3.2　整体高炉内的煤气流

图3-89 是具有均匀料柱的大型高炉内的煤气流流线和等压线计算结果。从图3-89 可以看出，虽然有侧鼓风，但高炉内的等压线到高炉炉身下部时几乎趋于水平。因此，根据这一结论计算分析了高炉上部块状带内的煤气流。高炉块状带对煤气流分布、矿石还原和煤气利用率均有明显的影响。通过数值模拟计算的方法研究分析了块状带内的煤气流分布及主要影响因素。

3.7.4　料面倾斜角度对煤气流的影响

由于布料制度和炉料的滚动特性，在炉喉位置料面将形成不同的形状。图3-90比较了煤气通过平坦的料面和具有30°的料面时的情况。不难发现，煤气通

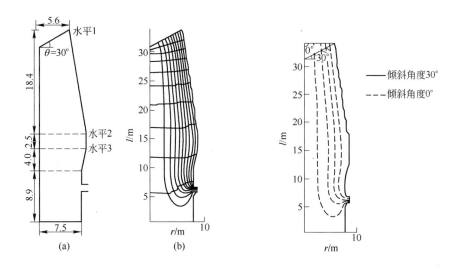

图 3-89　均匀料层的高炉内煤气流线和等压线图　　图 3-90　不同料面时的煤气流线形状
（a）高炉几何尺寸；（b）流线和等压线

过平坦料面时煤气流将呈直线，而通过 30° 的倾斜料面时煤气流线向中心倾斜，并与倾斜面正交。尽管煤气流在炉喉位置向中心倾斜，但强化的中心气流将降低热效率和煤气利用率。

3.7.5　料面形状对煤气流的影响

料面形状可以通过布料设备或布料顺序来调整，可形成 V 形、M 形或带平台的 V 形料面。图 3-91 显示了不同料面形状时的煤气流线情况。这三种情况，由

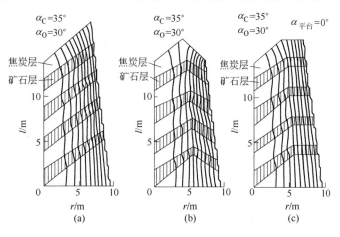

图 3-91　不同料面形状下的煤气流线图
（a）V 形；（b）M 形；（c）带平台的 V 形

于焦炭和矿石层的阻力不同,煤气流线都呈折线状。但是,三者之间都有区别,在 V 形料面时,流线呈单折线,在 M 形料面时呈双折线,而在 V 形料面且具有平台的情况下,流线分为折线和趋于直线两种。

图 3-92 和图 3-93 比较了不同料面形状下通过料面的煤气质量流速和质量流量。V 形料面时,质量流速在中心位置最强,并径向逐渐降低,在炉墙位置质量流速非常小。M 形料面时,中心位置煤气流较大,但随后降低,到边缘时又突然提高。在中心和边缘的中间位置便有个最低点。为了热量回收和加热入炉矿石提高其还原度,应该避免 V 形料面过强的中心煤气流,所以具有平台的 V 形料面或 M 形料面对煤气利用率有利。

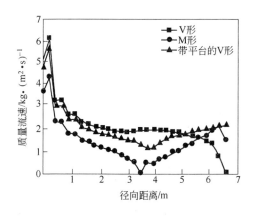

图 3-92 不同料面形状下的煤气
质量流速的径向分布

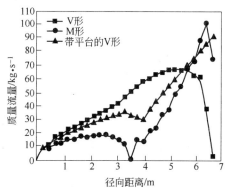

图 3-93 不同料面形状下的煤气
质量流量径向分布图

3.7.6 料面炉料种类对煤气流的影响

高炉操作时,交替装入矿石(烧结矿、球团矿、块矿)和焦炭。对控制方程求解可知,应用 Ergun 方程计算流动时,每个位置的煤气流线和等压线都会相互正交。这说明,气体流线与料面正交,料面则是等压线,这是引起煤气流沿倾斜料面径向分布的重要原因之一。另一方面,矿石和焦炭的交替布料形成层状结构,所以煤气流呈折线状,因为煤气流在通过不同阻力的料层时要向最小压力损失的方向流动。矿石层的阻力比焦炭层大,所以矿石层中流线向中心接近。如果料面是 V 形的矿石层料面,中心气流会进一步的强化,如图 3-94 和图 3-95 所示。当料面为矿石层时,与焦炭层比较,前者的中心部位的煤气流比后者高,边缘气流比后者低。从图 3-94 中可以看出,造成这种现象的原因是两种情况下纵向的平均阻力相同。由此说明,可以通过径向的平均阻力预测分析径向的平均质量流速。

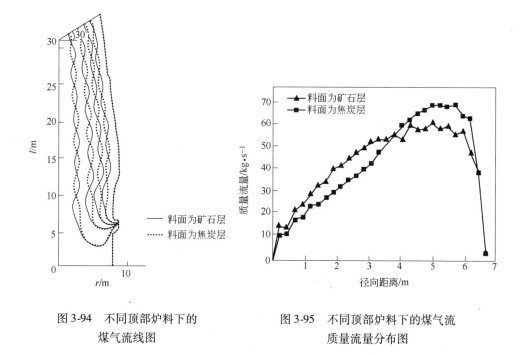

图 3-94　不同顶部炉料下的
煤气流线图

图 3-95　不同顶部炉料下的煤气流
质量流量分布图

3.7.7　平台宽度对煤气流的影响

采用无料钟炉顶布料设备，多环布料可以形成不同宽度的平台。图 3-96 和图 3-97 分别显示了平台宽度对煤气质量流速和质量流量的影响。平台宽度缩小时，中心气流加强，边缘气流减少。在平台和倾斜面的交界处煤气流减小。因此，合适宽度的平台可以避免 V 形料面所引起的过强的中心气流，否则过强的中

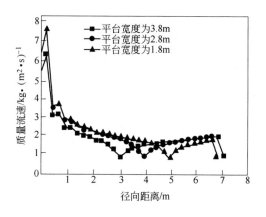

图 3-96　不同平台宽度下的煤气质量流速比较

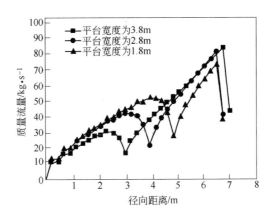

图 3-97 不同平台宽度下的煤气质量流量比较

心气流将降低煤气利用率。

3.7.8 矿石和焦炭安息角对煤气流的影响

矿石和焦炭的安息角随其粒径和形状的变化而改变，焦炭的安息角一般大于矿石的安息角。图 3-98 为料面是焦炭并形成不同安息角的情况下，料面煤气流量沿径向的分布情况，矿石安息角为 30°不变。从图中可以看出，安息角大时，中心煤气流量高。但当料面是矿石，且焦炭安息角保持不变，改变矿石安息角时，对径向的煤气流量分布影响不大，如图 3-99 所示。从前者可知，由于阻力而减少的中心煤气流量可以通过加大 V 形料面的倾斜角度来补偿强化中心煤气流。后者说明，总的煤气流主要受炉身径向阻力的影响。

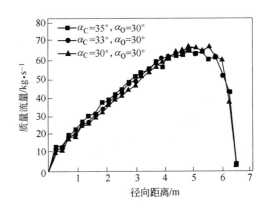

图 3-98 不同焦炭安息角下的煤气质量流量分布图

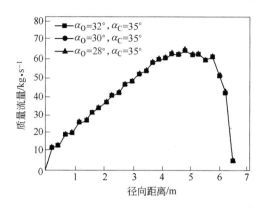

图 3-99　不同矿石安息角下的煤气质量流量分布图

3.7.9　炉料粒径大小对煤气流的影响

由 Ergun 方程可以看出，通过调整颗粒大小和孔隙度可以改变阻力大小。但是孔隙度一般取决于炉料的形状等物理性能，变化性不大。因此，更应关注炉料颗粒大小，炉料粒径对煤气流分布具有影响。矿石和焦炭层的粒径、径向粒度分布以及布料形状，均对高炉块状带的煤气流分布产生影响。以上原因综合起来将影响块状带的径向和纵向煤气流阻力分布。

图 3-100 显示了当 V 形布料形状且料面是矿石情况下，矿石颗粒大小对煤气流的影响。从图 3-100 可以看出，随着颗粒的变小，矿石和焦炭层内的阻力差距将加大，从而矿石和焦炭层内的煤气流线波动增加，也影响质量流速。

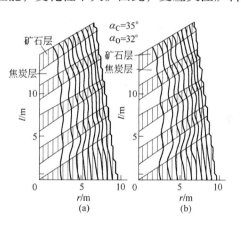

图 3-100　不同矿石粒径下的煤气流线图
（a）$d_{p_O} = 0.025m$；（b）$d_{p_C} = 0.015m$

3.7.10　高炉下部煤气流分布计算

上述研究为高炉块状带内的气体动力学计算分析，通过研究发现高炉容积大小对高炉炉料径向分布和料面形状将会产生影响，对开炉时的煤气流分布也有显著的影响。开炉时的布料高度、径向阻力分布和侧鼓风等因素对煤气流分布具有影响。

图 3-101 比较了开炉时布料高度分别到炉喉（水平 1）、炉身下沿（水平 2）和炉腰下沿（水平 3）情况下的炉腹下沿煤气质量流速径向分布，其中假设只装

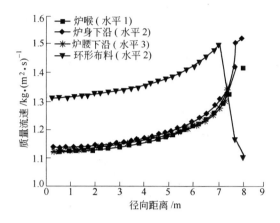

图 3-101　不同布料高度下的高炉炉腹位置的煤气质量流速径向分布图

入粒径均匀的焦炭。从图中可以看出，在此条件下，煤气很难穿透到高炉中心部位。即便布料高度到达炉喉，与其他两种情况比较，只有 10% 的边缘气体被抑制。

因此，为了改善中心煤气流的穿透性，设计了另一种布料方式。布料高度为水平 2，即到炉身下沿，中心直径为 7m 的圆柱体内装入粒度为 50mm 的焦炭，在边缘装入粒度为 20mm 的焦炭。从图 3-101 可看出，在这种布料方式下，中心部位的煤气质量流量提高了 120%（炉腹下沿平均质量流速假设为 $G = 1.1$kg/$(m^2 \cdot s)$）。结果说明，即便侧鼓风，但这种分装情况下，可以迅速提高中心气流，从而大型高炉开炉时迅速加热到中心炉料。

从上可知，即便在高炉下部，阻力的调整对煤气流的分布有很大的影响。可将高炉布料视为简单的电路图式的模型，即炉内多环形布料，每环粒级阻力不同。如图 3-101 的环形布料，在图中设计了两环。环形之间的连续性方程和压力平衡方程可分别用式（3-42）和式（3-43）表示：

$$A_1 G_1 + A_2 G_2 = (A_1 + A_2) G_{av} \tag{3-42}$$

$$(f_{11} + f_{21} G_1) G_1 = (f_{12} + f_{22} G_2) G_2 \tag{3-43}$$

式中　A——横截面面积；

　　G，G_{av}——局部和平均煤气质量流速；

　　f_1，f_2——Ergun 方程的系数，下标 1 和 2 分别代表中心环和外环。

中心半径为 7m 的环内布料粒径为 0.05m，外环布料粒径为 0.02m。G_1 和 G_2 的二次方程联立求解得 $G_1 = 1.36$kg/$(m^2 \cdot s)$ 和 $G_2 = 0.84$kg/$(m^2 \cdot s)$。该计算分析结果与图 3-101 显示的数值计算结果相吻合。这说明高炉下部，煤气流受径向的阻力分布所控制。

图 3-102 是颗粒大小对径向煤气流分布的计算分析结果。由图可见，中心环的炉料颗粒由 0.02m 提高到 0.05m 时，中心煤气流质量流速提高 24%。

图 3-103 是中心大颗粒炉料的环半径变化对煤气流分布的影响。G_1 和 G_2 都随着中心环半径的缩小而提高，而在炉墙部位 G_1 为最小，与 G_{av} 值相等。G_2 的最大值中心部位，也与 G_{av} 相同。G_1 和 G_2 的差距随中心环半径的缩小而加大。

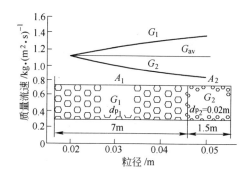

图 3-102　不同粒度料环形布料
对煤气流分布的影响

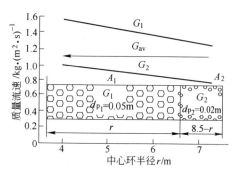

图 3-103　环状布料时中心环的焦炭
粒径对煤气分布的影响

以上研究主要为高炉开炉操作提供相应的理论依据。这项结果也可用于停炉操作，因为停炉时也存在焦炭料柱外面是粒径小的块状料状态。上述计算结果不仅可以为操作者提供布料依据，同时为研究者提供高炉煤气回收利用依据。可以应用高炉布料和煤气流模型改善布料，从而达到高炉稳定顺行操作和提高煤气利用率的目的。

通过建立二维煤气流模型，计算分析了布料参数对大型高炉块状带非均匀煤气分布的影响。给出了不同因素对高炉块状带内平均和局部阻力的影响，同时给出了不同料面形状如 V 形、M 形和带平台的 V 形料面对煤气流分布的影响。计算分析高炉开炉或停炉时不同粒度炉料的环形布料对煤气流分布的影响，从而提出了高炉开炉或停炉时具有良好穿透性的布料方式。

3.8　高炉冷却壁温度场及应力场计算分析

3.8.1　冷却壁计算数学方程

3.8.1.1　传热方程

高炉正常冶炼条件下，冷却壁的传热是三维稳态导热问题。煤气温度变化时，冷却壁的传热变成无内热源的三维瞬态导热问题。在一般情况下，高炉内壁与煤气、炉壳和空气、冷却水与管壁之间是导热、对流以及辐射三种换热形式的综合，为了计算简便，通常取综合换热系数。

当为无内热源稳态传热时，微分方程为：

$$\frac{\partial}{\partial x}\left(\kappa \frac{\partial T}{\partial x}\right) + \frac{\partial}{\partial y}\left(\kappa \frac{\partial T}{\partial y}\right) + \frac{\partial}{\partial z}\left(\kappa \frac{\partial T}{\partial z}\right) = 0 \tag{3-44}$$

式中　κ——导热系数，$W/(m \cdot K)$；

　　　T——绝对温度，K。

当传热是三维稳态情况时，微分方程为：

$$\frac{\partial}{\partial x}\left(\kappa \frac{\partial T}{\partial x}\right) + \frac{\partial}{\partial y}\left(\kappa \frac{\partial T}{\partial y}\right) + \frac{\partial}{\partial z}\left(\kappa \frac{\partial T}{\partial z}\right) = \rho c \frac{\partial T}{\partial t} \tag{3-45}$$

式中　ρ——材料的密度，kg/m^3；

　　　c——比热容，$J/(kg \cdot K)$；

　　　t——时间，s。

综合换热条件下的微分方程为：

$$\frac{\partial}{\partial x}\left(\kappa \frac{\partial T}{\partial x}\right) + \frac{\partial}{\partial y}\left(\kappa \frac{\partial T}{\partial y}\right) + \frac{\partial}{\partial z}\left(\kappa \frac{\partial T}{\partial z}\right) = -\alpha(t_w - t_f) \tag{3-46}$$

式中　t_w——壁体表面温度，K；

　　　t_f——流体温度，K；

　　　α——综合换热系数，$W/(m^2 \cdot K)$，其表达式如下：

$$\alpha = \cfrac{1}{\cfrac{1}{\alpha_0} + \cfrac{s}{k} + \cfrac{\cfrac{1}{\varepsilon_1} + \cfrac{1}{\varepsilon_2} - 1}{\cfrac{C_0}{100^4}(T_1^2 + T_2^2)(T_1 + T_2)}}$$

　　　α_0——对流换热系数，$W/(m^2 \cdot K)$；

　　　s——壁体厚度，m；

　　　C_0——黑体辐射系数，$5.67W/(m^2 \cdot K^4)$；

ε_1，ε_2——壁面发射率；

T_1，T_2——壁面温度，K。

在冷却壁温度场计算中，炉壳与空气之间的对流换热系数已知，冷却壁热面与煤气温度之间的对流换热系数通过经验公式计算得到，而冷却水与管壁的对流换热系数需要根据冷却水进出口温度、流速等实际数据进行计算取得。冷却壁上下两端和两侧条件是绝热。

3.8.1.2　冷却水与本体之间的换热系数计算

冷却水管管壁与冷却水之间对流换热系数受进出口平均温度（T_1、T_2）、管壁平均温度（T）、流速（v）、管道长度与直径比（L/D）等因素影响。冷却壁壁面温度和冷却水温度的影响是相互的，冷却水温变化引起对流换热系数和管壁温度变化，管壁温度变化又能够冷却水温的变化。对流换热系数计算过程如下：

（1）查表得到水在$(T_1 + T_2)/2$时的物性参数，包括导热系数(λ_f)、运动黏度(ν_f)、普朗特数(Pr)，得到雷诺数$(Re = \dfrac{VD}{\nu})$，判断流动是否属于充分发展的湍流；

（2）利用$\Delta T = T - (T_1 + T_2)/2$和$L/D$的大小得到温度和管道长度修正系数$\varepsilon_\mathrm{T}$和$\varepsilon_1$；

（3）计算努塞尔数$Nu = 0.023Re^{0.8}Pr^{0.4}\varepsilon_\mathrm{T}\varepsilon_1$；

（4）计算对流换热系数$\alpha = Nu\dfrac{\lambda_\mathrm{f}}{D}$；

（5）将T和α作为边界条件加入模型中，计算温度场，得到计算结果中管壁的平均温度$T^* = (T_\mathrm{A} - T_\mathrm{B})/2T^*$。若$\Delta T^* = (T^* - T) < 3℃$，认为结果合理；如果$\Delta T^* > 3℃$，重复$(2) \sim (5)$，直到$\Delta T^* < 3℃$。

3.8.1.3 应力应变方程

冷却壁应力场计算是以温度场的分布为基础的，因为温度差引起的热应力在应力场分布中占主要作用。冷却壁应力场的计算牵涉到热应力和机械应力的计算。计算以位移作为初始量，根据位移和应力应变的关系依次计算出应变场和应力场。

位移和应变计算方程如下：

$$\begin{cases} \varepsilon_x = \dfrac{\partial u}{\partial x}, \ \gamma_{xy} = \dfrac{\partial v}{\partial x} + \dfrac{\partial u}{\partial y} \\[2mm] \varepsilon_y = \dfrac{\partial v}{\partial y}, \ \gamma_{yz} = \dfrac{\partial w}{\partial y} + \dfrac{\partial v}{\partial z} \\[2mm] \varepsilon_z = \dfrac{\partial w}{\partial z}, \ \gamma_{zx} = \dfrac{\partial u}{\partial z} + \dfrac{\partial w}{\partial x} \end{cases} \tag{3-47}$$

式中 ε_x，ε_y，ε_z——x，y，z方向上的应变；

γ_{xy}，γ_{yz}，γ_{zx}——xy，yz，zx面上的切应变；

u，v，w——x，y，z方向上的位移。

冷却壁应力场计算的平衡微分方程如下：

$$\begin{cases} \dfrac{\partial \sigma_x}{\partial x} + \dfrac{\partial \tau_{xy}}{\partial y} + \dfrac{\partial \tau_{xz}}{\partial z} = 0 \\[2mm] \dfrac{\partial \tau_{yx}}{\partial x} + \dfrac{\partial \sigma_y}{\partial y} + \dfrac{\partial \tau_{yz}}{\partial z} = 0 \\[2mm] \dfrac{\partial \tau_{zx}}{\partial x} + \dfrac{\partial \tau_{zy}}{\partial y} + \dfrac{\partial \sigma_z}{\partial z} = 0 \end{cases} \tag{3-48}$$

式中 σ_x，σ_y，σ_z——各个方向上的正应力；

τ_{xy}，τ_{xz}，τ_{yx}，τ_{yz}，τ_{zx}，τ_{zy}——各个面上的切应力。

考虑到变温条件下的温度应力之间服从广义胡克定律，其本构方程为：

$$\begin{cases} \sigma_x = 2G\left[\varepsilon_x + \dfrac{3\mu}{1-2\mu}\varepsilon_0 - \dfrac{1+\mu}{1-2\mu}\alpha(T-T_0)\right] \\[2mm] \sigma_y = 2G\left[\varepsilon_y + \dfrac{3\mu}{1-2\mu}\varepsilon_0 - \dfrac{1+\mu}{1-2\mu}\alpha(T-T_0)\right] \\[2mm] \sigma_z = 2G\left[\varepsilon_z + \dfrac{3\mu}{1-2\mu}\varepsilon_0 - \dfrac{1+\mu}{1-2\mu}\alpha(T-T_0)\right] \\[2mm] \tau_{xy} = G\gamma_{xy} \\[2mm] \tau_{yz} = G\gamma_{yz} \\[2mm] \tau_{zx} = G\gamma_{zx} \end{cases} \quad (3\text{-}49)$$

式中 G——剪切弹性模量，$G = \dfrac{E}{2(1+\mu)}$；

      ε——正应变；

      μ——泊松比；

      α——材料的热膨胀系数；

      γ——剪切应变。

3.8.1.4 应力强度理论

物体受到载荷作用后，最初是产生弹性变形，随着载荷的逐渐增加至一定的程度，有可能使物体内应力较大的部位出现塑性变形，这种由弹性状态进入塑性状态属于屈服条件，研究物体内一点开始出现塑性变形时其应力状态所应满足的条件，成为初始屈服条件，即屈服条件。为了判断冷却壁所用材料是否屈服，引入应力强度的概念[21]。下面介绍常用的强度理论。

A 第一强度理论

一般认为第一强度理论是由英国教育家 W. J. M Rankine（1820～1872 年）首先提出的。这一理论认为材料的断裂决定于最大拉应力，不论是单向应力状态还是复杂应力状态，引起断裂破坏的原因是相同的。按这一理论，在复杂应力状态下，只要最大拉应力 σ_1 达到单向拉伸的极限应力 σ_b，就会引起断裂破坏，材料的破坏条件为：

$$\sigma_1 = \sigma_b \quad (3\text{-}50)$$

σ_b 除以安全系数 n 后，得到第一强度理论建立的强度条件：

$$\sigma_1 \leqslant [\sigma] \quad (3\text{-}51)$$

铸铁等脆性材料的破坏符合此理论。

B 第二强度理论

第二强度理论是由法国弹性力学家 B. de Sain Venant（1797～1866 年）所建议。这一理论认为最大伸长线应变 ε_1 是引起材料断裂破坏的主要因素。在轴向拉伸下，假定直到产生断裂，材料线应变的极限值 $\varepsilon^0 = \dfrac{\sigma_b}{E}$。按照这个理论，在复杂应力状态下，最大伸长线应变 ε_1 达到 ε^0 时，材料就将发生断裂破坏。由此得出发生断裂破坏的条件是：

$$\varepsilon_1 = \varepsilon^0 = \frac{\sigma_b}{E} \tag{3-52}$$

由 $\varepsilon_1 = \dfrac{1}{E}[\sigma_1 - \mu(\sigma_2 + \sigma_3)]$ 得：

$$\sigma_1 - \mu(\sigma_2 + \sigma_3) \leqslant \sigma_b \tag{3-53}$$

考虑到安全系数 n，

$$\sigma_1 - \mu(\sigma_2 + \sigma_3) \leqslant [\sigma] \tag{3-54}$$

铸铁及石料符合第二强度理论。

C 第三强度理论

第三强度理论也称之为 Tresca 屈服准则。最初由 C. A. Coulomb 建议，1868 年 H. Tresca 向法国科学院送交了他关于金属在巨大压力下流动的研究结果。这一理论认为最大切应力是引起材料屈服的主要因素。按照这个理论，在复杂应力状态下，当最大切应力 τ_{max} 达到材料的极限切应力 τ^0_{max} 时，材料就会发生屈服。屈服条件是：

$$\tau_{max} = \tau^0_{max} = \frac{\sigma_s}{2}, \ \sigma_1 - \sigma_3 = \sigma_s \tag{3-55}$$

考虑到安全系数 n，$\sigma_1 - \sigma_3 \leqslant [\sigma]$。塑性变形出现后，最大切应力接近常量。这个理论忽略了中间主应力 σ_2 的影响，这种影响造成的误差有时可达 15%。

D 第四强度理论

用总能量作为屈服准则的第一个尝试是意大利科学家 E. Beltram 于 1885 年做的。现在的形式是由波兰科学家 M. T. Huber 于 1904 年提出的，德国科学家 R. von. Mises 于 1913 年、H. Hencky 于 1925 年做了进一步的发展和解释，一般又称为 Mises 准则。这一准则认为，形状改变比能是引起屈服的主要因素。

任意应力状态下，形状改变比能值为：

$$\nu_{sf} = \frac{1+\mu}{6E}[(\sigma_1 - \sigma_2)^2 + (\sigma_2 - \sigma_3)^2 + (\sigma_3 - \sigma_1)^2] \tag{3-56}$$

发生屈服的条件是：

$$(\sigma_1 - \sigma_2)^2 + (\sigma_2 - \sigma_3)^2 + (\sigma_3 - \sigma_1)^2 = 2\sigma_s^2, \ \sigma_s = \sigma_1 - \sigma_3 \quad (3\text{-}57)$$

考虑到安全系数 n 的影响：

$$\frac{1}{\sqrt{2}} \sqrt{(\sigma_1 - \sigma_2)^2 + (\sigma_2 - \sigma_3)^2 + (\sigma_3 - \sigma_1)^2} \leqslant [\sigma_s] \quad (3\text{-}58)$$

即在轴向拉伸情况下，$\sigma_1 \leqslant [\sigma]$。达到屈服极限时，材料就进入屈服。

用塑性材料制成的构件，在静载荷作用下应力集中的影响可以不予考虑。对于脆性材料，由于没有屈服阶段，当载荷增加时，应力集中处的最大应力一直领先，不断增长，首先达到极限 σ_b，该处将先开裂，出现裂痕。

当 $\overline{\sigma}$ 大于材料屈服极限时，材料屈服，发生破坏。应力强度表示式为：

$$\overline{\sigma} = \frac{1}{\sqrt{2}} \sqrt{(\sigma_1 - \sigma_2)^2 + (\sigma_2 - \sigma_3)^2 + (\sigma_3 - \sigma_1)^2} \quad (3\text{-}59)$$

式中 σ_i——主应力，$i = 1, 2, 3$。

E 统一强度理论

统一强度理论由俞茂宏教授在 1991 年提出。

数学建模方程为：

$$\begin{cases} \tau_{13} + b\tau_{12} + \beta(\sigma_{13} + b\sigma_{12}) = C, \ \tau_{12} + \beta\sigma_{12} \geqslant \tau_{23} + \beta\sigma_{23} \\ \tau_{13} + b\tau_{23} + \beta(\sigma_{13} + b\sigma_{23}) = C, \ \tau_{12} + \beta\sigma_{12} \leqslant \tau_{23} + \beta\sigma_{23} \end{cases} \quad (3\text{-}60)$$

统一强度理论的表达式为：

$$\begin{cases} \sigma_1 - \dfrac{\alpha}{1+b}(b\sigma_2 + \sigma_3) = \sigma_t, \ \sigma_2 \leqslant \dfrac{\sigma_1 + \alpha\sigma_3}{1+\alpha} \\ \dfrac{1}{1+b}(\sigma_1 + b\sigma_2) - \alpha\sigma_3 = \sigma_t, \ \sigma_2 \geqslant \dfrac{\sigma_1 + \alpha\sigma_3}{1+\alpha} \end{cases} \quad (3\text{-}61)$$

统一强度理论中，若 $\alpha = 0$，则 $\sigma_1 = \sigma_t$，为第一强度理论；

若 $\alpha = 2\mu$，$b = 1$，则 $\sigma_1 - \mu(\sigma_2 + \sigma_3) = \sigma_t$，为第二强度理论；

若 $\alpha = 1$，$b = 0$，则得到 $\sigma_1 - \sigma_3 = \sigma_s$，为第三强度理论；

若 $\alpha = 1$，$b = 1/2$，则得到的结果与第四强度理论逼近；

若 $\alpha \neq 1$，$0 < b < 1$，还可以得到一系列新的理论。

冷却壁约束的主要方法是采用定位销和固定螺栓约束。不同种类的冷却壁采用的固定形式不同，如铸铁冷却壁采用的是固定螺栓约束，铜和铸钢冷却壁采用定位销结合固定螺栓的固定方式。一般情况下，冷却壁冷热面以及上下和两侧壁面处于自由膨胀状态。

3.8.1.5 冷却壁材料物性参数

高炉冷却壁由外至内可以分为炉壳（包括固定螺栓）、填料层、冷却壁本体和镶砖。其材料性质如表3-4所示。

表3-4 计算用材料物性参数

项 目	温度/℃	导热系数 /W·(m·K)$^{-1}$	比热容 /J·(kg·K)$^{-1}$	弹性模量 /GPa	泊松比	热膨胀系数 /K^{-1}	抗拉强度 /MPa
球墨铸铁	0	42		206	0.3		>400
	300	33.9	544	170	0.3	1.06×10^{-5}	
	600	25.8		90	0.3		
	900	17.8		20	0.3		<100
镶 砖	20			21			
	500	16.8	1000	15	0.1	4.7×10^{-6}	
	800			12			
	1370			7			
填 料	20	0.35	876	5	0.3	4.7×10^{-6}	
炉壳螺栓	0	52.2		201			
	100	49.7	465	170	0.3	10.6×10^{-6}	475
	200	47.2		90			
	300	44.7		20			

球墨铸铁性能在高温时迅速恶化，其硬度和力学性能明显减弱，主要表现为：

（1）四种退火球墨铸铁的高温硬度如图3-104所示，其成分列于表3-5，珠光体球墨铸铁在温度高于540℃时珠光体开始颗粒化，温度高于650℃时珠光体开始分解，因此硬度开始下降并逐渐接近铁素体球墨铸铁的硬度。

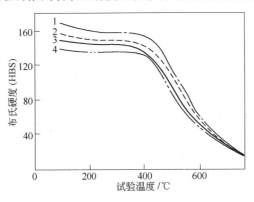

图3-104 四种退火球墨铸铁的高温硬度

表 3-5　退火球墨铸铁成分　　　　　　　　　（％）

编　号	Si	Ni	Mn
1	2.63	1.45	0.59
2	2.41	0.72	0.42
3	2.30	0.96	0.26
4	1.85		0.57

（2）高温短时力学性能降低。图 3-105 所示为铁素体球墨铸铁和珠光体球墨铸铁自室温至 760℃的高温短时力学性能。图中表明，球墨铸铁在低于 315℃时强度没有明显变化，高于此温度时，强度明显降低，760℃时抗拉强度降低到 41MPa，伸长率从室温到 540℃时降低至 8%，高于 540~760℃时随温度上升伸长率急剧增加。珠光体球墨铸铁抗拉强度随温度上升迅速降低，760℃时降至 52MPa，伸长率自室温上升至 425℃时逐渐降低至 3%，自 425℃上升至 760℃时明显增加。

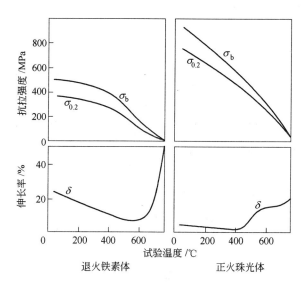

图 3-105　球墨铸铁高温短时力学性能

3.8.2　凸台冷却壁研究

凸台冷却壁应用在炉腰、炉身部分，可以起到支撑上部炉墙的作用。凸台冷却壁凸台部分设有横向冷却水管，对于冷却凸台热面具有重要作用。

3.8.2.1　物理模型

凸台冷却壁在高炉上的位置如图 3-106 所示，凸台冷却壁位于炉身下部。冷却壁材料为球墨铸铁，其实际结构如图 3-107 所示。

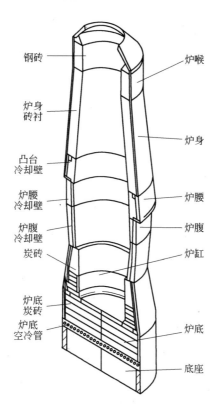

图 3-106　凸台冷却壁的使用位置

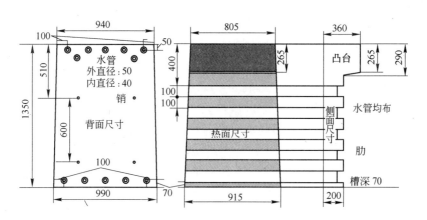

图 3-107　凸台冷却壁结构图（单位为 mm）

凸台冷却壁冷却水管布置为 5 进 5 出，同时在凸台处布置一根冷却水管，加强凸台的冷却强度。水管内径 40mm，外径为 50mm，水管为锅炉钢管。炉壳厚度为 10mm，填料层厚度为 20mm。由于高炉炉型的要求，凸台冷却壁上下两端的宽度不同，且在径向上具有一定的弧度。冷却壁由 4 根固定螺栓固定在炉壳上。

考虑到模型的复杂性，在建模时，将凸台冷却壁的上下两端宽度设置为相同，取原上下两端宽度尺寸的平均值 960mm，忽略冷却壁的弧度，如图 3-108 所示。其他尺寸同原模型尺寸。凸台冷却壁网格划分数为 24 万。

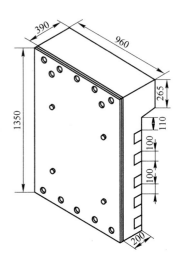

图 3-108　凸台冷却壁模型
（单位为 mm）

3.8.2.2　凸台冷却壁状态分析

A　边界条件

温度场计算的边界条件为：热面综合换热，包括对流、辐射和导热三种情况，煤气温度 1000℃，凸台热面处与煤气的综合换热系数为 150W/(m²·K)；凸台下表面与煤气的对流换热系数为 190W/(m²·K)；除此之外的热面其他部分与煤气的综合换热系数为 180W/(m²·K)。冷面空气温度 50℃，对流换热系数 10W/(m²·K)，冷却水管对流换热，温度 40℃，对流换热系数为 3000W/(m²·K)。上下两端和两侧面为绝热。应力场计算需要载入温度场的相关数据。边界条件为：固定螺栓顶面完全固定上下两端和两侧面为自由膨胀。

B　温度场分析

通过温度场计算表明，凸台冷却壁最高温度分布在凸台部分靠近两侧的部位，最高温度值达到 740℃。因为这些区域距离冷却水管的距离较远，传热困难，冷却水的冷却效果不佳。冷却壁本体和镶砖温度相差不大，因为在高温环境下，二者的导热系数接近（见表 3-4）。由于凸台部位横向冷却水管的影响，冷却壁上部冷却强度增强，低温区域扩大。冷却水管对应的热面区域，温度较热面其他区域低。凸台热面最高温度与最低温度之间的差值较大，达到 400℃左右。

通过温度场计算分析可知，由热面至冷面温度逐渐降低。由于横向冷却壁的冷却，热面中部靠近冷却水管的区域温度较低，最大温差达到 200℃左右。在横向冷却水管包围的区域，有一环形区域内的温度较高，这是因为横向布置的冷却水管冷却能力不足。凸台下部表面的温度较高。镶砖与冷却壁本体的热面温度分布相差不大，这是因为在高温环境下，镶砖与冷却壁本体（及球墨铸铁）的导热系数几乎相同。横向过凸台内部的冷却水管周围区域的温度较低，凸台部分低温区域的面积较大。

图 3-109 所示为凸台冷却壁热面宽度方向的温度分布曲线。从图中可以看出，凸台部分下沿温度明显高于热面其他区域。凸台上下沿温度分布趋势相同，但二者之间的温度差达到190℃。凸台部分两侧温度明显高于中部区域温度，温差最大达到 23℃。冷却壁本体下沿温度在宽度方向几乎没有变化，温度值在535℃。因此，如果煤气温度过高，凸台冷却壁最先出现烧损的是凸台两侧靠近热面的区域。由于高炉中凸台表面一般有渣皮黏结，冷却壁本体最高温度通常较低，烧损几率较小。

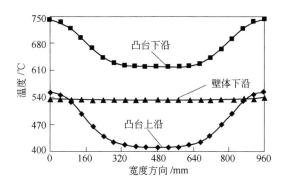

图 3-109 凸台冷却壁宽度方向温度分布曲线

图 3-110 所示为高度方向上冷却壁侧面的温度分布曲线（热面高度方向的温度分布不包括凸台部分），高度方向是由上至下。从图中可以看出，在冷却壁冷面区域，由上至下，冷却壁温度逐渐升高。冷却壁本体冷面上沿温度较低，温度在100℃以下，下沿温度在170℃左右。热面区域的高度方向温度变化明显。由图 3-110（b）可以看出，凸台下表面靠近底部的区域温度较低，这是由横向冷

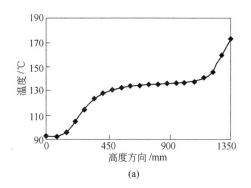

(a)

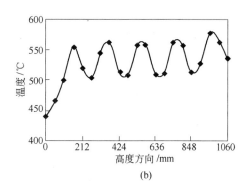

(b)

图 3-110 凸台冷却壁冷热面侧沿温度分布曲线

（a）冷面；（b）热面

却水管的冷却作用引起的。镶砖和肋表面的温度差在50℃左右，其中，镶砖表面的温度较高，肋表面的温度较低。镶砖各部分的温度分布也不相同，由此造成不同区域热应力分布差别较大。

图3-111所示为冷却壁凸台部分顶面边沿厚度方向的温度分布曲线（由热面至冷面）。由图中可以看出，热面至冷面，冷却壁温度逐渐降低，冷面和热面之间的温度差在500℃左右。热面附近的温度变化较大，接近冷面时，温度降低较为缓慢。

图3-112所示为冷面上下沿宽度方向的温度分布曲线。从图中可以看出，由于横向冷却水管的冷却强化作用，冷却壁上边沿温度较低，下沿温度较高，二者之间的温度差在90℃。纵向冷却水管对冷却壁的温度分布影响显著。冷却水管中心线对应的区域温度较低，冷却水管之间的区域温度较高，二者之间的温度差达到23℃。由此，可能造成冷面区域的热应力较大差别。凸台部位两侧温度较高，在冷面上沿，两侧温度高出中部区域温度约20℃。

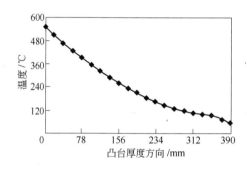

图3-111　凸台顶面侧沿厚度方向
温度分布曲线

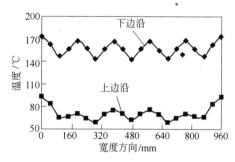

图3-112　冷面上下沿宽度方向温度分布

C　应力场分析

通过对冷却壁应力场计算分析可知，应力强度最大的部位分布在固定螺栓周围区域，这与冷却壁上固定螺栓采用的是顶面完全固定有关。镶砖应力强度值在89MPa以下，冷却壁本体应力强度值最大达到800MPa以上。因此，冷却壁本体靠近定位销的区域易破坏。通过设置膨胀缝可以允许定位销移动很小一段的距离，但能够极大的缓解定位销周围区域应力集中造成的破坏。

凸台区域的热面部分，横向冷却水管对应的区域应力强度明显较其他区域高。由于球墨铸铁在高温环境下的抗拉强度较低，因此，这些区域较易破坏。图3-113所示为凸台冷却壁凸台部位产生的裂纹。裂纹严重时可导致横向冷却水管断裂漏水，不利于冷却壁的使用和高炉使用寿命的延长。凸台两侧区域的应力强度值较小，因此保存完好。

通过过横向冷却水管中心线切面的应力强度分布计算分析可知，对于纵向分布的冷却水管截面，其周围区域的应力强度较小，应力强度值在200MPa以下。对于横向冷却水管来说，靠近冷面的部分，其应力强度较小；靠近热面的区域应力强度较大。由图中可以看出，靠近热面区域的应力强度值最大可达到400MPa。因此，靠近热面区域部分易破坏，可能造成横向水管裸露、断裂，如图3-113所示。

图3-113 冷却壁凸台部位
产生的裂纹

通过对过纵向分布的冷却水管中间管中心线切面的应力强度分布计算分析可知，凸台热面区域的应力强度值明显高于其他区域。冷却壁本体肋的应力强度高于镶砖应力强度，镶砖应力强度值在50MPa以下，肋的应力强度值可达200MPa左右。横向冷却水管周围区域的应力强度值较大，纵向分布的冷却水管周围区域应力强度较小。

图3-114所示为凸台热面上下沿宽度方向应力强度分布曲线。从图中可以看出，凸台两侧应力强度较低，中部区域240~720mm的范围内，应力强度较高。凸台上沿应力强度低于下沿应力强度。由图中可明显看出，应力强度分布有两个峰值，上下沿最大值分别达到300MPa和400MPa，且中点区域应力强度有一个极小值，分别为186MPa和340MPa。这是图3-113凸台区域裂纹分布的原因。因此，在设计凸台冷却壁时，应重点关注凸台部分，包括横向冷却水管的尺寸、分布等。

图3-115所示为冷面侧沿高度方向（由上至下）的应力强度分布曲线。从图中可以看出冷面上部区域的应力分布受凸台的影响较大，横向冷却水口对应的部分应力强度在100MPa以上。上部固定螺栓对应的区域应力强度较小，应力强度

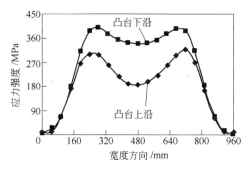

图3-114 凸台热面上下沿宽度方向
应力强度分布

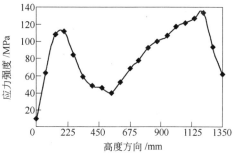

图3-115 冷面侧沿高度方向的
应力强度分布

值在60MPa以下。下部冷却水口对应的区域应力强度值达到120MPa以上。

图3-116所示为热面侧沿高度方向由凸台下部至底部的应力强度分布曲线。从图中可以看出，应力强度分布较为复杂。靠近凸台区域的部分，应力分布受凸台影响较大，最大应力强度达到260MPa。镶砖应力强度值较小，在100MPa以下。肋和镶砖内部应力强度要小于边缘应力强度。因此，若这些部位出现破坏，则最先出现破坏的部位是镶砖和肋接触的区域。由于镶砖较冷却壁本体而言较为脆弱，因此，镶砖易碎裂。高炉实际操作中凸台冷却壁的热面表面附着有一层渣皮，对于降低冷却壁温度，减小冷却壁和破损几率具有重要作用。

图3-117所示为冷面上下沿宽度方向应力强度分布曲线。由图中可以看出，冷却壁冷面上下两端的应力分布相似，但上沿凸台部位的应力强度分布较为复杂。两侧应力强度较低，中间区域较大；冷却水管对应的区域应力强度较大，之间的区域应力强度较小，最大值在200MPa左右。上沿应力强度最大值在250MPa左右。

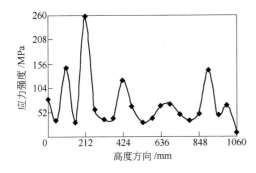

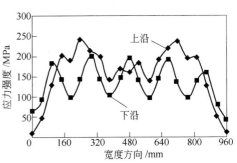

图3-116 热面侧沿高度方向应力强度分布　　图3-117 冷面上下沿宽度方向应力强度分布

3.8.2.3 凸台冷却壁分析小结

凸台冷却壁结构上最显著的特点是顶部凸台内布置一横向分布的冷却水管，强化上部冷却效果。横向冷却水管对冷却壁整体的温度场和应力场影响显著。对凸台冷却壁的分析可得到如下结论：

（1）凸台冷却壁的最高温度分布在凸台的下沿靠近两侧处，由于横向冷却水管的作用，凸台热面中部区域温度较周围其他区域低400℃左右；

（2）冷却壁镶砖热面温度与肋的表面温度相差不大，这是因为在高温条件下，二者的导热系数大小接近；

（3）纵向布置的冷却水管对冷却壁冷面温度场的分布影响显著，冷却水管对应的区域温度较低，其他区域温度较高；

（4）冷却壁应力强度最大值分布在固定螺栓周围区域，这是由冷却壁的固定方式决定的，其次为凸台部位，应力集中可能造成裂纹的产生；

（5）冷却壁肋和镶砖的应力强度相差较大，这是由二者之间的力学性质的差异引起的；

（6）由于凸台和固定螺栓的作用，冷却壁应力场的分布较为复杂，在宽度方向，冷却水管对应的区域应力强度较大，其他区域应力强度较小；

（7）在设计凸台冷却壁时，应综合考虑横向冷却水管尺寸和其布置方式的影响，尽力减小应力集中，如本节中分析的凸台冷却壁，增加横向布置的冷却水管直径，减小弯角直径，可能减小应力集中。

3.8.3 镶砖冷却壁状态分析

3.8.3.1 物理模型

以国内某厂实际使用的冷却壁为例，其冷却水管布置为 5 进 5 出，水管内径 40mm，外径为 50mm，管壁为钢管。炉壳厚度为 10mm，填料层厚度为 20mm。由于高炉炉型的要求，凸台冷却壁上下两端的宽度不同，且在径向上具有一定的弧度。冷却壁结构尺寸如图 3-118 所示。冷却壁由 4 根固定螺栓固定在炉壳上。

由于建模和计算的困难性，忽略冷却壁在径向上的弧度，其上下两端的宽度相同，建立计算模型如图 3-119 所示。为保证计算的准确性和分析的详尽，冷却壁网格数量确定在 15.5 万。

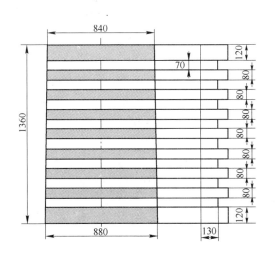

图 3-118 第二层冷却壁结构图

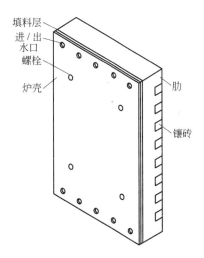

图 3-119 第二层冷却壁计算模型

3.8.3.2 镶砖冷却壁状态分析

A 边界条件

温度场计算的边界条件为：热面综合换热，煤气温度 1100℃，热面与煤气的综合换热系数为 200W/(m²·K)；冷面空气温度 50℃，对流换热系数 10W/(m²·K)，冷却水管对流换热，温度 40℃，对流换热系数取 3000W/(m²·K)。上下两端和两侧面为绝热。边界条件为：固定螺栓顶面完全固定上下两端和两侧面以及其他面为自由膨胀。

B 温度场分析

通过对冷却壁温度场分布计算分析可知，冷却壁热面温度最高为643℃，分布在镶砖表面。冷却壁肋的热面和镶砖热面温度相差较小，这是因为在高温条件下镶砖和肋的导热系数接近。从冷却壁上下两端的温度分布云图可以看出，冷却水管对冷却壁温度场分布影响较大，冷却水管对应的周围区域温度较低，冷却水管之间的区域温度较高。冷却壁最低温度分布在冷却水管进（出）口处，温度值在41℃上下。冷却壁热面温度较为均匀，因此，若煤气温度过高引起冷却壁烧损，冷却壁整个热面将烧损严重，烧损面积大。

通过对过冷却壁高度方向中点的横截面温度分布计算分析可知，由热面至冷面，冷却壁温度逐渐降低。冷却水管面向冷面的部分温度较低，温度在117℃以下，面向热面的区域温度较高，部分区域可达到175℃以上。冷却水管之间的区域温度明显较同一厚度的区域温度高，这是因为这些区域距离冷却水管较远，冷却水管的冷却能力较弱。

通过对过中部冷却水管中线截面的温度分布计算分析可知，冷却壁靠近热面的镶砖和肋的温度分布相差不大。冷却壁上下两端温度稍高，冷却水管周围区域的温度较低。

图3-120所示为冷却壁顶面与冷热面相交线上的温度分布曲线。从图中可以看出，冷却壁两端的热面和冷面温度相差较大，最大值达到430℃。热面温度分布均匀，顶面靠近冷面的部分受冷却水管影响显著，冷却水管对应的区域温度较低。冷却水管之间的区域温度较高，二者之间的最大温度差为20℃。因此，冷面顶端区域由于温度差引起的热应力可能对冷却壁造成损坏。

图3-121所示为冷却壁侧面高度方向温度分布曲线。从图中可以看出，冷却壁热面由于镶砖与冷却壁本体的导热系数大小具有一定的差别，造成镶砖表面和肋的表面温度具有一定的差别，最大温度差达到50℃。冷却壁冷面上下两端温

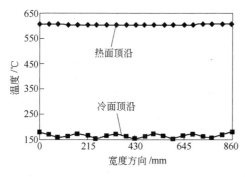

图3-120 宽度方向两端温度分布曲线

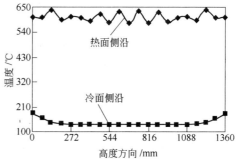

图3-121 侧面高度方向温度分布曲线

度较高，中间区域温度较低，最大温度差达到50℃左右。

图 3-122 所示为冷却壁侧面不同高度的厚度方向温度分布曲线。由图中可以看出，冷却壁上下两端温度明显较中部区域温度高，镶砖表面（即图中高度593mm 曲线）温度稍高，镶砖与冷却壁本体接触的区域温度变化较大。接近冷面区域，温度变化逐渐减小。

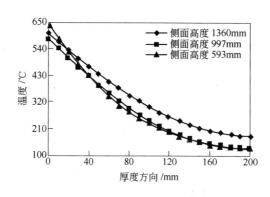

图 3-122 侧面厚度方向的温度分布

C 应力场分析

冷却壁应力场分布对于冷却壁的安装和破坏分析具有重要意义。通过对冷却壁本体应力场分布计算分析可知，固定螺栓周围区域的应力强度较大，最大应力强度值达到472MPa，分布在固定螺栓的周围区域。冷却壁冷面应力强度分布受冷却水管分布影响显著。靠近冷却水管的冷面区域应力强度较大，达到210MPa以上，冷却水管之间对应的冷面区域应力强度较小。肋热面靠近中心的部分应力强度较大，两侧应力强度较小，最大应力强度值处于263~315MPa 之间。由于高温条件下铸铁材料抗拉强度降低，热面破坏的可能性较大。

通过对过冷却壁高度中点位置的横截面应力强度分布计算分析可知，热面区域靠近两侧的部分应力强度较小，强度值在 39MPa 以下。冷却水管周围区域的应力强度较大，最大值达到350MPa 左右。冷却水管与冷、热面之间存在应力强度值较低的区域。这是因为这些区域的温度变化并不明显，应力强度较小。因此，考虑到冷却壁铸造成本，在保证冷却壁温度场分布较为合理的情况下，冷却壁厚度可适当减小，以节约成本，提高冷却效率。

通过对过中部冷却水管中心线的纵切面应力强度分布计算分析可知，冷却水管周围区域应力强度较大，在冷却水管弯角部分，最大应力强度达到460MPa 左右。热面肋周围区域的应力强度较大，应力强度值在 109~159MPa之间。镶砖部分应力强度值较小。由于冷却壁热面区域温度达到500℃以上，铸铁材料的抗拉强度减小。因此，部分高温区域，如热面上下两端，可能会出现裂纹。冷却壁热面温度越高，冷却壁损坏越严重。冷却壁冷面部分应力强度值也处于109~159MPa之间，但由于低温条件下铸铁抗拉强度性能较好，因此不易破坏。

图3-123所示为冷却壁顶面边沿宽度方向的应力强度分布曲线。从中可以看出，冷却壁冷面和热面应力强度明显不同。冷却壁冷面应力强度受冷却水管影响显著，冷却水管对应的区域应力强度较大，冷却水管之间的区域应力强度较小，两侧应力强度最小，强度值在50MPa左右。热面应力强度受固定螺栓和温度分布较大，中部区域应力强度较大，最大值达到176MPa，最小值分布在冷却壁两侧，接近零。因此，冷却壁热面靠近中部区域的应力强度较大，可能产生裂纹，降低冷却壁的使用寿命。

图3-124所示为高炉解剖的第二层冷却壁的破坏情况。从图中可以看出，冷却壁两端有部分烧损，中间区域的裂纹较多，破坏严重。热面两侧的部分肋破坏较轻，裂纹较少。因此，从以上可以看出，计算与解剖情况较为吻合。

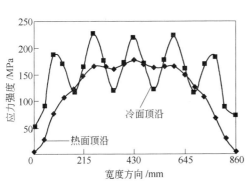

图3-123 地面宽度方向应力强度分布曲线

图3-124 第二层冷却壁破坏情况

图3-125所示为冷却壁侧面高度方向应力强度分布曲线。从图中可以看出，冷却壁冷面应力强度高于热面应力强度。冷却水管进（出）口对应的区域应力强度值达到160MPa左右。这是因为冷却水管出口所在的区域温差较大，温度应力较大。冷却壁热面纵向应力强度分布曲线较为复杂。

图3-126所示为侧面不同高度时厚度方向由热面至冷面的应力强度分布曲线。从图中可以看出，不同高度处的应力强度分布不同。顶端由热面至冷面，应力强度变化较为复杂。由于冷却水管的影响，在距离热面120mm处，应力强度达到最大值140MPa左右。在距离热面120~200mm的范围内，应力强度先减小，

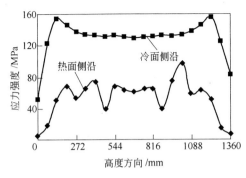 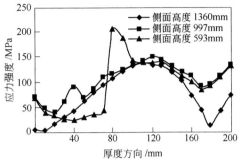

图 3-125　侧面高度方向应力强度分布曲线　　图 3-126　侧面厚度方向应力强度分布曲线

后增加，距离为 180mm 时应力强度达到最小值 12MPa，至冷面应力强度达到 72MPa。这主要是由温度差异造成，由图 3-125 中也可看出这种应力强度分布。高度为 997mm 处厚度方向的应力强度分布与顶端应力强度分布类似。高度为 593mm 处厚度方向过镶砖。镶砖厚度为 70mm，因此，在距离热面 70mm 处应力强度增加较明显。由此可见，冷却水管可以有效降低冷却壁整体温度，但其引起的温度应力可能造成冷却水管处应力集中。若是铸管冷却壁，可能造成铸管与冷却壁本体之间的空隙增加，从而减小冷却水的冷却作用。

3.8.3.3　镶砖冷却壁分析小结

对镶砖冷却壁进行分析，可得到如下结论：

（1）冷却壁冷面受冷却水管的影响较大，冷却壁热面温度较为均匀，若煤气温度过高引起冷却壁烧损，冷却壁整个热面将烧损严重，烧损面积大。顶面靠近冷面的部分受冷却水管影响显著，冷却水管对应的区域温度较低，冷却水管之间的区域温度较高。

（2）肋的热面靠近中心的部分应力强度较大，两侧应力强度较小，最大应力强度值处于 263 ～ 315MPa 之间。冷却水管与冷、热面之间存在部分区域应力强度值较低的区域。由于冷却壁热面区域温度达到 500℃ 以上，铸铁材料的抗拉强度减小，部分区域为高温区域，如热面上下两端，可能会出现裂纹。

（3）冷却水管可以有效降低冷却壁整体温度，但其引起的温度应力可能造成冷却水管处应力集中。若是铸管冷却壁，可能造成铸管与冷却壁本体之间的空隙增加，从而减小冷却水的冷却作用。

3.8.4　炉缸冷却壁的长寿设计

光面冷却壁的特点是冷却强度大，一般用于高炉炉缸炉底部位，对于现代新建的大型高炉，部分高炉还在铁口区域采用铜冷却壁以加强铁口部位的冷却。

3.8.4.1 物理模型

国内某厂炉缸冷却壁冷却水管布置为 4 进 4 出，水管内径 64mm。炉壳厚度为 65mm，填料层厚度为 40mm。由于高炉炉型的要求，冷却壁在径向上具有一定的弧度。冷却壁由 4 根固定螺栓固定在炉壳上。

以某厂新 3 号高炉炉缸冷却壁为模型，冷却壁高度 1730mm。宽度尺寸为 944mm，如图 3-127 所示。

3.8.4.2 温度场分析

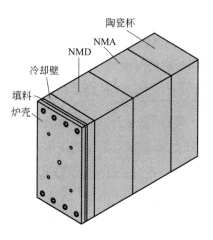

图 3-127 炉缸第 3 段铸铁冷却壁模型

通过对冷却壁温度场分布计算分析可知，冷却壁最高温度分布在热面靠近上下两边的部位，最高温度值为 64℃。因为这些区域距离冷却水管的距离较远，冷却水的冷却效果对其影响相对于冷却壁本体其他部位较差。冷却壁温度最低处为水管进出口处的水管内壁，温度为 46℃。冷却壁本体各部位温差不大。冷却水管对应的热面区域，温度较热面其他区域低。

通过对冷却壁中心线的厚度、高度和宽度方向三个切面温度分布计算分析可知，由热面至冷面，温度逐渐降低。由于冷却壁的冷却作用，热面中部靠近冷却水管的区域温度较低。冷却壁整体温差不大，温差值约为 15℃，主要是因为冷却壁与高温铁水之间的炉衬热阻较高所致。

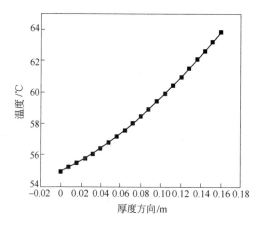

图 3-128 冷却壁侧沿厚度方向
（从冷面到热面）温度分布曲线

图 3-128 所示为冷却壁边沿厚度方向的温度分布曲线（由冷面至热面）。由图中可以看出，热面至冷面，冷却壁温度逐渐降低，冷面和热面之间的温度差在 9℃左右。从热面到冷面温度梯度较小。

3.8.4.3 应力场分析

通过对冷却壁应力分布计算分析可知，应力最大的部位分布在固定螺栓周围区域，这是由于冷却壁固定所采用的螺栓只能在高炉径向可以自由膨胀造成的。冷却壁本体最大应力值接近 473MPa，大于冷却壁本体的抗拉强度，在螺栓孔周围没有预留膨胀空间的情况下，螺栓孔是遭受应力集中后发生破损的薄弱环节。因此，应当在安装冷却壁时在螺栓孔周围预留膨胀缝。

通过过冷却壁中心线切面的应力分布计算分析可知，对于纵向分布的冷却水管截面，其周围区域的应力较小，应力值在107MPa以下。靠近冷面的区域应力较大。靠近中心热电偶测温孔处，热面应力大于冷面，靠近热面区域的应力值最大接近60MPa，这主要是因为冷却壁热面受到炉衬受热膨胀，向高炉外侧挤压，导致受到的应力较大造成的。在固定螺栓和热电偶测温孔处由于形状突变，会出现应力集中的现象，导致该处应力较大。

应变是物体受力产生变形时，由于体内各点处变形程度一般并不相同，用来描述一点处变形的程度。为此可在该点处找到一单元体，比较变形前后单元体大小和形状的变化。即应变是由载荷、温度、湿度等因素引起的物体局部的相对变形。另外可以看出，冷却壁应力与应变的大小呈现对应关系。

通过对冷却壁的位移计算分析可知，位移指的是冷却壁基体各个单元体受力后的位置与初始位置的差别。从图中可以看出，冷却壁热面由于高炉炉衬的挤压和本身的热应力导致冷却壁本体出现位移。固定螺栓处由于螺栓在高度方向上完全固定导致位移较小，但该处应力较大，螺栓附近部分地在水平方向出现位移。由于4个固定螺栓与炉衬之间的相互作用，冷却壁热面中心处位移较小，冷却壁冷面角部位移最大。

图3-129所示为冷却壁热面下沿宽度方向应力分布曲线。从图中可以看出，冷却壁应力基本呈对称分布，两侧和中部区域应力较高。由图中可明显看出应力分布有4个峰值，上下沿最大值接近30MPa，且中点区域应力有一个极小值，约为22MPa。

图3-130所示为冷面下沿宽度方向应力分布曲线（上沿处与此图基本相同）。

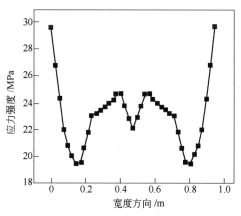

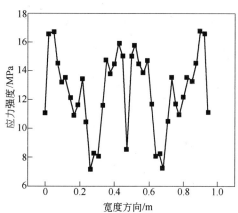

图3-129 冷却壁热面下沿宽度方向应力分布   图3-130 冷却壁冷面下沿宽度方向应力分布

由图中可以看出，冷却壁冷面下沿部位的应力分布较为复杂，两侧和中间区域应力较大，冷却水管对应的区域应力较小。最大值约为17MPa。图3-129与图3-130对比可知，冷却壁热面的应力较大，这主要是由于冷却壁热面温度梯度较大，造成热面热应力较大的缘故。

图3-131所示为热面侧沿高度方向由顶部至底部的应力分布曲线。从图中可以看出，应力分布受固定螺栓影响较为明显。最大应力处对应于固定螺栓的位置，强度达到约65MPa。由于受到固定螺栓定位的作

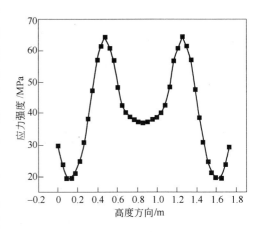

图3-131 冷却壁热面侧沿高度方向应力分布

用，应力在固定螺栓处集中，导致中心处应力较小，其最小值小于40MPa。

图3-132所示为冷却壁冷面侧沿高度方向（由上至下）的应力分布曲线。从图中可以看出，冷面中部区域的应力分布受固定螺栓影响较大，固定螺栓对应的区域应力较大，应力值接近55MPa。

图3-133所示为冷却壁下沿厚度方向（从冷面到热面）应力分布。从图中可看出，冷却壁冷面应力小于热面，这主要是由于热面温度梯度较大，导致热应力较高的缘故。同时，热面受到炉衬耐火材料膨胀挤压，使热面受力大于冷面，其最大值接近30MPa。

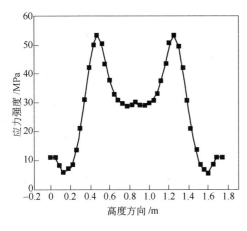

图3-132 冷却壁冷面侧沿高度方向的应力分布

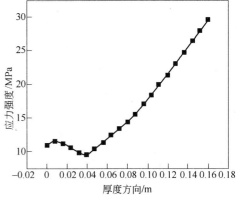

图3-133 冷却壁下沿厚度方向（从冷面到热面）应力分布

3.9 高炉冷却板及炉衬温度场计算分析

目前，世界上高炉炉体冷却结构主要是冷却壁、冷却板和板壁结合的方式。冷却壁和冷却板两者均有各自的优缺点，并且都有高炉长寿的实绩。以日本君津3号高炉、荷兰艾莫伊登6号高炉为代表的采用铜冷却板的高炉寿命均达到15年。合理布置冷却板和选择炉衬材料是冷却板冷却高炉的长寿关键。本节通过建立高炉冷却板及炉衬组成的三维稳态传热模型，计算并分析冷却板布置和炉衬材料选择的合理性，为设计冷却板冷却的高炉提供理论依据。

3.9.1 冷却板及炉衬的传热物理模型

高炉冷却板及炉衬的传热物理模型如图3-134所示。

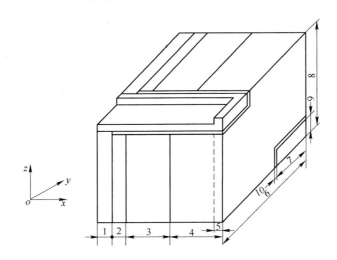

图 3-134 冷却板及炉衬组成的传热物理模型简图

1—炉壳；2—炉壳填充层；3—炉衬一层；4—炉衬二层；5—冷却板壁厚度；6—冷却板水平间距；
7—冷却板半宽度；8—冷却板垂直间距；9—冷却板半高度；10—冷却板填充层

3.9.2 冷却板及炉衬传热的数学模型

3.9.2.1 微分方程

建立冷却板及炉衬传热的微分方程：

$$\frac{\partial}{\partial x}\left(\kappa\,\frac{\partial T}{\partial x}\right) + \frac{\partial}{\partial y}\left(\kappa\,\frac{\partial T}{\partial y}\right) + \frac{\partial}{\partial z}\left(\kappa\,\frac{\partial T}{\partial z}\right) = \rho c\,\frac{\partial T}{\partial t} \tag{3-62}$$

式中　T——温度，℃；

　　　κ——导热系数，W/(m·K)。

其边界条件为：

炉壳外表面——空气与炉壳的对流边界条件，对流换热系数 α_k，$W/(m^2 \cdot K)$；

炉内工作面——炉气与工作面的对流边界条件，对流换热系数 α_m，$W/(m^2 \cdot K)$；

冷却板内表面——冷却水与冷却板的对流边界条件，对流换热系数 α_s，$W/(m^2 \cdot K)$；

其他表面：由于对称性视为绝热条件。

3.9.2.2   方程的离散

将式（3-62）两端积分得：

$$\int_t^{t+\Delta t} \int_s^n \int_f^b \int_w^e \left[\frac{\partial}{\partial x}\left(\kappa \frac{\partial T}{\partial x}\right) + \frac{\partial}{\partial y}\left(\kappa \frac{\partial T}{\partial y}\right) + \frac{\partial}{\partial z}\left(\kappa \frac{\partial T}{\partial z}\right) \right] \cdot \mathrm{d}x\mathrm{d}y\mathrm{d}z\mathrm{d}t$$

$$= \int_t^{t+\Delta t} \int_s^n \int_f^b \int_w^e \left(\rho c \frac{\partial T}{\partial t}\right) \cdot \mathrm{d}x\mathrm{d}y\mathrm{d}z\mathrm{d}t \tag{3-63}$$

x 方向净热量：

$$q_x = \int_t^{t+\Delta t} \int_s^n \int_f^b \int_w^e \left[\frac{\partial}{\partial x}\left(k \frac{\partial T}{\partial x}\right) \right] \cdot \mathrm{d}x\mathrm{d}y\mathrm{d}z\mathrm{d}t \tag{3-64}$$

离散后为：

$$q_x = \Delta t \Delta y \Delta z \left(\kappa_{x_1} \frac{T_E - T_P}{\mathrm{d}x_1} - \kappa_{x_0} \frac{T_P - T_W}{\mathrm{d}x_0}\right) \tag{3-65}$$

同理可得：

$$q_y = \Delta t \Delta x \Delta z \left(\kappa_{y_1} \frac{T_B - T_P}{\mathrm{d}y_1} - \kappa_{y_0} \frac{T_P - T_F}{\mathrm{d}y_0}\right) \tag{3-66}$$

$$q_z = \Delta t \Delta y \Delta x \left(\kappa_{z_1} \frac{T_N - T_P}{\mathrm{d}z_1} - \kappa_{z_0} \frac{T_P - T_S}{\mathrm{d}z_0}\right) \tag{3-67}$$

积累项离散为：

$$q_t = \rho c \Delta x \Delta y \Delta z (T_P^1 - T_P^0) \tag{3-68}$$

能量平衡方程（无内热源）：

$$q_x + q_y + q_z = q_t \tag{3-69}$$

3.9.2.3   计算参数

在冷却板及炉衬的温度场计算与设计过程中受很多因素的影响，计算中考虑到的影响参数如下：（1）冷却板长、宽、高；（2）冷却板垂直间距；（3）冷却板水平间距；（4）衬砖一层（L_1）、衬砖二层（L_2）导热系数；（5）炉壳导热系数；（6）炉壳填充层导热系数；（7）冷却板导热系数；（8）冷却板填充层导热系数；（9）冷却水流速度；（10）空气对流换热系数；（11）炉气对流换热系数；

（12）水的对流换热系数。

3.9.3 冷却板及炉衬各参数对温度场的影响

高炉采用冷却板冷却时，合理的设计应具备如下条件：

（1）在高炉最大热流强度值的条件下能够带走足够的热量，形成良好的操作炉型，炉身下部避免出现锯齿状的侵蚀；

（2）在高炉峰值热流强度的条件下，冷却板的最高工作温度应低于相应材料的允许临界温度[22]：

对铜冷却板 $T_{max} \leqslant 150℃$

对铁素体球墨铸铁冷却板 $T_{max} \leqslant 760℃$

对钢冷却板 $T_{max} \leqslant 250℃$

（3）耐火材料的升温速率应低于其破损的临界速率。

3.9.3.1 冷却板材质对温度场的影响

对于不同材质的冷却板，冷却效果是有很大区别的，目前大多数采用纯铜质冷却板，在相同的条件下，铸铁和纯铜的冷却效果见表3-6，冷却板导热系数对温度场的影响如图 3-135 所示。此时冷却板垂直间距为 300mm，水平间距为 700mm，炉衬采用半石墨砖，水速为 2.5m/s。

表3-6 铸铁冷却板与纯铜冷却板对温度场的影响 （℃）

项 目	铸铁冷却板	纯铜冷却板
衬砖最高温度	716.6	702.2
冷却板最高温度	319.6	133.3
炉壳最高温度	32.05	31.6

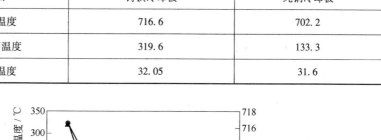

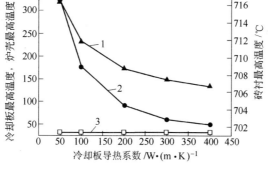

图 3-135 冷却板导热系数对温度场的影响

1—冷却板最高温度；2—砖衬最高温度；3—炉壳最高温度

由表3-6和图3-135可见，冷却板导热系数越高（纯铜），冷却效果越显著，且可以保证在高炉峰值热流强度条件下，冷却板的最高工作温度低于材料的允许临界温度，损坏率降低，提高冷却器的使用寿命。

3.9.3.2 冷却板壁厚对温度场的影响

在采用铜冷却板、冷却板垂直间距为300mm、水平间距为700mm、炉衬采用半石墨砖、水速为2.5m/s的条件下，冷却板壁厚对温度场的影响如图3-136所示。

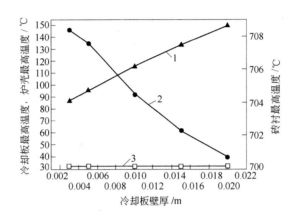

图3-136 冷却板壁厚对温度场的影响
1—冷却板最高温度；2—砖衬最高温度；3—炉壳最高温度

由图3-136可见，冷却板壁厚的变化对冷却板最高温度影响很大，冷却板壁厚越薄，冷却板的最高温度越低，而且影响很大，而对于炉衬的影响恰恰相反，冷却板壁厚越薄，炉衬的温度越高，但其温度值变化不大，在实际生产当中可以适当降低冷却板的板壁厚度，可以大大提高冷却板的使用寿命。

3.9.3.3 冷却板垂直间距对温度场的影响

在采用铜冷却板、水平间距为700mm、炉衬采用半石墨砖、水速为2.5m/s的条件下，冷却板垂直间距对温度场的影响如图3-137所示。

由图3-137可见，减小冷却板垂直间距可以有效地降低砖衬温度，达到很好的冷却效果。研究上下两层冷却板之间的垂直间距与相关参数的有关数据，可以总结出这样的概念：从有效冷却的角度出发，减小冷却板之间的间距是有利的。但是在实际工程中，无论是垂直间距还是水平间距都是有限度的，所能采用的只能是冷却板可能达到的最小间距。若采用不带法兰的冷却板，其垂直间距比采用带法兰的要小一些，所以不带法兰的冷却板优点不在于结构本身，而在于可以具有更小的垂直间距和水平间距，因此可以获得更好的冷却效果。尽管如此，带法兰的冷却板还是可以接受的，这时冷却板的最高温度和砖衬的热面温度都还处于

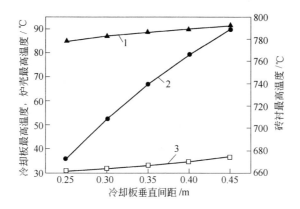

图 3-137 冷却板垂直间距对温度场的影响
1—冷却板最高温度；2—砖衬最高温度；3—炉壳最高温度

较低的水平，也还能够适应高炉操作提出的基本要求。因此，在选择冷却板的结构形式时，可以根据实际情况和操作习惯在二者中选择任意一种。

3.9.3.4 冷却水流速对温度场的影响

采用铜冷却板、冷却板垂直间距为 350mm、水平间距为 700mm、炉衬采用半石墨砖，在上述条件下，冷却水流速对温度场的影响如图 3-138 所示。

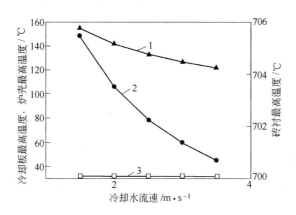

图 3-138 冷却水流速对温度场的影响
1—冷却板最高温度；2—砖衬最高温度；3—炉壳最高温度

从图 3-138 可以看出，提高冷却板内的水流速度对于降低冷却板温度的影响是明显的，水流速度越高，冷却板的最高温度将越低，而对于砖衬的热面温度及热流强度虽然稍有影响，但其幅度甚小。为了使冷却板处于无过热状态而能够长期可靠的工作，在冷却板垂直间距、水平间距、炉衬材料等参数都确定以后，应计算使冷却板最高温度小于150℃时的最小流速。

3.9.3.5 炉衬材料对温度场的影响

在采用铜冷却板、冷却板垂直间距为300mm、水平间距为700mm、水速为2.5m/s、石墨砖导热系数为100W/(m·K)、半石墨砖导热系数为50W/(m·K)的条件下，炉衬材料对温度场的影响如图3-139所示。

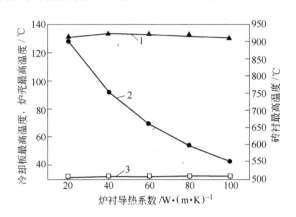

图3-139 炉衬材料对温度场的影响

1—冷却板最高温度；2—砖衬最高温度；3—炉壳最高温度

对于采用冷却板冷却的高炉，在选择砖衬材料时，必须充分研究以下条件：

（1）要把砖衬内的1150~1200℃和800~850℃等温线尽可能推向炉内，以保证炉衬的最小侵蚀和破坏，从而获得良好的操作炉型。如果砖衬的热面温度高于1150~1200℃，将很难在砖衬热面形成稳定的渣皮，砖衬将继续遭受直接的化学侵蚀。在800~850℃温度区间内，可能出现由于碱金属及碳的沉积而形成的脆化。

（2）砖衬应具有良好的耐急冷急热性能，以避免在高炉操作条件波动而出现渣皮脱落时，过高的温升速率造成砖衬的破坏。

在同样的条件下（$T_f = 1200℃$、$v_水 = 2.5m/s$、$h = 300mm$、$l = 700mm$），炉衬采用不同的耐火材料时，砖衬的温度分布情况如图3-139所示。从图3-139可以看出，砖衬材料的导热系数越高，衬砖的最高温度越低，对于延长高炉寿命和形成良好的操作炉型越有利。

在表3-7选用的耐火材料中，越靠近炉衬工作面所使用的耐火材料导热系数越高，砖衬的最高温度就越低。由此可见，采用冷却板的高炉与采用冷却壁的高炉，在炉衬结构设计上截然相反，因此对于采用冷却板的高炉，在砖衬结构设计时应尽量将高导热系数的砖衬应用在高炉内侧。

表 3-7 炉衬材料对温度场的影响　　　　　　　　　　（℃）

炉衬材料（炉衬外环＋炉衬内环）	半石墨砖＋石墨砖	石墨砖＋半石墨砖
衬砖最高温度	564.1	692.1
冷却板最高温度	132.1	132.5
炉壳最高温度	31.9	31.7

3.9.3.6　本节小结

通过对冷却板及炉衬各参数对温度场的计算分析可得出以下基本结论：

（1）高炉冷却板及炉衬的三维温度场数值计算为选择合理的冷却参数及炉衬材料提供了直观而可靠的量化概念，对于设计方案的优化极为重要。

（2）提高冷却板内的水流速度可明显降低冷却板温度，但对于砖衬的热面温度及热流强度的影响不大。为了使冷却板处于无过热状态而能够长期可靠的工作，在冷却板垂直间距、水平间距、炉衬材料等参数都确定以后，应计算使冷却板最高温度小于150℃时的最小流速。

（3）冷却板的垂直间距对冷却效果具有明显的影响。在热流强度高的区域，冷却板垂直间距应尽可能缩小。

（4）为了使1150～1200℃和800～850℃的等温线尽可能地靠近炉内，从而有利于炉衬热面保护性渣皮的形成，应选用导热系数高的炉衬材料，如石墨砖或半石墨砖，并且在砖衬设计时应尽量将高导热系数的砖衬砌筑在高炉内侧。

3.9.4　高炉冷却板及炉衬在炉况异常情况时的温度及热量变化

高炉长寿是一项系统的综合技术，是包括设计、制造、施工、操作到维护的系统工程，并与原料条件有密切关系[23]。但这些因素中，高炉设计技术最为关键，尤其是基于传热学计算对冷却器和炉衬的结构材质进行优化设计，使冷却器热面温度保持在允许的工作温度以下则是提高寿命的决定因素。冷却设备的寿命在很大程度上决定了高炉寿命。因此，在研究高炉长寿问题时，首先应研究冷却器的长寿问题。冷却板或炉衬的热面温度对延长寿命有决定性作用，所以应用传热学对冷却板的温度场进行研究，可使冷却板的性能不断得到改进，延长寿命。

在高炉生产实践中，实际的高炉操作并不是稳定的，尽管高炉操作可以控制炉内温度变化的频率和幅度，但不能消除温度变化，尤其炉身下部温度变化最为剧烈；另外，随着高炉生产的进行，冷却器前端的耐火砖衬将由于磨损和侵蚀而消失，从而使冷却设备直接暴露在炉气中，反复地承受剧烈的温度变化，造成了冷却设备温度变化剧烈，冷却设备非稳定热负荷所产生的热应力不容忽视，冷却设备受热产生压应力，冷却时产生拉应力，应力对冷却设备也产生很大破坏作用。另外，当高炉炉况不顺时有时会产生悬料或者边缘气流发展，都会使炉墙工作面温度剧升。通过模拟高炉操作过程中的各种不稳定状况，对高炉炉衬及冷却板的温度场进行数值模拟计算，从而分析对高炉炉衬及冷却板的破坏情况，对冷却板高炉的工程设计进行优化完善。

3.9.4.1 渣皮脱落时冷却板及炉衬的温度场

在高炉冶炼过程中，经常会出现一些炉况波动，此时冷却板及炉衬的温度会随之升降，对冷却板及炉衬的损坏极大，通过建立三维高炉冷却板及炉衬的模型，编制计算软件，对高炉在各种情况下的温度场变化进行数值模拟，以下分析铜冷却板和铸铁冷却板分别在三种常见异常情况下冷却板和炉衬的温度场变化情况以及相应的热损失情况，并分析了冷却板最高温度与冷却水速和渣皮厚度之间的关系。

设定的计算条件为：炉内温度为1200℃、冷却水速为2.5m/s、冷却板垂直间距为0.6m，冷却板水平间距为0.8m，渣皮厚度由0.01m完全脱落。

由图 3-140 ~ 图 3-142 可以看出，铜冷却板的冷却效果要优于铸铁冷却板，但是在此计算条件下，当冷却板完全裸露在煤气中时，其最高温度已经大于铜的临界允许温度150℃（如图 3-140 所示）。这样会使冷却板处于过热状态而受到损坏，这种情况下可以通过提高冷却水的水流速度的方法来避免这个问题的产生。而铸铁冷却板虽然其温度较高，但并没有超过铸铁的临界允许温度760℃，只是温度变化较大，随之产生的热应力也较大，如果反复出现这种温度波动，会使冷

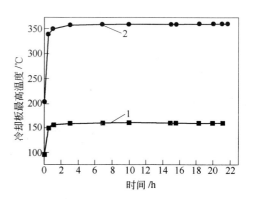

图 3-140 炉渣脱落过程冷却板最高
温度随时间的变化
1—铜冷却板；2—铸铁冷却板

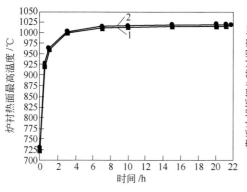

图 3-141 炉渣脱落过程炉衬最高
温度随时间的变化
1—铜冷却板；2—铸铁冷却板

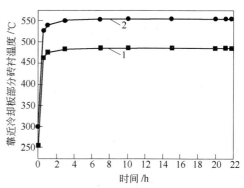

图 3-142 炉渣脱落过程靠近冷却板
部分砖衬温度随时间的变化
1—铜冷却板；2—铸铁冷却板

却板长期处于热疲劳状态，缩短冷却板的使用寿命。由图 3-141 可以看出，无论
是使用铜冷却板还是铸铁冷却板，炉
衬的热面最高温度却相差不大。究其
原因，是因为冷却板的冷却特点是点
式冷却，也就是说冷却板的作用范围
在冷却板的附近是明显的，在远离冷
却板的区域，特别是在这种冷却板的
垂直间距和水平间距都比较大的情况
下，这种冷却作用就很小了。图
3-142 是冷却板附近一点的温度，从
图中可以很明显地看出铜冷却板和铸
铁冷却板之间的冷却效果的差别。虽
然铜冷却板的冷却效果较好，但是如
图 3-143 所示，其热量损失也相应较大。

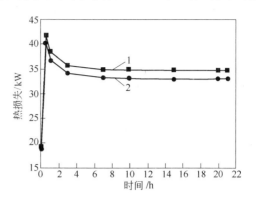

图 3-143　渣皮脱落过程热损失随时间的变化
1—铜冷却板；2—铸铁冷却板

3.9.4.2　炉内温度升高时冷却板及炉衬的温度场

设定的计算条件为：炉内温度由 1200℃ 上升至 1400℃、冷却水速为 2.5m/s
冷却板垂直间距为 0.6m、冷却板水平间距为 0.8m。

高炉发生悬料时，炉内煤气温度会局部升高，计算了当炉内温度由 1200℃
升高到 1400℃ 的过程中，冷却板的最高温度变化，炉衬的最高温度变化以及靠
近冷却板部分的炉衬的温度变化和热量变化情况，如图 3-144 ~ 图 3-147。由图
3-144 ~ 图 3-146 可见，冷却板和炉衬的温度都在将近半小时内迅速上升，炉衬
的最高温度过高，已经达到了 1200℃，砖衬表面形成的渣皮将会脱落，冷却板
前端的砖衬也将会受到损坏，使冷却板前端裸露在煤气中，此时由于冷却板的

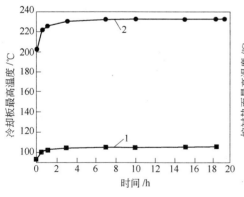

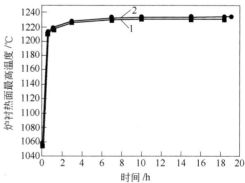

图 3-144　炉内温度上升过程冷却板最高
温度随时间的变化
1—铜冷却板；2—铸铁冷却板

图 3-145　炉内温度上升过程炉衬最高
温度随时间的变化
1—铜冷却板；2—铸铁冷却板

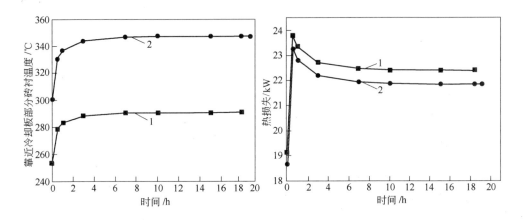

图 3-146 炉内温度上升过程靠近冷却板
部分砖衬温度随时间的变化
1—铜冷却板；2—铸铁冷却板

图 3-147 炉内温度上升过程热损失
随时间的变化
1—铜冷却板；2—铸铁冷却板

温度很低，在冷却板的前端上会凝固一层渣铁壳，从而对冷却板起到保护作用。

3.9.4.3 炉内对流系数增大后冷却板及炉衬的温度场

此工况的计算条件为：炉内温度为 1200℃、冷却水流速为 2.5m/s、冷却板垂直间距为 0.6m，冷却板水平间距为 0.8m。

当高炉边缘气流过分发展时，炉内煤气对流换热系数会突然增大，图 3-148 ~ 图 3-151 是计算了当炉内煤气的对流系数由 232W/(m²·K) 增大到 500 W/(m²·K) 的过程中，冷却板及炉衬的温度变化以及热损失变化情况。由图 3-148 可见，冷却板的最高温度会升高，但在这种计算条件下，其最高温度还没有超过临界允许温度，冷却板仍处于安全状态；炉衬的

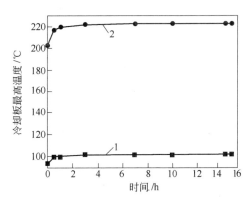

图 3-148 炉内煤气对流系数增大过程
冷却板最高温度随时间的变化
1—铜冷却板；2—铸铁冷却板

最高温度过高（如图3-149所示），达到 1250℃ 以上，这部分炉衬将会被烧毁，而使冷却板裸露出来，不过很快就会形成一层渣皮，使冷却板与煤气隔离开来。图 3-150 说明了铜冷却板的冷却效果优于铸铁冷却板，靠近铜冷却板的砖衬温度约低 50℃，图 3-151 说明了铜冷却板的热损失要大于铸铁冷却板。

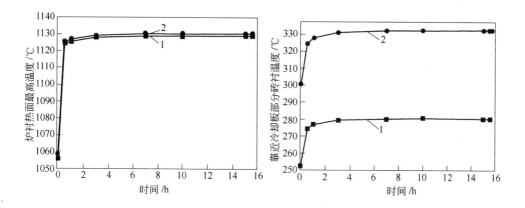

图 3-149　炉内煤气对流系数增大过程
炉衬最高温度随时间的变化
1—铜冷却板；2—铸铁冷却板

图 3-150　炉内煤气对流系数增大过程靠近
冷却板部分炉衬温度随时间的变化
1—铜冷却板；2—铸铁冷却板

3.9.4.4　冷却水速对冷却板最高温度的影响

冷却水流速度对铜冷却板在不同炉内温度下的最高温度的影响计算结果如图 3-152 所示。计算条件为：采用铜冷却板、冷却板垂直间距为 0.6m、水平间距为 0.8m、渣皮厚度为 0.01m。

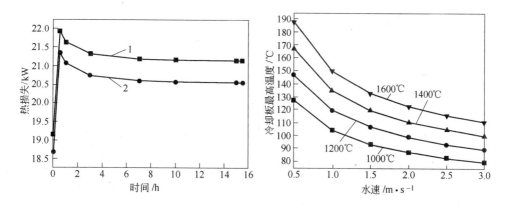

图 3-151　炉内煤气对流系数增大
过程热损失随时间的变化
1—铜冷却板；2—铸铁冷却板

图 3-152　冷却板最高温度与
冷却水流速的关系

由图 3-152 可见，提高冷却板内的水流速度对于降低冷却板温度的影响是明显的。水速越高，冷却板的最高温度将越低，而对于砖衬的热面温度及热流强度虽稍有影响但其幅度甚小。对于铜冷却板而言，值得关注的是水流速度提高到多少才能使冷却板的最高温度低于 150℃，该值为铜的允许临界温度。如图 3-152

所示，为了保证冷却板的最高温度 $T_{max} < 150℃$，在炉内煤气流温度为1600℃时，水流速度应大于1.1m/s；在炉内温度在1400℃时，水流速度应大于0.8m/s；在炉内温度1200℃时，水速只要在0.5m/s即可。从理论上分析，按照上述参数冷却的冷却板，可以维持长期可靠的工作，这就是让冷却板处于无过热的工作状态。

3.9.4.5　渣皮厚度对冷却板最高温度的影响

渣皮厚度在不同炉内温度时对冷却板最高温度的影响如图3-153所示。计算条件为：采用铜冷却板、冷却水速为2.0m/s、冷却板垂直间距为0.6m、冷却板水平间距为0.8m。

由图3-153可见，渣皮厚度对冷却板最高温度的影响是相当明显的，渣皮越厚对冷却板的保护作用越大，冷却板的最高温度就越低，在其他条件不变的情况下，要使冷却板温度低于150℃，当炉内温度在1200℃时渣皮厚度应大于15mm，当炉内温度在

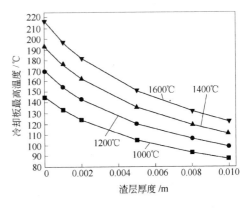

图3-153　冷却板最高温度与渣皮厚度的关系

1400℃时渣皮厚度应大于35mm，当炉内温度在1600℃时渣皮厚度应大于55mm。

3.9.4.6　本节小结

通过上述分析可得以下结论：

（1）高炉冷却板及炉衬三维温度场数值模型计算的非稳态计算模拟预测了高炉几种常见异常情况下的热损坏状况，对高炉的设计和优化起到了重要的作用。

（2）当高炉内侧的保护渣皮脱落使冷却板完全暴露与炉气中时，冷却板及炉衬的最高温度将会在很短时间内迅速上升，此时会产生很大的热应力，如果反复进行这种热冲击会使炉衬及冷却板过早疲劳坏掉，而且会造成巨大的热损失。

（3）当高炉发生悬料时，炉内煤气温度会出现波动，这样会使冷却板及炉衬的最高温度也随之变化，若炉内煤气温度过高，会使炉衬被烧毁，使冷却板裸露于炉气当中，此时会在冷却板的工作面上形成渣皮的保护。

（4）当高炉内边缘气流发展时，会使炉内煤气的对流系数增大，此时也会对冷却板及炉衬造成热冲击，使冷却板和炉衬的温度在很短时间内迅速上升，烧毁炉衬。

（5）铜冷却板比铸铁冷却板冷却效果好，但其热损失相对较大。

（6）冷却水速对冷却板的温度影响也是相当明显的，为了确保铜冷却板的

最高温度小于150℃，必须计算出在一定炉气温度下的最小水速。

（7）形成的渣皮对冷却板的保护作用根据厚度不同而不同，渣皮越厚对冷却板的保护作用越大，冷却板的最高温度就越低，在其他条件不变的情况下，要使冷却板温度低于150℃，当炉内温度在1200℃时渣皮厚度应大于15mm，当炉内温度在1400℃时渣皮厚度应大于35mm，当炉内温度在1600℃时渣皮厚度应大于55mm。

3.9.5 板壁结合结构高炉炉衬温度场计算分析

将冷却壁与冷却板结合的冷却结构在现代高炉中具有广泛的应用，这种组合型冷却结构的高炉也取得过高炉长寿的实绩。板壁结合冷却结构适用于炉身下部，是一种冷却效果很好的冷却结构。通过在冷却壁之间插入铜冷却板，依靠铜冷却板的高导热性，增加冷却壁的热流，从而达到加强冷却的作用。板壁结合冷却结构的损坏主要在冷却板上，因为铜冷却板的极限工作温度为230℃，所以维护铜冷却板的正常工作，就可以保证冷却壁的正常工作，通过板壁结合冷却结构的温度场数值模拟计算，可以对板壁结合冷却器的认识更加清楚，从而优化设计板壁结合冷却结构。

3.9.5.1 板壁结合高炉炉衬计算模型

A 物理模型

计算的物理模型以国内某厂高炉（炉身部分炉衬采用板壁结合冷却方式、有效容积为2560m³）炉身中部炉衬为原型，等比例建立计算模型，如图3-154和图3-155所示。

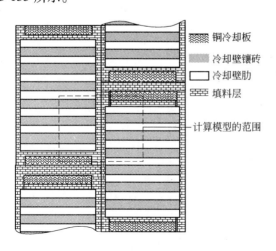

图例：
- 铜冷却板
- 冷却壁镶砖
- 冷却壁肋
- 填料层
- 计算模型的范围

图3-154 板壁结合冷却方式计算
模型的范围

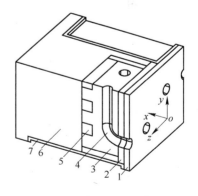

图3-155 板壁结合冷却方式计算
模型示意图

1—炉壳；2—填充层；3—铸铁冷却壁；

4—冷却水管；5—镶砖；

6—砖衬；7—铜冷却板

为了控制计算的规模，计算模型取炉墙相邻两块冷却壁的水平和竖直对称面围成的区域，如图 3-154 中所示（虚线框内为计算范围）。计算的物理模型示于图 3-155。为保证计算精度，铜冷却板上的网格划分得较致密，模型的其他部分则相对粗大。其中冷却壁内有 3 根垂直走向的冷却水管，铜冷却板是单室四通道紫铜冷却板。计算模型的主要结构参数列于表 3-8。

表 3-8　板壁结合冷却方式计算模型结构参数（原始设计）　　（mm）

项　目	尺　寸	项　目	尺　寸
炉壳厚度	40	铜冷却板长度	680
填充层厚度	40	铜冷却板宽度	260
冷却壁厚度	260	铜冷却板壁厚度	18
冷却壁宽度	640	砖衬厚度	变量
镶砖宽度	75	计算模型的高度	528
镶砖厚度	80	计算模型的宽度	680
冷却壁肋厚	80	两冷却壁水平间距	40
冷却水管间距	220	冷却水管距热面距离	160
冷却水管直径	70	铜冷却板厚度	76

B　假设条件

计算过程中对板壁结合模型作如下假设：

（1）计算模型宽度和高度范围内的炉墙热面附近的炉温均匀；

（2）忽略炉壳、填充层、铸铁冷却壁、镶砖、砖衬、铜冷却板相互间所有可能的接触热阻以及砖缝的热阻；

（3）假定截取计算模型的 4 个平面分别为所截取的相应的铸铁冷却壁及铜冷却板的热对称面；

（4）在砖衬的侵蚀过程中，砖衬热面设为与高炉轴线平行的平面；

（5）假定冷却水温度在整个热传递过程中保持不变；

（6）冷却水与铜冷却板内表面之间的对流换热系数均匀；

（7）忽略铜冷却板内筋板对热传递过程的影响。

C　边界条件的确定

除铜冷却板内冷却水与铜板的对流换热边界条件外，计算模型中其他边界条件与凸台冷却壁高炉炉墙温度场计算采用的边界条件相同。

图 3-156 为单室四通道铜冷却板内冷却水流向示意图。

由图 3-156 可见，冷却水在通道内的流动比较复杂，求解铜冷却板内壁各部位冷却水的对流换热系数较为困难，为便于计算，假设冷却水在铜冷却板冷面各

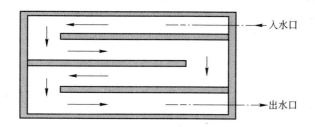

图3-156 单室四通道铜冷却板内冷却水流向示意图

部位的对流换热系数相同，并将这一热传递过程视为管道内的强制对流换热，其准数方程为：

$$Nu = \frac{\alpha d_i}{\lambda} = 0.023Re^{0.8}Pr^{0.4} \tag{3-70}$$

式中 Nu，Re，Pr——分别为流体的努塞尔数、雷诺数和普朗特数；

α——流体的对流换热系数，$W/(m^2 \cdot K)$；

d_i——定性尺寸（流通管道当量直径），m；

λ——流体的导热系数，$W/(m \cdot K)$。

式（3-70）的适用范围是：$Re = 10^4 \sim 1.2 \times 10^5$，$Pr = 0.6 \sim 120$，$L/d_e \geqslant 50$，流体与壁面的温差不大于 $20 \sim 30℃$，定性温度为流体平均温度，定性尺寸为管道内径（对于非圆形管，定性尺寸为当量直径 d_e）。

$$d_e = \frac{4F}{U} \tag{3-71}$$

式中 F——流动通道的截面积，m^2；

U——流体流动时在流动通道上的"润湿周长"，m。

模型中流动通道的长度 $L = 0.644m$，高度为 $h = 0.04m$，宽度为 $b = 0.07m$，则 $d_e = 0.051m$，$L/d_e = 0.644/0.051 = 12.63$。

对于 $L/d_e < 50$ 的短管，考虑到入口段的影响，应对式（3-70）进行短管修正：

$$Nu' = Nu\xi_l \tag{3-72}$$

式中，ξ_l 为管道长度修正系数（$\xi_l > 1$）。

由式（3-72）和表达式 $Re = \dfrac{vd_e}{\nu}$ 可得：

$$\alpha = 0.023 \frac{\lambda}{d_e}Re^{0.8}Pr^{0.4}\xi_l \tag{3-73}$$

查表可得：水温为40℃时，$Pr = 4.34$，$\lambda = 0.633W/(m \cdot K)$，水的动力黏度

系数 $\nu = 0.659 \times 10^{-6} \text{m}^2/\text{s}$。在计算条件下，冷却水速为 1.5~3.0m/s 时，Re 在 $(1 \sim 2.5) \times 10^5$ 之间，查表取 $\xi_l \approx 1.08$。

计算得到：

当冷却水流速 $v = 2.0 \text{m/s}$ 时，$Re = 1.55 \times 10^5$，则 $\alpha = 7866 \text{W}/(\text{m}^2 \cdot \text{K})$；

当冷却水流速 $v = 3.0 \text{m/s}$ 时，$Re = 2.32 \times 10^5$，则 $\alpha = 10880 \text{W}/(\text{m}^2 \cdot \text{K})$。

D　计算分析的内容

计算分析了正常炉况条件下原始冷却结构设计参数、在不同砖衬厚度时的炉墙温度场分布，在此原始设计条件下进行两次设计优化后的冷却结构参数及炉墙温度场分布，并在最终优化的冷却结构参数条件下计算了不同炉内煤气流温度对炉墙温度场的影响。计算的范围列于表 3-9。

表 3-9　板壁结合炉墙温度场数值模拟计算范围

项　目	设计原型	优化设计 1	优化设计 2	炉温变化
冷却壁厚度 B/mm	260	260	240	240
冷却壁宽度 W_1/mm	640	560	520	520
铜冷却板宽度 W_2/mm	260	240	240	240
冷却水管直径 R/mm	70	80	80	80
冷却水管间距 L_1/mm	220	200	180	180
水管轴线至热面距离 L_2/mm	180	160	140	140
冷却壁冷却水速 v_1/m·s^{-1}	1.5	2.0	2.5	2.5
铜冷却板冷却水速 v_2/m·s^{-1}	2.0	3.0	3.0	3.0
煤气流温度 T_f/℃	1200	1200	1200	1300/1400/1500
砖衬厚度的变化 L/mm	480/450/420/380/285/190/95/65/35/0	380/285/190/95/65/35/0	380/285/190/95/65/35/0	190/95/47.5

3.9.5.2　计算结果的分析

A　板壁结合冷却方式炉墙温度场主要特点

在板壁结合冷却方式中，由于铜冷却板比冷却壁的冷却能力强，对铜冷却板附近的砖衬能提供更好的冷却。因而，炉墙温度场的等值面在铜冷却板热面附近向炉内凸起，而在冷却壁热面中心附近则向炉壳方向凸起，呈"鞍形"分布。

在炉役前期，当铜冷却板前仍保持一定厚度的砖衬时，铜冷却板前砖衬热面温度较低。

在设计原型的条件下，砖衬总厚度为 480mm 时，计算模型中与高炉轴线平行的各截面上温度分布如图 3-157 所示。

由图可见，计算模型中除水平方向相邻两块及冷却壁之间的填料层外，其余部分前砖衬温度均较低（低于850℃），而距离铜冷却板较远处（冷却壁本体中

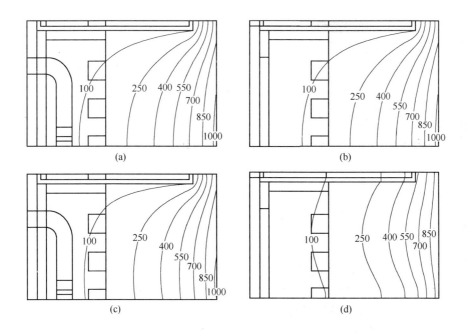

图 3-157　砖衬厚度为 480mm 时计算模型中各截面上温度分布

（a）$z=0$mm；（b）$z=110$mm；（c）$z=220$mm；（d）$z=340$mm

部），850℃等温线至砖衬热面最大距离约为 65mm，这一部分砖衬的侵蚀速度会较大。同时，由图 3-157（a）、图 3-157（b）、图 3-157（c）可见，冷却壁水管中心线所在的截面与冷却水管轴线之间的截面上等温线的相对位置基本相同，说明由于铜冷却板的冷却能力极强，此时铜冷却板对炉墙温度场分布的影响作用超过了冷却壁。

B　冷却/结构参数对炉墙温度场的影响

板壁结合冷却方式的最大优点就是铜冷却板冷却强度大，能强化冷却砖衬并为砖衬提供良好的支撑，利于黏结渣皮以形成"自保护内衬"而保护冷却壁。冷却壁和冷却板两种冷却器中，冷却壁的冷却能力相对较弱，势必导致冷却壁中段热面前的砖衬侵蚀速度过大，使冷却壁热面过早暴露在高温煤气流中。同时，冷却板下方的砌体会由于失去支撑而垮塌，使板壁结合冷却方式的优势得不到充分发挥。板壁结合冷却方式高炉炉墙砖衬破损过程如图 3-158 所示。

如果冷却壁冷却能力不足，砖衬热面则有可能在高炉炉役中后期出现图 3-158（d）、（e）中实线所示的破损状况，这样的高炉操作内形对于炉料的下降和煤气上升都是不利的。反之，如果能在采用板壁结合冷却方式的基础上通过改变冷却壁冷却结构参数来提高冷却壁的冷却能力，使得冷却壁热面前的平衡砖衬厚度增大，形成较为合理的高炉操作内型（如图 3-158（c）、（d）、（e）中虚线

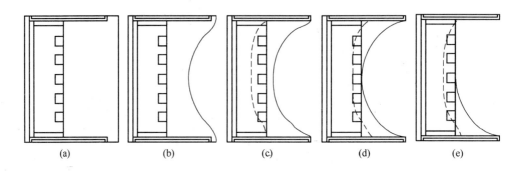

图3-158 板壁结合高炉炉墙砖衬破损过程示意图

所示的轮廓），这样，不但可以使冷却壁始终有砖衬的保护，而且可以使铜冷却板下部砌体能获得足够的支撑，充分发挥板壁结合冷却方式的优势。同时，高炉内型也因趋于平缓而利于高炉炉料下降和高炉顺行。

图3-159 ~ 图3-161 为不同冷却结构参数设计条件下，砖衬厚度分别为380mm 和190mm 时炉墙温度场分布的比较。由图可见，冷却结构参数的改变对炉墙冷面一侧的冷却壁和砖衬中各等温线位置影响较大，而对炉墙热面一侧温度分布的影响较小。比较三种设计方案的炉墙温度场分布可以看出：优化设计2 条件下砖衬部分各等温线在冷却壁中段（模型的底部）前更趋向于与冷却壁热面平行，且相邻等温线之间距离最小，排列更密，说明优化设计有效地将冷却壁前各等温线向炉墙热面推移。从高炉侵蚀内型与炉墙温度场分布密切相关的观点来看，这种优化设计的炉墙温度场分布对于高炉长寿以及冶炼过程中减小炉料下降的阻力都是有益的。

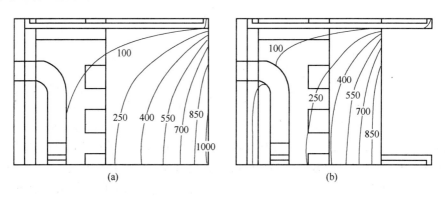

图3-159 原始设计（砖衬厚度为380mm 和190mm 时）z = 0 截面上的温度场分布

(a) 砖衬厚度 L = 380mm；(b) 砖衬厚度 L = 190mm

在板壁结合冷却方式中，铜冷却板是最关键的冷却器，在使用过程中的工作

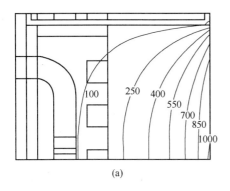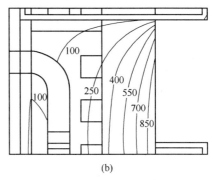

图 3-160　优化设计 1（砖衬厚度为 380mm 和 190mm 时）z = 0 截面上的温度场分布

（a）砖衬厚度 L = 380mm；（b）砖衬厚度 L = 190mm

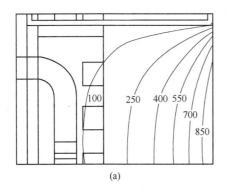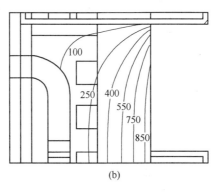

图 3-161　优化设计 2（砖衬厚度为 380mm 和 190mm 时）z = 0 截面上的温度场分布

（a）砖衬厚度 L = 380mm；（b）砖衬厚度 L = 190mm

状态决定了整个炉衬/冷却系统的使用寿命，铜冷却板一旦烧毁，砖衬将因完全失去支撑而垮塌。因此，有必要对铜冷却板在不同砖衬侵蚀程度时的温度场分布加以研究。铜冷却板材质强度很低，当本体温度超过 130℃时，铜的强度下降得很快，在设计过程中必须充分考虑这一因素，以确保铜冷却板在使用过程中本体温度低于 130℃。

数值计算的结果表明，铜冷却板部分暴露在煤气流中时其热面温度分布有如下特点：由于模型中冷却板热端角部三面受热，局部热负荷极大，热面最高温度出现在冷却板热端角部的极小区域，但因铜的导热系数大（约为 380W/(m·℃)），该区域附近的热面温度梯度极大，窄面铜板冷面比相应热面的温度低 15~20℃，热面最低温度在冷却板热面的对称中心，但热面平均温度却相对较低。

以优化设计 2 条件下砖衬厚度为 190mm（铜冷却板长度方向上 50%暴露在

高温煤气流中）为例，计算结果如图 3-162 所示。当炉内煤气流温度为 1200℃时，铜冷却板热面最高及最低温度分别为 145℃ 和 93.5℃，热面平均温度约为 107℃，铜冷却板的其他部位温度都很低，例如，暴露在煤气流中的宽面表面温度仅为 70~80℃ 左右，铜冷却板处于安全工作温度范围之内。

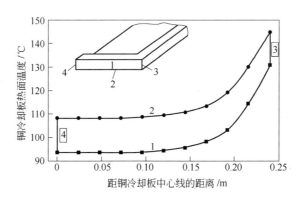

图 3-162   铜冷却板热面温度分布示意图（优化设计 2，砖衬厚度 $L = 190\text{mm}$）

图 3-163 所示为不同设计条件及砖衬厚度对铜冷却板热面温度的影响。由图可见，优化设计 1 和 2 条件下计算结果的两条曲线重合，各曲线几乎成一水平直线，所以，各种设计条件下铜冷却板暴露在煤气流中的程度对铜冷却板热面最高温度影响很小。而且在相同的高炉操作状态条件下，冷却壁的冷却/结构参数对铜冷却板的温度分布几乎没有影响，对铜冷却板热面温度分布产生影响的唯一因素是铜冷却板内冷却水速，即铜冷却板内冷却水与铜板之间的对流换热系数，铜冷却板内冷却水流速由 2.0m/s 提高到 3.0m/s 时，对流换热系数由 6248.8 $\text{W}/(\text{m}^2 \cdot \text{K})$ 提高到 10880$\text{W}/(\text{m}^2 \cdot \text{K})$，冷却板热面最高和最低温度则分别下降了 16℃ 和 13℃。

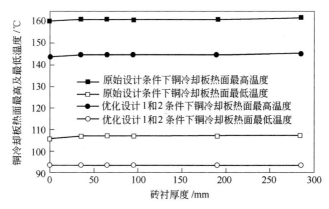

图 3-163   不同设计条件及砖衬厚度条件对铜冷却板热面温度的影响

因此，要使铜冷却板在高温下正常工作，唯一的途径就是提高冷却板内冷却水与铜冷却板内壁的对流换热系数。为达到这一目的，可以从提高冷却水速、改善冷却水质以防止结垢而增大热阻、优化设计铜冷却板内冷却水通道参数（如采用双室四通道、六通道铜冷却板）等几方面加以改进。另外，考虑到铜冷却板热面温度分布基本不受冷却板裸露程度的影响，为了使高炉炉役后期炉形相对光滑以减小炉料下降的阻力，应结合高炉炉墙耐火材料和冷却系统的性能（因为一定高炉热负荷条件下砖衬的"平衡砖衬厚度"与其性能密切相关），在保证"平衡厚度"砖衬有足够支撑的前提下减小铜冷却板伸入炉内的长度。

3.9.5.3 本节小结

通过对板壁结合结构的高炉炉衬温度场进行计算分析，可以得到如下结论：

（1）板壁结合冷却方式中，由于铜冷却板的冷却能力大，冷却壁结构参数及冷却参数的优化对增大冷却壁前的"平衡砖衬厚度"效果更明显；所计算的第二次优化的结果表明：炉内温度为1200℃时，冷却壁前"平衡砖衬厚度"（SiC砖衬）为70mm，此时，冷却壁镶砖及肋热面温度分别为532℃和508℃。

（2）正常炉况条件下，铜冷却板热面平均温度及本体温度均低于130℃，铜冷却板在其安全工作温度范围之内；铜冷却板内冷却水的对流换热系数对铜冷却板热面最高温度影响较大。

（3）在炉内热负荷较高的炉身下部使用优化设计2后的板壁结合冷却方式，在正常供水的条件下，铜冷却板能保证不烧毁，能够满足高炉长寿的需要。

（4）冷却器（冷却壁和铜冷却板）的结构参数以及铜冷却板在煤气流中的裸露程度对铜冷却板热面最高温度的影响很小，对铜冷却板热面最高温度影响最大的因素是铜冷却板内冷却水的流速（即冷却水与冷却板内壁的对流换热系数）和炉内煤气流温度。

参 考 文 献

[1] Taihei Nouchi, Masato Yasui, Kanji Takeda. Effects of particle free space on hearth drainage efficiency[J]. ISIJ International, 2003, 42(2): 175~180.

[2] Koki Nishioka, Takayuki Maeda, Masakata Sshimizu. A three-dimensional mathematical modelling of drainage behavior in blast furnace hearth [J]. ISIJ International, 2005, 45 (5): 669~676.

[3] G. Danloy, C. Stolz, J. Crahay, et al. Measurement of iron and slag levels in blast furnace hearth [C]. Ironmaking Conference Proceedings, 1999: 89~97.

[4] 大野悟，中村正和，原行明，等. 高炉炉缸中的铁水流动[M]. 杜鹤桂，等译. 北京：冶金工业出版社，1986.

[5] 王文忠，施月循. 渣—焦反应对滴落带中炉渣静滞留量的影响[J]. 东北工学院学报，1990，11(2)：103~106.

［6］ 赵宏博. 长寿高炉炉缸炉底设计及侵蚀监测［D］. 北京：北京科技大学，2006.

［7］ Cheng Shusen, Yang Tianjun, Xue Qingguo, et al. Numerical simulation for the lower shaft and hearth bottom of blast furnace［J］. Journal of University of Science and Technology Beijing, 2003, 10(3): 16~20.

［8］ 赵宏博，程树森，赵民革."传热法"炉缸和"隔热法"陶瓷杯复合炉缸炉底分析［J］. 北京科技大学学报，2007, 29(6): 607~612.

［9］ 赵民革，程树森，青格勒. 炉缸铁水环流的研究［C］. 中国钢铁年会，成都，2007.

［10］ 赵宏博，程树森，霍守锋. 高炉炉缸炉底温度场及异常侵蚀在线监测诊断系统［J］. 钢铁，2010, 45(5): 11~16.

［11］ Zhao Hongbo, Cheng Shusen. Optimization for the structure of BF hearth bottom and the arrangement of thermal couples［J］. Journal of University of Science and Technology Beijing, 2006, 13(6): 497~503.

［12］ 赵宏博. 高炉料柱透气透液性研究初探［D］. 北京：北京科技大学，2010.

［13］ 朱劲锋，赵宏博，程树森，潘宏伟. 高炉炉缸死焦堆受力分析与计算［J］. 北京科技大学学报，2009, 31(7): 906~911.

［14］ 赵宏博，程树森，霍守锋. 高炉冷却壁及炉缸炉底工作状态在线监测［J］. 炼铁，2008, 27(5): 4~8.

［15］ M. Hattori, B. Iino, A. Shimomura, H. Tsukiji, T. Ariyama. Tetsu-to-Hagané, 1992, 78: 1345~1352.

［16］ N. Standish. Proc. Int. Conf. on "Blast furnace aerodynamics", Australia, 1975.

［17］ D. L. Yan, Y. H. Qi, H. C. Xu, J. C. He. J. Iron Steel Res. (in Chinese), 1998, 10(6): 1~5.

［18］ J. Jiménez, J. Mochón, J. S. de Ayala. ISIJ Int. , 2004, 44: 518~526.

［19］ S. L. Wu, J. Xu, Q. Zhou, S. D. Yang, L. H. Zhang. Proc. 5th Int. Cong. on "Scence. and technology of ironmaking", Chinese Society of Metals, China, 2009: 1250~1253.

［20］ M. Kuwabara, Z. J. Ma. Proc. Int. Conf. on "Advances in theory of ironmaking and steelmaking", Indian, Institute of Science India, 2009: 183~191.

［21］ 孔祥谦. 热应力有限单元法分析［M］. 上海：上海交通大学出版社，1999: 71.

［22］ 项钟庸. 高炉长寿技术的进步［J］. 国外钢铁，1996, 21(2): 20~23.

［23］ 徐矩良. 关于高炉寿命的几点看法［C］. 高炉长寿及快速修补技术研讨会论文集，中国金属学会，1999: 1~3.

4 高炉内型

　　经典的高炉内型是指高炉炉体耐火材料内衬所形成的工作空间的几何形状，高炉内型是经过数百年的发展演变而形成的。理论研究和生产实践证实，高炉内型对高炉冶炼过程具有重要影响。设计合理的高炉内型，能够促进高炉生产稳定顺行，提高生产效率，降低能量消耗，改善生产指标，并有利于延长高炉寿命；反之则影响高炉生产顺行，增加能量消耗，缩短高炉寿命。高炉内型是高炉最基本的工艺参数，研究分析高炉内型对高炉冶金传输过程及冶金反应的影响，根据现代高炉内型的发展趋势，设计合理的高炉内型，以适应现代高炉炼铁高效、低耗、长寿的要求。现代高炉内型设计要满足高炉大型化、高效化、长寿化的要求，随着原燃料条件和技术装备水平的不断提高，当前高炉内型设计理念与 20世纪末期发生了很大的转变。高炉在一代炉役期间保持合理的操作内型成为现代高炉长寿的核心技术理念，而建立在高炉冶炼条件下无过热、低应力的高炉冷却和耐火材料内衬体系则是现代高炉实现高效长寿的主要技术措施。长寿高炉设计中一项最重要的内容就是高炉内型的设计，要满足在一代炉役期间高炉能够稳定保持合理操作内型，这是保障高炉生产稳定顺行，使高炉运行高效、低耗、长寿最基本的支撑条件。基于上述认识，可见高炉合理内型设计对于高炉长寿高效具有重要意义。

　　现代高炉内型由死铁层、炉缸、炉腹、炉腰、炉身、炉喉六部分组成，死铁层、炉缸、炉腰、炉喉为圆柱形，炉腹和炉身为圆台形。高炉内型的演变发展经历了数百年，特别是 19 世纪工业革命以后，汽动鼓风机和热风炉的应用，使高炉炼铁实现了工业化连续生产，而高炉合理内型的理论研究和实践探索也成为高炉炼铁技术发展的重要研究课题。在高炉炼铁技术的发展进程中，高炉内型的变化始终与新技术变革相伴相随，以适应高炉炼铁技术进步。高炉内型经历了数百年漫长的发展演变过程，具有显著的时代技术特征。

4.1 高炉内型的发展过程

　　根据史料记载，高炉炼铁大约有 2000 多年的历史[1]。炼铁科技史考古研究认为，中世纪炼铁最显著的进步是竖炉的扩大。14 世纪初期，高炉的前身是一种斯蒂克芬炉（Stuckofen），又称为"块铁炉"，在德国投入了生产，这一般被认为是最早的鼓风炉。斯蒂克芬炉是由上下两个圆锥体底部相连接而成的。这种鼓风炉的高度一般不超过 4.5m，直径最大为 1.8m，早期的鼓风炉只能冶炼含碳量很低的锻铁，当时鼓风炉采用的燃料是木炭，其产品是固态的块铁，还不能生产液态生铁，而且是间歇式生产的。鼓风炉鼓风由人工鼓风改为水力鼓风后，由于提高了风压，使炉内温度得以明显提高，从而获得了含碳较高的液态生铁。鼓风炉作业也由间歇式变为连续式，这在高炉发展进程中具有重要意义，为现代高炉炼铁技术的发展奠定了基础，为两步法炼钢开辟了道路。大约 1300 年前后，欧洲莱茵河地区才开始生产铸铁，中欧地区在 1311 年才出现采用石块砌筑的高炉，1500 年前后人们才能制造出灰口铁与白口铁，早期的高炉内型如图 4-1 所示。

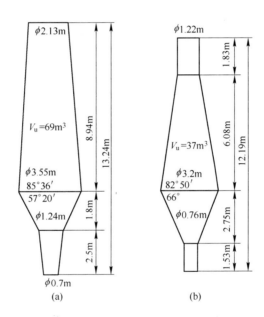

图 4-1　早期高炉的内型

（a）底米多夫木炭高炉内型；（b）西里西亚焦炭高炉内型

英国在 17 世纪以前开始成为炼铁技术领先的国家，在此之前，其他欧洲国家特别是德国、法国和瑞典在炼铁方面曾经是领先者。当时炼铁装置最高的日产量是 1~2t/d，这取决于铁矿石原料、木炭和水力等条件。到 17 世纪中期，木材的供应已成为炼铁发展的一大限制问题，人们开始进行用煤替代木炭的尝试，但由于煤中硫含量高，而且在鼓风炉中不能为料柱提供支撑而使压差升高，不能保证料柱具有良好的透气性，因此这些尝试都未取得成功。18 世纪初英国炼铁工作者阿伯莱哈姆·达贝（Abraham Darby）在鼓风炉中用焦炭替代木炭的试验取得了成功，于 1713 年开创了以焦炭为燃料的操作，这被认为是在整个高炉炼铁发展史上最重要的事件之一。用焦炭代替木炭作为高炉燃料，拯救了当时面临木材资源稀缺的英国炼铁工业。到1790年，英国有106座高炉生产，其中81座高炉使用焦炭，使用焦炭的高炉平均每周铁产量达到17t[2]。

高炉在工业革命之前的重要进展就是采用矮炉身的内型和改进鼓风的工艺。使用木炭的高炉炉缸很小，炉腹几乎呈水平，这种炉腹的目的是为了支撑上部的炉料。由于渣铁滴落流经炉腹进入炉缸，炉腹很快就被侵蚀，这是早期高炉内衬很易损坏的主要原因。采用焦炭替代木炭以后，人们发现这种平坦的炉腹是不必要的，因为焦炭具有足够的强度支撑炉身中的炉料而不致破碎，而且还发现使用焦炭以后炉身可以加高，从而能够生产出更多的生铁。

焦炭的使用可以使高炉增加高度，提高产量，随之鼓风的强化装置也得到改进。1760年，英国工程师斯密顿发明了水力驱动的鼓风机。水力鼓风机的采用使高炉鼓风摆脱了人力鼓风的方式，使炉内焦炭燃烧温度提高，高炉炼铁的生产效率相应提高。此后，人们采用增加水轮水量的方法使鼓风得到强化，马匹等蓄力也被用来提高鼓风的动力。到18世纪后期，大约1790年前后，瓦特发明的蒸汽机完全取代了老式的牛可门式蒸汽机，瓦特蒸汽机的广泛使用使工业革命进入高潮。蒸汽轮机用于鼓风机，蒸汽驱动的活塞式和汽缸式鼓风机代替了水轮驱动的风箱，这一发展显著提高了原有高炉的鼓风能力和产量，加上采用焦炭作为燃料，高炉的尺寸可以更加扩大[3]。

1828年英国炼铁工作者尼尔森（Tames Beaumont Neilson）发明了鼓风加热技术，这是19世纪前期最重要的高炉炼铁技术进展，开创了高炉使用热风鼓风的技术先河，高炉热风炉由此产生。至此，焦炭炼铁这项技术才真正确立，现代高炉的工艺雏形已经基本健全，一般认为现代高炉始于鼓风加热技术的使用，这成为现代高炉炼铁技术发展的重要里程碑。

19世纪中期以后，作为新兴的工业国家，美国高炉炼铁技术发展突飞猛进，成为19世纪中后期的全球高炉炼铁技术的领先者。19世纪70年代美国大部分高炉都用石块砌成，内部砌筑耐火材料内衬。用人力由敞开的炉顶向高炉内装料，有些高炉采用单料钟和料斗装置，在两次装料之间进行密封。有些高炉将炉顶煤气用于燃烧锅炉，产生蒸汽驱动鼓风机鼓风，热风由管式热风炉加热产生。

19世纪是现代高炉发展的重要历史阶段，在此之前的高炉要扩大尺寸、提高产量，受到了许多制约：

（1）鼓风机能力不足，制约了炉缸直径的扩大和高炉高度的增加；

（2）采用机械强度低的木炭作为燃料，高炉高度难以提高；

（3）炉顶采用人工装料，为了使布料均匀并布到高炉中心，炉喉直径的扩大受到制约。

为了增加高炉容积、提高高炉产量，扩大炉腰直径成为当时扩大高炉容积的一个主要措施。当时欧洲出现了许多增大炉腰直径的高炉，如图4-2所示。

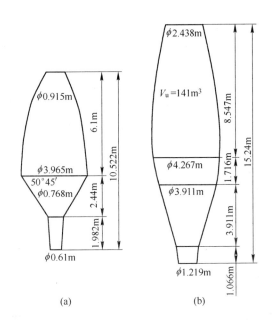

图 4-2 欧洲早期高炉内型

(a) 卡洛焦炭高炉内型；(b) 英国斯塔福尔德歇尔高炉内型

18 世纪中期，当时高炉内型的共同特征是炉腰直径为 3.2 ~ 6.0m，炉缸直径仅为 0.6 ~ 2.5m，炉腰直径很大而炉缸直径很小，二者比例极不协调。高炉总高度约为 10 ~ 18.5m，炉腹角约为 50° ~ 73°，炉喉直径约为 1.0 ~ 4.6m，大于炉缸直径，高炉内型各部分尺寸比例关系失调，严重恶化了高炉生产。

1839 年英国炼铁工作者约翰·吉邦斯通过研究高炉内型对高炉生产的影响，提出了根据侵蚀以后的高炉工作内型砌筑新的高炉内型的设想，并在英国斯塔福尔德歇尔高炉进行实践，其特征是增加了炉缸和炉喉直径，增加了炉腹角，使炉腹角达到 71°以上，炉腹区域由原来的平坦变得陡峭，从而使高炉内型各部位尺寸比例趋于合理，高炉内型曲线变化平滑。该高炉生产四年半以后，产量超过同时期高炉的 2 倍以上，日产量达到 15t/d，高炉寿命延长至 7 年。该高炉容积为 141m³，总高度为 15.24m，受鼓风能力的限制，该高炉炉缸直径仍偏小，仅为 1.2m。

约翰·吉邦斯对高炉内型的研究和实践，使人们认识到高炉内型对高炉冶炼的影响，合理的高炉内型可以提高高炉产量、延长高炉寿命，这是人类对高炉内型最早的认识和研究实践成果，也开创了人类对高炉内型系统研究探索的先河。

19 世纪中期以后，随着炼钢方法的发明和发展，大大促进炼铁生产的发展。以汽动鼓风机和热风炉为代表的现代高炉装备也相继在高炉上得到应用，用焦炭替代木炭作为高炉燃料，使高炉炼铁技术得到快速发展。在这一时期，人们开始建设大型高炉,高炉高度由原来的12~14m增加到24~27m,个别高炉甚至达到31.5m,高炉容积增加到1081m³。与此同时,高炉产量大幅度提高,但高炉内型的其他尺寸没有相应进行调整,这一时期的高炉内型如图4-3所示。这一时期高炉内型的特征是炉缸偏小,炉缸直径仅为3.2m,炉腰直径达到9.14m,炉腹角偏小仅为66°~70°,炉腹高度高达7.01m,炉喉直径过大约为7.6m,约为炉缸直径的2倍。由于高炉容积的扩大与鼓风能力并不相适应,而且高炉容积扩大以后高炉内型各部位尺寸比例失调,上部容积过分扩大,导致煤气流分布和煤气利用率变差,造成高炉容积利用效果不良,其生产效果反而不如小型高炉。

1872年法国炼铁学家L·格留涅尔通过对当时高炉内型的研究,提出了高炉高度与炉腰直径比值(高径比 H/D)的重要性,并根据高炉高径比将当时的高炉分为三类:第一类是高径比小于3的高炉,即矮胖型高炉,这类高炉的特点是高度较矮或炉腰直径较大,此类高炉生产业绩最差;第二类是高径比在3~4之间,既不矮胖也不瘦长,为一般性高炉,其生产业绩也居中等;第三类是高径比在4~5之间,属于瘦长型高炉,其特点是高炉高度较高或炉腰直径较小,这类高炉生产业绩最优。根据对当时高炉内型统计分析的结果,格留涅尔因此建议木炭高炉的高径比应为4.7,焦炭高炉的高径比应为4,按此参数这在当时属于典型的瘦长型高炉。格留涅尔提出的关于高炉高径比的观点在以后半个多世纪里,对高炉内型设计影响极其深远,在相当长的一个历史时期,成为炼铁工作者设计高炉内型时普遍遵守的准则。按照格留涅尔准则设计的高炉内型特点是高径比约为4~4.5,炉腹角为73°~77°,炉身角约为87°左右,但炉喉直径仍大于炉缸直径[4]。图4-4是20世纪初按照格留涅尔准则设计的美国高炉的内型。

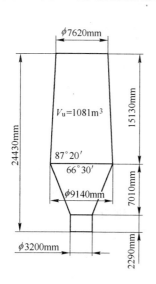

图4-3 英国克利夫兰厂高炉内型

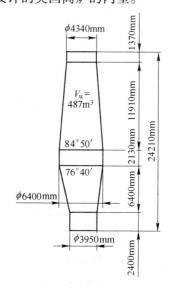

图4-4 美国汤姆逊厂D高炉内型

19 世纪末期至 20 世纪初期，在当时的冶炼条件下，瘦长型的高炉确实可以获得较合理的煤气流分布，能够改善能量利用、提高产量。在格留涅尔高炉内型设计准则的影响下，在 19 世纪后期，美国一批高炉的日产量达到 200t 以上。回顾高炉炼铁技术的发展历程，格留涅尔高炉内型设计准则影响深远，近代高炉的 5 段式内型结构，就是在此基础上发展到 20 世纪初确定下来的，直到 20 世纪 30～40 年代，高炉内型仍维持瘦长型，高炉高径比随着高炉内型的演变已经逐渐降低，这种相对瘦长的高炉内型适应于当时冶炼强度较低的高炉操作。

20 世纪 50 年代以后，日本、苏联以及欧洲的高炉炼铁工业开始快速发展，高炉产量、焦比及燃料比等主要生产指标在 20 世纪 70 年代初期已经出现了显著的进步。由于氧气顶吹转炉炼钢工艺的问世，炼钢生产效率大幅度提升，同时也带动了高炉炼铁技术进步。在这一时期，高炉强化冶炼、高炉大型化等提高高炉产量的工艺技术相继被采用，当时我国高炉最重要的技术进步是高炉强化冶炼理论和生产实践研究。以首钢为代表的钢铁企业，为提高高炉冶炼强度、改善高炉顺行，对高炉内型进行了大胆变革，将传统的瘦长型高炉改造为矮胖型高炉，经过生产实践取得了一定的增产效果，证实矮胖型高炉在提高精料水平的前提下的确有利于炉况顺行和强化冶炼，但燃料比却有所上升，煤气能量利用效率不如瘦长型高炉。与此同时，日本和苏联等主要钢铁大国一方面致力于提高高炉操作水平，改善高炉生产指标；另一方面在积极推进高炉大型化进程，4000m³ 以上的特大型高炉和 5000m³ 以上的巨型高炉在 20 世纪 70 年代相继建成投产。在高炉大型化快速发展的进程中，高炉内型呈现了逐渐矮胖化的趋势，随着高炉容积的扩大，高炉高径比则相应变小，在高炉有效高度变化不大的情况下，高炉径向尺寸增大。20 世纪 60～70 年代，为了改善高炉透气性、促进高炉顺行，国外 2000m³ 以上大型高炉内型呈矮胖化方向发展，其主要特征是：

（1）有效高度与炉腰直径的比值随高炉容积的增大而减小，5000m³ 高炉的高径比由 2000m³ 高炉的 3.5 降低到 2.0 左右。

（2）高炉炉身高度受到焦炭强度的限制，高炉容积扩大但高炉炉身高度仍维持在 16.5～18.0m，炉身角则相应减小，5000m³ 高炉的炉身角由 2000m³ 高炉的 84.5°降低到 81.5°左右，炉腹角变化不大。

（3）高炉炉缸、炉腰与炉喉之间的径向比例呈减小趋势，5000m³ 高炉同 2000m³ 高炉相比，炉腰直径与炉缸直径的比值由 1.1 降低到 1.08～1.09，炉喉直径与炉腰直径的比值由 0.69 降低到 0.66～0.67，炉喉直径与炉缸直径的比值由 0.75 降低到 0.70～0.71。为了改善高炉透气性，日本通过试验研究，将高炉炉缸、炉腰与炉喉之间的截面积比相应缩小，使高炉径向尺寸比例关系均衡合理。

（4）炉缸高度和炉腹高度随高炉容积的扩大而增加。5000m³ 高炉同 2000m³ 高炉相比，炉缸高度由 3.2～4.0m 增加到 5.1～5.2m，炉腹高度由 3.0～3.5m 增加到 3.8 ~ 4.0m。

由此可见，20 世纪 70 年代在高炉大型化快速发展的进程中，高炉内型的变化也最为显著。高炉高径比呈显著的下降趋势，巨型高炉的高径比已降低到 2.0 以下，而且高炉径向尺寸扩大，炉缸直径增大，风口数量增多，高炉径向比例变小，高炉炉缸高度和容积增加，炉缸容积所占高炉有效容积的比例由 20 世纪 50 年代的 12% ~ 13% 增加到 17% ~ 21%。至 20 世纪 60 年代以后，高炉矮胖化呈现主流发展趋势，格留涅尔高炉内型设计准则已不再适用于当时的高炉。高炉矮胖化发展是与当时高炉炼铁综合技术进步相辅相成的：首先是高炉原燃料条件的改善和精料水平的提高，这为高炉强化生产创造了基础条件；其次高炉大型鼓风机和高风温热风炉的出现，使高炉具备了"大风、高温"的强化冶炼条件；再次，随着高炉喷吹重油、天然气、煤粉技术的大量采用，使高炉冶炼工艺与全焦操作时发生了许多根本性的改变；最后是自动化检测与控制技术的应用推动了高炉操作与控制水平的提高，使高炉操作由传统的技艺逐渐转变为符合高炉冶炼规律的定量调剂和自动控制。图 4-5 是 20 世纪 60 年代我国当时最大的武钢 4 号高炉（2516m³）的内型，图 4-6 是 20 世纪 70 年代建成投产的日本鹿岛 3 号高炉（5050m³）内型。

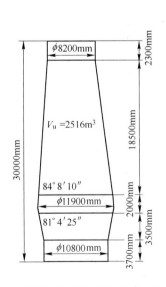 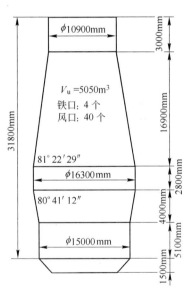

图 4-5　武钢 4 号高炉（2516m³）的内型　　图 4-6　日本鹿岛 3 号高炉（5050m³）内型

4.2　高炉内型对高炉冶炼过程的影响

4.2.1　高炉冶炼过程的技术特征

高炉冶炼是大规模连续化的生产过程，具有高温、高压、密闭、连续的工艺特征。在高炉冶炼过程中，是多相态复杂物理化学反应的耦合和冶金传输过程的集成。

高炉冶炼过程最重要的技术特征是下降炉料与上升煤气在相向运动过程中，完成了热量、质量、动量传输和一系列物理化学反应。这一过程包括炉料的加热，水分蒸发、挥发、分解；铁氧化物和其他非铁氧化物的还原；炉料中非铁氧化物的熔化、造渣；铁的渗碳、熔化和铁水的形成；下降炉料与上升煤气之间的热量传输、动量传输和质量传输；风口回旋区碳的燃烧反应；炉缸内渣铁流动与排放等。

高炉冶炼过程的主要目的，首先是要实现矿石中铁氧化物的还原，使矿石中的铁氧化物被还原成金属铁，该还原反应是高炉最重要的化学反应；其次是要将已被还原的金属铁与脉石分离，即熔化与造渣过程；再次是控制温度和液态渣铁之间的相互作用，获得温度和成分合格的液态铁水。这一系列物理化学反应和冶金传输过程是在下降炉料与上升煤气的逆向运动中完成的。因此，保证炉料平稳均匀下降，控制煤气流均匀合理分布是实现高炉冶炼过程的关键，下降炉料和上升煤气平稳均匀运动是高炉顺行的根本保障，也是高炉生产获得高效、低耗和长寿的最基础的条件。

总体而言，高炉冶炼的全过程是在尽量降低能量消耗的条件下，通过合理控制炉料与煤气的相向运动，高效率地完成还原、造渣、传热以及渣铁反应等过程，获得化学成分与温度合格的液态生铁的过程。随着高炉炼铁技术进步，富氧大喷煤、高风温、高顶压等现代高炉强化冶炼技术的创新应用，使现代高炉冶炼过程更加具有时代技术特征。

4.2.2　高炉内部的解剖研究

为了直接观察研究高炉内部的结构和反应过程，20 世纪 30 年代开始，人们对高炉进行了解剖研究。高炉解剖就是将处于正常生产状态的高炉，按照预定的计划，突然进行停风，而且快速降温以保持高炉内部原状，然后将高炉炉体进行解剖，并对高炉内部结构进行测绘、取样分析、拍照录像等调查研究工作。通过高炉解剖，对高炉冶炼过程炉料的形态性质变化，物理化学反应过程和动量、热量、质量传输过程有了全面深入的了解。

历次高炉解剖的实践研究验证了高炉冶炼过程主要分为 5 个主要区域，在下降炉料与上升煤气的相向运动中，热量传输、铁氧化物还原、软化、熔化与造渣、碳的燃烧等反应均发生在这 5 个区间内。图 4-7 是通过高炉解剖得出的高炉内部结构。

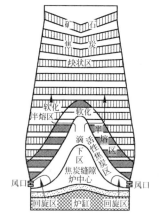

图 4-7　高炉内部结构

由图 4-7 可知，高炉冶炼过程的 5 个区域可区分如下：

（1）块状带。块状带是炉料软熔前的区域，位于高炉料柱的上部，矿石和焦炭层逐渐变薄并趋于水平，在此区域内主要进行的是氧化物的热分解和气体还原剂的间接还原反应，炉料的预热、水分的蒸发、碳酸盐的分解也在此区间完成。

（2）软熔带。软熔带是炉料由软化到熔融的区域，位于高炉中部区域。由许多固态焦炭层和黏结在一起的半熔融的矿石层组成，矿石与焦炭层次分明，仍呈分层状态。由于矿石呈软熔状态，透气性变差，而焦炭层始终呈固态，因此上升煤气在穿透软熔带时，主要是从阻力低、透气性良好的焦炭层中通过，因此软熔带中的焦炭层又被称为"焦窗"。软熔带是高炉冶炼区别于其他非高炉炼铁工艺（竖炉直接还原、熔融还原）的主要技术特征。软熔带的上沿是软化线，下沿是熔化线，与矿石的软化温度和熔化温度有关，温度区间基本一致，软熔带的形状又与上升煤气的分布状态有关，是下降炉料与上升煤气热量传输的结果。因此，软熔带的纵剖面结构有 V 形、W 形和 ∧ 形，软熔带最高的部分称为软熔带顶部，最低的部分与炉壁相接称为软熔带根部。矿石软熔过程中，由于矿石之间的间隙和矿石的气孔急剧减小，还原过程几乎停滞，上升煤气阻力骤然增加，是高炉冶炼过程阻力损失最大的区域。软熔带在料柱中形成的位置、形状以及径向分布的相对高度、厚度对高炉冶炼过程具有重大影响，直接关系到料柱透气性和高炉顺行状况。降低软熔带在高炉中的位置，扩大块状带区域，可以充分发展间接还原，提高煤气利用率，抑制直接还原，降低热量消耗和燃料消耗，延长炉料寿命。图 4-8 是软熔带的结构示意图，图 4-9 是几种典型的软熔带形状示意图。

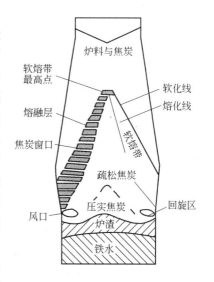

图 4-8　软熔带的结构示意图

（3）滴落带。滴落带位于软熔带之下，完全熔化后的液态渣铁呈液滴状穿过固态焦炭层进入炉缸之前的区域。在此区域内，渣铁在高炉煤气加热的作用下已经完全熔化，而焦炭由于熔点很高（约 3000℃）且尚未燃烧，仍呈固态存在。该区域料柱的结构特征是由焦炭构成的塔状结构，其边缘为下降较快的疏松区和更新较慢的中心区——死料柱，这是高炉料柱的又一重要特征。渣铁液滴在穿透焦炭空隙下降的同时，继续进行还原、渗碳等高温物理化学反应和非铁元素的还原反应。

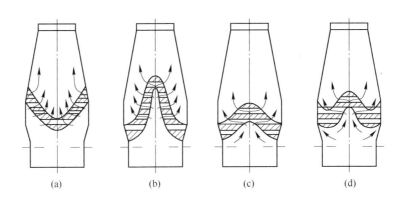

图 4-9　几种典型的软熔带形状示意图

(a) V 形；(b)，(c) ∧形；(d) W 形

(4) 风口燃烧带（也称风口回旋区）。风口燃烧带是焦炭在风口前与高温鼓风进行燃烧反应的区域。由滴落带下降的焦炭在风口前燃烧，在鼓风动能的作用下，焦炭在剧烈的回旋运动中燃烧，形成一个"鸟巢"状的回旋区，回旋区内焦炭在高速鼓风的作用下呈回旋运动并燃烧，该区域是高炉内唯一存在的氧化性区域。回旋区在高炉径向达不到高炉中心，高炉中心仍存在焦炭堆积而形成的圆丘形焦炭死料柱，构成滴落带的一部分，在死料柱内仍有一定数量的液态渣铁与焦炭进行直接还原反应。风口回旋区内是焦炭的燃烧反应和炉缸煤气的合成反应。图 4-10 是风口回旋区的结构示意图。

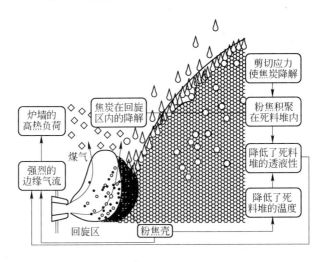

图 4-10　高炉喷煤操作时的风口回旋区结构示意图

(5) 渣铁储存区。渣铁储存区位于高炉炉缸下部，用于滴落带滴落的液态

渣铁储存的区域。该区域由液态渣铁和浸浮在其中的死焦柱形成，铁滴穿过熔渣层和渣—铁界面完成脱硫和与硅氧化物的耦合反应，形成合格铁水。

一般按还原反应温度将高炉内划分为三个区间：不高于 800℃ 为间接还原区，不低于 1100℃ 为直接还原区，800~1100℃ 为直接还原和间接还原共存区间。图 4-11 是高炉内部结构和温度分布示意图，高炉内各区域进行的反应和特征见表 4-1。

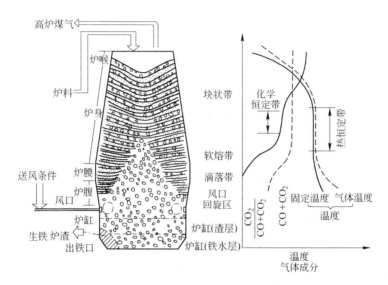

图 4-11　高炉内部结构和温度分布示意图

表 4-1　高炉内各区域进行的反应和特征

区　域		主　要　反　应	主　要　特　征
块状带		间接还原，炉料中水分蒸发和热分解，少量直接还原，炉料与煤气间的热量传输	焦炭与矿石呈层状交替分布，均呈固体状态，以气—固相反应为主
软熔带		炉料在软熔带上部边界开始软化，在软熔带下部开始熔化滴落。主要进行还原反应及造渣反应	为固液气多相反应，软熔的矿石层对煤气阻力很大，决定煤气流动及分布的是焦窗总面积及其分布
滴落带	焦炭疏松区	向下滴落的液态渣铁与煤气及固体焦炭之间进行多种复杂的质量传输和传热过程	疏松的焦炭不断流落到风口回旋区，其间夹杂着不流动的渣铁液滴
	压实焦炭区（死焦柱）	焦炭在软熔带下部堆积形成塔形焦炭料柱，在堆积层表面焦炭与渣铁反应	熔化后的液态渣铁穿透焦炭堆积而形成的死焦柱，焦炭更新较慢

区　域	主　要　反　应	主　要　特　征
风口燃烧带	焦炭及喷吹的辅助燃料在风口前与高温热风发生燃烧反应，产生高温煤气，向上迅速排升	焦炭在鼓风动能的作用下循环运动，在风口前形成"鸟巢"状回旋区，既是煤气发生的起源，又是上部焦炭连续下降的终结，为焦炭下降腾出了空间，是高炉内高温的焦点，也是高炉内唯一存在的氧化性区域
渣铁储存区	在铁滴穿过渣层及渣—铁界面时，发生液—液反应，从风口燃烧带获得辐射热，并在渣铁层间进行热量传输	中心区域堆积的死焦柱浸浮在液态渣铁中；渣—铁层相对静止，在高炉出铁时，渣铁穿透或环绕中心死焦柱流向铁口

4.2.3　高炉内型对高炉冶炼进程的影响

理论研究和生产实践证实，高炉内型对高炉冶炼过程具有主要影响。高炉内型设计要满足下降炉料与上升煤气相向运动的要求，符合高炉冶炼的工艺特点，有利于高炉内部的动量传输、质量传输、热量传输和物理化学反应的顺利进行。按照现代冶金反应工程的观点分析，高炉内型的实质就是铁冶金反应容器的几何形状，作为高炉冶炼过程的边界条件和初始条件，对于高炉冶炼进程具有重要意义。

根据现代高炉解剖研究的结论，炉料在块状带下降过程中与上升煤气交互作用，炉料被煤气加热而体积膨胀；矿石在软熔带开始软化、熔化，矿石层阻力增加，煤气上升通道受阻，煤气需要穿透焦窗向上排升，因此焦窗的总面积对煤气流动具有决定作用，增加高炉径向尺寸因能提高煤气穿透能力和料柱透气性而成为必然选择。在滴落带液态渣铁在重力的作用下向下滴落，此时矿石层已经消失，死焦柱边缘疏松层焦炭连续向风口回旋区流动，中心焦炭料柱相对呆滞，焦炭更替时间较长，滴落的渣铁储存在炉缸渣铁储存区，风口前由死焦柱边缘疏松层滑落的焦炭和风口喷吹的燃料与高温热风发生燃烧反应，形成风口回旋区和高温煤气，煤气在上升过程中与炉料进行一系列的物理化学反应和热量、质量及动量传输。

高炉冶炼工艺过程及其技术特征，使现代高炉内型经过近百年的演化发展，形成了上部小、中部大、下部收缩的现代6段式几何内型，这种几何内型与现代高炉冶炼过程的工艺特征是相适应的，符合高炉冶炼规律和高炉冶炼过程的"三传一反"。

高炉内型对高炉冶炼过程的影响作用主要表现在：

（1）影响下降炉料与上升煤气的相向运动，合理的高炉内型有利于炉况稳定顺行，有利于改善料柱透气性。高炉一代炉役中，高炉长寿是以高炉生产稳定顺行为基础，构建合理的高炉内型是保证高炉生产稳定顺行的关键环节，更是实现高炉长寿的核心所在。高炉内型设计要保证高炉内固体炉料、液态渣铁和煤气流相互运动过程的顺行，实现热量、质量和动量的高效传输，提高热量、质量和能量的利用效率。合理的高炉内型，有利于炉料的顺利下降和煤气流的上升，高炉在正常冶炼条件下具有合理的料柱压差和良好的透气性。一旦料柱压差升高、透气性变差，高炉炉况顺行将遭到破坏，悬料、崩料、炉墙结厚、煤气管道、边缘气流过分发展等问题将会出现，进而影响炉缸工作，造成对整个高炉冶炼进程的严重影响。

（2）高炉设计内型是高炉操作内型的基础。在高炉一代炉役中，高炉内型是逐渐变化的，径向尺寸随着内衬的侵蚀不断加大，炉缸直径和炉腰直径变大，特别是采用厚壁高炉的炉腰直径，在砖衬侵蚀消失以后，炉腰直径约扩大 800 ~ 1200mm，炉缸直径随着炉缸侧壁内衬的侵蚀也有明显扩大，由于炉缸内衬侵蚀情况不同，炉缸直径扩大的程度也不尽一致。由于炉腹至炉身下部区域内衬的侵蚀、炉腰直径扩大，炉腹角和炉身角变小。由于采用炉喉钢砖，炉喉直径基本保持不变或变化甚微。在高度方向上，高炉有效高度并未发生变化，但由于炉缸炉底内衬的侵蚀，死铁层深度增加，炉缸高度、炉腹高度、炉腰高度和炉身高度发生一定的变化，这种变化与高炉内衬和冷却器侵蚀情况密切相关。高炉停炉后的调查发现，经过高炉一代炉役的生产，高炉炉腹高度增加，炉腰高度减小，炉身高度增加，有的高炉甚至已经无法甄别出炉腹、炉腰和炉身的界限。由此可见，高炉设计内型在转化为高炉操作内型的过程中，最显著的变化在炉腹、炉腰和炉身下部，主要内型参数的变化表现在炉腰直径、炉腰高度、炉腹高度以及炉身高度，由此导致炉腹角、炉身角和高径比都相应变小。高炉内型的变化是由高炉冶炼进程和高炉内衬及冷却器的侵蚀破损所引起的，反过来这种变化对高炉冶炼进程也具有影响。

（3）高炉炉缸是高炉冶炼进程的起始和终结，高炉产量和效率取决于炉缸风口回旋区的燃烧能力，在风口燃烧能力固定的条件下，则取决于高炉燃料比。高炉风口的燃烧能力取决于炉缸直径和炉缸截面积。炉缸直径越大，炉缸截面积越大，风口数量就越多，因此高炉燃烧能力就越大，这是高炉内型设计中以炉缸直径为最基本参数的原因所在。由此可见，决定高炉产量和生产效率最根本的核心是炉缸直径和炉缸截面积。近年来国内外不少炼铁专家基于对现代高炉冶炼技术的研究，提出了以炉缸截面积利用系数衡量高炉生产效率的观点，旨在更科学合理地评价高炉的生产效率。高炉生产实践证实，保证炉缸风口回旋区的稳定工作是高炉生产稳定顺行的基础。我国高炉炼铁工作者根据长期生产经验总结得出的高炉操作方针中十分重视炉缸工作，形成了"以下部调剂为基础，上下部调剂相结合"的高炉操作理念。足够的风口回旋区深度才能保证煤气流合理的初始分布，对煤气流上升和合理分布具有重要意义，一般现代大型高炉的风口回旋区的面积应占整个炉缸截面积的 50%，这样可以获得较好的生产操作指标。除了炉缸直径、炉缸截面积对高炉冶炼具有重要影响以外，炉缸高度对于炉缸工作的影响也至关重要。现代高炉采取高风温、高富氧、大喷煤等强化冶炼技术，风口回旋区的结构发生显著变化，炉缸高度不仅要满足液态渣铁储备所需的空间，还必须考虑风口前燃料燃烧所需要的空间。合理的炉缸高度有利于风口回旋区的稳定工作，改善炉缸透气性和透液性，促进高炉稳定顺行。

（4）高炉各部位内型参数之间关系的合理性对高炉冶炼影响不容忽视。高炉径向和高向尺寸之间都具有一定的关联，这种关联不仅表现在统计学意义上，而且和高炉冶炼的传输过程密切相关。在设计中评价高炉内型合理与否，不仅要对比内型参数，还要注重各参数之间的关系。高炉高径比、有效容积与炉缸截面积比、炉缸容积与有效容积比、工作容积与有效容积比、炉腰截面积与炉缸截面积比、炉喉截面积与炉腰截面积比等参数对于评价高炉内型的合理性具有重要意义。上述这些比例关系，反映了高炉冶炼的传输过程，尽管目前尚未从理论上得到更科学严谨的量化分析，但在高炉生产实践中已经得到证实，仍有待于今后在高炉冶炼传输理论方面进行深入研究。

4.3　高炉内型参数

现代高炉内型由死铁层、炉缸、炉腹、炉腰、炉身、炉喉 6 部分组成[5]。20世纪末期，通过对高炉炉缸炉底破损研究和炉缸内渣铁流动现象的解析，对死铁层在高炉冶炼中的作用逐渐清晰，死铁层已成为现代高炉内型不可缺少的一部分，并且对于延长高炉寿命具有极其重要的意义。高炉内型各部位参数如图 4-12所示，参数定义见表 4-2。

表 4-2　高炉内型参数定义

项　目	符　号	物　理　意　义
高炉有效容积/m³	V_u	铁口中心线至高炉零料线（或炉口钢砖上沿）各部位容积的总和
高炉有效高度/mm	H_u	铁口中心线至高炉零料线（或炉口钢砖上沿）之间的垂直高度
炉缸直径/mm	d	炉缸风口区工作内衬内表面的直径，即风口平面的炉缸工作内衬的内径，炉缸内衬的保护砖砌体和喷涂料结构均包含在炉缸直径内
炉腰直径/mm	D	炉腰工作内衬内表面的直径，包含炉腰内衬的保护砖砌体和喷涂料结构
炉喉直径/mm	d_1	炉喉钢砖内表面直径

续表4-2

项 目	符 号	物 理 意 义
死铁层高度/mm	h_0	炉缸工作内衬表面至铁口中心线之间的垂直高度
炉缸高度/mm	h_1	铁口中心线至炉缸与炉腹交界面之间的垂直高度
炉腹高度/mm	h_2	炉缸与炉腹交界面至炉腹与炉腰交界面之间的垂直高度
炉腰高度/mm	h_3	炉腹与炉腰交界面至炉腰与炉身交界面之间的垂直高度
炉身高度/mm	h_4	炉身与炉腰交界面至炉身与炉喉交界面之间的垂直高度
炉喉高度/mm	h_5	炉身与炉喉交界面至高炉零料线（或炉喉钢砖上沿）的高度
炉腹角/(°)	α	炉腹与炉腰交界处的水平夹角
炉身角/(°)	β	炉身与炉腰交界处的水平夹角
风口高度/mm	h_f	铁口中心线至风口中心线之间的垂直高度
工作高度/mm	H_w	风口中心线至高炉零料线（或炉喉钢砖上沿）之间的垂直高度
全高度/mm	H_{total}	炉底工作内衬表面至高炉零料线之间的垂直高度，即高炉各部位高度的总和
全容积/m³	V_{total}	炉底工作内衬的表面至高炉零料线各部位容积的总和

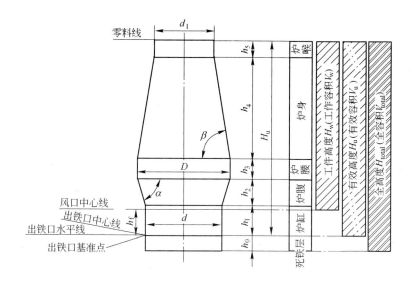

图4-12 高炉内型各部位参数

d—炉缸直径；D—炉腰直径；d_1—炉喉直径；H_u—有效高度；

h_0—死铁层深度；h_1—炉缸高度；h_2—炉腹高度；

h_3—炉腰高度；h_4—炉身高度；h_5—炉喉高度；

h_f—风口高度；α—炉腹角；β—炉身角

由于世界各国在高炉内型演化发展过程中并未形成完全统一的定义和规定，对高炉内型参数定义仍存在差异，主要集中在以下参数：

（1）高炉零料线。现代高炉一般绝大多数采用无料钟炉顶设备，零料线一般设定在炉喉钢砖上沿，也有以旋转布料溜槽处于垂直状态的下端标高定义为零料线。采用钟式炉顶设备时，大钟开启时下沿的标高定义为零料线；日本高炉零料线定义为大钟开启时，大钟下沿1000mm处；美国高炉零料线定义为大钟开启时，大钟下沿915mm处。

（2）铁口中心线。传统高炉的铁口孔道一般呈水平状态，铁口中心线即出铁孔道的中心线。现代高炉为延长铁口区和炉缸寿命，一般采用斜铁口结构，即铁口孔道由内至外呈一定角度向上倾斜，铁口孔道中心线不再是水平线。因而一种定义是炉缸内型的轮廓线与铁口孔道中心线的交点为基准点引出的水平线为铁口中心线；另一种定义为铁口框内泥套的垂直出铁基准面与铁口孔道中心线的交点为基准点引出的水平线为铁口中心线。应该指出，这两种定义并无本质性差异，只是对炉缸高度和死铁层深度略有偏差。

（3）高炉容积。国际上对高炉容积的定义并不统一。日本高炉一般将铁口孔道底面至零料线的容积为内容积，风口中心线到零料线的容积则为有效容积；美国和欧洲高炉炉底工作内衬表面至零料线的容积为全容积，风口中心线至零料线的容积为工作容积。对采用无料钟炉顶的高炉而言，国外高炉的内容积与我国高炉有效容积大体相当，偏差不大。由此可见，世界各国对高炉容积的定义和规定存在较大差异。对于衡量高炉生产效率的高炉容积利用系数而言，日本为内容积利用系数，相当于我国高炉有效容积利用系数；而美国和欧洲高炉利用系数则是指工作容积利用系数，和我国的有效容积利用系数相差15%~18%。

（4）炉缸直径。由于历史传承等多种原因，日本、韩国、我国等亚洲国家和独联体国家习惯采用高炉容积作为衡量高炉生产能力的标志，而欧美等国则习惯采用炉缸直径表征高炉的生产能力。与此相对应，亚洲国家习惯采用容积利用系数作为衡量高炉生产效率的指标，而欧美等国家除了采用高炉工作容积利用系数，还采用炉缸断面利用系数来评价高炉的生产效率。由于高炉炉缸内衬结构不同，无论采用碳质炉缸内衬结构还是采用陶瓷杯内衬结构，炉缸直径一般是指风口平面处炉缸侧壁工作内衬的内直径。如果采用全炭砖炉缸侧壁结构，风口平面炭砖热面的直径即为炉缸直径，不计炭砖热面所砌筑的保护砖；如果采用炭砖—陶瓷杯组合炉缸侧壁内衬结构，则以风口平面陶瓷杯热面的直径为炉缸直径，同样不包括陶瓷杯壁热面所设置的保护砖。

4.4 高炉内型设计

如前所述，高炉内型对高炉冶炼过程和高炉寿命具有重要影响，高炉内型要满足高炉冶炼过程的工艺要求，有利于炉料下降和煤气上升，有利于提高料柱透气性和提高煤气利用率，有利于炉料分布控制和煤气流合理分布，有利于高炉操作的稳定顺行，有利于延长高炉寿命。

现代高炉炼铁技术的发展和技术装备水平的提高也促进高炉内型不断发展变革，以适应高炉冶炼的要求。因此，高炉的原燃料条件、操作条件和采用的新技术对高炉内型参数都产生重要影响。近几十年的高炉炼铁技术进步，使高炉内型发生了较大的变革。为适应现代高炉的冶炼特征，人们提出了高炉"合理内型"的概念，但直至目前并无确切的定义。高炉"合理内型"是指在高炉一代炉役期间，在一定的原燃料条件和操作条件下，高炉能够获得高效、低耗、优质、长寿的高炉内型。

高炉内型又分为设计内型和操作内型。高炉设计内型是指高炉设计时炉体耐火材料内衬所形成的高炉内型，即高炉的初始内型；操作内型是指高炉投产运行以后，炉体耐火材料内衬受到侵蚀和损坏，初始的设计内型发生变化，而变成实际操作状况下的内型，也就是高炉实际生产中的工作内型。应该指出，高炉操作内型是随着高炉生产过程不断变化的，炉役初期和炉役末期的高炉内型参数也会相差较大，因此高炉操作内型是高炉在生产过程中形成的实际工作内型的一种概念性的定义，并无具体的内型参数，很难进行定量的分析研究，因而本节所讨论的高炉内型特指高炉设计内型。

生产实践证实，高炉一代炉役期间，高炉内型参数是逐渐变化的，设计内型仅是高炉操作内型的初始条件，设计内型合理与否，必将会直接影响操作内型。高炉生产要实现高效、低耗、优质、长寿，其关键是以高炉稳定顺行为基础，进而言之，"没有高炉稳定顺行就不可能实现高炉长寿"。合理的高炉内型设计便是为高炉稳定顺行创造了一个先决条件，一代炉役中只有高炉顺行才能为高炉长寿奠定可靠的基础[6]。现代高炉长寿的实质就是在漫长的高炉炉役中，能够长期维持合理的操作内型，使煤气流分布合理，炉料下降稳定顺行，在炉缸炉底内衬热面能够形成保护性的渣铁壳保护层；炉腹、炉腰和炉身下部的冷却器热面形成基于高效冷却所形成的保护性渣皮，即"永久性内衬"，这种在高炉冶炼过程中形成的"永久性内衬"，与高炉内的炉料、煤气、液态渣铁等相接触，保护炉体耐火材料内衬或冷却器，尽可能延长其使用寿命。这种由保护性渣铁壳和渣皮所形成的高炉内型实质上就是高炉的操作内型，高炉内衬和冷却器的侵蚀破损，渣皮的脱落与生成都会影响高炉操作内型。在一代炉役期间，保持相对稳定的操作内型是保证高炉稳定顺行、高效低耗和长寿的关键。高炉操作内型要求保持表面平滑规整，炉墙表面不应凹凸不平或局部突变，对于风口平面以上的高炉内型，要求既不要出现局部异常侵蚀也不要出现炉墙结厚。炉腰和炉身区域高炉操作内型的畸变会引起煤气流分布失常、高炉透气性恶化、煤气管道或边缘煤气流过分发展；炉身上部内型的畸变会形成边缘炉料的混合层，不但影响炉料顺利下降，还会使边缘煤气流难于控制。由此可以看出，合理的操作内型不但影响高炉生产的稳定顺行，还直接关系到高炉寿命的长短。在高炉生产实践中，高炉操作内型的管理是现代高炉操作的一项重要内容。

4.4.1 高炉合理内型的设计原则

通过研究分析30多年来，国内外建成投产的200余座高炉内型发展变化的趋势，总结高炉炉内冶金现象解析研究和冶金传输及数值仿真研究，在现代高炉的原燃料条件和操作条件以及技术装备条件下，高炉合理内型的设计原则可以归纳为：

（1）高炉内型设计要有利于下降炉料和上升煤气的相向运动，减少炉料下降和煤气上升的阻力；有利于提高料柱透气性和煤气利用率，使煤气的热能和化学能得到充分利用，降低燃料消耗；有利于高炉内部的传热和传质，使高炉内的冶金反应顺利进行；有利于高炉冶炼过程的稳定顺行，为高炉长寿创造条件。

（2）现代高炉以高风温、富氧大喷煤为技术特征，炉缸工作要满足大喷煤条件下的稳定顺行。炉缸内型参数设计要有利于风口回旋区的工作，有利于提高炉缸区域的透气性和透液性，有利于活跃炉缸使其热量充沛，有利于渣铁的储存和排放。确定合理的炉缸直径和炉缸高度对于整个高炉内型参数的设计至关重要，而且将直接影响到高炉生产和长寿。

（3）理论研究和生产实践证实，死铁层深度对于炉缸炉底内衬侵蚀具有重大影响。设计合理的死铁层深度，对于炉缸铁水流场和炉缸温度场的合理分布作用显著，使炉缸中的死焦柱不直接沉坐在炉底而是浸浮在铁水中，以增加铁水流通的面积，使铁水能够顺畅流向铁口区，从而有效抑制铁水环流对炉缸侧壁和炉底的冲刷侵蚀。因此，设计合理的死铁层深度是抑制炉缸炉底象脚状异常侵蚀的重要技术措施，也是长寿高炉合理内型设计的重要原则。

（4）随着高炉冷却技术的发展、高效冷却器和新型优质耐火材料的应用，现代高炉内型设计必须摒弃依靠加厚炉衬厚度维持高炉寿命的传统观念，高炉内型设计要有利于在冷却器和炉衬热面形成保护性渣皮，以渣皮作为"永久性内衬"工作，从而延长冷却器和炉衬的工作寿命。因此，设计合理的炉腹角和炉身角对延长高炉炉腹至炉身下部区域的寿命具有关键作用。

（5）高炉各部位内型参数之间要具有合理的相关联关系。这种关联关系不仅是高炉内型参数数理统计得出的相关指数，而且深入研究就会发现高炉各部位内部参数之间的比例关系与高炉冶炼过程的传输现象密切相关，而非简单的数学关系。

4.4.2 高炉内型的设计方法

高炉内型尽管有近百的发展变革和研究创新,但直至目前,仍没有形成完善的定量设计,这也是高炉设计的复杂性所在。现代高炉内型设计仍要参照相同生产规模、相近原燃料条件和操作条件的高炉内型参数进行比拟设计,这种高炉内型设计方法称为对比分析法。也有根据经验公式计算高炉内型参数的方法,称为经验公式法,还有根据大多高炉内型参数进行数理统计后得出的经验公式,称为数理统计法。现代高炉内型设计时,一般是将上述三种方法综合运用,经过分析对比后再确定最终的内型参数。由此可见,高炉内型设计是综合分析、优化设计、择优选择的结果,是建立在比较分析的基础上,设计者的设计实践和经验对高炉内型设计的合理与否影响较大。

4.4.2.1 经验公式法

经验公式法是20世纪30~40年代开始采用的传统设计方法,以前苏联巴甫洛夫法、拉姆法为代表。经验公式是基于高炉炉缸工作的特征和高炉冶炼过程的基本理论,以炉缸断面风口回旋区燃烧焦炭强度和高炉冶炼强度为基础计算得出炉缸直径,再根据炉缸直径与高炉其他部位内型参数的比值关系确定出高炉内型参数。

经验公式法是以高炉炉缸风口回旋区的焦炭燃烧反应为基础,以高炉冶炼强度和炉缸断面焦炭燃烧强度为主要变量参数,计算得出炉缸直径以及其他参数。值得注意的是,高炉冶炼强度在30年前一直是炼铁工作者关注的重要指标,人们为冶炼强度的合理数值讨论了近50年,但一直没有得到一致的观点,直到当今由于高炉炼铁技术进步和技术观念的转变,冶炼强度这个衡量高炉冶炼过程强化程度的指标才逐渐淡化,但目前仍在使用。高炉冶炼强度定义为每立方米高炉有效容积每天(24h)消耗的焦炭量;燃烧强度实质上是衡量不同容积的高炉工作强化的程度,燃烧强度的定义为每平方米炉缸断面积上每天(24h)燃烧的焦炭量,表达式如下:

$$I = \eta k = \frac{P}{V_\mathrm{u}}k = \frac{Pk}{V_\mathrm{u}} \tag{4-1}$$

$$J_\mathrm{A} = \frac{Pk}{A} \tag{4-2}$$

式中 I——冶炼强度,$t/(m^3 \cdot d)$;

η——高炉有效容积利用系数,$t/(m^3 \cdot d)$;

k——焦比,kg/t;

P——日产铁量,t/d;

V_u——高炉有效容积,m^3;

J_A——炉缸断面燃烧强度，$t/(m^2 \cdot d)$；

A——炉缸断面积，m^2。

由式（4-1）、式（4-2）经过转换以后，可以得出以下两式：

$$IV_u = J_A A \tag{4-3}$$

$$A = \frac{IV_u}{J_A} \tag{4-4}$$

炉缸断面积为：

$$A = \frac{\pi}{4} d^2 \tag{4-5}$$

$$d = \sqrt{\frac{4IV_u}{\pi J_A}} = 1.128 \sqrt{\frac{IV_u}{J_A}} \tag{4-6}$$

式中 d——炉缸直径，m。

按照式（4-6）计算炉缸直径时，冶炼强度一般取 $1.0 \sim 1.5t/(m^3 \cdot d)$，燃烧强度取 $24 \sim 40t/(m^2 \cdot d)$（包括喷吹燃料），高炉有效容积根据设计高炉的年产量、作业天数和平均利用系数等参数设定。根据式（4-6）计算求出炉缸直径以后，可根据炉缸参数之间比例关系的经验公式求出高炉内型的其他参数。

经验公式法是高炉内型传统的设计方法，是建立在高炉内型设计的经验基础上，其参数选取的范围比较宽，实践经验的影响因素比较大，直接套用经验公式很难设计出合理的高炉内型，目前，经验公式法仅作为高炉内型设计的一种校验方法。表4-3列出了高炉内型计算的经验公式。

表4-3 高炉内型参数的经验公式

项 目	经验公式或取值	参数取值范围
炉缸直径 d/m	$d = 1.128(IV_u/J_A)^{1/2}$	I：$1.0 \sim 1.5t/(m^3 \cdot d)$，$J_A$：$24 \sim 40t/(m^3 \cdot d)$
炉腰直径 D/m	$D = (1.10 \sim 1.2)d$	
炉喉直径 d_1/m	$d_1 = (0.65 \sim 0.75)d$	
有效高度 H_u/m	$H_u = (1.9 \sim 2.8)D$	2000m^3 以上大型高炉取 $0.73 \sim 0.75$
炉缸高度 h_1/m	$h_1 = (0.12 \sim 0.1)H_u$	2000m^3 以上大型高炉取 $1.9 \sim 2.4$，小于 2000m^3 取 $2.0 \sim 2.8$
炉腰高度 h_3/m	$1.0 \sim 3.0$	小于 2000m^3 高炉取 $79 \sim 82$，大于 2000m^3 取 $76 \sim 80$
炉腹角 $\alpha/(°)$	$76 \sim 82$	
炉身角 $\beta/(°)$	$79 \sim 83$	
风口高度 h_f/m	$h_f = 0.5 \sim 0.6$	

4.4.2.2 数理统计法

数理统计法是将若干座高炉内型参数进行数理统计，回归成数学公式，根据数学公式求算出高炉内型参数的方法。由于数理统计的方法不同，一般又分为线性回归公式和非线性回归公式。

应该指出，数理统计法是建立在数据统计的基础上，同经验公式法一样，并非计算高炉内型参数的精准数学公式，受数据统计时间、样本的数量、数学回归相关系数等多种因素的影响。而且按数理统计公式计算出的内型参数也仅能说明是符合以前高炉内型设计的规律和趋势，仍需要根据高炉的原燃料条件、生产条件和设计及生产实践经验进行调整优化。表4-4列出了高炉内型参数的数理统计公式。

表4-4 高炉内型参数的数理统计公式

项 目	线性回归公式[7]	非线性回归公式[8]
炉缸直径 d/m	$d = 6.6 + 0.00175V_u$	$d = 0.4087V_u^{0.4205}$
炉腰直径 D/m	$D = 7.316 + 0.001842V_u$ （适用于 $2000 \sim 4000m^3$）	$D = 0.5684V_u^{0.3924}$
炉喉直径 d_1/m	$d_1 = 4.9 + 0.00125V_u$ （适用于 $2000 \sim 4000m^3$）	$d_1 = 0.4317V_u^{0.3777}$
死铁层高度 h_0/m	$h_0 = 4.9 + 0.00125V_u$	$h_0 \geqslant 0.0937V_u \cdot d^{-2}$
炉缸高度 h_1/m	$h_1 = 2.955 + 0.0004545V_u$	$h_1 = 1.4203V_u^{0.159} - 34.8707V_u^{-0.841}$
炉腹高度 h_2/m	$h_2 = 2.7 + 0.00025V_u$	$h_2 = (1.6818V_u + 63.5879)(V_u^{0.7848} + 0.7190V_u^{-0.8129} + 0.5710V_u^{0.841})^{-1}$
炉腰高度 h_3/m	$h_3 = 2.5 \sim 3.0$	$h_3 = 0.3586V_u^{0.2152} - 6.3278V_u^{-0.7848}$
炉身高度 h_4/m	$h_4 = 16.5 \sim 18$	$h_4 = (6.3608V_u - 47.7323)(V_u^{0.7848} + 0.7833V_u^{0.7701} + 0.5769V_u^{0.7554})^{-1}$
炉喉高度 h_5/m	$h_5 = 1.5 \sim 3.0$	$h_5 = 0.3527V_u^{0.2446} - 28.3805V_u^{-0.7554}$
有效高度 H_u/m	$H_u = 26.333 + 0.011334V_u$	$H_u = 5.6728V_u^{0.2058}$
炉腹角 $\alpha/(°)$	$\alpha = 80 \sim 83$	$\alpha = 78 \sim 83$
炉身角 $\beta/(°)$	$\beta = 86.854 - 0.001177V_u$	
风口数量 $n/$个	$n = 14 - 0.00625V_u$	$n = \dfrac{\pi d}{1.1 \sim 1.2}$
H_u/D	$H_u/D = 2.981 - 0.0001935V_u$	$H_u/D = 9.9803V_u^{-0.1866}$
V_u/A	$V_u/A = 24.825 + 0.00087V_u$	
D^2/d^2	$D^2/d^2 = 1.234 - 0.000125V_u$	
d_1^2/d^2	$d_1^2/d^2 = 0.57 - 0.00001V_u$	

表4-4中线性回归公式是李马可统计了20世纪70年代日本和欧美70余座高炉内型参数回归后得出的[7]，反映了20世纪70年代国外高炉内型设计的变化规律；非线性回归公式是高清志等统计了20世纪80年代国内外107座高炉内型参数，将其进行回归处理后得出的非线性幂指数公式[8]。显而易见，按后者的计算得出的数值似乎更接近当今高炉的实际内型参数。

4.4.2.3 对比分析法

对比分析法是根据原燃料条件和操作方法，参照相同级别高炉的高炉内型参数对比分析确定高炉内型参数的方法。这种方法也是建立在已有高炉的生产实践基础上，选取有效容积相近或相同的高炉作为样本高炉进行比拟分析，以原有若干高炉的内型参数作为参照，调整优化后确定出高炉内型参数。这种对比分析法应用比较广泛，是现代高炉内型设计的一种常用方法。采用对比分析法设计高炉内型参数需要着重考虑以下几个方面：

（1）选取有效容积相近或相同的同一级别的高炉作为参照样本。由于经验公式法和数理分析法是若干个容积不同的高炉统计分析后得出的公式，适用于 $1000 \sim 5500 m^3$ 各种级别的高炉，因此，直接套用经验公式和数理统计公式计算得出的高炉内型参数并非最佳的数值。

高炉有效容积的初步估算可根据年产铁量、作业天数和利用系数得出，初步确定高炉有效容积的级别。可按高炉有效容积划为 $1000 \sim 2000 m^3$、$2000 \sim 3000 m^3$、$3000 \sim 4000 m^3$、$4000 \sim 5000 m^3$、$5000 m^3$ 以上等若干个级别，再根据初步确定的高炉有效容积选取若干个同级别的高炉作为参照样本。

（2）研究分析样本高炉的原燃料条件和操作条件，结合自身高炉的原燃料条件和操作条件进行综合对比分析。同一级别高炉由于原燃料条件差异大，高炉内型参数也会有很大差别。如采用烧结矿为主、球团和块矿为辅的炉料结构，与球团矿比率较高（30%～100%）的炉料结构的高炉，高炉内型参数显然是差异较大的。因此，选取样本高炉时，除了高炉内型参数，还要对比分析原燃料条件和生产操作指标，做到全方位的综合对比研究分析。

（3）研究分析样本高炉的炉体结构。高炉内型与炉体结构密切相关，不同的炉体结构对高炉内型参数的影响不容忽视。如炉体采用冷却板结构的高炉，就必须维持一定厚度的炉衬，设计内型和操作内型的差异相对较大；而采用冷却壁结构的高炉与采用冷却板高炉的内型设计存在差异，目前采用冷却壁的高炉普遍采用薄壁内衬结构，不少高炉冷却壁取消了冷却壁凸台，采用了砖壁一体化的"独立内衬"结构，这种薄壁高炉的操作内型与设计内型变化差异就比较小，因此炉体结构也是高炉内型设计的一个需要着重关注要素。

（4）总体分析已有高炉操作运行实践，参照相关经验调整优化高炉内型参数。钢铁企业要结合已有高炉的操作运行经验进行总结分析，在一定的原燃料条件和操作条件下，对高炉内型参数的合理调整和优化更加具有针对性和实践性，将会取得较好的效果。

（5）综合运用经验公式法、数理统计法进行联合计算和校验，最终通过权衡比较优化确定相对合理的高炉内型参数。

总之，现代高炉内型设计仍是基于经验和数理统计结果，采用定性与定量分析相结合的方法，尚未形成定量精准的设计体系和方法，仍是以分析判断、权衡选择为主要方法。这是因为现代高炉内的物理化学反应和冶金传输理论尚未全面解析清楚，在当今的技术水平下，很难采用数学模型和数学规划的方法求得最优化参数。但目前炉缸风口回旋区、燃烧反应、炉缸渣铁流动与排放、煤气穿透软熔带的行程、块状带燃气与炉料的相互作用等高炉内现象进行仿真研究，建立了基于数值模拟技术的温度场、浓度场、速度场、压力场等多场耦合的数学仿真体系，对验证高炉内型的合理性、优化内型参数具有重要指导意义。将经典设计方法与现代数值仿真技术相结合进行优化设计的体系是现代高炉长寿设计的发展方向，使传统高炉工艺设计逐渐演化为动态、定量、精准为特征的现代设计体系。

4.4.3 高炉内型设计优化

4.4.3.1 高炉有效容积

高炉有效容积是高炉设计最重要的核心参数。高炉有效容积的确定要综合考虑原燃料条件、操作条件、工艺技术装备水平、钢铁厂的钢铁平衡、能量平衡等诸多方面的因素。既不能片面追求扩大高炉容积而忽视生产技术指标的先进性，也不能为追求高利用系数、高冶炼强度而故意缩小高炉容积。这两种偏离高炉炼铁技术合理性的倾向，在前一时期的高炉设计建设中都曾呈现，对于正确认识高炉大型化和高效化带来负面影响。

钢铁厂生产能力的选择要适应社会发展和市场需求，应根据区域市场需求和产品结构需求的变化，因地制宜，从相关区域的市场容量，进行钢铁厂产品的定位和生产规模的优化选择。要根据钢铁厂整体流程结构的合理性、高效性、经济性考虑顶层设计，继而综合考虑轧机组成并评估合理产能，再对与之相应的高炉座数和容积做出初步选择，同时必须兼顾企业投资取向和企业发展的远景目标。除了铁水产能需求以外，还必须考虑高炉的座数、位置对于钢铁厂的物质流网络、能量流网络、信息流网络以及与之相应的动态运行程序有着十分明显的关联性。高炉座数、容积及其在总平面图中的位置，对钢铁厂的物质流动态运行的结构和程序有着决定性影响，同时对能量流的结构、转换效率和运行程序也存在着决定性的影响。在相同的产品和产量规模下，高炉大型化、座数和位置合理化有利于企业结构优化和提高市场竞争力。推动实施我国高炉大型化，应该是以钢铁厂整体流程结构优化为前提下的大型化，既不提倡一个钢铁厂有过多数量的高炉，也不主张盲目追求高炉越大越好，应当按照钢铁厂流程优化的原则择优确定高炉的座数和产能，而且还应关注其合理位置。值得指出的是，高炉产能和容积的确定绝不能不顾钢铁厂流程结构的合理性，而盲目追求高炉大型化，同时更不能因循守旧建造数量过多的小高炉。根据高炉生产效率和生产能力的分析，可以进一步推算不同容积高炉的期望年产量，进而确立不同模式钢铁厂合理的高炉数量和合理的高炉容积，表4-5列出了不同级别高炉的生产能力和生产效率。

表4-5 不同级别高炉的生产能力和期望年产量

高炉容积/m³	1260	1800	2500	3200	4080	4350	5000	5500
容积利用系数 /t·(m³·d)⁻¹	2.5 ~ 2.7	2.4 ~ 2.6	2.4 ~ 2.6	2.3 ~ 2.5	2.2 ~ 2.4	2.2 ~ 2.4	2.1 ~ 2.3	2.1 ~ 2.3
面积利用系数 /t·(m²·d)⁻¹	61.16 ~ 66.05	60.98 ~ 66.06	60.93 ~ 66.01	60.98 ~ 66.28	61.51 ~ 67.10	61.32 ~ 66.89	61.90 ~ 67.79	62.04 ~ 67.95
年作业天数/d	350	350	350	355	355	355	355	355
期望年产量 /万吨·年⁻¹	110 ~ 119	151 ~ 163	210 ~ 227	261 ~ 284	312 ~ 340	339 ~ 370	372 ~ 408	410 ~ 449

针对当前国内外钢铁工业面临的严峻形势和挑战，保障钢铁工业的可持续发展，实现低碳冶金和循环经济，要着力构建高效率、低成本的洁净钢生产体系。根据产品定位和市场需求，科学合理地确定钢铁厂的生产规模，具有国际影响力和市场竞争力生产薄板的大型钢铁厂，其产能一般定位在每年800~900万吨，对于钢铁生产流程结构优化而言，配置2~3座高炉应是优化的选择。4座以上的高炉同时运行，会引起物流分散，输送路径拥塞，引起铁水输送时间长、铁水温降大且不利于铁水脱硫预处理等；同时也将导致能量流网络分散复杂、运行紊乱，将使高炉煤气等二次能源的利用效率降低。高炉容积和座数将直接影响到平面布置的简捷顺畅程度，这就是钢铁企业物质流网络、能量流网络以及信息流网络的优化问题。高炉大型化有利于减少高炉座数，有利于流程简捷顺畅，有利于提高能源效率、节能减排，有利于信息化控制。

高炉冶炼要根据原燃料条件和操作条件以及高炉的技术装备水平，以高炉生产稳定顺行为前提，合理控制煤气流分布和炉料分布，提高煤气利用率，降低燃料消耗，实现高炉生产高效、优化、低耗和长寿。不应片面追求高利用系数和高冶炼强度，因为冶炼强度过高势必要发展边缘气流，高炉容易出现管道、崩料、悬料等失常炉况，降低煤气利用率，而且直接影响高炉寿命。因此，高炉长寿是以高炉稳定顺行为基础，没有高炉顺行，高炉生产高效、优质、低耗和长寿都将成为泡影。

按照现代冶金流程工程学的观点[9]，钢铁制造过程作为典型的流程制造过程，不仅要考虑单元工序的合理性，更要关注各工序之间的合理匹配，构建物质流、能量流与信息流协同耦合的动态精准生产运行体系。现代钢铁联合企业中各工序生产能力的设定，不宜再沿用传统的静态生产能力匹配的模式，应按照流程制造动态运行的特征，通过工序功能的解析与优化集成，以物质流"层流运行"为目标，合理配置高炉数量以及高炉容积和生产能力。

高炉有效容积的确定是要经过科学慎重研究后确定，要根据钢铁企业的工序匹配生产能力确定高炉年产铁量。充分考虑自身原燃料条件和操作条件，结合上下游工序的生产条件，参考借鉴相同原燃料条件高炉的生产水平，设定合理适宜的利用系数和冶炼强度以及年工作天数，初步确定高炉有效容积。在当前原燃料条件、操作条件和技术装备水平下，大型高炉有效容积利用系数设定为 $2.0 \sim 2.5t/(m^3 \cdot d)$ 比较适宜，年作业天数可设定为 $350 \sim 355d$，考虑高炉功能检修和非计划休风，高炉作业率应设定在 $96\% \sim 97.3\%$。

按上述基础参数和条件，可以初步估算出高炉容积的数值，再根据现代高炉内型设计方法进行有效容积的优化和确定。

4.4.3.2 高炉有效高度

高炉有效高度是高炉内型的重要参数之一。有效高度是铁口中心线平面至零料线的垂直高度，高炉冶炼过程物理化学反应和冶金传输过程均在这个有限的高度内完成。高炉有效高度决定了高炉料柱高度和工作高度，因此对高炉冶炼进程影响重大。特别是煤气在料柱中的阻力损失、煤气化学能和热能的利用，都与有效高度密切相关。

决定有效高度的另一个主要因素是高炉的原燃料条件，特别是焦炭的强度。焦炭在高炉内具有还原剂、发热剂和骨架的三种功能，焦炭在高炉内的骨架作用是其他燃料不能替代的，甚至可以说是焦炭的应用支撑了高炉炼铁近200年的发展历程，这是高炉炼铁区别于非高炉炼铁最本质的技术特征。

理论研究和高炉解析研究证实，高炉内焦炭的骨架作用在高炉不同区域内表象的形态不同。在块状带区域，焦炭与矿石分层相间。现代高炉采用料钟炉顶布料，矿石层是按一定的布料要求，布在焦炭层之上的。高炉富氧喷煤以后，对炉料分布控制提出了更高的要求，焦炭平台的构建、中心加焦、多环布料技术的综合应用，其目的就是提高焦炭负荷，控制合理的煤气分布，提高料柱透气性和煤气利用率。在软熔带区域，焦炭层形态发生较大变化，矿石层以软化熔融状态存在，而焦炭层则转化为软熔带中的焦窗，是上升煤气穿透软熔带的主要通道，也是支撑软化熔融层和上部块状带的骨架。在滴落带区域，焦窗转化为中心压实层和边缘疏松层，边缘疏松层焦炭连续不断地下落到风口回旋区，成为焦炭燃烧的供应源；而中心压实焦炭则形成死焦柱，成为渣铁液滴滴落的渗透床。在渣铁储存区，焦炭形成浸浮在炉缸中的死焦柱，支撑着高炉上部的料柱。由此可见，焦炭在高炉内部的各区域内，始终以固态存在，但焦炭聚积的物理形态发生了较大的变化，从分层状态逐渐演变为相对静止的死焦柱。与此同时，由于高炉内高温区碳素溶解反应的存在，使焦炭在下降过程与煤气中的 CO_2 发生反应，焦炭粒度变小，强度变差，因此，大型高炉对焦炭冶金性能又提出了更高的要求。表 4-6 给出了不同容积的高炉焦炭质量要求，表 4-7 列出了不同容积的高炉焦炭质量和应用实践，表 4-8 列出了我国大型高炉的入炉焦炭质量要求。

表 4-6 不同容积高炉焦炭质量要求

高炉容积级别/m³	1000	2000	3000	4000	5000
焦炭灰分 A_d/%	≤13	≤13	≤12.5	≤12	≤12
焦炭硫含量 TS/%	≤0.7	≤0.7	≤0.7	≤0.6	≤0.6
抗碎强度 M_{40}/%	≥78	≥82	≥84	≥85	≥86
抗磨强度 M_{10}/%	≤8.0	≤7.5	≤7.0	≤6.5	≤6.0
反应后强度 CSR/%	≥58	≥60	≥62	≥65	≥66
反应性指数 CRI/%	≤28	≤26	≤25	≤25	≤25
粒度组成/mm	>5~20 (不包括5)	>5~25 (不包括5)	>5~25 (不包括5)	>5~25 (不包括5)	>5~30 (不包括5)
大于粒度组成上限的比例/%	≤10	≤10	≤10	≤10	≤10
小于粒度组成下限的比例/%	≤8	≤8	≤8	≤8	≤8

表 4-7 不同容积的高炉焦炭质量和应用实践

高炉容积/m³	1000~2000	2000~3200	4000	5500
对焦炭指标的要求	唐钢： A_d<14% TS<0.7% M_{40}>75% M_{10}<7% 本钢： A_d<14% TS<0.65% M_{40}>78% M_{10}<7%	武钢： A_d<14% TS<0.7% M_{40}>80% M_{10}<7% 鞍钢： A_d<14% TS<0.7% M_{40}>80% M_{10}<7.0%	宝钢： A_d<13% TS<0.6% M_{40}>85% M_{10}<6% CRI<26% CSR>66% MS：40~50mm	首钢京唐： A_d≤11.5% TS<0.6% M_{40}≥89% M_{10}≤6% CRI≤23% CSR≥68% 粒度:25~60mm >60mm 两级

续表4-7

高炉容积/m³	1000~2000	2000~3200	4000	5500
实际入炉焦炭指标	唐钢： $A_d = 12.27\%$ $TS = 0.57\%$ $M_{40} = 81.71\%$ $M_{10} = 6.93\%$ $CRI = 26.7\%$ $CSR = 65.7\%$ 本钢： $A_d = 12.44\%$ $TS = 0.57\%$ $M_{40} = 78.84\%$ $M_{10} = 7.84\%$ $CRI = 25.8\%$ $CSR = 59.8\%$	武钢[10]： $A_d = 12.63\%$ $TS = 0.70\%$ $M_{40} = 88.90\%$ $M_{10} = 5.30\%$ $CRI = 25.68\%$ $CSR = 66.80\%$ 鞍钢： $A_d = 12.46\%$ $TS = 0.55\%$ $M_{40} = 79.6\%$ $M_{10} = 6.8\%$ $CRI = 24.5\%$ $CSR = 54.5\%$	宝钢： $A_d = 11.31\%$ $TS = 0.5\%$ $M_{40} = 88.97\%$ $M_{10} = 5.53\%$ $CRI = 23.89\%$ $CSR = 68.94\%$ 太钢： $A_d = 12.20\%$ $M_{40} = 89.22\%$ $M_{10} = 5.38\%$ $CRI = 24.86\%$ $CSR = 69.88\%$	首钢京唐： $A_d = 11.9\%$ $TS = 0.66\%$ $M_{40} = 91\%$ $M_{10} = 5.5\%$ $CRI = 22.6\%$ $CSR = 69.3\%$ 粒度:25~60mm >60mm 两级

表4-8 大型高炉的入炉焦炭质量要求

项　目		4000m³ 级高炉	5500m³ 级高炉
灰分 A_d/%		≤11	≤11.5%
抗碎强度 M_{40}/%		≥81	≥89
抗磨强度 M_{10}/%		≤7.0	≤6.0
粒度范围/mm		25~75	25~80
粒度组成/%	<25mm	≤11	25~60mm
	>75mm	≤17	>60mm
平均粒度 MS/mm		40~60	40~60
反应性指数 CRI/%		<26	≤23
反应后强度 CSR/%		>65	≥68

由此可见，高炉大型化对精料的要求更高，特别是焦炭的冶金性能是大型高炉生产稳定顺行的重要基础。除了常温强度之外，还要重视焦炭的反应性和反应后强度。由于焦炭下降过程中在高温区发生碳素溶解反应，使焦炭粒度变小、孔

壁变薄、强度下降，在风口回旋区高透气流带动焦炭剧烈回旋运动，磨损焦炭，粉焦量增加，导致风口回旋区煤气压力增加，中心死焦柱透气性和透液性恶化，导致高炉边缘气流发展和炉缸中心堆积，渣铁难于向下渗流，在大喷煤操作条件下，加之未燃煤粉在高炉内的作用，会进一步恶化炉况破坏高炉顺行。太钢5号高炉（4350m³）近年生产实践证实[11]，焦炭热态性能指标 CSR 和 CRI 对高炉焦比、煤比和燃料比影响显著，特别是在焦炭负荷高、低焦比、高煤比生产时要保持炉况长期稳定顺行，必须具有稳定的焦炭常温强度和热强度作为基础；而且焦炭热强度 CSR 与高炉透气性呈正相关性，在高煤比、高产量的生产状况下，炉腹煤气量指数不断增高的过程中，良好的焦炭热强度能较好地改善高炉透气性，促进高炉稳定顺行。

综上所述，高炉有效高度主要取决于高炉有效容积和焦炭的冶金性能，这也是高炉容积扩大以后，有效高度并非呈线性增加的主要原因。有效高度决不能不顾焦炭质量，为追求煤气热能、化学能的利用而有意增加有效高度；也不能为"强化冶炼、促进顺行"而人为缩短有效高度。人为增加或减小高炉有效高度对高炉生产都会带来不利的影响，在这方面，国内外高炉炉型设计与生产实践中都有过惨痛的教训。高炉有效高度实质上是下降炉料和上升煤气在高炉内的行程，对于 2000~5800m³ 高炉，有效高度基本维持在 24~32m 的范围内。图4-13是笔者统计了近30年来，国内外新建或大修改造建成投产的近200座大型高炉有效高度的变化趋势。

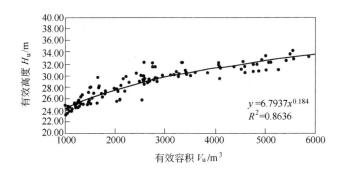

图4-13　高炉有效高度的变化趋势

4.4.3.3　炉缸直径

炉缸是高炉最重要的部位。首先，炉缸风口回旋区反应既是高炉冶炼过程的开始，又是高炉冶炼过程的终结，风口前燃料的燃烧和炉缸工作对高炉冶炼过程极为重要；其次，炉缸是液态渣铁储存区，直接还原、渗碳、脱硫和硅氧化以及渣铁界面间耦合反应均发生在炉缸，炉缸反应是固、液、气、粉体多相态共存的一系列物理化学复杂反应的集成；第三，炉缸是高炉渣铁储存区，渣铁流动与排放对炉缸炉底内衬侵蚀破坏严重，炉缸炉底的工作寿命至今仍是决定高炉寿命的关键因素。

炉缸风口回旋区燃料燃烧为高炉冶炼提供了热能和化学能，是整个高炉冶炼过程的起始反应，也是整个高炉冶炼过程的"驱动器"。燃料燃烧形成高温煤气，是加热炉料的传热介质和矿石还原的还原剂，同时，焦炭燃烧为炉料下降创造了先决条件，腾出了炉料下降的空间。因此，风口回旋区的大小及其分布对煤气流沿高炉圆周方向和半径方向的分布、炉料下降状况及其分布具有极其主要的影响。要求风口回旋区沿高炉圆周方向分布均匀，在半径方向大小适当，炉缸煤气分布均匀，炉缸活跃，热量充沛，下料流畅、均匀、平稳是高炉正常操作的前提。

高炉正常生产要满足3个基本条件：（1）炉况稳定顺行；（2）煤气流分布合理；（3）炉缸工作良好。其中，煤气流合理分布是核心，特别是炉缸初始煤气流的分布，不仅决定了炉缸工作状态，同时也主导了高炉中上部软熔带和块状带的二次和三次煤气流分布，是保证高炉稳定顺行的基础。高炉煤气流的初始分布，主要取决于燃烧带，即风口回旋区。决定风口回旋区大小、形状和分布特性的是高炉鼓风动能。

对于炉缸直径较大的高炉，不易吹透中心，要控制足够的鼓风动能，以确保中心煤气流的稳定和中心焦炭的活性，防止炉缸堆积，确保高炉稳定顺行和长寿。

炉缸工作是否均匀，取决于风口回旋区的大小和分布，也就是煤气流的初始分布。决定风口回旋区结构的影响因素主要是鼓风动能和燃烧反应的速率。鼓风动能是高炉操作的重要参数，与炉缸直径密切相关，炉缸直径增大，鼓风动能相应提高。

鼓风动能是指高炉风口前单位时间内鼓风所具有的能量，其数值表示鼓风克服风口前料层阻力、向炉缸中心穿透的能力。一定炉缸直径的高炉，就决定了其所需的一定范围的鼓风动能。因此，在一定范围内，能确保高炉稳定顺行并取得良好技术经济指标的鼓风动能就是高炉合理的鼓风动能。

应该指出，炉缸直径并不直接影响风口回旋区的大小、分布和鼓风动能的高低，但却存在关联关系。炉缸直径增大的同时风口数目增加，燃烧焦炭量增多，风口回旋区在炉缸断面上分布更趋均匀，形成环状燃烧带，回旋区在炉缸断面上的面积增加，炉缸工作均匀，煤气分布合理，下料顺畅。这也是高炉内型经验公式中为何通过炉缸断面燃烧强度确定炉缸直径的理论基础。大型高炉生产实践证实，风口回旋区的截面积占整个炉缸截面积50%左右时，高炉顺行状况最优[12]。

炉缸直径是高炉内型设计中最为关键的核心参数，高炉内型的其他参数都直接或间接与炉缸直径具有关联关系。欧美等国甚至直接采用炉缸直径替代高炉容积以表征高炉的大小，采用炉缸单位截面积的产铁量替代高炉容积利用系数，以表征高炉生产效率，由此可见炉缸直径的重要性。确定合理的炉缸直径应考虑以下要素：

(1) 应遵循高炉冶炼规律，有利于炉缸风口回旋区在高炉周围方向和半径方向的均匀分布，为高炉顺行创造先决条件。确定合理的炉缸直径宜根据经验公式进行初步估算，同时可以参考同等生产规模的高炉炉缸断面利用系数等参数进行校验。确定炉缸直径同高炉有效容积一样，是综合分析、优化比较、权衡比选、合理抉择的结果。

(2) 炉缸直径应与合理的鼓风动能相适应。炉缸直径扩大以后，高炉容易产生中心堆积，需要发展中心气流以吹透中心。合理的鼓风动能，将使煤气在整个炉缸圆周断面的分布更加均匀合理，炉缸工作更加活跃。对于大型高炉而言，炉缸直径增大，要具有足够的鼓风动能吹透中心，以保证良好的炉缸工作状况。鼓风动能过小，气流吹不透燃料中心，容易造成炉缸堆积，边缘气流发展，而且炉缸热均匀性、死焦柱透气性及透液性变差，铁水环流加剧，炉缸侧壁温度上升，炉芯温度下降，炉缸内衬侵蚀严重，最终将影响高炉的一代寿命；而鼓风动能过大，则炉缸中心料柱过吹，焦炭容易被强大的气流搅碎、压实，使死焦柱透气性和透液性变差，同时还会使中心煤气流相互扰动，造成煤气流分布的紊乱。

(3) 炉缸直径应与风口数量相匹配。现代高炉和传统高炉相比，容积相同或相近的条件下，炉缸直径呈扩大的趋势，这也是高炉向径向扩大的一种趋向和特征。炉缸直径扩大以后，风口数量增加，为改善炉缸工作状态创造了有利条件。现代高炉风口数量一般为偶数，其目的主要是工程设计中结构对称性均匀，有利于炉体和炉前系统的工艺布置，同时有利于炉缸内部周向和径向的均匀性。风口数量应根据风口间距确定，一般为 1.0 ~ 1.25m，风口数量过多或过少都会对炉缸工作产生负面影响。

(4) 炉缸直径应与风机能力相匹配。鼓风机是高炉重要的动力设备，是高炉生产不可或缺的动力源。炉缸风口回旋区的鼓风动能是高炉生产操作的重要参数，也是高炉下部调剂的基础参数。炉缸直径必须与适宜的鼓风动能相适应，也就是与鼓风机的风量、压力等参数相适应。炉缸直径过大而鼓风动能不足时，风口回旋区变短，中心死焦柱呆滞，边缘煤气流发展，造成高炉边缘负荷轻，煤气利用率降低，而且炉衬和冷却器长期受高温煤气流的热冲击，造成热负荷和热流强度升高，不利于保护性渣皮的黏结，造成工作寿命缩短。而炉缸直径过小，鼓风机能力得不到充分发挥，造成工程投资和运行成本升高。

（5）炉缸直径应与渣铁流动与排放特性相适应。炉缸上部是风口回旋区，是燃料燃烧的区域，下部是高温液态渣铁的储存区，中间是沉浸在液态渣铁中的死焦柱。高炉出铁时，铁水的流动与炉缸中的死焦柱形态、大小和性能有关，同时与炉缸直径、炉缸高度、死铁层深度等高炉内型参数相关。理论研究和实验模拟证实，适当扩大炉缸直径有利于扩大渣铁的流通通道，有利于渣铁排放，可以有效抑制炉缸铁水环流和炉缸炉底象脚状异常侵蚀。

图4-14所示为高炉炉缸直径与高炉有效容积的关系。由图4-14可以看出，炉缸直径与高炉有效容积的相关性较强，高炉容积越大，炉缸直径也相应增大，这也是欧美等国采用高炉炉缸直径来表征高炉大小的原因。图4-15所示为高炉容积与炉缸截面积的比值与高炉容积的关系。由图4-15可以看出，随着高炉有效容积的增加，V_u/A 相应增加，有效容积 $1000 \sim 5800 m^3$ 大型高炉的 V_u/A 一般为 $22 \sim 30$。图4-16和图4-17所示为高炉炉缸容积与高炉有效容积的关系。由图可以看出，随着高炉容积的增加，高炉炉缸容积相应增加，而且其相关性很强，高炉炉缸容积一般为高炉有效容积的 $14\% \sim 18\%$ 左右。

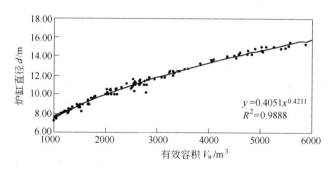

图4-14　高炉炉缸直径与高炉有效容积的关系

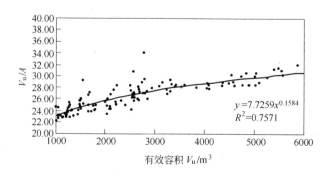

图4-15　高炉有效容积与高炉炉缸截面积的比值与高炉有效容积的关系

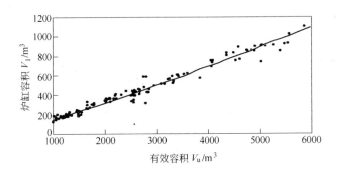

图4-16 高炉炉缸容积与高炉有效容积的关系

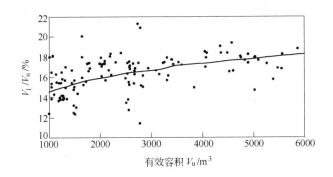

图4-17 高炉炉缸容积与高炉有效容积的比值关系

4.4.3.4 炉腰直径

炉腰是高炉径向尺寸最大的部位。高炉解剖研究证实,高炉软熔带处于炉腰部位,在此区间炉腹煤气穿透软熔带焦窗向上排升,煤气流上升阻力增加,高炉透气性变差。因此,适当扩大高炉炉腰直径,有利于降低煤气上升阻力,改善炉料下降状况,从而促进高炉顺行。扩大高炉炉腰直径是20世纪末期以来国内外高炉内型演化最显著的特征之一,也是高炉大型化、扩大高炉有效容积的一个重要途径。另外,由于现代薄壁高炉的出现,使炉腹至炉身的冷却结构发生了重大变革,特别是铜冷却壁的大量采用,使高炉内型设计在传统的设计理念的基础上呈现出新的发展趋势。

在高炉冶炼过程中,炉料在炉身下部位开始软化熔融而形成软熔带,无论软熔带的形状与位置如何变化,炉腰部位始终是软熔带存在的区域;上升的煤气流在穿透软熔带时发生二次分布,因此炉腰是高炉冶炼进程中传热、传质和动量传输以及还原及渗碳反应集中发生的区域。而且在高炉结构上,炉腰具有承上启下的作用,上部与逐渐扩张的炉身相接,下部与迅速收缩的炉腹相连,是宏观上将高炉划分为"干区"和"湿区"的过渡区间。

　　高炉炉腰直径是高炉内型参数中最重要的参数之一，与之相关的炉身角和炉腹角也是现代高炉内型设计最重要的参数之一。图4-18所示为高炉炉腰直径与高炉有效容积的关系。由图可见，高炉炉腰直径与高炉容积相关性很强，基本呈线性变化趋势，显而易见，高炉容积扩大则炉腰直径相应增加，而且其变化规律不同于高炉有效高度与高炉容积的变化关系，足以证实现代高炉容积的增加主要是通过扩大径向尺寸实现的，这种变化规律揭示了现代高炉内型演化发展的趋势，也反映了高炉工作者对现代高炉冶炼过程的基本认识。

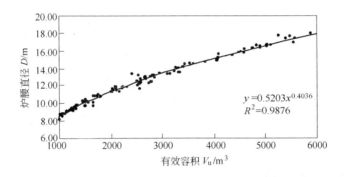

图 4-18　高炉炉腰直径与高炉有效容积的关系

　　20世纪末期，基于对高炉炉体无过热冷却系统的研究开发，铜冷却壁大规模推广应用，现代薄壁高炉应运而生[13]。以无过热、高效率为技术特征的铜冷却壁主要应用在高炉炉腹、炉腰和炉身下部，由于铜冷却壁具有优异的传热学特性，可以承受高炉高热负荷的热冲击，在高炉极限热流强度下仍可满足快速黏结渣皮的要求，而且在漫长的炉役期间，并不依靠耐火材料的保护，具有铸铁冷却壁和铜冷却板无可比拟的技术优势。采用铜冷却壁由于其传热特性和结构特性与采用铸铁冷却壁发生了本质性的变化，炉体设计理念和设计结构也发生了根本变化。同时，出于降低工程投资的考虑，采用铜冷却壁的高炉普遍采用薄壁内衬结构，甚至不少高炉取消了内衬，仅在铜冷却壁热面喷涂一层50~100mm的不定型耐火材料，以保护铜冷却壁在高炉开炉初期免受装料过程中炉料的机械磨损。目前铜冷却壁的厚度仅为90~120mm，而采用双排水管冷却的铸铁冷却壁厚度一般约为300~350mm，而且铸铁冷却壁热面还必须维持345~575mm的砖衬，而采用铜冷却板时，则必须维持一定的砖衬厚度。图4-19所示为20世纪90年代采用铸铁冷却壁的炉体结构，图4-20所示为采用铜冷却壁的炉体结构，图4-21所示为典型的采用薄壁内衬高炉的炉体结构。

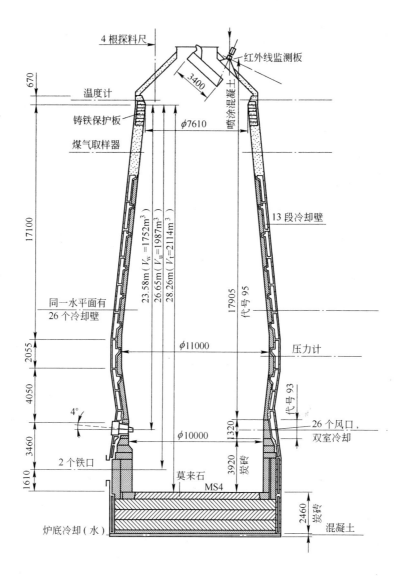

图4-19 20世纪90年代采用铸铁冷却壁的炉体结构（单位为mm）

由图可知，对于采用铜冷却壁的薄壁高炉而言，高炉内型设计就不能沿用传统的厚壁高炉的观念，特别是高炉炉腰直径的确定。厚壁高炉开炉投产以后，在一定时期内高炉内衬随着高炉生产会出现侵蚀减薄，逐渐形成高炉操作内型并维持一定的时间，高炉内衬侵蚀后形成的操作内型与原来的设计内型具有较大的差异，最主要的变化是高炉炉腰直径扩大，炉身角和炉腹角则相应变小。在此期间内高炉生产操作稳定顺行，一般都会取得较好的生产操作指标，但随着高炉寿命的延长，高炉内衬侵蚀加剧，通过高炉冶炼而形成的合理操作内型遭到不可逆

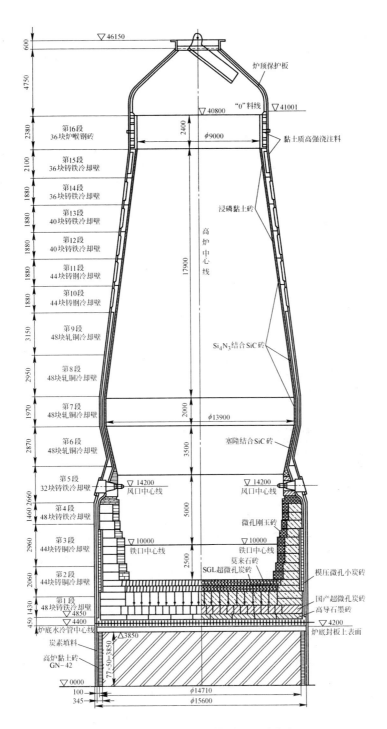

图 4-20　采用铜冷却壁的炉体结构（单位为 mm）

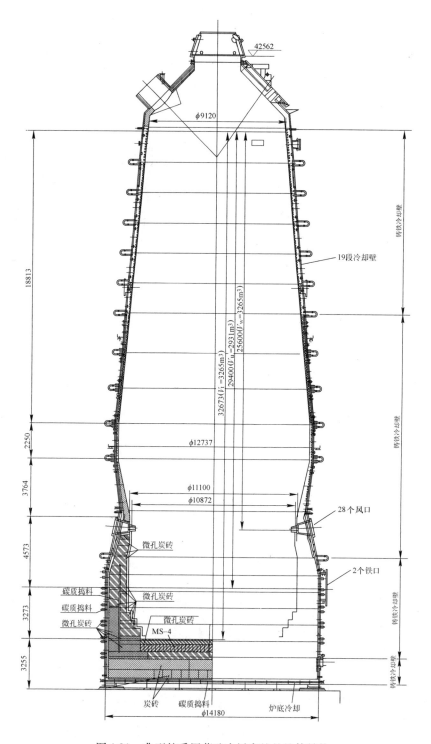

图 4-21 典型的采用薄壁内衬高炉的炉体结构

转的破坏，此时高炉操作内型的恶化对于炉料分布、煤气流分布、煤气利用和炉况顺行等将产生负面影响，高炉生产操作指标也明显下降，这是厚壁高炉一代炉役的生命周期中高炉内型变化的客观规律。为应对高炉操作内型恶化，不少企业采取了高炉定期喷补或压浆造衬的措施以修复高炉操作内型。大量实践证实，在采用内衬喷补或压浆造衬等措施使高炉操作内型修复以后，高炉在一定时期内仍会获得较好的生产操作指标，这也从另一个侧面印证了合理的高炉内型对高炉冶炼的影响和重要意义。

而采用铜冷却壁的薄壁高炉，由于其特有的薄壁结构技术特征，在高炉开炉以后很短时间内便形成了操作内型。特别是在炉腹至炉身下部采用铜冷却壁的部位，铜冷却壁热面的耐火材料在高炉开炉后很快消失，主要依靠铜冷却壁热面反复"脱落—生成"的渣皮作为炉衬工作，因此可以近似的认为铜冷却壁热面的轮廓线即为实际高炉的操作内型[14]。换而言之，薄壁高炉的设计内型与操作内型差异较小，因此，对于薄壁高炉而言，高炉设计内型的科学合理对于高炉生产和高炉长寿都具有更为重要的意义。

现代薄壁高炉的设计内型，炉腰直径的确定如果沿用厚壁高炉的设计理念，就会造成高炉操作内型炉腰直径偏小，而炉身角和炉腹角偏大，对高炉冶炼进程的顺行造成不利影响。由于高炉设计内型不合理，甚至造成高炉边缘气流过分发展，炉体热负荷和热流强度急剧升高，即便采用铜冷却壁也不能形成稳固的保护性渣皮，渣皮频繁脱落和再生对高炉炉况顺行仍会造成破坏，更不利于延长高炉寿命。图 4-22 和图 4-23 分别为高炉炉腹角、炉身角与高炉炉腰直径的关系。

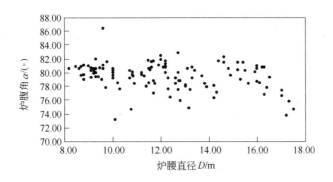

图 4-22　高炉炉腹角与炉腰直径的关系

4.4.3.5　高径比

高炉高径比（H_u/D）是高炉有效高度与炉腰直径的比值。早在 1872 年，法国炼铁学家 L·格留涅尔对当时的高炉内型进行了研究，提出了高炉高径比的概念和 H_u/D 的合理范围，成为影响深远的高炉内型设计准则。尽管他在当时提出

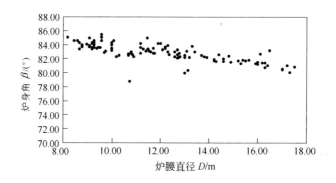

图 4-23 高炉炉身角与炉腰直径的关系

的高径比数值现在已不适用，但是用高径比来评价高炉内型的合理性已成为人们遵守的设计准则。

如前所述，现代高炉内型一个重要的发展趋势是矮胖化，即降低 H_u/D。换而言之，高炉大型化以后，有效高度并非随高炉有效容积的扩大而增加，与此相反，$4000m^3$ 以上高炉的有效高度则相对变化平缓，在一定范围内波动，高炉容积的扩大呈径向发展，即不断扩大炉缸直径和炉腰直径。有效高度与炉腰直径的关系近似直线关系。高炉容积越大，炉腰直径越大，而 H_u/D 则越小。现代高炉的 H_u/D 一般在 $1.9 \sim 2.6$ 之间。图 4-24 所示为高炉高径比与高炉有效容积的关系。

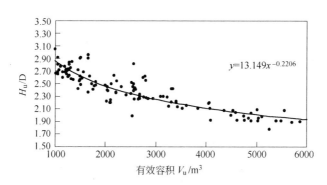

图 4-24 高炉高径比与高炉有效容积的关系

当时，格留涅尔提出高径比的概念也仅限于统计学的范畴，并未给出具体的物理意义。就在格留涅尔提出高炉高径比概念 10 年以后的 1883 年，英国科学家雷诺（Reynold）进行了著名的雷诺试验，研究了液体运动的状态，并将液体在管道中的流动划分为层流流动、湍流流动和过渡状态，解析了液体流动的特征，提出了雷诺数的概念，并以此来判定液体的流动状态，从而也构建了现代传输理论基础。

液体在管道中流动，其阻力损失可以表示为：

$$\Delta P = \lambda \, \frac{L}{d} \frac{\rho v^{-2}}{2} + \xi \frac{\rho \bar{v}^{-2}}{2} \tag{4-7}$$

式中 ΔP——阻力损失，N/m^2；

       λ——摩擦阻力系数；

       L——管道直径，m；

       d——管道（当量）直径，m；

       ρ——流体体积密度，kg/m^3；

       $\bar{v}$——流体的平均流速，m/s；

       ξ——局部阻力系数。

由式（4-7）可以得出，对于液流体在管道中流动的沿程阻力损失与管道的长径比 L/d 有关，其值越小则沿程阻力损失越小，从而降低管道长径比 L/d 可以降低管道内的摩擦阻力损失，而降低液体速度则更有利于降低沿程阻力损失和局部阻力损失。

当然，式（4-7）所描述的是经典的管道中流动的阻力损失，这种管道内的流动状态与高炉冶炼过程煤气的流动有很大的差异，也不能用式（4-7）来解析计算高炉冶炼过程的煤气阻力损失。

高炉是气体、固体、液体和粉体多相流共存的反应器，具备热能和化学能的煤气流，在与固体料流和液态渣铁流的逆向运动中完成了动量传输和传热、传质过程，其中以动量传输为特征的多相流体的力学过程乃是冶炼的基础过程，这些冶金传输过程决定了高炉冶炼能否稳定顺行和热能与化学能能否充分利用，这也是高炉冶炼强化的核心关键问题。

描述煤气在料柱中的基本运动方程是著名的欧根（Ergun）方程：

$$\frac{\Delta P}{H} = 150 \times \frac{\mu v_0 (1 - \varepsilon)}{(\phi d_p)^2 \varepsilon^3} + 1.75 \times \frac{\rho v_0^2 (1 - \varepsilon)}{\phi d_p \varepsilon^3} \tag{4-8}$$

式（4-8）右侧第一项表示黏性力造成的阻力损失，与 v_0 的一次方成正比，在层流状态下起主导作用；第二项则表示由运动动能引起的压力损失，与 v_0 的平方成正比，在湍流状态下起主导作用。在实际高炉冶炼中，煤气运动处于湍流状态，因此，计算时可将第一项忽略。简化为：

$$\frac{\Delta P}{H} = 1.75 \times \frac{\rho v_0^2 (1 - \varepsilon)}{\phi d_p \varepsilon^3} \tag{4-9}$$

式中 ΔP——料柱阻力损失，N/m^2；

  H——料柱高度，m；

  μ——煤气的黏度，$Pa \cdot s$；

  v_0——煤气的表观（空炉）流速，m/s；

  ε——炉料的孔隙度；

  ϕ——炉料颗粒的形状系数，为与颗粒体积相等的球体表面积与所求颗粒表面积之比的比值，球形的形状系数为1；

  d_p——炉料的平均粒径，m。

欧根方程是描述流体流经移动填充床阻力损失的经典方程，是用于解析高炉冶炼过程上升煤气穿透炉料最广泛的动力学方程。由式（4-9）中可以得出，煤气上升时的阻力损失除了与炉料的物理特性有关外，炉料的孔隙度、煤气平均流速是影响煤气阻力损失的重要因素。而阻力损失与料柱高度也呈正相关关系，即料柱高度越高，阻力损失越大，这也为高炉生产实践所证实。

用于欧根方程的煤气表观流速也称为空炉流速 v_0，该值表征的是在高炉断面上上升煤气的平均线速度，也可理解为高炉空炉状态下的煤气平均流速。

煤气表观流速可由下式计算：

$$v_0 = \frac{V_{BG}}{60} \frac{p_0}{p} \frac{T}{T_0} \frac{1}{S} \tag{4-10}$$

式中 V_{BG}——炉腹煤气量，m^3/min；

  p_0——标准状态下的绝对压力，MPa；

  p——高炉内的平均绝对压力，可取炉顶压力和风口前鼓风压力的平均值，MPa；

  T_0——标准状态下的绝对温度，K；

  T——高炉内的平均温度，可取炉顶温度和风口前回旋区温度的平均值，K；

  S——高炉当量断面积，m^2，表达式如下：

$$S = \varepsilon V_w / H_w$$

  ε——炉料填充系数；

  V_w——高炉工作容积，m^3；

  H_w——高炉工作高度，m。

4.5 现代高炉内型设计

随着现代高炉炼铁技术进步，为延长高炉寿命炉体结构发生了很大的变化。

基于传热学理论，采用高效冷却系统和无过热冷却器、减薄内衬厚度、构建永久性内衬成为当今高炉炉体设计的主流技术趋势。高炉内型设计的关键环节是使高炉在生产过程中具有合理的操作内型，有利于高炉生产的稳定顺行，有利于改善高炉透气性和透液性，有利于获得合理的煤气流分布，从而获得高效低耗、节能长寿的综合技术经济指标。在漫长的一代炉役中，高炉操作内型表面应平滑规整，依靠高效的冷却系统能够形成光滑均匀且稳定固结的保护性渣皮，既不出现局部的异常侵蚀，也不应局部结厚、黏结而造成高炉下料不顺。21世纪初期新建或大修改造高炉的炉体结构的主要特征可以概括为：

（1）采用软水（或纯水）密闭循环冷却系统，消除冷却水管结垢，提高炉体冷却效率，降低水资源消耗。

（2）炉缸炉底侧壁普遍采用冷却壁冷却方式，炉缸喷水冷却或夹套式冷却在新建或大修改造的高炉上已鲜有采用。炉缸采用"软水密闭循环—冷却壁"的冷却系统，显著提高了冷却效率，大幅度降低了水消耗，有效延长了炉缸炉底寿命。部分大型高炉在炉缸炉底交界处象脚状异常侵蚀区以及铁口区周围还采用了铜冷却壁。

（3）21世纪新建或大修改造的国内外大部分大型高炉在炉腹至炉身下部关键区域普遍采用铜冷却壁，部分高炉采用密集式铜冷却板，少数高炉仍采用球墨铸铁冷却壁。

（4）大部分高炉炉身中上部区域采用铸铁冷却壁，部分大型高炉仍采用密集式铜冷却壁。炉身上部至炉喉钢砖下沿采用C形水冷却壁结构，部分高炉的炉喉钢砖也采用水冷结构。对于炉腹至炉身下部采用铜冷却壁的大部分高炉，其炉身中上部的铸铁冷却壁取消了凸台结构，铸铁冷却壁仍采用双排冷却水管结构。

（5）炉缸炉底内衬采用高导热、高性能、高质量炭砖，炉底采用满铺大块炭砖、微孔炭砖、超微孔炭砖，为增加炉底的导热性，不少高炉在炉底水冷管之上采用高导热石墨砖或高导热炭砖。炉缸侧壁采用热压小块炭砖、微孔炭砖或超微孔炭砖，炉底满铺炭砖之上采用优质陶瓷质材料，部分高炉还采用了陶瓷杯结构。无论采用何种内衬结构，炉缸侧壁和炉底内衬厚度都呈现明显的减薄趋势。

（6）炉腹至炉身的内衬结构变化最大。采用铜冷却壁的高炉，大部分取消了独立的内衬结构，由冷却壁热面的镶砖和喷涂料取代了传统高炉的内衬，形成具有时代特征的薄壁内衬结构。采用密集式铜冷却板的高炉，在炉腹至炉身下部一般采用石墨、石墨—Si_3N_4-SiC组合、Si_3N_4-SiC或Sialon-SiC等导热型耐火材料，砖衬厚度约为700~800mm，与采用铜冷却壁的"无独立砖衬结构"相比，显然采用铜冷却板的高炉仍是典型的"厚壁内衬"结构。由于铜冷却壁的快速

推广应用，使高炉风口区以上炉体结构发生了巨大的变革，风口区以上薄壁内衬
或无衬结构的高炉内型设计也不同于传统结构的高炉，这是当今优化高炉内型设
计的一个重点课题。

4.5.1　现代高炉内型的发展趋势

由于现代高炉冶炼技术和炉体结构的重大变化，高炉内型也随之变化。如
前所述，高炉一代炉役期间保持合理的操作内型是实现高炉长寿的关键，优化
高炉内型设计以适应高炉原燃料条件、冶炼条件、炉体结构的变化已成为必然
选择。笔者研究分析了近 30 年来国内外近 200 座新建或大修改造的大型高炉
内型及生产运行情况，从中可以得出现代高炉内型设计的一些特征和发展变化
趋势。

合理的高炉炉型是实现高炉稳定顺行、高效低耗和延长寿命的重要技术基
础。21 世纪大型高炉炉型具有显著的时代特征，同 20 世纪建成投产的大型高
炉相比，高炉炉型设计根据现代高炉冶炼过程传热、传质、动量传输和物理化
学反应原理，结合原燃料条件、操作条件和炉体结构，以提高炉料透气性、改
善煤气能量利用、促进高炉稳定顺行为目的进行设计优化。其主要技术特
征是[15,16]：

（1）随着高炉容积的扩大，有效高度变化趋缓，高径比进一步降低。高炉
有效高度维持在 30 ~ 33m，高径比均降低到 2.0 以下。日本住友公司鹿岛厂于
2004 年 9 月移地新建的新 1 号高炉建成投产，高炉容积为 5370m³，这座高炉是
日本近 10 年来唯一新建的巨型高炉。该高炉的高径比为 1.78，成为目前世界上
最矮胖的巨型高炉。

（2）为抑制炉缸铁水环流和炉缸炉底象脚状异常侵蚀，使高炉寿命达到 20
年以上，适度增加了死铁层深度，死铁层深度均达到 3m 以上，约为炉缸直径的
20% ~ 25%。

（3）炉缸直径和炉缸高度适度加大。大部分巨型高炉的炉缸直径达到 15m
以上，炉缸高度达到 5m 以上，高炉炉缸容积约为高炉有效容积的 15% ~
20%。

（4）炉腰直径加大，炉身角和炉腹角缩小。新世纪巨型高炉采用强化冷却
的薄壁内衬技术，注重高炉设计内型与操作内型的趋同，改变了传统的厚壁内
衬高炉内型设计理念，不再依靠侵蚀内衬而形成合理的高炉操作内型，内型设
计以促进高炉稳定顺行、提高料柱透气性、改善煤气分布、提高煤气利用率、
抑制边缘煤气流发展为要素。在高炉有效高度变化不大的情况下，通过扩大炉
腰直径，降低高炉高径比。5000m³ 以上巨型高炉炉腰直径均达到 17m 以上，
炉腹角减小到 74° ~ 79°之间，降低炉腹角有利于炉腹煤气的顺畅排升，而且

有利于在炉腹区域形成稳定的保护性渣皮,保护炉腹区域冷却器、延长炉腹区域的寿命。巨型高炉炉身角降低到80°~81°之间,在炉腹至炉身下部区域采用高效铜冷却壁的条件下,保护性渣皮可以比较稳固地在铜冷却壁热面形成,即使渣皮脱落也能快速形成新的渣皮,形成自保护的"永久性内衬",从而保护铜冷却壁长期稳定工作。因此,在采用高效铜冷却壁的条件下,适当降低炉身角有利于炉料的顺利下降和高炉顺行。表4-9列出了部分21世纪建成投产的巨型高炉的内型参数。表4-10列出了其他不同级别高炉的内型参数。

表4-9 部分21世纪建成投产的巨型高炉内型参数

项　目	首钢京唐 1号	沙钢 5800m³	日本大分 2号	日本鹿岛 1号	日本君津 4号	韩国光阳 4号	韩国唐津 1号
有效容积 V_u/m³	5500	5800	5775	5370	5555	5500	5250
炉缸直径 d/mm	15500	15300	15600	15000	15200	15600	14850
炉腰直径 D/mm	17000	17500	17200	17300	17300	17200	17000
炉喉直径 d_1/mm	11200	11000/11500	11100	11200	10900	11100	11100
死铁层深度 h_0/mm	3100	3200	4294	4500		2953	3700
炉缸高度 h_1/mm	5400	6000	6050	5156	5252	5400	4900
炉腹高度 h_2/mm	4000	4000	4000	4544	4000	4000	4800
炉腰高度 h_3/mm	2500	2400	2500	1800	3000	2600	2500
炉身高度 h_4/mm	18400	18600	18400	17300	18550	17500	17700
炉喉高度 h_5/mm	2500	2200	2625	2000	2200	2000	2500
有效高度 H_u/mm	32800	33200	33575	30800	33002	31500	32400
炉腹角 α	79°22′49″	74°37′26″	78°41′24″	75°47′52″	75°17′30″	78°41′24″	77°22′35″
炉身角 β	81°2′36″	80°50′16″	80°35′17″	80°0′5″	80°12′45″	80°6′48″	80°32′16″
高径比 H_u/D	1.93	1.897	1.95	1.78	1.91	1.83	1.91
风口数/个	42	40	42	40	42	42	42
铁口数/个	4	3	5	4	4	4	4

表 4-10 国内外部分大型高炉内型参数

高炉名称	有效容积 V_u/m³	炉缸直径 d/mm	炉腰直径 D/mm	炉喉直径 d_1/mm	死铁层深度 h_0/mm	炉缸高度 h_1/mm	炉腹高度 h_2/mm	炉腰高度 h_3/mm	炉身高度 h_4/mm	炉喉高度 h_5/mm	炉腹角 α	炉身角 β
首钢首秦1号	1200	8100	9200	6000	1600	3600	3100	2200	13800	2000	79°56′21″	83°23′11″
梅钢1号(第三代)	1250	8100	9300	6400	1500	3450	3400	1600	15100	1800	79°59′31″	84°30′53″
宣钢8号(第二代)	1260	8000	9100	6400	1108	3500	3200	2000	15300	1800	80°14′51″	84°57′27″
鞍钢4号(2000年大修)	1501	8800	10000	6800	1760	3700	3600	2000	14000	2300	80°32′15″	83°28′48″
武钢3号	1513	8600	9600	6600	1124	3200	3200	1800	17300	1900	81°7′9″	85°2′40″
武钢2号(1998年大修后)	1536	8900	10000	6800	1804	3600	3000	1800	16042	2400	79°36′40″	84°18′15″
浦项1号(第二代)	1661	9200	9600	7100		5000	3200	2500	15700	1500	86°25′25″	85°26′52″
美国LTV1号	1683	8891.6	10754	6629		4114.8	3390.9	3352.8	10363	6921.5	74°38′38″	78°44′37″
首钢2号(1991年大修后)	1726	9600	10700	6600	1400	3700	3200	2000	16000	1800	80°14′51″	82°41′55″
首钢新2号(2003年大修后)	1780	9700	10850	6800	1800	4000	3100	2000	15600	2000	79°29′31″	82°36′14″
首钢首秦2号	1800	9700	10850	6800	1800	4000	3100	2000	15600	2000	79°29′31″	82°36′14″
宣钢8号(2009年改造)	2000	10450	11700	8000	2200	4200	3150	1800	14600	2000	78°46′39″	82°46′42″
首钢4号	2100	10400	11550	8150	1600	4350	3400	2200	13950	2000	80°24′3″	83°37′
武钢1号(第三代)	2200	10700	11700	7800	2000	4500	3400	1800	17000	2000	81°38′2″	83°27′23″
比利时根特B高炉	2410	11100	13140	9120	3273	4573	3764	2250	11813	1000	74°50′15″	80°20′36″
宝钢不锈1号	2500	11100	12200	8200	2300	4100	3600	2000	17400	2000	81°18′49″	83°26′34″
宣钢新2号	2500	11400	12750	8100	2500	4500	3400	1800	17000	2000	78°46′15″	82°12′44″
武钢4号	2516	10800	11900	8200	700	3700	3500	2200	18000	2600	81°4′9″	84°7′54″
武钢4号	2516	11200	12200	8200	2004	4500	3400	1900	17400	2300	81°38′2″	83°26′34″

续表4-10

高炉名称	有效容积 V_u/m^3	炉缸直径 d/mm	炉腰直径 D/mm	炉喉直径 d_1/mm	死铁层深度 h_0/mm	炉缸高度 h_1/mm	炉腹高度 h_2/mm	炉腰高度 h_3/mm	炉身高度 h_4/mm	炉喉高度 h_5/mm	炉腹角 α	炉身角 β
首钢1号	2536	11560	13000	8200	2200	4200	3400	2900	13500	1800	78°2′36″	79°55′9″
首钢3号	2536	11560	13000	8200	2200	4200	3400	2900	13500	1800	78°2′36″	79°55′9″
台湾中钢1号(第三代)	2565	10300	11470	8000	2400	3900	4040	2880	19480	2000	81°45′38″	84°54′37″
鞍钢10号(1995年大修)	2580	11050	12200	8200	2000	4100	3600	1700	17900	2360	80°55′30″	83°37′28″
鞍钢11号(第二代)	2580	11500	13000	8400	2000	4100	3600	2000	17500	2300	78°13′54″	82°30′45″
鞍钢新7号	2580	11500	13000	8200	2400	4100	3600	2000	17500	2300	78°13′54″	82°11′27″
首钢迁钢1号	2650	11500	12700	8100	2100	4200	3400	2400	16600	2200	79°59′31″	82°6′41″
韩国浦项1号(第三代)	2746	11000	12100	8000		6150	3400	2800	17500	1500	80°48′40″	83°19′7″
台湾中钢1号(第四代)	2783	10200	12300	8200	2780	3870	4800	2400	19100	2000	77°39′39″	83°52′26″
韩国浦项2号	2797	11000	12300	8000		6150	3400	2800	17550	1500	79°10′37″	83°0′56″
本钢7号	2800	11600	13200	8400	2400	4700	3600	2000	17500	2000	77°28′16″	82°11′27″
法国索拉克福斯1号(第三代)	3091	11800	13090	8800		4700	3900	2600	17600	1230	80°36′32″	83°3′4″
武钢5号(第一代)	3200	12200	13400	9000	1900	4800	3500	2000	17900	2400	80°16′20″	82°59′35″
武钢5号(第二代)	3200	12400	13900	9000	2300	5000	3500	2100	17900	2100	77°54′18″	82°12′22″
武钢6号	3200	12400	13900	9000	2500	5000	3500	2000	17900	2400	77°54′18″	82°12′22″
武钢7号	3200	12400	13900	9000	2500	5000	3500	2000	17900	2400	77°54′18″	82°12′22″
鞍钢新1号	3200	12400	13700	9000	2400	4900	3500	2000	17800	2000	79°28′45″	82°28′44″
鞍钢新2号	3200	12400	14200	9000	2800	4900	3700	1800	17800	2000	76°19′43″	81°41′23″
鞍钢新3号	3200	12400	14200	9000	2800	4900	3700	1800	17800	2000	76°19′43″	81°41′23″
俄罗斯新利别茨克6号	3340	12200	13300	8900	1200	4600	3400	1900	20000	2300	80°48′40″	83°43′21″

续表 4-10

高 炉 名 称	有效容积 V_u/m³	炉缸直径 d/mm	炉腰直径 D/mm	炉喉直径 d_1/mm	死铁层深度 h_0/mm	炉缸高度 h_1/mm	炉腹高度 h_2/mm	炉腰高度 h_3/mm	炉身高度 h_4/mm	炉喉高度 h_5/mm	炉腹角 α	炉身角 β
韩国光阳1号（第一代）	3838	13200	14400	9800	2500	4200	4100	3000	17600	1500	81°40'27"	82°33'16"
马钢三铁1,2号	4000	13500	14800	10000	3000	5100	3900	2200	18000	2000	80°32'15"	82°24'19"
首钢迁钢3号	4000	13500	14900	9600	2900	5100	3800	2700	17800	2000	79°33'45"	81°31'55"
宝钢1号（第二代）	4063	13400	14600	9500	2600	4900	4000	3100	18100	2000	81°28'9"	81°58'50"
宝钢2号（第一代）	4063	13400	14600	9500	1800	4900	4000	3100	18100	2000	81°28'9"	81°58'50"
日本君津3号（第二代）	4063	13600	14600	9500		5160	3700	3300	17230	2500	82°18'14"	81°34'53"
日本仓敷2号（第四代）	4100	13700	15300	10400	2100	5100	4100	2200	16000	1900	78°57'32"	81°17'39"
宝钢3号（第一代）	4350	14000	15200	10100	2985	5400	4000	2600	17500	2000	81°28'9"	81°42'34"
荷兰艾莫伊登7号（第三代）	4450	13830	15625	9800	1810	5000	4392	1910	20115	1000	78°27'2"	81°45'40"
日本福山5号（第二代）	4664	14400	15900	10700	1500	4700	4300	2500	17000	2000	80°6'21"	81°18'16"
宝钢4号	4747	14200	16000	10500	3072	5400	4500	2100	17800	2000	78°41'24"	81°13'3"
太钢5号	4747	14200	16000	10500	3072	5400	4500	2100	17800	2000	78°41'24"	81°13'3"
日本鹿岛2号（第二代）	4766	14600	16000	10800	2000	5100	4200	2500	17500	1500	80°32'15"	81°32'57"
宝钢2号（第二代）	4800	13880	15200	10100	2650	5300	3900	2900	17500	2000	80°23'41"	81°42'34"
日本大分1号	4904	14800	16000	10500		5200	3800	2500	18400	2600	81°1'38"	81°29'58"
乌克兰克里沃罗格2号	5022	14600	16100	10800		4400	3700	1700	20700	3000	78°32'28"	82°42'16"
宝钢新1号（第三代）	5046	14000	15200	10100	2985	5400	4000	2600	17500	2000	81°28'9"	81°42'34"
日本鹿岛3号（第一代）	5050	15000	16300	11200		5100	4000	2800	16900	2400	80°46'12"	81°25'10"
日本鹿岛3号（第二代）	5108	15000	16300	10900		5100	4000	2800	17800	2500	80°46'12"	81°22'29"
俄罗斯切列波维茨5号	5580	15100	16500	11400		5200	3700	1700	21200	2500	79°17'12"	83°8'28"

通过以上研究, 笔者得出了现代高炉内型参数的统计学规律:

炉缸直径 $d = 0.4051V_u^{0.4211}$

炉腰直径 $D = 0.5203V_u^{0.4036}$

炉喉直径 $d_1 = 0.3686V_u^{0.395}$

有效高度 $H_u = 6.7937V_u^{0.184}$

死铁层深度 $h_0 = 0.0872d^{1.3004}$

炉缸高度 $h_1 = 0.4772V_u^{0.2827}$

炉腹高度 $h_2 = 0.8441V_u^{0.183}$

炉腰高度 $h_3 = 0.5843V_u^{0.1647}$

炉身高度 $h_4 = 4.0993V_u^{0.1774}$

炉喉高度 $h_5 = 1.1064V_u^{0.0767}$

高径比 $H_u/D = 13.056V_u^{-0.2197}$

应当指出, 上述统计学回归的数学公式在高炉内型设计时仅作为参考, 高炉设计时应根据高炉的原燃料条件、冶炼条件以及炉体结构对经验公式或统计学公式进行修正, 特别是对于采用铜冷却壁的薄壁内衬高炉, 内型设计时更应根据具体情况进行优化设计, 以获得更为合理的高炉设计内型。

4.5.2 炉缸内型设计

如前所述, 炉缸是高炉冶炼进程的起始和终结, 炉缸内型参数设计也是高炉内型参数设计的基础。炉缸内型设计的重点是确定合理的炉缸直径, 该值关系到整个高炉内型的合理性。确定炉缸直径要综合考虑高炉冶炼条件、炉缸燃烧强度、炉缸截面积利用系数等, 参考近似原燃料条件与冶炼条件的同级别高炉的内型参数, 择优比选、权衡确定。

长期以来, 衡量高炉生产效率一般采用两个技术指标进行评价, 即容积利用系数和冶炼强度。由于炉缸反应是高炉冶炼十分重要的冶金过程, 因此采用高炉炉缸截面积利用系数来衡量高炉生产效率则更具科学性[17,18], 炉缸面积利用系数体现了高炉冶炼的本质特征。

不同级别高炉的容积利用系数和炉缸面积利用系数不同。研究分析表明, $1260m^3$ 高炉容积利用系数为 $2.5 \sim 2.7t/(m^3 \cdot d)$, 炉缸面积利用系数为 $61.16 \sim 66.05t/(m^2 \cdot d)$; $2500m^3$ 高炉容积利用系数为 $2.4 \sim 2.6t/(m^3 \cdot d)$, 炉缸面积利用系数为 $60.93 \sim 66.01t/(m^2 \cdot d)$; $3200m^3$ 高炉容积利用系数为 $2.3 \sim 2.5t/(m^3 \cdot d)$, 炉缸面积利用系数为 $60.98 \sim 66.28t/(m^2 \cdot d)$; $4080m^3$ 高炉容积利用系数为 $2.2 \sim 2.4t/(m^3 \cdot d)$, 炉缸面积利用系数为 $61.51 \sim 67.10t/(m^2 \cdot d)$; $5500m^3$ 高炉容积利用系数为 $2.1 \sim 2.3t/(m^3 \cdot d)$, 炉缸面积利用系数为 $62.04 \sim 67.95t/(m^2 \cdot d)$。在同等冶炼条件下, 小型高炉与大型高炉的容积利用系数不可

进行简单地类比。图 4-25 为 2010 年我国不同级别高炉年平均容积利用系数和年平均炉缸面积利用系数。由图 4-25 中可以看出，随着高炉容积增加，容积利用系数和炉缸面积利用系数，呈现不同的变化趋势。

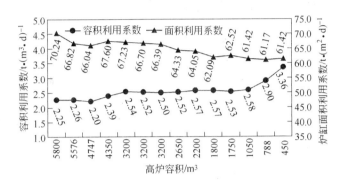

图 4-25 2010 年我国典型高炉的利用系数

现代高炉采用高风温、高富氧、大喷煤、高顶压等强化冶炼措施，炉缸风口回旋区结构、形状及其特性日益受到国内外炼铁工作者的关注，控制合理的风口回旋区是现代高炉操作的重点要素，是使高炉煤气流获得合理分布的根本所在，也是现代高炉下部调剂的关键。合理的炉缸设计不仅要关注炉缸直径的确定，对于炉缸高度、有效容积与炉缸截面积的比值、炉缸容积与高炉有效容积的比值、死铁层深度、风口数量、铁口数量等高炉内型参数均应给予足够的重视。

确定高炉炉缸直径可以按照传统的炉缸燃烧强度的经验公式进行估算，还可以根据高炉炉缸截面利用系数进行推算，现代高炉冶炼条件下，不同级别高炉的炉缸截面积利用系数在 $60 \sim 70t/(m^3 \cdot d)$ 的范围，高炉越大炉缸截面积利用系数就越高，这与容积利用系数正好呈现相反的变化规律。

高炉有效容积与炉缸截面积的比值 V_u/A 是目前受到普遍关注的一个参数。该值表征的是高炉单位炉缸面积所对应的有效容积，该值越大表明高炉单位炉缸面积所具有的高炉有效容积越大。如果将高炉假设为一个圆柱体，将炉缸截面积假设为高炉的"当量截面积"，即为高炉的平均截面积，则 V_u/A 的物理意义实质上就是高炉的"当量高度"。高炉容积越大，V_u/A 也就越大。对于 $1000 \sim 5800m^3$ 的高炉，其值在 $22 \sim 32$ 的范围，这与高炉有效高度的数值十分接近。

近年来，由于高炉冶炼条件的变化和高炉生产效率的提高，大型高炉炉缸高度呈现增加趋势。适宜的炉缸高度为风口回旋区提供了足够的燃烧空间，有利于燃料燃烧动力学条件的改善，为高炉稳定顺行创造了有利条件。20 世纪 80 年代，不少高炉由于炉缸高度不足,在接近出铁时由于炉缸内液态渣铁的蓄积导致液面升高,供风口回旋区工作的空间被压缩,使高炉热风压力增高、风量减小、下料速度减慢,表现为高炉"憋风";高炉延误出铁的情况下,甚至会出现炉况不顺,容易产生悬料、崩料或风口灌渣等炉况失常事故。在高炉出铁过程中,随着炉缸内渣铁的排放,渣铁液面降低,风口回旋区工作所需要的燃烧空间得到恢复,热风压力在较短的时间内迅速恢复到正常水平,高炉容易接受风量,高炉顺行,下料速度加快。这种随着高炉出铁过程的周期性变化,使高炉始终处于波动的工作状态,对高炉稳定顺行影响很大,更不利于高炉强化冶炼,实现高效低耗。图 4-26 所示为高炉炉缸高度与高炉有效容积的关系。

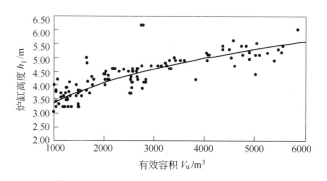

图 4-26　高炉炉缸高度与高炉有效容积的关系

　　理论研究和生产实践表明,合理的死铁层深度是抑制炉缸铁水环流和减轻象脚状异常侵蚀的有效措施,现代高炉死铁层呈现明显的增加趋势,图 4-27 所示为高炉死铁层深度与高炉炉缸直径的关系。

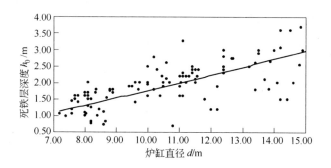

图 4-27　死铁层深度与炉缸直径的关系

4.5.3　炉腹内型设计

　　高炉炉腹是上大下小的漏斗形,处于风口回旋区之上,软熔带根部一般处于炉腹区域，在风口回旋区形成的炉缸煤气和直接还原所生成的 CO 混合形成了炉腹煤气，炉腹煤气由此区域向上排升。现代高炉的炉腹设计具有明显的差异，即便是同级别的高炉，其炉腹角和炉腹高度也差异较大，炉腹角最小的为 73°，而最大的甚至达到了 83°。无论是厚壁内衬或是薄壁内衬的高炉，在高炉开炉以后侵蚀最快的是炉腹上部区域的内衬，这已经被生产实践所证实，尽管在炉腹上部的砖衬消失以后，炉腹区域也能够形成较为稳定的渣皮，保护冷却器免受损坏。为了使渣皮稳定黏结和炉腹煤气顺利排升，现代高炉的炉腹角呈现明显的减小趋势，特别是采用铜冷却壁的薄壁内衬高炉，炉腹角一般低于 80°。在炉缸上部与炉腹下部的炉体结构设计上，要充分考虑风口区铸铁冷却壁与炉腹铜冷却壁的合理衔接，炉腹冷却壁热面所形成的倾角应与炉腹角吻合，不应出现太大的偏离，因为在高炉生产过程中所形成的操作内型与冷却壁热面的位置具有密切的关系，甚至可以说高炉操作内型取决于冷却壁热面的位置。图 4-28 和图 4-29 分别为高炉炉腹角和炉腹高度与高炉有效容积的关系。

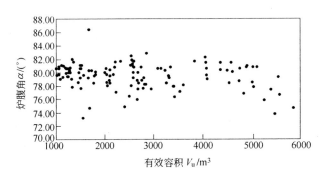

图 4-28　炉腹角与有效容积的关系

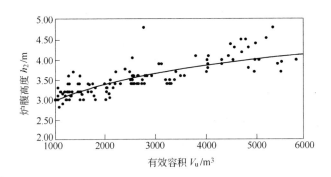

图 4-29　炉腹高度与有效容积的关系

　　现代高炉高风温、高富氧大喷煤，炉腹煤气量变化较大，增加喷煤量炉腹煤气量增加，而鼓风富氧则炉腹煤气量相应降低。炉腹煤气的分布直接影响炉腹的热负荷，对于高富氧大喷煤的高炉，炉腹设计结构也必须适应现代高炉的冶炼特点。早在 20 世纪 70 年代，国外关于炉腹设计就提出了"4×4"原则，即炉腹冷却壁应设置在炉缸风口前端垂直向上 1.22m、水平向炉壳 1.22m 的范围之外，这样可以避免炉腹煤气边缘发展使冷却壁大量烧坏。图 4-30 是高炉炉腹结构设计示意图。

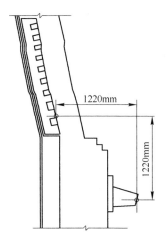

图 4-30 炉腹结构设计示意图

4.5.4 炉腰内型设计

炉腰是高炉径向尺寸最大的部位，软熔带处于此区域。炉腰在高炉中具有承上启下的作用，高炉内的"干区"和"湿区"就是由炉腰和炉身下部的软熔带区分。炉料在炉腰以上的块状带主要以间接还原为主，在下降过程中不断被煤气加热，温度升高、体积膨胀，为了有利于炉料下降和煤气的顺利排升，应扩大高炉径向尺寸，以满足高炉冶炼的要求。而且，由于软熔带的存在使煤气上升的阻力增大，在高炉喷煤量增加、矿焦比增加的条件下，为保持焦窗的透气性，扩大径向尺寸可以使煤气上升通道增加，从而改善高炉透气性、降低料柱阻力损失，使高炉保持稳定顺行。炉腰在高炉冶炼进程的作用不容忽视，首钢在 20 世纪 60 年代的 1 号高炉改造中，曾取消了炉腰、炉腹和炉身直接连接，结果高炉开炉不久，炉腹、炉身区域的冷却壁就大量损坏，而且高炉操作也很难控制，生产指标始终没有达到预期效果。图 4-18 所示为炉腰直径与高炉有效容积的关系，图 4-31 所示为炉腰高度与高炉有效容积的关系，图 4-32 所示为炉腰容积与高炉有效容积的比值关系。

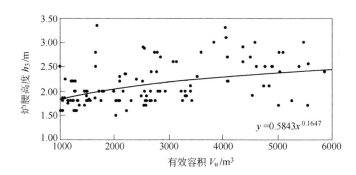

图 4-31 炉腰高度与高炉有效容积的关系

合理的炉腰设计必须重视炉腰直径的确定，通过笔者多年对高炉内型的研究，认为现代高炉炉腰直径的确定应着重考虑炉腰截面积与炉缸截面的比例关系，即

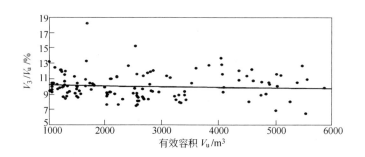

图 4-32 炉腰容积与高炉有效容积的比值关系

D^2/d^2。结合高炉冶炼进程的特征，在炉缸风口回旋区所生成的炉缸煤气，与高温区铁及非铁元素的还原以及碳素溶解反应生成的 CO 混合，在向上运动的进程中形成了炉腹煤气，炉腹煤气的体积比炉缸煤气要大，炉腹煤气在炉腰部位穿透软熔带向上运动，炉腹煤气经过块状带以后又变成了炉顶煤气，在煤气上升的运动过程中，煤气体积和成分都发生了很大的变化。图 4-33 所示为高炉内煤气体积、成分和温度的变化情况。在高炉内保持合理的煤气流速是确保高炉稳定顺行的重要条件，但由于高炉内复杂的传输现象，目前还很难解析高炉冶炼过程中实际的煤气流速，一般采用高炉空炉速度进行研究分析。为了实现高炉的稳定顺行，应保持高炉内煤气流的均匀上升速度基本恒定，还应考虑炉料和上升煤气流通道面积的稳定变化。因此 D^2/d^2 的物理意义在某种意义上，可以理解为保持煤气流均匀上升速度，在炉缸煤气转化为炉腹过程中，煤气上升通道的面积比。统计表明，D^2/d^2 的值一般为 1.15~1.35，其值随高炉有效容积的变化情况如图 4-34 所示。

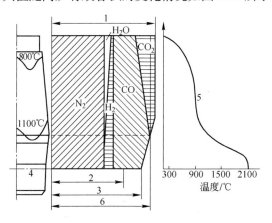

图 4-33 高炉煤气上升过程中的体积、成分和温度变化

1—炉顶煤气量；2—鼓风量；3—炉缸煤气量；

4—风口平面；5—煤气温度；6—炉腹煤气量

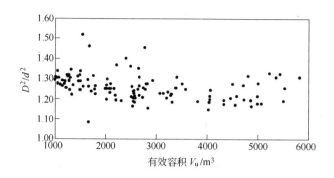

图4-34 D^2/d^2 随高炉有效容积的变化情况

现代高炉采用铜冷却壁和薄壁内衬结构，由于铜冷却壁优异的导热性能，可以抵抗强大的热流冲击，并能够形成稳定的保护性渣皮，即使渣皮脱落也可以在很短的时间内迅速形成新的渣皮，在高炉一代炉役中铜冷却壁热面的渣皮"生成—脱落"周而复始，循环交替，以此构建了基于"永久性内衬"的无过热炉体结构。由于铜冷却壁的使用，使薄壁内衬高炉的炉腰直径与传统厚壁内衬的高炉就有所不同，也不能沿用厚壁内衬高炉的内型设计理念。因为在高炉生产时，薄壁内衬高炉的操作内型与设计内型十分接近，不像厚壁内衬高炉或采用铜冷却板的高炉，炉衬经过侵蚀以后可以自然形成比较合理的操作内型。因此采用铜冷却壁的薄壁内衬结构，炉腰直径在一代炉役中并无显著变化，如果仍沿用厚壁内衬的设计原则，则会造成高炉操作内型的炉腰直径偏小，炉腹角、炉身角偏大，对高炉冶炼行程带来不利影响。采用铜冷却壁薄壁内衬高炉的炉腰直径，还可以参照铜冷却壁热面的安装直径，考虑铜冷却壁热面镶砖或喷涂料的厚度，以比较准确地确定合理的高炉操作内型。按此思路炉腰直径可根据式（4-11）进行核算。

$$D = D_b - 2\delta \tag{4-11}$$

式中　D——炉腰直径，m；

　　　D_b——炉腰铜冷却壁的内径，m；

　　　δ——炉腰部位的内衬厚度，m。

4.5.5　炉身内型设计

高炉炉身是高炉间接还原的主要的区域，炉身内型设计的关键是确定合理的炉身高度和炉身角，二者之间又密切相关。多年以来，关于合理的炉身高度一直是炼铁工作者热点关注的问题。首钢在20世纪60年代曾对高炉内型进行过深入研究和试验，以高炉生产实践为基础，结合高炉测试和对比，利用高炉大修改造的机会，进行高炉内型的变革试验，从生产实践中获得许多经验和教训[19]。首钢在当时的冶炼条件下，为了强化高炉冶炼促进高炉顺行，在1961年1号高炉大修时，将高炉有效容积由原来的413m³扩大到576m³，高炉内型进行了大幅度的改变：高炉有效高度由23.3m降低到18.3m、炉身高度由12.24m降低到8.5m、H_u/D由4.25降低到2.61、高炉炉缸直径由4.536m增加到6.1m、炉腰直径由5.486m增加到7.0m。高炉内型参数变革巨大，期望从高炉结构上缩短高炉内的热交换储备区，降低H_u/D以提高高炉冶炼强度，但实践证实这种试验并未取得成功，尽管高炉在使用精料的条件下容易接受风量，但燃料消耗较高。由此也可以看出炉身对于高炉冶炼进程的重要作用。

首钢在半个世纪以前的高炉内型变革试验证实，高炉内型设计应结合原燃料条件、冶炼条件和技术装备水平，遵照技术发展的科学规律进行创新，突破技术发展的客观规律，将会获得满意的结果。现代高炉炉身高度和炉身角都呈现缩小的变化趋势，这与高炉原燃料条件和冶炼条件及炉体结构的变化密切相关。图4-35所示为炉身高度与高炉有效容积的关系，图4-36所示为炉身高度与高炉有效高度的关系，图4-37所示为炉身容积与高炉有效容积的关系，图4-38所示为炉身角与高炉有效容积的关系。由图4-35～图4-38可以看出，高炉有效容积不小于2000m³以上时，炉身高度变化不大，基本保持在16～18m，且不随高炉容积的扩大而增加。例如，首钢迁钢2号高炉（2650m³）炉身高度为18.4m，武钢6号高炉（3200m³）的炉身高度为17.9m，宝钢4号高炉（4747m³）炉身高度为17.8m，首钢京唐1号高炉（5500m³）炉身高度为18.4m，沙钢5800m³高炉炉身高度为18.6m。炉身容积与高炉有效容积的比值基本不随高炉有效容积而变化，保持在50%～60%之间。炉身角与高炉有效容积的变化具有相关性，总体看随着高炉容积的增加，炉身角呈缩小趋势，有效容积不小于2000m³的高炉，炉身角应降低到83°以下。对于采用薄壁内衬的高炉，其操作内型的变化不像传统的厚壁内衬高炉，炉身角在高炉冶炼过程中受炉体冷却结构的影响，不会出现太大的变化，因此炉身角可以参照式（4-12）进行设计取值：

$$\beta = 84.5 - 0.0007V_u \tag{4-12}$$

式中 β——炉身角，（°）；
V_u——高炉有效容积，m³。

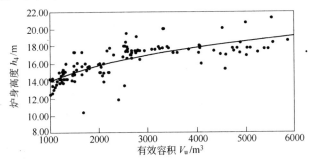

图4-35 炉身高度与高炉有效容积的关系

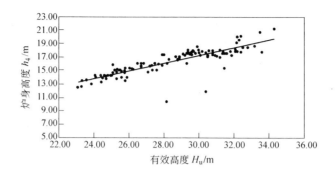

图4-36 炉身高度与高炉有效高度的关系

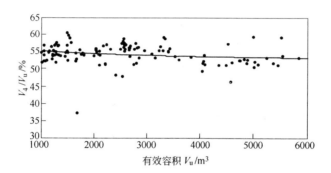

图4-37 炉身容积与高炉有效容积的关系

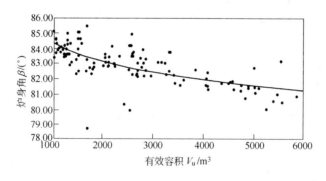

图4-38 炉身角与高炉有效容积的关系

4.5.6 炉喉内型设计

炉喉是高炉炉料入炉和煤气穿透料柱排升到高炉炉顶的区间，对炉料分布和煤气在块状带的第三次分布均有影响。现代高炉炉喉直径和炉喉高度对炉料分布控制意义重大，高炉焦批重量和矿批重量以及料线等上部调剂的主要参数都与炉喉直径和炉喉高度相关。在高炉大喷煤条件下，确定合理的矿焦比以及中心及边缘的焦炭层厚度，对于获得理想的煤气流分布、抑制边缘煤气流过分发展至关重要。炉喉直径过大造成炉喉径向炉料分布控制难度增加，煤气流的合理分布不易获得；而炉喉直径过小则会造成煤气上升阻力增加、炉身角过小。图4-39所示为炉喉直径与高炉有效容积的关系，图4-40所示为炉喉高度与高炉有效容积的关系，图4-41所示为d_1^2/d^2与高炉有效容积的关系，图4-42所示为d_1^2/D^2与高炉有效容积的关系。从图中可以看出，炉喉直径与高炉有效容积的相关关系很强，基本呈线性变化；绝大多数高炉的炉喉高度维持在$1.5 \sim 2.5$m的范围内，基本不随高炉有效容积的变化而变化，d_1^2/d^2的值在$0.5 \sim 0.6$的范围内波动，基本不随高炉容积变化而变化，d_1^2/D^2的值约为$0.4 \sim 0.5$，基本也不随高炉容积变化而变化。

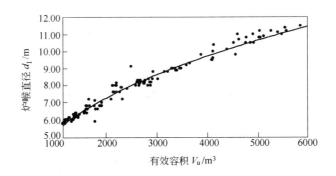

图4-39 炉喉直径与高炉有效容积的关系

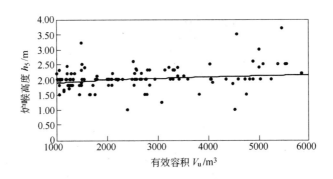

图4-40 炉喉高度与高炉有效容积的关系

因此，现代高炉炉喉设计中，炉喉直径的确定要综合考虑料批、d_1^2/d^2值、d_1^2/D^2值和炉身角等参数，炉喉高度满足高炉料线的要求一般以$1.5 \sim 2.5$m为宜，炉喉高度过高对高炉冶炼并无积极意义。

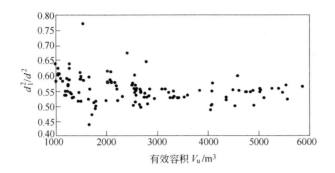

图 4-41　d_1^2/d^2 与高炉有效容积的关系

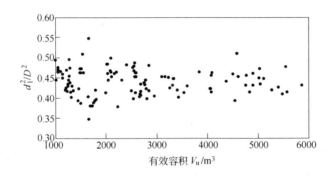

图 4-42　d_1^2/D^2 与高炉有效容积的关系

参 考 文 献

［1］John A. Ricketts. A short history of ironmaking［C］. 1998 2nd International Congress on the Science and Technology of Ironmaking and 57th Ironmaking Conference Proceedings. Chicago：Ironmaking Division of the Iron and Steel Society，1998：3 ~ 40.

［2］李马可. 高炉内型设计［M］. 北京：中国工业出版社，1965：114 ~ 134.

［3］吴国盛. 科学的历程（第二版）［M］. 北京：北京大学出版社，2002：259 ~ 263.

［4］薛立基，万真雅. 钢铁冶金设计原理（上册）［M］. 重庆：重庆大学出版社，1992：62 ~ 74.

［5］项钟庸，王筱留，等. 高炉设计——炼铁工艺设计理论与实践［M］. 北京：冶金工业出版社，2009：319 ~ 330.

［6］张福明. 大型长寿高炉的设计探讨［C］//中国金属学会，高炉长寿技术会议论文集，梅山，1994：22 ~ 28.

［7］李马可. 国外大型高炉内型设计［M］. 北京：冶金工业出版社，1981：114 ~ 128.

［8］高清志，石立平，高竞. 高炉内型设计与讨论［J］. 炼铁，1990，9(4)：10 ~ 18.

［9］殷瑞钰. 冶金流程工程学［M］. 北京：冶金工业出版社，2005：272 ~ 276.

[10] 陆隆文,陈进军,陈畏林. 武钢8号高炉长期稳定生产实践[J]. 炼铁,2011,30(3): 13~16.

[11] 唐顺兵. 焦炭质量对大型高炉稳定生产的影响[J]. 炼铁,2011,30(3): 8~12.

[12] 李维国. 大型高炉的操作和管理要点[J]. 炼铁,2011,30(3): 1~7.

[13] 银汉. 现代薄壁高炉的特征[J]. 炼铁,2011,30(2): 6~9.

[14] 吴启常,魏丽. 薄壁高炉内型设计[J]. 炼铁,2011,30(2): 6~9.

[15] 张福明. 21世纪初巨型高炉的技术特征[J]. 炼铁,2012,31(2): 1~8.

[16] 张福明,钱世崇,张建,等. 首钢京唐5500m³高炉采用新技术[J]. 钢铁,2011,46 (2): 13~17.

[17] 张寿荣,银汉. 高炉冶炼强化的评价方法[J]. 炼铁,2002,21(2): 1~6.

[18] 唐文权,李学金,董炳军. 讨论"高炉利用系数"[J]. 炼铁,2005,24(6): 53~54.

[19] 刘云彩. 高炉炉型演变的生产实践[J]. 钢铁,1997,32(增刊): 279~282.

5 高炉炉缸炉底冷却与内衬结构

炉缸炉底是高炉的关键部位，也是决定高炉寿命的重要因素。研究一代炉役炉缸炉底部位耐火材料内衬的侵蚀破损过程和机理，对延长高炉炉缸炉底寿命具有重要意义。高炉冶炼过程是在高温条件下进行的，而且高温贯穿于高炉一代炉役的始终。传统高炉在开炉初期，冷却系统的效果尚不能得到很好发挥，加之高温渣铁的侵蚀，炉缸炉底内衬损坏较快，内衬厚度逐渐减薄，这个过程称之为动态期。高炉经过动态期以后，根据传热学理论，就是不断地以热量平衡来保证炉缸炉底保护性渣铁壳形成速度与破损速度的平衡运动。炉缸炉底破损速度是其内衬表面温度的函数，破损速度和抵御破损的速度处于平衡状态时，可以近似地认为是一维稳态传热。当侵蚀达到稳态时，宏观表现为内衬剩余厚度趋于稳定，减薄速度变慢，此时可以近似地认为内衬厚度达到稳定，由一维稳定态平壁传热方程可以看出：

$$S = (T - t)\lambda/q \tag{5-1}$$

式中　S——内衬热面凝固的渣铁壳厚度，m；

　　　T——铁水温度，℃；

　　　t——渣铁壳的凝固温度，℃；

　　　λ——渣铁壳的导热系数，W/(m·K)；

　　　q——热流强度，W/m²。

基于传热学热平衡理论，附着在炉缸炉底内衬热面的渣铁壳随着热负荷的变化而变化，经历了形成→增厚→减薄→脱落→再形成的过程，这一循环往复的过程称之为稳态期。由此可见，延长高炉炉缸炉底寿命在于有效地延长其动态期，维持其更长的稳态期，对于现代高炉设计寿命 15~25 年的要求，特别是维持稳态期更为重要[1]。

5.1 高炉炉缸炉底内衬结构

通过对国内钢铁企业炉缸炉底的侵蚀进行了大量调查研究，炉缸、炉底侵蚀主要表现为象脚状异常侵蚀和炉缸环裂，图 5-1 是鞍钢炼铁厂 7 号高炉 2503m³ 破损调查[2]，图 5-2 是武钢 5 号高炉第一代大修

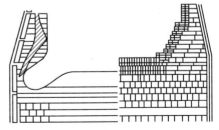

图 5-1　鞍钢 7 号高炉 2503m³ 破损调查

炉缸炉底侵蚀剖面[3]。鞍钢和武钢的侵蚀调查研究发现，其侵蚀主要发生在铁口区域和炉缸与炉底交界处，是炉缸炉底结构最为薄弱的环节。

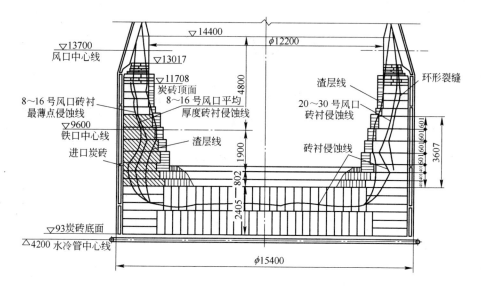

图 5-2 武钢 5 号高炉一代炉缸炉底侵蚀剖面

根据不完全统计，近 20 年来发生几十起炉缸烧穿的事故，通过大量文献对烧穿事故发生原因的分析，大部分集中在中小高炉，烧出区域在炉缸 2~3 段冷却壁，分析其主要原因是由冶炼负荷强，炉缸炭砖象脚状异常侵蚀和炉缸环裂造成。近 20 年炉缸炉底烧穿不完全统计见表 5-1。

表 5-1 近年炉缸炉底烧穿不完全统计表

序号	高 炉	容积/m³	事 故 简 述
1	重钢 5 号	1200	1989 年建成投产，2001 年底停炉大修，2002 年 1 月 28 日大修后点火开炉。2010 年 8 月 19 日渣口下方烧穿[4]
2	沙钢宏发炼铁1 号高炉	2500	2004 年 3 月 16 日点火投产，2010 年 8 月 20 日出现炉缸烧穿事故
3	鞍钢新 3 号高炉	3200	2005 年 12 月 28 日建成投产，2008 年 8 月 25 日铁口下方发生破裂烧穿，炉料外泄
4	洛钢炼铁厂1 号高炉	380	2005 年 9 月底开炉，2007 年 7 月 8 日 6：35 发生炉缸烧穿事故。铁水将炉缸一层的热电偶烧坏，沿热电偶孔道流出，随即将炉缸 3 号冷却壁烧坏[5]
5	通钢 2 号高炉		2004 年 4 月 3 日发生炉缸烧穿事故[6]

序号	高 炉	容积/m³	事 故 简 述
6	新余 7 号高炉	600	1993 年 9 月 28 日投产，2002 年 2 月 6 日发生炉缸烧穿事故，在低渣口下方第一段和第二段冷却壁之间发生炉缸烧穿。1997 年 2 月 4 日大修恢复生产，2003 年 3 月 3 日发生炉缸烧穿事故，在 6 号风口下方第一段冷却壁发生炉缸烧穿[7]
7	马鞍山马钢一铁厂 4 号高炉	300	2000 年 8 月大修开炉，2003 年 11 月 5 日炉缸突然烧穿，炉缸二层 10 号、11 号冷却壁烧穿[8]
8	宣钢 8 号高炉	1260	1990 年投产，1997 年 10 月 7 日高炉炉缸烧穿
9	涟钢 1 号高炉	300	1993 年建成投产，炉底设有"丰"形排铅槽和排铅口。1997 年 3 月，在高炉年检前 3 天排铅时炉底被烧穿，流出渣铁约 30t[9]
10	杭钢 1 号高炉	342	1988 年 6 月开炉，1994 年 10 月 25 日发生炉缸烧穿事故，烧穿部位位于铁口左侧下即炉缸第一层 23 号、24 号冷却壁与炉缸第二层 23 号、24 号冷却壁交界处[10]

炉缸、炉底象脚状异常侵蚀和炉缸环裂由施工质量、耐火材料性能、冷却制度、炉缸结构、出铁制度、操作制度等多方面因素造成。

从设计角度分析，"强化冷却，提高炭砖导热系数，降低炭砖气孔率，保持炉缸活跃和铁水通透性"是基础。从操作角度分析，"稳定高炉热制度，适度冶炼强度，平衡稳定的出铁"是抑制炉缸、炉底象脚状异常侵蚀和炉缸环裂的关键。

采用合理的炉缸炉底结构是炉缸炉底寿命延长的关键。炉缸炉底结构的分析从两方面出发，一是炉底结构，二是炉缸结构。

5.1.1 炉底结构

炉底结构有两种形式，一是缓蚀型，二是相对永久型。

缓蚀型又称白色炉底（图 5-3），就是炉底全部采用陶瓷质材料，不重视冷却，完全靠耐火材料来抵抗炉内的侵蚀，炉底的厚度变化较大，是完全的耐火材料法。缓蚀型炉底在过去多年的生产实践中它的缺点已完全暴露，易

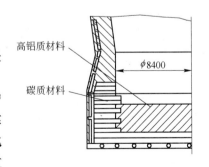

图 5-3 缓蚀型炉底

造成炉底烧穿,寿命短,已被淘汰。

相对永久型分两种,全炭炉底(又称黑色炉底)(图5-4)和综合炉底(图5-5)。永久型结构就是在炉底采用了高导的碳质材料,比缓蚀型炉底减薄近三分之二,重视炉底冷却,加强冷却效果,在炉底尽早形成具有防护作用的挡铁墙,只要热平衡不被破坏,渣铁壳也就会相对"永久"地保持。

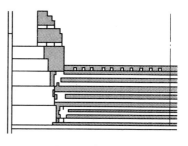

图5-4 全炭炉底

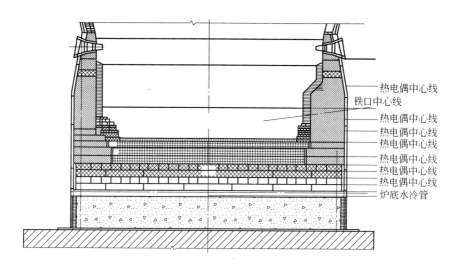

图5-5 综合炉底

目前,多采用永久型并形成了综合炉底和全炭炉底两大流派,从传热学角度来说,综合炉底是绝热与导热的结合,全炭炉底是完全的导热机理。从设计构思角度来说,综合炉底和全炭炉底又是"现代耐火材料法"和"导热法"的杰出代表。从经济和高炉操作工艺过程来说,综合炉底将是今后的发展趋势。

全炭炉底虽然通过减薄炉底,采用高导热优质的炭砖满足了高导热强冷却的要求,通过导热的办法尽快形成渣铁壳保护耐火材料不受炉内的侵蚀。然而,在开炉初期,由于冷却效果不能充分发挥,冷却不正常,还有操作不稳定,渣铁壳不能较快地形成,必然对炭砖衬强烈地磨损侵蚀,有可能在这段动态期,炭砖就遭到严重损坏,不利于稳态期的长寿。

相比之下,综合炉底在满铺炭砖的上面覆盖一层耐磨、低导热、抗碱、抗铁水渗透的高铝陶瓷材料,首先在开炉初期的动态期,这层高铝陶瓷材料直接面对渣铁,有力地抵抗炉料的冲击、渣铁的冲刷、炉内高温下的各种化学侵蚀,保护下面的炭砖;另外,某些具有受热微胀性的高铝陶瓷材料受热微胀可以将砖缝挤实，也使渣铁经砖缝的渗透减少，有效地延长动态期。待这层高铝陶瓷材料磨蚀后，又可保护下面较完好的炭砖上尽早形成渣铁壳，这种结构更安全，更有利于炉底长寿[1]。

5.1.2 炉缸结构

炉缸结构类似于炉底结构。一种是炭砖与高铝陶瓷材料结合的复合炉缸结构（图5-6），一种是全炭砖炉缸结构（图5-7）。从传热角度来说，炭砖与高铝陶瓷材料结合的炉缸结构是绝热与导热的结合，通常称之为"保温型"炉缸结构。全炭砖炉缸结构是完全的导热机理，通常称之为"散热型"炉缸结构[1]。

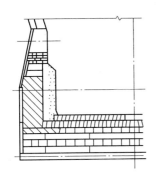 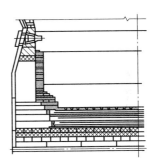

图5-6　复合炉缸结构　　　　　图5-7　全炭砖炉缸结构

全炭砖炉缸结构顾名思义是在炉缸采用炭砖砌筑，这种结构曾在我国广泛的应用，依靠炭砖的高导热性降低热面温度，在内壁形成渣、铁焦、石墨保护壳来保护炭砖衬。同样，在开炉初期会遇到和全炭炉底类似的问题，在炉缸壁渣、铁、焦、石墨层保护壳不能较快地形成时，必然对炭砖衬强烈地冲刷侵蚀。如果采用高导热砖结合强冷却也促使炉缸壁渣、铁、焦、石墨层保护壳快速形成，同样可以实现"保温型"炉缸结构的功能。

相比之下，炭砖与高铝陶瓷材料结合的炉缸结构（紧贴冷却壁砌筑炭砖，在内壁镶砌高铝陶瓷材料），在开炉初这段动态期，高铝陶瓷材料壁直接面对渣铁，保护后面的炭衬；另外，开炉初期高铝陶瓷材料低导热性对炉缸内起到了保温作用，可以提高铁水温度 $18 \sim 25\,^{\circ}\mathrm{C}$；同时利用高铝陶瓷材料其强耐磨性、抗碱、抗铁水渗透性可以大大延长炉缸动态期的寿命。然而由于高铝陶瓷材料的低导热性，在其表面不易形成保护壳，它会被逐渐侵蚀掉，在炉役 $5 \sim 10$ 年高铝陶瓷材料的功能失效，同时会产生内衬温度和炉缸热负荷的波动，首钢1号高炉采用陶瓷杯在生产 $6 \sim 7$ 年时曾经发生过类似波动现象，不过高炉经长时间运行后，炉况较平稳，当热面接触到炭衬后很易达到热平衡，渣、铁、焦、石墨层保护壳也能尽快地形成，进入高炉寿命的稳态期，炭砖所受的冲刷侵蚀较浅，从而有效地延长了稳态期寿命，最终达到炉缸长寿的目的[1]。

5.1.3 铁口和风口结构

在炉缸结构中,不可避免地考虑到铁口和风口的结构,从高炉的长寿出发,都应采用组合砖结构,加强其稳定性和整体性。组合砖结构是铁口和风口结构的趋势。铁口的结构必须考虑铁口的深度、倾角、大小,减小环流等因素,以利于炉缸炉底长寿,一般铁口的深度为炉缸半径的45%,倾角为8°~15°,直径为40~70mm。

5.1.4 目前世界上几种典型的炉缸炉底内衬结构设计体系

根据以上分析,合理的炉缸炉底结构必须保证的基础是高导热炭砖结合强冷却,是综合炉底与"保温型"炉缸结构功能的有效结合,综合炉底的高铝陶瓷材料(又称陶瓷垫)和"保温型"炉缸结构功能的高铝陶瓷材料(又称陶瓷杯)或渣、铁、焦、石墨层保护壳(称为渣铁壳或挡铁墙)结合在一起形成"炉缸杯结构"。

值得注意的是,陶瓷杯壁结构中陶瓷材料厚度与碳质材料厚度之比要适中,一般为1:2~1:2.5;炉底厚度在2500~3000mm;炉缸壁为了有利于导热不宜太厚,陶瓷杯壁厚度一般为350~400mm,炉缸环炭厚度一般为800~1000mm(视炭砖性能而定)。美国UCAR公司认为使用NMA砖厚度为800mm即可。

值得注意的是,利用高导热炭砖结合强冷却形成渣、铁、焦、石墨层保护壳结合在一起形成"炉缸杯结构",在设计时应特别注重炭砖的高导热性能和微孔性能,按照目前炭砖耐火材料的技术发展水平,600℃时综合导热系数达到20W/(m·K)以上,平均气孔直径小于0.3μm甚至达到0.05μm。

形成稳定的"炉缸杯结构"有以下优点:(1)提高铁水温度;(2)减缓"蒜头"侵蚀;(3)减少渣铁向砖缝的渗透;(4)保护了碳质内衬,延长了动态期寿命,有利于稳态期的长寿。

整个炉缸炉底结构的主流模式是"碳质炉缸+综合炉底"结构(图5-8)和"碳质+陶瓷杯复合炉缸炉底"结构(图5-9)两种技术体系。这两种结构在生

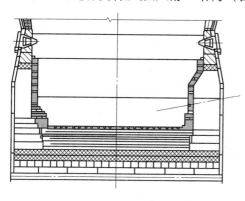

图5-8 "碳质炉缸+综合炉底"结构

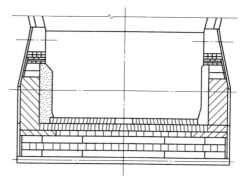

图5-9 "碳质+陶瓷杯复合炉缸炉底"结构

产实践中得到成功应用，在首钢均已取得了 16 年以上（无中修）的长寿业绩。

对目前世界运行的几种典型炉缸炉底内衬结构设计体系以首钢、武钢、日本新日铁、德国蒂森、荷兰霍戈文为代表进行阐述，首钢是"小块炭砖炉缸 + 综合炉底结构"和"小块炭砖炉缸陶瓷杯复合炉缸炉底结构"为代表，日本新日铁是"大块炭砖炉缸综合炉底结构"为代表，武钢是"大块炭砖炉缸 + 小块砖陶瓷杯复合炉缸炉底结构"为代表，德国蒂森是"大块炭砖炉缸 + 大块组合砖陶瓷杯复合炉缸炉底结构"为代表，荷兰霍戈文是"小块碳质高导热安全层 + 大块炭砖炉缸综合炉底结构"为代表。

5.1.4.1　首钢炉缸炉底内衬设计体系

中国首钢与汉阳钢铁厂是在同一年代诞生，从此，中国钢铁工业蹒跚起步，首钢石景山厂是伴随了中国钢铁工业漫长发展经历，并且唯一延续到 21 世纪的钢铁厂，于 2010 年底全部停产。炉缸炉底内衬技术体系的发展经历了各种模式，从全陶瓷类炉缸炉底内衬到目前的内衬结构体系，已经形成了"强化冷却，控制炉缸炉底的象脚状侵蚀，避开炉缸的过度侵蚀，使炉缸炉底侵蚀向锅底状侵蚀的方向发展"的设计理念[1]。

从 20 世纪 90 年代初开始，首钢 1~4 号高炉，首钢迁钢 1~3 号高炉，首秦 1 号、2 号高炉，首钢京唐 1 号、2 号高炉相继采用了"小块炭砖炉缸 + 综合炉底结构"和"小块炭砖炉缸陶瓷杯复合炉缸炉底结构"结构体系，在首钢高炉炉缸炉底结构中形成典范。首钢 1 号高炉（2536m³）是"陶瓷杯复合炉缸炉底"结构；首钢 3 号（2536m³）、4 号（2100m³），首钢迁钢 1 号、2 号（2650m³）、3 号高炉（4000m³），首秦 1 号（1200m³）、2 号（1800m³）高炉，首钢京唐 1 号、2 号高炉（5500m³）是"碳质炉缸 + 综合炉底"结构。这两种结构在首钢得到成功应用，高炉炉缸炉底结构形成典型对比，均已取得了 16 年以上（无中修）的长寿业绩，特别是首钢 1 号和 3 号高炉炉容型相同，在其他因素基本相同的条件下其炉龄基本是并驾齐驱，这也充分说明了两种技术主流模式基本成熟。

A　首钢炉缸炉底结构的演变

高炉炉缸炉底寿命涉及高炉炉型、内衬结构、冷却等多方面，并且密切相关，是首钢一直特别关注的问题，高炉寿命问题始终是侵蚀与防侵蚀的矛盾，从 20 世纪 50 年代以来，首钢不断改进结构设计，不断提高设备及耐火材料的使用水平，曾经试用过各类耐火材料的炉衬和冷却结构。例如，高炉炉缸炉底内衬，使用过全黏土砖，有炭捣料 + 黏土砖综合炉底，有炭砖 + 高铝砖综合炉底，有炭砖 + 陶瓷杯复合结构，有 UCAR 热压小炭块 + 炭砖 + 高铝砖综合炉底，同时随着耐火材料的发展，使用了微孔炭砖、超微孔炭砖、高导热石墨砖等碳质，使用了刚玉质、刚玉莫来石质、Al-C-SiC 质陶瓷材料；冷却结构采用过无冷炉底结构、风冷炉底结构、水冷炉底结构、喷水冷却炉缸结构、铜水箱炉缸冷却、板式水箱、支梁水箱、镶砖铸铁冷却壁、光面铸铁冷却壁、铜冷却壁等多种形式，在19世纪50~60年代经历过多次炉缸炉底烧出事故。经过大量的侵蚀调查和分析研究，积累了宝贵经验，经过几十年的经验积累逐渐形成了具有首钢特色的高炉炉缸炉底结构，在一代炉役无大修和中修的情况下，实现了17年以上连续生产的长寿业绩。首钢3号高炉如果不是首钢搬迁调整而停炉，据热电偶内衬温度监测和推测分析，仍然能够生产5~8年，创造世界高炉寿命的新纪录。从图5-10可以看出首钢炉缸炉底结构演变的漫长历程。

自19世纪90年代，首钢高炉寿命取得巨大进步，摆脱了19世纪50~60年代寿命5~8年甚至2~3年的频繁大修的困境。

炉缸炉底结构设计强调整体稳定的"炉缸杯结构"，例如在风口、铁口组合砖采用大块组合砖，砌筑结构采用咬砌结构增强整体性等措施；耐火材料的选择扬弃过去耐高温、高密度、耐冲刷的片面性，加入了高导热、超微孔、抗渗透、抗熔蚀、低膨胀等特性的质量控制，当然在表面质量、砖形尺寸控制以及砖缝尺寸控制也提出了较高的要求。

随着高炉设计结构优化和耐火材料的进步，进入20世纪，首钢高炉的炉缸炉底结构逐步趋于完善，形成了"小块炭砖炉缸＋高导微孔炭砖综合炉底结构"的基本模式。设计思想由原来的完全抗侵蚀抗磨损内衬，逐步发展到了今天以"无过热，无过应力"为核心的指导思想，强调炉缸炉底整体结构，强化冷却，形成"炉缸杯结构"保护的长寿设计体系。从表5-2首钢近20年部分高炉炉龄统计可以看出炉缸炉底寿命的进步。

表5-2 首钢近20年部分高炉炉龄统计

厂名炉号	容积/m³	开炉/停炉日期	炉缸炉底结构特点	炉龄	一代炉役单位炉容产量/t·m⁻³	备注
首钢1号	2536	1994.6/2010.12	炭砖＋陶瓷杯	16年6个月	13328	停产
首钢2号	1726	1991.5/2002.3	炭砖＋综合炉底	10年9个月	8857	大修
首钢3号	2536	1993.6/2010.12	炭砖＋综合炉底	17年6个月	13991	停产
首钢4号	2100	1992.3/2007.12	炭砖＋综合炉底	15年9个月	12569	停产
首钢迁钢1号	2650	2004.10.8/	高导热炭砖＋微孔炭砖＋综合炉底	7年		生产中
首钢迁钢2号	2650	2007.1/		4年		生产中
首秦1号	1200	2004.6/	炭砖＋陶瓷杯结构	7年		生产中
首秦2号	1800	2006.5/	炭砖＋陶瓷杯结构	5年		生产中
首钢迁钢3号	4000	2010.1.8/	高导热石墨＋超微孔炭砖＋综合炉底	1年		生产中
首钢京唐1号	5500	2009.5.21/		2年		生产中
首钢京唐2号	5500	2010.6.26/		1年		生产中

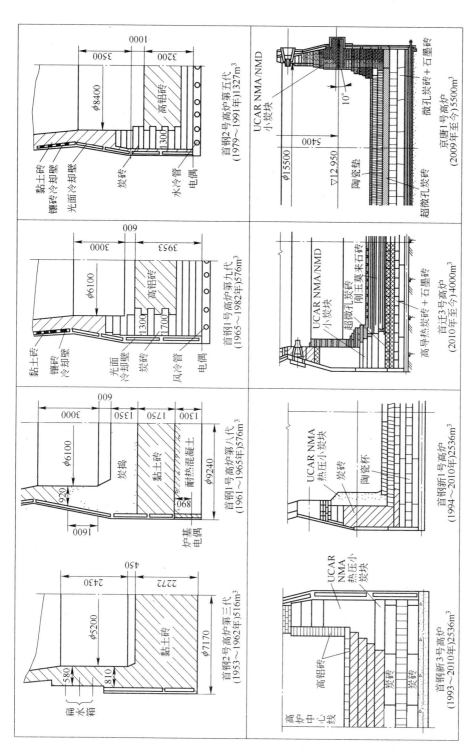

图 5-10 首钢炉缸炉底结构的演变过程

B　首钢炉缸炉底长寿设计技术思想

首钢高炉长寿设计技术思想是以加强冷却，"无过热，无过应力"为核心指导思想，强调炉缸炉底整体结构，强化冷却，在象脚状或蒜头状侵蚀区强化冷却，将侵蚀线向内推移远离炉缸外壳，避开炉缸的过度侵蚀，使炉缸炉底侵蚀向锅底状侵蚀的方向发展，在炉缸炉底形成相对稳定的渣铁冻结层。同时合理布置热电偶计器检测实现有效判断[11]。

根据首钢多年的实践得出，采用先进的炉缸炉底结构的同时要特别注意炉缸炉底炭砖的选用，强化炉缸炉底冷却，加强检测监控。关键部位选用高导热耐侵蚀的优质炭砖，其言外之意就是强化冷却，所以在冷却水量上要节约而不要制约，在冷却流量的设计能力上要考虑充分的调节能力，冷却流量控制应根据生产实践的实际情况实施，从而达到节能降耗的目的，而不能在设计能力上过分限制冷却水量小，从而导致调节能力不足，在检测到炉缸炉底温度或热负荷异常时诸多措施难以实施。在考虑炉缸与炉底整体结构和冷却的基础上要注意计器检测的工艺布置设计，计器检测是炉缸炉底的眼睛，生产中通过此来判断炉缸炉底的侵蚀情况和制定冷却制度，在炉缸炉底合理布置热电偶计器检测，对侵蚀程度实现正确有效的判断，为及时护炉、调节冷却制度提供依据，为安全生产提供保障。

当然炉型合理性、耐火材料品质、施工建设质量、操作维护等同样重要，本章不再详细论述。

C　首钢炉缸炉底内衬设计特点

在炉缸与炉底侵蚀中最危险的是炉缸与炉底交界处侵蚀，这已形成共识，该区域同样受冲刷、化学侵蚀、铁水渗透熔蚀、热应力等侵蚀，其薄弱在于较其他区域受最大最复杂的热应力作用（同时受来自于炉缸炉底上下纵向和炉底材料膨胀形成的径向应力），其侵蚀表现为通常所说的象脚状侵蚀，造成危险的炉缸过度侵蚀。首钢炉底厚一般为2800～3000mm，因此在设计时要刻意控制炉缸炉底的象脚状侵蚀，避开炉缸的过度侵蚀，使炉缸炉底侵蚀向锅底状侵蚀的方向发展。故设计使用高导热优质炭砖同时特别要加强该区域的冷却，充分发挥高导热优质炭砖的作用[11]。

以迁钢2500m³高炉内衬结构为例，炉缸炉底是"高导热炭砖＋综合炉底"结构。立足于选用国内优质耐火材料。炉缸、炉底交界处即象脚状异常侵蚀区，引进部分国外先进的耐火材料——美国UCAR公司的高导热、高抗铁水渗透性NMA和NMD热压炭块，风口和铁口区域分别采用风口组合砖和美国UCAR公司的NMA＋NMD铁口组合结构[11]。炉底满铺高导热大块炭砖（石墨砖）＋优质微孔（超微孔）大块炭砖。炉缸、炉底内衬结构如图5-11所示，主要耐火材料理化性能详见表5-3、表5-4。首钢京唐1号、2号高炉的炉缸炉底也采用了高导热炭砖＋综合炉底的设计结构。

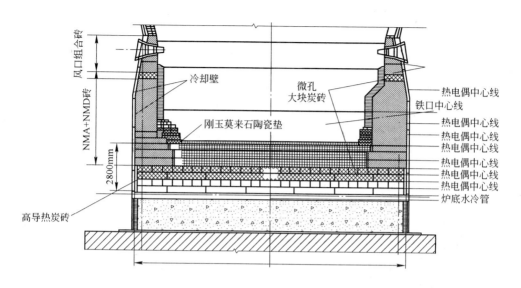

图 5-11 首钢迁钢 2650m³ 高炉炉缸炉底内衬结构

表 5-3 碳质材料理化性能

序 号	项 目		单 位	炭 砖 品 种			
				高导热炭砖	微孔炭砖	NMA	NMD
1	灰 分		%	≤7	≤20	≤12	≤9
2	体积密度		g/cm³	≥1.6	≥1.6	≥1.61	≥1.82
3	显气孔率		%	≤18	≤16	≤18	≤16
4	常温耐压强度		MPa	≥31	≥36	≥33	≥30
5	抗折强度		MPa	≥8.0	≥9		
6	耐碱性			U（优）	U 或 LC		
7	氧化率		%	≤20	≤14		
8	透气度		mDa	≤70	≤9	≤11	≤5
9	导热系数	室温	W/(m·K)	≥25	≥6	≥20	≥60
		300℃		—	≥9	≥14	≥42
		600℃		≥30	≥14	≥14	≥38
10	平均孔半径		μm	—	≤0.5		
11	<1μm 孔容积		%	—	≥70		
12	真密度		g/cm³	≥1.9	≥1.9		
13	铁水熔蚀指数		%	≤2	≤28		

表 5-4　刚玉莫来石陶瓷垫理化性能

项　目	单　位	指　标	项　目	单　位	指　标
Al_2O_3	%	≥80	1000℃下导热系数	W/(m·K)	<2.7
Fe_2O_3	%	≤0.5	热膨胀系数	K^{-1}	$<5×10^{-6}$
体积密度	g/cm³	>2.9	抗碱性		优
耐火度	℃	>1790	铁水熔蚀指数	%	<1
常温耐压强度	MPa	>100	抗渣侵蚀指数	%	<8
荷重软化温度 (0.2MPa 变化 0.6%)	℃	>1700	重烧线变化率 (1500℃×3h)	%	0～+0.1

5.1.4.2　武钢炉缸炉底内衬设计体系

武钢是新中国成立后我国兴建的第一家大型钢铁联合企业,属于"一五"期间苏联援建的项目之一。武钢炉缸炉底内衬结构经历了长时间的发展过程,由苏联设计的全高铝砖炉底结构,逐步发展为炭砖和高铝砖组合的综合炉底,随着高炉大型长寿和强化冶炼的技术进步,彻底摆脱了苏联高炉模式,以 1991 年投产的 5 号高炉为代表,按照"高导热,抗渗透"的设计理念,形成了炭砖薄炉底结构,并不断改进和完善,确立了当前武钢"大块炭砖炉缸 + 小块砖陶瓷杯复合炉缸炉底结构"的典型代表。

A　武钢炉缸炉底结构的演变

武钢高炉炉体的结构经历了三个发展阶段:第一阶段,20 世纪 50 年代至 60 年代完全照搬苏联设计的阶段。20 世纪 70 年代以前,武钢共有 3 座高炉(1～3 号高炉)投入运行,而且这 3 座高炉全都采用苏联的标准设计。这些高炉生产一段时间后,陆续出现了诸如冷却板烧坏、炉壳变形等问题,而且发生过烧穿事故。2 号高炉炉底按苏联的设计思路本是采用炭砖、高铝砖综合炉底,为省钱将炭砖、高铝砖综合炉底全改成高铝砖。2 号高炉于 1964 年 6 月 2 日发生了炉缸烧穿事故,只好在次年的大修中将炉底炉缸恢复炭砖、高铝砖综合结构。第二阶段,20 世纪 70 年代至 80 年代的探索改进阶段。进入 20 世纪 70 年代,采用炭砖、高铝砖综合炉底,1970 年建设 4 号高炉(是当时国内唯一的 2000m³ 级以上高炉)首次采用炭砖水冷薄炉底,炉底为两层立砌炭砖,厚 2300mm,其上为两层高铝砖厚 800mm,炉底总厚 3100mm,采用水冷管水冷。在武钢逐步改进的实践结果和破损调查获得的认识的基础上,形成了 3200m³ 高炉的设计方案。第三阶段,20 世纪 90 年代的综合创新阶段。武钢 3200m³ 的(5 号)高炉于 1988 年 7 月兴建,1991 年 10 月 18 日正式投入运行。5 号高炉本体采用的长寿技术主要是水冷全炭砖薄炉底,与其他几座高炉不同的是,在炉缸炉底交界区(通常称之为异常侵蚀区)使用了 7 层微孔炭砖,以缓解该区的异常侵蚀,5 号高炉开工后的生产实践证明,其设计设想是可行的,并将 5 号高炉的新技术推广到武钢的其他高炉[3]。武钢炉缸炉底结构的演变过程如图5-12所示。

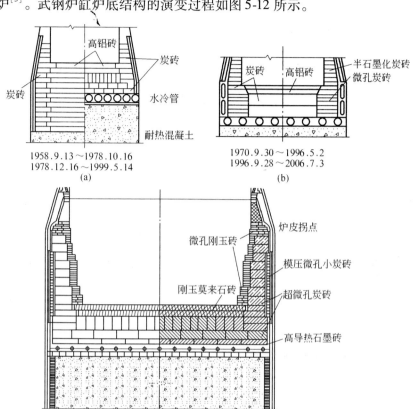

1958.9.13～1978.10.16
1978.12.16～1999.5.14
(a)

1970.9.30～1996.5.2
1996.9.28～2006.7.3
(b)

(c)

图5-12 武钢炉缸炉底结构的演变过程
(a) 1号高炉；(b) 4号高炉；(c) 5号高炉

B 武钢炉缸炉底长寿设计技术思想

武钢高炉长寿设计技术思想是按照"高导热，抗渗透"的设计理念，推广水冷炭砖薄炉底结构并不断改进和完善。炉缸内衬结构，根据形成"永久炉衬"的理念，炉缸内衬采用高导热超微孔炭砖，目的是使内衬热面在强化冷却条件下形成稳定的凝结渣铁保护层。在炭砖热面覆盖一层抗渣铁侵蚀性能好的微孔刚玉砖，作为开炉期间的保护炉衬，以防止炭砖内衬过早侵蚀[3]。

C 武钢炉缸炉底内衬设计特点

以武钢5号3200m³高炉内衬结构为例，炉缸炉底是"大块炭砖炉缸＋小块砖陶瓷杯复合炉缸炉底结构"结构。5号高炉第二代设计寿命20年，在炉缸铁口区域及其下部的异常侵蚀区域采用两段铸铜冷却壁。铜冷却壁的壁厚为120mm，采用软串密闭循环冷却，炉底采用水冷却，铜冷却壁的使用将大幅度地提高炉缸炉底的寿命。炉缸炉底冷却的目标是，通过强化冷却，将铁水凝固线温度（1150℃）乃至碱金属和锌对高炉内衬起破坏作用的温度（800～1030℃）向砖材热端推移，以降低炉衬温度，形成稳定的凝结渣铁保护后，保护炉衬，以延长高炉寿命。5号高炉第二代的内型剖面如图5-13所示。主要耐火材料理化性能详见表5-5～表5-7[3]。

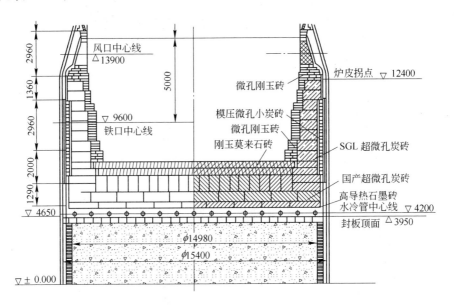

图 5-13　武钢 5 号高炉第二代的内型剖面

表 5-5　炭质材料理化性能

序号	项　目		单位	炭 砖 品 种			
				高导热石墨砖	超微孔炭砖	模压微孔炭块	SGL 超微孔炭砖
1	灰　分		%	0.27	23		
2	体积密度		g/cm³	1.69	1.68	1.78	1.77
3	显气孔率		%	15.35	14	15.84	15.05
4	常温耐压强度		MPa	31.91	36	37.95	44.25
5	抗折强度		MPa	14.49	9	9.39	
6	耐碱性			U（优）	U（优）		U（优）
7	导热系数	室温	W/(m·K)	118.57	17	16.1	12
		300℃		94.46	21	17.46	18.95
		600℃		87.29	20	18.79	20.42
8	平均孔半径		μm	1.575	0.1		0.121
9	<1μm 孔容积		%	46.86	80		76.08

表 5-6 刚玉莫来石陶瓷垫理化性能

项 目	单 位	参 数	项 目	单 位	参 数
Al_2O_3	%	≥80	800℃导热系数	W/(m·K)	5.08
Fe_2O_3	%	≤0.5	热膨胀系数	K^{-1}	$<5 \times 10^{-6}$
体积密度	g/cm³	>2.86	抗碱性		U
耐火度	℃	>1790	铁水熔蚀指数	%	0.54
常温耐压强度	MPa	105	抗渣侵蚀指数	%	57
荷重软化温度 (0.2MPa 变化 0.6%)	℃	>1700	重烧线变化率 (1500℃×3h)	%	0～+0.1

表 5-7 微孔刚玉陶瓷杯理化性能

项 目	单 位	指 标	项 目	单 位	指 标
Al_2O_3	%	77.44	热膨胀系数	K^{-1}	$<5 \times 10^{-6}$
Fe_2O_3	%	0.44	抗碱性		良(LC)
体积密度	g/cm³	3.14	铁水熔蚀指数	%	0.76
耐火度	℃	>1790	抗渣侵蚀指数	%	5.36
常温耐压强度	MPa	237.6	重烧线变化率 (1500℃×3h)	%	+0.3
荷重软化温度 (0.2MPa 变化 0.6%)	℃	>1650			

5.1.4.3 德国蒂森炉缸炉底内衬设计体系

德国蒂森高炉长寿设计技术路线是按照"高导热炭砖＋陶瓷杯",推广"炭砖＋陶瓷杯"绝热与导热的结合的"保温型"炉缸结构。

以德国蒂森施委尔根 2 号(5513m³)高炉内衬结构为例,炉缸炉底是"大块炭砖炉缸＋大块陶瓷杯复合炉缸炉底结构"结构。施委尔根 1 号高炉 1993 年建成投产,设计寿命 20 年,炉缸直径 14900mm,4 个铁口,铁口水平深度 2800mm,炉缸炉底内衬主要由 6 部分组成:(1)炉底满铺石墨砖;(2)炉底满铺大块炭砖;(3)炉底陶瓷垫(SAVOIE 公司的莫来石砖 MS10 ＋ MONOCORAL);(4)炉缸壁内侧陶瓷壁(SAVOIE 公司的 CORANIT);(5)炉缸壁外侧铁口中心线以下、炉缸炉底交界处(即象脚状异常侵蚀区),砌筑日本 NDK 超微孔炭砖;(6)炉缸壁外侧铁口中心线以上,日本 NDK 超微孔炭砖,如图 5-14 所示。耐火材料理化性能详见表 5-8 ~ 表 5-10。

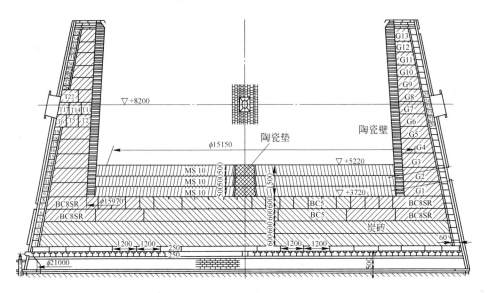

图 5-14　施委尔根 2 号（5513m³）高炉炉缸炉底内衬结构

表 5-8　CORANIT 陶瓷杯壁材料理化性能

项　目	单　位	平均保证值	标准偏差
Al_2O_3	%	87.5(s)	1.5
N_2	%	4.4(s)	0.5
体积密度	g/cm³	3.17(s)	0.05
显气孔率	%	15.5(i)	1.5
常温抗压强度	MPa	130(s)	20
荷重软化点(N_2)（负荷0.2MPa,0.5%）	℃	1650(s)	30

表 5-9　MS10R 陶瓷垫材料理化性能

项　目	单　位	平均保证值	标准偏差
Al_2O_3	%	47 (s)	2
Fe_2O_3	%	1.2 (i)	0.4
$Na_2O + K_2O$	%	0.7 (i)	0.1
体积密度	g/cm³	2.33 (s)	0.05
显气孔率	%	16 (i)	1.5
常温抗折强度	MPa	60 (s)	15

表 5-10　炭质材料理化性能

序　号	性能指标	单　位	炭砖品种	
			高导热石墨砖	BC-8SR 超微孔炭砖
1	灰　分	%	0.27	23
2	体积密度	g/cm³	1.69	1.68
3	显气孔率	%	15.35	14
4	常温耐压强度	MPa	31.91	36

序 号	性能指标		单 位	炭 砖 品 种	
				高导热石墨砖	BC-8SR 超微孔炭砖
5	抗折强度		MPa	14.49	9
6	耐碱性			U（优）	U（优）
7	导热系数	室温	W/（m·K）	118.57	17
		300℃		94.46	21
		600℃		87.29	20
8	平均孔半径		μm	1.575	0.1
9	<1μm孔容积		%	46.86	80

5.1.4.4 日本高炉内衬设计体系

日本高炉长寿设计技术路线是按照"高导热超微孔热炭砖+陶瓷垫"综合炉底结构，推广"炭砖+陶瓷半杯"炉缸结构。

以鹿岛1号5370m³高炉内衬结构为例，炉缸炉底是"大块炭砖炉缸+陶瓷半杯"综合炉缸炉底结构。鹿岛1号高炉2004年9月年建成投产，设计寿命20年，1号高炉炉缸直径15000mm，4个铁口，铁口水平深度2960mm，炉缸炉底内衬主要由6部分组成：（1）炉底满铺石墨砖；（2）炉底满铺大块炭砖；（3）炉底陶瓷垫（日本黑崎公司产品）；（4）炉缸"死铁层"区域采用陶瓷半杯结构（日本黑崎公司产品）；（5）炉缸壁外侧铁口中心线以下、炉缸炉底交界处（即象脚状异常侵蚀区），砌筑日本NDK超微孔炭砖；（6）炉缸壁外侧铁口中心线以上，砌日本NDK超微孔炭砖，如图5-15所示。

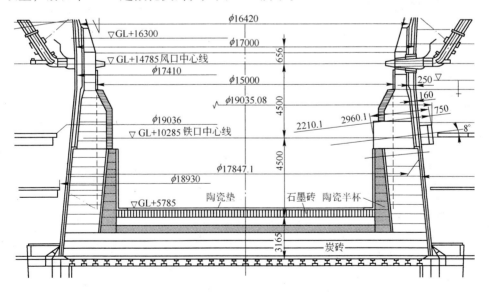

图5-15 鹿岛1号（5370m³）高炉炉缸炉底内衬结构

5.1.4.5　荷兰霍戈文内衬设计体系

荷兰霍戈文高炉长寿设计技术路线是按照"高导热安全石墨"理念，推广全炭炉缸炉底结构。

以荷兰霍戈文艾莫伊登 7 号 4450m³ 高炉内衬结构为例，炉缸炉底是全炭炉缸炉底结构。荷兰霍戈文艾莫伊登 7 号 1991 年建成投产，设计寿命 20 年，7 号高炉炉缸直径 13800mm，4 个铁口，铁口水平深度约 2700mm，炉缸炉底内衬主要由 4 部分组成：（1）炉底满铺石墨砖；（2）炉底满铺大块炭砖；（3）炉缸区域采用环砌炭砖；（4）炉缸区域采用环砌半石墨砖，如图 5-16 所示。

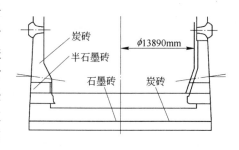

图 5-16　荷兰艾莫伊登 7 号高炉
炉缸炉底内衬结构

5.2　高炉炉缸炉底用耐火材料

合理的内衬结构下，耐火材料的选择至关重要。炉缸炉底各部位用耐火材料在近 30 年来的研究开发取得了许多成果。碳质材料如日本 NDK 公司的 BC-7S 微孔炭砖、BC-8SR 超微孔炭砖，美国的 NMA、NMD 热压炭块，法国的 AM-101、AM-102，国产半石墨炭砖、微孔炭砖、高导热半石墨炭砖、超微孔炭砖等；高铝陶瓷材料如法国的 MS4、MS4R、MONOCORAL，国产刚玉莫来石、复合棕刚玉、灰刚玉、高铝砖等；风口、铁口用砖如硅线石砖、莫来石—碳化硅砖、βSiC-SiC 砖、氮化硅结合的碳化硅砖等。这些材料都是很好的材料，并在国内外的大型高炉上取得初步成效。根据炉缸炉底各部位破损因素比较（表 5-11），耐火材料性能比较（表 5-12 ~ 表 5-14），在长寿经济的前提下应选用下述耐火材料[1]。

表 5-11　炉缸炉底各部位破损因素比较

破损因素	炉底表面	炉底炉缸交界处	铁口区	炉缸壁	风口区
热负荷	高	高	高	高	极度
热冲击	低	高	高	高—极度	高
机械应力	低	极高	高	高	中
碱锌侵蚀	中	中—高	中—高	高	低—高
炉渣侵蚀	低	低	中—高	高	中
冲刷侵蚀	低—中	中—高	高	中	高
氧　化	低	低	中—高	高	高
铁水静压力	极度	极度	高	低—中	低

表 5-12 耐火材料性能比较（一）

性能	体积密度/g·cm⁻³	显气孔率/%	常温抗压/MPa	抗折模量/MPa	荷重软化温度/℃(0.2MPa变化0.5%)	重烧线变化率/%(1500℃×5h)	蠕变率/%(0.2MPa,1500℃×(5~29)h)	热膨胀系数/K⁻¹	热震稳定性/次
硅线石砖	2.45	16	68	—	1550	—	—	—	25(1100℃,水冷)
βSiC-SiC 砖	1.97	15	—	50	—	—	—	—	—
Si₃N₄-SiC 砖	2.6	18	150	30	—	—	—	4.8×10^{-6}	—

表 5-13 耐火材料性能比较（二）

性能		NMA（美国）	NMD（美国）	BC-7S（日本）	BC-8SR（日本）	AM-101（法国）	AM-102（法国）	微孔炭砖（兰州）	半石墨炭砖（国产）	低气孔自焙炭块（河南）
体积密度/g·cm⁻³		1.62	1.8	1.62	1.71	1.54	1.58	1.56	1.52	1.62
显气孔率/%		—	—	15.5	16	15.5	13.6	≤16	≤18	13
常温抗压/MPa		30.5	31.1	44.1	65.7	34.3	43.9	>32	≥30	41.87
抗折强度/MPa		8.1	10.1	12.8	14.7	—	—	8.5	7.8	—
灰分/%		10	9.5	17	23	4.9	12.98	<20	≤7	20.88
平均气孔直径/μm		—	—	0.3	0.05	—	0.4	≤1	—	1.5
<1μm 孔容积百分率/%								≥70		61.33
透气率/mDa		9	8	4	0.5	2000	20	15	≤12	11.54
导热系数/W·(m·K)⁻¹	200℃	—	—	—	—	—	—	9	8	—
	600℃	18.4	45.2	13.5	21.1	—	—	10	9	8.12
	800℃	18.8	38.1	14.2	21.6	—	—	12	10	(900℃)
	1200℃	19.7	28.5	16.3	22.5	—	—			9.18
抗碱性（ASTM）		—	—	UorLC	U	LC	LC	UorLC	—	—
抗铁水渗透		不渗微溶	—	—	—	微渗	—	0.5MPa轻度渗透	—	—

表 5-14 耐火材料性能比较（三）

性 能	MS4（法国）	MS4R（法国）	MONOCORAL（法国）	刚玉莫来石（国产）	复合棕刚玉（国产）	高铝砖（国产）	莫来石—碳化硅（湘耐）
体积密度/g·cm⁻³	2.47	2.7	3.35	3.0	3.1	2.76	2.65
显气孔率/%	18.5	15	—	18	18	19	17
常温抗压/MPa	85	70	60	85	80	60	60
1500℃抗折模量/MPa	—		8	12.4	—	—	—
荷重软化温度/℃（0.2MPa 变化 0.5%）	1650	1600		1680	1650	1500	1650
重烧线变化率/%（1500℃×5h）	+0.5	+1	+1	+0.1	+0.5	±0.2	+0.2
蠕变率/%（0.2MPa,1500℃×5~29h）	—		—	0.65	—	—	—
热膨胀系数/K⁻¹	6.4×10⁻⁶	6.4×10⁻⁶	7.8×10⁻⁶	—	—	—	—
导热系数/W·(m·K)⁻¹（800℃）	2.2	2.2	3.8	2.57	—	—	—

5.2.1 炉缸炉底碳质材料的选用

炉缸炉底碳质材料要求具有高导热性、抗渗透性好、抗碱等特性，在实践中证明，炉底满铺导热性较好的国产半石墨炭砖或微孔炭砖，凭其较好的导热性有利于将1150℃铁水凝固等温线稳定在陶瓷垫中，更好地保护炉底。炉缸部位，从炉缸炉底交界处到铁口采用美国的 NMA 热压炭块，从铁口到风口组合砖以下600~800mm 环砌国产微孔炭砖。当然采用 NMD 或全部采用美国的 NMA 更好，但太昂贵。日本 NDK 公司的 BC-7S 微孔炭砖、BC-8SR 超微孔炭砖，法国的 AM-101、AM-102 都是大块炭砖，因为炉缸炉底热冲击热应力很高，大块炭砖易产生裂缝，造成环裂断层。美国的 NMA 热压炭块具有高达 18W/(m·K) 的导热率及其特殊的内在机理（加入 SiO_2 和石英材料优先与碱发生反应生成无破坏产物提高抗碱性），有效地将1150℃铁水凝固等温线向中心推移，减小象脚状侵蚀。同时将 870~1100℃ 的脆化区向陶瓷杯壁推移，避开碱金属对炭砖的侵蚀，有利于防止环裂。NMA 已在宝钢（3 号高炉）、包钢（3、4 号高炉）、首钢（1、2、3、4 号高炉）、鞍钢（10 号高炉）、本钢（4 号高炉）等高炉上取得很好的效果。

5.2.2 炉缸炉底陶瓷质材料的选用

炉底陶瓷垫可选用国产刚玉莫来石。国产刚玉莫来石的性能与进口材料接近，完全可以满足其要求，而且经济，在国内已得到广泛应用。炉缸陶瓷杯壁用法国 MONOCORAL 大预制块较好，虽然国产刚玉莫来石、复合棕刚玉在性能上达到要求，但因其块小，砌筑要求高，且在受热后应力分布不均，而易造成局部坍塌漂浮破损。法国 MONOCORAL 大预制块有利于避免这种漂浮破损。不过选用国产刚玉莫来石、复合棕刚玉也未尝不可，在国内的应用中也取得较好的效果。采用法国陶瓷杯的有宝钢（1号高炉）、包钢（1号高炉）、首钢（1号高炉）、梅钢（1、2号高炉）、上钢（4号高炉），采用国产陶瓷杯的有包钢（4号高炉）、鞍钢（4、7、10、11号高炉）、本钢（3号高炉）、酒钢、太钢、唐钢、邯钢等厂高炉。

5.2.3 风口铁口用耐火材料的选用

风口用砖要求抗氧化、热稳定性好、耐剥落性和耐碱性。在国内外使用种类较多的有法国的 MONOCORAL、硅线石砖、莫来石—碳化硅砖、βSiC-SiC 砖、Si_3N_4-SiC 砖、高铝砖等。βSiC-SiC 砖在国内尚无应用，且国内不能生产。选用莫来石—碳化硅砖更经济适用，完全可以满足要求，其完整性、密封性、稳定性也较好，可以很好地起到保护下部砖衬撑托上部砖衬的作用，莫来石—碳化硅风口组合砖在首钢现行的几座高炉上应用效果较好。

铁口用耐火材料在国内外使用的种类较多。有硅线石砖、莫来石—碳化硅砖、炭砖、高铝砖等，硅线石砖在宝钢应用中发现寿命短，莫来石—碳化硅砖虽然抗氧化抗冲刷较好，但其与炉缸碳质砖衬的性能差异较大，受热体积变化差异较大，内衬的整体性差，易产生间隙，造成煤气泄漏和铁水渗透的危险。莫来石—碳化硅砖在首钢铁口上应用就存在煤气泄漏问题。目前，大多数高炉使用无水炮泥，使用碳质材料已成趋势，在国内外得到认可。笔者认为使用高导抗碱抗铁水渗透性好的美国的 NMA、NMD 热压炭块交错砌筑的铁口组合结构更为合理，与炉缸形成统一的整体，弥补因材质差异引起的不足。应用美国的 NMA/NMD 铁口砖的有宝钢（3号高炉）、包钢（3、4号高炉）、本钢（4、5号高炉）几座高炉，均得到较好的应用[1]。

在风口组合砖以下 600~800mm 区间，砌筑高铝砖和刚玉莫来石盖砖，以避免风口漏水直接对炭砖的破坏。

5.3 高炉炉缸炉底冷却结构

高炉炉缸炉底冷却随着高炉内衬结构变化和高炉强化冶炼渐渐显现。高炉炉缸炉底冷却有风冷和水冷两种模式，风冷又分为强制冷却和自然对流冷却，水冷按结构分为冷却壁冷却和喷淋冷却；按照循环模式分为开路循环和闭路循环冷却；按水质又可分为工业净水冷却和除盐水冷却。

5.3.1 炉底冷却结构

炉底开始对于缓蚀型又称白色炉底没有冷却，在炭砖内衬结构诞生的同时，炉底冷却也与之派生，炉底冷却最早采用风冷，20世纪60年代以后开始采用水冷。根据高炉炉底封板位置的不同，炉底水冷管的布置有炉底封板上面布置和底封板下面布置冷却水管两种形式，以首钢和宝钢为例，首钢所有高炉的炉底冷却布置在炉底封板上面（图5-17），宝钢所有高炉的炉底冷却布置在炉底封板下面（图5-18）。

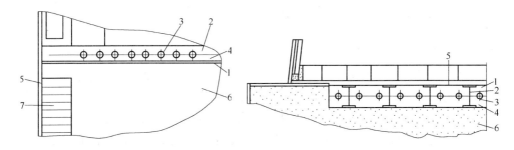

图5-17 炉底冷却布置在炉底封板上面
1—炉底封板；2—工字钢梁；3—冷却水管；
4—耐火浇注料；5—炭捣料或找平层
耐火材料；6—耐热基墩；7—黏土砖

图5-18 炉底冷却布置在炉底封板下面
1—炉底封板；2—工字钢梁；3—冷却水管；
4—耐火浇注料；5—灌浆耐火
浇注料；6—耐热基墩

5.3.2 炉缸冷却结构

到目前为止，大部分高炉炉缸侧壁采用冷却壁或喷淋冷却，但由于喷淋冷却的水量损失大，炉缸周围的工作条件较差，正在被逐渐淘汰，南美国家目前仍然在采用，世界大部分国家基本均采用冷却壁冷却。

冷却壁的材质有灰铸铁、低铬铸铁、铜冷却壁。对于大型高炉，特别是铁口区域和炉缸2~3段冷却壁，目前有多数高炉采用了铜冷却壁，其最大的优势在于铜冷却壁的高导热性能，加强了炉缸炉底象脚状异常侵蚀和炉缸环裂多发危险区域的冷却，尤其在炉役后期为延长炉缸炉底寿命将起到重要作用。各种冷却壁材质特点如下：

（1）灰铸铁 HT20-40，其熔点为1225~1250℃，正常工作条件下，允许最高温度为400℃。500℃时强度降低。灰铸铁是脆性金属材料，缺乏弹性、塑性与韧性。抗拉强度不高，但抗压强度较大，耐腐蚀、造价低。

（2）球墨铸铁 QT400-18，其熔化温度为 1225～1250℃。球墨铸铁比灰铸铁抗拉强度大，伸长率和韧性好，但布氏硬度略低。

（3）铜冷却壁的材质一般采用无氧铜板轧制后钻孔和铸铜两种。轧制后无氧铜板理化参数如下：

主要成分　Cu + Ag≥99.95%

杂质总和　≤0.05%，其中：P≤0.003%，O_2≤0.003%

热导率　λ≥384W/(m·K)　　　　线膨胀率　α≤17×10^{-6}/℃$^{-1}$

电导率　γ≥100% IACS　　　　抗拉强度　σ_b＞200N/mm^2

伸长率　δ_s＞30%　　　　　　硬度 HB　　＞40

参 考 文 献

[1] 钱世崇，程树森，张福明，等．高炉炉缸炉底长寿与内衬结构及耐火材料[C]//2004年全国炼铁生产技术暨炼铁年会论文集，中国金属学会，2004：589～595.

[2] 孙永方．结合鞍钢7号高炉炉缸破损情况调查浅谈炉缸长寿措施[J]．鞍钢技术，1995，(7)：34～38.

[3] 张寿荣，于仲洁，等．武钢高炉长寿技术[M]．北京：冶金工业出版社，2010：197～198.

[4] 王永贵，等．重钢5号高炉特别维护生产实践[J]．铁技术通讯，2008，(1)：5～7.

[5] 于海彬，等．洛钢1号高炉炉缸烧穿事故分析处理[J]．河南冶金，2008，(3)：32～34.

[6] 马德山，等．通钢2号高炉炉缸烧穿事故浅析[J]．炼铁技术通讯，2005，(1)：4～5.

[7] 陈文峰，等．新余7号高炉炉缸烧穿的调查分析[J]．炼铁，2003，(2)：33～35.

[8] 孙国毅，等．马钢4号高炉炉缸烧穿处理及维护[J]．炼铁，2007，(2)：40～42.

[9] 刘悦今．涟钢高炉炉底烧穿的处理与维护[J]．炼铁，1999，(4)：19～21.

[10] 潘一凡．杭钢1号高炉炉缸烧穿事故分析[J]．炼铁，1995，(6)：46.

[11] 钱世崇，张福明，等．首钢迁钢1号高炉长寿设计[J]．炼铁，2005，(1)：6～9.

6 高炉炉腹、炉腰及炉身冷却和耐火材料内衬结构

近年来随着高炉炼铁技术进步和耐火材料技术的发展，炉缸炉底寿命有了较大幅度的提高，炉腹至炉身下部寿命要与相应的炉缸炉底寿命匹配。炉腹至炉身下部寿命成为高炉生产的薄弱环节，并引起了高度重视。炉腹至炉身下部在高炉生产中由于受到高温及热震冲击、初成渣和铁水的侵蚀、碱金属及锌的侵蚀、炉料磨损和煤气流的冲刷以及 CO_2 及 H_2O 的氧化作用，根据实践经验，采用冷却壁的高炉在这些部位的砖衬寿命炉腹为 3~5 年，炉身下部为 2~3 年。炉腹到炉身下部主要是依靠冷却壁形成的渣皮维持长期稳定的工作，现在一些高炉采用铜冷却壁，采用了无内衬的结构，仅喷涂 50~150mm 的不定形耐火材料。图 6-1 为日本千叶 6 号高炉炉墙厚度随开炉时间的变化情况。可以看出，炉腹炉衬的保持时间较长可以达到 7~8 年。日本统计资料表明，严格控制炉墙热负荷和温度波

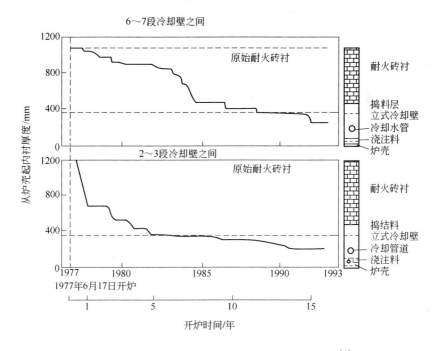

图 6-1　千叶 6 号高炉炉墙厚度随开炉时间的变化[1]

动的情况下，砖衬的侵蚀速度一般在 0.3~0.5mm/d。而国内高炉炉腹至炉身下部的砖衬一般在开炉后很短的时间内就被侵蚀掉或脱落掉。

许多高炉在炉役早期砖衬便受到严重的侵蚀，高炉只能靠冷却器及形成的渣皮维持生产。从理论上来讲，高炉砖衬维持的时间越长，冷却器工作的环境也越好，冷却器的寿命就越长，高炉的寿命也就越长。因此，根据炉体不同部位炉衬的侵蚀机理合理地选用优质的耐火材料，是保证高炉长寿的重要途径之一。炉身中上部应使用铸铁冷却壁以及抗磨性和致密性好的耐火材料，如碳化硅砖、铝炭砖、致密高铝砖、致密黏土砖等。

6.1 高炉炉腹、炉腰、炉身寿命影响因素分析

炉腹、炉腰、炉身下部处于高温和熔融区，工作环境恶劣，炉身上部处于高温块状带其侵蚀机理分析见表 6-1。

表 6-1 炉腹、炉腰、炉身部位的破损原因

侵 蚀 机 理	炉 腹	炉身下部、炉腰	炉身上部
高温高热负荷	√	√	√
熔渣和铁水的侵蚀	√	√	
温度波动造成的热震破坏	√	√	
高温热应力的破坏	√	√	√
碱金属、锌及 CO 气体的化学侵蚀	√	√	√
上升煤气流和下降炉料的冲刷磨蚀		√	√

6.1.1 高温煤气和渣铁冲刷

炉腹炉腰及炉身下部属于炼铁物料反应的关键区域，风口回旋区以上即炉腹区域形成炉料下降和煤气运动最活跃的区域，煤气的温度高达 2000℃以上，不仅有各种炼铁物料在下降过程中对炉衬造成的磨损、热煤气流逆物料流而行对炉衬造成的冲刷，还有熔融状物料对炉衬的熔损。特别是高炉高喷煤比时炉腹的工作条件更为恶劣（图 6-2）[2]，因此，作为高炉炉身部位的内衬材料，只有具备承受这种煤气和渣铁冲刷的能力，才能获得较长的使用寿命。

6.1.2 高热流强度及热冲击

高炉经受着高温和多变的热流冲击。高炉炉体部位热流强度及其峰值的分布

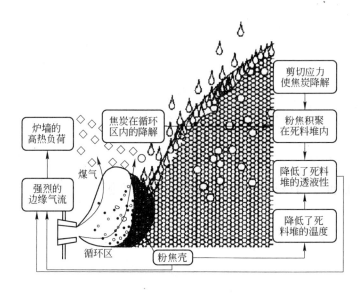

图6-2 高炉喷煤时高炉下部的工作状态

如图6-3所示。从图中可以看出，由于在炉腹、炉腰和炉身下部是软熔带根部和焦窗所在区域，软熔带气流分布的随机变化会引起炉腰和炉身下部相应的温度变化。

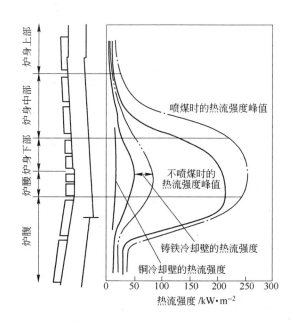

图6-3 高炉炉体部位热流强度及其峰值的分布

根据比利时 SIDMAR-B 高炉的生产实测（图 6-4），冷却壁温度一般为 100℃左右，最高在 800℃以上，内外温差高达 500℃以上，温度波动高达 400℃以上，大幅温度波动和温度梯度必然产生很大的应力，使金属疲劳产生裂纹，进而导致壁体局部剥落烧毁。

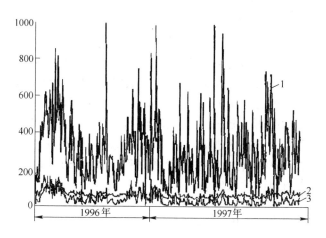

图 6-4　SIDMAR-B 高炉炉身上部第 5 块铸铁冷却壁温度记录[3]
1—最大值；2—平均值；3—均方值

国内某高炉在生产过程中炉身热负荷的波动和炉身下部内衬温度的实测结果如图 6-5 所示。实际测量发现，峰值热流强度与设计的值相差很大，而且操作条件不同。峰值的差值也会很大。在使用 100% 的烧结矿时，此处温度变化的幅度可达到 50℃/min。而在使用 50% 的烧结矿和 50% 球团矿时可高达 150℃/min。高利用系数和高喷煤量使热震的波动幅度增加，温度的波动将引起耐火材料的严

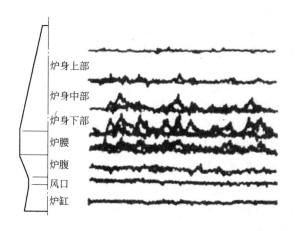

图 6-5　高炉不同区域内的热负荷波动情况

重剥落。在这些温度变化敏感区域，耐火材料材的抗热震性能则尤其重要。

6.1.3 碱金属和锌的破坏作用

碱金属氧化物与耐火砖衬发生反应，形成低熔点化合物，并与砖中 Al_2O_3 形成钾霞石、白榴石体积膨胀（30%～50%），使砖衬剥落。研究表明，该部位的砖衬破损是碱金属和锌的破坏作用造成的。在生产中，必须限制入炉原料的碱金属和锌的含量，应分别控制 3kg/t 和 0.15kg/t 以下。众所周知，炉腹、炉腰和炉身下部是很容易被侵蚀的。一代炉役中，这些部位绝大部分时间依靠冷却器维持工作，因此，这一部位的寿命不取决于耐火材料，而是取决于冷却器是否能长期可靠地工作。为了抵抗碱金属和锌的破坏作用，在冷却壁不断优化发展的基础上，耐火材料也有较大的技术进展，如采用铝炭砖、碳化硅砖等新型耐火材料。根据武钢高炉炉腹至炉身结构的技术发展进程（图 6-6），可以看出高炉炉腹、炉腰、炉身用耐火材料的技术发展。

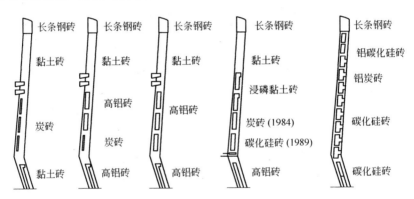

图 6-6　武钢高炉炉腹至炉身结构的技术发展进程

6.2　高炉炉腹、炉腰、炉身冷却结构

炉腹、炉腰、炉身下部处于高温和熔融区，工作环境恶劣，其侵蚀机理十分复杂。针对炉腹、炉腰、炉身下部区域的侵蚀机理，高炉工作者进行了不断地探索，最早是立足于改进耐火材料，技术思想是使用耐高温、耐冲刷磨蚀、耐侵蚀的优质耐火材料抵抗恶劣的工作环境，靠耐火材料缓蚀来延长冷却器的寿命，当然也离不开加强冷却、精料、控制边缘等手段。实践证明，无论是微孔铝炭砖还是氮化硅结合碳化硅砖，治标而不治本，虽然寿命有所增加但效果均不理想。进而又从冷却壁和耐火材料内衬两个方面入手解决，主导思想是采用高强度冷却器和耐高温耐冲刷的高级耐火材料，在冷却壁方面，一直在提高冷却壁强度及耐高温耐冲刷能力方面做工作，但仍未达到预期目的。经过多年探讨，在长期的实践

中，炼铁工作者认识到渣皮是最好的"炉衬"，并提出了延长高炉炉腹、炉腰、炉身下部寿命的新理念——提高冷却壁的冷却强度在该区域形成稳定的保护性渣皮，利用渣皮保护冷却壁，在高炉工况条件下建立无过热冷却体系。面对恶劣工况，如何提高冷却强度，如何建立无过热冷却体系，在冷却壁表面形成稳定渣皮，用渣皮保护冷却壁的问题亟待解决，而能实现该目的的主要措施是改善冷却器及冷却体系，采用高效冷却的冷却壁设备，因此，开发冷却壁技术成为我国高炉炼铁技术开发的重点课题之一。

高炉长期的生产实践证明，炉身下部炉衬损坏的另一个原因是炉墙的设计结构不合理。砖衬支承条件不好，导致炉身部位砖衬过早脱落，即使耐火材料的质量很好也无济于事。因此，延长炉身下部寿命的根本出路在于完善从耐火材料材质、结构到冷却等方面达到综合、整体的体系。建立一个在高炉冶炼条件下的合理结构，无过热的冷却体系是最佳的选择。无过热的冷却体系就是在高炉冶炼条件变化时，该冷却体系可以保证冷却器的最高工况温度均不会超过它的允许使用温度。20 世纪 80 年代以前，我国高炉采用的工业水开路循环和普通灰口铸铁冷却壁冷却系统远未达到无过热状态。直至 20 世纪末，我国许多高炉在这一部位采用了软水密闭循环冷却系统、球墨铸铁冷却壁和优质耐火材料，炉身寿命得到了相应的延长，但是也没有达到无过热状态。因为球墨铸铁冷却壁本体材料的导热系数低，水管表面的防渗碳涂层所形成的气隙层使得冷却壁的整体热阻很大。这样便造成在高炉工作条件下本体温度较高。根据计算结果和生产实践，在炉衬被完全侵蚀的条件下，球墨铸铁冷却壁在有渣皮存在时，尚可维持正常工作，一旦由于炉况波动造成渣皮脱落，冷却壁本体将出现过热。它的工况温度将超过球墨铸铁的长期允许使用温度。高炉的操作条件越不稳定，这种情况的出现将越频繁，冷却壁的损坏就越快。因此人们不得不采取高档的耐火材料与双层水管冷却壁（第四代冷却壁）同时并用的方案，才能获得炉身较长的寿命。自从德国 MAN. GHH 公司 1979 ~ 1988 年在汉博恩 4 号高炉试用铜冷却壁获得成功以后，人们发现铜冷却壁是一种在高炉冶炼条件下，不会出现过热的冷却器。

传统的高炉设计中，高炉炉腹至炉身上部均为厚壁结构。在开炉初期，由于炉身角较大，影响高炉的气流分布、较难强化。可是到了炉役末期，炉墙被侵蚀，炉身角缩小，加之炉墙耐火材料局部脱落。形成凹凸不平的剖面，扰乱了炉料的稳定下降，使炉墙附近的炉料形成矿焦混合层，边缘煤气发展。特别是炉身上部的内型有 100mm 以上的突变或 60 ~ 70mm 的变化时，焦炭会滚落到外层，形成焦炭疏松层、混合层，影响高炉操作的稳定性。

从炉底至炉喉全部采用冷却器的全护体冷却，无冷却盲区，可实现高炉各部位的同步长寿。炉腰及炉身下部是决定高炉一代炉役不中修的关键部位，该部位采用的冷却器形式极为重要。因此，炉身上部宜采用镶砖冷却壁，炉体应采用全冷却壁薄炉衬结构。

宝钢 3 号高炉炉缸采用了 6 段灰口铸铁光面冷却壁，炉腹、炉腰、炉身中下部采用了 7 段高韧性铁载体球墨铸铁冷却壁的厚壁炉衬。炉身上部至炉喉钢砖之间采用了 3 段球墨铸铁冷却壁的无内衬结构，全炉体冷却。从 1994 年 9 月开炉至今，由于较好地处理了无内衬到厚壁炉墙的局部构造，能很好地控制炉内气流的分布，没有因高炉剖面的变化影响高炉操作。

本钢 5 号高炉、鞍钢新 1 号高炉均采用全炉体冷却。新日铁君津 2 号、3 号、4 号高炉过去均采用冷却板，最近都改用了冷却壁的全炉体冷却结构。炉腹可以采用铸铁或铜冷却壁，也可采用密集式钢冷却板。炉腰和炉身中、下部的冷却器宜采用强化型铸铁镶砖冷却壁、铜冷却壁或密集式铜冷却板，以及冷却板和冷却壁组合的形式。

6.2.1 密集式铜冷却板结构

密集式铜冷却板的炉体结构的特点是各层冷却板之间的间距约为 300mm。将纯铜制造的冷却板插入高炉砌体内，以降低内衬的温度，保持内衬的完整，从而维持合理内型，密集式铜冷却板结构如图 6-7 所示。宝钢 1 号、2 号高炉、鞍钢新 1 号高炉、太钢 5 号高炉等均采用此类结构，根据高炉生产实践及传热学研究，对于采用密集式铜冷却板的高炉炉体结构，建立了如下的设计理念：

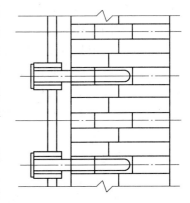

图 6-7 高炉密集式铜冷却板冷却结构

（1）铸铜冷却板的允许正常工作温度应低于 150℃，只要保证铜冷却板内冷却水的流速，铜冷却板的长期稳定工作是有保证的。根据不同部位使用铜冷却板的水流速度 $v \geqslant 1.6 \sim 1.8 \text{m/s}$；

（2）铜冷却板的布置越密集，其冷却效果越好。但是由于安装条件的限制，上下两层冷却板的垂直中心距离建议为带法兰冷却板的距离为 314mm，不带法兰的冷却板为 250mm；

（3）铜冷却板之间砌筑的耐火材料的导热率与砖衬的侵蚀状况有密切关系，推荐采用的耐火材料按石墨砖—半石墨砖—SiC 砖的顺序排列。

基于"高导热、抗热震"的设计理论，密集式铜冷却板加石墨耐火材料炉衬结构是另一类在此区域应用比较成功的冷却体系。采用该冷却体系的荷兰霍戈文 6 号、7 号高炉常年在高冶炼强度下运行了 15 年，其护腰部位的炉壳温度仍控制在 30 ~ 40℃。但是使用"高导热、抗热震"性能的石墨质耐火材料内衬，此种石墨耐火材料内衬价格较贵。

铜冷却板属于点式冷却，对耐火材料的冷却并不均匀，形成的渣皮也不均匀、不牢固，冷却效果差的部位耐火材料易被迅速侵蚀。随着耐火材料内衬的侵蚀，铜冷却板的前端大部分裸露在高炉内、熔融的渣铁很容易滴落到裸露的冷却板前端，易造成冷却板熔损性烧坏。冷却板虽然可以更换，但设备维护工作量大，增加生产成本。而且高炉采用冷却板在内衬侵蚀以后，不能形成平滑的操作炉型，操作炉型不规则，对于炉料和煤气合理分布造成影响。使用密集布置冷却板的高炉炉壳开孔太多而且密集，不仅煤气泄漏点多，炉役期内冷却板之间的炉壳易发红，产生应力集中而引发炉壳开裂事故。

6.2.2 铜冷却板与铸铁冷却壁结合的结构

板壁结合的炉体冷却结构按冷却板的布置有两种形式：棋盘式布置和水平间隔布置。

棋盘式布置形式的设计思路是为了达到在炉腰、炉身下部形成稳定渣皮，依靠渣皮维持高炉内衬和冷却器长期稳定的工作，并可靠地保护炉壳在铸铁冷却壁的四周及中心，呈棋盘式布置铜冷却。采用这种板壁结合结构的铜冷却板不宜过长，以保证其可靠的工作和形成平滑的炉型。与此同时，将铸铁冷却壁的高度减少到 1000 ~ 1200mm。这种冷却结构的优点在于，为炉腰、炉身下部保护砖衬和形成渣皮创造了良好的条件，从而达到保护冷却壁的目的。因此，在高炉操作严格控制边缘煤气流的条件下，可以达到长寿的目的。

日本千叶 6 号高炉第 1、2 代及水岛高炉采用水平间隔布置。水平间隔布置就是两层冷却壁的缝隙间布置一层冷却板，同一层冷却板之间紧密相接，冷却板不能更换，如图 6-8 所示。这种布置方式主要是根据铸铁冷却壁接缝处以及角部容易损坏的特点，通过铜冷却板加强保护。这种布置方式与棋盘式布置形式的思路基本一致，也获得了较好的应用效果。千叶 6 号高炉和水岛 2 号高炉采用这种冷却结构均创造了炉龄 20 年以上的高炉长寿纪录，俄罗斯 5580m³ 高炉也采用了这种形式的板壁结合的炉身结构。

HKM A 高炉在炉腹、炉腰部位将 6 段高 800mm 小型铜冷却壁与铜冷却板组合使用。HKM B 高炉在炉腹中部以上将小型铸铁冷却壁与铜冷却板组合使用，这是解决炉身中部长寿的有效措

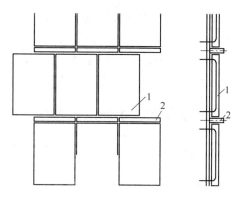

图 6-8 板壁水平相间的冷却结构
1—铸铁冷却壁；2—铜冷却板

施。宝钢4号高炉、太钢5号高炉等也采用了类似的设计结构。

6.3 高炉炉腹、炉腰、炉身内衬结构

高炉炉腹、炉腰和炉身下部是高炉软融带所处的区间，在此区间炉料温度约为1600~1650℃，煤气流温度则更高，形成大量的中间渣开始滴落，该部位所受的热辐射、熔渣侵蚀都很严重。另外，碱金属的侵入、碳的沉积而引起的化学作用、由上而下的熔体和由下而上的炽热煤气流的冲刷作用也加剧。所以，炉腹、炉腰历来都是高炉长寿的关键环节。因此，该区域的材料应有很高的抗侵蚀、抗冲刷能力，同时还要具有一定的抗热震能力。炉身下部产生大量低熔物，并承受炽热炉料下降的摩擦作用、煤气上升时粉尘的冲刷作用和碱金属蒸气的侵蚀作用，因此这个部位的耐火材料和冷却器极易受到侵蚀，甚至全部损坏，靠炉壳维持生产。近年来，由于采用高冷却强度的铜冷却壁，降低了这部分耐火材料的质量要求。

炉身是高炉本体的重要组成部分，起着炉料的加热、还原和造渣作用，自始至终承受着煤气流的冲刷与物料的冲击。但炉身上部和中部温度较低（400~800℃），无炉渣形成和渣蚀的危害。这个部位主要承受炉料冲击、炉尘上升的磨损或热震冲击（最高达50℃/min），或者受到碱、锌等的侵入和碳的沉积而遭受破坏。所以该部位主要采用低气孔率的优质致密黏土砖或高铝砖。特别是在耐火材料品种增加和质量提高的情况下，高炉炉衬寿命都大大延长。

但是由于大中型高炉操作条件的苛刻和大幅度延长高炉寿命的要求，该部位应采用耐剥落性和耐磨性方面都很优异的耐火材料。因此，在炉身上部还采用磷酸盐结合的黏土砖，上部和中部还采用硅线石质耐火砖和耐剥落性优异的高铝质耐火砖。

高炉砌体的设计应根据炉容和冷却结构，以及各部位的工作条件选用不同的耐火材料。高炉用的优质碳化硅砖，除应提出常规性能指标的要求外，还应提出热导率、抗渣性、热展稳定性、抗氧化性、线膨胀系数等适宜炉身中、下部工作的指标要求。SiC砖对延长高炉寿命极为重要。

6.4 高炉炉腹、炉腰、炉身用耐火材料

6.4.1 高铝砖

高炉用高铝砖是以高铝矾土熟料为主要原料制成的用于砌筑高炉的耐火材料制品。YB/T 5015—1993 将高炉用高铝砖按理化指标分为 GL-65、GL-55、GL-48 三种牌号，其理化性能见表6-2。

表 6-2 高炉用高铝砖的理化性能

项 目		指 标		
		GL-65	GL-55	GL-48
Al_2O_3/%		≥65	≥55	≥48
Fe_2O_3/%		≤2.0		
耐火锥号		180	178	176
0.2MPa 荷重软化开始温度/℃		≥1500	≥1480	≥1450
重烧线变化率/%	1500℃, 2h	0 -0.2		
	1450℃, 2h			0 -0.2
显气孔率/%		≤19		≤18
常温耐压强度/MPa		≥58.8		49.0
透气度		必须进行此项检验,将实测数据在质量证明书中注明		

6.4.2 黏土砖和磷酸浸渍黏土砖

高炉用黏土砖主要用于高炉炉身或炉缸炉底内衬保护砖。高炉用黏土砖要求常温耐压强度高,能够抵抗炉料长期作业磨损;在高温长期作业下体积收缩,有利于炉衬保持整体性,显气孔率低和 Fe_2O_3 含量低,以减少碳素在气孔中沉积,避免砖在使用过程中膨胀疏松而损坏,低熔点物形成少。高炉用黏土砖比一般黏土砖更具有优良性能。YB/T 5050—1993 将高炉用黏土砖按理化指标分为 ZGN-42 和 GN-42 两种牌号,其理化性能见表 6-3,磷酸盐浸渍黏土砖的理化性能见表 6-4。

表 6-3 高炉用黏土砖的理化性能

项 目	指 标		项 目	指 标	
	ZGN-42	GN-42		ZGN-42	GN-42
Al_2O_3/%	≥42	≥42	重烧线变化/% (1450℃, 3h)	0 ~0.2	0 ~0.3
Fe_2O_3/%	≤1.6	≤1.7	显气孔率/%	≤15	≤16
耐火锥号	176	176	常温耐压强度/MPa	≥58.8	≥49.0
0.2MPa 荷重软化 开始温度/℃	≥1450	≥1430	透气度	必须进行此项检验,将实测数据在质量证明书中注明	

表 6-4　磷酸盐浸渍黏土砖的理化性能

项 目	指标	项 目	指标
Al_2O_3/%	41~45	重烧线变化(1450℃,3h)/%	-0.2~0
Fe_2O_3/%	≤1.8	显气孔率/%	≤14
P_2O_5/%	≥7	常温耐压强度/MPa	≥60
0.2MPa荷重软化开始温度/℃	≥1450	抗碱性（强度下降率）/%	≤15

6.4.3　碳化硅砖

　　碳化硅砖的主要特征是 SiC 为共价结合，不存在通常的烧结性，依靠化学反应生成新相达到烧结。我国 1985 年在鞍钢 5 号高炉上首次使用 Si_3N_4-SiC 砖并获得成功经验后，迅速在大型高炉上推广应用。目前，我国高炉用优质碳化硅砖主要品种有 Si_3N_4-SiC 砖、Sialon-SiC 砖和自结合（β-SiC 结合）SiC 砖。

6.4.3.1　Si_3N_4-SiC 砖

Si_3N_4-SiC 砖是用 SiC 和 Si 粉为原料，经氮化后烧成的耐火制品。SiC、Si_3N_4都是共价键化合物，烧结非常困难。在多级配的 SiC 颗粒和细粉中，加入磨细的工业硅粉，Si 与 N_2 在高温下进行 $2N_2 + 3Si \longrightarrow Si_3N_4$ 反应烧结。反应时生成的Si_3N_4 与 SiC 颗粒紧密结合而形成以 Si_3N_4 为结合相的碳化硅制品。研究发现，大多数 Si_3N_4 结合相为针状或纤维状结构，存在于 SiC 颗粒周围或 SiC 颗粒的孔隙处，Si_3N_4 呈纵横交错的结构与 SiC 颗粒紧密结合，使之具有很高的常温和高温强度。

　　YB 4035—1991 对高炉用 Si_3N_4-SiC 砖的理化指标做了规定，并将制品分为DTZ-1 和 DTZ-2 两类，其理化指标应符合表 6-5 中的要求。

表 6-5　高炉用 Si_3N_4-SiC 砖的理化性能

项 目	指标		项 目	指标	
	DTZ-1	DTZ-2		DTZ-1	DTZ-2
显气孔率/%	≤17	≤19	SiC/%	≥72	≥70
体积密度/g·cm^{-3}	≥2.62	≥2.58	Si_3N/%	≥21	≥20
常温耐压强度/MPa	≥150	≥147	Fe_2O_3/%	≤1.5	≤2.0
常温抗折强度/MPa（1400℃）	≥43.0	≥39.2			

6.4.3.2　Sialon-SiC 砖

　　在 1700℃ 时，在 Si_3N_4-Al_4N_4-Al_4O_6-Si_3O_6 所构成的正方形相图中，有以Si_3N_4 为起点向 4/3（Al_2O_3，AlN）延伸，组成在相当大范围内变化的 β-Sialon

相，有以 Si_2N_2 为起点大体向 x 相方向延伸，组成在较小范围内变化的 O-Sialon 相。在 Si_3N_4-SiC 制品的生产过程中，加入适量加入物，使氧进入 Si_3N_4 晶格，生成一定数量的 β-Sialon 固熔体相，从而可以制造出 Sialon-SiC 砖。表 6-6 给出了 Sialon-SiC 砖的理化性能指标。

表 6-6 Sialon-SiC 砖的理化性能

项 目	指 标	项 目	指 标
SiC/%	≥72	常温抗折强度/MPa	≥54
N/%	<5.8	热态抗折强度/MPa (1400℃，0.5h)	≥55
Fe_2O_3/%	≤0.5		
荷重软化开始温度 /℃（0.2MPa 变化0.6%）	≥1700	热震稳定性/次（1100℃，水冷）	≥30
		线膨胀系数/K^{-1}（20~1000℃）	≤4.9×10⁻⁶
显气孔率/%	≤13	热导率/$W \cdot m^{-1} \cdot K^{-1}$	≥25(20℃)
体积密度/$g \cdot cm^{-3}$	≥2.80		≥13(1200℃)
耐压强度/MPa	≥200	抗碱性评价	U

6.4.3.3 自结合 SiC 砖

在工业 α-SiC 原料中加入工业硅和碳，在高温还原气氛下发生 $Si(s) + C \longrightarrow SiC(s)$ 的反应，生成 β-SiC，与原生高温型 α-SiC 颗粒结合，制出自结合 SiC 材料，使制品具有良好的性能。表 6-7 为我国生产的 SiC 质耐火制品与国外的 SiC 质耐火制品的理化指标，与国外同类产品相比，我国生产的 SiC 质耐火制品各方面指标均达到了国外同类产品的水平。

表 6-7 国内外高炉用 SiC 耐火材料制品的理化性能

指　标 ＼ 制　品	Si_3N_4 结合 SiC 砖	Sialon 结合 SiC 砖	自结合 SiC 砖	美国 Si_3N_4 结合 SiC 砖	美国 Sialon 结合 SiC 砖	日本自结合 SiC 砖
结合相	Si_3N_4	Sialon	β-SiC 为主	Si_3N_4	Sialon	β-SiC 为主
体积密度/$g \cdot cm^{-3}$	2.73	2.70	2.70	2.65	2.70	2.67
显气孔率/%	13	15	15	14.3	14	16
耐压强度/MPa	228.6	220.2	162	161	213	166.1
抗折强度 /MPa　常温	53.8	52.7	48.3	43	47	37.1
1400℃	56.9	49.8	39.0	54(1350℃)	48(1350℃)	42
热导率 /$W \cdot m^{-1} \cdot K^{-1}$　800℃	18.6	19.4		16.3(1000℃)	20	
1200℃	15.7 (1300℃)	16		16.9	17	
线膨胀系数 /℃⁻¹（20~1000℃）	4.6× 10⁻⁶	5.1× 10⁻⁶	4.2× 10⁻⁶	4.7× 10⁻⁶	5.1× 10⁻⁶	4.4× 10⁻⁶

指 标	制 品	Si_3N_4 结合 SiC 砖	Sialon 结合 SiC 砖	自结合 SiC 砖	美国 Si_3N_4 结合 SiC 砖	美国 Sialon 结合 SiC 砖	日本自结合 SiC 砖
化学成分（质量分数）/%	SiC	>70	>70	87.76	75.6		85.38
	Si_3N_4	>20			20.6		
	Sialon		>20				
	Si		0.39				
	Fe_2O_3		0.31	0.42	0.5		1.79

6.4.3.4 铝炭砖

高炉铝炭砖采用特级高铝矾土熟料、鳞片状石墨及 SiC 为主要原料。一般大型高炉使用烧成（烧成温度不高于 1450℃）铝炭砖。高炉铝炭砖具有气孔率低、透气度低、耐压强度高、热导率高、抗渣、抗碱、抗铁水熔蚀及抗热震性好等各种优良性能，而且价格便宜。烧成微孔铝炭砖是指平均孔径不大于 $1\mu m$ 的孔容积占开口气孔总容积的比例不小于 70% 的烧成铝炭砖。烧成微孔铝炭砖，按 YB/T 113—1997 理化指标分为 WLT-1、WLT-2 和 WLT-3 三个等级，其理化性能见表6-8。

表 6-8 高炉用烧成微孔铝炭砖的理化性能

项 目	指 标 WLT-1	WLT-2	WLT-3	项 目	指 标 WLT-1	WLT-2	WLT-3
Al_2O_3/%	≥65	≤60	≤55	铁水熔蚀指数/%	≤2	≤3	≤4
C/%	≥11	≤11	≤9	热导率（0~800℃）/W·m^{-1}·K^{-1}	≥13	≥13	≥13
TFe/%	≤1.5	≤1.5	≤1.5	抗碱性（强度下降率）/%	≤10	≤10	≤10
常温耐压强度/MPa	≥70	≥60	≥50	透气度/μm^2（mDa）	≤4.94×10^{-4}（0.5）	≤1.97×10^{-3}（2.0）	≤1.97×10^{-3}（2.0）
体积密度/g·cm^{-3}	≥2.85	≥2.65	≥2.55	平均孔径/μm	≤0.5	≤1	≤1
显气孔率/%	≤16	≤17	≤18	小于 $1\mu m^2$ 孔容积占的比例/%	≥80	≥70	≥70

注：1. 孔径分布检测范围：0.006~360μm；
　　2. 铁水熔蚀指数仅用于炉缸和炉底。

6.4.3.5 热面喷涂料

高炉炉腹至炉身下部采用铜冷却壁时，铜冷却壁热面在高炉冶炼状态下可以迅速形成渣皮保护，可以不采用砌砖结构。高炉开炉前，在铜冷却壁热面采用喷涂不定形耐火材料保护铜冷却在开炉过程的破坏，典型的用于保护铜冷却壁的不定形喷涂耐火材料的理化性能见表6-9。

表6-9 典型的高炉喷涂料理化性能

项 目		指 标	项 目		指 标
化学成分/%	Al_2O_3	52.7	耐压强度/MPa	1450℃	44.5
	Fe_2O_3	1	线性收缩/%	1000℃	0.3
最高使用温度/℃		1500		1450℃	1.2
110℃体积密度/g·cm^{-3}		2.13	导热系数/W·m^{-1}·K^{-1}（600℃）		0.79
耐压强度/MPa	110℃	44.8	加水量/%		11~13
	1000℃	25.5			

注：用途为铜冷却壁及铸铁冷却壁炉内侧喷涂。

参 考 文 献

[1] 小林敬司，松木敏行，柳尺克彦. 高炉长寿命化技术[J]. 川崎制铁技报，1993，25(4)：22~29.

[2] 项钟庸，王筱留，等. 高炉设计——炼铁工艺设计理论与实践[M]. 北京：冶金工业出版社，2007：130.

[3] 周治中. 新型高炉冷却器——铜冷却壁[J]，宝钢技术，2001（1）：57~62.

7 高炉冷却器

7.1 高炉冷却器的功能和作用

高炉采用冷却器可以追溯到 1884 年。为了延长高炉寿命，美国率先在高炉安装了冷却器，在此之前的高炉一直没有冷却。到 20 世纪初，随着高炉容积和产量的增加，冷却器在高炉缸和炉腹等区域得到了普遍应用，20 世纪 30~40 年代，冷却器在炉身部位也得到了应用，但当时冷却器仅是结构简单的喷水冷却装置和冷却水套。进入 20 世纪 60 年代以后，随着高炉大型化和生产效率的普遍增加，高炉冷却的重要性得到了进一步重视。在这一时期，高炉冷却器最重要的技术发展是强化式冷却板和新型冷却壁的开发应用。这两种冷却器的工作原理都是经过冷却器的换热作用，将高炉内传出的热量通过冷却水带走，从而避免高温热量对炉壳造成破坏。经过数十年的发展演变，至 20 世纪 70 年代前，在工业发达国家铜冷却板是炉腰和炉身占主导地位的冷却器。到 20 世纪 70 年代初，欧美、日本等国从苏联引进了铸铁冷却壁，经过多次改进和完善，使铸铁冷却壁得到了推广应用，并逐渐取代了铜冷却板的主导地位。20 世纪 80 年代，为了克服铸铁冷却壁的技术缺陷，以德国为代表的欧洲国家开发应用了铜冷却壁。进入 21 世纪以后，铜冷却壁在现代大型高炉上得到普遍应用。经过近半个世纪的发展创新，直至目前，高炉冷却器的主要形式仍是冷却板和冷却壁。

高炉炉腹至炉身下部是高炉破损的严重区域，对高炉寿命的影响巨大，在某种程度上甚至决定着高炉一代炉役寿命。如何延长炉腹至炉身下部区域的寿命，根据理论研究和生产实践，国内外都提出了明确的技术理念。从 20 世纪 80 年代以后，高炉长寿的技术思想可总结概括为：首先解决冷却水质问题，即采用既不结垢也无腐蚀的冷却水，设计合理的冷却水速和冷却系统（即先进的软水或纯水密闭循环冷却系统）；其次解决冷却器问题，设计开发出无过热冷却器；再次是采用新型优质耐火材料，为冷却器提供有效的保护，二者相互依存、共同作用，以延长高炉寿命；最后是解决冷却器和耐火材料的匹配问题，冷却器为耐火材料砖衬提供有效的支撑，延长耐火材料的使用寿命。

实践证实，在高炉炉腹至炉身下部区域即使采用最高档的耐火材料，其存在的时间也仅有几年，一代炉役期间主要依靠冷却器工作。从这个事实中，使人们摒弃了依靠高级耐火材料延长高炉寿命的思维模式，开始致力于研究开发无过热的冷却器，并在此基础上实现高效无过热冷却器与砖衬结构的最佳匹配。因此，提高炉腹、炉腰和炉身寿命的关键技术是改进冷却技术，即在炉腹、炉腰和炉身下部区域要着重解决冷却器的寿命问题。如前所述，采用不结垢无腐蚀的冷却水实质上是消除了冷却器内部冷却水管内壁的绝热层，可以有效地提高冷却器的冷却能力。而设计开发无过热的冷却器则需要运用传热学原理和传热计算，通过传热计算可优化冷却器设计，提高冷却器的传热性能，纠正传统经验设计中的错误。基于传热学理论和传热计算，可以使高炉冷却器设计更为科学精准，也是现代高炉设计实现数字化的重要标志，使高炉设计由直觉设计、经验设计走向科学设计、优化设计，也使利用传热学计算解决高炉寿命问题成为了现实。

自19世纪中叶高炉开始采用水冷却技术以来，冷却器成为保证高炉在高温条件下抵御高热负荷和机械磨损的关键设备，也是现代高炉长寿不可或缺的重要设备，成为高炉炉体结构的重要组成部分。冷却器对延长高炉寿命的重要作用体现在：

（1）为高炉提供有效的冷却，将高炉内传递出的热量通过冷却水顺利带走。高炉冶炼过程释放大量的热量，一部分热量通过炉体结构传递出来，对耐火材料砖衬和炉壳造成破坏。为了保护炉体结构，采用冷却器通过热交换，将高温热量由冷却水顺畅地导出，从而降低耐火材料砖衬和炉壳的工作温度，延长耐火材料和炉壳等炉体结构的使用寿命。这是高炉采用冷却器和冷却技术最根本的初衷，也是高炉冷却器最重要的作用之一[1]。

（2）为高炉耐火材料内衬提供有效的冷却和支撑。高炉正常生产时，高炉耐火材料砖衬热面的温度高达1500℃以上，在没有冷却器冷却的条件下，该温度已超过耐火材料的临界反应温度，会很快造成耐火材料的侵蚀和破损。采用冷却技术可以有效降低耐火材料砖衬的使用温度，将耐火材料砖衬的热面温度控制在临界反应温度以下，抑制化学侵蚀和机械磨损，延长耐火材料的使用寿命。高炉炉腹、炉腰和炉身区域的冷却器不仅为耐火材料砖衬提供有效的冷却，还能够为其提供有效的支撑，使耐火材料砖衬具有稳定的结构，不至于造成脱落或坍塌。

（3）维持合理的高炉操作内型。在高炉一代炉役期间，高炉生产过程中由于耐火材料内衬的侵蚀破损或渣皮的黏结，形成了高炉操作内型。高炉操作内型合理是高炉生产稳定顺行、高效长寿的基础，现代高炉长寿技术的本质就是形成合理的操作内型。冷却器为高炉形成合理操作内型的提供了重要的技术保障，对于煤气流合理分布和炉料的顺行具有积极作用。

（4）延长高炉寿命。在高炉炉腹、炉腰、炉身下部区域的耐火材料消失以后，依靠冷却器的冷却作用能够生成保护性渣皮，形成"永久性"内衬，使高炉寿命得以延长。

（5）保护高炉炉壳。高炉炉壳是高炉炉体的钢结构，其作用是固定冷却器、保护炉体耐火材料砌体的稳定性、承受高炉内压力和炉体密封，还要承受高炉炉顶设备荷载和高炉生产过程中的悬料、坐料、塌料等特殊冲击荷载，炉壳工作状况十分复杂，处于高温、高压、高荷载和特殊冲击荷载的综合工况下工作。高炉炉壳一般采用专用的优质低合金高强度钢，采用特殊的加工焊接制作工艺制造而成。因此，为了保证炉壳的力学性能和使用寿命，要求高炉炉壳表面温度要低于80℃，由高炉内传出的热量约有85%被冷却器吸收并由冷却水带走，只有约15%的热量通过炉壳散失到环境中。

由此可见，高炉冷却器对于延长高炉寿命具有至关重要的作用和意义。现代高炉采用炉体全冷却结构，即从高炉炉底至炉喉全面采用不同结构的冷却器，使高炉在合理冷却的条件下稳定工作，延长高炉使用寿命。因此，采用无过热冷却器提高冷却器的冷却效率和冷却能力，延长冷却器的使用寿命，提高冷却器的可靠性和耐久性，是现代高炉长寿技术的重点课题[2]。

现代高炉对冷却器性能和结构的基本要求是：

（1）具有足够的冷却能力，在高炉峰值热负荷条件下能够抵御热冲击，不因局部过热而被烧损或破坏，能够为耐火材料内衬和炉壳提供可靠的冷却。

（2）炉缸炉底的冷却器能够与炉缸炉底耐火材料内衬形成合理匹配的整体，将通过炉缸炉底内衬的热量顺畅导出，实现炉缸炉底温度场的合理分布，将温度分布控制在合理的范围内，控制1150℃等温线的位置，使其尽量靠近高炉内部。基于高效冷却和合理的炉缸炉底内衬结构，使耐火材料砖衬热面能够形成保护性的渣铁壳，抑制炭砖遭受的各类破坏，减轻或避免炉缸象脚状异常侵蚀和炉缸环裂，最大限度延长高炉炉缸炉底寿命。

（3）炉缸上部的风口区是高炉内部唯一的氧化性区域，1200～1300℃高温热风经过风口装置进入高炉，热风与焦炭、煤粉等燃料在风口回旋区内发生剧烈的燃烧反应，释放大量的热量，风口前的温度可以达到1600℃以上。风口大套、中套和小套在如此恶劣的条件下工作，必须采用高效冷却结构。

（4）炉腹、炉腰和炉身下部的冷却器无论采用何种形式，必须具有足够的传热能力，易于在冷却器或耐火材料热面形成稳定的保护性渣皮，利用渣皮为冷却器、耐火材料和炉壳提供有效的保护。

（5）炉身中部的冷却器为耐火材料砖衬提供有效的冷却和支撑，在此区域采用冷却壁—砖衬一体化结构或冷却板—砖衬结构均可以获得高炉长寿的效果，同时还应当考虑易于形成合理的高炉操作内型。现代高炉炉身上部应取消无冷区，采用水冷壁结构，冷却壁直接与炉料和煤气接触，必须具有足够的机械强度和耐磨性能，以承受高温煤气流的冲刷和下降炉料的磨损。

（6）高炉炉喉钢砖采用水冷结构，防止局部过热、变形烧损和脱落，使其具有规则完整的内型,从而可以获得合理的炉料分布,使得炉料分布控制满足高炉生产要求。

(7) 高炉冷却器的安装和固定不影响炉壳的密闭性,对炉壳机械强度不造成破坏。

目前,提高冷却器的冷却能力和可靠性成为冷却器开发研究的重点内容,主要采取以下技术措施来提高冷却器的可靠性[3]:

(1) 提高冷却器本体材料的导热性,使冷却器具有足够的传热能力,能够将高炉内传出的热量通过冷却水顺畅地带走。

(2) 基于传热学计算结果,优化冷却器本体结构设计,采用合理的设计结构,改善冷却器的工作条件。

(3) 利用砖衬或形成的渣皮保护层,降低强大的热流冲击。

因此,在设计、制造高炉冷却器时,必须研究使用材料的允许工作温度、导热性能,通过传热计算分析,优化设计结构才能获得长寿的冷却器。

7.2　冷却器的结构形式

7.2.1　冷却板

冷却板是较早出现的高炉冷却器之一。冷却板的基本原理是通过点式冷却来冷却耐火材料砖衬并使其始终保持一定厚度,进而通过耐火材料砖衬保护炉壳。

20 世纪 50 年代,国内外大多数高炉普遍采用冷却板,最初的形式是在铸铁外冷却框内插入铜冷却板,由于其密封性差而被淘汰。后来高炉通用设计中采用了铸铁冷却板,但由于其冷却强度低且耐热性能差,使用寿命短,至 20 世纪 70 年代逐渐被淘汰,随后取而代之的是铜冷却板。欧美、日本等工业发达国家的高炉从 20 世纪 60 年代开始普遍采用铜冷却板,甚至直到目前仍有大量高炉采用铜冷却板结构。20 世纪 60 年代末期,日本高炉采用了密集式铜冷却板,加强了对砖衬的冷却和保护,延长了炉体的寿命。我国宝钢 1 号高炉和攀钢 4 号高炉分别在 20 世纪 80 年代初期和中期引进了日本新日铁公司的密集式铜冷却板,也取得了较好的应用效果。

铜冷却板的技术优点是:(1) 由于采用高导热的纯铜作为本体,具有优异的导热性能,能够承受较高的热流强度和热震冲击;(2) 在铜冷却板本体内冷却水与冷却板本体之间直接接触,冷却效率高;(3) 铜冷却板可以设计成双室或多通道结构,通过结构的设计优化改善传热性能,延长使用寿命;(4) 插入到砖衬中可以对砖衬提供有效的点式冷却,能够将砖衬传递出的热量顺畅带走,将砖衬的工作温度控制在较低的范围内;(5) 对砖衬支撑性好,耐火材料砌体寿命长;(6) 铜冷却板损坏以后可以进行更换。铜冷却板的缺点是:(1) 由于结构特性必须保持一定厚度的耐火材料砖衬，在砖衬侵蚀以后容易造成砖衬表面不光滑，阻碍炉料下降运动，冷却面积相对较小；（2）由于铜的机械强度在120℃以上时很快降低，当温度超过120℃时，铜冷却板破损很快；（3）铜冷却板从高炉内传递出的热量较多，容易使燃料消耗增加，并且需要较高的冷却水速；（4）密集安装的冷却板造成炉壳开孔较多，需要精心设计炉壳，对炉壳材质要求也较高；（5）对与之相匹配的耐火材料要求高，需要采用导热性优良的高档耐火材料与之相匹配；（6）冷却器单体热负荷的测定和控制较为困难；（7）尽管冷却板可以进行更换，但更换冷却板的维护工作量大，在炉壳产生热点和裂纹后，维护工作更为繁重。虽然铜冷却板存在上述的技术缺陷，但采用冷却板的高炉也创造了高炉长寿的实绩，日本君津3号高炉寿命达14.8年，荷兰康力斯艾莫伊登厂的6号、7号高炉寿命分别达到16年和14.5年，我国宝钢1号高炉寿命达到10.5年。在20世纪80~90年代，铜冷却板在国外高炉上应用广泛，而且都取得了较好的高炉长寿实绩，成为当时长寿高炉的重要支撑技术。

近20年来，冷却板技术的发展趋势主要是在炉腹、炉腰和炉身下部的高热负荷区增加冷却板的数量，减小上下相邻两排冷却板之间的垂直距离，即增加冷却板的密度。目前，上下两排冷却板的垂直距离已经缩小到300mm左右。较小的冷却间距使冷却板的布置更为密集，加强了对砖衬的冷却效果，有效延长了高炉寿命。

冷却板的主要形式包括扁水箱、支梁式水箱、铜冷却板、钢板焊接冷却板等。直至目前，使用最广泛的是铜冷却板，其冷却通道结构已由单通道发展到6通道、8通道结构。20世纪末期，欧美、日本等国的高炉在炉腹至炉身下部普遍采用的是6通道铜冷却板。进入21世纪以后，随着铜冷却壁技术的成熟，新建或大修改造的高炉大多数采用铜冷却壁，但仍有部分高炉采用密集式多通道铜冷却板。我国宝钢4号高炉、太钢5号高炉等21世纪建造的大型高炉，在高炉炉腹、炉腰和炉身部位采用了8通道焊接铜冷却板，高热负荷区上下两排铜冷却板的垂直间距为312mm。铜冷却板设计的关键技术是保证端部具有较高的冷却水流速，使冷却板的端部热面温度保持在120℃以下，并且水的压力损失尽可能降低。因此，增加冷却通道、优化冷却通道结构成为改善冷却板传热性能的必然选择，较小的冷却通道提高了冷却板端部的冷却水速，并且总的冷却水量并不增加。图7-1~图7-4所示为各种不同冷却通道结构的铜冷

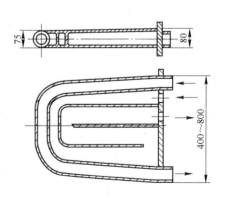

图7-1   2个进出水通路的双室铜冷却板结构

却板，图 7-5 所示为韩国浦项 2 号高炉在 20 世纪末期所采用的铜冷却板结构，图 7-6 所示为典型的采用铜冷却板的炉体结构。

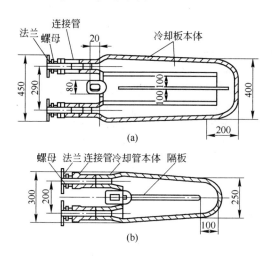

图 7-2 宝钢 2 号高炉铜冷却板结构

（a）4 通道铜冷却板；（b）2 通道铜冷却板

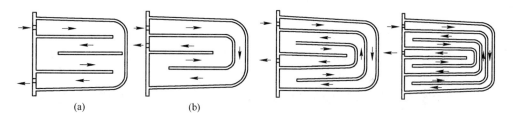

图 7-3 4 通道铜冷却板结构优化

（a）改进前的结构；（b）改进后的结构

图 7-4 6 通道和 8 通道铜冷却板结构

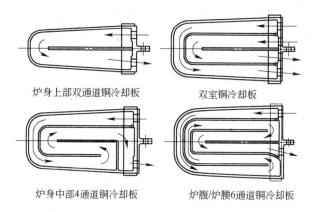

炉身上部双通道铜冷却板

双室铜冷却板

炉身中部 4 通道铜冷却板

炉腹/炉腰 6 通道铜冷却板

图 7-5 浦项 2 号高炉采用的铜冷却板结构

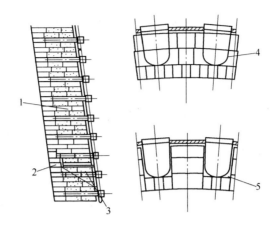

图 7-6 采用密集式铜冷却板的炉体结构
1—石墨砖或碳化硅砖；2—高铝砖；3—膨胀缝；4—铜冷却板端部；5—高导热捣料

21 世纪以来，由于铜冷却壁的成功应用和快速发展，铜冷却壁在国内外高炉上得到推广普及。目前国内外采用铜冷却板的高炉呈现明显的减少趋势，不少原来采用铜冷却板的高炉在近期大修改造时也不再采用原有的冷却结构，转而采用铜冷却壁，日本、韩国、欧洲和北美的高炉这种技术发展趋向尤为明显。

7.2.2 冷却壁

冷却壁是目前高炉普遍采用的一种冷却器形式，根据其材质不同分为铸铁冷却壁、铜冷却壁、钢冷却壁和钢—铜复合冷却壁等。冷却壁的工作原理是：通过面式冷却将高炉内传递出的热量顺畅地导出，避免高温热流直接抵达炉壳，将冷却壁安装在砖衬和炉壳之间以期达到该效果。采用全冷却壁结构的现代高炉，由炉底至炉喉的炉壳均安装了冷却壁或水冷壁，构成了全冷却的炉体结构。由高炉内传出的热量通过与冷却壁的热交换，将热量经冷却水传递到环境中。

铸铁冷却壁由冷却壁本体和镶铸在内部的冷却水管组成，根据使用区域又分为光面冷却壁和镶砖冷却壁。光面冷却壁主要用于炉缸炉底部位，镶砖冷却壁主要用于炉腹、炉腰和炉身区域。铸铁冷却壁是通过镶铸在其内部钢管中的冷却水进行冷却的，冷却壁热面镶砖用来减少热损失和黏结渣皮，当砖衬侵蚀消失以后，冷却壁仍可以依靠黏结渣皮维持工作并对炉壳提供保护。冷却壁具有以下功能：（1）对其热面的耐火材料内衬提供全面有效的冷却，将砖衬工作温度控制在合理的范围内；（2）当炉腹至炉身下部区域的砖衬损坏消失以后，在冷却壁失去砖衬保护的条件下，能够在其热面形成保护性渣皮，形成"自保护内衬"；（3）对炉壳提供全面的保护；（4）维持平整光滑的高炉操作内型，以利于炉料下降顺行和煤气流合理分布；（5）减少高炉热量损失；（6）冷却壁要长期在恶劣的工况条件下存在，为高炉提供有效的冷却。

冷却壁的技术优点是：（1）能够对其热面的耐火材料砖衬提供均匀有效的冷却，将砖衬的工作温度控制在合理的范围内；（2）由于冷却比较均匀，使侵蚀后的砖衬内型比较规整平滑，对高炉顺行不造成大的影响；（3）在高炉炉腹至炉身下部高热负荷区，冷却壁热面砖衬侵蚀消失以后，仍能依靠有效的冷却在其热面黏结渣皮，形成"自保护内衬"；（4）由于安装在炉壳内表面，能够对炉壳提供有效的保护，而且炉壳开孔少，整体密封性能好；（5）由高炉内传递出的热量相对较少，高炉热量损失较低；（6）在炉腹以上区域相同炉壳尺寸的条件下，由于砖衬厚度较薄，相应可以减少耐火材料的使用量；（7）维修费用较低，一般情况下冷却壁可以维持一代炉役而无需更换。对于铸铁冷却壁而言，其技术缺陷是：（1）铸铁冷却壁本体的导热系数低（铜的导热系数约为铸铁的10倍），导热性能不如铜冷却板，冷却效率较低，即使是同一块冷却壁上，距离冷却水管稍远的部位，如冷却壁边角部位和凸台非常容易烧损；（2）由于钢质的冷却水管镶铸在冷却壁本体内，为了防止在铸造过程中水管渗碳，在钢管外表面进行了防渗碳处理，使钢管和冷却壁本体之间存在间隙热阻，造成冷却壁整体性能下降；（3）修理更换困难，必须高炉停风降料面才能进行更换；（4）破损的水管不易监测发现；（5）传统的铸铁冷却壁凸台结构对砖衬的支撑能力不足，容易造成砖衬脱落，这是传统铸铁冷却壁的一个主要缺陷。对铸铁冷却壁而言，其中难以从根本上解决的问题就是冷却水管与冷却壁本体之间存在的间隙热阻使冷却壁的冷却能力大幅度下降。为了彻底解决铸铁冷却壁存在的一系列问题，在20世纪末期铜冷却壁应运而生，克服了铸铁冷却壁的诸多技术缺陷，成为冷却壁技术发展的重大创新。总而言之，由于冷却壁的优点多于缺点，20世纪80年代以来，国内外对冷却壁结构进行持续的改进创新，使冷却壁技术发展迅速，应用越来越广泛。

7.2.3 板壁结合结构

板壁结合结构就是在炉腹、炉腰和炉身部位采用冷却壁和冷却板两种冷却器组合的炉体冷却结构。板壁结合冷却结构的特点是集成了冷却壁和冷却板的优点，同时也克服了两者的技术缺陷，对不同的高炉原料和操作条件适应性较强，而且这种结构在生产实践中也取得了高炉长寿的实绩，在20世纪末期曾一度受到国内外的普遍关注，甚至被认为是延长高炉炉腹至炉身区域寿命的最优选择。采用板壁结合结构，由于冷却板可以更换，冷却壁寿命仍是十分关键的，提高冷却壁的冷却能力同样重要。

高炉采用板壁结合结构具有3种模式。一种是针对整个炉体结构而言，在不同的区域采用不同的冷却器。例如在炉缸炉底采用光面铸铁冷却壁；在炉腹、炉腰和炉身中部采用铜冷却板；在炉身上部采用铸铁冷却壁或水冷壁。这种结构的实质还是铜冷却板结构，在高热负荷区的冷却器—砖衬系统仍必须按照铜冷却板的体系进行设计，只是将冷却壁应用在炉缸炉底和炉身上部区域而已。此种板壁结合的冷却结构严格意义上讲还是冷却板结构。我国宝钢 2 号、4 号，太钢 5 号高炉等都属于此类结构。另一种板壁结合结构是冷却板与冷却壁在高度方向上采用垂直间隔布置方式，即上下两段冷却壁之间布置一层冷却板，上下两段冷却壁相互错开，同一层冷却板之间紧密相连，冷却板不能更换。这种板壁结合结构的

技术实质是利用铜冷却板取代了铸铁冷却壁的凸台，利用铜冷却板强化了铸铁冷却壁边角部位的冷却，改善了上下两段冷却壁交界处的冷却效果，同时利用铜冷却板对砖衬提供有效的支撑。从某种意义上可以说这种板壁结合结构是冷却壁结构的改进和完善，只是利用铜冷却板取代了铸铁冷却壁的凸台，使炉体寿命得以更大幅度的延长。这种板壁结合结构在日本千叶 6 号、水岛 2 号高炉都获得了成功应用，并取得了 20 年的高炉长寿实绩。1992 年投产的德国蒂森施委尔根 2 号高炉在炉腰也采用了铜冷却壁—铜冷却板组合的冷却结构[4]。图 7-7

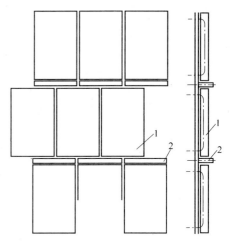

图 7-7   典型的垂直相间板壁结合的炉体结构
1—铸铁冷却壁；2—铜冷却板

所示为典型的垂直相间的板壁结合炉体结构，图 7-8 所示为日本水岛 4 号高炉的

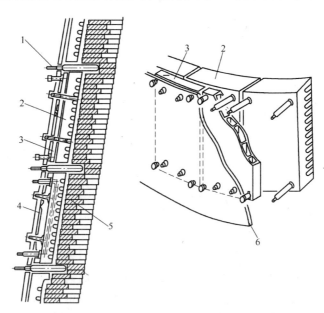

图 7-8   日本水岛 4 号高炉的炉体结构
1—铜冷却板；2—灰铸铁冷却壁；3—铜冷却夹套；4—铜冷却夹套支撑结构；5—Si_3N_4-SiC 砖；6—炉壳

炉体结构,图7-9所示为德国蒂森施委尔根2号高炉炉腹炉腰的冷却结构。还有一种板壁结合结构是冷却壁与冷却板交错布置成棋盘式或品字形,在高度和水平方向上冷却壁与冷却板交错布置。这种板壁结合结构的技术思想是依靠冷却壁和冷却板的协同作用,在炉腰和炉身下部高热负荷区提高冷却系统的综合传热性能,使渣皮能够稳定地在砖衬热面形成,保护冷却壁和冷却板长期工作。这种结构的特点是冷却板不宜过长,以免造成冷却板的过早损坏,而且过长的冷却板也不利于形成规整平滑的高炉操作内型。与此同时,应减小铸铁冷却壁的高度到1000~1200mm,使冷却单元小型化,其目的是使冷却壁和冷却板两种不同冷却器的功效趋近,有利于在炉体表面形成均匀的冷却效果,可以促进砖衬热面形成稳定的保护性渣皮。此种棋盘式布置的板壁结合结构的缺陷在于冷却系统的设计和管道布置比较复杂,炉体热负荷的调控难度较大,而且炉体结构的安装制造和耐火材料砖衬的砌筑过程也比较复杂,技术质量不易在施工建造过程中得到保证。另外,在高炉生产过程中必须严格控制边缘煤气流的过分发展,防止铜冷却板的大量损坏。图7-10所示为典型的棋盘式布置的板壁结合炉体结构。

高炉采用板壁结合冷却结构,必须配置合理的耐火材料砖衬结构,这种要求基本与采用冷却板结构的砖衬体系大体一致。采用板壁结合结构的同时,配置合理的耐火材料砖衬结构,冷却器与砖衬耦合匹配,使炉腹、炉腰和炉身下部高热负荷区域形成稳定的保护性渣皮,可以使高炉寿命大幅度延长。耐火材料和砖衬结构的选择,将主要取决于与冷却系统的匹配效果。一般而言,抗化学侵蚀能力较强的刚玉

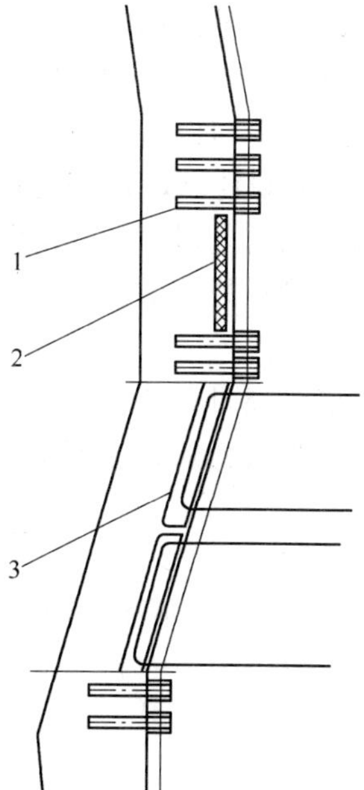

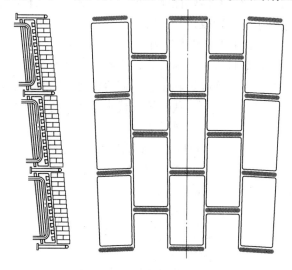

图7-9 德国蒂森施委尔根2号
高炉炉腹炉腰的冷却结构
1—铜冷却板;2—铜冷却壁;
3—铸铁冷却壁

图7-10 典型的棋盘式布置的
板壁结合炉体结构

质耐火材料由于其导热性能不佳，很难发挥冷却器的冷却作用，不宜在炉腹以上的区域大量采用。应采用一些导热性能良好的耐火材料，将其用于炉腹至炉身下部高热负荷区，如高导热的石墨砖、Sialon-SiC 砖或 Si_3N_4-SiC 砖等，在高导热耐火材料砖衬的热面可以砌筑高铝砖或黏土砖作为保护砖。在高炉炉腹至炉身下部高热负荷区采用这些高导热的耐火材料，一方面能够与高导热的冷却系统相匹配，有效降低砖衬热面温度，减缓砖衬的化学侵蚀；另一方面使砖衬的抗热冲击性能大幅度提高，同时促使在砖衬热面能够形成稳定的保护性渣皮。即采用所谓的"传热学解决方案"比"耐火材料解决方案"更适用于冷却板冷却方式的炉体结构，而且这种砖衬结构对于板壁结合冷却方式也是较为合理的选择。对于球团矿使用比率较高或炉料条件不稳定的高炉而言，由于高炉操作波动频繁，采用高导热性的耐火材料砖衬体系就显得更为重要。

7.3　冷却壁技术的发展

7.3.1　国外冷却壁的发展

高炉冷却壁最早由前苏联研究开发并得到工业化应用，但直到 20 世纪 40 年代冷却壁才得到普遍应用。日本新日铁公司自 1967 年从苏联引进了冷却壁技术以后，对冷却壁进行了许多卓有成效的技术改进，将铸铁冷却壁由第一代发展到第四代。由于日本对铸铁冷却壁的深入研究开发，使冷却壁技术在高炉上应用广泛，从 20 世纪末开始，在日本高炉上冷却壁大量代替了铜冷却板，在铜冷却壁问世以后，这种技术发展趋势更为显著。近 30 年来，为克服铸铁冷却壁的技术缺陷，改善其传热性能，提高冷却能力，延长使用寿命，国内外对铸铁冷却壁均进行了大量的改进和完善，并在高炉生产实践中取得令人满意的效果。

7.3.1.1　日本冷却壁的发展

以新日铁公司为代表，为提高铸铁冷却壁的技术性能，新日铁公司对冷却壁进行了一系列改进和创新，使铸铁冷却壁技术逐渐完善，将最初的普通冷却壁发展为第一代、第二代、第三代和第四代铸铁冷却壁。

A　第一代铸铁冷却壁

1967 年，新日铁公司从苏联引进了铸铁冷却壁技术，将其应用在 1969 年投产的名古屋 3 号高炉（2924m^3）上，这是日本第一座采用冷却壁的高炉。该高炉投产后生产顺行，在 1970 年 11 月最高利用系数曾达到 2.86t/（$m^3 \cdot d$），年平均利用系数达到 2.32t/（$m^3 \cdot d$），这种增产的效果在日本引起轰动，导致了日本迅速推广冷却壁技术。令人遗憾的是，这座高炉的寿命仅有 5.5 年，低于当时日本高炉的平均寿命，因此，延长冷却壁高炉的寿命成为当时新日铁公司的重要课题。第一代冷却壁的技术特征是：采用自然循环汽化冷却系统；冷却壁本体材质为低铬铸铁（FCH）；镶砖为黏土砖；高炉内衬也为黏土砖。第一代冷却壁的缺点是，冷却壁的四角部位冷却强度低，容易出现破损，而且造成炉壳局部过热发红。检修时拆开炉壳发现，冷却壁之间的铁屑填料和四角部位的铸铁本体都已经消失。第一代冷却壁镶砖的材质为高铝砖或黏土砖，还有的采用了碳质捣料，镶砖厚度约为 100~150mm。第一代冷却壁强度较低，但较容易黏结渣皮，一般将其用于炉腹、炉腰等区域。冷却的长度根据炉体结构尺寸确定，但不宜过长，厚度一般为 260mm 左右，冷却水管的规格为 $\phi45mm \times 6mm \sim \phi70mm \times 6mm$。

B 第二代铸铁冷却壁

1972~1976 年，针对第一代冷却壁的技术缺陷，对第一代冷却壁进行了改进，使冷却壁的冷却水管尽量冷却边角部位，镶砖仍为铸入砖。第二代冷却壁在第一代冷却壁的基础上增加了边角部位的冷却强度，将原来在冷却壁边角部位的冷却水管改为直角布置方式，增加了对冷却壁边角部位的冷却。其所做的主要改进包括：强化冷却壁边角部位的冷却；改进镶砖质量（第一代冷却壁的镶砖为含 40% Al_2O_3 的黏土砖，新日铁将其改为高铝砖）；改进冷却系统，由自然循环汽化冷却系统改为纯水强制循环汽化冷却系统；冷却壁本体材质由低铬铸铁（FCH）改为球墨铸铁（FCD）。尽管进行了诸多技术改进，第二代冷却壁的冷却强度仍不高，一般用于炉腹、炉腰和炉身下部，在炉身中部与铜冷却板配合使用效果较好。第二代冷却壁的厚度为 260~280mm，镶砖厚度为 75~150mm，冷却水管规格为 $\phi46mm \times 6mm \sim \phi70mm \times 6mm$。第二代冷却壁在当时日本高炉的操作条件下使用寿命达到了 10 年以上。

C 第三代铸铁冷却壁

1977~1985 年日本高炉采用了第三代冷却壁。第三代冷却壁在第二代冷却壁的基础上，增加了边角部的冷却水管和冷却壁背部的蛇形冷却水管以提高冷却壁的冷却能力。为了使冷却壁对砖衬起到有效的支撑作用，增设了凸台结构，根据不同的情况，凸台可以设置在冷却壁上部，也可以设置在冷却壁的中部。为了使凸台具有较长的使用寿命，在凸台处设置了 2 根冷却水管。冷却壁本体厚度由 260~280mm 增加到 320mm，镶砖厚度为 75~150mm，镶砖材质由高铝砖、黏土砖改进为 SiC 砖、铝炭砖等导热性能良好的耐火材料。第三代冷却壁于 1977 年在广畑厂 4 号高炉上开始采用，于 1993 年 6 月停炉，高炉寿命为 16 年。广畑 4 号高炉采用的第三代冷却壁的技术特征是：加强冷却壁角部的冷却，设置了角部冷却管；在冷却壁背部设置蛇形管，形成双层冷却结构，以加强冷却壁本体的冷却能力；冷却壁镶砖为石墨—SiC 砖。

D 第四代铸铁冷却壁

第四代冷却壁是基于第三代冷却壁的成功经验改进完善而成的，最主要的技术特征是将冷却壁和砖衬组合为一个整体，形成了冷却壁—砖衬一体化的结构。第四代冷却壁本体与第三代并无本质区别，冷却水管的布置结构基本相同。其主要目的是提高镶砖的使用寿命，通过改进对镶砖的支撑结构、强化对镶砖的冷却强度实现炉体长寿，采用第四代冷却壁可以完全取消独立的砖衬结构，是一种典型的薄壁内衬。第四代冷却壁总厚度约为 500~600mm，包括取代传统砖衬结构的镶砖层厚度。冷却壁镶砖分为两层，镶砖层总厚度约为 275mm，为了减小镶砖的侵蚀，以形成光滑规整的高炉操作内型，镶砖层厚度又减薄到 165mm。镶砖材质为 SiC 砖、Si_3N_4—SiC 砖、半石墨—SiC 砖、铝炭砖等。采用第四代冷却壁使砖衬厚度大幅度减薄，并且实现了砖—壁一体化，提高了冷却壁的综合传热性能，有利于砖衬热面形成稳定的保护性渣皮，而且高炉操作内型更加平整光滑，有利于炉料顺行。

新日铁第四代冷却壁于 1985 年在广畑 1 号高炉上开始应用，其主要目的是为了克服冷却壁的一个主要技术缺陷，即由于冷却壁对其热面的耐火材料砖衬支撑能力不足而引起的砖衬脱落，造成高炉操作内型的急剧变化和圆周的不均匀。第四代冷却壁将常规的砖衬厚度减薄到一半以下，并将冷却壁和镶砖结合成一体，有效增加了对砖衬的支撑能力。采用楔形加强筋镶砖支撑结构，在冷却壁制造时整体浇铸成型，使其成为一体化结构。采用热浇铸镶砖工艺，冷却壁与镶砖之间结构整体性增强，但冷却壁与镶砖之间存在应力。从传热学角度分析，第四代冷却壁并没有从根本上解决铸铁冷却壁的本质缺陷，也没有显著提高冷却能力，仅是对冷却壁的镶砖结构进行了改进，冷却壁的肋筋温度仍然会超过允许的工作温度。

图 7-11 所示为 20 世纪末期日本铸铁冷却壁的发展进程。

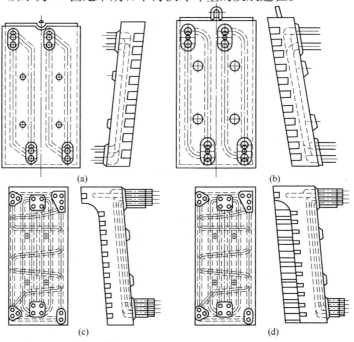

图 7-11　日本铸铁冷却壁的发展进程
(a) 第一代冷却壁；(b) 第二代冷却壁；(c) 第三代冷却壁；(d) 第四代冷却壁

7.3.1.2 欧洲国家冷却壁的发展

欧洲国家冷却壁的发展历程与日本相似，结合冷却壁在高炉上的应用实践，进行了有针对性的改进和完善。这些技术改进的内容具有很大的相同或相似之处，只是不如日本新日铁公司对冷却壁的改进创新系统化、具代表性。欧洲高炉冷却壁的改进内容主要包括：

（1）将原有的自然循环汽化冷却系统改进为强制循环汽化冷却系统，进而改进为软水密闭循环冷却系统。

（2）将冷却壁材质由灰铸铁改进为高韧性铁素体基球墨铸铁，提高冷却壁的力学性能。

（3）通过改进冷却水管的布置形式，加强冷却壁凸台和边角部位的冷却，增加了背部蛇形冷却水管，注重冷却水管的表面积与冷却壁热面面积的合理比值，在冷却水管管径、水管间距等方面进行了卓有成效的改进。

（4）对冷却壁镶砖材质、镶砖结构、镶砖面积及燕尾槽结构进行了传热学研究，取得了重要成果。法国开发了冷却壁与镶砖一体化的 C 形冷却壁结构。

（5）对于冷却壁的固定安装结构和密封方式等均进行了一系列改进和完善。

欧洲高炉冷却壁的发展历程，经历了从材料学到工艺学方面的改进，最后发展到传热学方面的改进，其中传热学方面的改进取得的效果最为显著。

20 世纪 80 年代，欧洲高炉冷却壁典型的外形尺寸为 1800mm × 800mm × 265mm（图 7-12）。为了防止冷却壁在使用过程中挠曲变形，冷却壁长度不超过 2400mm，但是长度过短则会增加炉壳开孔，因此冷却壁的长度一般控制在 1500 ~ 2400mm。冷却壁采用 4 根冷却水管时，冷却水管的中心间距一般为 200 ~ 250mm，可以使冷却壁本体具有较均匀的冷却效果。冷却壁总厚度为 265mm，其

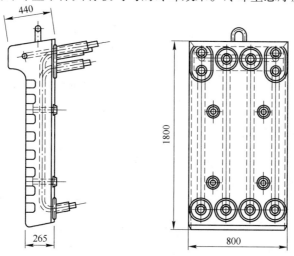

图 7-12 欧洲典型的冷却壁结构

中镶砖厚度为75mm。典型的冷却水管的规格为 $\phi48.3mm \times 6.3mm \sim \phi76.1mm \times 6.3mm$，采用较大的冷却水管直径是欧洲高炉冷却壁的一个重要特征，这与日本具有较大的区别。图7-13所示为欧洲高炉不同结构的冷却壁。为了改善冷却壁对砖衬的支撑性能，欧洲对冷却壁凸台结构进行了一系列的改进，为了防止冷却壁凸台的过早损坏及对冷却壁本体的影响，将凸台设置在冷却壁的中部或中上部，避免凸台损坏以后对冷却壁边缘部位的影响。增加了凸台的冷却水管，由1根改进为2根，冷却水管一般采用水平的U形布置。为了增加冷却水管的传热面积，曾将凸台的冷却水管改为S形，实践证实这种冷却水管布置方式尽管增加了换热面积，但不利于冷却水中气泡的脱除，甚至会造成冷却水中气泡的聚积，最终导致冷却水管的过热、烧损，图7-14所示为各种冷却壁凸台的设计结构。为了强化冷却壁本体的传热能力，欧洲也开发了冷却壁背部设置蛇形冷却水管的冷却壁，同日本的第三代冷却壁结构基本相似，欧洲开发的双排冷却水管凸台冷却壁如图7-15所示。

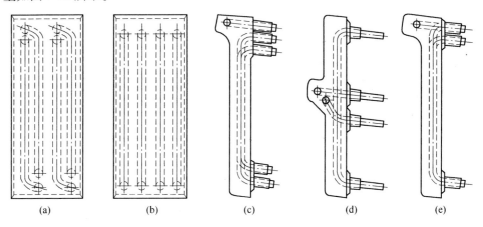

(a)　　　　　(b)　　　　　(c)　　　　　(d)　　　　　(e)

图7-13 欧洲高炉不同结构的冷却壁

(a)"狗腿形"冷却水管冷却壁；(b) 直通形冷却水管冷却壁；(c) 上部凸台的"狗腿形"
水管冷却壁；(d) 中部凸台的直通形水管冷却壁；(e) 上部凸台的直通形水管冷却壁

7.3.2 国内冷却壁的发展

我国早在20世纪50年代就开始采用苏联的光面冷却壁，但冷却壁一直采用普通铸铁，冷却壁本体内部铸入蛇形冷却水管，镶砖为黏土砖。从20世纪50年代开始，这种冷却壁迅速成为我国高炉炉底、炉缸、风口带和炉腹区域的主导冷却器结构形式，并且在20世纪50年代后期逐步取代了冷却板。1958年，苏联在斯大林之鹰厂1033m³的高炉上试验了汽化冷却技术并获得了成功，其后该项技术在欧美、日本等钢铁发达国家得到迅速推广应用，在当时成为高炉冷却系统的

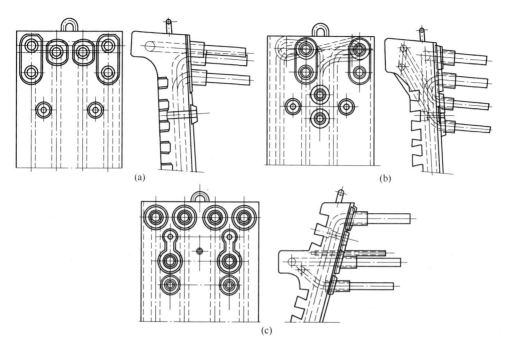

图 7-14 各种冷却壁凸台的设计结构

（a）单根水平 U 形水管冷却的上部凸台；（b）单根 S 形水管冷却的
上部凸台；（c）2 根水管冷却的中部凸台

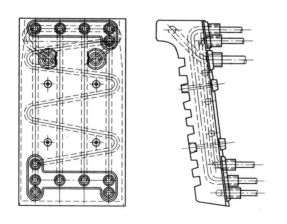

图 7-15 双排冷却水管的凸台冷却壁

主流发展模式。20 世纪 60 年代后期，我国少数高炉上采用了汽化冷却技术。1970 年建成的武钢 4 号高炉（2516m³）以及鞍钢和首钢的高炉采用了汽化冷却技术和与之配合的冷却壁。这种冷却壁本体采用含铬铸铁，冷却水管的进水管在下，水流垂直向上，出水管在上方，以满足汽化冷却的要求，镶砖仍为黏土砖[5]。20 世纪 80 ~ 90 年代，我国一批新建或大修改造的大型高炉建成投产，为延长高炉寿命引进或吸收了国外先进的冷却技术，以武钢 5 号高炉为代表，引进了欧洲先进的软水密闭循环冷却技术和冷却壁设计技术，采用全冷却壁结构，在炉腹至炉身下部高热负荷区采用双排水管的冷却壁，这些长寿技术的应用取得了令人满意的使用效果。1992 年建成投产的宝钢 3 号高炉借鉴日本的高炉长寿经验，采用了纯水密闭循环冷却系统和全冷却壁结构。1991～1994 年，首钢 4 座高炉相继进行了新技术扩容大修改造，均采用了软水密闭循环冷却系统，自主设计开发了用于炉腹至炉身下部的双排管冷却壁。这一时期，鞍钢、包钢、本钢、唐钢等企业也相继建成投产了一批容积 2000～2500m³ 的大型高炉，也都采用软水密闭循环冷却技术和双排管冷却壁。图 7-16 所示为 20 世纪 90 年代初首钢 3 号高

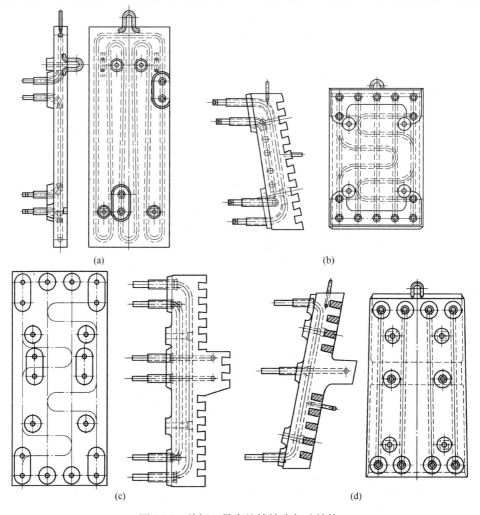

图 7-16   首钢 3 号高炉铸铁冷却壁结构

（a）炉缸炉底光面铸铁冷却壁；（b）炉腹双排管球墨铸铁镶砖冷却壁；（c）炉腰双排水管球墨铸铁镶砖冷却壁；（d）炉身中部单排水管凸台冷却壁

炉设计制造的2500m³级铸铁冷却壁结构, 图7-17所示为武钢5号高炉炉身冷却壁结构, 图7-18所示为宝钢3号高炉采用的双排管冷却壁结构。

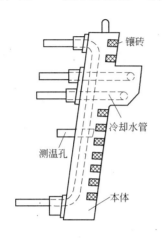 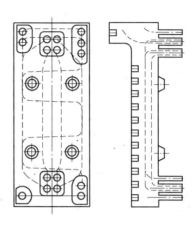

图7-17 武钢5号高炉炉身冷却壁结构   图7-18 宝钢3号高炉双排管冷却壁结构

7.4 高炉炉体冷却结构

生产实践证实, 炉体冷却结构是决定高炉寿命的关键要素。无论是炉缸、炉底区域, 还是炉腹、炉腰和炉身下部区域, 没有合理的冷却结构, 即使采用任何高档的耐火材料都将不能获得高炉长寿。合理的冷却结构对于延长高炉寿命意义重大, 从某种意义上讲, 甚至决定了高炉寿命的长短。高炉合理的冷却结构应具备如下条件:

(1) 高炉炉体采用全冷却结构, 消除冷却空区, 从炉底至炉喉根据各部位的工作条件设置完备的冷却器, 构建整个炉体全部进行冷却的全覆盖冷却体系。

(2) 与耐火材料内衬结构优化配置, 构建冷却系统—冷却器—耐火材料内衬协同匹配的炉体结构, 为耐火材料内衬提供有效、可靠的冷却。在炉腹至炉身区域的冷却器还应对耐火材料内衬提供有效的支撑。

(3) 能够承受高温热负荷, 在高炉工况的最大热流强度下, 仍具有高效的传热能力, 冷却器不应出现过热破损。炉缸区域冷却壁承受的热流强度要达到$10 \sim 12kW/m^2$, 炉役末期在炉缸内衬侵蚀严重时应能承受的热流强度为$15kW/m^2$; 炉腹区域的冷却器应承受的热流强度为$20 \sim 35kW/m^2$; 炉腰、炉身下部的冷却器应能够承受的热流强度为$50 \sim 55kW/m^2$; 炉身中部的热流强度为$30 \sim 40kW/m^2$, 炉身上部的热流强度为$15 \sim 20kW/m^2$。

(4) 对于炉腹、炉腰和炉身区域的冷却器, 在耐火材料砖衬侵蚀甚至消失以后, 能够依靠自身的冷却作用形成基于保护性渣皮的"自保护永久性内衬", 而且由这种永久性内衬所形成的高炉操作内型应有利于高炉的生产操作和稳定顺行。

（5）合理的炉体冷却结构还应当结合高炉的原燃料条件、操作条件以及操作习惯，这也是目前选择高炉冷却结构的一个重要因素。

7.4.1 炉底炉缸冷却结构

炉底炉缸是决定高炉一代炉役寿命的关键部位，延长炉底炉缸寿命不但要重视炭砖等耐火材料的质量、设计结构和砌筑质量等，还必须重点关注炉底炉缸的冷却系统设计和冷却器的配置，只有冷却系统和内衬体系协同匹配，两者之间相互作用、相互支撑，才能达到预期的效果。

7.4.1.1 炉底冷却结构

20 世纪 50 年代以前，高炉炉底采用黏土砖或高铝砖砌筑，炉底一般不设冷却装置。随着炭砖的使用，高炉炉底开始进行冷却。最初采用风冷炉底，随后出现了油冷炉底和水冷炉底，现代高炉普遍采用水冷炉底，而且绝大部分高炉采用纯水或软水密闭循环冷却系统。近 30 年来，为了强化炉底冷却、抑制炉底侵蚀、延长炉底使用寿命，炉底冷却结构主要进行了以下的创新和改进：

（1）改善冷却水质，提高冷却效率，采用纯水或软水密闭循环冷却系统。传统的炉底冷却一般采用开路工业水，冷却水经过 C 形供水环管进入到每根炉底水冷管中，然后排入到环槽中。目前高炉炉底冷却系统一般作为高炉整体冷却系统的一个冷却子单元，单独进行冷却。高炉串联软水密闭循环冷却系统将炉底冷却串联在整个冷却回路中，由于炉底的热负荷不高，冷却水温升不高，这种串联冷却的模式也可以满足炉底冷却的要求。图 7-19 所示为传统的采用开路工业水

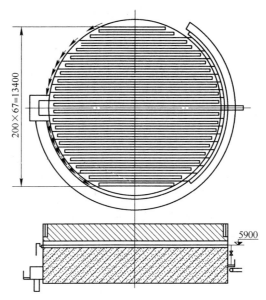

图 7-19　采用开路工业水冷却的炉底水冷管布置结构

冷却的炉底水冷管布置结构，图 7-20 所示为采用软水密闭循环冷却的炉底水冷管布置结构。

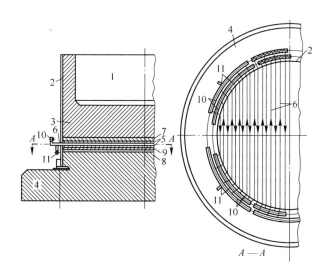

图 7-20 采用软水密闭循环冷却的炉底水冷管布置结构

1—炉缸；2—炉壳；3—炉底；4—高炉基础；5—填料；6—炉底冷却水管；
7—碳质找平层；8—高炉底板；9—碳质填料；10，11—供回水环管

（2）改进炉底冷却水管结构，增大冷却水管管径，消除冷却死区，将传统的折返形冷却水管布置改进为直通式，提高冷却效果和冷却均匀性。21 世纪以来，首钢迁钢、首秦和京唐 1200～5500m³ 的高炉炉底都采用了直通式的冷却结构。冷却水管中心间距为 220mm，水管采用耐蚀不锈钢钢管，规格为 $\phi76mm \times 8mm$。

（3）提高冷却水管的传热性能，炉底冷却水管之上采用高导热碳质捣料或石墨砖，增加炉底的综合传热性能，适当缩小冷却水管的中心间距，优化冷却水管的安装位置，为炉底炭砖提供可靠的冷却。图 7-21 所示为典型的炉底冷却水管的布置结构。

（4）改进冷却水管材质和结构，改善与炉壳的连接和密封，提高炉体密封性，满足一代炉役寿命的要求。直至目前，现代大型高炉内只有炉底是采用冷却水管与耐火材料直接接触的冷却结构，炉底冷却水管作为高炉特殊的冷却器，不像冷却壁、冷却板

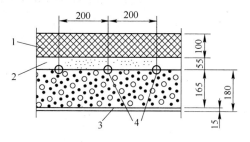

图 7-21 炉底冷却水管的布置结构

1—石墨砖；2—高导热碳质捣料；
3—炉底钢板；4—冷却水管

或风口等冷却器，不是经过特殊的加工制造工艺制作而成的。提高冷却水管的耐蚀性能和力学性能是设计中应考虑的重点，采用综合性能优异的耐蚀不锈钢无缝管，适当增加水管壁厚，考虑适宜的腐蚀裕量，同时取消或减少冷却水管的连接焊缝，不再采用在高炉内设置的 U 形弯头，而采用直通式的结构或在高炉以外进行水管串联。冷却水管与炉壳不宜采用直接焊接的方式，可以采用冷却壁进出水管与炉壳的连接方式，采用波纹补偿器密封结构，在炉壳开孔较大的区域还应对炉壳进行加强处理，防止出现局部应力过高。

关于炉底冷却水管在高度方向上的安装位置一直存在分歧。一种方式是将炉底冷却水管设置在炉底钢板之上、炉底碳质找平层之下，其主要目的是为了能够对炉底炭砖提供直接的冷却，减少更多的接触热阻，另外目前大型高炉一般在炉底满铺炭砖之下设置一层高导热的石墨砖，也是为了改善炉底的温度分布，使 1150℃ 等温线尽量推向高炉内部。从传热学的角度分析，这种结构设计是合理的。另一种方式是将冷却水管设置在炉底钢板以下（图 7-22），其原因是认为炉底冷却水管在炉底满铺炭砖之下承受着很高的压应力，容易出现侵蚀或破损，而且在一代炉役期间基本无法进行更换，一旦出现泄漏等问题还会破坏炭砖，引起更严重的后果。因此，不少高炉仍采用将炉底冷却水管安装在炉底钢板之下的方式。但这种结构也存在问题，一是设计结构复杂，施工过程要求安装精度高，高炉炉底直径越大，冷却水管的安装难度越大；二是不利于为炉底炭砖提供高效的冷却。基于上述分析，建议现代高炉采用第一种安装结构。

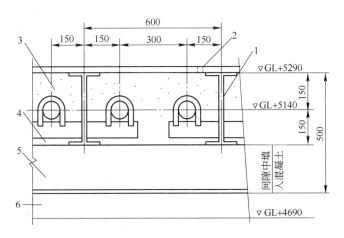

图 7-22　冷却水管设置在炉底钢板之下的结构

1—炉底上层工字钢横梁；2—碳质不定形耐火材料压入孔；3—碳质不定形耐火材料；
4—黏土质不定形耐火材料；5—炉底下层工字钢横梁；6—混凝土

7.4.1.2 炉缸冷却结构

多年以来，炉缸冷却方式始终是国内外炼铁工作者密切关注和积极探讨的热点问题，直至21世纪以后这种争论才逐渐止于实践。20世纪80～90年代，高炉炉缸有三种冷却结构，一种是采用铸铁冷却壁冷却，采用这种冷却模式的高炉居多；另一种是采用炉缸喷水冷却，日本、欧洲和北美等国家有代表性的大型高炉很多采用这种冷却模式；还有一种是采用炉缸夹套式冷却，其实质也是在炉壳外部进行喷水冷却，只不过增加了一个冷却夹套，以防止喷水溅洒，提高炉壳冷却的均匀性。

炉缸采用炉壳喷水冷却模式实际上是具有特定条件的。在冷却壁尚未问世时，高炉冷却装置就是炉壳喷水和水套冷却，冷却水套后来逐渐演变为支梁式水箱、扁水箱和冷却板，在炉腹、炉腰和炉身上部得到应用，取得了较好的使用效果。早在20世纪前期炉缸侧壁也有采用冷却板的先例，但其冷却效果并不尽如人意。另外，当时高炉生产效率不如现在的炉缸炉底寿命可以达到20年之久，而且和炉腹、炉腰、炉身下部相比，炉缸炉底的热负荷并不高，因此，炉缸采用喷水冷却，炉腹、炉腰和炉身采用铜冷却板，成为20世纪80年代一种流行的炉体结构。值得指出的是，这种技术的条件是钢铁厂沿海或临江，或是水资源丰富，因为喷水冷却是一种开路循环冷却系统，水量消耗大，没有充足的水资源难以提供技术保证，欧洲、日本等国家原来采用炉缸喷水冷却的高炉很多是采用海水冷却。采用喷水冷却，必须对炉壳进行清洗，防止水垢或锈垢的黏结，保持炉壳表面的清洁。美国钢铁公司盖瑞13号高炉曾由于炉缸炉壳外壁堆积了杂物，造成喷水冷却出现死区，最终导致了炉缸烧穿。

20世纪末期，炉缸喷水冷却曾一度受到追捧，甚至有的观点认为炉壳喷水结构更有利于传热，原因是避免了冷却壁与大块炭砖之间的碳捣层，减少了接触热阻。其实即便取消了冷却壁，大块炭砖和炉壳之间也不能直接贴紧砌筑，也会存在碳捣层。还有研究者通过传热学计算，分析对比了冷却壁和喷水冷却的传热学效果，认为炉缸喷水冷却优于冷却壁冷却，直至今日这种观点可能仍被认同。但进入21世纪以来，国内外新建和大修改造的高炉实践证实，炉缸采用冷却壁冷却结构已成为一种无可争议的事实，这其中最大的技术推动力应是节约水资源这个全球性的发展主题，使得基于密闭循环冷却的冷却壁技术取得了空前的发展。

炉缸采用冷却壁冷却已有约70年的历史。炉缸冷却壁为光面铸铁冷却壁，其结构和炉腹以上的镶砖冷却壁有很大的区别。一般采用灰铸铁或低合金耐热铸铁，单排管结构，热面不设燕尾槽，采用软水密闭循环冷却的冷却壁的冷却水管，基本都采用了由下至上的垂直布置方式，防止由于管道弯曲而不利于气泡上浮。铸铁冷却壁热面与炉缸、炉底的炭砖相接触，为了提高导热性能、减少接触热阻，一方面是将冷却壁的热面制作成弧形，减少与大块炭砖之间的几何间隙；另一方面将大块炭砖的端部设计加工成与冷却壁热面一致形状，使冷却壁与大块炭砖的结合处紧密配合，尽量减小在冷却壁与大块炭砖之间的碳质捣料层。炉缸炉底采用热压小块炭砖时，由于其特殊的结构特性和材料特性，一般都是将热压小块炭砖与冷却壁紧贴砌筑，其间用碳质泥浆填充的缝隙仅为 3~5mm，从结构上显著地提高了炉缸的综合传热能力。

目前国内外不少高炉在炉缸象脚状侵蚀区和铁口周围采用了铜冷却壁，旨在提高炉缸冷却能力，延长炉缸寿命。但是对于这种技术发展趋势的意见并不完全一致，持反对意见的观点认为炉缸采用铜冷却壁没有必要，因为铜冷却壁强化冷却的特性在炉缸区域并不能得到充分发挥，而采用铸铁冷却壁匹配适宜的炉缸耐火材料内衬、冷却系统，完全能够实现高炉长寿的目标[6]。实际上，炉缸采用铜冷却壁的初衷是为了构建基于传热学理论的无过热炉缸炉底，炉缸炉底的传热过程和侵蚀机理与炉腹至炉身下部具有很大的差异，炉缸炉底更注重强调耐火材料内衬—冷却系统—冷却器的综合体系。任何冷却器都难以抵御高温铁水的侵袭，都会很快被破坏，这与炉腹至炉身下部区域冷却器的工作特性有着根本的不同，因此，保护以炭砖为核心的炉缸炉底内衬、减缓其侵蚀破损成为炉缸炉底冷却器的核心功能。延缓炭砖侵蚀最有效的措施之一就是为炭砖提供可靠高效的冷却，降低炭砖的热面温度，将1150℃等温线尽可能推向高炉中心，从而使炭砖避开800~1100℃的脆变区间，改变碱金属侵蚀的热力学条件，抑制碱金属的化学侵蚀。另外，降低炭砖热面温度有利于在其热面形成稳定的渣铁壳，为炭砖提供保护，既可以避免铁水环流的机械冲刷，还可以自然生成隔热层，进一步降低炭砖的工作温度。传热计算表明，在高炉开炉初期，炉缸炉底炭砖相对完好的条件下，采用铜冷却壁对炉缸温度场的分布并不产生根本的变化，但一旦炭砖出现明显侵蚀后，特别是在炉役中后期，铜冷却壁优异的传热性能将发挥作用。传热计算表明，在相同残余炭砖厚度的条件下，采用铜冷却壁所黏结的渣铁壳厚度要比采用铸铁冷却壁黏结的渣铁壳要厚，说明铜冷却壁对炭砖的保护作用已经显现。由于这项技术近几年刚刚开始采用，炉缸采用铜冷却壁的技术经济性还有待于长期生产实践的进一步检验。

7.4.2 炉腹、炉腰和炉身冷却结构

如第4章所述，高炉长寿的实质就是在一代炉役期间构建使高炉生产稳定顺行的合理操作内型。炉腹、炉腰和炉身的冷却结构对于高炉合理操作内型的构建具有重要意义。长期的高炉生产实践证实，在炉腹至炉身下部高热负荷区，由于炉体结构不合理，耐火材料极易出现损坏甚至脱落，依靠采用高档的耐火材料对延长高炉寿命的效果是十分有限的，而建立高效冷却系统——无过热冷却器和与之相适宜的耐火材料体系，则是现代高炉延长炉体寿命的最佳选择。按照传热学理论，由于高炉炉缸炉底和炉腹至炉身下部的冶炼条件不同，传热过程也不尽相同，因此，炉腹、炉腰和炉身区域无过热冷却体系的内涵就是在高炉冶炼条件变

化的情况下，冷却体系可以将高温热量顺畅地传递出去，使冷却器的最高工况温度始终低于其允许使用的工作温度，在这种条件下，冷却器或耐火材料砖衬热面能够生成稳定的自保护渣皮，形成"永久性内衬"。

在改进炉体冷却结构的同时，减薄炉体耐火材料砖衬厚度，建造高效冷却的薄壁高炉已成为当前高炉炉体结构创新发展的主流趋势。事实上，从 20 世纪 50 年代开始，国内外都在探索减薄砖衬厚度以延长高炉寿命的方法，高炉炉腹至炉身的砖衬厚度已由原来 1000mm 左右减薄到现在的 100～150mm，有的高炉甚至取消了铜冷却壁热面的镶砖结构，仅在铜冷却壁热面喷涂一层约 100mm 的喷涂料，以保护铜冷却壁在高炉开炉期间免受各类破坏。薄壁高炉之所以在近 10 年间得以迅猛发展，是因为其具有内在的技术驱动力：一方面是软水（纯水）密闭循环冷却技术的推广和普及，这项具有节能、节水的高效冷却技术从根本上解决了冷却器水管结垢的致命问题，使冷却器的传热能力和使用寿命大幅度提高，无过热冷却器的技术理念也得到实践验证；另一方面是耐火材料的技术进步推动了薄壁高炉的发展，20 世纪 80～90 年代，以 SiC 砖为代表的新型耐火材料在高炉炉腹至炉身部位得到应用，这种耐火材料不同于传统的硅酸铝系耐火材料，它不但具有耐高温、抗侵蚀、耐磨损、强度高的特点，而且导热性能优良，适用于高炉炉腹至炉身下部区域，SiC 系列的耐火材料很快取代了黏土砖、高铝砖、莫来石砖、硅线石砖、刚玉砖等硅酸铝系耐火材料，Si_3N_4-SiC 砖、石墨-SiC 砖、Sialon-SiC 砖、Sialon-刚玉砖等新一代耐火材料成为现代高炉炉腹至炉身的主流耐火材料，与此同时，高导热的石墨砖、半石墨砖等石墨质耐火材料也在高炉上得到推广应用，高质量、高性能耐火材料的开发研制及应用，使高炉炉腹至炉身的砖衬厚度明显减薄，耐火材料技术进步对薄壁高炉的推动作用不容忽视。除此之外，最重要的技术推动是铜冷却壁的推广应用。铜冷却壁作为一种无过热冷却器，其优异的导热性能不但使自身的传热能力大幅度增加，而且无论是铜板钻孔还是铸造成型的铜冷却壁，都从根本上克服了铸铁冷却壁由于制造原因所产生的技术缺陷，铜冷却壁本体内热阻很低，温度分布均匀，能够快速形成保护性渣皮。即便铜冷却壁的允许工作温度仅为 150℃，比铸铁冷却壁约低 600℃，但铜冷却壁能够承受的短时峰值热流强度可以达到 $300kW/m^2$ 以上甚至更高，而铸铁冷却壁的仅为 $70kW/m^2$，铜冷却壁抵御高热负荷冲击的能力是任何铸铁冷却壁所不能达到的。采用铜冷却壁以后，在高炉冶炼过程中可以在无衬条件下自动形成保护性渣皮。基于这个事实，在铜冷却壁热面砌筑耐火材料砖衬并无积极作用，已属多余，因此，仅靠铜冷却壁热面的镶砖或喷涂料取代传统的砖衬结构。由于铜冷却壁本体的厚度一般仅为 100mm 左右，因此真正意义上的薄壁高炉也就应运而生。

现代高炉炉腹至炉身区域的冷却结构主要可以归纳为：冷却壁结构、冷却板结构和冷却壁与冷却板结合的结构。

7.4.2.1   冷却壁结构

冷却壁结构最具代表性的冷却器配置方案是：炉腹、炉腰和炉身下部采用铜冷却壁，炉身中上部采用镶砖铸铁冷却壁，并取消铸铁冷却壁凸台结构，在炉身上部与炉喉钢砖之间采用水冷壁结构，采用水冷却炉喉钢砖。首钢京唐 2 座 5500m³ 高炉，武钢 5 号、6 号、7 号、8 号等大型高炉都采用了这种炉体冷却结构。图 7-23 所示为首钢京唐 1 号高炉炉体结构。首钢京唐 2 座 5500m³ 高炉炉体采用全冷却壁

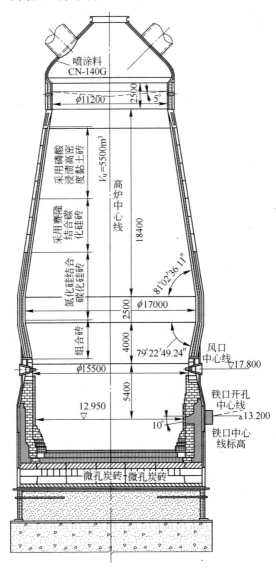

图 7-23   首钢京唐 1 号高炉炉体结构

结构, 共采用 18 段冷却壁, 炉缸采用 6 段光面冷却壁, 其中第 2、3 段为铜冷却壁, 炉腹、炉腰和炉身下部采用 4 段高效铜冷却壁, 铜冷却壁总高度为 10.4m, 炉身中上部采用 7 段镶砖铸铁冷却壁, 炉喉钢砖下部设 1 段 C 形水冷壁。炉腹至炉身采用冷却壁与砖衬一体化的薄壁结构, 铜冷却壁和铸铁冷却壁镶砖热面直接喷涂不定形耐火材料。沙钢 5800m³ 高炉在炉腹、炉腰和炉身下部采用 3 段钻孔铜冷却壁, 总高度为 12.7m, 炉身下部 3 段铜冷却壁高度为 6.9m, 占炉身高度的 37.1%。日本君津 4 号高炉 (5555m³) 炉缸铁口下部、炉腹至炉身中部共采用 11 段 556 块铸铜冷却壁; 大分 2 号高炉 (5775m³) 在炉腹至炉身中部采用铸铜冷却壁, 铸铜冷却

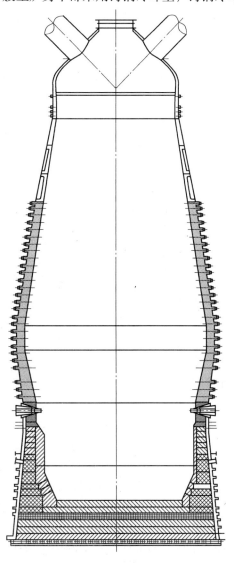

壁厚度为 100mm, 高炉扩容实际上是通过采取减薄冷却壁和砖衬厚度实现的; 鹿岛 1 号高炉 (5370m³) 在炉腹至炉身下部采用 4 段铜冷却壁, 总高度为 11.6m, 铜冷却壁厚度为 145mm。

7.4.2.2 冷却板结构

铜冷却板结构的特点是在炉腹、炉腰和炉身中下部高热负荷区采用强化型密集式铜冷却板, 炉身上部采用铸铁水冷壁结构。太钢 5 号高炉采用这种结构, 炉腹至炉身中部设置 54 层强化型双回路 8 通道铜冷却板, 冷却板层间距为 312mm, 第 1~28 层每层为 52 块, 第 29~40 层每层为 50 块, 第 41~54 层每层为 46 块, 铜冷却板使用总高度约为 17m, 铜冷却板共计 2700 块。铜冷却板插入炉壳深度为 530mm, 冷却板前端还有 200mm 的保护砖衬, 砖衬总厚度为 770mm。高炉耐火材料砖衬结构与冷却结构相匹配, 炉腹采用高导热石墨砖; 炉腰和炉身下部采用组合型内衬结构, 靠近炉壳采用高导热石墨砖, 其热面采用 Si_3N_4-SiC 砖; 炉身中部全部采用 Si_3N_4-SiC 砖; 炉身上部设置 3 段镶砖球墨铸铁水冷壁, 每段分成 48 块, 每段高约 2360mm, 水冷壁的镶砖材质为 Si_3N_4-SiC 砖。图 7-24 所示为太钢 5

图 7-24 太钢 5 号高炉炉体结构

号高炉炉体结构。

7.4.2.3　板壁结合结构

21世纪国内外建成投产的高炉以采用全冷却壁结构的为主,包括日本、欧洲等国家原来采用铜冷却板的高炉在近期大修改造时也改为冷却壁结构。我国宝钢1号高炉的第一代、第二代都是采用铜冷却板结构,在2009年2月大修后投产的第三代改为冷却壁结构,并在炉缸、炉腹、炉腰和炉身下部采用了铜冷却壁。国内外也有部分大型高炉采用铜冷却板结构,以荷兰艾莫伊登厂6号、7号高炉为代表,一直沿用铜冷却板结构,但近期对铜冷却板的结构、垂直间距和插入深度等也进行了许多改进。韩国现代唐津1号、2号高炉(5250m³)分别于2010年7月和10月建成投产,这两座高炉炉体采用铜冷却壁、铸铁冷却壁和铜冷却板结合的炉体结构,炉缸采用5段铸铁冷却壁,风口区以上至炉腹下部采用铜冷却板,炉腹上部、炉腰和炉身下部采用7段铜冷却壁,炉身中上部至炉喉采用6段镶砖铸铁冷却壁。这种板壁结合结构不同于传统的板壁结合结构,其实质是为了解决炉缸上部风口区与炉腹区的连接界面,既要保护风口组合砖结构并具有一定的厚度,还要和炉腹区铜冷却壁薄壁结构相衔接,同时还能使风口避免炉腹渣皮脱落时的机械损坏,这种结构可以较好地处理风口和炉腹交界处的结构设计,不失为一种优化设计的选择。

7.5　现代高炉冷却器设计

7.5.1　高炉冷却器设计的理论基础

通过多年的研究探索,在现代高炉长寿技术研究方面国内外已经形成了基本一致的技术理念,即高炉传热学理念。这种传热学技术理念认为:在高炉砖衬或冷却器上发生的一切化学侵蚀反应,在冷却器或砖衬的热面温度降到足够低时,侵蚀反应将会停止。此时,液态渣铁将会转变为固态,并能和砖衬或冷却器长期共存。如果将金属冷却器表面的温度降低到允许的工作温度以下,金属冷却器将彻底解决因过热而烧坏的问题。

基于上述传热学技术理念,在传热学意义上,可以将高炉冷却器所构建的炉体结构假设为一个整体的"冷冻器",这个"冷冻器"使用稳定的冷却水,"冷冻器"的壁面工作温度可以经过传热学计算得出,并可以通过冷却结构参数进行调节。因此,高炉设计的根本任务就是通过计算各种参数对工作温度的影响,使"冷冻器"的壁面工作温度降低到允许的工作温度以下。这样,长寿高炉设计的关键问题就归结为基于传热学的高炉冷却器或砖衬的温度场计算问题。40年前,传热学理论已被人们所掌握,但计算过程繁琐复杂,实际应用受到很大限制。随着计算机技术的发展,复杂的传热学计算已经变得简便易行,因而传热学计算也自然成为长寿高炉优化设计的新理念和新方法。

早在20世纪80年代初，国外就开始建立数学模型计算冷却器和砖衬内的温度分布。如美国内陆钢铁公司利用三维导热模型计算结果，针对砖衬在开炉短期内就大量损坏的状况，提出了缩短冷却壁凸台的设计方案。

20世纪70年代，经对日本川崎制铁水岛4号高炉停炉后解体调查发现，位于炉身下部的铸铁冷却壁凸台几乎在点火后不久就全部损坏。根据温度场计算结果可知，当冷却壁凸台冷却管损坏后，凸台大部分的温度都超过了相变点温度，从而使凸台过早地损坏，导致砖的支撑力不足而脱落。为改变这一状况，要在两冷却壁间插入一冷却板以强化凸台的冷却。

日本新日铁公司在研究开发第四代冷却壁时，用有限元方法计算了镶嵌耐火砖支撑部位的温度分布。计算结果表明，炉身冷却壁在采用楔形薄筋后，温度上升了近20℃，但为了防止镶砖的脱落，冷却壁镶砖槽还是采用楔形薄筋结构。在观察薄筋内温度分布情况时发现，在炉身下部冷却壁本体内的700℃等温线大约位于薄筋厚度的二分之一处，因此，推断炉内温度即使处于1200℃稳定状态时，冷却壁的薄筋也不消失，仍能支撑一半长度的镶砖。冷却壁薄筋前端的温度在炉身下部为1050℃，在炉身中上部为750~800℃。

在高炉生产实践中，尽管高炉操作可以控制炉内温度变化的频率和幅度，但仍不能完全消除温度波动，尤其炉身下部温度波动最为剧烈。随着高炉炉龄的延长，冷却壁热面的砖衬由于破损和侵蚀将消失，从而使冷却壁热面直接暴露出来，反复地承受剧烈的温度变化，造成了对冷却壁剧烈的热震冲击，冷却壁非稳定热负荷所产生的热应力不容忽视。冷却壁受热产生压应力，冷却时产生拉应力，应力对冷却壁也产生很大破坏作用。结合温度场计算和应力场计算优化冷却壁设计，已成为冷却壁设计研究的一个重点。20世纪末期本书作者和其他研究人员共同研究开发了高炉炉墙三维温度场和应力场计算机软件包，对镶砖冷却壁温度场和应力场进行了系统的计算。分别计算了铸铁冷却壁在两种工况条件下的温度分布规律，一种是无渣皮、热流强度为81.3kW/m² 时冷却壁温度分布规律；另一种是渣皮厚度为40mm、热流强度为115.28kW/m² 时冷却壁温度分布规律，得出了铸铁冷却壁优化设计的基本依据。

荷兰康力斯公司的J. van Laar等人通过数学模型的计算得到了砖衬的热流和热面温度变化规律[7,8]。数学模型可以比较不同冷却系统和耐火材料的设计方案，以及各种不同设计系统的工作能力。在这些研究中重点研究了喷淋冷却和铜冷却板的情形。这些传热学计算均基于三维稳态传热。几种耐火材料的导热系数见表7-1。

表7-1 几种耐火材料的导热系数

耐火材料砖衬	导热系数/W·(m·K)⁻¹	耐火材料砖衬	导热系数/W·(m·K)⁻¹
高铝砖	1.5~2.5	碳化硅砖	25~35
不定形碳质材料	4.5	半石墨砖	30~50
高导热炭砖	13~20	石墨砖	70~120

　　计算结果表明，当使用高导热耐火材料时，砖衬热面温度降低。使用低导热耐火材料时，即使使用密集型铜冷却板，砖衬热面温度仍较高。高铝质的耐火材料总是导致低的热流强度，高导热耐火材料得到高的热流强度。然而，由于具有低的热面温度和低的磨损率，高导热耐火材料砖衬则容易保持一定的厚度。

　　实践证实，高炉冶炼过程的工艺特点决定了炉体热负荷的分布，高炉操作对炉体热负荷的影响是最主要的，而砖衬和冷却体系对炉体热负荷的影响相对较低。在炉腹至炉身下部高热负荷区，即使冷却器热面的砖衬全部消失以后，冷却器的热面也会形成渣皮。所形成的渣皮厚度与热流强度有关，冷却器热阻越小、冷却效率越高，则通过的热流越大，通过冷却器传递出的热量也就越多，于是生成的渣皮保护层越厚。由于渣皮的导热系数很低、热阻较大，一定厚度渣皮的生成又阻碍了热量的传递，降低了通过冷却器传递的热量。这种基于传热学热平衡理论周而复始、循环交替的渣皮生成—脱落现象，其结果是冷却器在失去砖衬保护的条件下仍能够维持很长的寿命，无论是铸铁冷却壁、铜冷却壁还是铜冷却板，都具有这种构建保护性渣皮的自保护功能，只是由于其传热性能的差异导致其效果不同而已。由此可见，渣皮厚度能够调节炉体的热流强度，这是由于渣皮的热阻远大于冷却器的热阻。在生产实践中，采用不同砖衬和冷却体系的高炉炉腹至炉身区域的热负荷并无很大的区别，就是因为在砖衬或冷却器的热面形成了保护性的渣皮。砖衬或冷却器热面温度越低，越有利于渣皮的形成，渣皮形成也就越快。

　　在高炉炉腹至炉身下部的高热负荷区域，如果采用高导热的耐火材料结合密集式铜冷却板，能使得砖衬的热面温度有效降低以抑制砖衬的化学侵蚀。研究表明，砖衬热面温度是砖衬耐火材料导热系数的函数。因此，对于高炉高热负荷区域砖衬耐火材料的选择，不仅要具有抗耐磨性、耐化学侵蚀性等性能，还要具有优良的导热性能，这已被长期的高炉生产实践所证实。

　　理论研究和生产实践均表明，砖衬热面温度是十分重要的参数，强化冷却对砖衬温度具有很大影响。在采用铜冷却板结构时，较窄的冷却板和较大的垂直距离，将使砖衬热面温度超过400℃，在这种条件下必须采用高导热的耐火材料。采用宽的冷却板和较小的垂直距离，可使砖衬热面温度降低60～200℃。如果再缩短冷却板之间的垂直距离，则还可使砖衬热面温度再降低60～200℃。即使在高热流强度条件下，砖衬热面温度仍可维持较低值，因此，采用高导热耐火材料与密集型铜冷却板结合的方式，可以使砖衬温度降低，有效地抑制砖衬侵蚀。

　　荷兰康力斯公司艾莫伊登厂的6号、7号高炉，是采用铜冷却板结构获得高炉长寿实绩的典型代表，这两座高炉"导热型"的炉体结构由密集式铜冷却板和石墨砖组合而成。利用铜冷却板优异的冷却能力和石墨砖的高导热性，可以有效地降低将砖衬的热面温度，并能在砖衬的前面形成稳定的渣皮，从而保护砖衬减少侵蚀和破损。该体系依靠高效冷却和高导热石墨砖构建"无侵蚀"的炉体结构并实现了高炉长寿，炉腹、炉腰和炉身的使用寿命甚至超过了炉缸炉底，成为当今一种具有特色的高炉长寿典范。早在 20 世纪 80～90 年代，康力斯公司不仅计算了冷却板和砖衬的温度场分布，而且还研究了砖衬的应力场分布及热膨胀。通过大量的传热学研究，形成了在炉腹、炉腰和炉身下部采用铜冷却板配合石墨砖的炉体结构体系，通过这种结构体系来实现"导热型"砖衬的技术理念。值得指出是，艾莫伊登 6 号、7 号高炉采用了高球团矿的炉料结构，球团矿的使用比率达到了 50% 以上，直到目前如此之高的球团矿比率在 4000m³ 大型高炉上也不多见。一般认为，高炉采用过高的球团矿比率容易导致煤气流分布不易控制，边缘煤气流容易发展，会造成较大的温度波动，炉体热负荷的变化也会很大，对冷却器和砖衬的热震冲击破坏会比较突出。在这种原料条件下，采用抵御热冲击性能优异的密集式铜冷却板和高导热石墨的炉体结构无疑是一种科学合理的选择。这个事实也证实了原燃料条件和炉料结构对高炉炉体结构的影响，同时也说明炉体结构的选择还应当慎重考虑原燃料条件和高炉操作条件。

20 世纪初，卢森堡 PW 公司为了开发铜冷却壁，利用 ANSYS 系统开发了有限元（FEM）传热模型。该模型模拟计算了冷却壁在非稳态传热条件下的温度场，并研究了冷却壁参数对冷却壁温度场和应力场的影响。该模型也研究了铜冷却壁前部渣皮对冷却壁温度的影响，从理论上说明了渣皮的作用，证明了铜冷却壁是靠渣皮来工作的。众所周知，传热学的温度场计算中，稳定态传热可以研究砖衬和冷却壁的长期损坏现象，而热损坏则要通过非稳态传热进行计算。在温度场的数值计算中，可选择的计算方法有有限差分法、有限元法和边界元法。其中边界元法的发展至今仍不够成熟，因而目前应用还不广泛。因此，在温度场的数值计算中，主要采用有限差分法和有限元法。有限差分法以微分方程为基础，将区域经过离散处理后，近似地用差分和差商来代替微分和微商，这样，微分方程和边界条件的求解就可以归结为求解一个代数方程组，从而得到与解析解相近的数值解。将有限差分法用于高炉炉体的传热计算，优点是简单方便可靠，对一般稳态传热问题采用有限差分方法更为简单可行。

7.5.2 合理炉体冷却结构的选择

如前所述，现代高炉炉腹至炉身下部的高热负荷区主要采用冷却板或冷却壁冷却，还有两种技术组合的板壁结合冷却结构。这三种冷却结构都有高炉长寿的实绩，同时又有明显的优点和缺陷（表7-2）。铜冷却板为点式冷却，其优点是可承载的热流强度大，插入到砖衬内部，可以实现对砖衬的深度冷却，也可以为砖衬提供有效的支撑，耐火材料砖衬使用寿命长，而且即使铜冷却板损坏以后，也可以从炉外对损坏的铜冷却板进行更换，便于炉体的维护。铜冷却板的技术缺陷是必须与砖衬协同配合才能发挥作用，脱离了砖衬的保护和协同作用，由于水平布置的结构特点，铜冷却板黏结渣皮的作用并不具有优势，铜冷却板也会很快损坏。因此，采用铜冷却板结构必须采用高导热、高质量、高性能的耐火材料，而且必须保持一定的砖衬厚度，因此，同采用冷却壁特别是铜冷却壁的高炉相比，砖衬厚度明显较厚。另外高炉生产中砖衬侵蚀以后，由于铜冷却板点式冷却的作用，使砖衬热面轮廓呈现凹凸变化，高炉操作内型不光滑，甚至阻碍炉料运动，影响高炉顺行和煤气流分布。与冷却壁相比冷却面积相对较小，在砖衬出现侵蚀以后，对炉壳的保护作用也相应削弱，容易造成炉壳局部发红过热甚至煤气泄漏。冷却壁作为面式冷却，与冷却板相比更有利于保护炉壳，有利于维护光滑规整高炉操作内型，而且砖衬厚度相对较薄，在采用铜冷却壁时甚至可以取消独立的砖衬结构。铜冷却壁的技术优势是可以在无需砖衬保护的条件下稳定工作，可以承载约$300kW/m^2$的热流强度，而且能够快速形成稳定的自保护渣皮，是一种无过热的高效冷却器，故冷却器总体技术发展趋势为采用以铜冷却壁为主导的冷却壁体系。

表7-2　炉腹至炉身下部采用不同冷却结构的比较

比较对象	铜冷却板	铸铁冷却壁	铜冷却壁
优点	1. 采用点式冷却方式，导热性能高，能对砖衬提供高效冷却； 2. 为砖衬提供可靠的支撑，提高砖衬的结构稳定性，有效防止砖衬脱落； 3. 损坏后可以从炉外进行更换，便于维护； 4. 可设计成多通道冷却结构，提高冷却效率； 5. 采用密集式布置，缩小上下层的垂直间距，增强冷却效果	1. 采用面式冷却方式，可以对炉壳提供全面的保护； 2. 高炉热量损失较少； 3. 冷却均匀，砖衬侵蚀后形成的操作内型相对平滑规整； 4. 炉壳开孔小，可以减少炉壳热应力破损； 5. 第三代冷却壁采用双排管结构，强化了凸台冷却； 6. 第四代冷却壁实现砖壁一体化，减薄砖衬厚度，增加了对镶砖的固定支撑作用，使施工安装简化	1. 除具有铸铁冷却壁的技术优势外，还具有高导热性和高传热能力，可以承载高炉冶炼条件下的峰值热流强度； 2. 热面无需砖衬保护，完全可以取消砖衬结构； 3. 在高热负荷区域工作，在渣皮脱落时能够快速生成新的渣皮； 4. 冷却效率高、壁体厚度薄，结构简单，一代炉役期间无需更换

比较对象	铜冷却板	铸铁冷却壁	铜冷却壁
缺陷	1. 砖衬侵蚀后，高炉热量损失相对较大； 2. 不能对炉壳提供均匀、全面的冷却； 3. 高温状态下易弯曲变形； 4. 炉壳开孔大，炉壳应力高、设计复杂； 5. 不利于形成稳定的操作内型； 6. 必须与耐火材料协同匹配并采用厚壁炉墙，要求匹配高级耐火材料（如石墨、半石墨、碳化硅等）	1. 由于铸铁导热系数低，总体冷却能力不如铜冷却壁和铜冷却板； 2. 对砖衬支撑效果差，砖衬易脱落； 3. 不易于维修更换； 4. 冷却壁边角及凸台部位由于冷却强度低，容易破损； 5. 在温度超过760℃时会出现相变，力学性能下降，破损加剧； 6. 水管与铸铁冷却壁壁体之间热阻大，传热效率低于铜冷却板	1. 壁体温度必须低于200℃以下，高温状态下机械强度变差； 2. 抗机械磨损能力不如铸铁冷却壁，不适用于难于形成渣皮的块状带； 3. 制造安装精度和质量要求较为严格

　　当然高炉采用何种冷却结构，与高炉所采用的原燃料条件和炉料结构具有重要关系，同时还取决于工厂的传统和操作者的习惯。普遍认为，采用高球团矿率的高炉，炉墙热负荷和热震性波动较大，因而采用高导热性的耐火材料（如石墨、半石墨、碳化硅等）配合密集式铜冷却板较为适宜。而采用以烧结矿为主的高炉，炉体热负荷较为稳定，温度波动较小，采用冷却壁更为适宜。在炉腹、炉腰至炉身下部采用铜冷却壁的薄壁高炉，为了合理解决炉缸风口区域与炉腹区域界面问题，在炉缸风口组合砖上部与炉腹铜冷却壁之间，设置几层密集式铜冷却板，可以适当缩短铜冷却板的长度，对于延长风口区域砖衬的寿命、避免风口冷却壁的损坏具有积极作用。这种以冷却壁冷却结构为主、局部使用铜冷却板的新型板壁结合方式在当前不失为一种炉体结构的解决方案。

7.5.3 确定冷却壁结构参数的设计原则

　　随着计算机技术的广泛应用，目前已经有条件根据传热学理论，采用数值计算的方法，对于冷却壁的热工状况进行必要的计算分析。因此，在冷却壁设计时，应对冷却壁在高炉内的使用条件和温度场、应力场进行研究分析，研究的目的是利用这种精准又快捷的传热学数值计算的方法优化冷却器的冷却参数和结构参数。现代高炉冷却壁的设计理念是：应该保证在最恶劣的高炉工况条件下，即高炉内温度或热流强度达到峰值时，冷却壁的最高工作温度不高于所采用材料的允许工作温度，这种条件下所设计的冷却壁在高炉工况条件下可以成为无过热冷却壁。

　　显而易见，用于高炉不同区域的冷却壁，由于传热边界条件不同，其结构和冷却参数的要求也存在较大的差异。但是，对于自下而上串联的软水密闭循环冷却系统，冷却壁的结构和冷却参数应以热流强度最大区段的热边界条件作为冷却壁热工计算依据，这是高炉冷却系统设计的重要基本点，而不能按照炉体的平均热流强度设计冷却系统，在现代高炉设计理念中，这就是基于可靠性分析的"最不利"设计准则。更不能为了追求"节能节水"而降低冷却水速、减少水量，其结果将事与愿违。进入 21 世纪以来，国内多座高炉炉体冷却器大量烧坏，甚至连续出现炉缸烧穿事故[9,10]，在当今的高炉技术装备和操作条件下，其教训惨痛，值得反思。

　　高炉内温度或峰值热流强度是进行冷却壁温度场分析最重要的边界条件之一。在高炉一代炉役期间的生产过程中，冷却壁热面的砖衬将逐渐被完全侵蚀，冷却壁所承受的热流强度将对应于计算的最大热流强度。由于高炉操作条件的变化，可能出现短时间的渣皮脱落，此时，冷却壁所承受的热流强度将大幅度提高，对应于峰值热流强度。高炉操作实践证明，尽管炉腹区域的煤气温度是最高的，但由于该部位能够形成较厚而且稳定的渣皮，因此，高热负荷区并不处在炉腹区域。尽管炉身下部的煤气温度稍低，但其形成稳固性渣皮的条件不如炉腹区域，而且上升煤气流在穿透软熔带焦窗的过程中，煤气流会出现横向流动，高温煤气流对砖衬造成热冲击，使炉墙热负荷增加，因此炉身下部应当是研究的重点区域。高炉内不同区域的边界条件不尽相同，一般在传热学计算时，高炉内温度以 1600℃作为炉腰和炉身下部的边界条件。基于传热学的计算机数值计算使得高炉内冷却结构传热计算变得更加精准，并可以根据计算结构优化冷却壁的设计。

7.5.4　冷却壁的研究方向

　　冷却器的使用寿命在很大程度上决定了高炉寿命，当今高炉冷却器的总体发展趋势以冷却壁为主，特别是铜冷却壁采用以后，这种趋势更为显著。因此，在研究高炉长寿技术问题时，应将长寿冷却壁的研究作为重点。20 世纪末期，国外（尤其是日本）的冷却壁技术取得了长足进步，我国高炉长期以来习惯使用冷却壁，但冷却壁技术和国外相比仍存在差距。因此，吸收国外先进技术，结合我国国情和设计制造冷却壁的经验，研究开发更先进的冷却壁，具有重要意义。

　　纵观冷却壁的发展过程可以看出，冷却壁技术的改进和创新主要体现在结构和材质两个方面。其中结构改进是基础，如改进冷却管的排列方式、冷却壁厚度、镶砖面积、冷却水温度和流速等。长期以来，高炉冷却壁的设计基本上还是经验性的，冷却壁内部结构参数的选取，主要是对冷却壁进行解体调查并分析研究以后得出的，如新日铁各代冷却壁的开发都对前一代冷却壁做了解体分析。这些解体分析结果为冷却壁的改进提供了一定的依据，但这些解析缺乏理论依据和预测性。随着计算机的出现和发展，在冷却壁的研究开发中，以解析冷却壁和砖衬传热过程为基础的解析模型及数值计算应运而生，并在冷却壁的研究中占据了重要的位置，是冷却壁设计和优化的一个重要手段[11~14]。通过计算机仿真技术，可以构建数字化模型，预测各种不同因素对冷却壁温度分布的影响，为冷却壁设计和优化提供理论依据。随着计算技术的发展，这种解析计算已达到了很高的精度，计算结果与实测值比较，误差可小于 20~30℃。目前，高炉冷却壁和砖衬温度场的数值计算受到普遍的重视，国内外高炉冷却壁的设计一般都能够通过数值仿真技术进行优化设计。在具备条件的情况下，还应对新开发研制的冷却壁进行热态试验，以直接验证模型计算的准确性和可靠性。这种热态试验研究将为冷却壁的开发提供更直接准确的参数，也是近年来国内外冷却壁研究开发的重点。

2000 年以后，我国铜冷却壁技术发展迅猛，不少高校、设计院所、科研单位、钢铁企业和制造单位组成"产、学、研、用"的技术团队，研究开发了一系列铜冷却壁技术，为 21 世纪我国高炉长寿技术进步奠定了基础。与此同时，各种砖壁一体化的铸铁冷却壁也得到了广泛应用，在炉腹至炉身下部采用铜冷却壁以后，炉身中上部的铸铁冷却壁取消了凸台结构，结构简化，而且有利于延长冷却壁使用寿命。目前，我国高炉使用铜冷却壁已有 10 年，已有近 200 座高炉采用了铜冷却壁，总体上取得了显著的技术经济效果，使长期困扰的炉腹至炉身下部问题基本得到彻底解决。但是，近几年我国有 3 座采用铜冷却壁的高炉出现了铜冷却壁局部损坏的现象，有的冷却壁边缘磨损严重，有的水管出现断裂，还有的由于制造质量缺陷出现了漏水。目前铜冷却壁破损的原因还需要深入研究，但分析这些个别现象可以初步得出冷却系统配置和控制不合理是造成铜冷却壁损坏的重要原因。事实证明，这些高炉都有在较长时间内大幅度减少冷却水量或断水的经历，可以推测这是造成铜冷却壁出现损坏的根本原因。由此可见，采用铜冷却壁以后，冷却制度必须相应调整，传统的开路工业水冷却的操作观念必须转变，铜冷却壁必须与可靠的冷却系统协同作用才能实现长寿。总之，以铜冷却壁为代表的新一代高炉冷却器和冷却技术还需要进行优化、改进和创新，在进一步优化设计结构、提高铜冷却壁的制造质量、降低铜冷却壁的制造成本等方面仍有许多课题需要研究解决。

7.6 现代高炉冷却壁的技术创新

高炉内部的软熔带处于炉腹、炉腰和炉身下部区域，在此区域的冷却器承受着高炉内高温热负荷冲击，剧烈的温度变化，高温液态渣铁的侵蚀，炉料和煤气流的冲刷磨蚀以及碱金属、CO 的侵蚀等综合破坏。为了延长此区域冷却壁的使用寿命，必须提高冷却壁本体材料的导热性、抗化学侵蚀性、抗拉强度、热冲击性、抗裂变性能、韧性等力学性能，而普通铸铁和低铬铸铁难以满足上述要求。因此，改进冷却壁的材质、提高冷却壁的综合性能成为冷却壁研究开发的重点内容。

7.6.1 冷却壁本体允许的长期工作温度

现代高炉所采用的冷却器材质、导热系数和允许使用温度见表7-3。当采用球墨铸铁冷却壁时，有两种温度可以考虑作为冷却壁的允许工作温度。日本通常以铸铁与石墨发生反应的开始温度（709℃）作为球墨铸铁冷却壁的允许工作温度。高炉炉腹、炉腰及炉身下部冷却壁发生这一反应是完全可能的。该反应随着温度的升高而加剧。德国通常以珠光体的相变温度（约760℃）作为球墨铸铁冷却壁的允许工作温度。由于铁素体在球墨铸铁中，金相组织基体为铁素体，珠光体所占的比例较小。组织内珠光体发生相变将造成原来组织的破坏而导致裂纹。

表7-3 冷却壁本体材料的导热性能和允许使用温度

材 料	导热系数/W·(m·K)$^{-1}$	熔化温度/℃	允许工作温度/℃
普通灰铸铁	约40	1225~1250	400
球墨铸铁	38~40		709 或 760
碳素钢	40	1520~1530	400
紫 铜	380	1083	250
铸 铜	340		150

对于压延（轧制或锻压）铜冷却壁本体材料不仅要求具有良好的导热性能，而且要求在工况条件下具有足够的机械强度，轧制铜板在不同温度下的机械强度见表7-4。

表7-4 轧制铜板在不同温度下的机械强度

温度/℃	93	204	290	371	537	704
机械强度/MPa	115	105	78	71	44	22

表7-4的数据表明，轧制铜冷却壁在不高于250℃的情况下，具有较好的机械强度，而且金相组织不会出现相变，因此，把250℃作为铜冷却壁的允许工作温度应该是安全的。铸铜冷却板由于化学成分的波动较大，其物理、力学性能也将随之波动，一般以200℃作为允许使用温度。

7.6.2 铸铁冷却壁

20世纪末期，国内外对铸铁冷却壁抗裂纹性能认识的提高，高韧性球墨铸铁在 20 世纪末期成为国内外高炉炉腹、炉腰和炉身下部冷却壁普遍采用的材质。其主要优点是以铁素体为基体,机械强度高,伸长率高,在使用过程中不易开裂,因此能够延长使用寿命。为了不断追求冷却壁的高温力学性能,在冷却壁制造过程中要不断提高冷却壁的抗拉强度和伸长率指标。

但铁素体基球墨铸铁冷却壁也存在先天不足。冷却壁的冷却水管为低碳无缝钢管,在铸造过程中由于铁水的渗碳会造成脆裂,在浇注过程还会与壁体黏结。为克服这个问题,国内外普遍在冷却管外壁涂以厚度约为 0.2 ~ 0.3mm 的防渗碳涂层,该涂层除了可以防止冷却水管渗碳和脆化以外,还允许冷却水管与壁体在冷却壁受热膨胀时可以保持相对运动,防止由于两种材质的热膨胀性不同而造成水管断裂,另外设置防渗碳涂层,还可以避免在冷却壁本体烧坏脱落时造成冷却水管的撕裂和破损。因此,国内外普遍采用火焰喷涂陶瓷涂层或金属陶瓷涂层涂料(由钴、镍、锰的碳化物组成)。在球墨铸铁冷却壁的冷却水管表面,采用厚度为 0.1mm 不同涂层材料的试验结果表明,氯化汞—水玻璃涂料、刚玉粉—磷酸钴涂料、石英粉—磷酸铝防渗碳涂料的使用效果较好。它们的特点是熔点高、密度大,在烘干和浇铸过程中防渗碳涂层能够保持理想强度和致密性,防渗碳性能较好。另外,在国内也采用过等离子喷涂金属陶瓷的冷却水管。无论采用何种方法处理冷却水管,冷却水管和壁体之间的间隙总是存在的,这将增加接触热阻,降低冷却壁的冷却能力,成为铸铁冷却壁难以克服的技术缺陷。尽管如此,铸铁冷却壁仍具有其自身的技术优点。未来高炉在炉缸炉底和炉身中上部还会采用铸铁冷却壁,这是由于铸铁冷却壁具有耐高温、耐机械磨损、技术成熟且造价低等优点。

7.6.2.1 光面铸铁冷却壁

在炉缸炉底热流强度相对稳定的区域,采用导热性与炭砖相匹配的灰铸铁光面冷却壁可以获得理想的高炉寿命。灰铸铁的导热系数可以达到 40 ~ 42W/(m·K),高于球墨铸铁,而且可以承受约 400℃ 的工作温度,这种物性特点正好适用于炉缸炉底的冷却器工作环境,因此,未来高炉炉缸、炉底和风口区仍会以灰铸铁光面冷却壁为主,仅会根据具体情况在炉缸炉底交界处和铁口区域周边局部采用少量铜冷却壁。

因此,对于炉缸炉底的铸铁冷却壁,还应该进一步优化设计结构,提高冷却能力,延长使用寿命。现代高炉炉缸炉底冷却壁应适当增大冷却水管径,缩小冷却水管间距,提高冷却水管于冷却壁热面的换热面积比。采用软水密闭循环冷却系统的高炉,冷却壁水管应采用上下直通式布置,取消冷却壁内水管的折返,在外部冷却水管配管时也应当注意减小水管的转弯和折返,有利于水管中气泡的上浮,防止冷却水中气泡的聚积而造成过热。另外,必须设计足够的冷却水量,保证冷却壁具有足够的换热能力。近期投产的几座大型高炉相继出现了炉缸烧出事故，其中一个主要的原因是炉缸冷却水量设计偏低[9,10]，而且在炉缸区域采用高分段冷却，使炉缸冷却能力不足。另外，采用较小的冷却水管径，即使提高水速，当水速达到临界值时其冷却效果也不显著，这也是炉缸冷却壁设计时应着重考虑的因素。目前炉缸光面冷却壁主要采用灰铸铁，也有的风口冷却壁采用低铬合金铸铁。

近年来随着铜冷却壁和薄壁高炉的应用，一个新的问题暴露出来，这就是炉缸上部风口区必须维持一定的砖衬厚度，而炉腹区则采用铜冷却壁薄壁结构，造成炉缸和炉腹界面的结构衔接出现困难。普遍采取的措施是增加风口冷却壁上部的厚度，使风口区的光面冷却壁成为上大下小的楔形结构，但冷却板内的水管布置困难，冷却壁制造难度增加，制造质量不易保证。少数高炉采用该种界面结构，开炉以后出现了风口铸铁冷却壁上端或炉腹铜冷却壁下端损坏的现象。风口区域和炉腹的煤气温度高达 1800 ~ 2000℃，而且边缘煤气流容易发展，在高炉内型设计不合理、渣皮黏结不牢或脱落的情况下，会很快造成炉腹或风口区冷却壁的损坏。因此，较好地解决这个问题是目前高炉设计的一个重点。目前采取的比较有效的措施是：

（1）改进炉缸和炉腹区域的炉壳结构，炉缸风口区和炉腹下部的炉壳设计为圆柱形，高炉炉缸、炉腹的炉壳和冷却壁热面不必和高炉内型完全一致，特别是炉腹铜冷却壁的安装角度也不必追求与炉腹角一致，炉腹冷却壁的安装角度可以略大于炉腹角，使风口区和炉腹区域的冷却壁热面避开风口回旋区和高热煤气流，即采用高炉内型设计中的"4×4"准则，可以有效地保护炉腹冷却壁下端与炉缸风口冷却壁过早的损坏。

（2）在风口以上、炉腹下部的交界处，采用若干层小型铜冷却板，铜冷却板可以由上向下布置成阶梯状，以防止其过早破损。这样在炉腹区域有利于渣皮的黏结，还可以防止风口组合砖过早的破损。这种铜冷却板与铜冷却壁组合的结构在韩国唐津 2 座 5250m³ 的高炉上已经采用。

7.6.2.2　镶砖铸铁冷却壁

目前，由于铜冷却壁的研制成功和普及应用，大型高炉炉腹至炉身下部高热负荷区域已用铜冷却壁取代了镶砖铸铁冷却壁，镶砖铸铁冷却壁一般应用在炉身中上部。由于铜冷却壁必须在渣皮的保护下才能高效工作，对于高炉块状带不能形成渣皮的区域，采用镶砖铸铁冷却壁则是一种技术可行、经济合理的选择。其原因一是炉身中上部的热流强度和温度都相对较低，适宜采用铸铁冷却壁；二是该区域难以形成保护性渣皮，倘若采用铜冷却壁其技术优势不能得到充分发挥；三是该区域主要是下降炉料和上升煤气流的冲刷磨损，在没有渣皮保护的条件下，由于铜冷却壁自身抗机械磨损能力不强，因此采用耐机械磨损的镶砖铸铁冷却壁则成为较好的选择。用于炉身中上部的镶砖铸铁冷却壁一般都取消了传统的

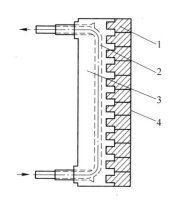

图 7-25 典型的薄壁高炉用于
炉身中上部镶砖冷却壁
1—镶砖；2—冷却水管；3—冷却壁
本体；4—高炉内型线

凸台结构，采用冷却壁—砖衬一体化的结构，减薄了砖衬厚度。图 7-25 所示为典型的薄壁高炉用于炉身中上部的镶砖冷却壁。

用于炉身中上部的镶砖铸铁冷却壁一般采用铁素体基球墨铸铁，其抗拉强度为 400MPa，伸长率为 18% ~20%。冷却水管为上下直通式，冷却壁本体厚度一般为 265mm 左右，镶砖厚度为 100~150mm，取消了凸台结构。目前在一些采用铜冷却壁的高炉上，炉身中部的铸铁冷却壁出现过早破损。宣钢 4 号高炉（1800m³）2005 年 10 月 24 日投产，采用全冷却壁结构，炉腹至炉身下部采用 3 段铜冷却壁，炉身中部采用蛇形管镶砖铸铁冷却壁，至 2011 年 6 月，炉身中部第 8 段铸铁冷却壁已有 12 根冷却水管损坏，而高热负荷区

第 5~7 段铜冷却壁却无一损坏[15]。这个事实一方面证实了铜冷却壁显著的技术优势，另一方面也说明炉身中部铸铁冷却壁仍存在问题，还需要认真对待。解决炉身中部冷却壁过早损坏的措施，一是控制合理的冷却强度，尽量不采取减少冷却水量的方法控制炉体热流强度；二是适当增加铜冷却壁的使用范围，特别是炉身区域的铜冷却壁使用高度可以适当增加；三是采用冷却水管直通式的镶砖冷却壁，以提高冷却壁的冷却能力。

7.6.2.3 炉身上部水冷壁

炉腹、炉腰和炉身下部采用铜冷却壁和铜冷却板，使炉腹至炉身的寿命大幅度延长。但炉身上部和炉喉与炉喉钢砖交界处却成为薄弱部位，经常容易出现问题。

为了延长高炉寿命，实现高炉均匀破损，防止炉身上部的异常破损而造成的炉料分布紊乱、煤气流分布失常，在炉身上部设置水冷壁、取消传统高炉的无冷区成为现代高炉的一个显著结构特点，无论是采用冷却壁冷却的高炉，还是采用铜冷却板的高炉都在该区域普遍采用了水冷壁。

水冷壁的材质一般为球墨铸铁，和炉身上部冷却壁的结构相似，只是要考虑与炉喉钢砖的连接，一般都采用了 C 形结构，以保持水冷壁热面与炉喉钢砖热面的平滑过渡，并以此形成高炉内型。不少高炉的水冷壁采用光面不镶砖的结构，依靠铸铁直接与炉料和煤气流接触。也有在水冷壁热面采用镶砖结构，采用的镶砖材质为耐磨、抗氧化性能优良的硅铝系耐火材料或 Si_3N_4-SiC 砖。图 7-26 所

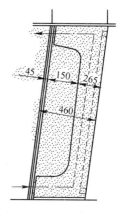

图 7-26 典型的炉身
上部水冷壁结构

示为典型的炉身上部水冷壁结构。

7.6.3 钢冷却壁

国内外对钢冷却壁的研究有近 40 年的历史。1982 年德国就试制出了铸钢冷却壁，并设想将其替代铸铁冷却壁。我国的研究开始于 20 世纪 90 年代初期，在"八五"期间开发研制出了钢板坯钻孔型冷却壁，并于 1995 年 9 月在鞍钢 11 号高炉（2580m³）炉身下部安装试验 2 块，使用了 3 年 7 个月，高炉停炉大修。1998 年 11 月至 1999 年 12 月在首钢 2 号高炉第 10 段试验了一块钢冷却壁（图 7-27），试用了 1 年，高炉停炉检修[16]。"九五"期间我国开发研制了铸钢冷却壁，并于 1999 年 6 月在鞍钢 11 号高炉（2580m³）炉身下部安装试验 2 块，同时又安装试验 2 块钢板坯钻孔型冷却壁。之后，在鞍钢 4 号高炉（1000m³）炉腹、济钢 1~6 号高炉（350m³）、南钢 1 号高炉（300m³）、石钢 1 号高炉（420m³）等高炉安装使用了钢冷却壁[17,18]。

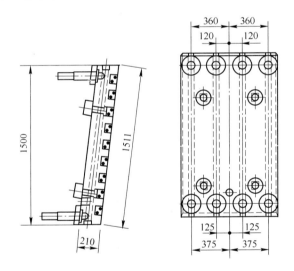

图 7-27　首钢 2 号高炉试验用钢坯钻孔冷却壁

钢冷却壁主要有钢板坯钻孔型冷却壁和铸钢冷却壁两种结构形式。钢板坯钻孔型冷却壁的制造一般要先对钢坯进行正火处理，以提高力学性能，细化晶粒，均匀组织形态，消除铸坯内应力和组织缺陷，而后钻孔。钻孔是关键环节，要求定位精度、同轴度高，由于冷却壁呈楔形，再加上钢板强度大，钻孔一次成型的难度较大，导致钢板坯钻孔型冷却壁制造工艺繁杂、加工难度大，因此，现在的钢冷却壁主要以铸钢冷却壁为主，铸钢冷却壁的试验和应用相对较多。1999 年 12 月，首钢 2 号高炉（1726m³）进行检修，对试验用钢冷却壁进行保护性拆除，实测发现，钢冷却壁边角部位完整，热面未发生侵蚀，而钢冷却壁周围的球墨铸铁冷却壁已破损严重[17]。1999年12月在济钢3号高炉（350m³）第6段冷却壁试验铸钢冷却壁，生产4个月后进行项修，项修时对铸钢冷却壁调查发现冷却壁本体完好，但在边角处有烧损。钢冷却壁周围的球墨铸铁冷却壁已破损严重。在鞍钢、首钢、济钢的试验表明，铸钢冷却壁组织均匀性、强度、伸长率、热疲劳性能都高于铸铁冷却壁，提高了冷却壁强度及耐高温耐冲刷能力。在同一高炉上相同位置、相同工况下，其使用寿命都明显地高于球墨铸铁冷却壁，充分证明铸钢冷却壁技术的先进性，对原来冶炼强度较高、寿命很短的中小型高炉有重大的意义。

铸钢材质具有伸长率高、抗拉强度高、熔点高、抗热冲击性好等特点，能较好地抵抗液态渣铁的侵蚀，因此，有人认为冷却壁已进入铸钢时代。虽然铸钢材质性能较好，但由于铸钢熔点高（1450℃），将导致浇铸过程中冷却水管过热、软化和变形，这些尚待解决的制造问题限制了铸钢冷却壁的发展。并且冷却水管与壁体之间的气隙仍是主要的缺点。对于使用锻造钢板通过钻孔制造的钢冷却壁的使用效果，还有待于进一步生产实践的检验。另外，将钢冷却壁用于炉身中上部替代铸铁冷却壁也是一种可行的技术方案，值得注意的是在炉身区域使用钢冷却壁，由于高炉煤气中含有较高的CO，对钢冷却壁的渗碳破坏需要引起重视，但只要控制好冷却壁壁体温度，渗碳反应也会受到抑制。

7.6.4 铜冷却壁

即使日本新日铁公司第四代球墨铸铁冷却壁也难以克服冷却壁壁体和冷却水管之间的气隙热阻问题。在高炉操作中冷却壁热面温度仍然有可能超过700℃的安全温度。为了使高炉寿命延长到20年以上，德国和日本都试验了铜冷却壁并取得了成功。铜冷却壁利用了铜高导热性的优点，并取消了铸入钢管，消除了冷却水管与壁体间的气隙热阻，使冷却能力大幅度提高，能够承载更高的热流强度。另外，由于壁体温度梯度很小，热应力也很小，而且铜具有高延伸性，不易产生裂纹。这些特点决定了铜冷却壁可以长寿并有以下优点：（1）由于砖衬可以减薄，高炉投资可以降低；（2）由于冷却能力大幅度增加，冷却壁可以长寿；（3）短的大修时间；（4）同等炉壳条件下，高炉容积扩大；（5）无维修费用；（6）由于渣皮容易形成，通过炉墙的热损失降低。

日本钢管公司（现JFE公司）与Goto Goukin公司合作，成功地试验了带铸成通道的铜冷却壁，磨损很小且无任何裂纹。根据实际检测结果，铸铜冷却壁与轧制冷却壁在性能上并没有大的区别。德国MAN·GHH公司设计制造了带有钻成冷却水通路和在热面镶嵌耐火砖的轧制铜冷却壁，从1979年在德国蒂森公司的Hamborn 4号高炉上使用，在使用10年后，厚度方向上的磨损仅为3mm，使用效果令人满意。现在已有30座高炉应用了这种铜冷却壁。德国 MAN·GHH 公司还试验成功了用轧制铜板制作的冷却壁，采用钻孔加工成冷却水通路，因而不存在冷却壁壁体与冷却水管之间的气隙。由于铜具有很高的导热性，铜冷却壁的冷却能力大幅度提高，有望取得20年的寿命。

传统观点认为使用铜冷却壁后，由于其高导热性，通过冷却壁的热量损失会增大，高炉燃料消耗会升高。然而，实践证明冷却壁热面形成的渣皮克服了这个问题。由于铜冷却壁的强大冷却能力，渣皮非常容易形成，形成的渣皮一方面可以保护冷却壁，另一方面减少了通过冷却壁的热损失。根据实际测量结果，铜冷却壁热面温度小于80℃，渣皮极易形成，德国测得的渣皮厚度为150mm 左右，日本测得的渣皮厚度为40 ~ 60mm。形成的渣皮大幅度降低了热损失，甚至铜冷却壁尖峰热流强度比铸铁冷却壁还要减少20% ~ 30%。一般而言，渣皮脱落以后，铜冷却壁热面能在数分钟内形成新的渣皮，这已被生产实践所证实。因此，可以认为铜冷却壁是依靠黏结的渣皮进行工作的。这是通过加强冷却，降低铜冷却壁热面温度，使冷却壁热面形成保护性渣皮，从而有效延长炉体寿命。当然，铜冷却壁比球墨铸铁冷却壁需要更可靠的冷却系统，但对冷却水量并没有更高的要求。从上述分析可知，为了获得20年以上的高炉寿命，采用铜冷却壁应是最优化的选择。首钢2号高炉（1780m³）2002年大修改造时，在炉腹至炉身下部采用了3段国产铜冷却壁，这是我国高炉第一次采用国产铜冷却壁[19,20]。该高炉2002年5月23日投产以后铜冷却壁取得了优异的应用效果，冷却壁温度始终处于合理的温度范围[21]。图 7-28 所示为炉腹第7段21号铜冷却壁在7000h 内的温度变化情况，图7-29 所示为炉腹第7段21号铜冷却壁在2003年4 ~ 6月的温度变化情况，图7-30 所示为渣皮脱落以后铜冷却壁黏结渣皮的过程。

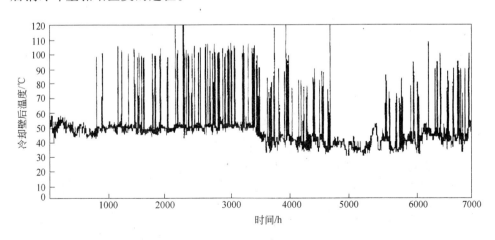

图 7-28　铜冷却壁在 7000h 内的温度变化情况

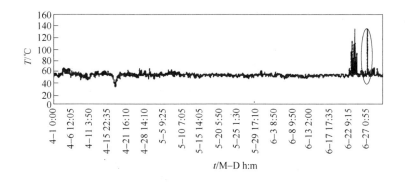

图 7-29 2003 年 4～6 月铜冷却壁的温度变化情况

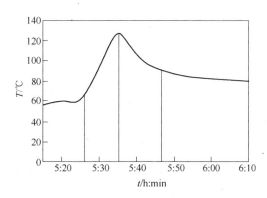

图 7-30 铜冷却壁黏结渣皮的过程

7.7 高炉铜冷却壁的开发与应用

7.7.1 铜冷却壁技术的发展

铜冷却壁技术的研究和使用最早起源于欧洲。20 世纪 70 年代末，由德国 MAN·GHH 公司最早研制成功，1978 年开始在高炉上进行试验。最初仅在 SID-MAR B 高炉炉身下部装了一块进行试验，经 1 年试用后拆下，发现铜冷却壁无裂纹，表面仅磨损 1mm，而相邻的铸铁冷却壁已出现裂纹，损坏相对严重，试验取得成功。1979 年，在蒂森公司 Hamborn 4 号高炉（2100m³）的炉身下部安装了 2 块轧制铜板钻孔而成的铜冷却壁进行工业性试验。从 1979 年 8 月到 1988 年 7 月，历时 9 年，停炉后发现铜冷却壁状态良好，无裂纹且保留着原有的棱角。铜冷却壁热面肋高（60mm）侵蚀最多处仅为 3mm（铜冷却壁壁体厚度为 135mm），而与其相邻的铸铁冷却壁都出现大量的裂纹和严重的损坏，有的铸铁冷却壁本体已局部剥落、水管裸露。铜冷却壁年平均最大磨损率仅为 0.3mm，其理论寿命已远远超过人们所期望的 30 ~ 50 年。20 世纪 90 年代开始在欧美国家推广应用，据不完全统计，国外已有 100 多座高炉安装了铜冷却壁，其设计寿命均大于 15 年以上。

我国的铜冷却壁研发始于 20 世纪 90 年代，并确立为国家"九五"重大科技攻关项目，建立了完善的实验室，由首钢、北京科技大学和广东汕头华兴冶金设备厂等单位合作研究。采用轧制铜板钻孔制造工艺研制的 2 块铜冷却壁最早在首钢 2 号高炉炉腰区域（第 7 段）进行工业性试验（图 7-31），从 1999 年 12 月到 2000 年 12 月，经 1 年实践证实，铜冷却壁温度场分布均匀，工作正常，停炉后发现铜冷却壁状态良好，试验取得初步成功。2001 年武钢 1 号、本钢 5 号高炉从国外引进铜冷却壁。2002 年首钢 2 号高炉大修改造时，在炉腹、炉腰和炉身下部采用了 3 段共 120 块轧制钻孔铜冷却壁，这是我国首次采用自主设计制造的铜冷却壁，标志着国产铜冷却壁正式投入工业化应用，开创了国产铜冷却壁工业化应用的新局面。在此之后的 10 余年，国内新建或大修改造的近 200 座高炉相继采用国产铜冷却壁，使铜冷却壁技术在我国高炉上得到广泛的推广应用，仅有少数高炉的铜冷却壁由国外引进。国产铜冷却壁已大部分替代了进口产品，其制造质量和技术性能达到甚至超过了国外产品，而且在国外的高炉上也得到了推广应用。铜冷却壁技术的开发研制成功，极大地促进了我国高炉长寿技术的发展，也带动了设计、装备制造等行业的技术进步，形成了一整套拥有自主知识产权的技术成果和技术标准，这些成功的经验弥足珍贵，值得深入总结。

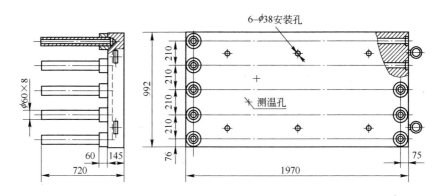

图 7-31 首钢 2 号高炉试验用铜冷却壁示意图

7.7.2 铜冷却壁的技术优势

近 20 年来，铜冷却壁技术得到迅猛发展，世界上已有近 200 座高炉采用了铜冷却壁，主要应用在炉腹、炉腰和炉身下部。采用铜冷却壁的高炉越来越多，大幅度提高了高炉寿命，其先进性毋庸置疑。铜冷却壁以其一系列优异的技术性能，更易实现长寿高炉炉体无过热的设计要求。目前，在高炉炉腰、炉腹及炉身下部的高热负荷区域，铜冷却壁已经成功取代铸铁冷却壁，并取得显著的应用效果。铜冷却壁的技术优势主要体现在：

（1）高导热性能。铜的导热性能是铸铁的 10 倍左右（表 7-5），铜冷却壁综合导热能力是铸铁冷却壁的 40～45 倍，由于铜冷却壁具有很高的导热性能，容易形成"无过热"冷却体系，可以使液态熔渣稳固地黏结在冷却壁热面，从而形成稳定的保护性渣皮，稳定的渣皮无疑是铜冷却壁最好的保护层。

表 7-5　钢、铜、铸铁的物理和热学性能比较

项　目	铜	钢	灰铸铁	球墨铸铁
抗拉强度 σ_b/MPa	196	410	160	400
屈服强度 σ_s/MPa		245		250
伸长率 δ_s/%	30	25	0	20
龟裂前渣皮生成与脱落循环次数（300～900℃）/次		800～900	30～40	203～250
体积密度/g·cm^{-3}	8.9	7.85	7.0	7.2
熔点/℃	1083	1400～1500	约 1150	约 1150
导热系数/W·(m·K)$^{-1}$	360	48	62.8	30～35
比热容/J·(kg·K)$^{-1}$	383	480	480	544

（2）抗热震性能优异。铜冷却壁热面能形成稳定的渣皮，渣皮脱落和重新生成的周期次数相应减少，这使冷却壁热疲劳得到抑制。首钢 2 号高炉的实践表明，铜冷却壁热面的渣皮脱落以后，壁体热面温度可以在 9min 内就能达到最高温度 170℃，再过 11min 新的渣皮就可以完全形成，铜冷却壁壁体温度恢复到正常的 50～60℃，整个渣皮重新生成的周期约 20min，而铸铁冷却壁则需要数小时才能完成渣皮的重建。

（3）耐高热流冲击性能好。铜冷却壁具有很高的导热性能，使得壁体实际最高温度与允许最高温度之比不到 0.65，而铸铁冷却壁此值高达 0.8～0.9。因此，铜冷却壁能够承受更高的热流冲击。铜冷却壁正常承受热流强度为 75.47kW/m^2，短期内（30min）可承受最大热流强度为 384.33kW/m^2。

（4）热量损失小。黏结在铜冷却壁热面的渣皮导热系数很低，约 1.0～1.2W/(m·K)，稳定的渣皮具有很高的热阻，采用铜冷却壁后，高炉的热量损失较铸铁冷却壁小。另外，在高热负荷区域采用铜冷却壁以后，在同等条件下，冷却水量较铸铁冷却壁可以减少 20%～40%，这也使得热量损失相应减少。

（5）耐火材料投资降低。由于铜冷却壁的表面能够形成一层相对稳定的渣皮，具有自保护作用，形成动态的永久性内衬，这样铜冷却壁可以避免在高温条件下工作（相对于铸铁冷却壁而言），所以铜冷却壁一般不必砌筑较厚的砖衬，

甚至可以采用 90 ~ 150mm 的镶砖或喷涂料取代传统的砖衬结构，成为真正意义上的薄壁内衬结构，也无需采用高档耐火材料，这样可以节省价格昂贵的耐火材料投资。

（6）硬度低、晶相组织致密，加工性能优良。铜冷却壁材质的硬度和组织结构决定其具有突出的加工制造优势，可以在轧制的厚铜板上钻孔、焊接。

（7）加工精度高、易于安装。铜冷却壁厚度薄、重量轻、加工精度高，壁体外形尺寸、固定位置及进出水管的尺寸偏差、形位公差精度控制严格，可以达到机械加工的水平，减少了累积误差，提高了安装精度，有利于避免因冷却壁公差而造成的安装难度。

（8）可重复利用。铜冷却壁年平均最大磨损率仅为 0.3mm，按铜冷却壁热面肋高 40mm，其理论寿命可达 30 ~ 50 年。铜质在 250℃ 以下随温度变化不发生晶格变化，晶相结构稳定，耐酸耐碱侵蚀能力强，铜冷却壁在完成一代炉役后，完全可以再重新加工利用，在我国沙钢 2500m³ 高炉上就有这样的先例。

（9）冷却稳定均匀，有利于高炉顺行。铜冷却壁凭借其强冷却性，热面能形成稳定的渣皮，渣皮不易脱落，存在周期长并且重新生成的时间短，冷却稳定均匀，有利于维持一个稳定的高炉操作内型和高炉工况条件，有利于高炉稳定顺行。

铜冷却壁的这些优点可以总结概括为两方面：

（1）铜冷却壁自身材质的性能。导热性好、热承载能力大、易加工性等优良的材质性能，保证了铜冷却壁具有在其热面形成渣皮的能力，在其热面无需采用昂贵的耐火材料砖衬。

（2）由于渣皮的稳定存在所带来的优势。当有渣皮存在时，铜冷却壁热面温度迅速下降，而且铜冷却壁本体内部温差也迅速下降，从而提高了铜冷却壁抗热冲击能力和抗热震性能。同时随着渣皮厚度的增加，铜冷却壁热损失也迅速降低。

7.7.3 铜冷却壁的应用

高炉冷却壁技术经过灰铸铁、低铬铸铁、球墨铸铁、铸钢、铜冷却壁的不断发展，至今铜冷却壁已成为先进冷却壁技术的代表。20 世纪末期经过改进的铸铁冷却壁在我国宝钢、武钢、首钢、鞍钢等高炉上得到成功应用，并获得了 15 年以上的使用寿命，但冷却壁本体却损坏严重，且出现水管大量破损的问题。进入 21 世纪以后，鉴于铜冷却壁的诸多优点，铜冷却壁及其软水密闭循环冷却系统的普遍应用，有希望彻底解决炉腹、炉腰和炉身下部短寿的问题，在高炉无中修、甚至无喷补的条件下，实现一代炉役寿命达到 20 年以上。从 21 世纪投产的许多大型高炉生产运行状况分析，这个目标完全能够实现。目前，采用铜冷却壁的高炉越来越多，呈现为一种主流的高炉冷却发展模式，而且铜冷却壁在高炉炉缸关键部位和铁口区也得到应用，采用铜冷却壁已成为现代高炉炼铁技术显著的技术特征和必然的发展趋势。

进入21世纪以来，我国已有近200座高炉在炉腹、炉腰和炉身下部采用了铜冷却壁，配合软水密闭循环冷却系统，较好地解决了炉腹至炉身下部制约高炉长寿的技术问题，建立薄壁高炉无过热冷却体系，实现了高炉高效长寿。但铜冷却壁使用过程中由于设计不合理、制造质量和高炉操作等问题，也出现了极个别的高炉铜冷却壁过早破坏，因此，进一步优化铜冷却壁结构、提高制造质量、改进高炉操作是未来铜冷却壁研究的主要内容。与此同时，通过设计优化降低铜冷却壁的造价也是未来技术发展的一个方向。首钢迁钢1号高炉（2650m³）采用的铜冷却壁如图7-32所示，武钢高炉采用的镶砖铜冷却壁如图7-33所示，首钢京唐1号高炉（5500m³）采用的炉腹冷却壁如图7-34所示。

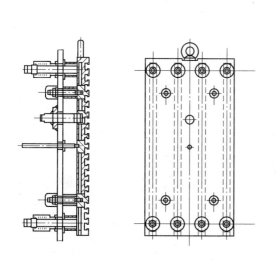

图7-32 首钢迁钢1号高炉采用的铜冷却壁

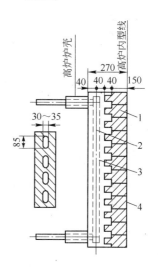

图7-33 武钢高炉采用的镶砖铜冷却壁
1—镶砖；2—椭圆形冷却通道；3—铜冷却壁本体；4—高炉内型线

首钢京唐2座5500m³高炉铜冷却壁采用TU₂无氧铜半连铸坯（铸坯厚度不小于260mm）热轧铜板作为母体进行加工制作，化学成分执行GB 5231—85标准。铜冷却壁的设计参数见表7-6。

表7-6 首钢京唐1号高炉的铜冷却壁设计参数

项 目	参 数	项 目	参 数
冷却水速/m·s⁻¹	≥1.6	Cu/%	≥99.95
冷却水进水温度/℃	≤50	P/%	≤0.002

项　目	参　数	项　目	参　数
$O_2/\%$	$\leqslant 0.003$	抗拉强度 $\sigma_b/N \cdot mm^{-2}$	$\geqslant 200$
$S/\%$	$\leqslant 0.004$	伸长率 $\delta/\%$	>30
电导率 $\gamma(IACS)/\%$	$\geqslant 100$	硬度 HB	>40
导热系数 $\lambda/W \cdot (m \cdot K)^{-1}$	$\geqslant 384$	线膨胀率 $\alpha/℃^{-1}$	$\leqslant 17 \times 10^{-6}$
体积密度 $\rho/g \cdot cm^{-3}$	$\geqslant 8.93$		

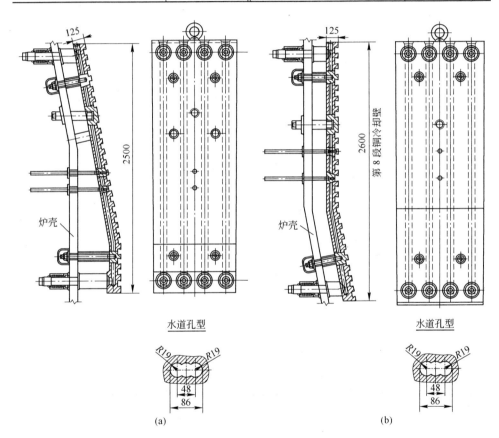

图7-34　首钢京唐1号高炉采用的铜冷却壁

（a）第7段铜冷却壁（炉腹）；（b）第8段铜冷却壁（炉腹—炉腰）

　　炉腹、炉腰和炉身下部共设4段铜冷却壁，每段铜冷却壁为60块，每块冷却壁均设4条冷却通道，水管接口尺寸为DN60，长度为30mm。水管的保护套管采用不锈钢管，铜冷却壁的冷却通道为复合扁孔型。冷却通道由冷却壁本体一端钻孔，并采用铜质堵头填堵焊接，铜冷却壁热面设置燕尾槽，槽面宽52mm，槽底宽66mm，槽深40mm，槽间中心间距为100~114mm。其中炉腹、炉腰和炉身下部的 3 段铜冷却壁均采用折弯形，即上下两段冷却壁的连接缝不与炉壳拐点和炉壳焊缝重合。

高炉设计中，对铜冷却壁温度场和应力场分布进行了数值仿真计算，研究了冷却壁安装方式、温度变化、冷却壁定位销及固定螺栓对冷却壁热应力的影响，通过设计优化使炉体结构实现了"无过热、低应力"的状态。

参 考 文 献

[1] 周传典. 高炉炼铁生产技术手册[M]. 北京：冶金工业出版社，2002：262 ~ 275.

[2] 项钟庸，王筱留. 高炉设计——炼铁工艺设计理论与实践[M]. 北京：冶金工业出版社，2007：373 ~ 385.

[3] 徐永州，章天华. 现代大型高炉设备及制造技术[M]. 北京：冶金工业出版社，1996：245 ~ 267.

[4] Heinrich. P, et al. Copper blast furnace staves developed for multiple campaigns[J]. Iron and Steel Engineer, 1992, (2)：49 ~ 55.

[5] 张寿荣，于仲洁. 武钢高炉长寿技术[M]. 北京：冶金工业出版社，2009：14 ~ 20.

[6] 朱仁良. 铜冷却壁高炉操作现象及思考[C]. 2012 年全国炼铁生产技术暨炼铁年会文集（上），中国金属学会，无锡，2012：489 ~ 495.

[7] J. ven Laar, G. J. Tijhuis, M. Spreij, et al. Blast furnace lining life——a quantitative analysis of lining/cooling system [J]. I & SM, 1994, (12)：25 ~ 29.

[8] Tijhuis. G. J. V, et al. Evaluation of lining/cooling systems for blast furnace bosh and stack [J]. Iron and Steel Engineer, 1996, (8)：43 ~ 48.

[9] 汤清华，王筱留. 高炉炉缸炉底烧穿事故处理及努力提高寿命[C]. 2012 年全国炼铁生产技术暨炼铁年会文集（下），中国金属学会，无锡，2012：89 ~ 95.

[10] 王宝海，谢明辉. 鞍钢新 3 号高炉炉缸炉底破损调查[C]. 2012 年全国炼铁生产技术暨炼铁年会文集（上），中国金属学会，无锡，2012：32 ~ 37.

[11] 杨天钧，程树森，吴启常. 面向 21 世纪高效长寿高炉[J]，钢铁，1999，34（增刊）：72 ~ 77.

[12] 程树森，薛庆国，苍大强，等. 高炉冷却壁的传热学分析[J]. 钢铁，1999，34(5)：11 ~ 13.

[13] 吴懋林，王立民，刘述临. 高炉冷却壁和砖衬的三维传热的模型[J]. 钢铁，1995，30(3)：6 ~ 11.

[14] 程树森，贺友多，吴启常. 高炉凸台冷却壁温度场的计算[J]. 钢铁，1994，29(1)：52 ~ 56.

[15] 储润林. 宣钢 4 号高炉冷却壁水管烧漏及维护实践[J]. 炼铁，2012，31(3)：49 ~ 51.

[16] 张福明，黄晋，徐辉. 新型冷却壁的设计研究与应用[C]. 2000 炼铁生产技术会议暨炼铁年会论文集，中国金属学会，上海，2000：321 ~ 324.

[17] 张仕敏，王东升. 无热阻新型钢冷却壁的研制和应用[J]，钢铁，2002，37(1)：14 ~ 18.

[18] 张士敏，王东升，金宝昌，等. 高炉钢冷却壁的应用及分析[J]. 炼铁，2001，20(1)：44~47.

[19] 张福明，毛庆武，姚轼，等. 首钢2号高炉长寿技术设计[C]//中国金属学会. 2005 中国钢铁年会论文集(2). 北京：冶金工业出版社，2005：314~318.

[20] 张福明，黄晋，姚轼，等. 铜冷却壁的设计研究与应用[C]//铜冷却壁技术研讨会文集，中国金属学会，北京，2003：39~42.

[21] 刘水洋，钱凯，王颖生，等. 铜冷却壁在首钢2号高炉上的应用[C]//中国金属学会. 2005 中国钢铁年会论文集(2). 北京：冶金工业出版社，2005：348~352.

8 高炉冷却系统

高炉采用水冷却已有 100 多年的历史。高炉冷却系统是现代高炉炉体不可或缺的工艺单元，对高炉长寿具有举足轻重的关键作用，是现代高炉实现长寿的基础和重要支撑，进而言之，没有合理可靠的高炉冷却就根本无法实现高炉长寿。现代高炉设计更加注重炉体冷却的重要性、必要性和合理性，建构功能完备的冷却工艺和体系是现代长寿高炉设计的核心重要内容。

高炉炉体冷却的目的是降低炉体内衬的温度，使耐火材料在合理的温度下工作，使炉体内衬温度场合理分布，降低耐火材料内衬的温度梯度，消除或降低热应力，使耐火材料远离高温区域；促使冷却器或耐火材料砖衬热面形成渣皮，保护高温区域工作的设备和炉壳，防止冷却器和耐火材料的过早破损，保持高炉操作炉型的稳定，从而维护合理的操作内型和高炉顺行。因此，高炉冷却器和冷却系统的主要功能是保护高炉内衬和炉壳，在维持合理操作炉型的前提下，延长高炉炉体的使用寿命。为了达到这个目的，高炉冷却器和冷却系统必须能够将足够的热量顺畅地传递出去，从而使机械应力、热应力以及造成耐火材料破损的化学侵蚀降低到最小。与此同时，冷却系统还必须保持冷却器热面的温度在合理控制的范围内，使高炉冷却器在不过热的条件下长期稳定工作，以确保高炉达到 15 年以上的寿命。

根据高炉各部位的工作条件，选择适宜合理的冷却结构和冷却系统，是延长高炉寿命的重要措施。现代高炉采用的冷却系统主要有：工业水开路循环冷却系统（图 8-1）、汽化冷却系统（图 8-2）和软水或纯水密闭循环冷却系统（图 8-3）。目前，随着软水密闭循环冷却技术的日臻完善和显著的技术优势，国内外新建或大修改造的大型高炉普遍采用软水密闭循环冷却工艺。

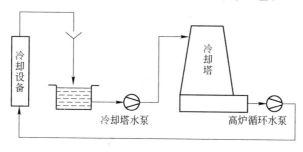

图 8-1　高炉工业水开路循环冷却系统原理图

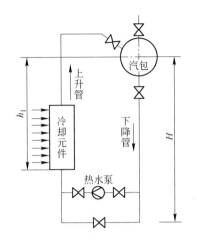

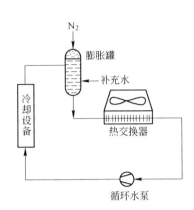

图 8-2 高炉汽化冷却系统原理图　　图 8-3 高炉软水密闭循环冷却系统原理图

20 世纪 50 年代以来，软水密闭循环冷却技术得到快速发展，在欧洲、日本的高炉上得到普及推广。20 世纪 80 年代以来，我国高炉软水密闭循环冷却技术发展迅速，武钢、首钢、鞍钢、本钢、太钢、唐钢、宝钢、攀钢等企业的一些大型高炉均已采用这项高炉冷却新技术。进入 21 世纪以后，高炉软水密闭循环冷却技术已成为主流技术，在容积 $1000m^3$ 以上的高炉上得到普遍应用。

高炉冷却系统的主要作用在于以水为介质从冷却器中吸收热量并将这些热量放散到环境中，使冷却水恢复到进入冷却器前的状态，从而达到循环使用的目的。上述三种冷却系统的主要区别在于热量散发方式和冷却介质循环方式不同。工业水开路循环冷却系统采用工业水作为冷却介质，冷却系统与环境相连通，通过水在冷却塔或冷却池中蒸发向环境中散热；汽化冷却系统冷却介质为软水或纯水，通过水的汽化相变吸热进行冷却，然后再通过水释放汽化潜热；软水密闭循环冷却系统冷却介质为软水，为密闭循环系统，软水与环境不接触，完全独立密闭，通过热交换器将热量散发到环境中。

按照高炉冷却技术的发展历程，软水密闭循环冷却系统是在高炉汽化冷却技术的基础上发展起来的。20 世纪 50 年代以苏联为代表，开发了高炉自然循环汽化冷却技术，随后在欧洲、日本、澳大利亚和我国的高炉上应用，汽化冷却的出现可以避免高炉冷却器结垢，当时在一定程度上为延长高炉寿命起到了积极作用。汽化冷却耗水量较低，并且是有可能利用二次热量的理想冷却方式。但是自然循环汽化技术存在固有的缺陷，高炉冷却器在波动剧烈的高热负荷的冲击下，系统容易产生循环脉动，甚至出现膜态沸腾，造成冷却器过热而烧毁；采用汽化冷却时，冷却壁本体的温度比采用工业水开路循环冷却时要高，造成冷却壁过早破损。经过长时间的试验和应用，汽化冷却系统影响高炉寿命而改进为软水密闭循环冷却系统。

　　软水密闭循环冷却系统在克服了工业水开路冷却和汽化冷却技术缺陷的同时，继承两者的优势，改善了冷却水质，消除了冷却器结垢，采用密闭系统，还可以根据工艺要求氮气稳压技术在维持较高欠热度的条件下工作，提高了冷却系统工作的可靠性。

　　软水密闭循环冷却系统是一个完全密闭的系统，以软水或纯水作为冷却介质，整个系统由高炉冷却器、热交换器（散热器）、膨胀罐、循环水泵组及管路系统组成。该系统中设置膨胀罐的目的在于吸收软水在密闭系统中由于温度升高而引起的膨胀。膨胀罐内充填氮气，系统的工作压力由膨胀罐内充填的氮气压力控制，使冷却介质具有较大的欠热度而抑制软水在系统中的汽化。软水密闭循环冷却系统在高炉炉缸炉底、炉腹至炉身、风口及热风阀等冷却器上均可应用。其主要技术优势为：

　　（1）改善冷却水质，消除冷却器结垢，提高冷却可靠性。冷却系统的可靠性是衡量冷却系统性能优劣的重要标准。高炉采用工业水开路循环冷却时，由于水质稳定性差、碳酸盐沉积，在冷却器的冷却通道内壁很容易结垢，降低传热效率、恶化传热过程。实践证实，水垢的形成是造成冷却器过热直至损坏的重要原因，在冷却水硬度高、水质稳定性差、强化冶炼热负荷较高的高炉上尤为突出。

　　软水是经过软化处理的水，有效控制水中钙、镁离子含量，同工业水相比软水中钙、镁离子大幅度降低，因而消除了冷却水管管壁上的结垢，极大地提高了冷却效果。实践表明，冷却水管内壁 1mm 厚的水垢就可以造成 100 ~ 200℃ 的温差，使冷却器的冷却效率急剧降低，水垢是恶化冷却器传热效果的最重要的因素，因此采用经过处理的软水或纯水成为高炉冷却的主导技术。软水密闭循环冷却系统投入运行之前，需要对管道进行清洗和钝化处理，系统投入运行后，冷却水中定期加入一定量的缓蚀剂，可有效降低冷却元件和管道腐蚀速率，延长其使用寿命。

　　软水密闭循环冷却系统采用软化水或纯水作为冷却介质，提高冷却水质量和冷却水的稳定性，消除冷却器内壁结垢，从根本上解决了由于水质不良造成的传热恶化的问题；采用密闭循环系统维持较高的欠热度，使整个系统的可靠性比工业水冷却和汽化冷却具有显著地提高。

　　（2）水量消耗降低。软水密闭循环冷却系统是一个完全与大气隔离的密闭系统，由于软水密闭循环冷却系统为封闭体系，因此没有冷却水的蒸发损失，系统泄漏流失也极少，而且在循环中水质不受任何污染，损耗降低，对管道的腐蚀也相应减小。正常情况下软水补水量仅为系统循环量的 0.04% ~ 0.1%。同工业水开路循环冷却系统相比，水消耗量大幅度降低，是现代高炉炼铁降低水资源消耗实现绿色制造的重要技术措施。

　　（3）系统运行稳定。软水密闭循环冷却系统的压力由膨胀罐内充填的氮气压力来控制，不仅提高了系统的密封性，而且提高了软水的汽化温度，使软水具有一定的欠热度。特别是各冷却单元系统回水进入脱气罐，及时脱去水中气泡，避免产生两相流和膜态沸腾，消除管道汽塞，使循环水流稳定运行。

（4）动力消耗降低。软水密闭循环冷却系统同工业水开路循环冷却系统相比，具有动力消耗低的技术特点。开路系统中水泵的扬程取决于管道系统的阻力损失、供水点的高度和剩余压力，因此在相同冷却水量的条件下，工业水开路系统的供水泵需要更高的扬程。而软水密闭循环系统中由于冷却水的静压头能够得到充分的利用，并且设有膨胀罐，冷却系统的工作压力取决于膨胀罐内填充的氮气的压力，因此水泵的扬程是由系统的管道阻力损失决定的，而且无需单独设置将冷却水提升至冷却塔的提升泵组，系统的动力消耗显著降低。

（5）管道系统流程优化、管道腐蚀小。采用软水密闭循环冷却系统，高炉炉体和冷却泵站之间只有 1～2 根供水总管和 1～2 根回水总管连接，无需设置其余辅助设施，从而使管道系统简化，且高炉炉体的冷却管道工艺布置简化。由于采用软水或纯水作为冷却介质，使管道腐蚀减小，提高了管道系统的使用寿命，同时也降低了管道系统的工程投资。

8.1　高炉软水密闭循环冷却系统

为了保证现代高炉冷却系统的可靠性、有效性、稳定性和安全长寿，应优先采用以软水或纯水作为冷却介质、通过氮气加压的强制密闭循环冷却系统。在软水密闭循环冷却系统的每个主要冷却子系统中，软水经过泵组加压后进入各子系统的冷却器与其进行换热，吸收冷却器传出的热量，之后汇集到回水主管。回水主管上设有脱气装置、膨胀罐和热交换器，通过热交换器，将软水携带的热量传递到二冷水系统或被直接排放到大气环境中。经过热交换器冷却以后的软水，再经泵组加压进入到每个冷却子系统的循环回路泵中。软水补充水补给到泵的入口侧。膨胀罐中充填的氮气用于控制系统压力，使系统具有足够的欠热度，并可进行系统的水位监控。各种软水密闭循环冷却系统工艺流程如图 8-4 所示。

20 世纪 60 年代国外高炉开始采用软水密闭循环冷却系统。经过数十年的生产实践，这种稳定可靠、高效节能的高炉冷却系统不断得到创新完善，当前已成为国内外高炉冷却系统的主流发展趋势。我国 20 世纪 90 年代初期开始大规模采用高炉软水密闭循环冷却技术，在武钢、宝钢、首钢、鞍钢等企业的 2500m³ 以上大型高炉推广应用，至今已取得令人满意的应用效果。武钢 5 号高炉、首钢 1 号高炉、首钢 3 号高炉、首钢 4 号高炉、宝钢 3 号高炉等大型高炉都已取得一代炉役 15 年以上无中修的长寿实绩，充分证实了高炉软水密闭循环冷却技术的优势。

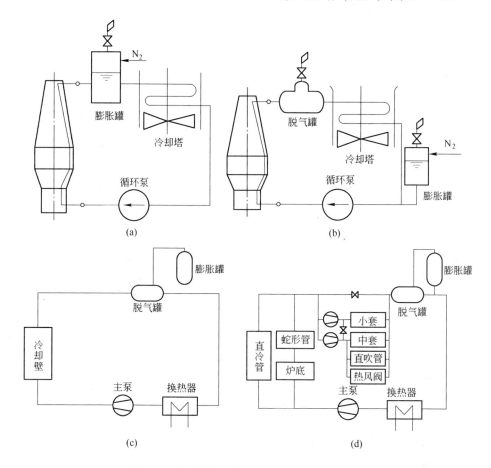

图 8-4　各种软水密闭循环冷却系统工艺流程

（a）最基本的冷却系统流程；（b）设有脱气罐的空气冷却系统流程；（c）冷却壁
软水密闭循环冷却系统流程；（d）联合软水密闭循环冷却系统流程

8.1.1　软水密闭循环冷却系统设计

8.1.1.1　热流强度及冷却水量

热流强度是冷却系统和冷却器设计的重要参数。可靠适宜的冷却是保证高炉长寿并获得良好的技术经济指标的必要条件之一。冷却强度不足将造成冷却器换热能力差，难以形成保护性渣皮，冷却器内壁膜态沸腾，造成冷却器局部过热导致过早损坏；过度的冷却则造成冷却水量较大，使动力消耗增加，而且将对高炉操作带来不利的影响。因此，在冷却系统及冷却器设计时，确定科学合理的热流强度是十分重要的问题，热流强度是高炉冷却系统设计最基本的关键参数。热流强度是指冷却水由每 $1m^2$ 冷却面积所带出的热量。一般而言，高炉的冷却面积应以高炉炉壳的内表面积为依据进行计算。在实际工程设计中，根据高炉冷却结构的不同，采用如下的计算方法：对采用冷却壁冷却的高炉，热流强度以冷却壁内表面积作为冷却面积进行计算；对采用冷却板冷却的高炉，热流强度则以高炉炉壳的内表面积作为冷却面积进行计算。

实测表明，高炉内热流强度最大的区域在炉身下部。热流强度取决于高炉冶炼强化的程度以及煤气流分布等因素。对于同一座高炉，炉身下部的热流强度也将随着砖衬的侵蚀状态而发生很大的变化。在砖衬被完全侵蚀后，冷却器热面完全暴露在高炉中，高炉将依靠在冷却器热面形成的渣皮维持长期工作。如果操作条件变化、边缘煤气流发展时会造成渣皮脱落，其热流强度将出现剧烈的波动。在冷却系统设计传热学计算时，对采用冷却壁的高炉冷却系统，通常采用以下 4 种热流强度值[1]：

（1）最小热流强度值，开炉初期冷却器所承受的热流强度值。

（2）平均热流强度值，在整个炉役期内热流强度的算术平均值。经验表明，大部分高炉冷却壁在平均热流强度值的条件下工作，该值可作为计算冷却系统技术经济指标的依据。

（3）最大热流强度值，在炉役后期所测得的一组冷却壁的最大热流强度的算术平均值。该值可作为冷却系统热负荷计算的设计值。

（4）峰值热流强度值，在炉役后期特殊炉况条件下，所测单一冷却壁在短时间内出现的最高热流强度的算术平均值。该值作为核算校验冷却壁的热承载能力使用。在峰值热流强度值条件下，冷却壁本体的最高温度不应超过所用材料的最高允许工作温度。

国内外高炉操作实践表明，由于炉身下部的铜冷却壁热面可以结成较厚和稳定的渣皮，冷却壁本体的温度较低，因而铜冷却壁所传出的热量比铸铁冷却壁还要低一些。因此对于采用铜冷却壁的高炉，继续沿用采用铸铁冷却壁时测得的最大设计热流强度值也是可靠的。表 8-1 和表 8-2 分别为前苏联和我国本钢 4 号高炉的有关设计数据，这些数据可以供选取高炉最大热流强度值时参考。实际检测数值表明，在高炉采用铜冷却壁条件下，一旦铜冷却壁热面的渣皮脱落，短时间的热流强度峰值将可能达到 300kW/m² 甚至更高，因此，对于铜冷却壁高炉应以渣皮脱落时的峰值热流强度作为设计的峰值热流强度值。表 8-3 给出的数据可以作为高炉设计的最大及峰值热流强度参考值。

表 8-1　前苏联冷却壁高炉不同部位的热流强度值

部　位	热流强度/W·m⁻²			
	最　小	平　均	最　大	峰　值
炉底第 1 段冷却壁	232	1740	2320	6960
炉底第 2 段冷却壁	464	2204	3480	9280
炉　缸	896	4060	5220	13920

部 位	热流强度/W·m^{-2}			
	最 小	平 均	最 大	峰 值
风口区	1740	9280	11600	40600
炉 腹	9280	23200	30160	58000
炉身第 1 段冷却壁[①]	580	8120	11600	13920
炉身第 2 段冷却壁	580	10440	15080	17400
炉身第 3 段冷却壁	580	13920	19720	23200
炉身第 4 段冷却壁	580	13920	19720	34800
炉身第 5 段冷却壁	580	22040	31320	48720
炉身第 6 段冷却壁	580	37120	52200	69600
炉身第 7 段冷却壁	580	37120	52200	75400
炉身第 8 段冷却壁	580	19720	30160	53360
炉身第 9 段冷却壁	580	13920	19720	40600
炉身第 10 段冷却壁	580	13920	19720	34800
炉身第 11 段冷却壁	580	13920	19720	31320

①炉身冷却壁高度为 1m。

表 8-2　本钢 4 号高炉设计热流强度值

冷却壁段数	热流强度值/W·m^{-2}		冷却壁段数	热流强度值/W·m^{-2}	
	最大值	峰 值		最大值	峰 值
1	5820		7	53000	81000
2	5820		8	53000	81000
3	11630		9	40700	
4	11630		10	29100	
5	23250		11	23250	
6	29100		12	11630	

表 8-3　高炉各部位热流强度设计参考值

部 位	热流强度最大值 /W·m^{-2}	热流强度峰值 /W·m^{-2}	部 位	热流强度最大值 /W·m^{-2}	热流强度峰值 /W·m^{-2}
炉 底	5000 ~ 6000		炉身中部	30000 ~ 40000	
炉 缸	10000 ~ 12000				
风口区、炉腹	20000 ~ 35000		炉身上部	15000 ~ 20000	
炉腰、炉身下部	50000 ~ 55000	铸铁：80000 铜：300000	风口小套		23 × 10^{6}

高炉冷却系统的最大热负荷是高炉各区域热流强度的最大值与其传热面积的乘积的总和，热负荷是确定高炉冷却系统能力的主要参数之一。

高炉冷却系统最大的总热负荷是确定冷却水量的最重要的设计依据，计算式如下：

$$M = qF/[c(t_2 - t_1)]　　　　　(8-1)$$

式中　M——冷却水用量，m^3/h；

　　　q——高炉炉体平均热流强度，kJ/h；

　　　F——传热面积，m^2；

　　　c——水的质量热容，$kJ/(kg \cdot ℃)$；

　　t_1，t_2——分别为冷却器进水和出水温度，℃。

高炉冷却水量的确定是高炉冷却系统设计成败的关键。合理的高炉冷却水量除了根据高炉炉体总热负荷计算以外，还要依据避免冷却水在冷却器内汽化所要求的水流速和冷却通道的断面积确定。对于采用冷却壁的高炉，冷却水管内的平均水速应达到 $1.5 \sim 2.0m/s$ 以上，这样才能保证冷却壁具有足够的冷却能力，并减少水管内两相流和气泡的聚集，避免冷却壁局部过热而破损。实践证实，软水密闭循环冷却系统的冷却器内水流速越高，管道内形成气塞的可能性越小，相应冷却系统的冷却效果也就越好。但是水速过高，造成系统水量过大、阻力加大，动力消耗增加，而且传热学计算研究也证实，过高的冷却水速对于改善冷却器的冷却效果并不显著，因此，高炉设计中确定科学合理的冷却水速也至关重要。

在根据高炉各部位热负荷初步确定满足高炉传热要求的总水量以后，还需要对高炉软水密闭循环冷却系统的总水量进行合理分配，确定各冷却系统的水量分配。各子系统水量分配可参照式（8-2）计算：

$$M_i = 3600(\pi D^2/4)v　　　　　(8-2)$$

式中　M_i——冷却子系统的水量，m^3/h；

　　　D——冷却水管径，m；

　　　v——冷却水速，m/s。

表 8-4、表 8-5 为武钢 5 号高炉（$3200m^3$）软水密闭循环冷却系统水量设计计算结果[2]，表 8-6 为首钢 2 号高炉（$1780m^3$）炉体冷却传热学设计参数，表 8-7 为太钢 5 号高炉（$4350m^3$）炉体软水冷却水量设计参数。

表 8-4　武钢 5 号高炉炉体冷却水量传热学计算结果

冷　却　壁	热流强度 /$kJ \cdot (m^2 \cdot h)^{-1}$	传热面积 /m^2	热负荷 /$MJ \cdot h^{-1}$	进出水温差 /℃	冷却水量 /$m^3 \cdot h^{-1}$
炉缸第 1~4 段	16730	340	5688.2	0.5	2720
风口区第 5 段	83640	60	5018.4	0.5	2400
炉腹第 6~7 段	125460	128	16058.9	1.3	2954

冷却壁	热流强度 /kJ·(m²·h)⁻¹	传热面积 /m²	热负荷 /MJ·h⁻¹	进出水温差 /℃	冷却水量 /m³·h⁻¹
炉腰及炉身下部第8~11段	167280	296	49491.2	3.5	3380
炉身中部第12~14段	100370	264	26497.7	1.9	3334
炉身上部第15~17段	29270	246	7200.4	0.9	1913
总 计		1334	110000	8.6	3060

表8-5 武钢5号高炉炉体冷却水量分配

冷却系统	冷却水管数量 /个	冷却水管规格 /mm	单管流量 /m³·h⁻¹	总管流量 /m³·h⁻¹	平均流速 /m·s⁻¹
冷却壁前排管系统	4×148=192	$\phi76\times6$	14	2688	1.5
冷却壁后排管系统	48	$\phi60\times6$	10	480	1.5
冷却壁凸台管系统	4×48=96	$\phi60\times6$	13	1248	2.0
合 计				4416	

表8-6 首钢2号高炉软水密闭循环冷却系统热传热学参数

冷却系统	最大热流强度 /kW·m⁻²	传热面积 /m²	系统热负荷 /MW	循环冷却水速 /m·s⁻¹	冷却水流量 /m³·h⁻¹	系统水温差 /℃
冷却壁前排管系统	46.52	491.01	19.65	1.83	1910	8.85
冷却壁后排管系统	17.45	141.51	2.20	1.50	300	6.29
冷却壁凸台Ⅰ系统	69.78	70.98	4.24	2.30	600	6.07
冷却壁凸台Ⅱ系统	63.97	73.87	3.98	2.30	600	5.71
合 计		777.37	30.07		3410	7.58

表8-7 太钢5号高炉炉体软水冷却水量分配

序 号	项 目	块数/段	水头数量 /个	平均水速 /m·s⁻¹	水头水量 /t·h⁻¹	总水量 /m³·h⁻¹
		软水Ⅰ系统				
1	炉底水冷管	54	18	2.0	34.5	621
2	热风阀	4				750
3	风口中套+风口冷却板	38	38	5.2	25	950
4	合 计					2321
		软水Ⅱ系统				
1	炉底炉缸冷却壁+ 炉身上部冷却壁	60	240	1.84	12	2880

序　号	项　目	块数/段	水头数量 /个	平均水速 /m·s⁻¹	水头水量 /t·h⁻¹	总水量 /m³·h⁻¹
2	1~14 层冷却板	52	104	2.4	13	1352
3	15~28 层冷却板	52	104	2.4	13	1352
4	29~40 层冷却板	50	100	2.4	13	1300
5	41~54 层冷却板	46	92	2.4	13	1196
6	合　计					8080

8.1.1.2　膨胀罐

软水密闭循环冷却系统与工业水开路循环系统不同，是完全封闭的循环体系，系统中的冷却水与外界是隔离的。当系统中的冷却水温度发生变化时，其体积也随之发生变化，特别是软水经过冷却器后，温度升高体积膨胀，为了保障系统的正常运行，系统中必须设置膨胀罐以吸收软水温升造成的体积膨胀。因此软水密闭循环冷却系统设置膨胀罐的主要作用是吸收软水在密闭循环系统中由于温度升高而引起的膨胀，还可以使冷却水中的气泡从循环水中分离出来；膨胀罐内充填氮气，软水密闭循环冷却系统的工作压力由膨胀罐内的氮气压力控制，使得软水具有较高的欠热度而抑制软水在系统中的汽化，以提高冷却系统可靠性；膨胀罐还可以储存一定的水量并对水位进行控制，根据水位变化对系统进行补水。

A　膨胀罐的布置

膨胀罐可以设置在高炉炉顶平台与冷却器的回水环管相连接，也可以将其设置在软水泵房内与循环水泵的入口管道相连接，这两种布置方式在国内外的高炉上都有应用的实例。

软水密闭循环冷却系统的工作压力是由充填在膨胀罐内的氮气压力来控制的，冷却系统的工作压力必须高于高炉炉内压力，以防止冷却器水管损坏后高炉煤气渗漏到冷却系统中，影响系统正常工作，除此之外还必须维持合理的冷却水欠热度。冷却水的欠热度即冷却水沸点与实际工作温度之差，该值与系统压力密切相关。在实际工作温度不变的条件下，如果提高系统压力，冷却水的沸点将升高，欠热度也随之升高。也就是说，维持较高的系统压力，使软水具有足够的欠热度，相应提高了软水的沸点，可以使软水和冷却水管内壁之间处于强制对流换热或过冷沸腾换热状态，不至于超越泡态沸腾而达到膜态沸腾状态。强制对流换热状态下，冷却水管内壁不生成气泡；过冷沸腾状态下冷却水管内壁有少量气泡生成，但可迅速被具有一定流速的水流带走，并在远低于沸腾温度的水流流股中破裂消失。因此，足够的欠热度可以有效抑制冷却水管内壁的膜态沸腾，防止冷却器局部过热，提高冷却效果和冷却效率。

膨胀罐的工作压力应满足式（8-3）、式（8-4）的要求：

静态时：$\qquad p_g = p_o + p_h$ \qquad\qquad (8-3)

动态时：$\qquad p_g = p_o + p_h - \Delta p$ \qquad\qquad (8-4)

式中　p_g——膨胀罐的工作压力，MPa；

　　　p_o——处于最高位置的冷却器所要求的工作压力，MPa；

　　　p_h——膨胀罐与最高位置冷却器之间的位差静压，MPa；

　　　Δp——处于最高位置冷却器至膨胀罐之间的管路系统阻力损失，MPa。

　　由此可以看出，膨胀罐的工作压力不但要满足最高位置冷却器的工作压力要求，还要考虑二者之间的位差。当膨胀罐设置在炉顶平台冷却器上方时，p_h 为负值；当膨胀罐设置在软水泵房时，p_h 为正值。

　　国内外高炉长期的生产实践表明，软水欠热度为 50℃ 时可以保障软水密闭循环冷却系统的安全可靠性，维持冷却水静压在 0.2MPa（绝对压力）时即可使冷却水欠热度达到 50℃ 以上[3]。由此可见，膨胀罐内采用压力大于 0.2MPa 的氮气充填，就可以使整个系统保持足够的欠热度，系统不易生成气泡，工作安全可靠。一般膨胀罐的工作压力设计为 0.5MPa（表压），实际生产中可以根据实际情况进行调整控制。因此从膨胀罐的功能和系统控制的机理分析，足够的氮气充填压力可以使系统具有足够的欠热度，从而可以有效抑制系统内气泡的生成和聚集，完全可以将膨胀罐设置在地面的软水泵站内，这样便于膨胀罐的检查维护，也有利于冬季的防冻，而且可以快速反应系统泄漏情况。首钢高炉软水密闭循环冷却系统的膨胀罐全部设置在软水泵站内，首钢京唐 2 座 5500m³ 高炉软水密闭循环冷却系统也将膨胀罐设置软水泵站内，实践证实了这种布置方式的合理性和可靠性。

　　B　膨胀罐的容积

膨胀罐的容积由下列因素确定：

（1）系统内的循环水由于温度升高而膨胀所需要的容积，系统内水的膨胀量根据系统内冷却水的总容积量和最高工作温度确定：

$$\Delta V = V(\alpha_t - \alpha_o) \qquad (8-5)$$

式中　ΔV——循环水的体积总膨胀量，m³；

　　　V——系统内水的总容积，m³；

　　　α_t——水在最高工作温度下的比容，m³/t；

　　　α_o——水在 4℃ 时的比容，m³/t。

水在不同温度下的比容见表 8-8。

表 8-8　水在不同温度下的比容

温度/℃	比容/m³·t⁻¹	温度/℃	比容/m³·t⁻¹
0	1.00021	20	1.0018
4	1.0	30	1.0044
10	1.0004	40	1.0079

续表 8-8

温度/℃	比容/m³·t⁻¹	温度/℃	比容/m³·t⁻¹
50	1.0121	80	1.0290
60	1.0171	90	1.0359
70	1.0228	100	1.0435

（2）氮气充填的容积，一般为 ΔV 的 10% ~ 15%。

（3）水的储存容积，可根据实际情况确定。

高炉软水密闭循环冷却系统的膨胀罐有水平设置的卧式和竖直设置的立式。从系统补水的角度出发，立式膨胀罐优于水平式膨胀罐。立式膨胀罐的优点在于下部直径大，有利于储水，而上部直径小，水位的变化对于系统泄漏反应比较灵敏，因此有利于及时补水。目前国内一般采用立式和卧式相结合的膨胀罐，效果较好。

8.1.1.3 脱气罐

水软化处理后只是除去水中形成水垢的钙、镁离子，并未除去溶解于水中的气体，其中软水中的氧气和二氧化碳对金属冷却水管道和阀门等具有腐蚀作用。

水中溶解气体量与该气体在水面上的分压力成正比。随着水温升高，水面上水蒸气分压力增大，气体的分压力相对减小，溶解气体量也相应减少。因此，一部分溶解在水中的气体随着水温升高而逸出。图 8-5 为大气压下氧气的分压和溶解量与水温的关系[4]。

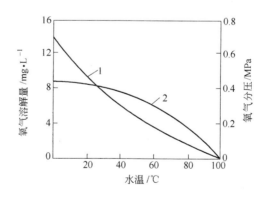

图 8-5　大气压下氧气的分压和溶解量与水温的关系
1—氧气溶解量；2—氧气分压

软水密闭循环冷却系统脱气的方法是降低循环水流速，使气体从水流中浮升到脱气罐顶部集气包内。软水在冷却水管内流速一般为 1 ~ 2.5m/s，扩大断面使用水流速降低到 0.1 ~ 0.2m/s 即可实现脱气。脱气罐应布置在软水密闭循环冷却系统的最高处，积聚的气体可通过排气阀定期排出。

当软水密闭循环冷却系统兼具汽化冷却功能时，脱气罐可以兼作汽包。此时脱气罐必须同时满足汽包要求，并设置必要的水位表、安全阀、汽水分离装置、给排水装置等。

8.1.1.4　循环水泵站

循环水泵站是高炉软水密闭循环冷却系统保证软水循环流动的重要设施。在软水密闭循环冷却系统中，冷却水通过水泵送至各冷却器元件，并利用其余压通过热交换器将冷却水降温后循环使用，循环水泵站机组工作的可靠性直接影响整个冷却系统的使用效果。

A　冷却水量的确定

软水密闭循环冷却系统均以每个冷却器的水管自下而上串联。一般水流量是根据热流强度最大区段的冷却通道流速、断面积和数量来确定。

软水密闭循环冷却系统设置 3 台电动泵（其中 2 台工作，1 台备用）和 1 台事故柴油泵。柴油泵是作为停电时保证向高炉安全供水用的事故备用泵。

B　水泵扬程的确定

软水闭路循环冷却系统与工业水开路循环冷却系统不同，由于系统封闭可以保持系统的内压力，因此水泵的扬程仅由系统的管路阻力损失决定，与供水点的高度无关，即闭路循环系统的水泵扬程 $H = \Delta P$。系统的阻力损失根据一般的水力学计算确定，同时为了防止高炉煤气渗漏到冷却水中，必须保持各部位冷却器的水压大于高炉内的煤气压力，要在阻力损失计算结果的基础上预留约 25% ~ 30% 的富余量。

因此，高炉软水密闭循环冷却系统的阻力计算对于系统设计十分重要，是确定水泵扬程的重要设计依据。如果对系统阻力损失计算不当，水泵扬程选择过大会造成能源浪费；过小则会造成系统不能正常运行。武钢 5 号高炉软水密闭循环冷却系统冷却壁冷却回路的阻力损失计算采用如下的经验公式：

$$\Delta P = RL + h \tag{8-6}$$

$$R = 0.0010575672\,(v^2/d^{1.3}) \tag{8-7}$$

$$h = \xi v^2/2g \tag{8-8}$$

式中　ΔP——系统阻力损失，MPa；

　　　R——直管段单位长度阻力损失，Pa/m；

　　　L——管道长度，m；

　　　h——局部阻力损失，Pa/m；

　　　v——水流速度，m/s；

　　　d——管径，m；

　　　ξ——局部阻力损失系数；

　　　g——重力加速度，9.81m/s^2。

应该特别指出的是，软水密闭循环冷却系统的工作压力为：$p = \Delta p + p_。$（$p_。$为膨胀罐充填的氮气压力），在系统设计中应充分考虑此问题。

C 补充水泵的设置

理论上软水密闭循环冷却系统正常运行时无需补充新水，但实际运行中因水泵轴封渗漏、阀门泄漏、管道系统泄漏等各种泄漏因素，系统会有水的损失；在冷却器水管出现破损时，冷却水也会向高炉内泄漏，因此必须使系统损失的软水得到及时补充。泄漏水量很难用理论计算确定，一般根据实践经验选取。补水泵除了根据膨胀罐内水位指令实现正常补水以外，还兼有首次向整个系统充灌软水的功能，补水泵流量选择过小会使充水时间过长，延误高炉投产时间。推荐采用6~8h充满系统用水选择补水泵流量，补水泵扬程必须大于补水点的系统压力。补水泵一般选择1台工作，1台备用，必要时可2台同时运行。补水管道可与钢铁厂锅炉房的软水制备系统连接，也可以在软水泵房内设置专用的软水箱与补充水泵连接。

8.1.1.5 热交换器

采用软水或纯水密闭循环冷却系统时，冷却水在经过冷却器时被加热而温度升高，由于经过不同冷却器的热流强度不同，冷却水温升也不同，一般进出水温差控制在10℃以下。为了将冷却水从高炉内吸收的热量散发到环境中，使冷却水进水温度达到符合冷却器正常工作的要求，必须经过热交换器降温后才能循环使用。常用换热器有水—水板式换热器、水—空气干式空冷器、水—空气喷淋蒸发式空冷器。由于材料焊接技术的提高，近年来在化工行业开始使用水—空板式换热器。循环冷却水在高炉内吸收的热量必须在冷却器中全部释放才能保证正常稳定地运行。随着高炉热负荷的变化，换热器的换热能力也应相应变化，否则会出现循环水温度上升或下降的现象。因此，换热器应具备多台工作、可根据工况要求增减的调控条件。根据高炉热负荷和夏季环境温度条件选择换热器的台数和容量。一般采用强力通风空气冷却器，可使水温下降8~10℃。因此，冷却水在高炉内温升也只能控制在8~10℃，进水温度约为55℃以下，出水温度约65℃以下。此外，还可以采用水—水板式换热器对软水进行冷却，以降低软水温度，提高软水的冷却能力。

目前用于软水密闭循环冷却系统的换热器主要有干式空冷器、板式换热器和表面蒸发式空冷器，其主要技术性能对比见表8-9。

表8-9 三种常用换热器的性能对比

项 目	换热效率	冷却介质	设备投资	运行成本	设备清理维护
干式空冷器	一 般	空 气	高	较 低	较容易
板式换热器	高	水	低	高	容易
蒸发式空冷器	较 高	空气+水	高	较 低	较困难

A　采用传统干式空气冷却器的软水密闭循环冷却系统

空冷器是由翅片管束和通风机组成的换热设备。软水由翅片管内流过，通过通风机造成在翅片管外流动的空气与管内的软水进行热交换，这种工艺适用于年平均气温低、缺水的北方地区。但其体积比较庞大，为了节约占地面积，一般把其设置在循环水泵站的屋面上。水—空干式空冷器，在北方地区采用较多，其优点是投资低，运行成本也低；其缺点是由于传导散热方式的限制，管内的软水冷却后温度受空气干球温度限制，造成换热能力受限，达不到10℃以上换热温差的工艺要求，在夏季环境温度较高时，容易造成高炉进水温度达到70~80℃，高炉刚开炉前1~2年尚可满足工况要求，其后翅片管上翅片松动和积灰则容易造成换热效率的降低，难以满足现代高炉对冷却水水温的要求。采用传统干式空气冷却器的软水密闭循环冷却系统工艺流程如图8-6所示。

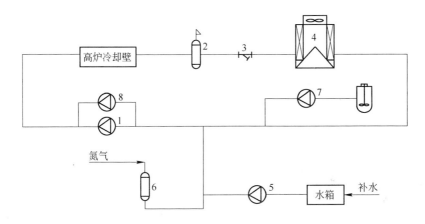

图 8-6　采用传统干式空气冷却器的软水密闭循环冷却系统工艺流程
1—循环供水泵；2—脱气罐；3—管道过滤器；4—空气冷却器；5—补水泵及软水箱；
6—膨胀罐；7—水稳加药装置（包括计量泵）；8—柴油机事故水泵

B　采用板式换热器的软水密闭循环冷却系统

水—水板式换热器是以波纹板为换热面的水—水换热设备。换热器本身具有换热效率高、设备体积小和拆装方便等优点，但是需要的二次冷却水流量大，只有在水源充足的地区才是适用的。板式换热器的突出优点是系统换热能力大，检修维护方便，可达到大温差的工艺要求；其缺点是板式换热器需要建一套净环低温冷媒水系统，占地面积较大，耗水量较多，一次性投资大，运行成本高，二次冷却水量约是被冷却软水水量的1.2倍，二次冷却塔蒸发损耗大，适用于水量充足的地区。采用板式换热器的软水密闭循环冷却系统工艺流程如图8-7所示。

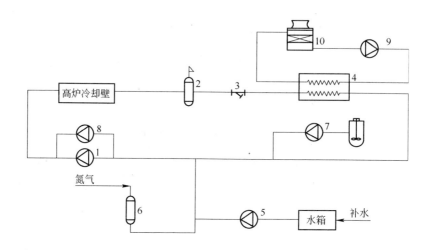

图 8-7 采用板式换热器的软水的密闭循环冷却系统工艺流程

1—循环供水泵；2—脱气罐；3—管道过滤器；4—板式换热器；5—补水泵及软水箱；

6—膨胀罐；7—水稳加药装置（包括计量泵）；8—柴油机事故水泵；

9—间接换热冷媒水循环供水泵；10—冷却塔

C 采用蒸发式空冷器的软水密闭循环冷却系统

表面蒸发式空冷器是将冷却塔和空冷器结合为一体的新型换热器。表面蒸发式空冷器的主要特点是利用管外水膜的蒸发，从而强化管外传热过程。其工作过程是利用水泵将下部水箱的冷却水输送到位于水平放置的光管管束上方的喷淋水分配器，由分配器将冷却水向下喷淋到传热管表面，使传热管外表面形成连续均匀的薄水膜，同时用风机将湿热空气从换热器顶部抽出，使空气自下而上流动，加强空气与管束之间的对流换热。此时，传热管的管外换热除了依靠水膜与气流间的显热传递外，主要还是借助管外表面水膜的迅速蒸发吸收了大量的热量，强化了管外传热。由于水具有较高的汽化潜热，因此管外表面水膜的蒸发强化了管外传热，使换热器总体热效率明显提高。

表面蒸发式空冷器的结构特点是：换热器采用汽化蒸发换热的方式，设备总传热效率显著提高；将冷却塔和换热器结合为一体，配置循环水系统，相应减少了设备占地面积；采用光管作为传热管，光管阻力小，风机负荷相应降低；与板式换热器相比，还减少了二次冷却水的消耗，设备操作简单，维护方便。

随着近几年表面蒸发式空冷器设备的开发应用，大型高炉闭路循环软水冷却器部分开始采用表面蒸发式空冷器来替代干式空气冷却器，新型蒸发式空冷器虽然换热效率高，但相对也存在工程投资较大、设备重量大、运行设备多、维护量大的缺陷。采用蒸发式空冷器的软水密闭循环冷却系统工艺流程如图8-8所示。

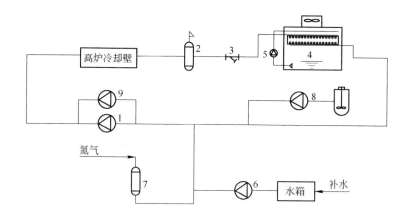

图 8-8 采用蒸发式空冷器的软水密闭循环冷却系统工艺流程

1—循环供水泵；2—脱气罐；3—管道过滤器；4—蒸发式空冷器；5—喷淋泵；6—补水泵及软水箱；

7—膨胀罐；8—水稳加药装置（包括计量泵）；9—柴油机事故水泵

D 基于工业水串级冷却的软水密闭循环冷却系统

20 世纪初由于操作习惯等原因，我国部分高炉炉缸炉底冷却壁和风口采用工业水开路循环冷却系统，而炉腹以上区域采用软水密闭循环冷却系统。迁钢 1 号高炉（2650m³）除了设有软水密闭循环冷却系统以外，还另设有工业水开路循环冷却系统，其供水量为 7080m³/h，供水温度不高于 35℃，主要供给炉体第 1~5 段冷却壁、风口大、中、小套及炉前液压站等用户。其回水量为 7012m³/h，回水温度不高于 38℃，温升仅有 2~3℃。

结合迁钢 1 号高炉的特定高炉冷却系统工况条件，采用高炉工业水开路循环冷却，回水在上塔冷却前的进水（$Q = 7012m^3/h$，温度不高于 38℃）串接作为软水板式换热器冷媒水进水进行换热，可以保证热媒水出水温度不高于 45℃。由于工业回水水量充足，在保证适当换热面积的条件下，与冷媒水的温度梯度差大（可达 7℃），能够保证板式换热器热媒出水温度不高于 45℃。通过恰当的组合方式便满足了工艺用水要求，同时也减少了开路冷却过程中的飞溅及漏损水量。

软水密闭循环冷却系统水量为 5150m³/h（其中热风炉系统水量为 650m³/h），供水温度不高于 45℃。回水温度不高于 55℃。炉体软水密闭循环冷却系统选用 BR1.6 型板式换热器 5 台；热风炉密闭循环系统选用 BR1.3 型板式换热器 2 台。工业水冷却采用 5 台（4 用 1 备）中温玻璃钢塔，每个冷却塔的冷却功率为 90kW，采用 700S45 型冷却水上塔泵 3 台（2 用 1 备），水泵功率为 710kW；设置冷媒水上塔柴油机事故泵 1 台。这种基于工业水串级冷却的软水密闭循环冷却系统工艺流程如图 8-9 所示。

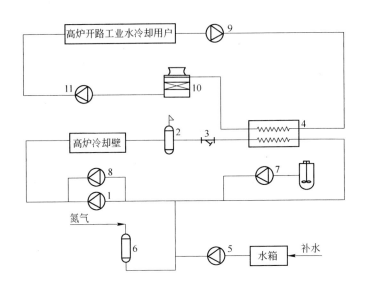

图 8-9　基于工业水串级冷却的新型软水密闭循环冷却系统工艺流程

1—循环供水泵；2—脱气罐；3—管道过滤器；4—板式换热器；5—补水泵及软水箱；6—膨胀罐；
7—水稳加药装置（包括计量泵）；8—柴油机事故水泵；9—工业净环回水串接板式
换热器冷媒水供水泵；10—工业回水冷却塔；11—开路工业净环水供水泵

8.1.1.6　安全供水

高炉冷却系统要保证冷却器在任何条件下都能有冷却水流过，这是保证高炉正常冷却、连续生产的条件，为保证高炉冷却系统的安全稳定运行，必须保证系统安全供水。所有泵组均应设有两路独立电源供电，当一路供电电源停电时，另一路电源仍能正常工作，保证泵组即使在异常停电的状况下也能工作，同时各子系统和补水系统的水泵应设保安电源。软水泵站内的泵组需设备用泵，当工作泵出现故障时，备用泵可以自动投入使用，并互为备用。软水泵站内还要设置快速启动的事故柴油泵，一旦两路供电电源均出现停电时，事故柴油泵应快速启动，1~5s 即可投入运行，一般 10~15s 就可以达到出水管水压的要求，满足故障条件下高炉冷却的要求。为避免供回水管网出现故障，高炉软水密闭循环冷却系统一般采用双路供回水主管，当一根管道出现故障时，另一根管道仍可满足系统70%左右的供回水能力。目前高炉软水密闭循环冷却系统一般不再独立设置工业水事故水塔，而依靠双路供电电源、事故柴油泵等设施就可以避免泵组故障时的安全供水；另外也有一些高炉采用单路架空敷设的供回水管道，一根管道可以满足系统100%的供回水能力。

8.1.1.7　水处理系统

软化水或软水是指将水中硬度（主要指水中 Ca^{2+}、Mg^{2+}）去除或降低到一定程度的水，在软水的基础上将软水中阴离子再除掉的水称之为除盐水或纯水，海水淡化处理后的水再经过脱盐处理而成为除盐水。目前对水进行除盐处理的工艺有两种：一种是树脂交换处理工艺，一种是反渗透除盐水处理工艺。树脂交换处理工艺中要使用酸碱，对操作人员和环境带来一定的污染。目前采用反渗透处理工艺越来越多。两种典型的处理工艺如图 8-10 和图 8-11 所示。

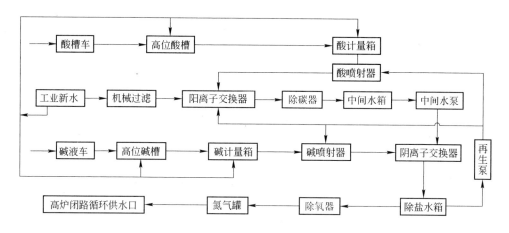

图 8-10   国内某高炉树脂交换法除盐水制备工艺流程

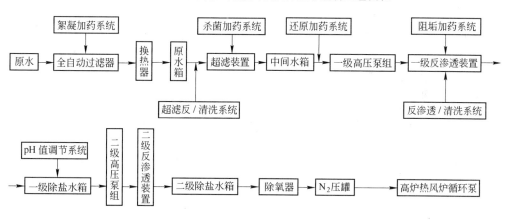

图 8-11   国内某高炉采用反渗透法进行除盐水制备工艺流程

8.1.1.8   软水密闭循环水冷却系统的冲洗及试压

在软水密闭循环冷却系统投入运行之前，整个系统必须进行严格的冲洗、酸洗、预膜钝化及系统严密性试验和压力试验。其步骤如下：

（1）系统开始运行前，应逐一检查所有供回水管道安装是否正确；

（2）所有大直径的管道和容器在施工完成后都应认真清理施工过程中残留的焊渣和其他杂物，确保系统内清洁无杂物；

（3）系统必须进行有效的分段冲洗，冲洗水（工业水）应从该区段的顶部进入并从底部排出，冲洗直至水流洁净不含任何杂质时方可认为冲洗完成；

（4）冲洗后打开所有的排气孔，用工业水通过最低点充填冷却系统并进行系统的严密性试验，试验压力应为系统工作压力的 1.3 倍，试压时间应不少于1h，在试压期间系统的压力应保持恒定；

（5）系统试压完成后，泄放系统的工业水，此时系统中最高的管口应打开，以防止系统形成真空；

（6）系统充填软水后即可投入试运行。

8.1.2 软水密闭循环冷却系统工艺流程

软水密闭循环冷却系统是一个完全密闭的循环系统，冷却介质为软水或纯水。整个系统由冷却器、脱气罐、膨胀罐、热交换器、循环水泵站和管道系统组成。高炉冷却系统对于高炉正常生产和长寿至关重要。20 世纪 80 年代末期，我国高炉开始采用软水密闭循环冷却技术，经过不断改进和完善，软水密闭循环冷却技术已日臻完善，并成为我国大型高炉冷却系统的主流技术。

软水密闭循环冷却技术使冷却水质得到极大改善，解决了冷却水管结垢的致命问题，为高效冷却器充分发挥作用提供了技术保障。系统运行安全可靠，动力消耗低，补水量小，维护简便。

近年来，我国高炉软水密闭循环冷却技术进行了许多优化创新[5]：（1）根据高炉热负荷分布和炉体冷却结构优化确定合理的冷却水量、水温差和水流速等工艺参数；（2）根据高炉不同区域冷却器的工作特性，分系统强化冷却，单独设置冷却回路；（3）根据高炉不同部位的热负荷状况，在高炉垂直方向上进行分段冷却。将炉缸炉底设置为一个冷却单元，炉腹、炉腰和炉身下部设为一个冷却单元；（4）改进系统流程，优化管路布置，提高系统脱气排气功能；（5）为便于系统操作和检漏，采用圆周分区冷却方式，在高炉圆周方向分为四个冷却区间；（6）采用软水串联冷却技术。软水经炉底和炉体冷却壁后，分流一部分升压再冷却风口、热风阀等高热负荷的冷却器。这种串联软水密闭循环冷却系统具有占地省、投资低、动力消耗低的特点，在武钢、涟钢、沙钢等高炉上已得到广泛应用。

现代高炉软水密闭循环冷却系统设计应遵循以下原则：

（1）软水密闭循环冷却系统在高炉炉役末期最大热负荷条件下，应满足高炉冷却的要求，使冷却器不产生局部过热，并在其热面能够形成稳定的保护性渣皮，维持合理的操作炉型，在一代炉役期间内，冷却系统应具有足够的冷却能力。因此，设计中确定合理的热负荷、冷却水温差、冷却水速以及冷却水量成为至关重要的重点内容。

（2）软水密闭循环冷却系统的流程设计应根据高炉的具体条件确定。系统设计应重点关注高炉圆周方向的水量分配均匀性，供回水环管与供回水支管的设计应相互匹配，保证冷却器串联连接的管路阻力损失基本一致，使进入冷却器的水量均匀分布，合理设置脱气罐和膨胀罐。

（3）注重软水密闭循环冷却系统脱气、排气功能的设计。冷却系统设计应具备3个功能：1）能够及时将冷却水管中的气体带走，避免在冷却器内气泡大量积聚而形成气栓，这要求冷却水具有足够的流速；2）气体能与冷却水有效的分离；3）分离出的气体能够有效地排放。满足上述3个功能的要求，需要垂直冷却水管内的水速大于1.5m/s，水平管内的水速大于2.0m/s。冷却水管布置应遵循垂直上升的原则，尽量采用垂直布置，避免水平布置，杜绝管道向下折返，使冷却水中的气泡能够顺畅地被水流携带，冷却水管向下倒流布置的危害是将会产生排气困难而造成管道气栓。与此同时，系统中还必须设置脱气罐。当回水进入脱气罐以后，由于脱气罐内截面积增大而水速降低，气体可以顺畅地上浮溢出，实现气水分离。因此脱气罐应能够使冷却水在罐内具有一定的停留时间，才能保证气水完全分离。为了保证良好的气水分离效果，应在高炉炉顶平台设置卧式脱气罐[6]。

（4）合理选择热交换器。热交换器的功能是将冷却水吸收的热量释放到环境中，使经过换热器的软水温度满足高炉冷却的要求。换热器的选择要满足高炉冷却水温的要求，使冷却系统在不同的气候条件下均能正常运行，同时还要注重节约水资源和能源，降低工程投资。

当前新建或大修改造的高炉，一般根据上述原则将整个高炉软水密闭循环冷却系统划分为若干个子冷却系统，如炉体冷却壁系统、热风阀和炉底系统、风口冷却系统等。

8.1.2.1 武钢5号高炉软水密闭循环冷却系统

武钢5号高炉（3200m³）于1991年10月19日建成投产，该高炉软水密闭循环冷却技术由卢森堡PW公司引进，设计中吸收了当时欧洲高炉冷却技术的成功经验，高炉投产后连续生产了15年3个月，期间没有进行中修和停炉喷补造衬，累计生产生铁3550.91万吨，一代炉役单位容积产铁10996t/m³，高炉长寿实绩达到国内领先水平。5号高炉软水密闭循环冷却系统分为3个循环冷却子系统：冷却壁子系统、风口和热风阀子系统以及炉底子系统，设有共同的补水和水—水热交换器，其工艺流程如图8-12所示[7]。

高炉炉体冷却循环子系统水压为0.781MPa，流量为4416m³/h。高炉冷却壁从炉缸至炉身上部的冷却壁全部串联起来，冷却壁前排管和蛇形管的水速不小于1.5m/s，冷却壁凸台管的水速不小于2.0m/s，炉底水冷管水速不小于2.0m/s，风口下套水速不小于15m/s，风口中套水速不小于5m/s。风口和热风阀由一个单独的冷却回路供给，水压为1.03MPa和1.05MPa，流量为2460m³/h。炉底冷却回路的水压为0.43MPa，流量为440m³/h。

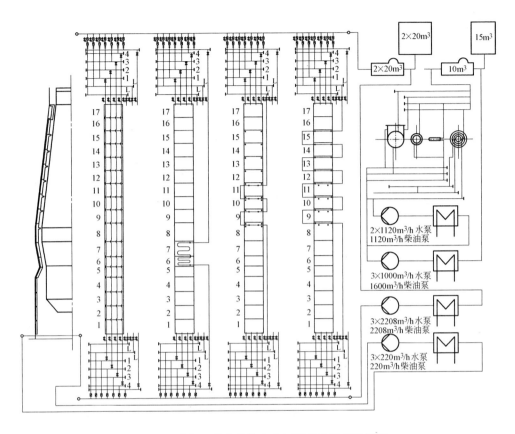

图 8-12 武钢 5 号高炉软水密闭循环冷却系统流程

武钢 5 号高炉软水密闭循环冷却系统运行过程中，注重加强冷却水质、炉体热负荷、冷却水进出水温差和水量水压的监测管理，取得了很好的应用效果。表 8-10 列出了高炉软水水质控制指标，表 8-11 列出了高炉冷却系统工艺冷却参数控制范围。

表 8-10 高炉软水水质控制指标

项　目	参　数	项　目	参　数
pH 值	8.5	$Fe^{3+}/mg \cdot L^{-1}$	0.024
全硬度/$mg \cdot L^{-1}$	≤0.035	$Ca^{2+}/mg \cdot L^{-1}$	0.03
全碱度/$mg \cdot L^{-1}$	≤0.035	$SO_4^{2-}/mg \cdot L^{-1}$	10.0
$Cl^-/mg \cdot L^{-1}$	10~15	$Na^+/mg \cdot L^{-1}$	65
悬浮物/$mg \cdot L^{-1}$	2.5	电导率/$\mu S \cdot cm^{-1}$	270~300
耗氧量/$mg \cdot L^{-1}$	0.96		

表 8-11 高炉冷却系统工艺冷却参数控制范围

子系统		水量/m³·h⁻¹		进水温度/℃		水压/MPa		水温差/℃		热负荷/kJ·h⁻¹	
		设计值	控制值	设计值	控制值	设计值	控制值	设计值	控制值	设计值	控制值
冷却壁系统		4410	4800	40	37~39	0.83	0.80	7.9	2.0~3.0	110 ×10⁶	(42~54) ×10⁶
风口和热风阀系统	高压	1100	1150	40	37~39	1.70	1.60~1.68	8.5	3.0~4.0	67.7 ×10⁶	(18.0~19.6) ×10⁶
	中压	750	1000	40	37~39	1.08	1.0~1.05	8.5	3.0~4.0		
炉底系统		450	510	40	37~39	0.45	0.48	1.9	0.5~0.6	31.4 ×10⁶	(10.5~13.0) ×10⁶

8.1.2.2 宝钢3号高炉软水密闭循环冷却系统

宝钢 3 号高炉（4350m³）于 1994 年 9 月 20 日投产，至 2009 年 3 月 31 日，3 号高炉已稳定运行了 15 年 3 个月，累计产铁量超过 5220 万吨，单位容积产铁量已超过 12000t/m³。高炉炉体冷却壁、热风阀和炉底采用纯水密闭循环冷却系统。冷却壁冷却又分为本体系统和强化系统 2 个循环冷却系统。本体冷却系统包括炉缸至炉身中部的冷却壁本体水管的冷却；强化冷却系统包括炉缸下部冷却壁水管和炉腹至炉身上部冷却壁蛇形管和凸台水管的冷却。炉底和热风阀组成一个循环冷却系统。宝钢 3 号高炉纯水密闭循环冷却系统流程图如图 8-13 所示。

8.1.2.3 首钢1号高炉软水密闭循环冷却系统

首钢 1 号高炉（2536m³）于 1994 年 8 月 9 日建成投产，至 2010 年 12 月 26 日首钢全面停产，该高炉已连续生产 16 年 4 个月，一代炉役期间内未进行过中修，取得了较好的长寿业绩。该高炉炉腹至炉身采用软水密闭循环冷却系统，炉缸炉底和风口采用工业水开路循环冷却。

首钢 1 号高炉软水密闭循环冷却系统供水、回水均为双路系统，事故状态下单路供水可满足供水总量的 70%，冷却壁凸台管、前排管和后排蛇形管均采用单独的冷却子系统。软水泵站内设 2 个立式膨胀罐和 1 个氮气稳压罐，用来控制整个系统的操作压力；软水泵站内设有事故柴油泵供水系统以保证软水系统的安全运行；为防止冷却管道中产生气栓，在供回水环管和总管上都设有排气阀，炉顶平台设有 2 个卧式脱气罐。图 8-14 为首钢 1 号高炉软水密闭循环冷却系统流程。

8.1.2.4 首钢2号高炉软水密闭循环冷却系统

首钢 2 号高炉 2002 年新技术大修改造时，对软水密闭循环冷却系统进行了

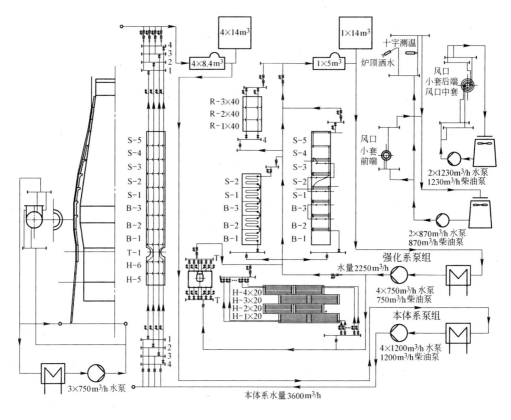

图 8-13　宝钢 3 号高炉纯水密闭循环冷却系统流程

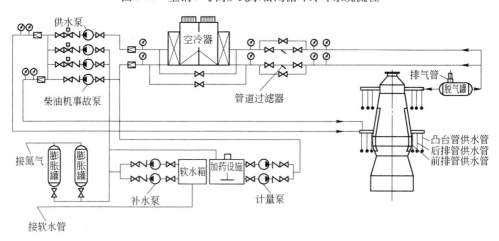

图 8-14　首钢 1 号高炉软水密闭循环冷却系统工艺流程

以下改进[8]：（1）更换了 3 台水泵，正常生产时两用一备，其他辅助设施如柴油机事故泵、补水泵等基本完好，仅进行日常检修；（2）对原有 12 台空冷器进行更换，并增加了6台空冷器以提高冷却效率，提高系统工作可靠性；（3）对原系统的脱气、排气功能进行了完善，冷却支管布置采取自下而上串联，消除了冷却支管的水平或向下的折返，优化了管路布置，提高排气功能。重新设计了脱气罐、膨胀罐和稳压罐，提高整个系统的工作可靠性；（4）炉腹、炉腰、炉身下部区域的冷却壁（第6~11段）进出水管采用金属软管连接，减小冷却支管的阻力损失，使系统水量分配更加均匀；（5）根据冷却壁的工作特点和热负荷分布，强化了凸台管和前排管的冷却。将整个系统分为前排管、凸台管、后排管3个子系统。前排管和凸台管分别设2个供水环管，后排管设一个独立的供水环管，这种单独供水模式可以使冷却壁的各部位得到有效冷却，系统工作也更加稳定可靠。图8-15为首钢2号高炉软水密闭循环冷却系统工艺流程。

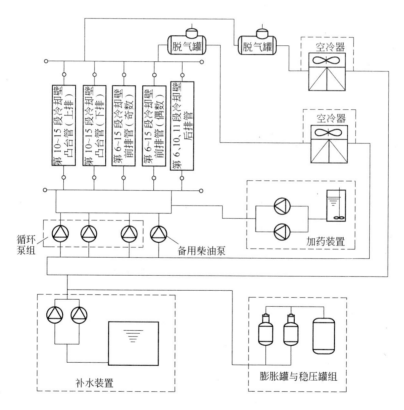

图8-15 首钢2号高炉软水密闭循环冷却系统工艺流程

8.1.2.5 首钢京唐1号高炉纯水密闭循环冷却系统

首钢京唐1号高炉（5500m³）是我国第一座容积5000m³以上的巨型高炉，该高炉也是我国全面实现自主设计、自主创新的巨型高炉[9]。高炉采用纯水密闭循环冷却系统，纯水经过海水淡化进行制备。

高炉炉体纯水（除盐水）密闭循环水系统主要分为2个系统，A系统主要包括炉缸炉底、炉腹、炉腰、炉身各段冷却壁用水；B 系统主要包括风口大套、中套、小套本体用水。2 个系统根据冷却器用水压力不同，分为 2 个相互独立的纯水密闭循环冷却子循环系统。各子循环系统回水余压进入相应系统闭式冷却塔，冷却后的水经相应系统纯水密闭循环水泵加压后供至相应系统循环使用。各系统用水情况如下：

（1）高炉炉体纯水（除盐水）密闭循环水系统。按冷却部位不同，其用水情况如下：

1）系统炉体纯水密闭循环水系统为中压密闭循环冷却系统（包括炉底冷却、炉体 1~18 段冷却壁）水量为 5900m³/h，供水压力为 1.1MPa。供水温度不高于 45℃，回水温度不高于 53~55℃，工艺系统管路系统阻力损失为 0.3MPa，纯水正常时补水量为 6m³/h；事故紧急补水量为 59m³/h。

2）系统炉体纯水密闭主循环水系统为高压密闭循环冷却系统（包括风口小套、中套、大套）水量为 2900m³/h，供水压力为 1.7MPa。供水温度不高于45℃，回水温度不高于 47~50℃，工艺系统管路系统阻力损失为 0.65MPa，纯水正常时补水量为 3m³/h；事故紧急补水量为 29m³/h。

（2）高炉热风炉纯水密闭循环水系统。

高炉热风炉纯水密闭循环水系统主要为热风阀提供冷却。采用独立的纯水密闭循环水系统，循环回水余压进入系统闭式冷却塔，冷却后的水经系统纯水密闭循环水泵加压后供至用户循环使用。热风炉纯水密闭主循环水系统水量为1160m³/h，供水压力为 0.9MPa。供水温度不高于 45℃，回水温度不高于 52~55℃，工艺系统管路系统阻力损失 0.25MPa，纯水正常时补水量为 1m³/h；事故紧急补水量为 10m³/h。

首钢京唐 1 号高炉（5500m³）纯水密闭循环冷却系统设计参数见表 8-12，其工艺流程如图 8-16 所示。

表 8-12　首钢京唐 1 号高炉（5500m³）纯水密闭循环冷却系统设计参数

冷却器	每段数量/块	水管数量/根	冷却水管内径/mm	冷却水流速/m·s⁻¹	单管流量/m³·h⁻¹	总水流量/m³·h⁻¹	区域水温差/℃	区域平均热流强度/MJ·(m²·h)⁻¹	系统水温差/℃
炉缸第 1 段铸铁冷却壁	72	288	57	2	18.4	5288.6			
炉缸第 2 段铜冷却壁	72	288	57	2	18.4	5288.6			
炉缸第 3 段铸铁冷却壁	72	288	57	2	18.4	5288.6			
炉缸第 4 段铸铁冷却壁（铁口区）	72	288	57	2	18.4	5288.6	0.7	25.08	8.0
炉缸第 5 段铸铁冷却壁	72	288	57	2	18.4	5288.6			
炉缸第 6 段铸铁冷却壁（风口区）	72	288	57	2	18.4	5288.6			

续表 8-12

冷却器	每段数量/块	水管数量/根	冷却水管内径/mm	冷却水流速/m·s⁻¹	单管流量/m³·h⁻¹	总水流量/m³·h⁻¹	区域水温差/℃	区域平均热流强度/MJ·(m²·h)⁻¹	系统水温差/℃
炉腹第 7 段铜冷却壁	60	240	57	2.2	20.2	4847.9	1.2	186.43	
炉腰第 8 段铜冷却壁	60	240	57	2.2	20.2	4847.9	1.5	219.03	
炉身下部第 9 段铜冷却壁	60	240	57	2.2	20.2	4847.9	2.3	203.98	
炉身下部第 10 段铜冷却壁	60	240	57	2.2	20.2	4847.9			
炉身中下部第 11 段铜冷却壁	60	240	57	2.2	20.2	4847.9	2.3	145.46	
炉身中下部第 12 段铜冷却壁	60	240	57	2.2	20.2	4847.9			
炉身中部第 13 段铸铁冷却壁	60	240	57	2.2	20.2	4847.9			8.0
炉身中部第 14 段铸铁冷却壁	60	240	57	2.2	20.2	4847.9			
炉身上部第 15 段铸铁冷却壁	60	240	57	2.2	20.2	4847.9	0.6	46.40	
炉身上部第 16 段铸铁冷却壁	60	240	57	2.2	20.2	4847.9			
炉身上部第 17 段铸铁冷却壁	60	240	57	2.2	20.2	4847.9			
炉身上部第 18 段铸铁冷却壁	60	240	57	2.2	20.2	4847.9			
炉底水冷管		42	52	2	15.3	641.9	3.1	29.68	
风口大套	42	42	33	3	9.2	387.8	4.6		
风口中套	42	42	33	8.1	25	1049.6	1.2	190.20	1.8
风口小套	42	42	33	11.4	35	1468.3	0.8		

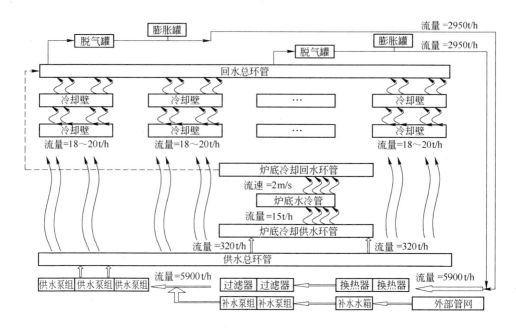

图 8-16 首钢京唐 1 号高炉纯水密闭循环冷却系统工艺流程

8.1.2.6 高炉联合软水密闭循环冷却系统

近年来，根据高炉软水密闭循环冷却系统生产运行实践，为了提高高炉各区域的冷却强度，软水密闭循环冷却系统应该根据高炉高度方向上的不同热流强度来确定冷却水量。因而，提出了在高炉高度方向上实行分区域冷却的观点，这种根据高炉不同区域热负荷合理配置冷却系统的观点是正确的。但是高炉独立分区冷却会引起冷却水的循环流量大幅度增加，工程投资也相应增加。为了解决这个问题，一种基于高炉分区域冷却设计理念的串联软水密闭循环冷却系统应运而生，在首钢首秦 1 号高炉（1200m³）、2 号高炉（1800m³）上得到成功应用。另一种技术发展趋向是采用被称之为联合软水密闭循环的冷却系统，这是近年来国内外部分高炉将整个高炉的多个冷却回路串联组合成一个密闭冷却回路的工艺流程。该系统将多个冷却回路串联组合集成的主要目的在于降低冷却水量和动力消耗，充分利用冷却水的冷却能力，其系统流程如图 8-17 所示。

这种联合软水密闭循环冷却系统是以卢森堡 PW 公司为代表提出的一种新型冷却工艺流程，在我国武钢 1 号高炉上率先得到应用[10]。串联冷却系统与并联冷却系统相比，可以减少总循环水量约 50%，节约电耗 12%，降低投资约 14%。高炉串联软水密闭循环冷却系统的工艺流程是软水循环泵站出口水温不高于40℃，冷却炉底、冷却壁以后出水温度为 47℃，部分冷却水经过升压后冷却风口和热风阀，最终出水为 52℃，经过脱气罐、膨胀罐、板式换热器后，水温降低

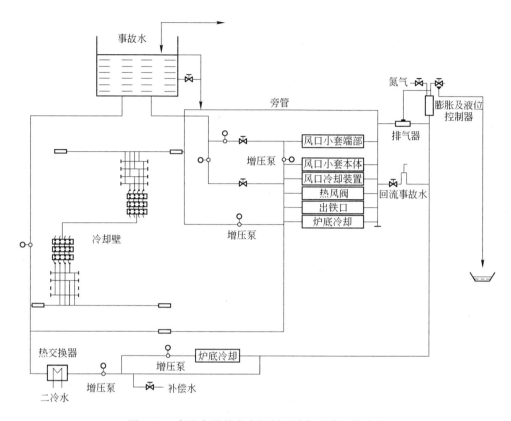

图 8-17 高炉串联软水密闭循环冷却系统工艺流程

到 40℃，再经循环泵站加压循环使用[11]。由此可以看出，串联冷却系统是在并联冷却系统的基础上的优化和改进。炉体冷却壁是冷却回路的第一个冷却区域，经过炉体冷却壁的冷却水被再次加压用于冷却风口和热风阀，炉底的冷却被整合到回路的回形管中，只需要一个膨胀罐。该系统的设计是建立在冷却水水温大幅上升的条件下，冷却水水温的上升会促进热交换器更加有效运行[12]。对于系统流量控制及泄漏检测，必须使其精确度达 ±0.3% 的程度，进行细微的流量测定，系统压力的调控也是系统运行成败的关键。

联合软水密闭循环冷却系统工艺流程的最大优势在于有效降低了循环水流量，但是由于冷却水水温的提高，相应需要提高换热器的换热效率，以减少二次冷却水的水量，这种新型冷却工艺流程与薄壁高炉相匹配，其设计思路是可取的，将会在生产实践中得到进一步检验。

8.2 高炉冷却系统应用实例

8.2.1 宝钢高炉炉体冷却系统改造与优化

宝钢 1~3 号高炉投产后生产指标不断攀升，高炉利用系数、风温、燃料比、入炉焦比、煤比等主要生产指标达到国际先进水平。原设计的 3 座高炉炉体冷却水量在实际生产中不能满足高炉冷却的要求。随着炉龄的延长，高炉冷却器破损数量增多、炉壳发红，影响了高炉正常生产。宝钢通过高炉大修改造和在线技术改造，对原高炉冷却系统进行了改进完善，增加炉体冷却板和冷却壁的冷却水量，提高水压，改善工业循环水水质，强化炉体冷却，取得较好的应用效果[13]。

8.2.1.1   宝钢 1 号高炉冷却系统改造

宝钢 1 号高炉于 1997 年 4 月 2 日停炉大修。此次高炉大修，针对第一代炉役后期炉体冷却水量、水压不足、炉皮发红现象，对高炉冷却系统进行了技术改造。将高炉 4 个铁口的 12 块冷却板全部取消，消除出铁过程铁口冷却板破损造成爆鸣的隐患，改为在每个铁口框上安装 1 根冷却水管对铁口框进行冷却；对于炉体冷却结构的改进，在炉身上部增加了 3 段铸铁冷却壁，新增了 1 套中压水冷却系统，主要供炉身中部 29 ~ 36 段、37 ~ 46 段冷却板和炉身上部 47 ~ 49 段冷却壁的冷却，原中压水系统主要供炉腹、炉腰处 1 ~ 28 段冷却板的冷却，高炉大修后的炉体冷却器主要供水流程如图 8-18 所示。此外，在 1 号高炉第二代炉役期间，由于炉体中部砖衬逐渐减薄和脱落，为降低砖衬及炉皮温度，从 2001 年 6 月至 2003 年 1 月，利用高炉定修机会，在冷却板间距较大的 38 ~ 42 段冷却板之间，安装了微型冷却器，以此加强对该部位砖衬及炉皮的冷却。

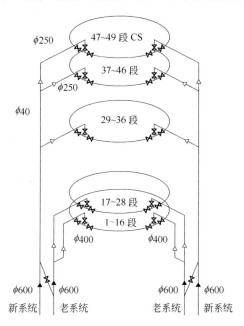

图 8-18   宝钢 1 号高炉大修前后炉体冷却供水流程

8.2.1.2   宝钢 2 号高炉冷却系统改造

宝钢 2 号高炉 1992 年 10 月投产以后，曾在 1996 年以前发生过几次大面积冷却板烧坏。事后调查分析研究证实，其中一个重要原因是炉体冷却水量不足；在炉腹炉腰水量增加以后，炉身中部的水量偏小、压力低下，炉体第 4 层平台最低时水压只有 0.05MPa。在这种情况下，只要再发生炉况、炉温波动引起的炉墙脱落或出现边缘煤气管道，炉体热负荷瞬间上升后，部分冷却板就容易损坏并形成煤气倒灌，造成大面积冷却板烧坏。此后，为解决炉体冷却板水量不足问题，启用了 3 台炉体备用泵增加供水。3 台备用泵投入运行以后，炉体中压水水量上升到 80m³/min 左右，相应地炉体冷却板水量达到了 56m³/min 左右，比原水量增加了近 18m³/min，炉体第 4 层平台的水压也有所上升，比原 2 台泵运行的平均水压提高 0.1MPa 左右。炉体 3 台备用泵运行后，由于受部分供水管网的限制，供水流量未达到 111m³/min 的正常水平，这种状况一方面造成泵出口压力高达 0.72MPa，远超过泵的正常出口压力，易引起泵的气蚀，影响泵的正常运转，另一方面，也限制了炉体冷却板水量的进一步提高。因此，在 1999 年 4 月，对冷却热风阀、炉底纯水的净循环水管进行了改造，在进入板式热交换器的净循环水管上接出 3 根旁通管，并通过对旁通主阀和支阀的调节，使净循环旁通水流量维持在 4~5m³/min 后，净循环总水量上升到 95m³/min 左右，泵的出口压力也降到 0.69MPa，而此时炉体 4 层平台供水压力仍能达到 0.24MPa 左右。此法解决了泵的气蚀问题，并进一步增加了炉体冷却板供水量，但仍不能满足 2 号高炉近些年炉体冷却的需要，冷却板破损及炉皮发红现象时有发生。

为解决炉体冷却水量不足的问题，满足高炉大修后的冷却要求，从 2002 年初开始，提前实施大修时的部分水系统项目，对冷却系统进行在线改造，新增加了 1 套炉体中压不断水系统。新系统的施工、安装是在不影响高炉正常生产的条件下完成的，并在 2002 年 9 月的高炉定修期间，通过新、老系统部分相关阀门的操作，成功实现新、老系统同时向炉体冷却板供水，冷却系统改造后炉腹至炉身中部主要供水流程如图 8-19 所示。2 号高炉在水系统不断改进、提高炉体冷却板水量的同时，在炉体局部方向内部耐火砖衬大部分脱落区域，也进行了安装微型冷却器的尝试；2 号高炉从 1995 年至今，利用定修机会安装了适量微型冷却

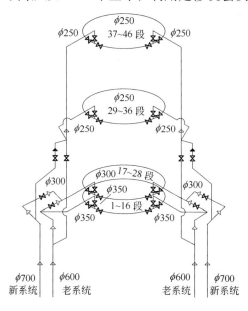

图 8-19 宝钢 2 号高炉改造前后炉体冷却供水流程

器，对强化该区域炉皮冷却及保护周围砖衬起到一定作用。

8.2.1.3 宝钢 3 号高炉冷却系统改造

宝钢 3 号高炉自 1994 年 9 月 20 日投产以来，高炉炉腹至炉身下部区域由于多种原因，出现了大量冷却壁水管破损，实际上已成为影响 3 号高炉正常生产和长寿的关键因素。

宝钢 3 号高炉采用全冷却壁冷却结构，从炉底至炉喉共设置 18 段冷却壁。根据高炉各部位热负荷和不同的冷却要求，在炉底炉缸区域采用 6 段光面铸铁冷却壁（H1～H6），风口区设 1 段（T1）光面铸铁冷却壁；在炉腹、炉腰和炉身中下部采用双排管镶砖冷却壁（B1～S5 段）；在炉身上部为光面球墨铸铁冷却壁（R1～R3 段）。炉体冷却系统采用本体冷却系统和强化冷却系统，均采用纯水密闭循环冷却系统。本体冷却系统的冷却范围为 H5～S5 冷却壁的前排水管，分为 4 个冷却区域分别对应 1 个头部罐，共 228 个进出水支管；强化冷却系统包括炉缸区域 H1～H4 段冷却壁、铁口冷却壁和高炉中下部各段冷却壁的角部管、凸台管和后排蛇形管以及炉身上部 3 段冷却壁的冷却。本体冷却系统和强化冷却系统的流程如图 8-20 和图 8-21 所示。

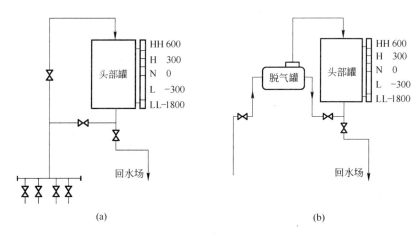

图 8-20　脱气罐改造前后的流程
(a) 改造前；(b) 改造后

3 号高炉开炉投产 11 个月以后，冷却壁 B2 和 B3 段凸台管开始损坏，以后每月都有水管损坏而且数量逐月递增。到 1999 年 8 月，冷却壁水管已损坏 193 根，其中本体冷却系统 5 根、角部管 3 根、凸台管 185 根。损坏的水管主要集中在炉腰、炉身中下部的冷却壁凸台管，其余各段冷却壁基本完好。调查研究发现，炉身中下部和炉腰的耐火材料砖衬侵蚀严重，不少区域耐火材料已消失殆尽；炉腰区域 2 段冷却壁厚度也由原来的 340mm 侵蚀到 290mm，镶铸在冷却壁

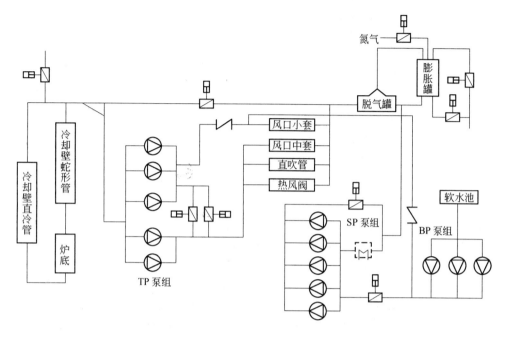

图 8-21　武钢 1 号高炉联合软水密闭循环冷却系统工艺流程

中的本体系前排冷却水管已经部分烧损。为了研究 3 号高炉冷却壁大量过早破损的原因并制定相应的防止措施，宝钢建立了 1：1 规模的冷却壁热态试验装置，进行了冷却壁热态模拟试验，并结合高炉设计、生产实践，发现造成冷却壁大量过早破损的原因主要是[12]：

（1）冷却壁镶砖及炉衬耐火材料选择不合理。用于炉腹至炉身下部的耐火材料抗热震性能不良，且不易黏结渣皮，对冷却壁不能形成有效的保护。

（2）冷却壁凸台设计不合理。冷却壁凸台管道布置不合理，凸台进出水管的位置低于凸台的冷却工作部位，不符合冷却水管"步步高"的自动排气原理，造成冷却水管局部过热却不能及时排气，进而形成气栓使凸台管大量烧坏。

（3）冷却强度设计偏低。冷却壁本体系冷却水管管径为 $\phi 60.3 \times 5.5mm$，强化系水管直径为 $\phi 48.6 \times 5.5mm$，设计时根据尽量减少冷却水消耗的指导思想，设计水速为 1.5m/s，加之高炉投产以后高炉设备故障增多，频繁休风减风，导致炉况经常出现波动，冷却强度低是造成冷却壁破损的重要原因。

（4）冷却系统脱气性能不好。高炉冷却系统设计中，没有设置脱气罐，仅靠头部罐进行脱气，脱气能力较弱。

（5）冷却水质控制不好。尽管采用纯水密闭循环冷却系统，但在破损的水管中仍存在较厚的氧化铁锈，阻碍冷却系统传热，导致冷却壁热面温度升高超标，从而过热烧损。

（6）进水温度频繁波动。由于 2 个冷却系统经常处于最大热负荷的工作状态，系统调节能力不足，造成进水温度波动频繁。

（7）渣皮不稳定。

由于上述原因造成冷却壁热面难以生成稳定的保护性渣皮，失去了渣皮保护冷却壁的基本功能。

自 1997 年以来，宝钢在对冷却壁破损机理及原因调查研究的基础上，针对 3 号高炉冷却系统能力不足，进行了一系列的技术改造与优化[14]，主要包括：

（1）安装微型冷却器。从 1997 年开始，利用高炉每次定修的机会，在炉腹、炉腰及炉身部的冷却壁上钻孔安装微型冷却器，强化了该部位的冷却，取得了积极的效果。

（2）增加系统循环水量。炉体冷却系统在最初设计时，本体系循环水量 2200m³/h，强化系循环水量 1400m³/h 左右。为强化对冷却壁的冷却，对本体系和强化系的供水系统进行了改造，各增设一台供水泵，并通过调节本体系和强化系冷却壁的进出水管阀门，使本体系和强化系的水量逐渐增加到 3500m³/h 和 1800m³/h 左右，提高了水流速，达到对冷却壁强化冷却的目的。

（3）提高本体冷却壁水管的水压。本体系冷却系统在最初生产时，是调节给水支管阀门的开度来控制循环流量。2000 年 7 月利用高炉定修的机会，打开所有给水支管的阀门，调小对应回水支管的阀门开度，来控制系统的总循环流量，既保证系统的流量基本不变，又能够提高冷却壁本体水管的供水压力，降低冷却壁水管破损后炉内煤气进入水系统的可能性。系统调整前后的水压情况见表 8-13。

表 8-13　宝钢 3 号高炉部分冷却壁水压情况　　　　　　（MPa）

项　目	B2	B3	S1	S3	S5
改造前	0.42	0.39	0.35	0.26	0.20
改造后	0.51	0.49	0.45	0.43	0.36

（4）纯水系统增设脱气、脱氧装置。3 号高炉纯水系统最初没有配置脱气、脱氧装置，随着冷却壁破损水管增加，系统带气运行状况逐步增多，影响到系统的正常运行和安全。1996 年底，在本体系统增设了 2 套脱气罐，位于炉体第 7 层平台，但实际效果并不理想。从 2001 年开始，为提高本体系统的脱气功能，对本体系的原有脱气系统进行了改造，并于 2002 年 1 月在定修时投入运行。新脱气罐投入以后，本体系运行稳定，没有发现系统有明显的带气现象，脱气罐改造前后的流程如图 8-20 所示。

（5）改善循环水水质。3 号高炉炉体纯水系统在 2000 年 8 月以前采用亚硝酸盐的水处理工艺，1999 年 3 号高炉定修时，观测剖切的破损冷却壁水管，发现水管内壁存在大量的锈瘤，影响到冷却壁水管的传热能力，加剧了冷却壁水管的破损，说明原有的水处理方式已难以满足高炉高热负荷和高利用系数生产的需要。从 2000 年 9 月开始，采用新的水处理方式（采用钼酸盐和亚硝酸盐相结合的方法）。采用新水处理方式以后，本体、强化系的药剂浓度基本稳定，钼酸根离子浓度一般控制在 0.006% ~ 0.01%。在此后的高炉定修期间，也曾对冷却壁水管内部的锈瘤进行过分析，发现锈瘤正逐步疏松和缩小，系统水质不断改善，确保了冷却系统的稳定运行和冷却壁的冷却效果。高炉采用新水处理方案前、后的水质管理标准见表 8-14 和表 8-15。

表 8-14　新水处理方案调整前水质管理标准

项　目	管理指标	项　目	管理指标
pH 值	7.0 ~ 10.0	Cl^-/%	$< 100 \times 10^{-4}$
电导率/$\mu S \cdot cm^{-1}$	< 1500	总铁/%	$< 1 \times 10^{-4}$
浊度/%	$< 10 \times 10^{-4}$	药剂浓度/%	$> 300 \times 10^{-4}$
Ca 硬度/%	$< 10 \times 10^{-4}$	NO_3^-/%	$< 30 \times 10^{-4}$

表 8-15　新水处理方案调整后水质管理标准

项　目	管理指标	项　目	管理指标
pH 值	8.0 ~ 10.0	Cl^-/%	$< 100 \times 10^{-4}$
腐蚀率[①]	< 15	总铁/%	$< 1 \times 10^{-4}$
细菌/个·mL^{-1}	$< 5 \times 10^4$	NO_3^-/%	$> 250 \times 10^{-4}$
Ca 硬度/%	$< 10 \times 10^{-4}$	MoO_4^-/%	$50 \times 10^{-4} \sim 100 \times 10^{-4}$

①挂片试验中每天每平方分米的腐蚀量，mg/($dm^2 \cdot d$)。

（6）炉身中部 S3 段冷却壁更换。从 2000 年开始，炉身中部 S3 段冷却壁本体管破损速度逐步加快，截止到 2004 年 3 月底，破损水管数占 S3 段冷却壁本体管总数的 74.5%。S3 段炉壳温度也随着冷却壁的破损逐步上升，并曾在 2003 年 1 月发生过 S3（第 7 ~ 9 段）冷却壁部位炉壳发红。这些状况对高炉正常操作和长寿构成巨大威胁，于 2004 年 3 月 3 号高炉进行休风降料线，整体更换了 S3 段 56 块冷却壁。冷却壁更换以后，炉体冷却系统运行正常，冷却壁表面的最高温度基本控制在 80℃ 以内，消除了影响 3 号高炉长寿的关键因素，为 3 号高炉的稳产、长寿奠定了基础。

8.2.2　沙钢 5800m³ 高炉炉体冷却系统

沙钢 5800m³ 高炉于 2009 年 10 月建成投产，是目前世界上容积最大的高炉。

在高炉炉体设计中采用了一系列先进、长寿的技术,特别是在高炉内型、冷却器、冷却系统、高炉内衬的选用及各种检测设施的设计上更为完善、合理,为实现高炉一代寿命 20 年,高炉一代炉役单位炉容产铁量不小于 $15000t/m^3$ 创造了条件[15]。

高炉采用联合软水密闭循环冷却系统,将冷却壁直冷管、炉底水冷管、冷却壁蛇形管、风口小套、风口中套、直吹管、热风阀(包括倒流休风阀)通过串联和并联的方式组合在一个系统中,系统总循环水量 $5660m^3/h$。由软水泵站引出的软水供水总管在高炉炉前一分为二,一路用于炉底冷却,另一路用于炉体冷却壁冷却。其中冷却炉底的水量为 $950m^3/h$,冷却冷却壁直冷管的水量为 $4710m^3/h$,两者回水全部进入冷却壁回水总管。从冷却壁回水总管出来的软水一分为三,其中一部分软水经高压增压泵增压后冷却风口小套,水量为 $1400m^3/h$;另一部分软水经中压增压泵增压后冷却风口中套、直吹管和热风阀,水量为 $1594m^3/h$;两部分回水和剩余回水一起进入回水总管,经过脱气罐和膨胀罐以后回到软水泵站,再经过二次冷却降温后再循环使用。

为保证联合软水密闭循环冷却系统的正常、安全运行,除了遵循常规软水密闭循环冷却系统设计的一些要求外,还具有以下设计特点:

(1)选择合适的水速。根据冷却壁的材质不同,水速选取也不同。铸铁冷却壁水速大于 $1.6m/s$,铜冷却壁水速大于 $2.0m/s$。

(2)系统冷却水量合理富余,既要保证高炉强化冶炼及高炉后期生产的需要,又要避免能耗浪费。在调查现有高炉生产实际用水情况下,高炉冷却系统的水量按富余 20% 设计。

(3)高炉各部位热负荷参数的选取合理性,直接影响泵站换热器的能力,进而影响软水进水温度及冷却强度,高炉冷却壁设计热负荷为 $219133.5MJ/h$。

(4)安全措施完善,确保电动泵事故状态下,冷却器不会受到破坏。设置备用柴油泵;低压增压泵组与高压增压泵之间设有旁通联管,事故状态下可以互为备用;炉体总回水环管上设有排气阀,在非常情况下,炉体冷却壁冷却也可以转为汽化冷却。

(5)优化管路配置。保证并行冷却回路阻力损失基本相当,各回水管汇合处水压应相等或接近,保证水量合理分配,以降低运行能耗。

(6)冷却壁各回水支管上均设置了逆止型液流显示器。该显示器能够非常直观地反映出各回水支管冷却水流量的变化,可以准确、及时地进行系统检漏。

8.2.3　武钢 1 号高炉联合软水密闭循环冷却系统

武钢 1 号高炉($2200m^3$)2000 年进行扩容大修型技术改造时,在国际上首次采用联合软水密闭循环冷却新技术。高炉本体冷却系统冷却壁、风口小套、风口中套、直吹管、热风阀、炉底均采用由卢森堡 PW 公司引进的联合软水密闭循环冷却工艺[16]。表 8-16 为武钢 1 号高炉软水密闭循环冷却系统工艺参数。

表 8-16 武钢 1 号高炉联合软水密闭循环冷却系统工艺参数

项 目	水量/m³·h⁻¹	进水温度/℃	温升/℃
冷却壁直冷管	3168	≤40	8
炉 底	572	≤40	
冷却壁蛇形管	572		
风口小套	910		6.5
风口中套	520		6.5
直吹管	78		13
热风阀	650		5
联合循环水量	3740		

1 号高炉本体采用联合软水密闭循环冷却，总循环水量为 3740m³/h。炉底及冷却壁供水温度为 40℃，系统温升不高于 12℃，循环率为 99.7%。

联合软水密闭循环冷却系统工艺流程为：主供水泵组将冷却后的软水送至冷却壁供水环管，一部分水冷却冷却壁直管（3168m³/h），一部分水先经过炉底（572m³/h）再冷却冷却壁蛇形管，两部分回水均回至冷却壁回水集管（3740m³/h），回水一部分经高压增压泵组（3 台，1 用 1 备 1 检修）加压供风口小套冷却（910m³/h），一部分经低压增压泵组（2 台，1 用 1 备）加压供风口二套（520m³/h）、直吹管（78m³/h）及热风阀（650m³/h）冷却，其余回水（1582m³/h）采用旁通，该三部分回水（3740m³/h）均进入脱气罐脱气后经回水管进入板式换热器，经冷却后循环使用。在整个系统运行过程中是密闭循环的，水质不受污染，系统工艺流程如图 8-21 所示。

为了确保冷却壁软水系统的正常运行，采用了冷却水压力高于相应部位的高炉炉内压力的设计原则。高炉最上一层冷却壁的出水压力为 0.35MPa，而设计炉顶压力为 0.25MPa。此外，还设置了专用脱气罐和膨胀罐，不但局部冷却器因过热产生的气体容易溢出，而且冷却介质所携带的气体最终也会在脱气罐中释放出来，通过两罐间的导气管及自动阀门排入大气。膨胀罐采用充填氮压力控制，使冷却介质保持一定的欠热度，提高了密闭系统中冷却水的汽化温度，从而消除冷却介质产生"两相流"的可能性。膨胀罐内充填氮气，可有效地防止外界大气进入罐内或管路之中，从而明显降低冷却介质的含氧量（小于 1mg/L），减弱对管路和冷却设备的氧化腐蚀作用，有效地延长冷却系统的水位控制、溢流控制、超压控制、罐体安全压力控制、气体分离排放以及氮气压力控制等设备的寿命，充分发挥其功能。

8.2.4　首秦 1 号高炉炉体冷却系统

首秦 1 号高炉（1200m³）设计中，结合首钢及国内外高炉炉体软水密闭循环冷却系统应用情况，对高炉软水密闭循环冷却系统进行了设计优化。炉底水冷管、炉体冷却壁均采用软水密闭循环分段冷却工艺。首秦 1 号高炉于 2004 年 6 月建成投产，经过 5 年的生产实践证实，高炉分段式软水密闭循环冷却运行稳定可靠，为高炉长寿创造了有利条件。

首秦 1 号炉底水冷管和炉体第 1~15 段冷却壁均采用软水密闭循环冷却，设有加压循环泵 5 台（3 用 2 备），循环泵出现事故时，备用泵能自动启动。软水通过 2 根 DN600mm 供水主管输送到炉体平台，再分成 4 根支管供应 2 个子系统，其中 2 根 DN500mm 供水支管与 1 根 DN600mm 前排管供水环管相连，供冷却壁本体前排管系统冷却用水；另外 2 根 DN300mm 供水支管与 1 根 DN300mm C 形供水环管相连，供炉底水冷管及冷却壁后排管系统冷却用水。冷却壁配管分为前排管系统、炉底水冷管及后排管系统 2 个子系统，自下而上串联连接。

冷却壁前排管子系统的软水先进入第 1~3 段冷却壁，回水进入到 2 根 DN600mm C 形回水环管，再进入到 2 根 DN600mm C 形供水环管，然后再进入到第 4~15 段冷却壁，最后回水进入到 1 根 DN600mm 前排管回水环管，再汇集到 2 根 DN600mm 回水主管。在 2 根 DN600mm C 形回水环管上接出 2 根 DN200mm 旁通管直接回到 2 根 DN600mm 回水主管，以利于调节炉腹以上冷却壁的冷却强度。

炉底水冷管和第 6~11 段冷却壁后排管系统经 1 根 DN300mm C 形供水环管进入到炉底水冷管，回水进入到 1 根 DN300mm C 形回水环管，再进入到 1 根 DN300mm 供水环管，然后再进入到第 6~11 段冷却壁后排管，冷却壁后排管回水进入到 1 根 DN300mm 后排管回水环管，然后汇集到 2 根 DN600mm 回水主管。

在炉底 DN300mm C 形供、回水环管之间，接出 2 根 DN100mm 旁通管，以便调节炉底的冷却水量；在 1 根 DN300mm C 形回水环管上接出 2 根 DN150mm 旁通管直接回到 2 根 DN600mm 回水主管，在冷却壁后排管有烧坏情况时，而不致影响炉底水冷管的冷却水量。

在两根 DN600mm 的回水主管上，分别串联一个脱气罐（9.2m³），最后经 2 根 DN600mm 的管道与空冷器相连，软水经空冷器散热降温后回到软水泵站循环使用。

软水系统的补水作为辅助系统单独设立，补水经过补水泵加压后，供到软水泵房中的膨胀罐联管上。系统补水是通过膨胀罐的水位变化来控制补水泵的启动和停止。首秦 1 号高炉软水密闭循环冷却系统工艺流程如图 8-22 所示。

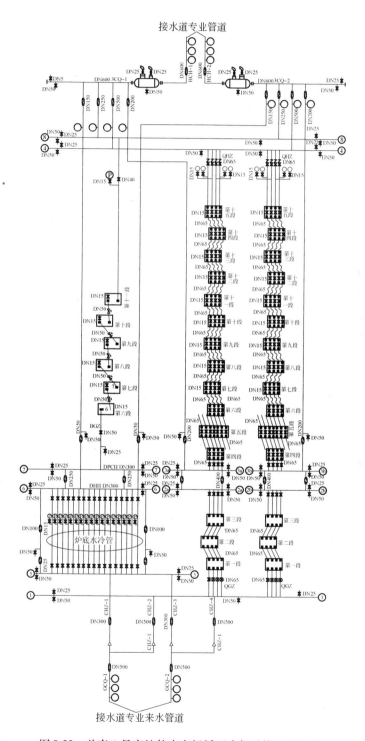

图 8-22　首秦 1 号高炉软水密闭循环冷却系统工艺流程

参 考 文 献

[1] 项钟庸，王筱留，等. 高炉设计——炼铁工艺设计理论与实践[M]. 北京：冶金工业出版社，2007：393~405.

[2] 顾德章. 高炉软水密闭循环冷却系统设计探讨[J]. 炼铁，1994，13(3)：8~14.

[3] 戴杰. 高炉软水密闭循环冷却系统若干问题的探讨[J]. 炼铁，1996，15(6)：18~23.

[4] 由文泉. 实用高炉炼铁技术[M]. 北京：冶金工业出版社，2004：70~71.

[5] 张福明，党玉华. 我国大型高炉长寿技术发展现状[J]. 钢铁，2004，39(10)：75~78.

[6] 汤葆熙. 高炉软水闭路循环冷却系统设计中的若干问题[J]. 炼铁，1997，16(4)：6~9.

[7] 张学超，王笏曹. 武钢新3号高炉软水密闭循环冷却系统的设计[J]. 炼铁，1992，11(5)：33~36.

[8] 张福明，毛庆武，姚轼，等. 首钢2号高炉长寿技术设计[C]//中国金属学会，2005中国钢铁年会论文集，北京：冶金工业出版社，2005：314~318.

[9] 张福明，钱世崇，张建，等. 首钢京唐5500m³高炉采用的新技术[J]. 钢铁，2011，46(2)：12~17.

[10] 连诚，黄德友. 武钢高炉软水密闭循环冷却系统比较[J]. 炼铁，2002，21(1)：40~41.

[11] 银汉. 现代薄壁高炉的特征[J]. 炼铁，2001，20(2)：7~10.

[12] 居勤章. 宝钢高炉冷却系统的改造与优化[J]. 炼铁，2005，24(9)：70~75.

[13] 曹传根，周渝生，叶正才. 宝钢3号高炉冷却壁破损的原因及防止对策[J]. 炼铁，2000，19(2)：1~5.

[14] 居勤章. 宝钢3号高炉炉体冷系统的优化[J]. 炼铁，2004，23(2)：1~4.

[15] 刘行波. 沙钢5800m³高炉炉体工艺技术特点[J]. 炼铁，2009，28(4)：1~5.

[16] 周文. 武钢1号高炉软水密闭循环冷却技术分析[J]. 冶金动力，2003，(6)：54~56.

9 高炉炉体自动化监测与控制技术

9.1 高炉炉体自动化监测技术

9.1.1 高炉自动化监测技术的发展现状

现代高炉炼铁的生产过程是一个连续化、大规模、高温高压生产的过程。高炉冶炼的本质是下降炉料和上升煤气流在相向运动中完成了铁氧化物的还原以及冶金传输过程，根据现代高炉解剖的研究结果，高炉内部状况和各区域的功能见表 9-1。

表 9-1 高炉内部各区域的功能

区 域	相向运动	热 交 换	反 应
块状带	固态炉料在重力作用下下降，煤气在鼓风动能的作用下上升	上升的煤气对固态炉料进行预热和干燥	水分蒸发、碳酸盐分解、矿石间接还原
软熔带	焦炭间隙和焦窗结构影响煤气分布	矿石软化、熔融，上升煤气对软化的矿石层进行加热，使其熔化	矿石直接还原和渗碳，焦炭汽化率反应
滴落带	煤气在焦炭间隙穿透	上升的高温煤气使熔滴的液态渣铁升温，滴落的液态渣铁与焦炭进行热交换	非铁元素的还原、脱硫、渗碳、焦炭的气化反应
风口回旋区	鼓风动能使焦炭在风口前回旋运动并燃烧	焦炭与高温热风发生燃烧反应，形成高温煤气上升	焦炭的燃烧反应，是高炉内唯一存在的氧化性区域
渣铁储备区	液态渣铁汇集于此，死焦柱沉浸其中，随着渣铁的排放，液面呈周期性涨落	液态渣铁和沉浸在其中的死焦柱热交换	直接还原、非铁元素的还原

由于高炉生产的特点和复杂性，高炉操作最重要的目标是维持高炉炉况的稳定顺行，只有高炉稳定顺行，才能达到高效、优质、低耗、长寿的目标。通过现代自动化监测技术，实时掌握高炉内部各种技术参数的变化，及时进行控制调整，是现代高炉优化操作的重要内容。

近年来，根据高炉精细化生产操作的要求，随着计算机技术、信息技术及电子光学监测装置的发展，各种高炉炉体监测设备、监测技术相继开发并得到应用。通过各种监测设备、监测仪表获得了更广泛、更准确可靠的信息参数，使高炉操作者能更精准地监测、控制和操作高炉。

随着高炉炼铁技术的不断进步，对高炉的操作和控制水平以及高炉寿命都在不断提高，要求按照高炉生产过程的变化，定量地掌握和评估炉况，根据炉况的变化进行科学合理的调节，使高炉获得持续稳定的炉况顺行。为此，对用于高炉炉体的监测设备、装置及技术也提出了更高的要求。现代高炉炉体监测技术的发展趋向是：

（1）高炉生产过程的监测设备应为连续在线监测，满足高炉连续化生产的要求；

（2）采用新一代传感器及自动监测装置，使监测精度、可靠性、使用寿命等性能满足自动化控制的要求；

（3）将微型计算机装入仪表，使测量精度提高，处理功能增加，成为智能型仪表；

（4）开发、研制新型的传感器和大型机电一体化的监测设备；

（5）开发、研制更为现代化的二次数据处理、记录、调节、管理一体化的处理过程量的装置；

（6）构建基于精准自动化在线监测的数学模型、专家系统，指导高炉操作，使高炉操作由传统的技艺型转变为数字化精准型。

高炉炉体是高炉生产过程中最重要、最核心的关键工艺单元，是高炉生产过程的中心。高炉炉体监测装置的监测参数、范围、精准度，不仅对高炉优化操作、保持炉况稳定顺行具有重要意义，同时对延长高炉寿命也具有举足轻重的作用。

高炉监测仪表和传感器配置如图 9-1 所示。用于高炉炉体的监测设备，包括温度、压力、流量、成分、厚度等监测装置。温度监测装置包括用于高炉内衬、冷却器及冷却水温度在线监测的热电偶测温装置，炉喉十字测温装置，热风和炉顶煤气温度监测装置；压力监测装置包括鼓风压力、炉顶压力、炉身静压力以及冷却水压力等监测装置；流量监测装置包括冷风流量、冷却水流量等监测装置；成分监测装置主要是炉身煤气取样在线成分分析仪和炉顶混合煤气成分在线分析仪；厚度监测装置主要是炉衬测厚及冷却壁厚度监测装置。除此以外，近些年采用最新光电技术和热成像技术开发成功的炉顶红外测温热成像仪、炉顶摄像仪和风口摄像仪等均得到了广泛的应用。

按照各监测设备的功能可以将高炉炉体的自动化监测分成两大类，一类是监测设备直接监视高炉的破损情况，对高炉寿命具有预警的作用，使高炉操作者能及时掌握高炉炉衬和冷却器的工作状态，采取有效措施来应对高炉炉体的破损；另一类监测设备主要用于指导高炉操作，使高炉保持稳定顺行生产，从而间接地保护高炉炉体，延长高炉寿命。其中炉体冷却壁和炉缸炉底内衬侵蚀监测均属于第一类监测；料线、料面形状、炉喉十字测温、炉身静压力、炉顶压力等均属于第二类监测。

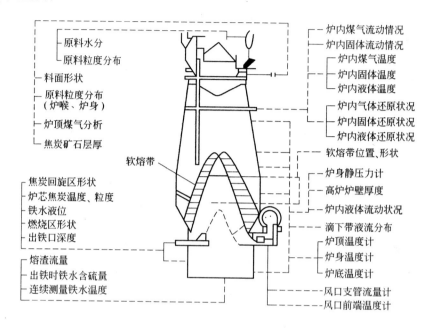

图 9-1 高炉监测仪表和传感器配置

　　根据高炉冶炼进程，按照高炉各部位的主要功能，自动监测装置可以划分为：（1）监测高炉炉顶煤气成分、温度、压力等的常规监测装置；（2）监测炉顶装入炉料的分布状态、料面形状和料面位置，炉顶温度、压力和煤气的成分等监测装置；（3）监测炉喉和炉身上部区域的炉料、煤气的流动、温度、压力、成分等监测装置；（4）监测炉腹—风口区域的焦炭、熔融物、煤气的流动、温度、压力、成分等监测装置；（5）监测液态渣铁温度、成分的监测装置。

9.1.2 高炉冷却系统与冷却器的在线监测

9.1.2.1 高炉冷却系统的在线监测

　　高炉冷却系统是维持高炉生产稳定顺行、实现高炉长寿核心关键的技术系统，是现代高炉不可或缺的重要组成部分。现代高炉炉体由炉顶到炉缸、炉底都采用了冷却结构，用以降低耐火材料内衬的工作温度、抑制异常侵蚀和热应力破坏、保护炉壳，尽管所采用的冷却系统和冷却器结构各有不同，但冷却系统的合理配置和稳定运行仍是现代高炉长寿应当重点考虑的内容。

　　高炉冷却系统的在线监测十分重要，通过冷却水温差、流量、压力、流速等参数的在线监测，可以实时控制冷却系统运行状况，通过炉体热负荷管理从而指导高炉操作和维护，为高炉炉体冷却系统的管理和高炉优化操作提供更为准确的依据。由于高炉不同区域的热负荷不同，高炉不同部位的水温差也不尽相同。水温差是高炉冷却系统最重要的监测参数，是最易获得也是能最直接反应高炉热负荷变化的指标。因此多年以来，国内外许多钢铁厂都以冷却水温差作为判断高炉冷却系统和炉衬工作状况的重要参数。但是，单纯依靠水温差的变化和数值并不能准确判定炉衬和冷却器的侵蚀状况，也很难精准推算出冷却器和炉衬的工作温度、侵蚀厚度。近年来，随着新一代监测技术的发展，人们开发研制了各种冷却水综合参数的监测装置，可以将水温差、水流量、水流速等参数实时在线监测，再通过数据处理器，计算得出炉体热负荷，在多参数综合的条件下，可以比较准确地推断冷却器和炉衬的工作温度以及厚度，同时可以根据炉体热负荷参数，及时调整布料和送风制度，抑制边缘煤气流过分发展，降低炉体热负荷，优化高炉操作，形成了基于炉体热负荷在线监测的操作炉型管理数学模型，为现代高炉精准操作和延长高炉寿命提供了有利条件。

9.1.2.2　炉体冷却器检漏技术

现代高炉炉体无论采用何种冷却结构，均配置了成百上千个冷却器（冷却单元），有数以千计的冷却支管回路，随着炉龄的延长或高炉强化冶炼，冷却器都会出现烧坏和破损。尽管造成破损的原因是多方面的，但及时掌握冷却器的工作状况、冷却器的破损诊断与判定却是至关重要的。

20世纪90年代，我国高炉软水密闭循环冷却技术迅速推广应用。由于冷却系统设计、冷却器制造、施工安装及生产操作等多方面都属于探索阶段，该项技术在许多高炉上应用都出现了问题，甚至有人质疑该项技术是否是未来高炉冷却技术的发展方向。因此，对于软水密闭循环冷却系统能够快速准确地诊断冷却器的破损、冷却水管泄漏成为当时的热点研究课题。为了及时监测冷却器的破损状态，当时开发了一种基于冷却器进出水流量检测的检漏装置，通过进出水的流量变化，来直观判定冷却器是否损坏。这种冷却器检漏装置自问世以后，在鞍钢的高炉上得到了应用，对及时检查发现破损的冷却壁起到了一定的积极作用。鞍钢高炉软水密闭循环系统采用便携式检漏仪来检测冷却水进出口流量差及温度差，用以判别冷却壁是否漏水，作为便携式的检漏装置，对冷却器进行定期的检查，替代了传统的人工检漏，该装置结构如图9-2所示。

由于炉体冷却器数量很多，采用离线监测

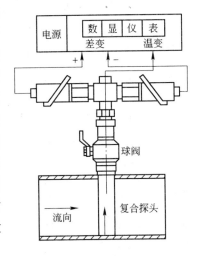

图9-2　便携式高炉冷却系统检漏仪

进出水流量的方式，对数以千计的冷却水支管全部进行流量监测存在很大困难。当时还有利用测量水中CO含量以监视冷却壁水管是否损坏，把冷却壁分成若干个区段安装几个分析仪以便判定漏水部位。在软水密闭循环冷却系统中，还可以通过对供水总流量与回水总流量的变化以及补水量的变化进行系统的宏观监测。

近年来，随着软水密闭冷却技术的不断发展和进步，冷却系统工作的稳定性、可靠性、可控性日益提高，特别是炉腹至炉身下部铜冷却壁的大规模应用，使冷却壁异常破损的问题得到根本遏制，冷却器检漏技术已逐渐成为炉役末期炉体监测的一项重点内容。

9.1.2.3 风口破损监测

风口是将高温热风鼓入高炉的送风装置，实质上也是高炉的燃烧装置。现代大型高炉的热风温度可达 $1250\sim1350℃$，热风压力达到 $0.35\sim0.55MPa$，实际风速高达 $200m/s$ 以上，采用富氧鼓风和煤粉喷吹使风口的工作条件更为恶劣。因此，风口小套、中套都必须采用水冷结构，大型高炉的风口大套和直吹管也相继采用水冷结构，使高炉送风系统的寿命能够满足高炉操作的要求。容积 $1000m^3$ 以上的大型高炉有 $20\sim40$ 多个风口，一旦风口损坏，冷却水就会泄漏到高炉内，在高温条件下，大量冷却水进入炉缸，如不及时更换风口，轻则将会造成炉缸堆积、炉缸冻结；重则将会造成重大事故，威胁高炉安全生产和高炉寿命。风口冷却水流量大、速度高，风口前端极易发生针孔状破损，而在高炉操作中难以观察，必须借助于高精度的仪表才能发现风口初期的微量漏水。以前曾经使用冷却水温度上升法、气体捕集法、监视炉顶氢含量法、音响法以及分析冷却回水中CO含量法，但效果都不甚显著。现在采用的最有效的是冷却水进出口流量差法，监视风口进出水流量及流量差，当低于下限时报警，提示操作人员及时检查、更换损坏的风口，图9-3是风口检漏的检测原理图。目前高炉上采用的风口流量监测设备有两种，一种是电磁流量计，采用特殊双管电磁流量计，将两个电磁流量计并联在一起，

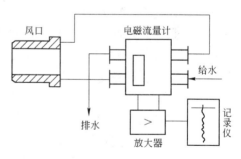

图9-3 风口进出水流量检测系统

使用统一磁路，统一供电电源可抵消电压波动和其他影响，最近随着计算机技术的进步，监测仪表精度提高，许多补正可在前者进行，而趋向使用单独的电磁流量计；第二种是使用卡尔曼流量计来测量进出口水量差以进行风口检漏。

9.1.3 高炉耐火材料内衬侵蚀破损监测

高炉耐火材料内衬的侵蚀破损直接影响到高炉寿命，特别是高炉炉缸炉底耐

火材料内衬的破损状况则是决定高炉一代炉役寿命的关键因素。因此，国内外对于高炉耐火材料内衬工作状态的监测都极为重视，开发研制了许多形式和种类的炉衬监测装置，表9-2为目前国内外常用的监测方法[1]。

表9-2 高炉耐火材料内衬破损监测方法

监测方法	炉腹至炉身	炉缸侧壁	炉　底
热电偶法	√	√	√
炉壳过热点法	√	—	—
红外摄像法	√	√	—
电位脉冲法（TDR）	√	√	√
同位素埋入法（RI）	√	√	√
热流强度法	√	√	—
冷却水热负荷法	√	√	—
冲击弹性波法	—	√	√
超声波法	√	√	√
电阻法	√	√	√
FMT法	√	√	—

9.1.3.1 同位素埋入法和热电偶法

高炉内衬破损监测最初采用同位素法（RI）和热电偶法，但由于埋入的传感器数量有限，因此难以监测出局部侵蚀的状况。

1985年9月建成投产的宝钢1号高炉（4063m³）在炉体和炉底表面通过安装166个热电偶测量温度来监视耐火材料砌体破损情况，并使用多路转换器以减少测量线路电缆芯数。首钢使用SHM法监测高炉炉缸炉底内衬侵蚀情况，实质上是装设多层热电偶监视温度，1号高炉（576m³）在炉缸第5~10层炭砖，共安装6层共44个热电偶测温点，3号高炉（1036m³）安装7层共78个测温点用来监测炭砖温度，并采用能量守恒定律和有关边界条件以及热参数，建立相应的节点有限差分方程，利用计算机通过迭代法算出各部位的温度，然后根据傅里叶传热基本方程绘制出高炉炉缸部位1150℃的等温线，从而描绘出炉缸内衬的侵蚀形貌。国外也使用类似的方法，如澳大利亚BHP公司3号高炉1985年大修时在炉缸中埋置的3排、8层共140个热电偶，法国钢铁研究院（IR-SID）和索拉克公司敦刻尔克厂4号高炉采用设置多层成对热电偶的方法；美国内陆钢铁厂7号高炉的炉缸边墙中沿高度方向有5层热电偶，每层沿圆周方向均匀地埋设8个或10个热电偶。但是因为没有在炉底设置热电偶，所以无法应用许多高效在线炉缸炉底侵蚀数学模型。

随着热电偶监测元件的精度和使用寿命的提高以及信号传输转换系统的集成化，热电偶温度监测技术已经日益成熟。现代大型高炉在炉缸炉底和炉腹至炉身部位的内衬，热电偶测温系统已经广泛应用，结合炉衬侵蚀数学模型，能够在线监测炉衬的温度场、推断炉衬侵蚀状态，是现代高炉长寿不可或缺的重要监测系统。

9.1.3.2 FMT 传感器法

FMT 传感器是日本神户钢铁公司开发的一种用于监测炉衬侵蚀的装置，我国也开发了类似的装置。在直径为 22mm 的套管内安装 5 个测温点，在热电偶与套管之间、热电偶之间用绝缘材料填充。这种 FMT 传感器结构紧凑，单个传感器具有多点测温及测量温度分布的功能，埋入炉身砌体内距砌体原始热面150mm，传感器前端随炉衬烧损而烧损，但其后部热电偶仍能正常工作，并可从 5 根热电偶烧损情况而推断砌体烧损程度，图 9-4 为 FMT 测温传感器的结构示意。

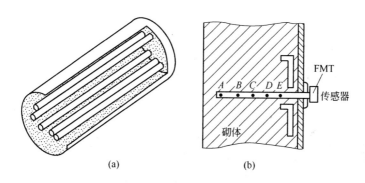

(a)　　　　　　　(b)

图 9-4　FMT 炉衬烧损监测装置
(a) 结构示意；(b) 在高炉砌体安装示意

在本钢 4 号高炉炉身中部，从标高 17m 到 22m 处分 4 层，每层 8 个方向共埋设 32 支 FMT 传感器，共 160 个测温点，按此温度可推断整个炉身关键部分耐火材料内衬的破损情况。

9.1.3.3 触发响应法

触发响应法就是把接近炉衬内表面的温度作为触发信号，而沿炉衬不同厚度方向上各点（图 9-5 中的 A、B、C、D、E 各点）在滞后一个时间后产生的相应温度变化为响应信号。求出 A 点和其他各点的相关函数，再寻找各组相关函数峰值所对应的渡越时间 L，用数值分析方法，求出 $L = f(x)$ 的关系曲线，外推到渡越时间为零的位置，就是残余炉衬内表面距离原始内表面的距离，从而得出炉衬砌体的破损厚度。触发响应法也是在 FMT 传感器法的基础上，结合数学模型计算的一种推测炉衬残余厚度的方法。由于该方法系统较为复杂，目前在大型高炉上应用并不广泛。

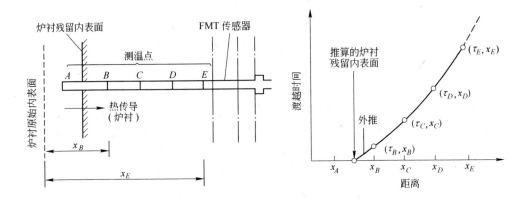

图 9-5 触发响应法原理

9.1.3.4 电阻法

电阻法在国外和国内均有使用，测量炉衬厚度的传感器是埋入炉衬的多个并联（断路式元件）或串联（短路式元件）电阻，也有的是一根整体的电阻棒，随着炉衬的侵蚀破损而使电阻变化，经计算机处理后可以显示出炉衬的残余厚度和图形。

9.1.3.5 炉墙热流强度法

炉墙热流强度法是通过直接测定通过耐火材料或冷却壁的热流强度来推断炉缸炉底内衬的侵蚀状态，由于高炉内部炉况变化而引起的热流强度变化比温度变化更为敏感，变化量也大，因此，这种方法用于监测炉衬侵蚀和破损也是可取的。目前，通过炉体冷却器的热流强度来监测炉体状况已经得到较为广泛的应用，是一种适用可靠的炉体监测方式。

9.1.3.6 红外热成像仪法

利用红外摄像机或热场传感器可以监测出整个高炉炉体中的温度异常的部位，并将监测结果绘制成温度曲线，根据监测数值进行传热计算就可以推断出炉体各部位的侵蚀情况。

图 9-6 示出了利用红外热成像仪在高炉定期休风时，切断冷却水后测得的炉缸部位炉壳表面温度变化的曲线。从图可以看出，炉缸炉底内衬各时期侵蚀情况与炉壳表面温度分布是相对应的，因此，借助这个温度变化曲线即可推断出炉缸炉底内衬的侵蚀状况，这种监测方法一般可用于炉役末期高炉炉缸炉底或炉腹至炉身下部异常破损区域，通过定期或不定期的监测，可以及时发现炉壳表面温度过热等异常状况，从而采取有效措施进行维护处理。

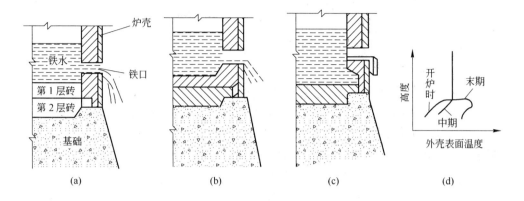

图9-6 热成像仪测量炉缸侧壁内衬的侵蚀状况

（a）开炉初期；（b）炉役中期；（c）炉役末期；（d）冷却水停止以后的温度曲线

9.1.3.7 超声波测厚法

高炉内衬超声波测厚技术最早是苏联在 20 世纪 50 年代末开始在高炉上应用，国内在鞍钢 6 号、7 号、3 号、11 号等高炉以及首钢的高炉上也得到成功地应用。超声波测厚技术是利用超声在固体介质中传播的原理进行测厚的一种方法。在一定温度下声波入射到炉衬进入炉内时，在炉衬与炉内两种异质界面上声波会反射回来。根据这一特点在高炉上将纵向脉冲式超声波垂直于炉衬射入，利用超声波在炉衬内入射和反射传播时间，求出炉衬的残余厚度。图9-7 是在炉身安装的超声波传感器，其原理可按下式表达：

$$L_2 = \tau v_{CP} L_1 / (2 - L_1) \tag{9-1}$$

式中 L_2——炉衬残余厚度，m；

v_{CP}——声波传播的平均速度，m/s；

τ——声波传播时间含入射和反射时间，s；

L_1——常数。

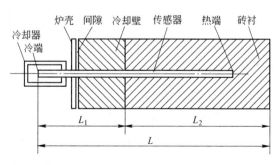

图9-7 超声波炉衬测厚装置

在固体介质中，当温度升高时，由于介质的晶间结构及晶粒发生变化，会使声速减慢；温度对声速的影响可用下式表示：

当温度 $T < 800$℃时，$v_{CP} = 5900 - 0.6T$；

当温度 800℃$< T < 1200$℃时，$v_{CP} = 5900 - 0.67T$；

当温度 $T > 1200$℃时，声波速度可减少到常温的 30% 左右。

这样只要求出一定温度下的 L_2，就可以推算出砖衬的残余厚度。

由于超声波传感器需要换能器，较低频率的换能器通常使用伸缩良好的镍片制成，需要进行退火处理；较高频率的换能器则通常使用钛酸钡等压电材料制成，因此换能器的制造成本较高，且不易弯曲而难以用于炉缸炉底内衬的破损监测。这种监测方法由于成本难以和 TDR 法相比（传感器为一根电缆，可以弯曲，可测量炉身或炉缸炉底内衬的侵蚀烧损），所以这种炉衬测厚方法受一定的限制，一般用于炉腹至炉身部位。

9.1.3.8 冲击弹性波法

冲击弹性波炉衬厚度仪是由原日本钢管公司（NKK）研制的，是一种应用冲击弹性波技术监测炉缸炉底炭砖厚度的传感器，以弥补热电偶法不能过于密集埋设热电偶、触发响应法只能监测炉衬厚度长时期变化等方面的不足，图 9-8 为冲击弹性波监测原理。其测厚原理是：用锤子敲击被测量物体向其施加外力，所产生的冲击波一部分在大气中传播，被接收器转换为脉冲信号以确定测量的开始时刻；其余的冲击波在物体中进行传播，将其中某些频率放大后送往波形记忆装置，物体的厚度可以根据声速和所观察到的波形的反射时间计算出来。冲击弹性波测厚装置在 1 座休风的高炉上进行过离线试验，图 9-9 为试验结果和探孔监测的结果。反射波在炭砖砌体产生裂缝的疏松层界面上或侵蚀界面上会发生反射，利用磁铁将监测装置吸附在炉缸区域的炉壳上进行在线检验。检验结果表明，用冲击弹性波法测量的炉缸侧壁侵蚀线和热电偶法非常接近。由于传感器可以在炉缸区域炉壳的任意位置上移动，因此比热电偶法更为便利、准确。冲击波的能量要比超声波大很多，可以穿透 300mm 以上厚度的物体，故适用于监测高炉炉衬和冷却器的残余厚度。

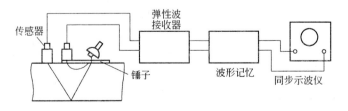

图 9-8 冲击弹性波炉衬测厚仪示意图

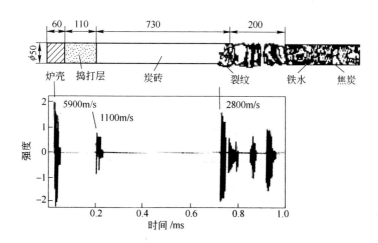

图 9-9　高炉冲击弹性波测量结果与炉缸侧壁钻孔实测的炉衬残余厚度比较

9.1.4　高炉内部状况的监测

9.1.4.1　料线监测

料线是高炉炉料在下降过程中料面距料线零位的相对距离，一般高炉正常料线深度为 1.5～2.0m。高炉料线是高炉装料最基本的参数之一，也是高炉进行炉料分布控制、上部调剂的最基础的主要工艺参数。料线的监测可以直接反映炉料的下降状态，而炉料下降的顺利与否，则是评价炉况顺行状况的主要参数。常规料线测定都是采用机械式探尺，但机械式探尺经过长时间使用后容易损坏，特别当低料线时，探尺的重锤还可能被高温煤气烧毁而坠入炉内。为了解决这一问题，美国伯利恒钢铁公司伯恩斯厂研制了微波式探尺（MBHMS），澳大利亚 BHP 公司也开发了一种激光式探尺（OPSTOCK），图 9-10 是机械式和微波式探尺的测量原理示意图。

MBHMS 由雷达探头和计算机系统组成。雷达探头又包括微波模块、双天线和多功能监测点，安装在一个外面有钢保护套的圆柱形钢壳内。天线位于料线零位 4.5m 的上方。应用结果表明，MBHMS 测定的料线和探尺测定的结果基本上一致，但当高炉内烟尘太大时，测量结果就会出现误差。

澳大利亚的激光料面仪的原理是基于光的"飞翔时间技术（TOF）"，如图 9-11 所示，从激光源发出的短促激光脉冲在照射到目标物体之后被反射到聚光镜上，然后被接收器所测知。光线从光源到接收器所经历的时间再被变换为光源和目标物体之间的距离。料面仪主要包括 3 个系统：激光发射系统；激光接收系统（包括一台望远镜和一台装有高速激光监测器的红外监测器）；可允许直径为 12mm 的发射和反射激光束穿过的不易积灰的窗口。

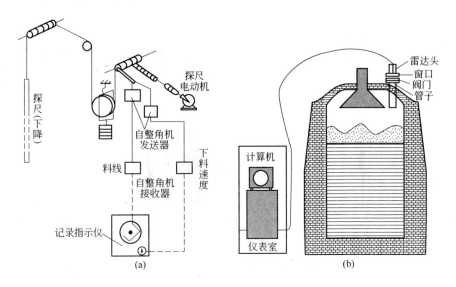

图 9-10 料线测量原理示意图
（a）机械式探尺；（b）微波式探尺

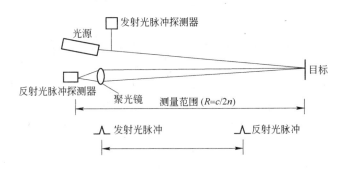

图 9-11 "飞翔时间技术"激光测距法原理
c—光速；n—折射率

首钢京唐 5500m³ 高炉炉顶探尺采用了 2 台机械式和 1 台雷达探尺，将机械式和雷达式探尺同时应用，相互参照、相互校正，取得了较好的应用效果。

9.1.4.2 炉喉温度监测

A 炉喉十字测温装置

炉喉温度监测装置一般被称为炉喉固定测温，可以在线测量炉喉部位料面以上煤气的温度，根据监测的结果可以推断高炉内煤气流分布，以监视高炉炉况，是现代大型高炉重要的温度监测装置[2]。炉喉固定测温一般沿炉喉料面上半径方向的不同部位设置若干个热电偶以测量径向各点温度，为了防止布料时炉料对固定探杆的冲击磨损而设计了专门的装置，如图 9-12（a）及图 9-12（b）所示。在高炉圆周的 4 个方向各装一根固定探杆，其中一根稍长，可以测量高炉中心温度，因此这种固定测温装置又被称为十字测温装置，如图 9-12(c) 所示。

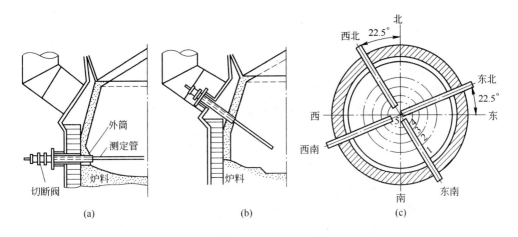

图 9-12 炉喉固定测温装置安装结构
(a) 水平式；(b) 倾斜式；(c) 十字测温

十字测温装置在高炉圆周 4 个方向测温点的设置，一般根据高炉容积和炉喉直径确定。现代大型高炉十字测温装置一般在炉喉断面上共设置测温点 20 ~ 30 个，即高炉半径方向每支测温探杆上设置 5 ~ 8 个热电偶测温点，高炉中心设置 1 点。半径方向测温点的分布可以是等间距设置，也可以根据圆环面积相等的原则设置。前苏联马格尼托哥尔斯克钢铁公司的高炉，利用已有的炉喉 4 根电动取样装置装上热电偶和程控装置，以便自动定期伸入炉内测量料面煤气流温度分布情况。澳大利亚高炉则使用轻型无冷却水的炉喉半径测温装置（如图 9-13 所示），

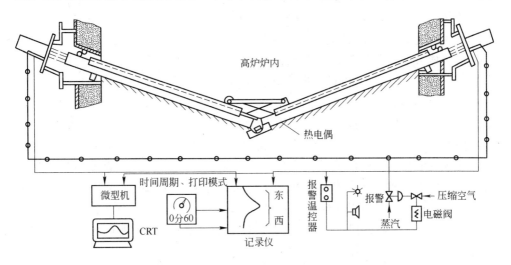

图 9-13 无冷却水的炉喉半径测温装置

其特点是结构简单、造价便宜，使用周期约半年到一年，较为适用于容积为 1000m³ 以下的高炉使用。国内 20 世纪 90 年代，高炉安装的十字测温装置大都是采用水冷却结构的，并设计角钢保护装置，设计结构如图 9-14 所示。测温探杆采用水冷却的优点是当高炉出现设备故障或操作事故时，一旦炉身上部煤气温度高达800~900℃甚至更高时，可以保护十字测温装置不被烧损。但采用通水冷却的十字测温装置由于炉料磨损或长期过热等原因，一旦破损也会造成冷却水泄漏，大量冷却水漏入高炉内，对高炉操作也会带来不利影响。

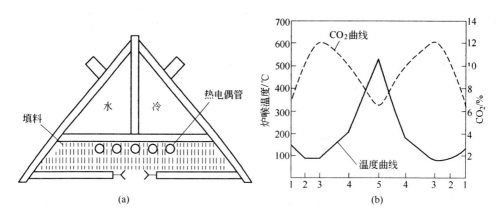

图 9-14 武钢 1~4 号高炉倾斜式十字测温装置
(a) 探杆剖面结构；(b) 1993 年 7 月 27~30 日正常炉况时 CO_2 与温度关系

直至目前，十字测温装置已成为高炉煤气流分布控制和炉料分布控制最主要的监测和评价依据。其主要原因是：(1) 由于高炉冶炼过程中煤气的化学能利用与热能利用是密切相关的，炉喉径向断面的温度分布可以直观地反映出煤气化学能利用的优劣；(2) 传统的炉身煤气取样分析系统设备复杂庞大，而且不能实现煤气成分的在线监测，监测数值也相对滞后，不利于高炉定量化的精细调节；(3) 十字测温装置可以实时在线监测煤气温度的变化，为高炉操作提供更为直接准确的参数；(4) 炉喉十字测温装置完全可以取代设备复杂的炉身煤气取样机，可以降低工程投资、减少设备的维护。

基于上述原因，进入 21 世纪以来我国新建或大修改造的高炉几乎全部取消了炉身煤气取样机，而设置了炉喉十字测温装置。十字测温装置测温探杆的材料和设计结构也进行了许多改进，传统的水冷结构进行了许多优化改进，无水冷圆形断面的探杆结构也取得了较好的应用效果，使用寿命可以达到 2 年以上。

图 9-15 为首钢京唐 5500m³ 高炉采用的炉喉十字测温装置平面图，其中第 1、2 点共设 4 个热电偶；第 3~8 点共设置 28 个热电偶，热电偶间距按照炉喉断面圆环面积相等的原则设置。

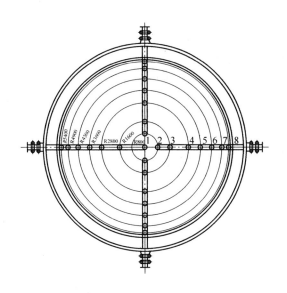

图9-15 首钢京唐5500m³高炉炉喉十字测温装置平面图

该高炉十字测温装置增大了断面高度及板材厚度，提高了结构强度。测温探杆的冷却水腔体结构取消锐角，扩大冷却腔体断面，使冷却效果提高，并基本上消除形成局部沸腾的可能，其适用范围由原来的0~800℃提高到0~1100℃，图9-16为首钢京唐5500m³高炉十字测温探杆的断面结构。

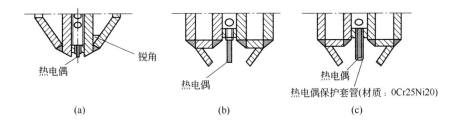

图9-16 首钢京唐5500m³高炉炉喉十字测温装置
（a）冷却水箱有锐角；（b）热电偶无保护套管；（c）热电偶设保护套管

热电偶设置保护套管，使热电偶不易损坏，即使发生损坏，也可在高炉不修风的情况下进行更换。由于增大了热电偶及保护套管与高炉煤气的接触范围，使测温数据更为准确；由于4000m³级以上特大型高炉十字测温装置重量大、更换难度高，因此，热电偶采用寿命长、耐温达1100℃的GH3030热电偶，防止热电偶与保护套管黏接，以减少因更换热电偶而拆装十字测温装置的次数。

B 红外摄像仪

通过炉喉十字测温装置可以及时了解高炉内煤气流分布状况，指导高炉操作，但在生产实践中发现炉喉十字测温装置也存在一些缺陷：安装在炉喉的十字测温探杆阻挡了下落的炉料，使料面上形成了十字形沟槽，影响高炉布料圆周方向的均匀性，这对于炉喉直径相对较小的高炉可能影响更大。此外十字测温测量的是料面以上混合煤气流的温度，由于煤气流上升过程发生混合，与料面对应位置的温度仍有差异；十字测温装置不仅存在温度变化滞后的缺点，而且只能测量炉喉两个直径方向上的温度分布情况，不能监测其他位置的温度分布状况。而且十字测温装置设备比较庞大，设备安装和维护困难，维修费用较高。

由于炉喉十字测温存在的上述技术缺陷，近年来许多高炉开始使用红外摄像的热成像仪来测量炉顶料面温度分布。早在 20 世纪 70 年代中期，比利时冶金研究所（CRM）就已成功地用红外摄像技术测定炉喉料面温度分布并发现管道等异常行程，并制成热摄像仪，在比利时、瑞典、德国等高炉上使用效果良好。与此同时，日本钢铁公司与捷里（JEOL）公司共同研制了热摄像仪，并于 1975 年 4 月在君津厂 3 号高炉使用，其后，在 4 号高炉和大分厂以及日本其他钢铁公司各高炉使用，是近年来测量炉顶料面温度分布的流行方法并已商业化，这种仪表在日本的 NEC 和比利时的 CRM 均有生产，国内也有生产，其原理如图 9-17 所示，在炉顶通过硅镜接收从热炉料表面发出的红外线，经水平和垂直扫描镜反射到电子冷却的镉—汞—碲元件上。由其检出信号并做数据处理和显示结果。图 9-18 为 CRM 早期产品，将料面分成许多小区域，区域不同温度以不同颜色表示（每隔 50℃ 以不同颜色表示），这种显示方法，图像处理要简单些，NEC 的产品是将 320～600℃ 之间的温度每隔 40℃ 用不同颜色表示，并给出等温曲线图像，这样更直观，而且是连续的。

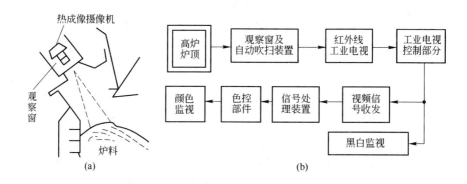

图 9-17 红外摄像仪监测炉顶料面温度分布
(a) 炉顶热成像仪示意图；(b) 热成像仪方框图

近些年，国内也开发成功并已商业化类似原理的 SW3 型高炉料面红外摄像仪，其功能更加完善、技术更为先进，不仅可以观测到料面状况、中心煤气流与

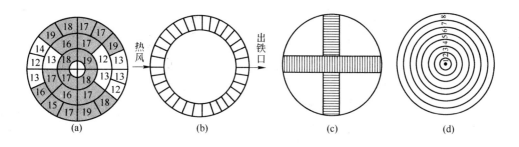

图 9-18　料面温度分布显示

（a）料面温度；（b）周围温度；（c）径向温度；（d）同心温度

边缘煤气流分布的状况，还可以观测到管道、塌料、坐料和料面偏斜等炉内现象，而且可以看到布料溜槽运动和布料过程。此外，在降低料线的情况下，还可以观察到炉体砖衬和冷却设备的工作状况以及炉墙结瘤、结厚等现象，使高炉炉喉区域实现了炉内状况的可视化，为及时掌握炉内状况、采取高炉布料分布控制提供了直接的信息。

炉顶红外摄像仪的特点是：

（1）摄像仪将微型摄像机插入炉内，体积小，炉壳开孔直径只有 133mm，高炉休风时就可以安装；

（2）摄像机 CCD 芯片具有可见光和红外双重功能，工作稳定可靠，使用寿命长；

（3）摄像机镜头视角达 110°，不用调焦，没有机械和电动部件，每座高炉只需安装 1 台；

（4）摄像仪采用球阀和密封套两道密封，可在生产中维护和更换，维护简便快捷；

（5）摄像装置接在水冷套中，使摄像机在允许温度的条件下工作，延长摄像仪的使用寿命；

（6）摄像机用氮气或净煤气气幕防护，可使摄像头在高温、高压、高粉尘的恶劣状况下长期稳定地在线工作，并且所需氮气或净煤气消耗低、运行费用低。

高炉料面红外摄像仪已在国内 40 多座高炉上安装使用，使用效果良好。图 9-19 是其在高炉上的安装位置及系统构成。

9.1.4.3　高炉炉顶煤气成分分析

高炉炉顶煤气成分分析可以使高炉操作者及时掌握高炉煤气化学能利用情况，对于及时掌握分析炉况、指导高炉操作具有重要意义。高炉炉顶煤气成分一般为 H_2：1% ～ 5%；CO：20% ～ 30%；CO_2：15% ～ 23%；N_2：50% ～ 60%；

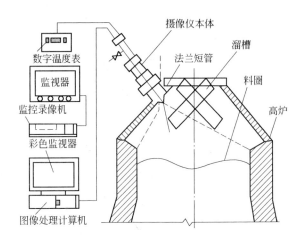

图 9-19　高炉料面红外摄像仪的安装位置和系统构成

炉顶煤气温度约为 $150 \sim 250℃$；含尘量约为 $5 \sim 10g/m^3$。一般分析煤气中 CO_2、CO 和 H_2 含量就可以了解高炉冶炼的情况，炉顶煤气成分也是高炉操作重要指标之一，CO_2 含量高而 CO 含量低，表明高炉煤气化学能利用充分，高炉煤气利用率高；反之则相反。一旦炉顶煤气中 H_2 含量过高还可据此及时发现风口或冷却器漏水等异常情况。随着高炉数学模型的发展，煤气成分参数是炉热数学模型必不可少的，加之性能良好的色谱仪的推广应用，炉顶煤气在线连续分析已成为现代大型高炉自动化监测的一项重要内容。

目前通常采用精度较高的色谱仪同时分析 CO_2、CO 和 H_2 成分，如果需要快速分析时，也可用红外线分析仪连续分析 CO_2 和 CO 含量，并用热导式仪表分析 H_2 含量，还可以使用质谱仪分析煤气成分，其分析精度相对较高。

煤气化学成分的分析误差对高炉数学模型计算结果具有较大的影响。实践证明，CO 和 CO_2 如有 0.1% 的误差，将分别引起 $[Si]$ 预报值的 0.025% 和 0.05% 的绝对误差。为了使数学模型的计算误差不超过可接受的范围，炉顶煤气成分分析值最大的标准差应小于 0.05%，分析系统的作业率还应尽可能地接近 100%。因此，国外各钢铁公司及仪表制造商纷纷研制和生产高精度的高炉炉顶煤气成分分析系统。日本住友金属公司采用稳定采样气压力、流量、温度，使用精确的体积法标定等措施，使分析精度高于 0.05%。CRM/IRM 公司也开发类似的高精度的高炉炉顶煤气成分分析系统 CIGAS，并在英国、芬兰、加拿大等国的高炉中使用。

由于质谱仪的分析精度高于气相色谱仪，因此近来开始使用质谱仪分析高炉炉顶煤气成分。武钢从美国 PE 公司引进一台可连续分析 16 种气体组分的质谱仪（对于高炉炉顶煤气而言，只需要分析 CO、CO_2、H_2、N_2、O_2、CH_4 等几种组分），本钢、太钢等也采用了英国 VG 公司引进 VG PRIMA δB 型质谱仪。表9-3 为有关质谱分析仪对煤气成分的分析精度。

表9-3 **VG PRIMA δB 型质谱仪对高炉煤气成分分析的典型精度**　　（%）

成　分	浓　度	平均值	标准偏差	最小值	最大值
CO_2	26.00	26.028	0.0150	25.995	26.073
CO	24.00	23.946	0.0209	23.891	23.995
H_2	4.01	3.986	0.0040	3.979	3.995
N_2	45.99	45.999	0.0174	45.959	46.048

9.1.4.4 高炉炉身煤气取样机

A　概况

高炉炉身煤气取样机按照设置的部位分为炉身上部、中部、下部和垂直煤气取样机，是 20 世纪 70 年代末逐步开发、研制并装备于高炉的。炉身煤气取样机是当时现代化高炉炉身部分监测煤气流（煤气成分和煤气温度）分布状况的主要监测设备。根据其监测参数的测量数据，可以推断出高炉内的二维热流比分布、还原率分布等多种块状带的状况，间接推断软熔带的形状，这对于稳定高炉操作和分析高炉的冶炼过程是非常重要的。

机械取样装置是炉身上部煤气取样机设备的主体，煤气样品的采集和煤气温度的测量均由其完成。取样机本体由取样探杆、油缸、闸阀、密封箱与波纹管和框架等组成，如图 9-20 所示。

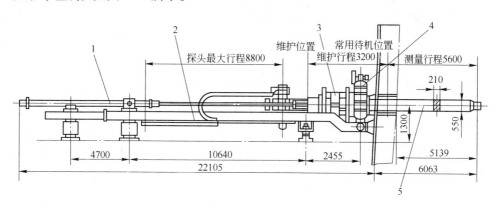

图 9-20　煤气取样机机械结构简图
1—油缸；2—框架；3—密封箱与波纹管；4—闸阀；5—取样探杆

B　发展过程及现状

高炉煤气分析技术的真正发展是从 1960 年以后开始的。由于红外线、气相色谱等在线分析仪表的研制成功，才使得这种技术在高炉炉顶综合煤气成分分析上得到应用并能准确、及时地测量出高炉煤气成分。

煤气在线分析仪表在高炉炉顶混合煤气成分分析的成功应用，推动和促进了取样装置的开发和研制工作。特别是水平式高炉炉身上部煤气取样机的开发研制和成功装备高炉，使煤气取样设备进入了一个崭新的发展阶段。该设备用先进的机械自动取样装置替代了落后的人工手动取样装置，使煤气取样点更准确、可靠、重现性好，而且操作控制灵活方便，在高炉中央控制室即可操作。

在水平式高炉炉身上部煤气取样机成功应用的基础上，又相继研制出炉身中部、下部、风口煤气取样机和料面上部水平（或倾斜）移动式炉喉煤气取样机及垂直煤气取样等。煤气取样机的功能也在扩展，除了采集煤气样品和测量煤气温度之外，还可采集炉内炉料样品和用硅光导纤维镜头直接观察炉内冶炼状况，从而为获得高炉冶炼的实时参数创造了条件。

C　国内外应用情况

水平式炉身上部煤气取样机，安装在料线以下 3~5m 处，用以监测炉内径向煤气流和温度的分布状况，是较早用于高炉的监测设备。德国 D. D. S 公司（Dango & Dienenthal Siegen，现为 TMT）研制的煤气取样机安装部位有水平安装在炉身上部、中部、下部、风口和垂直安装在炉顶等方式。煤气取样机的功能也由原来的取煤气样品和测温，扩展到取炉料样品和测压等功能。日本铁工株式会社在购买 D. D. S 专利技术基础上，又新开发了用硅光导纤维镜头组成的炉况观察系统。

20 世纪 70 年代末，首钢 2 号高炉安装了我国自行研制的第一台高炉炉身煤气取样机。随后，梅山冶金公司也在其高炉上安装使用了国产的煤气取样机。但是由于当时国产在线煤气分析仪表系统不过关和取样口经常堵塞等原因，没能达到国外产品水平。

20 世纪 80 年代，攀钢 1 号高炉（1200m³）采用了国内研制的炉身上部煤气取样机（YD240-Ⅰ型），在应用成功的基础上为宝钢 2 号高炉也研制了炉身上部煤气取样机，生产实践表明设备已达到国外同类产品水平。

水平式炉身中部煤气取样机、炉顶垂直煤气取样机、炉腰倾斜式煤气取样机等的结构、工作原理、设计及制造技术均与水平式炉身上部煤气取样机大体相同。

进入 21 世纪以来，我国新建或大修改造的高炉一般不再设置炉身煤气取样机，主要是由于设备庞大、投资较高、维护量大，而且不能实时在线监测煤气流的分布和温度变化，其功能已被炉顶混合煤气在线分析和炉喉十字测温所取代。在欧洲高炉上煤气取样机仍在应用，甚至将其设置在炉身中部，用于炉料取样和观测软熔带。

9.1.4.5 炉身静压力监测

在高炉不同高度测量炉内静压力，可以通过炉内压力变化提早预知炉况变化，并可以比较准确地判断局部管道和悬料位置，以便及时采取措施。现代大型高炉一般在 3～5 个水平面上设置 2～4 个取压口以测量炉身静压力，其目的是为了推断软熔带在高炉内的位置，德国蒂森施委尔根厂高炉炉身静压力增至 14 层。

炉身静压力监测的主要难题在于煤气取压管不可靠，由于取压管处不仅高温、多粉尘，且易结焦堵塞，因此很难长期直接监测炉内煤气压力。为了解决这个问题，开发了采用氮气连续吹扫取压口装置，如图 9-21 所示，通过监测吹扫氮气的压力，就可以得出炉内的煤气压力。这种装置利用炉内压力 p 等于恒流阀后取压口处压力 p_1 减去取压口至炉内的压力损失 Δp（Δp 的测量方法，可用吹气时测得的 p_1 值减去关闭吹气时测得的 p_1 值即可，用指示针指示仪时可以按此拨零位），测量 p_1 就可求出炉内压力 p，但 Δp 将与流过吹扫氮气流速的平方成比

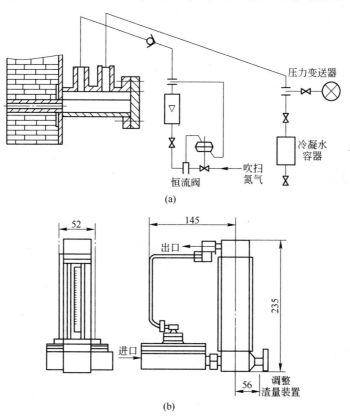

(a)

(b)

图 9-21　炉身静压力测量装置
（a）炉身静压力测量原理；（b）恒流阀外形结构

例，因此首先必须使吹扫氮气流量恒定而需设置恒流阀（图 9-21（b）），这个恒流阀是一个自力式流量调节器，流量可任意在 30～300L/min 范围内设定，进气压力应为 0.5～0.7MPa。一般氮气流量可在 200～300L/min 范围内选取，氮气量过小取压口易于堵塞，氮气量过大测量误差加大。

9.2　高炉炉缸炉底内衬侵蚀的在线监测[3~5]

为了延长高炉炉缸炉底寿命，要尽可能减少或避免高温渣铁直接冲刷侵蚀炉缸炉底耐火材料内衬，即要将 1150℃ 侵蚀线推出耐火材料内衬的热面以形成具有"自保护"功能的渣铁壳，将高温的铁水与炉缸炉底耐火材料内衬"隔离"。因此，必须及时掌握炉缸炉底的温度场分布、侵蚀内型和渣铁壳变化；同时在高炉生产时，还要保证炉缸的活跃性和稳定性，这就要求对炉缸结厚及活跃状态做出实时判断。高炉是一个高温高压密闭的冶金反应器，在生产时无法利用工业 CT 及其他一些无损监测设备对炉缸炉底的侵蚀内型进行监测，无法直接观察到炉缸炉底内衬侵蚀破损的情况，从而也就不能有效利用高炉上下部的调节手段及冷却系统进行调整，以减缓炉缸炉底内衬的侵蚀速率。目前，只能根据炉缸炉底设置的热电偶温度和冷却水温差，结合其他生产参数，利用传热学和流体力学原理对炉缸炉底的侵蚀内型、渣铁壳变化、结厚及活跃状态进行分析判断，并据此做出相应的护炉措施及生产操作和产量调节，以实现高炉的长寿高效。

本节将对目前常用的炉缸炉底侵蚀监测方法进行分析，并结合生产实际，介绍对于采用不同耐火材料材质、不同炉缸炉底内衬结构、不同生产操作特点的高炉，对高炉炉缸炉底进行离线及在线监测的实践研究工作。

9.2.1　炉缸炉底常用侵蚀监测方法分析

目前，对于炉缸炉底侵蚀分析监测，所采取的办法主要是通过记录炉缸炉底冷却水的进出口水温差，进而计算出冷却水带走的热流量，与热电偶的温度相结合，利用一维传热来判断炉缸炉底的侵蚀状况。这种方法可以判断不同冷却壁所在位置的平均侵蚀严重程度。在炉缸的中上部和炉底靠近中心的部位，因热流方向近似为一维传热，此方法推断的侵蚀厚度基本和实际情况接近，但如果用于对整个炉缸炉底进行准确的侵蚀监测评估，则存在着以下不足：

（1）在炉缸炉底的其他部位，尤其是炉缸炉底的交界处，由于径向导热系数的不同以及炉缸炉底交界处很明显的二维传热（如图 9-22 所示），热流的水平分量及垂直分量从内到外都在发生变化，不能简单通过冷却水水温差的一维传热计算来推测温度场分布，在热流方向是二维的部位，尤其是可能出现象脚状异常侵蚀的炉缸炉底交界部位，无法用此方法判断侵蚀线位置。

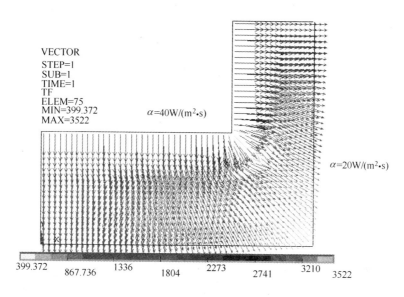

图 9-22　炉缸炉底热流分布

（2）冷却壁在高度方向上的跨度很大，由冷却壁的进出水温差计算得出的热流强度是该段冷却壁的平均热流强度，和不同标高处的半径方向相邻热电偶的温度计算出的热流强度不同（如图 9-23 所示）。因此在此高度范围内无法凭借冷却水温差来推断具体的内衬侵蚀轮廓，而只能概括这段高度范围内的平均侵蚀程度，如果出现局部的异常侵蚀，只依靠冷却水温差将无法提早得知。

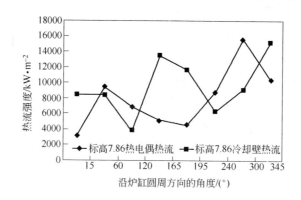

图 9-23　相邻热电偶之间的热流和冷却壁的平均热流比较

（3）侵蚀线的位置由热流和温度共同决定，同时由于渣铁壳的形成或脱落，影响通过冷却壁的热流，热流大小和侵蚀严重程度在有渣铁壳形成时并不是简单的线性对应关系，单独选取某一时刻的温度来推断侵蚀线的位置，无法判断渣铁壳的存在对热流的影响。

综上分析，冷却水进出口水温差只能作为判断炉缸炉底内衬侵蚀状况的一个环节，并不能准确完整地反映炉缸炉底的侵蚀线轮廓，同时由于炭砖导热系数在生产中的变化和炉况的波动，炉内渣铁壳可能时有时无，炉内的侵蚀线位置也很难简单地利用热电偶温度进行推算，尤其是在炉缸炉底象脚状异常侵蚀的拐点附近，即在炉缸炉底的交界部位，热流方向并不是一维的，不能通过热电偶温度变化的简单计算来和侵蚀厚度的变化对应起来，而且炉缸炉底只设置若干层热电偶，每层热电偶之间的跨度较大，如果仅靠热电偶的温度观测，并不能及时掌握炉内的侵蚀轮廓。为了及时准确地掌握炉内的侵蚀线位置和渣铁壳形成情况，必须建立完整的炉缸炉底非稳态传热模型，计算得出温度场分布进而监测炉内侵蚀及结厚的变化。

选择准确可靠的数学模型是达到良好计算效果的基础，经过对炉缸炉底传热及渣铁水流动的长期理论研究和实践计算，选取柱坐标系下的带有凝固潜热的三维非稳态温度场计算模型作为炉缸炉底监测的基础数学模型，并在对实际不同高炉的离线和在线侵蚀监测工作中，明确了提高模型对不同高炉实际生产中所出现异常的自适应能力的重要性，在侵蚀监测计算中引入了"侵蚀诊断知识库"以解决耐火材料导热系数的变化、环裂、渗铁、铁水流动影响以及由侵蚀继续引起的"边界不定"等问题，采用传热学"正问题"计算温度场和"反问题"推算侵蚀边界相结合的方法，使数值模拟和实际情况更加吻合。

9.2.2　离线侵蚀监测

要实现炉缸炉底的长寿高效，不但在设计中要选用合理的耐火材料和内衬结构，更重要的是在高炉投产以后，在一定的原燃料质量和生产操作条件下，能够及时准确地监测炉缸炉底的工作状态。某些高炉在开炉以后，炉缸炉底的耐火材料发生变化，可能导致其工作状态和原始设计理念差别较大。某些高炉在新一代炉役时采用了不同的耐火材料，因此评判炉缸炉底是否处于正常工作状态的标准也发生了变化，以下为离线侵蚀监测的一些实例。

某高炉采用"隔热法"设计理念设计了陶瓷杯复合炉缸炉底，但在投产仅1个月后炉缸炉底温度异常升高，炉底陶瓷垫下的热电偶温度甚至超过了1000℃。为此高炉进行离线计算，通过模型对耐火材料导热系数的自动修正，发现此高炉为耐火材料的导热系数和设计理念相反的典型实例，陶瓷杯导热系数过大使得铁水的热量过于容易进入，而炭砖的导热系数过小使得热量很难传出被冷却水带走，因此形成了图 9-24 的温度场分布。模型判断和厂家对耐火材料的检验结果相一致，也检验了离线侵蚀监测程序处理导热系数在生产过程中变化的能力，体现了模型自动修正耐火材料的导热系数在生产变化中的重要性。

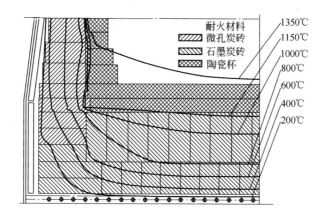

图9-24 实际导热系数和设计理念相反的炉缸炉底温度场分布

某高炉采用陶瓷杯结合自焙烧炭砖的炉缸炉底结构,在炉役末期对其不同角度剖面的温度场和侵蚀轮廓进行了离线计算监测、模型判断并得出了铁水流动、炭砖环裂等对侵蚀的影响,并发现了某角度剖面的异常侵蚀。图9-25为铁口所在的剖面炉缸炉底的温度场分布,其中1150℃等温线代表侵蚀轮廓,经模型计算此剖面的侵蚀较严重,这也和炉缸炉底渣铁水流动模拟研究的结果相吻合,如图9-26所示,其中箭头的大小代表铁水流速的大小,可见铁口附近铁水流动最快,即耐火材料砖衬受到更强的冲刷侵蚀。

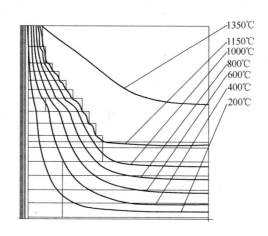

图9-25 铁口所在剖面温度场分布

某高炉大修后采用热压炭砖代替原来的普通炭砖,在2005年高炉正常生产时炉缸热流强度远超过上一代炉役的警戒值,对高炉炉内工作状态是否安全

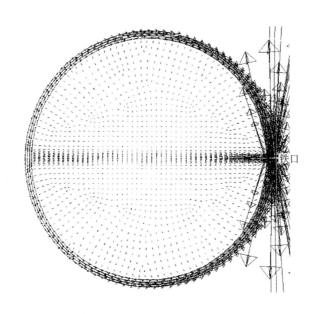

图 9-26 炉缸炉底渣铁水流动模拟

存在疑虑，经过对此高炉炉缸炉底的离线计算监测，得出图 9-27 所示的最严重侵蚀的剖面温度场分布，炉缸最薄处剩余炭砖厚度为 780mm，尚处于安全工作状态，这是因为在同样的剩余炭砖厚度下，采用更高导热系数炭砖的炉缸热流更大，炭砖热面温度也更低，因此新一代炉缸的热流强度警戒值也应更高。通过模型计算，直观地反映了目前高炉炉内侵蚀轮廓，判断高炉可以继续正常生产。目前此高炉仍然在稳定生产中，也验证了模型判断结果的准确性。可

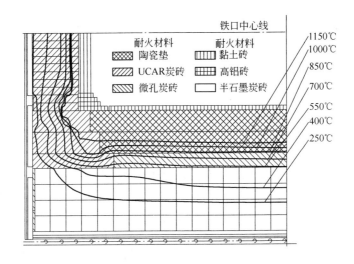

图 9-27 某高炉热流强度超出上代炉役警戒值后的温度场分布

见，及时准确地掌握高炉炉缸炉底工作状况，才能为高炉的安全高效生产提供可靠的理论依据。

离线侵蚀监测以炉缸炉底热电偶的历史最高温度、热流强度，或者是某一时刻的温度、热流强度为计算依据，缺乏对炉缸炉底侵蚀或结厚的连续性监测，在生产过程中入炉原燃料质量及生产操作的变化都会引起炉缸内渣铁水流动的变化，进而引起炉缸炉底内衬侵蚀或结厚的变化，因此必须对炉内状态进行实时的计算监测，才能为生产操作和炉缸炉底维护提供可靠的理论依据，以实现高炉长寿高效的统一。

9.2.3　在线侵蚀监测模型的开发

炉缸炉底温度场计算模型需要输入炉缸炉底的结构尺寸和物性参数作为初始条件才能进行计算。在实际生产过程中，炉缸炉底的侵蚀轮廓是未知的，耐火材料的导热系数也是存在变化的，因此需要根据热电偶温度和冷却壁热流强度，采用"反问题"方法离散控制方程，来进行侵蚀轮廓的计算，并在求得侵蚀轮廓以后，确定"正问题"计算方法所需内型尺寸，计算整个炉缸炉底的温度场分布，利用实际热电偶温度数据进行判断，根据"炉缸炉底侵蚀诊断知识库"判断高炉运行过程中可能出现的耐火材料导热系数的变化、环裂、渗铁等异常状况，修正后重新采用"反问题"方法计算，直到计算温度场分布和实际热电偶温度数据相吻合，储存计算结果并进一步完善炉缸炉底"侵蚀诊断知识库"。

炉缸炉底"侵蚀诊断知识库"的建立包括对耐火材料导热系数的自动修正，对炉缸炭砖环裂、渗铁等实际异常行为的判断和处理，以及伴随着炉底侵蚀破损、死铁层深度加深从而形成"新的炉缸侧壁"的判断等。

合理的设计是炉缸炉底长寿的前提，对于已经投入生产的高炉而言，准确全面地在线监控炉缸炉底温度场分布和侵蚀轮廓，及时地采取相应的高炉操作和护炉措施，是延长炉缸炉底寿命的核心。

9.2.3.1　程序的分析

对于高炉炉缸炉底在线侵蚀监测软件的要求是：针对高炉炉缸炉底的多样性，应当尽量使程序能够计算各种炉缸炉底的情况，也就是输入参数应详细，确定炉缸炉底特征的各种参数应尽量包括在其中；同时炉缸炉底不同角度剖面的侵蚀情况是不同的，因此针对不同的剖面，应分别进行温度场的计算，这样可以监控不同剖面的侵蚀情况，并设计算法拟合没有热电偶剖面的侵蚀轮廓和温度场分布，计算力求做到快速，精度要求在 0.1℃；对计算结果要能够进行分析，保存结果到数据库中，满足实时侵蚀监控和查看历史侵蚀的不同需求。程序解决的关键问题如下：

（1）根据炉缸炉底已有热电偶的布置，优化炉缸炉底温度场的计算方法，使其达到更高的精度和更快的计算速度；

（2）根据热电偶温度和冷却壁热流强度，实时监控温度场分布及侵蚀线位置；

（3）实时监测渣铁壳的形成及变化；

（4）自动修正耐火材料的导热系数在高炉生产过程中的变化；

（5）自动判断及处理异常情况对炉缸炉底侵蚀的影响；

（6）根据不同位置的热电偶温度自动预警。

9.2.3.2 程序的设计

程序设计是对程序的各部分功能应该如何实现的描述，通过这个阶段的工作将划分出组成系统的物理元素——程序、文件、数据库、人工过程和文档等。其中一项重要的任务是设计软件的结构，也就是要确定系统中每个程序是由哪些模块组成，以及这些模块相互间的关系。从程序的要求来看，可以把程序分成3个主要模块：前处理模块、"正反问题"计算模块、后处理模块。

前处理模块主要包括"侵蚀诊断知识库"的创建，炉缸炉底各种参数的输入。根据描述特定炉缸炉底所需参数的要求，将参数的输入分为以下部分：热电偶位置参数输入，冷却壁参数输入，炉壳参数输入，炉底冷却参数输入，炉缸所用耐火材料材质参数输入，炉底所用耐火材料材质参数输入（包括导热系数、热容、密度），初始炉型尺寸参数输入。输入参数以后，建立炉缸炉底的原始参数数据库，其中可变部分（如内型尺寸、耐火材料导热系数等）存入"侵蚀诊断知识库"，以便在监控过程中实现自动调整。

"正反问题"计算模块选用三维非稳态带有凝固潜热的数学模型进行"正问题"和"反问题"的不同离散计算，此数学模型如前所述，在计算运行过程中和"侵蚀诊断知识库"相互作用，实现循环计算，以达到和实际热电偶数据的吻合，并储存计算结果。此"正反问题"模块具体包括：热电偶温度读取及有效性判断，热电偶最高温度更新存储，"反问题"计算侵蚀边界，"正问题"计算温度场分布，导热系数自动修正，"正反问题"计算收敛后数据库存储。

后处理模块主要包括绘制等温线、温度云图、渣铁壳、圆周方向饼图、热电偶历史最高温度趋势线、不同位置热电偶预警显示。

该程序采用C＋＋开发语言，开发环境是Windows，数据库应用SQL系统。为了充分发挥C＋＋这种面向对象编程语言的优点，便于调试和今后的升级，对每个模块进行了分析，确定了类与模块的对应关系和类的继承关系。应用了C＋＋语言的多态性，从而大大简化了程序的工作量，使程序每个模块具有很好的独立性，维护与升级都非常方便。应用软件工程的理论，设计的程序框图如图9-28所示。

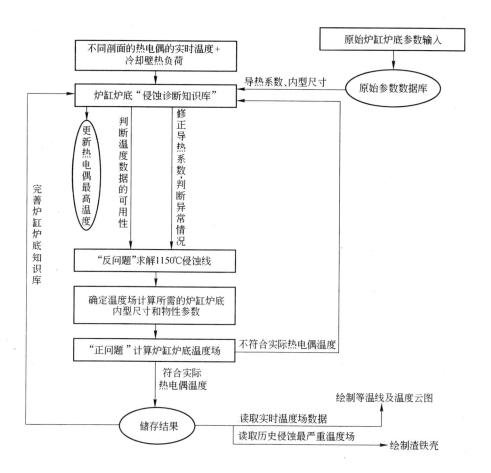

图 9-28　程序整体设计框图

9.2.4　在线侵蚀监测模型的应用

首钢迁钢高炉设置的水温采集通讯及侵蚀在线监测系统的人机界面直观明了，操作简单方便，以温度云图、等温线、柱状图、历史曲线等实时显示炉内不同角度、不同高度剖面的侵蚀变化、渣铁壳形成脱落及冷却壁的热流强度，且"侵蚀诊断知识库"为侵蚀变化的原因提供依据，这样高炉技术人员利用此系统就可以及时、准确、全面地掌握炉内侵蚀变化，并且结合"诊断知识库"对引起侵蚀变化的原因进行综合分析。图 9-29 是 2008 年不同时期 1 号高炉炉缸侧壁炭砖中电偶 TC3145 的温度（该电偶位于炉缸炉底交界高度距炉缸侧壁 NMD 砖冷面 250mm 处）和 ΔT_{water}（炉缸炉底交界区域的第 2 段冷却壁水温差），可见电偶温度和水温差的最大值出现在不同时期，根据计算及诊断结果，其形成原因也是不同的，因而采取了不同方法实现炉缸炉底的有效维护。

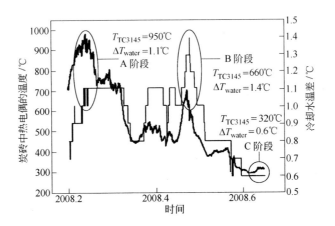

图 9-29　炉缸侧壁砖衬温度和冷却水温差变化曲线

　　图 9-29 中，在 A 阶段，TC 3145 高达 950℃而冷却水温差为 1.1℃，"侵蚀诊断知识库"自动判断出此原因是热电偶 TC 3145 后面的热阻远大于设计值，而热电偶 TC 3145 前的热阻正常，见表 9-4，砖衬 2 和壁体热阻之和增大至近 4 倍，因此铁水的热量容易进入炭砖，但不易从热电偶后的 NMD 砖内传出，这样热量积聚在炉缸侧壁炭砖内，导致电偶温度出现异常升高。通过侵蚀模型计算，当热电偶 TC 3145 后的热阻异常升高时，1150℃侵蚀线并不能推出炭砖热面，"传热法"炉缸侵蚀加剧，热电偶前方的炭砖减薄，热流强度增大，炉缸炉底交界处侵蚀呈象脚状发展，如图 9-30 所示，推测炉缸侧壁最薄处剩余炭砖厚度约为 625mm。导致热电偶后的热阻异常升高的可能原因包括：炉缸侧壁炭砖之间在高炉生产过程中产生缝隙、NMD 砖和冷却壁之间存在气隙层、冷却器水管存在结垢以及 NMD 砖在高炉生产过程中导热系数减小而低于其设计值。此外，炭砖和冷却壁之间存在气隙还可能引起煤气窜漏，这样使炉缸炭砖两端受热，侵蚀破损加剧，导致温度和热流强度都升高。由于 NMD 砖为高导热压小块炭砖，炉缸冷却壁冷却水已改通高压水，因此推断在炉缸炭砖和冷却壁间存在气隙是热阻异常升高的主要原因，进而重点在此部位采取了在线压浆的措施，压浆压力控制在 2.5MPa 左右，压浆材料为热固性树脂结合小颗粒泥浆，以消除炉缸侧壁可能存在的气隙。通过灌浆措施改善炉缸侧壁综合传热能力以后，才能更有效地抑制炉缸侵蚀。由于该高炉采用"传热法"炉缸炉底内衬结构，在消除气隙恢复传热能力后，其较低的热面温度也有利于Ti(C,N) 的形成。因此在高炉炉缸侧壁灌浆后，采取了加入含钛球团护炉操作。在采取高炉内外部结合的综合维护措施以后，当铁水中钛含量达到0.08% 时，热电偶温度和炉缸热流强度都开始下降，证实炉缸炉底的维护措施已见成效。

表9-4　炉缸炉底最严重侵蚀及交界部位的热阻

阶　段	综合热阻（砖衬2 + 冷却壁壁体） /m² · K · W⁻¹	阶　段	综合热阻（砖衬2 + 冷却壁壁体） /m² · K · W⁻¹
A	250.81×9^{-4}	C	62.27×9^{-4}
B	61.89×9^{-4}	原始设计	$61.43 \times 9^{-4} \sim 68.21 \times 9^{-4}$

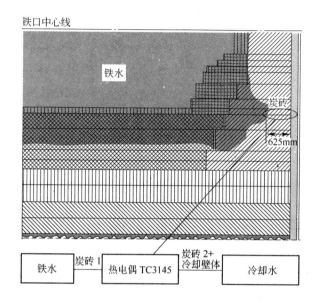

图9-30　炉缸炉底最严重侵蚀及拐角热阻分析

在 B 阶段，冷却水温差异常升高至 1.4℃ 而砖衬热电偶温度只有 660℃，炉缸热流强度超过 30MJ/(m² · h)，远远高于了高炉炉缸烧穿的经验预警标准。

从表9-4可见，B 阶段交界部位热阻恢复了正常，炉缸总热阻降低，使炭砖和冷却系统能够正常传热。但由于高炉出铁过程中铁口区域及铁口对面区域的铁水流速较大，尤其是在炉缸中心死焦柱增大、透液性变差时，沿炉缸侧壁的铁水环流增强，高温铁水的热量更容易进入炉缸炭砖，"自保护"渣铁壳很难稳定存在，导致炉缸侧壁热流强度急剧增加。因此，针对这种情况，需要对炉内渣铁水流动方式进行控制，即降低高温铁水和炭砖热面的对流换热。采取了一些有效的处理措施：如适当减小铁口直径、增加铁口长度、提高焦炭热性能、发展中心气流等，通过活跃炉缸中心和减缓铁水环流，炉缸恢复到了正常状态，冷却水温差和电偶温度在 C 阶段分别降至 0.6℃ 和 300℃，如图9-31所示，炉缸炉底温度场计算结果也显示，此时砖衬热面形成了稳定的"自保护"渣铁壳，尤其是在炉缸炉底交界区域渣铁壳厚达 260mm。通过在线监测、准确诊断和有效维护，抑制了炉缸炉底内衬进一步侵蚀破损，为延长高炉寿命创造了条件。

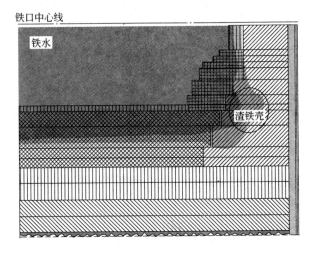

图 9-31 C 阶段炉缸炉底侵蚀轮廓及渣铁壳形状

9.3 高炉炉体热负荷在线监测系统的开发

9.3.1 水温及流量监测系统开发中需解决的问题

传统的高炉冷却壁水温差监测系统电路主要由模拟电路构成，根据不同类型的温度传感器，其测量线路也不尽相同，但是模拟线路基本上可以由图 9-32 中的框图来描述。热电偶和热电阻的测量系统仅在前端模拟信号处理有区别。热电偶经过冷端补偿后，可以通过运算放大器做信号放大；而热电阻通常需要用电桥感知热电阻阻值微小变化后，输出随温度线性变化的电压信号。将温度非电信号转化为合适的电信号，经运算放大器放大后再通过低通滤波器将高频分量过滤，经模数转换器转化为数字信号，由微处理器数据处理即可得到所测量的温度值，通过串口总线传输到上位机进行数据分析和显示，以达到实时监测的目的。

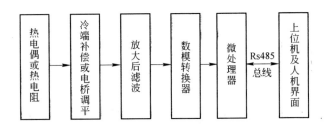

图 9-32 传统的温度监测系统框图

基于热电偶测温电路需要有冷端补偿，采用恒温瓶或恒温槽可以达到补偿的目的，但维护不方便。多点测量，为节省线路，将若干只热电偶通过模拟式切换开关共用测量电路。使用电子模拟开关虽然切换速度快，但接触电阻常在几百欧姆左右，容易引起误差，而采用密封型精密继电器模拟开关，虽接触电阻很小但切换时间稍长，且经测试接触，不同情况下阻值不同给测量带来很大困扰。

基于热电阻测温电路电桥桥臂流经热电阻的电流大小需要适当取舍，通电电流太大容易造成热电阻寿命严重缩减，太小容易受到外界干扰，电流一般取热电阻安全工作电流以下。工业级热电阻 Pt1000 的精度为 0.05℃，测量较低温差可能"力不从心"。

模拟线路实时监测系统还存在如下缺点：

（1）设计较复杂，不易维护。线路中由众多分立元件构成，运行期间若有某个测量点温度存在异常，则不易很快排查到电路存在异常的具体位置，传感器、放大器、ADC 等可能有问题，出问题的点越多，排查问题就越困难。

（2）电桥电路的供电电压和电阻精度对电桥输出电压影响很大，电压波动会造成温度测量值的波动。低精度的电桥电阻造成温度值的固有误差。

（3）运放电路的放大倍数由外围电路中电阻设定，外围电阻精度低同样会造成测量值的固有误差。

（4）ADC 的参考电压波动会导致输出的温度数字信号波动。

（5）热电阻或热电偶与线路的物理连接存在接触电阻，其大小受外部包装影响较大，容易造成一定的测量误差。

（6）由于热电偶或热电阻与主电路间补偿导线较长，容易受到现场复杂电磁环境的影响，引起测量值的无规律涨落，这种干扰在所有引起误差的因素中最为严重。

在高炉冷却水流量监测方面，目前高炉现场基本缺乏在线监测的技术手段，大多是高炉看水人员定期人工测量水量，劳动强度大且不具备实时性，而且在高炉侵蚀加剧时对于现场测试人员还存在着较大的安全隐患。

为了克服已有多点测量系统中的热电阻补偿线固有电阻引起的误差，以及线路上传输模拟温度信号容易受干扰的问题，同时为维护方便和信号在线路中更稳定可靠地传输，需开发一种高炉冷却壁数字式水温差流量实时测量集散系统，以减少中间易受干扰的模块，并采用数字式温度传感器和流量传感器提高测温精度，所有线路应采用数字信号来通信。

9.3.2 冷却水温及水流量的测量方式

9.3.2.1 铂电阻测温技术

A 铂电阻测温方式

热电阻通常需要用电桥感知热电阻阻值微小变化后，输出随温度变化线性的电压信号。将温度非电信号转化为合适的电信号，经运算放大器放大后再通过低通滤波器将高频分量过滤，经模数转换器转化为数字信号，由微处理器数据处理即可得到所测量的温度值，通过串口总线传输到上位机进行数据分析和显示，以达到实时监测的目的。

B 铂电阻温度传感器

按照 IEC751 国际标准，铂电阻的温度系数 TCR = 0.003851，Pt100（$R_0 =$ 100Ω）、Pt1000（$R_0 = 1000Ω$）为统一设计型铂电阻，TCR = $(R_{100} - R_0)/(R_0 \times 100)$。即 Pt100 温度传感器在 0℃ 时阻值为 100Ω，在 100℃ 时阻值为 138.51Ω；Pt1000 温度传感器在 0℃ 时阻值为 1000Ω，在 100℃ 时阻值为 1385.1Ω，电阻变化率均为 0.3851Ω/℃。铂电阻温度传感器精度高，稳定性好，测量温度范围广泛，是中低温区（－200～650℃）最常用的一种温度监测器，不仅广泛应用于工业测温，而且可以制成各种标准温度计供计量和校准使用，铂电阻温度传感器是目前精度最高的传感器。式（9-2）和式（9-3）给出了 Pt100 铂电阻的阻值和温度的关系。

在 －200～0℃ 范围内，温度为 t 时的阻值 R_t 表达式为：

$$R_t = R_0 [1 + 3.9083 \times 9^{-3} \times t - 5.775 \times 9^{-7} \times t^2 - 4.183 \times (t - 100) \times t^3]$$

$$(9-2)$$

式中 R_t——温度为 t 时的阻值，Ω；

t——温度，℃；

R_0——温度为 0℃ 时的阻值，100Ω。

在 0～850℃ 范围内，温度为 t 时的阻值 R_t 表达式为：

$$R_t = R_0 [1 + 3.9083 \times 9^{-3} \times t - 5.775 \times 9^{-7} \times t^2] \qquad (9-3)$$

在 －100～200℃ 具有良好的线性特性，斜率为 $(138.51 - 100)/(100 - 0) = 0.13851Ω/℃$。当铂电阻应用到该范围内工作时，即可采取该斜率常数，根据电阻值计算出对应的温度。

图 9-33 中电路是一个广泛应用于 Pt100 测温的 1.25mA 恒流源电路。提供

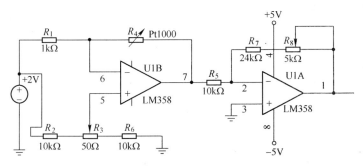

图 9-33 铂电阻测温电路

2.5V 电压参考源，与该电路中电阻 R_i 的阻值共同决定电流源的电流输出值，即调整其中任何一个都可调整电流源输出电流的大小。由于该电路可以输出更大功率，而且 Pt100 传感器不在放大器的反馈电路中，有利于电路稳定，因而被广泛应用于 Pt100 测温电路。

采用铂电阻测温时，尤其应注意的设计要点是当流经 Pt100 铂电阻的电流达到 2mA 时，其本身的发热量就足以干扰其测量精度，一般取其流经 Pt100 铂电阻的电流约为 1.25mA 以满足精度。Pt1000 则需要更小的电流才不会因本身发热干扰其测量精度。

通常采用恒流源电路设计铂电阻温度传感器，这样，既避免了铂电阻本身的发热影响测量精度，还可以通过测量铂电阻两端的电压来反映其电阻此刻的电阻值，从而计算出此时的温度值。

C 铂电阻的接线方式

a 两线制测量

传感器电阻变化值与连接导线电阻值构成传感器的输出值，由于导线电阻带来的附加误差使实际测量值偏高，用于精度要求不高的场合，并且导线的长度不宜过长。

要求引出的 3 根导线截面积和长度均相等，测量铂电阻的电路一般是不平衡电桥，铂电阻作为电桥的一个桥臂电阻，将导线一根接到电桥的电源端，其余两根分别接到铂电阻所在的桥臂及与其相邻的桥臂上。当桥路平衡时（压差为 0），通过计算可知，$R_t = R_1 \times R_3/R_2 + R_1 \times r/R_2 - r$。当 $R_1 = R_2$ 时，导线电阻的变化对测量结果没有任何影响，这样就消除了导线线路电阻带来的测量误差，但是必须是全等臂电桥，否则不可能完全消除导线电阻的影响，但分析可见，采用 3 线制会大大减少导线电阻带来的附加误差，图 9-34 为工业上一般采用的 3 线制接法。

b 4 线制测量

当测量电阻数值很小时，测试线电阻可能引起明显误差。图 9-35 为 4 线测

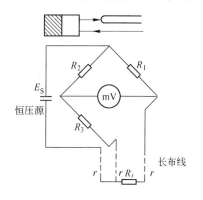

图 9-34 基于恒压源 3 线制测量

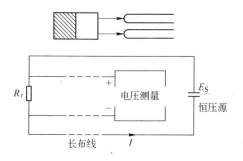

图 9-35 基于恒流源的 4 线制测量

量用两条附加测试线提供恒定电流，另两条测试线测量未知电阻的电压降，通过计算得到电阻值，这样就可以精确测量未知电阻上的压降。使用这种测量方法，铂电阻的连线可以达到10m以上，而不受分布式电阻的影响。

铂电阻测温尚存在如下缺点：

(1) 设计较复杂，不易维护。线路中由众多独立元件构成，使用过程中若有某个测量点温度存在异常，则不易很快检查到存在异常的具体位置。系统中传感器、放大器、ADC等均可能出现故障，出现故障的环节多，及时排查问题较为困难。

(2) 电桥电路的供电电压和电阻精度对电桥输出电压影响很大，电压波动会造成温度测量值的波动，低精度的电桥电阻造成温度值的固有误差。

(3) 运算放大电路的放大倍数由外围电路中电阻设定，若外围电阻精度低同样会造成测量值的固有误差。

(4) ADC的参考电压波动会导致输出的温度数字信号波动。

(5) 热电阻或热电偶与线路的物理连接存在接触电阻，其大小受外部包装影响较大，容易造成一定的系统测量误差。

(6) 由于热电偶或热电阻与主电路之间补偿导线较长，容易受到现场复杂电磁环境的影响，引起测量值的无规律涨落，这种干扰在所有引起误差的因素中最为严重。

9.3.2.2 数字温度传感器

在传统的模拟信号远距离温度测量系统中，需要很好地解决引线误差补偿、多点测量切换、放大电路零点漂移误差等技术问题，才能够达到较高的测量精度。而数字式温度传感器直接将温度转换成数字量进行传输的温度传感器，用温度传感器测量温度具有电路简单、系统稳定、电源稳定性要求低等特点。

对于高炉冷却水的温差测量，由于现场工况复杂，存在各种干扰较多，如果模拟信号传输电缆过长，在强干扰的环境中，势必容易造成传输错误，影响水温差测量的稳定性和精准性。而数字温度传感器输出信号为数字量，包含多种校验方式，不会因测量错误造成误操作。下面以DS18B20数字温度传感器为例介绍其高炉冷却壁水温差的测量。

DS18B20是美国DALLAS公司生产的可组网数字温度传感器芯片，体积小，使用方便，封装形式多样，适用于各种狭小空间设备数字测温和控制领域。

DS18B20测温范围为-55~125℃，测量精度为±0.5℃，分辨率为0.0625℃。在93.75~750ms内将温度转化为12位的数字量，典型的转化时间为200ms；表9-5为输出的数字量与所测温度对应关系。

表9-5 输出数字量与所测温度对应关系

温度/℃	二进制表示		十六进制表示
+125	0000 0111	1101 0000	07D0H
+85	0000 0101	0101 0000	0550H
+25.0625	0000 0001	1001 0000	0191H
+10.125	0000 0000	1010 0001	00A2H
+0.5	0000 0000	0000 0010	0008H
0	0000 0000	0000 1000	0000H
-0.5	1111 1111	1111 0000	FFF8H
-10.125	1111 1111	0101 1110	FF5EH
-25.0625	1111 1110	0110 1111	FE6FH
-55	1111 1100	1001 0000	FC90H

图9-36 为 DS18B20 的内部结构。DS18B20 内部结构主要由 4 部分组成,包括64 位光刻 ROM、温度传感器、非挥发的温度报警触发器 TH 和 TL、配置寄存器。该装置信号线为高电平时,内部电容器储存能量通过 1 线通信线路给芯片供电,而且在低电平期间为芯片供电直至下一个高电平的到来重新充电。DS18B20 的电源也可以从外部 3~5.5V 的电压得到。

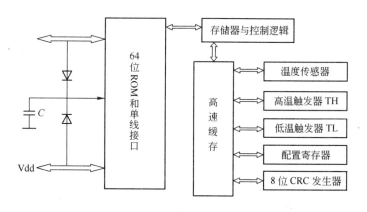

图9-36 DS18B20 内部结构

DS18B20 通过芯片温度测量技术来测量温度。图9-37 为温度测量电路方框图,DS18B20 的测温过程为:用一个高温度系数的振荡器确定一个门周期,内部计数器在这个门周期内通过对一个低温系数的振荡器的脉冲进行计数,来得到温度值。计数器被预制到对应于 -55℃ 的一个值。如果计数器在门周期结束前到达0,则温度寄存器(同样被预置到 -55℃)的值增加,表明所测温度大于 -55℃。

同时,计数器被复位到一个值,这个值由斜坡式累加器电路确定,斜坡式累加器电路用来补偿感温振荡器的抛物线特性。然后计数器又开始计数直到0,如

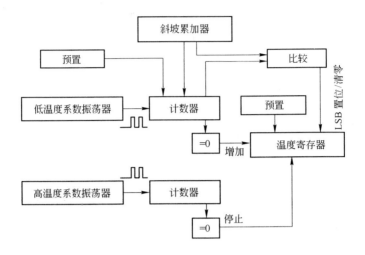

图 9-37 DS18B20 测温原理图

果门周期仍未结束，将重复这一过程。

斜坡式累加器用来补偿感温振荡器测温的非线性，以期在测温时获得比较高的分辨率。这是通过改变计数器对温度每增加1℃所需计数的值来实现的。

DS18B20 通过一个单线接口发送和接受信息，因此在中央微处理器和 DS18B20 之间仅需一条连接线，用于读写和温度转换的电源可以从数据线本身获得，无需外部电源。而每个 DS18B20 都有一个独特的芯片序列号，所以多只 DS18B20 可以同时连在一根单线总线上。图 9-38 为 DS18B20 与 MCU 的连接图。

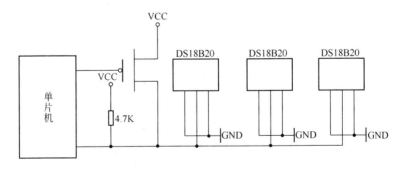

图 9-38 DS18B20 与 MCU 的连接图

数字温度传感器测温精度不高，为实现高的测量精度，往往要通过传感器的温度曲线，在高炉冷却水水温范围内挑选温度曲线相近的传感器，通过后期软件校正，可以保证数字温度传感器精度为 ±0.1℃。

随着高炉的数字化、精准化监测需求的提高，高炉冷却水温差监测的精度要求已达 0.05℃ 甚至更低，才能精准反映炉内状态的变化。目前测温精度达

0.01℃的先进无线数字温度传感器已成功开发并应用。

9.3.2.3 高炉冷却壁水温差的传输

高炉冷却壁水温差探头的温度传输方式包括有线传输和无线传输。有线传输方式是通过信号电缆将温度信号传输到操作间,其传输方式有两种:温度直接传输和总线式传输。

直接传输是指每一个温度探头直接与操作间的主机相连,这样往往需要连上百根电缆。其优点是每一路是相对独立的,如果一路温度通信出了问题,不会影响其余温度的通信。缺陷是造成大量的电缆浪费,现场布线比较困难,容易受到高温或低温的影响,造成温度偏差。

总线式传输是在高炉冷却水温差测试现场温度探头与操作间主机之间,实现双向串行多节点通信的系统,是开放式、全数字化、多点通信的底层控制网络。每个测温点可通过念珠型或星型连接到工业总线上,主机利用总线协议对每个测温点进行读取并显示。缺点是当其中一个测温点出问题后会把总线拉高或拉低,势必影响总线的数据传输,而且判断出问题的位置较为困难。图9-39为总线式传输结构图。

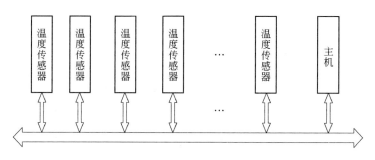

图9-39 总线式传输结构图

通过二级总线式传输会解决此类问题,通过多级网络进行传输将相近的测温点集中在一个分机上,分机将其所属的温度点的温度通过二级总线集中后,再通过一级总线发到主机上,这样一级总线不会因为单个温度点的错误而被长期占用,从而造成通信失败,一旦有坏点可以通过二级总线判断,这样可以减少工作量。图9-40为二级网络传输结构图。

9.3.2.4 高炉冷却壁冷却水流量测量

在高炉冷却壁热流计算中,流量是重要的物理量,流量的测量非常关键。流量计包括电磁流量计、涡轮流量计、涡街流量计、超声波流量计。

电磁式流量计原理是,导电性液体在流动时切割磁力线会产生感应电动势,根据容积流量与感应电动势的正比关系,得到容积流量。电磁流量计具有寿命长、压力损失小、测量结果不受流体黏度影响、测量范围宽、精度高等优点。但

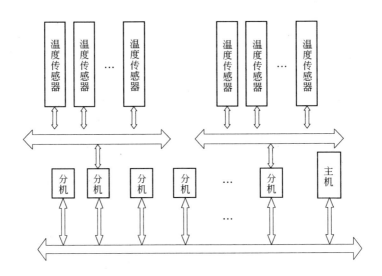

图 9-40 二级网络传输结构图

是由于电磁流量计的功耗较高，不适用于无线传输系统。

涡街式流量计原理是，在流体中设置三角柱形旋涡发生体，从旋涡发生体两侧交替产生有规则的旋涡，这种旋涡称为卡门旋涡。涡街式流量计是应用流体振荡原理来测量流量的，流体在管道中经过涡街流量变送器时，在三角柱的旋涡发生体后，上下交替产生正比于流速的两列旋涡，旋涡的释放频率与流过旋涡发生体的流体平均速度及旋涡发生体特征宽度有关。由于流量受旋涡释放频率、管路的振幅、流体的雷诺数等参数影响会造成测量误差。

超声流量计是通过监测流体流动对超声束（或超声脉冲）的作用以测量流量的仪表。根据对信号监测的原理，超声流量计可分为传播速度差法（直接时差法、时差法、相位差法和频差法）、波束偏移法、多普勒法、互相关法、空间滤法及噪声法等。超声流量计和电磁流量计一样，因仪表流通通道未设置任何阻碍件，均属无阻碍流量计，是适于解决流量测量困难问题的一类流量计，特别在大口径流量测量方面有较突出的优点，近年来它是发展迅速的一类流量计。其优点是：（1）可做非接触式测量；（2）为无流动阻挠测量，无压力损失；（3）可测量非导电性液体，对无阻挠测量的电磁流量计是一种补充。但超声波流量计在测量流量时，对于传播时间法只能用于清洁液体和气体；多普勒法只能用于测量含有一定量悬浮颗粒和气泡的液体，而且测量精度不高。

涡轮式流量计是通过测量放在流体中的叶轮转速进行流量测试的，它利用涡轮的旋转速度与流量成正比的原理，当叶轮置于流体中时，由于桨叶的迎流面和背流面的流速不同，因此在流向方向形成压差，由压差产生推力使旋桨转动，只要知道旋桨转速，就可得到流速。涡轮流量计精度高，重复使用性好。由于具有良好的重复性，其经常校准或在线校准可得到极高的精确度，在工业计量中是优先选用的流量计。输出脉冲频率信号适于总量计量及与计算机连接，无零点漂移，抗干扰能力强。可获得很高的频率信号（3～4kHz），信号分辨力强，结构紧凑轻巧，安装维护方便，流通能力大，可制成插入型，适用于大口径测量，压力损失小，价格低，可不断流取出，安装维护方便。

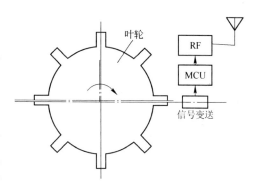

图9-41 涡轮流量计原理

利用涡轮流量计功耗低的特点，可以设计无线流量计，图9-41为涡轮流量计基本原理。其内部安装6个叶轮，随水流旋转，管壁安装电涡流传感器；叶轮旋转后，叶轮与传感器距离变小，则电感应量变小，距离增大则电感量增大，传感器输出PWM波，对脉冲计数后，将计数封装后与CRC校验和头信息一起发送到网络中的接收器上，上位机将计数转为流量供热流计算使用。

9.3.3 首钢高炉不同部位炉体热负荷有线和无线采集通讯系统建立

9.3.3.1 炉缸水温差热负荷有线采集通讯系统的建立

首钢1号和3号高炉炉缸采用工业水开路冷却，炉缸冷却壁的进出水管较为集中，分布在铁口平台的4个排水槽内，且这些排水槽离高炉看水工作室的距离较近。因此，选择了有线数字化系统对炉缸冷却壁进出水温进行在线采集和通讯。

由于炉缸侧壁的NMA砖所对应的冷却壁为炉缸第2段冷却壁，该段冷却壁也是炉缸各段冷却壁中热负荷最大、波动最明显、最能反映炉缸侧壁内衬侵蚀变化的冷却壁，对炉缸热负荷的监测重心为实时监测2段每块冷却壁的热负荷。第2段冷却壁采用的均为灰铸铁光面冷却壁，每块冷却壁上的水管为两进两出，在圆周方向上共有60块冷却壁，对每块冷却壁的两根水管的出水温度均进行监测，则出水温度传感器共需120支；这些水管的进水来自于东、西、南、北4个水槽旁的水包，每个水包的进水都分常压进水和高压进水。一般情况下全部均采用常压进水，但是如果个别冷却壁热负荷过高时，则切换至高压水，恢复正常后再改回常压水，因此为实现对第2段冷却壁全部120根冷却壁水管水温差和热负荷的实时监测，需要安装120个出水测温传感器和8个进水测温传感器。由于测温点较多，为实现安全方便的采集和传输，对数百点水温的采集采用总线式传输，其中从单片机负责采集测得的温度，主机负责决定采集通道，收集采集温度，图

9-42为现场走线方式示意图，图9-43为主从机通讯示意图。

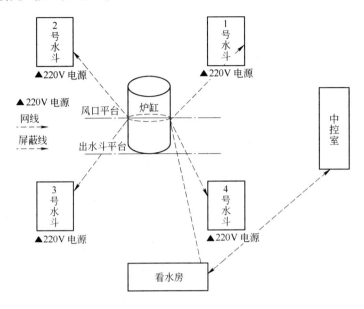

图 9-42 炉缸热负荷有线监测系统现场走线方式示意图

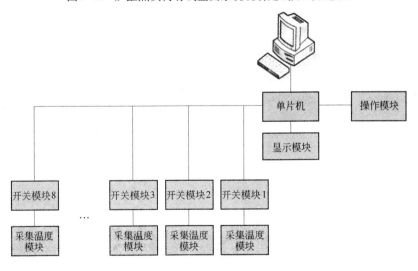

图 9-43 炉缸热负荷监测系统主从机通讯示意图

整个水温采集通讯系统采用模块化设计，将高精度数字温度传感器信号线直接接入微处理器IO端口，可以读取传感器温度数据。这样在微处理器外围节省放大、滤波、模数变换电路，以减少模拟信号处理电路易受干扰的中间环节。传感器与外部接口常使用串口，如 SPI 和 I^2C 串口总线，这无疑给微处理器串口扩展提供了方便。微处理器的一条串行总线上可以串行多个传感器，节省大量线路,也利于维护。由于传感器与微处理器往往相隔 2~5m,而经现场测试 I²C 总线不加外围设备,有效传输距离较短,容易受到干扰;实际应用中对总线使用信号加强电路,对总线中数字信号传输采用 0V/+12V 电平信号,其他电路使用 0V/+5V 信号,保证数字信号在较长传输距离内有较高的抗干扰性能。传感器经微处理器巡检收集后进行封装加 CRC 校验,通过 485 总线传输到上位机,如图 9-44 所示。

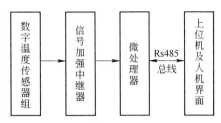

图 9-44　有线数字温度传感器
构成的监测系统

图 9-45 为水温采集通讯软件程序的设计流程,系统上电后微处理器复位初始化,进入无限循环,等待中断,如串口收到数据中断、定时器溢出中断等。其中图 9-45(b)为串口接收数据的中断处理函数。接收上位机命令成功后,若命令正确则微处理器巡检其外围传感器,读取温度数据,每个传感器读取 3 次失败则跳过该传感器直接读取下一个传感器温度,所有传感器温度数据读取后,微处理器对数据进行滤波后加数据头,和 CRC 校验一起发送给上位机。

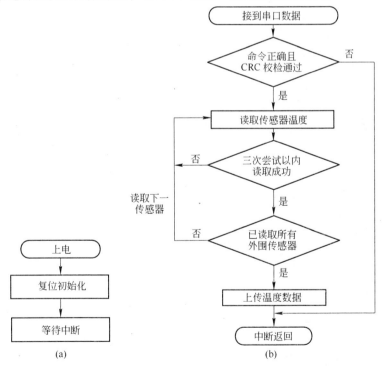

图 9-45　水温采集通讯软件的程序设计流程
(a) 主程序;(b) 串口接收中断处理函数框图

该系统的具体实施方案如下：

（1）将炉缸 2 段冷却壁每根进出水管的三通更换成特制弯头，将温度传感器和流量传感器安装并紧固；

（2）在高炉炉缸 2 段冷却壁出水的水槽附近的立柱上焊接箱架，在箱架上用螺栓固定温度采集箱，温度采集箱中放置温度收集单片机和发送芯片；

（3）为每个水槽旁的温度采集箱提供 220V 电源线接头和耐高温双芯电源线，整个水温采集系统要求独立供电，以防止高炉人员进行其他操作时影响水温采集的连续性；

（4）从控制室引出一根耐高温 485 通讯屏蔽双绞线，在每个水槽的温度采集箱旁分出接头，将温度采集箱旁的通讯线接入温度采集箱，并搭建和测试好整体数据的发送传输；

（5）在控制室放置一台客户机，将 485 通讯总线的一端引入控制室并经过 USB 转换，编制客户端程序读取实时的全部水温数据，在线计算水温差和热负荷，并进行显示和预警。

9.3.3.2 炉腹及炉身下部水温差热负荷无线采集通讯系统的建立

在高炉炉腹及炉身下部冷却壁热负荷监测方面，考虑到监测区域在高度方向上的跨度较大，距离客户机所在的控制室较远，再采用有线监测系统不但难以安装维护且会影响精度，因此设计开发了基于无线射频的冷却壁水温流量无线采集系统。该系统的所有硬件采用模块化、高集成度设计，将"数字化"、"无线化"和"高集成度"贯彻到所有设计环节。系统由单片机的控制模块、高精度数字温度传感器、无线通信模块组成，各模块的功能具体如下：

（1）每个从机模块负责 20~60 个数字温度传感器或流量计的通信模块的控制，固定时间间隔内巡检与其连接的传感器，收集数据并通过通信模块传输到上位机。

（2）高精度数字温度传感器内部集成了传感器、斜率累加器、13bit 的 AD 转换器与通信加强芯片，既保证精度又可以保证数据极低误码率传输，分辨率达 1/32。

（3）无线通信模块使用 Zigbee 无线网络协议，保证传感器与微处理器长距离信号的可靠传输，也负责将温度数据上传到工控机，由于现场工作环境特殊，从机与主机使用无线网络通信。

（4）工控机（上位机）通过串口连接到无线收发终端模块，上位机的程序通过串口控制无线收发终端模块，控制其向测温终端发送采集温度信号并收集，收集完成通过串口发送到上位机串口，待程序进一步处理数据。

（5）硬件电路使用硬件"看门狗"技术，保证硬件系统在受到外界强烈干扰情形下，能够自动监测系统程序是否"跑飞"，并根据监测情形重新初始化程序。

图 9-46 为该无线采集通讯系统的硬件组成及工作原理示意图，图 9-47 为高炉现场的无线测温探头。

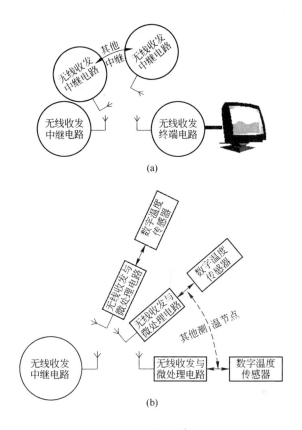

图 9-46 无线采集通讯系统的硬件组成及工作原理示意图

（a）上位机与无线测温网络结构；（b）多点测温无线采集通讯工作原理示意图

图 9-47 高炉现场的无线测温探头

9.3.4 首钢高炉炉体热负荷在线监测预警软件的开发

依据高炉现场技术人员的使用需求，进一步开发了人机界面友好、功能齐全、专业性强的高炉炉体热负荷在线监测预警软件，该软件实现了对炉缸、炉腰及炉身下部冷却壁水温差和热负荷的在线计算、排序、显示、预警、存储、历史查询等多项功能，该软件在生产实践中取得了较好的应用效果。

9.3.4.1 程序主界面

图 9-48 为程序启动后显示的主界面，主界面以不同颜色的柱状图显示各块冷却壁的水温差，主界面上方为程序的各种功能，包含在菜单选项中："系统"、"参数设定及预警设定"、"串口设定"、"炉缸冷却参数设定"和"帮助"。主界面采用选项卡方式显示不同界面，其中有："炉体冷却壁水温差实时参数报表"、"炉体水温差实时柱状图"、"水温差历史查询功能"、"第 2 段冷却壁水温差柱状图"和"第 2、3 段冷却壁水温差报表"。用鼠标单击不同的菜单选项或主界面选项卡，将显示程序不同的功能模块或界面，并且在选择过程中，窗口状态栏会显示帮助信息。

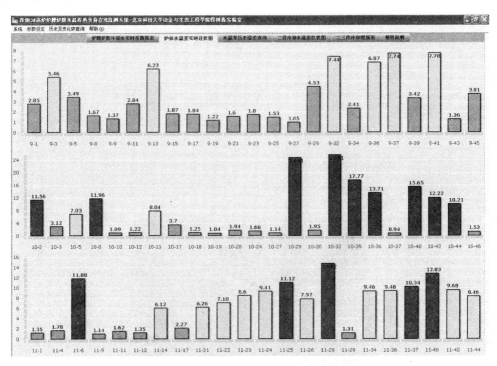

图 9-48 炉体热负荷在线监测系统的主界面

9.3.4.2 冷却参数设定

在高炉生产过程中，高炉现场依据不同冷却壁的热负荷变化，可能将来水在风口水和常压水之间调整，当有所调整后需要对冷却参数（每根冷却水管的常/高压标记、流量、需要手工测量的温差）设定，如图 9-49 所示。选择列表中的冷却水管，对需要修改的变量进行输入后，点击"修改"按钮刷新界面显示，当所有修改完成后，如果确定点击"保存修改"，否则点击"取消修改"。

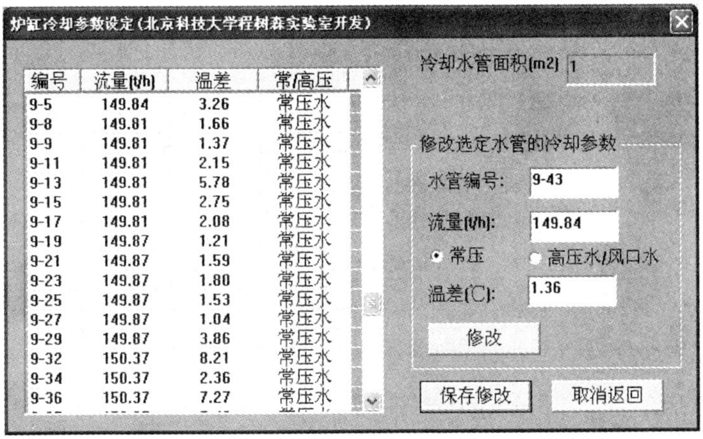

图 9-49　冷却壁冷却参数设定

9.3.4.3　预警标准设定

图 9-50 为程序设定不同部位的热负荷预警及超限标准，其他界面通过不同颜色或文字提示信息来显示冷却壁及炉缸的工作状态，如对大于超限值的温差使

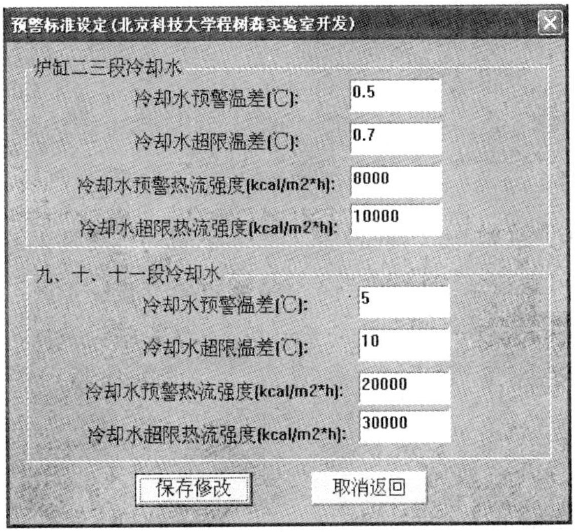

图 9-50　不同部位热负荷预警标准设定

用红色填充柱状图，大于预警值的使用黄色填充，低于预警值的使用绿色填充，可以便于观察温差态势。

9.3.4.4 冷却壁水温差柱状图

主界面选项卡中选择"炉体水温差实时柱状图"进入图 9-51 界面，柱状图描述了冷却水管水温差相对大小，对应编号柱状图上方标注了该冷却水水温差，柱顶标注数值，柱底标注编号，使用不同预警颜色填充，将鼠标移至柱上就会出现提示信息，包括类别、编号和数值。

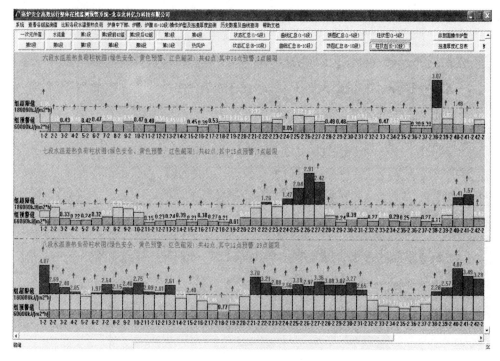

图 9-51 冷却壁温差热负荷柱状图（不同颜色代表不同工作状态）

9.3.4.5 圆周方向热负荷分布饼图

图 9-52 为炉缸区域圆周方向上冷却壁热负荷变化的饼图以及对冷却壁工作状态的自动统计，通过此图可直观掌握炉缸不同角度热负荷的分布。

9.3.4.6 冷却壁水温差热负荷实时变化曲线

图 9-53 为冷却壁热负荷实时变化曲线，软件自动统计出冷却壁最高热负荷，并对热负荷最大的 5 块冷却壁的水温差变化趋势进行自动绘制和更新，以便高炉技术人员及时掌握重点监测部位的热负荷变化状况。

9.3.4.7 高炉不同部位冷却壁水温差、水流量及热负荷自动存储

在主程序文件下有"冷却水温差热负荷.mdb"的数据库文件，负责存储炉缸、炉腰及炉身下部不同区域的冷却壁水温差、流量、热负荷等历史记录。

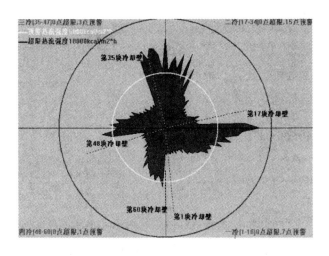

图9-52　圆周方向上冷却壁热流分布情况及预警提示

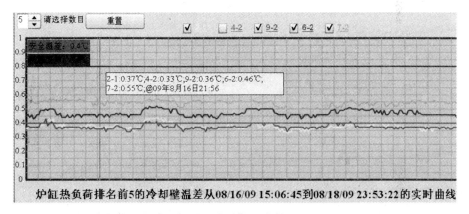

图9-53　冷却壁热负荷实时变化曲线

9.3.5　首钢高炉炉体热负荷在线监测系统的应用实践

首钢高炉炉体热负荷在线监测系统自2009年研发成功应用于首钢1号和3号高炉，至高炉停炉时在2年多的时间内始终保持正常稳定运行，不但水温采集精度得到验证，还有效指导高炉冷却设备的维护和更换。在高炉停产以前已经全面取代人工测温，成为利于高炉长寿高效生产的有效监测措施。

图9-54为炉缸2段某块冷却壁在2009年4月25日至4月30日间，水温差测量系统的自动测量结果，图9-55为高炉冷却壁水温差人工手动测量结果。人工测温仪器的精度只有0.1℃，且不具备实时性，而自动监测系统的测温精度可达0.01℃，两图对比可以看出，相比人工测量结果，自动测量更加准确且具有实时性，并可反映出铁对水温差的影响。

图9-56为炉腹某块冷却壁水温差的自动监测结果。在该块冷却壁水温差的

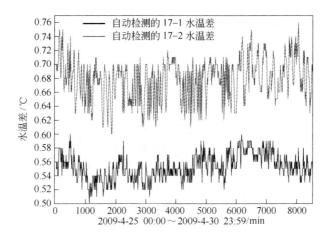

图 9-54　炉缸第 2 段某块冷却壁水温差的自动监测结果

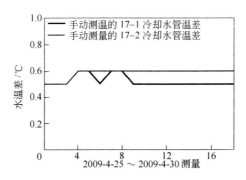

图 9-55　炉缸第 2 段某块冷却壁水温差的手动测量结果

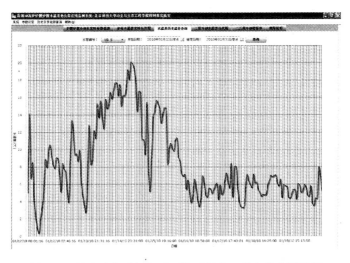

图 9-56　炉腹冷却壁损坏及更换后的水温差在线监测结果

变化曲线中，由于更换冷却壁使水温差减小到零，更换后恢复通水冷却壁温差逐渐升高，运行一段时间后由于此处气流过于发展，水温差急剧升高达到20.12℃，在正常工作状态下铸铁冷却壁不会达到如此高的温差，预警提示该块冷却壁烧损后，高炉看水人员检查确认该冷却壁前排水管确实已经烧坏，此后对炉况进行调整并更换了新冷却壁后，水温差基本在6℃左右波动，为正常工作状态。

9.4　高炉炉墙传热数学模型的应用[6~10]

高炉炉墙操作炉型和挂渣厚度的有效监控，对炉况顺行和冷却壁安全工作具有重要意义。炉体热负荷监测的本质目的，也是为了给炉墙传热模型提供基础数据，以实现对操作炉型的监测。

9.4.1　"正问题"模型

"正问题"就是基于传热学控制微分方程，在已知边界条件的情况下，采用计算机信息处理技术，计算冷却壁内部温度场。其目的是用数学模型模拟冷却壁的工作状态，预测冷却壁在使用过程中的温度变化情况，了解各种参数对冷却壁温度的影响，为"反问题"思想的实现提供经验和相关数据。

9.4.1.1　模型功能描述

"正问题"模型有如下功能：

（1）研究冷却壁材料、镶嵌结构材料和炉衬材料对温度场的影响；

（2）研究冷却壁结构参数对温度场的影响，冷却壁结构参数包括水管直径、水管间距、水管中心线离冷却壁表面距离、镶嵌结构厚度、镶嵌结构面积、冷却壁体厚度、水流通道的方式（铸入水管或空腔式）；

（3）研究高炉炉内温度或热面热流强度对温度场的影响；

（4）研究炉衬厚度与不同炉衬材料的组合对温度场的影响；

（5）渣层厚度对温度场的影响；

（6）冷却水速度对温度场的影响；

（7）冷却水温度对温度场的影响。

9.4.1.2　物理模型

图9-57为冷却壁三维温度场计算的物理模型。在模型中除冷却壁外，还考虑了炉壳、填料层、镶嵌结构、炉衬和渣皮。图9-58为其温度场的数值求解过程。考虑到结构的对称性，选取首钢2号高炉铜冷却

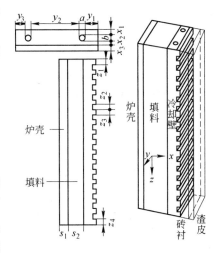

图9-57　高炉冷却壁三维温度场物理模型

壁的一半为研究对象。

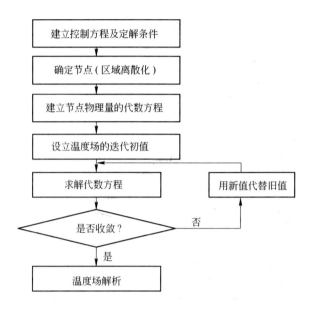

图9-58 冷却壁三维温度场的数值求解过程

9.4.1.3 数学模型

A 数学模型建立的前提和假设条件

数学模型建立的前提和假设条件为：

(1) 模型以单层水管冷却壁为研究对象；

(2) 忽略冷却壁的曲率，模型选用直角坐标系；

(3) 忽略耐火材料镶嵌结构和冷却壁之间、炉衬和冷却壁之间的接触热阻。

根据以上前提条件，设计出计算冷却壁温度场的三维模型。

B 控制方程和边界条件

冷却壁和炉衬内部的传热属于导热问题，因此，冷却壁和炉衬中的温度分布可用传热微分方程来描述。在稳态条件下，三维传热微分方程为：

$$\frac{\partial}{\partial x}\left(k\,\frac{\partial T}{\partial x}\right) + \frac{\partial}{\partial y}\left(k\,\frac{\partial T}{\partial y}\right) + \frac{\partial}{\partial z}\left(k\,\frac{\partial T}{\partial z}\right) = 0 \tag{9-4}$$

边界条件为：x 方向的炉壳外表面（$x=0$）取第三类边界条件（即给定表面处的对流换热条件）；炉内热表面（$x=L$）处选取第三类边界条件；y 和 z 方向鉴于传热的对称性取绝热边界条件，可以分别表示如下：

(1) $x=0$ $\qquad k\,\dfrac{\partial T}{\partial x} = h_{\alpha}(T - T_{a})$ $\tag{9-5}$

(2) $x=L$ $\qquad k\,\dfrac{\partial T}{\partial x} = h_{f}(T_{f} - T)$ $\tag{9-6}$

（3）$y = 0$ 和 $y = S$　　　　$\dfrac{\partial T}{\partial z} = 0$　　　　　　　（9-7）

（4）$z = 0$ 和 $z = H$　　　　$\dfrac{\partial T}{\partial z} = 0$　　　　　　　（9-8）

（5）在冷却水管表面，边界条件为：

$$(x - a)^2 + y^2 = R^2 \tag{9-9}$$

$$k\frac{\partial T}{\partial n} = h_w(T_R - T_w) \tag{9-10}$$

（6）用数值解法求解导热微分方程式和以上边界条件，便可得到渣皮、炉衬、冷却壁、填料及炉壳的温度分布。

9.4.2　数学模型的离散与求解

9.4.2.1　空间区域的网格划分

图 9-59 为直角坐标系下单元体的示意图。由于模型由多种材料组合而成，各种材料的导热系数相差较大，故在两种不同材料的交界处导热系数的处理采用调和的方法。在同一种材料中，网格的划分是均匀的。此种划分网格的方法控制体界面放在两个主节点的中间，相邻两个主节点之间的距离称之为空间步长。图 9-60 为边界区域离散化的二维简图，阴影部分为控制体区域。

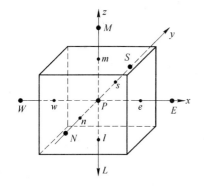

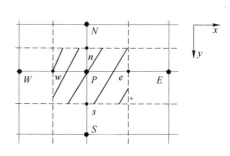

图 9-59　直角坐标系下控制体示意图　　　　图 9-60　边界区域离散化二维简图

9.4.2.2　离散过程

对控制方程的离散采用有限差分法。对式（9-4）进行离散处理，得到式（9-11）：

$$\int_y^{y+\Delta y}\int_x^{x+\Delta x}\int_z^{z+\Delta z}\left[\frac{\partial}{\partial x}\left(k\frac{\partial T}{\partial x}\right) + \frac{\partial}{\partial y}\left(k\frac{\partial T}{\partial y}\right) + \frac{\partial}{\partial z}\left(k\frac{\partial T}{\partial z}\right)\right]dxdydz = 0 \tag{9-11}$$

x 轴方向上积分并离散得到式（9-12）：

$$\int_l^m\int_n^s\int_w^e\frac{\partial}{\partial x}\left(k\frac{\partial T}{\partial x}\right)dxdydz = \Delta y\int_l^m dz\int_w^e\frac{\partial}{\partial x}\left(k\frac{\partial T}{\partial x}\right)dx$$

$$= \Delta y \Delta z \left[\frac{T_E - T_P}{\frac{(\Delta x)_e}{k_e}} - \frac{T_P - T_W}{\frac{(\Delta x)_w}{k_w}} \right] \tag{9-12}$$

y 轴方向上积分并离散得到式（9-13）：

$$\int_n^s \int_w^e \int_l^m \frac{\partial}{\partial y}\left(k \frac{\partial T}{\partial y}\right) \mathrm{d}x \mathrm{d}y \mathrm{d}z = \Delta z \int_w^e \mathrm{d}x \int_n^s \frac{\partial}{\partial y}\left(k \frac{\partial T}{\partial y}\right) \mathrm{d}y$$

$$= \Delta z \Delta x \left[\frac{T_S - T_P}{\frac{(\Delta y)_s}{k_s}} - \frac{T_P - T_N}{\frac{(\Delta y)_n}{k_n}} \right] \tag{9-13}$$

z 轴方向上积分并离散得到式（9-14）：

$$\int_l^m \int_n^s \int_w^e \frac{\partial}{\partial z}\left(k \frac{\partial T}{\partial z}\right) \mathrm{d}x \mathrm{d}y \mathrm{d}z = \Delta y \int_w^e \mathrm{d}x \int_l^m \frac{\partial}{\partial z}\left(k \frac{\partial T}{\partial z}\right) \mathrm{d}z$$

$$= \Delta y \Delta x \left[\frac{T_M - T_P}{\frac{(\Delta z)_m}{k_m}} - \frac{T_P - T_L}{\frac{(\Delta z)_l}{k_l}} \right] \tag{9-14}$$

式（9-15）为整理后内节点的离散结果：

$$a_P T_P = a_W T_W + a_E T_E + a_N T_N + a_S T_S + a_M T_M + a_L T_L \tag{9-15}$$

其中：

$$\begin{cases} a_W = \Delta y \Delta z \dfrac{k_w}{(\Delta x)_w} \\[2mm] a_E = \Delta y \Delta z \dfrac{k_e}{(\Delta x)_e} \\[2mm] a_N = \Delta x \Delta z \dfrac{k_n}{(\Delta x)_n} \\[2mm] a_S = \Delta x \Delta z \dfrac{k_s}{(\Delta x)_s} \\[2mm] a_M = \Delta x \Delta y \dfrac{k_m}{(\Delta x)_m} \\[2mm] a_L = \Delta x \Delta y \dfrac{k_l}{(\Delta x)_l} \\[2mm] a_P = a_W + a_E + a_N + a_S + a_M + a_L \end{cases}$$

式中 T——温度；

    a——系数；

    P——所求点。

9.4.2.3 边界节点的处理

在 y 和 z 方向上有四个绝热面，以 $y = 0$ 边界节点为例，整理为式（9-16）：

$$\int_n^s\int_w^e\int_l^m \frac{\partial}{\partial y}\Big(k\,\frac{\partial T}{\partial y}\Big)\mathrm{d}x\mathrm{d}y\mathrm{d}z = \Delta z\int_w^e\mathrm{d}x\int_n^s \frac{\partial}{\partial y}\Big(k\,\frac{\partial T}{\partial y}\Big)\mathrm{d}y$$

$$= \Delta z\Delta x\left[\frac{T_S - T_P}{\dfrac{(\Delta y)_s}{k_s}} - 0\right] \tag{9-16}$$

式（9-17）为整理后的标准形式：

$$a_P T_P = a_W T_W + a_E T_E + a_S T_S + a_M T_M + a_L T_L \tag{9-17}$$

在 x 方向上和水管的交界面为对流换热边界，以 $x=0$ 边界节点为例，整理为式（9-18）：

$$\int_l^m\int_n^s\int_w^e \frac{\partial}{\partial x}\Big(k\,\frac{\partial T}{\partial x}\Big)\mathrm{d}x\mathrm{d}y\mathrm{d}z = \Delta y\int_l^m\mathrm{d}z\int_w^e \frac{\partial}{\partial x}\Big(k\,\frac{\partial T}{\partial x}\Big)\mathrm{d}x$$

$$= \Delta y\Delta z\left[\frac{T_E - T_P}{\dfrac{(\Delta x)_e}{k_e}} - \frac{T_P - T_\alpha}{\dfrac{(\Delta x)_w}{2k_w}+\dfrac{1}{h_\alpha}}\right] \tag{9-18}$$

式（9-19）为整理后的标准形式：

$$a_P T_P = a_E T_E + a_N T_N + a_S T_S + a_M T_M + a_L T_L + S \tag{9-19}$$

其中：

$$a_P = a_E + a_N + a_S + a_M + a_L + b$$

$$b = \frac{\Delta y\Delta z}{\dfrac{(\Delta x)_w}{2k_w}+\dfrac{1}{h_\alpha}}$$

$$S = bT_\alpha$$

经过大量计算发现，加上边界的半个节点的热阻，计算的精度将提高，尤其对于有炉衬和渣皮存在的温度场计算中。

9.4.2.4 方程组的求解

用高斯塞代尔迭代法（G-S 迭代）对方程求解，这种方法收敛速度较快。根据矩形网格内部节点的差分方程式，得到式（9-20）：

$$T_P = \frac{a_W T_W + a_E T_E + a_N T_N + a_S T_S + a_M T_M + a_L T_L}{a_P} \tag{9-20}$$

剩余为：

$$R_P = (a_W T_W + a_E T_E + a_N T_N + a_S T_S + a_M T_M + a_L T_L) - a_P T_P$$

把等式两边除以 a_P 得到式（9-21）：

$$\frac{R_P}{a_P} = \frac{a_W T_W + a_E T_E + a_N T_N + a_S T_S + a_M T_M + a_L T_L}{a_P} - T_P \tag{9-21}$$

式（9-22）为所得松弛法公式：

$$T'_P = T_P + \frac{R_P}{a_P} \tag{9-22}$$

为加快收敛采用带超松弛的 G-S 迭代：

$$T'_P = T_P + \omega \frac{R_P}{a_P} \tag{9-23}$$

ω 为松弛因子，取 $0 \le \omega \le 1$。

令 $\frac{R_P}{a_P} = r_P, T'_P = T_P + \omega r_P$

则有式（9-24）：

$$T'_P = (1 - \omega)T_P + \omega \frac{a_W T_W + a_E T_E + a_N T_N + a_S T_S + a_M T_M + a_L T_L}{a_P}$$

$$\tag{9-24}$$

带超松弛的 G-S 迭代法就是利用式（9-24）逐点计算全部网格点，直到达到预定的容差为止。

9.4.2.5 导热系数的处理

由于冷却壁温度场计算过程中要遇到相邻两种材料的导热系数相差很大的情况，所以导热系数取两个点的调和平均值。在两个相邻矩形网格内，由区域热量平衡得到式（9-25）：

$$q_e = \frac{T_e - T_p}{\dfrac{(\delta_x)^-_e}{k_p}} = \frac{T_E - T_e}{\dfrac{(\delta_x)^+_e}{k_E}} = \frac{T_E - T_p}{\dfrac{(\delta_x)^-_e}{k_p} + \dfrac{(\delta_x)^+_e}{k_E}} = \frac{T_E - T_p}{\dfrac{(\delta_x)_e}{k_e}} \tag{9-25}$$

令 $f_e = \dfrac{(\delta_x)^+_e}{(\delta_x)_e}, \dfrac{(\delta_x)^-_e}{(\delta_x)_e} = 1 - f_e$

则得到式（9-26）：

$$k_e = \frac{k_E k_p}{k_E(1 - f_e) + k_p f_e} \tag{9-26}$$

9.4.2.6 换热系数

利用经验公式（9-27），计算炉壳外表面的换热系数：

$$\alpha_a = 9.3 + 0.058t \tag{9-27}$$

式（9-27）适用于炉壳温度小于 300℃ 的情况。

高炉煤气对炉衬的换热系数采用国外研究得出的数据，在 1200℃ 时，取 $\alpha_f = 235W/(m^2 \cdot K)$。

9.4.3　"反问题"模型

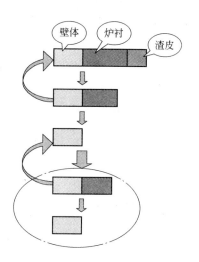

9.4.3.1　对炉墙存在状态的界定

炉衬和渣皮的存在状态有 5 种（分为有衬和无衬两大类，如图 9-61 所示）：

（1）有炉衬存在（有衬期）：

1）炉衬和渣皮同时存在；

2）渣皮剥落，只有炉衬存在，此时炉衬进一步侵蚀；

3）炉衬刚好已经侵蚀完全，裸露，从此进入无衬期。

（2）炉衬剥落完全（无衬期）：

1）渣皮存在；

2）渣皮完全剥落，裸露。

图 9-61　炉衬存在状态变化示意图

理论研究和生产实践表明，在高炉一代炉役期间，炉腹以上区域大部分时间处在无衬期（图 9-61 中虚线框内所示的状态）。一般根据热电偶监测温度的历史记录来判断炉墙处于何种工作状况。例如热电偶温度下降，则说明有渣皮生成，若热电偶比历史最高温度（统计记录）高，说明没有渣皮存在。将炉墙温度首次达到冷却壁裸露时的温度设定为"裸露标准"，该值与无衬期的裸露标准相同。此标准除了和冷却器结构等因素有关以外，在实际生产中主要和冷却水温度、冷却水流速、煤气温度以及煤气流速动态相关，"裸露标准"随着上述 4 个因素的变化而发生变化。

由以上假设条件，当炉衬和渣皮都存在时，按照传热学理论得到式（9-28）：

$$Q = f\left(T_g, R_c, R_r, R_b, R_s, \frac{1}{A\alpha}\right) \tag{9-28}$$

式中　T_g——煤气温度；

　　　R_c——从热电偶到肋处的热阻；

　　　R_r——肋的热阻；

　　　R_b——炉衬的热阻；

　　　R_s——渣皮的热阻；

　　　A——换热面积；

　　　α——煤气和热面的对流换热系数。

根据式（9-28），可以得到炉墙热面温度：

$$T_热 = f(Q, R_c, R_r) \tag{9-29}$$

炉墙残余厚度的计算分为以下三种情况：

（1）仅有炉衬存在。

$$h_\mathrm{b} = A\lambda_\mathrm{b}f\left(Q, R_\mathrm{c}, R_\mathrm{r}, T_\mathrm{g}, \frac{1}{A\alpha}\right) \tag{9-30}$$

（2）仅有渣皮存在。

$$h_\mathrm{s} = A\lambda_\mathrm{s}f\left(Q, R_\mathrm{c}, R_\mathrm{r}, T_\mathrm{g}, \frac{1}{A\alpha}\right) \tag{9-31}$$

（3）炉衬和渣皮均存在。

在高炉开炉以后的一段时间内，在有炉衬存在而且附着渣皮时，炉墙的残余厚度是不断变化的。

$$h_\mathrm{s} = A\lambda_\mathrm{s}f\left(Q, R_\mathrm{c}, R_\mathrm{r}, R_\mathrm{b}, T_\mathrm{g}, \frac{1}{A\alpha}\right) \tag{9-32}$$

9.4.3.2 "反问题"程序框图

图 9-62 为程序的运行框图。

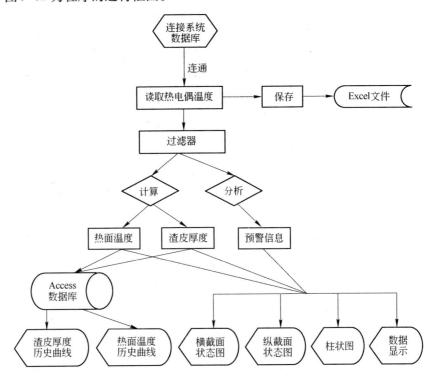

图 9-62 "反问题"程序框图

9.4.4 高炉冷却壁挂渣厚度的在线监测

9.4.4.1 铜冷却壁挂渣厚度的在线监测

国内某 $1800m^3$ 高炉炉腰、炉腹及炉身下部安装了 4 段铜冷却壁，每段 40 块，每块铜冷却壁壁体中装有一个热电偶，采集数据库中铜冷却壁壁体热电偶实时温度值。利用"正问题"模型的计算结果，可以通过"反问题"的建立来迭代计算渣皮的厚度。

图 9-63 是国内某 $1800m^3$ 高炉实际生产中热电偶的变化趋势。此高炉顺行状况较好，因此选取温度值最高的电偶，并截取电偶值波动最大的一段时期。该时期，第 6 段和第 7 段铜冷却壁位于炉腰、炉腹，环境恶劣，冷却壁温度波动频繁，这些频繁的波动来自于挂渣环境的剧烈波动，挂渣环境的剧烈波动导致冷却壁温度波动频繁，渣皮频繁脱落，降低铜冷却壁的疲劳寿命，影响高炉长寿；而处于裸露状态的时间越长，必然越会加大高炉热损，降低整体效益。所以，在实际生产中，挂渣环境对渣皮的存在状态、铜冷却壁的使用寿命和操作期的热损失有更重要的影响。而高炉不同部位挂渣环境存在差异（如图 9-64 所示），因此实现对不同冷却壁挂渣的实时监测具有重要意义，应用本监测系统通过对渣皮的实时监测及时调整高炉操作以保持稳定的挂渣环境，从而得到稳定的渣皮，提高高炉寿命和生产效益。

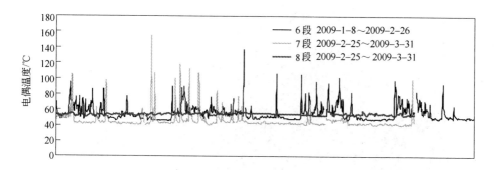

图 9-63 实际热电偶变化趋势

图 9-65 是国内某 $1800m^3$ 高炉第 7 段铜冷却壁炉型横截面，从中可以看出，第 7 段有比较突出的渣皮（圆框内区域），也有渣皮较薄的区域（方框内区域），在其附近区域左击鼠标，在"查询数据显示"框内将显示出突出区域的位置信息和具体数据。可以在"图例示意"中找到在高炉中的相关位置，从而通过调整布料等调节方式消除突出和裸露区域，排除高炉操作隐患。

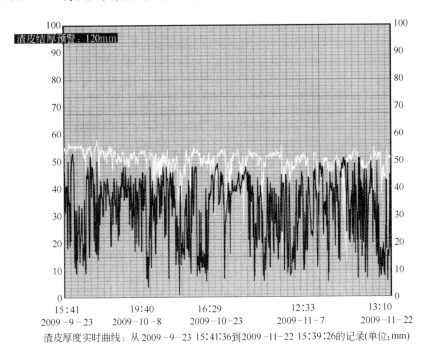

渣皮厚度实时曲线：从 2009 - 9 - 23 15:41:36 到 2009 - 11 - 22 15:39:26 的记录(单位:mm)

图 9-64 2009 年 10 月和 11 月某两块铜冷却壁挂渣曲线

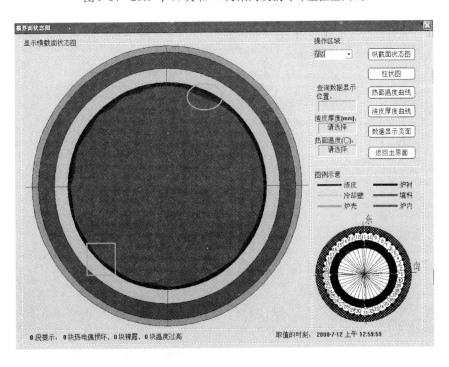

图 9-65 国内某 1800m³ 高炉第 7 段铜冷却壁炉型横截面

程序中还实现了高度方向上的效果图，如图 9-66 所示，各段具体的渣皮厚度和热面温度比较柱状图以及历史查询模块，以不同的方式显示了渣皮厚度、热面温度和各层的具体状态，并用颜色和文字两种形式给出了铜冷却壁裸露和热面温度超界的预警信息。

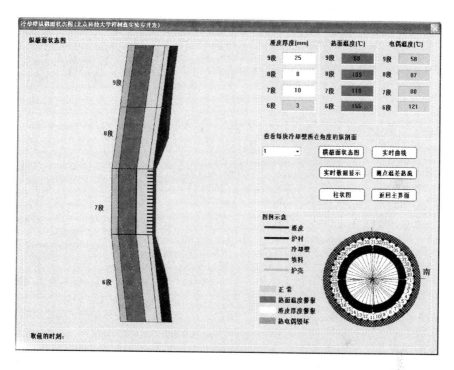

图 9-66　国内某 1800m³ 高炉正南方向铜冷却壁炉型纵截面

2009 年 10 月 12 日至 2009 年 10 月 14 日，国内某 1800m³ 高炉炉况失常，本监测系统起到重要作用，如图 9-67 所示。此高炉在 2009 年 10 月 12 日 16：40 发生崩料，本监测系统显示铜冷却壁电偶波动频繁，渣皮厚度不稳定；18：22 后多次发生一侧崩料，崩料侧电偶波动频繁，渣皮厚度不稳定，脱落频繁，为改善煤气流分布使铜冷却壁稳定挂渣，进行补焦。13 日又多次发生局部崩料，发生崩料的部位电偶波动频繁，渣皮频繁脱落，砖衬被侵蚀。本监测系统通过显示铜冷却壁的挂渣情况，准确判断高炉的炉况异常情况。2009 年 10 月 15 日，再及时控制风量、调整矿批、降低煤比和焦炭负荷、调整料制后，炉况顺行。

9.4.4.2　铸铁冷却壁挂渣厚度的在线监测

国内某 2536m³ 高炉炉腰、炉腹及炉身下部安装了 3 段铸铁冷却壁，与铜冷却壁类似，利用"正问题"模型的计算结果，通过"反问题"的建立来迭代计

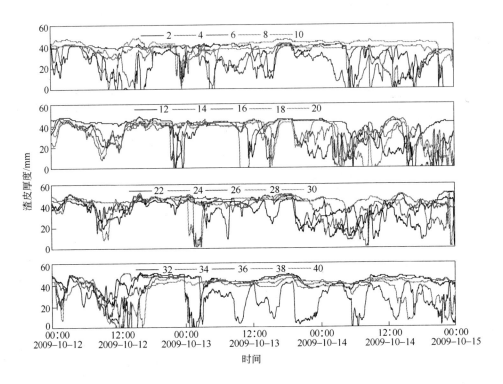

图 9-67 国内某 1800m³ 高炉炉况失常期间第 7 段偶数编号铜冷却壁渣皮厚度曲线

算渣皮的厚度。

图 9-68 是 2010 年 6 月 11 日至 2010 年 7 月 11 日间，此高炉 9-1 至 9-11 号铸铁冷却壁渣皮厚度曲线，其中 9-2、9-6、9-7、9-8 号冷却壁渣皮长期为 0，偶尔挂渣也不超过 5mm，9-4 号冷却壁渣皮波动剧烈，显示该位置高炉内部环境极不

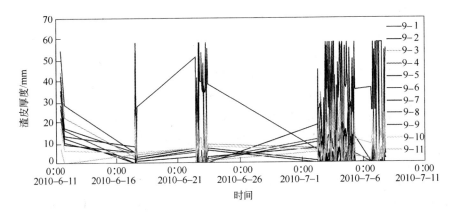

图 9-68 国内某 2536m³ 高炉 9-1 号至 9-11 号铸铁冷却壁渣皮厚度曲线

稳定。

　　图 9-69 是 2010 年 6 月 11 日至 2010 年 7 月 11 日间，此高炉 11-1 号至 11-11 号铸铁冷却壁渣皮厚度曲线，大多数冷却壁渣皮长期为 0，偶尔挂渣也一般低于 5mm，可见 11 段冷却壁长期在裸露状态下工作，容易损坏。7 月 2 日，11-1 号冷却壁渣皮波动剧烈，显示该位置高炉内部环境极不稳定。根据程序的计算，在 11-9、11-10、11-11 段铸铁冷却壁中，损坏的冷却壁的有 36 块之多。

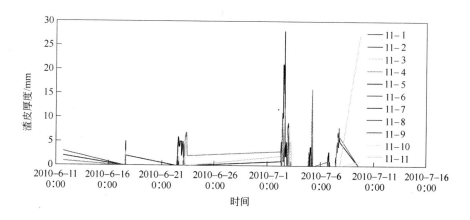

图 9-69　国内某 2536m³ 高炉 11-1 号至 11-11 号铸铁冷却壁渣皮厚度曲线

　　程序计算的渣皮厚度可以在一定程度上反映高炉内部情况，并对危险区域进行预警，对高炉操作者及时调整炉内煤气流分布有一定帮助。通过在高炉检修降料面后对冷却壁热面挡墙厚度的实测，验证了模型计算的准确性。

参 考 文 献

[1] 刘玠，马竹梧. 炼铁生产自动化技术[M]. 北京：冶金工业出版社，2005：59~64.

[2] 徐永洲，章天华. 现代大型高炉设备及制造技术[M]. 北京：冶金工业出版社，1996：204~238.

[3] 程树森，杨天钧，左海滨，等. 长寿高炉炉缸和炉底温度场数学模型及数值模拟[J]. 钢铁研究学报，2004，16(1)：6~9.

[4] 赵宏博，程树森，赵民革. "传热法"炉缸和"隔热法"陶瓷杯复合炉缸炉底分析[J]. 北京科技大学学报，2007，29(6)：607~612.

[5] 赵民革. 高炉炉缸炉底渣铁水流动及传热物理数值模拟研究[D]. 北京：北京科技大学，2006.

[6] 赵宏博，程树森，霍守峰. 高炉冷却壁及炉缸炉底工作状态在线监测[J]. 炼铁，2008，27(5)：4~8.

[7] 钱亮, 程树森. 铜冷却壁炉墙内型管理传热学反问题模型 [J]. 炼铁. 2006, 25 (4): 18 ~ 22.

[8] Cheng Shusen, Qian Liang, Zhao Hongbo. Monitoring method for blast furnace wall with copper staves [J]. Journal of Iron and Steel Research, International, 2007, 14(4): 1 ~ 5.

[9] 钱亮, 程树森. 高炉铜冷却壁自保护能力的实现 [J]. 北京科技大学学报, 2006, 28 (11): 1052 ~ 1057.

[10] 吴桐, 程树森. 高炉铜冷却壁炉衬侵蚀挂渣模型及工业实现 [J]. 炼铁, 2011, 30 (5): 26 ~ 29.

10 延长高炉寿命的操作与维护技术

10.1 延长高炉寿命的操作技术

国内外长寿高炉的生产实践证实，实现高炉长寿不仅取决于科学合理的设计和质量优良的施工建造，还要在高炉一代炉役的生产过程中进行有效的操作维护。科学合理的设计和优良的施工质量只是高炉长寿的基础条件，实现高炉长寿与操作维护具有直接的关系。在设计中采用的许多高炉长寿技术措施，只有在生产实践中合理地操作维护才能发挥其作用[1]。

现代高炉的生产特点是高效、优质、低耗、长寿、清洁。高炉高效化生产是现代高炉的核心特征，高炉高效化的技术内涵在新世纪具有显著的时代特征。现代高炉高效化不同于 20 世纪的高炉强化冶炼，不再单纯追求高产量、高利用系数和高冶炼强度，而是生产效率和经济效益最优化的组合。高生产效率主要体现在提高高炉利用系数和产量，提高高炉作业率，提高风温和喷煤量，提高煤气利用率，延长高炉寿命等方面；高经济效益则体现在提高高炉产量，降低生产成本，降低燃料消耗，降低入炉焦比，降低高炉生产的资源和能源消耗，延长高炉寿命等方面。基于这一认识，可以看出延长高炉寿命既可提高生产效率，还能提高经济效益，具有一举两得的双重作用。现代高炉生产操作方针是基于现代高炉的原燃料条件、工艺技术装备水平、操作管理水平和钢铁发展方向制定的，是指导现代高炉生产操作和组织管理的技术纲领，是高炉设计、建造、操作过程都应该始终遵循的原则和指导思想。

现代高炉生产是高温、高压、大规模连续化的工艺过程，是典型的流程制造工艺，高炉生产最显著的特点是长期连续生产，与炼钢、轧钢等工序具有明显的区别，也是高炉生产组织管理难度较大的一个重要原因。高炉操作维护是一项长达 10 余年甚至 20 年以上的工作，高炉投产后的每一时刻都必须保持精细操作和维护。

高炉生产操作对于延长高炉寿命意义重大，其作用不可低估。应该指出，高炉生产操作的首要核心目的是实现高炉高效化生产，既不能为了追求高产、强化冶炼不计代价而牺牲高炉寿命，也不能为了追求高炉长寿而使高炉生产效率低下。因此，衡量高炉寿命的指标不仅是单一的炉龄，还有一代炉役期间高炉单位容积产铁量的评价指标，后者体现了高炉一代炉役期间的生产效率。

　　除此之外,高炉连续化的生产特点对高炉的操作维护还提出了更高的要求。高炉投产以后,炉体冷却系统必须连续稳定运行,更不允许冷却水向炉内泄漏;在高炉一代炉役期间,高炉内衬和冷却壁温度监测系统必须可靠运行,以便及时发现渣皮脱落或炉墙结厚等状况。高炉操作维护所涉及的因素十分庞杂,诸如冷却水水质或水温的变化,炉料品种或质量的改变,布料装置或其他设备的故障等,都可能对高炉寿命带来不利影响。

　　高炉生产是一项非常复杂的工程系统,各单元系统与高炉寿命具有密切的关联关系,并对于高炉寿命均有直接或间接的影响。由此可见,高炉操作对于高炉实现长寿目标非常重要。高炉操作最重要的工作是采取合理的操作制度和最佳工艺参数,搞好操作调节,使高炉能够长期保持稳定顺行状态。对于高炉操作与高炉寿命密切关联的操作制度,总结归纳主要包括:高炉精料水平、装料制度和送风制度、冷却制度、含钛炉料护炉技术、炉前出铁操作等。

10.1.1 精料是高炉长寿的基本条件

10.1.1.1 精料对高炉长寿的作用

　　精料是高炉生产操作的基础,是高炉获得良好的技术经济指标和实现长寿生产极为重要的条件。现代高炉必须对入炉原燃料条件给予足够的重视,特别是高炉大型化以后对精料水平要求更为严格,不少大型高炉投产以后,由于原料条件未得到改善反而恶化,严重制约了高炉生产的稳定顺行,对高炉寿命也造成恶劣影响。

　　高炉原燃料质量差,入炉矿品位低、粉末多,化学成分波动大,入炉焦炭强度低、灰分高等,都会造成高炉透气性变差,影响炉况顺行。在原燃料条件较差的条件下,高炉不得不依靠发展中心、边缘两股煤气流维持高炉操作,其结果必然是煤气的热能和化学能不能充分利用,燃料消耗高、产量低;边缘气流过分发展还会造成炉墙温度过高、热流强度过大、温度波动大,热震幅度大且频繁发生,导致炉衬或冷却壁热面的渣皮极不稳定,难以形成稳定的保护性渣皮,甚至造成冷却壁局部过热,过早烧蚀破损,高炉寿命受到威胁。有时高炉原燃料质量变差,入炉粉末含量高,则会引起炉墙结厚,使操作炉型失常。在这种情形下,如果借助于发展边缘或洗炉措施处理炉墙结厚问题时,又极易带来冷却壁烧坏的恶性后果。

　　焦炭对于现代大型高炉生产的影响尤为突出。焦炭在高炉内具有还原剂、燃料、料柱骨架及渗碳的功能,焦炭在高炉内的骨架作用是其他燃料所不能替代的,高炉内焦炭的骨架作用在高炉不同区域内表现的形态不同。在块状带区域,焦炭与矿石分层相间。高炉富氧喷煤以后,对炉料分布控制提出了更高的要求,焦炭平台的构建、中心加焦、多环布料等技术的综合应用,其目的就是提高焦炭负荷，控制合理的煤气分布，提高料柱透气性和煤气利用率。在软熔带区域，焦炭层形态发生较大变化，矿石层以软化熔融状态存在，而焦炭层则转化为软熔带中的焦窗，是上升煤气穿透软熔带的主要通道，也是支撑软化熔融层和上部块状带的骨架。在滴落带区域，焦窗转化为中心压实层和边缘疏松层，边缘疏松层焦炭连续不断地下落到风口回旋区，成为焦炭燃烧的供应源；而中心压实焦炭则形成死焦柱，成为渣铁液滴滴落的渗透床。在渣铁储存区，焦炭形成浸浮在矿缸中的死焦柱，支撑着高炉上部的料柱。由此可见，焦炭在高炉内部的各区域内，始终以固态存在，但焦炭聚积的物理形态发生了较大的变化，从分层状态逐渐演变为相对静止的死焦柱。与此同时，由于高炉内高温区碳素溶解反应的存在，使焦炭在下降过程中与煤气中的 CO_2 发生反应，焦炭粒度变小，强度变差，因此大型高炉对焦炭冶金性能提出了更高的要求[2]。

如果焦炭质量差，达不到高炉生产的要求，将会为高炉生产带来严重的后果。焦炭高温性能差、热态强度低，会严重影响焦炭在高炉软熔带和滴落带的骨架作用，降低高炉整体透气性；还会导致炉缸内焦炭粉末增多，使死焦柱变得密实呆滞，恶化炉缸死焦柱的透气性和透液性，引起高炉下部压差升高，炉缸工作不活跃，严重时风口大量损坏，铁水脱氯效率变差，高炉产量下降、焦比升高。高炉生产实践表明，使用劣质焦炭造成高炉难行、煤气流分布失常、炉况大幅度波动，甚至出现炉凉、炉缸堆积等恶性事故，教训十分深刻。首钢2002年11月以后由于焦炭资源供应不足，对高炉稳定生产造成了不良影响，所付出的代价也非常大[3]。

在当今条件下，我国多数钢铁企业高炉原燃料品种、质量出现波动在所难免，尤其是在烧结厂、焦化厂的内外部条件变化期间，烧结矿、焦炭的质量也会出现较大的波动甚至下降，给高炉稳定生产带来较大的困难；对于外购焦炭比率较大的钢铁企业，焦炭质量的稳定均衡更难以实现，在这种状况下，通常依靠发展边缘气流维持高炉顺行，此时极易造成冷却壁烧坏。

武钢5号高炉2006年10月至2007年1月，在进行提高球团矿比率工业性试验时，球团矿比率由18%提高到40%，在此期间由于高炉边缘气流过分发展，炉况未及时调整好，在35天内烧坏冷却壁水管19根，凸台管7根，代价相当大。虽然这次冷却壁大量破损并非原燃料质量变差而引起，而是由于炉料结构的变化，即球团矿比率增加使高炉边缘气流发展所致。上述实例说明，当高炉边缘气流发展而未得到及时调整时，会导致冷却壁大量烧坏。

对于高炉原料而言，要求其含铁品位高、化学成分稳定、粒度适宜、冶金性能优良，具备良好的耐磨、抗压等物理性能，以及在高炉冶炼过程中具有较低的低温还原粉化率和热爆裂率，同时要求具备良好的高温冶金性能。对高炉原料质量总体要求是要满足现代高炉大喷煤高效化生产，使高炉渣量低于300kg/t，炉料成分稳定、粒度均匀、入炉粉末少、冶金性能良好，同时要采用合理的炉料结构。

10.1.1.2　现代高炉的精料技术特征

精料是现代大型高炉实现高效、低耗、优质、长寿的基础，是高炉炼铁工艺中最主要的支撑技术之一，也是实现高炉生产"减量化"的重要措施。提高精料水平、优化高炉炉料结构是现代大型高炉必须具备的基础条件。

A　采用合理的炉料结构

高炉合理的炉料结构是保障大型高炉生产稳定顺行的关键要素。多年以来，亚洲国家高炉炉料结构形成了以高碱度烧结矿为主，适量配加酸性球团和少量块矿的模式。在注重改善入炉矿石冶金性能的同时，应提高综合入炉矿品位和熟料率，结合矿石资源条件和造块生产工艺，实现资源减量化和最佳化利用，确定经济合理的炉料结构。

B　提高原燃料质量和冶金性能

大型高炉对炉料冶金性能的要求更为严格，新世纪大型高炉精料技术在原燃料资源日益稀缺的条件下，更加注重炉料化学成分和冶金性能的稳定。容积 $2000m^3$ 以上的现代大型高炉精料技术的主要特点是：

（1）入炉矿综合品位达到58%以上，熟料率达到85%。面对当今国际优质铁矿石资源日益匮乏、矿石价格不断攀升的市场环境，大型高炉并不应追求过高的入炉矿品位和熟料率，应更加注重低品质资源的优化利用。

（2）提高焦炭机械强度（$M_{40} \geqslant 80\%$，$M_{10} \leqslant 7.0\%$），特别是焦炭的反应后强度（$CSR \geqslant 60\%$）和热反应性（$CRI \leqslant 26\%$），是保证大型高炉生产稳定顺行的关键条件，提高焦炭高温机械强度可以有效提高高炉下部焦炭的透气性和透液性，特别是可以改善炉缸死焦柱的透液性，对于减少炉缸铁水环流、延长炉缸寿命意义重大。

（3）当前世界主要产钢国都在努力稳定入炉原燃料成分、适度提高熟料率和矿石入炉品位，改善炉料冶金性能，采取炉料整粒措施，取得了显著成效。特别是高炉大型化以后，对焦炭质量提出更高的要求，焦炭的高温冶金性能、热反应性（CRI）和反应后强度（CSR）成为衡量焦炭质量的重要指标，提高入炉焦炭平均粒度也成为大型高炉改善料柱透气性、提高喷煤量的重要技术措施。

（4）现代大型高炉还要求加强原燃料筛分，减少入炉粉末，以改善高炉透气性、减少炉墙黏结、减少边缘气流对炉身中上部的冲刷磨损。

（5）稳定原燃料化学成分，特别是要稳定含铁原料的品位、碱度和高温冶金性能，减少波动，原燃料质量的稳定性对于高炉操作的稳定顺行至关重要。表10-1是高炉入炉矿平均品位的要求，表10-2是高炉烧结矿的质量要求，表10-3是高炉球团矿的质量要求，表10-4为焦炭的质量要求。

表 10-1 高炉入炉矿平均品位的要求

高炉炉容级别/m³	1000	2000	3000	4000	5000
TFe/%	≥56	≥58	≥59	≥59	≥60

表 10-2 高炉烧结矿的质量要求

高炉炉容级别/m³	1000	2000	3000	4000	5000
铁分波动/%	≤ ±0.5	≤ ±0.5	≤ ±0.5	≤ ±0.5	≤ ±0.5
碱度波动/%	≤ ±0.08	≤ ±0.08	≤ ±0.08	≤ ±0.08	≤ ±0.08
铁分和碱度达标率/%	≥80	≥85	≥90	≥95	≥98
FeO/%	≤9.0	≤8.8	≤8.5	≤8.0	≤8.0
FeO 波动/%	≤ ±1.0	≤ ±1.0	≤ ±1.0	≤ ±1.0	≤ ±1.0
$TI(+6.3mm)$/%	≥68	≥72	≥76	≥78	≥78

表 10-3 高炉球团矿的质量要求

高炉炉容级别/m³		1000	2000	3000	4000	5000
TFe/%		≥63	≥63	≥64	≥64	≥64
铁分波动/%		≤ ±0.5	≤ ±0.5	≤ ±0.5	≤ ±0.5	≤ ±0.5
FeO/%		≤2.0	≤2.0	≤1.5	≤1.0	≤1.0
S/%		≤0.1	≤0.1	≤0.1	≤0.05	≤0.05
$K_2O + Na_2O$/%		≤0.1	≤0.1	≤0.1	≤0.1	≤0.1
常温抗压强度/N·个⁻¹		≥2000	≥2000	≥2000	≥2500	≥2500
$TI(+6.3mm)$/%		≥86	≥89	≥90	≥92	≥92
耐磨指数(−0.5mm)/%		≤5	≤5	≤4	≤4	≤4
$RDI(+3.15mm)$/%		≤65	≤80	≤85	≤89	≤89
还原膨胀率/%		≤15	≤15	≤15	≤15	≤15
粒度组成/%	10~16mm	≥85	≥85	≥90	≥92	≥95
	−5mm	≤6	≤6	≤5	≤5	≤5

表 10-4 焦炭的质量要求

高炉炉容级别/m³	1000	2000	3000	4000	5000
焦炭灰分/%	≤13	≤13	≤12.5	≤12	≤12
焦炭含硫/%	≤0.7	≤0.7	≤0.7	≤0.6	≤0.6
M_{40}/%	≥78	≥82	≥84	≥85	≥86
M_{10}/%	≤8.0	≤7.5	≤7.0	≤6.5	≤6.0
反应后强度 CSR/%	≥58	≥60	≥62	≥64	≥66
反应性指数 CRI/%	≤28	≤26	≤25	≤25	≤24
粒度范围/mm	75~25	75~25	75~25	75~25	75~30
大于上限/%	≤10	≤10	≤10	≤10	≤10
小于下限/%	≤8	≤8	≤8	≤8	≤8

C　采用炉料分级入炉技术

采用炉料分级入炉技术是现代大型高炉的发展趋势。烧结矿和焦炭按照设定的粒度等级分级装入高炉，可以实现炉料分布的精准控制，改善高炉透气性和煤气利用率，促进高炉顺行，降低燃料消耗。回收 3~5mm 的小粒度烧结矿不但可以提高资源利用率，还可以用来抑制高炉边缘煤气流过分发展，有利于高炉长寿；回收 10~25mm 的焦丁与矿石混装入炉可以改善高炉透气性，降低燃料消耗，稳定高炉操作。烧结矿分级入炉技术，可以合理调整入炉原料粒度、控制炉内不同粒度原料的分布，从而提高煤气利用率和炉料的透气性，有利于高炉操作和控制煤气流合理分布，实现高炉顺行、长寿。烧结矿按照粒度级别分为两级，大粒度烧结矿粒度为 20~50mm，中粒度烧结矿粒度为 5~20mm，回收 3~5mm 的小粒度烧结矿，提高原料利用率。焦炭按照粒度级别分为 25~60mm 和 60mm 以上两级，回收 10~25mm 的焦丁与矿石混装入炉，改善高炉透气性，降低燃料消耗。

10.1.1.3　严格控制入炉有害元素

在对精料要求的诸多项目中，除了粒度组成和冶金性能外，从高炉长寿角度更需要强调严格控制入炉原燃料的有害杂质含量。国内外高炉多次破损调查证实，钾、钠和锌对高炉内衬寿命具有最直接的不利影响。高炉内的钾、钠和锌在一定温度范围内都会以气态存在。这些有害元素的气态单质或化合物在高炉内循环和富集，不但会使焦炭和烧结矿强度劣化、粒度变小，影响高炉操作；另外，当这些有害物质进入高炉内衬缝隙并发生沉淀时，会造成炉衬侵蚀和迅速破坏，缩短炉体寿命。

实践证实，钾、钠等碱金属会造成炉缸堆积、高炉结瘤，恶化透气性，损坏炉衬，甚至造成炉况严重失常，对高炉的生产和长寿危害巨大。近年来我国不少高炉出现炉底上涨、风口翘曲、风口中套变形，甚至炉缸炉底烧穿等事故，究其原因也多与碱金属的破坏密切相关。而且钾、钠等碱金属在高炉中对焦炭的碳素溶解反应具有催化作用，加剧了焦炭的气化反应，使焦炭反应后强度下降、粒度降低，影响高炉透气性和高炉顺行。

第 2 章分析了钾对高炉炉缸炉底炭砖的侵蚀机理和危害。钾、钠等碱金属以及锌对高炉炉缸炉底炭砖的破坏作用不容轻视，从某种程度上讲，如果不加以控制，碱金属和锌等有害物质可能是制约高炉长寿的致命危害。因此，严格执行技术标准，减少由原燃料带入的钾、钠和锌等有害杂质，是延长高炉寿命的一个重要因素。高炉入炉原燃料有害杂质的控制标准见表 10-5。

表 10-5　高炉入炉原燃料有害杂质的控制标准　　（kg/t）

$K_2O + Na_2O$	Zn	Pb	As	S	Cl$^-$
≤3.0	≤0.15	≤0.15	≤0.1	≤4.0	≤0.6

同碱金属一样,锌对高炉内衬的侵蚀破坏作用是不可低估的。锌的破坏作用不仅针对高炉中上部硅铝质耐火材料内衬,对炉缸炭砖的破坏作用也不容忽视。武钢5号高炉炉体破损调查发现,锌对炉缸炭砖的破坏作用甚至大于碱金属。为了延长高炉寿命,应不断提高精料水平,严格控制入炉锌及碱金属含量,特别是控制好烧结矿的含锌量。

由于加入转炉的废钢中,含锌较高的轻薄废钢加入量增多,造成转炉煤气除尘灰中含锌量很高,如果不采取单独的处理,将富锌粉尘仍用于烧结配料,会造成高炉内的锌富集,沉积在高炉炉墙上,与炉衬和炉料发生化学反应,形成低熔点化合物,造成炉料孔隙度变小,透气性变差,炉墙结厚,高炉煤气通道变小,炉料下降不畅,甚至在炉身区域形成炉瘤,对高炉顺行和技术指标产生很大影响。沉积的金属锌造成高炉砖衬脆裂、破损,并导致炉缸炉底炭砖脆化,形成炉缸侧壁炭砖环裂,缩短高炉寿命,对高炉长寿影响严重。高炉锌负荷的控制标准见表10-6。

表 10-6 高炉锌负荷的控制标准

烧结矿含锌量/%	入炉锌负荷/kg·t^{-1}	炉料含锌量/%
<0.01	<0.15	<0.008

现代钢铁联合企业要注重锌、钾、钠等有害元素的控制,在整个钢铁生产流程中要有效减少有害元素的循环富集。

10.1.2 高炉顺行是高炉长寿的重要保障

高炉冶炼是大规模连续化的生产过程,具有高温、高压、密封、连续的工艺特征。在高炉冶炼过程中,是多相态复杂的物理化学反应耦合和冶金传输过程的集成。高炉冶炼过程最重要的技术特征是下降炉料与上升煤气在相向运动过程中,完成了热量、质量、动量传输和一系列物理化学反应。这一过程包括炉料的加热、水分蒸发、挥发、分解;铁氧化物和其他非铁氧化物的还原;炉料中非铁氧化物的熔化、造渣;铁的渗碳、熔化和铁水的形成;下降炉料与上升煤气之间的热量传输、动量传输和质量传输;风口回旋区碳的燃烧反应;炉缸内渣铁流动与排放等。

因此,高炉炉料的顺利下降和上升煤气流的合理分布是高炉顺行的标志,也是提高煤气利用率、降低燃料消耗、实现高炉长寿的前提条件。高炉生产的高效、低耗、优质、长寿都是以高炉顺行为基础,没有高炉顺行这些目标都将无法实现。高炉一代炉役中,只有高炉顺行才能为高炉长寿奠定坚实的基础[4]。高炉长期稳定顺行,不但可以实现高效低耗,而且煤气流分布合理,边缘气流得到抑制,有利于高炉长寿。影响高炉顺行的因素很多,现代高炉顺行应着重采取有效

措施有:

(1) 精料是实现高炉稳定顺行的基础,提高精料水平为高炉顺行创造了有利条件。原燃料条件好,高炉易于顺行,边缘气流可以得到有效控制,使炉墙热负荷适当而且稳定,其结果必然有利于延长高炉寿命。在原燃料条件受到制约时,应重点解决原燃料成分与质量的稳定性,减少波动,同时应加强高炉原燃料的整粒筛分,减少入炉粉末。即便在原燃料质量降低的条件下,采取稳定性措施也会收到积极的效果。

(2) 以高炉生产高效、低耗、长寿、清洁为指导方针,高炉操作不片面追求高强度冶炼和高利用系数,特别是不顾原燃料条件和操作条件,盲目追求高产的做法,势必破坏高炉顺行。由于冶炼强度过高,经常会出现气流、管道、崩料、塌料和悬料等失常炉况,为了维持高炉顺行,则只能发展边缘气流,以降低煤气利用率、提高入炉焦比、缩短高炉寿命为代价,在技术上不可取,在经济上也不划算。值得关注的是,前一时期由于我国钢铁产能扩张过快,许多钢铁企业竞相攀比生产规模和产量,甚至不计成本和代价,不讲科学规律,盲目追求高利用系数和高产量,在现今的高炉技术装备条件下竟然频繁出现高炉炉缸烧穿事故和炉体大量破损,其教训值得深思。

(3) 控制煤气流合理分布。合理的煤气分布是高炉顺行的一个主要标志,煤气流的调控也是实现高炉长寿的关键技术之一。高炉要控制边缘煤气流过分发展,必须改变操作理念,转变传统的以追求产量为核心,以发展边缘气流操作而获得高强度冶炼条件下高炉顺行的落后观念,而应以精料为基础,以高效长寿、节能降耗为目标,以高炉稳定顺行为根本,采取综合措施,合理控制炉腹煤气量,加强炉料分布控制与高炉下部调剂,探索高炉获得高产、低耗、长寿并举的技术途径。

10.1.3 炉料分布与控制是高炉长寿的重要措施

炉料分布控制技术是现代高炉操作的重要内容,是控制煤气流合理分布的重要手段。炉料分布控制要实现煤气流合理分布,提高煤气利用率;防止风口及高炉内衬的破损,延长高炉寿命;使高炉长期获得稳定良好的透气性,保证炉况顺行;有效控制炉墙热负荷,降低高炉热量损失。炉料分布控制对高炉操作的影响是极其重要的,其核心目的就是使高炉炉喉径向矿焦比的分布合理、周向分布均匀,从而获得合理的煤气流分布,保持高炉稳定顺行,提高煤气利用率,改善煤气热能和化学能的利用,提高产量,降低燃料消耗,延长高炉寿命。

合理的炉料分布控制,使高炉内煤气流分布合理,改善矿石与煤气的接触条件,减小煤气对炉料下降的阻力,避免高炉憋风、悬料,从而促进高炉稳定顺行。炉料分布控制的主要内容包括装料方式、料批重量、布料方式和料线等。除个别高炉外，现代高炉绝大多数采用无料钟炉顶设备，这对于实现精准灵活的炉料分布控制创造了条件。

高炉炉料分布控制的作用是：（1）高炉炉料分布与控制可以提高高炉产量，改善顺行、降低燃料消耗。高炉内煤气分布并不均匀，对下降炉料的阻力差异很大，利用不同的煤气分布，减少对炉料的阻力，从而保证高炉稳定顺行，同时合理的布料还能改善煤气利用。（2）合理的炉料分布控制可以有效地延长高炉寿命。边缘煤气流过分发展，势必加剧炉衬侵蚀，造成冷却器过热甚至烧损。通过布料控制边缘煤气流，可以降低炉墙热负荷，保护炉衬和冷却器，还可以改善煤气利用。（3）通过合理布料可以及时预防、处理诸如高炉憋风、难行，边缘过重所引起的炉墙结厚和渣皮脱落等高炉冶炼进程的操作事故[5]。

10. 1. 3. 1　确定合理的料批重量

影响高炉炉料批重量最主要的因素是高炉的炉喉直径或容积，并与高炉炉型和冶炼强度有关。在原燃料条件较好时，可采用如下的经验公式确定焦炭批重：

$$W_c = kd_1^3 \qquad (10-1)$$

式中　W_c——焦炭批重，t/ch；

k——确定焦炭批重的系数，原料条件好的大型高炉取 0.03~0.04；

d_1——炉喉直径，m。

现代高炉提高喷煤量以后，入炉焦炭相应降低，焦炭作为燃料和还原剂的作用被煤粉替代，但在高炉中的料柱骨架作用却无法替代。而高炉大量喷煤时，合理调整矿批和焦批重量成为高炉喷煤强化操作的关键环节。高炉实际生产中，料批重量的确定普遍根据自身经验长期摸索确定，除了参照式（10-1）进行计算以外，还有很多的料批重量的计算方法和经验公式。一般要求炉喉处焦炭层厚度控制在 650~750mm 较为合理，在高炉大量喷煤操作时，焦炭负荷（矿焦比）不断提高，一般采用固定焦批重量、提高矿批重量的方式。当焦炭负荷达到 6.0 以上，矿石层厚度将超过焦炭层厚度，受炉顶料罐容积和布料设备的限制，这时矿批重量不能继续增加，应采取减小焦批重量的措施，其结果是造成炉喉处焦炭层厚度变薄，影响高炉透气性，因此在这种条件下，焦炭层厚度不宜小于 500mm。国内不同容积级别高炉的矿石批重如图 10-1 所示。

10. 1. 3. 2　确定合理的布料矩阵

无料钟炉顶布料与钟式炉顶布料具有本质的差别。无料钟布料溜槽旋转产生离心力，使溜槽外侧的炉料堆尖变小，外侧料面平坦，采用多环布料时则在炉墙附近形成炉料平台。即料面由平台和漏斗组成，通过平台形式调整中心焦炭和矿

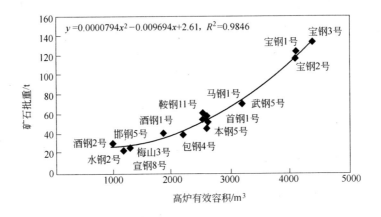

图 10-1　国内不同容积级别高炉的矿石批重

石量，平台小而漏斗深，料面不稳定；平台大而漏斗浅，中心煤气流受到抑制，适宜的平台宽度一般根据实践确定。实现多环布料是无料钟炉顶显著的技术优势，采用多环布料可以有效改变煤气分布，只要通过改变边缘或中心的矿石或焦炭的布料环数就可实现而不必改变所有各环。多环布料将炉料分散到较大的面积内，从而降低了粉料的破坏作用，提高了高炉透气性。采用多环布料主要是通过炉料在炉喉内形成的堆尖所处的径向位置，调整边缘和中心的煤气流分布。不同容积级别的高炉炉喉直径不同，所选用的布料档位也有所区别。布料溜槽一般设置 11 个档位，每个档位对应一个倾角，表 10-7 是无料钟炉顶旋转布料溜槽各档位对应的倾角。

表 10-7　无料钟炉顶旋转布料溜槽各档位对应的倾角

档位	1	2	3	4	5	6	7	8	9	10	11
倾角/(°)	52	50.5	48.5	46	43	40	36.5	33	29.5	24	15

对于无料钟炉顶布料的基本要求，是要使炉喉料面形成一个由适当宽度的平台和炉料滚动为主的漏斗。主要操作原则是：（1）焦炭平台是最根本的，一般情况下不作为调节的对象；（2）布在高炉中间区域和中心的矿石最好在焦炭平台边缘附近下落；（3）漏斗内用少量的焦炭用来稳定中心气流。

日本通过总结神户加古川高炉的布料经验得出，边缘炉料在炉喉内形成一定宽度的平台，高炉顺行状况很好。宝钢通过研究探索特大型高炉的炉料分布与控制，对多环布料平台的形成进行了深入研究[6]。

多环布料是炉料分布控制的重要手段，其核心是构建合理的布料平台。平台的形成及其宽度、大小是控制高炉行程、煤气流分布以及煤气利用的核心，平台的形成是无料钟炉顶多环布料的重要基础。高炉料层形成稳定的平台以后，中心漏斗变小，矿石滚动量小，混合程度也有所减轻，在料面中间区域和中心部位小粒度炉料增多，透气性受到一定影响，造成中心气流相对较弱。多环布料建立平台以后要注重控制中心的矿焦比，保证中心煤气流的稳定。多环布料形成的平台要具有适宜的宽度，平台过窄煤气流不稳定，煤气利用率差；平台过宽难以形成矿石和焦炭的混合层，中心则容易堵塞，抑制中心煤气流。因此适宜的平台宽度应根据高炉具体情况确定，使得炉况稳定顺行，煤气流分布合理，煤气利用充分，炉墙温度适宜。宝钢高炉炉料平台宽度控制在 1.2 ~

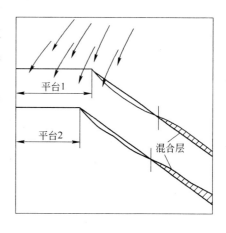

图 10-2 高炉多环布料料面平台的示意图

2.0m。图 10-2 是高炉多环布料料面平台的示意图，图 10-3 是布料矩阵与平台宽度的关系。

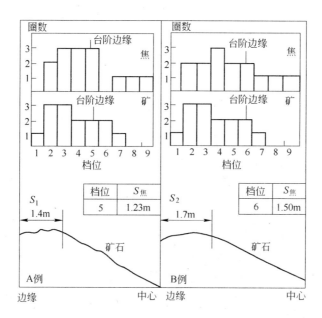

图 10-3 布料矩阵与平台宽度的关系

图 10-3 显示了宝钢高炉炉料实测料面形状与布料档位之间的关系。由图中可以看出，矿石布料档位相同时，但由于焦炭布料档位不同，而使矿石平台宽度不同。布料环数相近的连续档位是形成平台的基础，少量的焦炭不会形成平台，而只能改变漏斗部分的坡度，改善高炉中心的矿焦比分布。

　　由此可见，合理布料矩阵的设定就是要实现精准的多环布料，以达到合理的炉料分布控制。布料矩阵的设定要充分考虑焦炭平台、矿石平台的宽度和中心漏斗的深度。特别是在焦炭布料时，焦炭料层的边缘平台及中心漏斗的形成对于矿石层的合理分布具有重要意义。

10.1.4　合理煤气流分布是高炉长寿的核心技术

　　在高炉冶炼进程中，下降炉料和上升煤气相向运动、相互作用、相互影响。事实上，高炉内煤气流分布不仅取决于装料制度，还取决于送风制度。高炉操作制度中，装料制度和送风制度分别是高炉上部调剂和下部调剂的主要手段，是基本的高炉操作制度。装料制度、送风制度的变化，往往引起造渣制度和热制度的剧烈波动，波及炉缸工作和炉况的稳定顺行。合理的装料制度和送风制度，可以解决炉料和煤气流相向运动过程的矛盾，使煤气流分布合理，炉况稳定顺行，使高炉生产获得高效长寿、节能降耗的综合目标。合理的煤气流分布具有以下特征：（1）炉料顺利下降，炉况稳定顺行，使高炉生产处于最佳的水平；（2）在保证高炉顺行的条件下，可以长期稳定地获得较高的煤气利用率，煤气能量利用充分；（3）抑制边缘煤气流过分发展，控制炉墙热负荷，延长高炉寿命。

　　高炉煤气上升过程中具有三次分布：初始分布在炉缸风口回旋区，高温热风和焦炭、煤粉发生燃烧反应，形成了炉缸煤气，在鼓风动能的作用下形成初始的煤气分布；二次分布是炉腹煤气在穿透软熔带区域形成的煤气分布；三次分布是煤气在软熔带以上块状带的煤气分布。高炉煤气在炉内的三次分布受不同因素的影响：初始分布主要取决于送风制度；二次分布受软熔带的形状、位置以及炉料的高温冶金性能等因素的影响；三次分布主要取决于装料制度和炉料分布控制，合理的布料才能获得合理的三次煤气分布并提高煤气能量利用。

　　在高炉实际生产中，煤气流合理分布的标准，主要是根据炉喉煤气中 CO_2 分布曲线、炉顶混合煤气中的 CO_2 含量、煤气利用率以及炉喉断面的温度分布等参数来判断。目前，由于现代大型高炉基本不再采用炉身煤气径向取样分析，所以主要依靠炉喉十字测温温度曲线判定煤气分布状况。应该指出，高炉煤气的三次分布都是相互关联的，在实际生产中主要通过控制初始煤气分布和第三次煤气分布来改善煤气流的整体分布。一般现代大型高炉炉顶混合煤气中 CO_2 的含量应达到20%以上，煤气利用率应达到50%左右；炉喉十字测温测得的料面上部温度分布应为：高炉中心点温度在 500~650℃，中间区域和炉墙边缘温度在 150~200℃，许多高炉炉墙边缘温度可以达到150℃以下，炉顶混合煤气温度在150℃左右，煤气化学能和热能都得到了较为充分的利用。

　　高炉煤气流分布有中心发展型、边缘发展型和以发展中心为主适度发展边缘

型等多种类型。实践证实中心开放的
煤气流分布最优，保持煤气在中心具
有狭窄通道，保持较大范围内的煤气
最佳利用，对应"Λ"形软熔带及其
二次煤气分布，对于降低炉墙热负荷，
保护炉衬和冷却器，延长高炉寿命具
有重要意义。图 10-4 是炉顶煤气温度
分布曲线，图 10-5 是国外不同容积级
别高炉炉喉十字测温的温度分布。

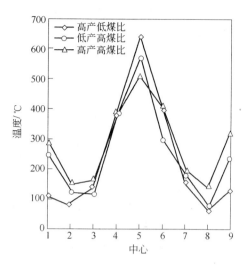

图 10-4　炉顶煤气温度分布曲线

在高炉实际操作中，控制煤气流
合理分布，主要考虑高炉煤气能量的
充分利用和保证高炉顺行。煤气热能
利用通过炉顶温度和炉喉十字测温的
温度来评价，而化学能利用则通过混
合煤气中 CO_2 含量和煤气利用率衡量，煤气温度越高、CO_2 含量越低，表明煤气
能量利用越充分。

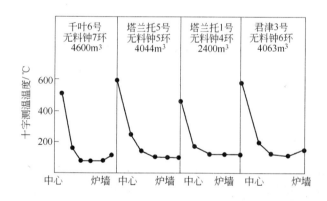

图 10-5　国外不同容积级别高炉炉喉十字测温的温度分布

由于现代高炉大型化以后，横向尺寸扩大趋势显著，5000m³ 的巨型高炉炉
缸直径已达到 15m 以上，炉喉直径也达到 11m，因此要在高炉径向保持煤气流的
合理分布操作难度增大。为了实现煤气流的合理分布，使高炉具有良好的透气性
还能使煤气能量得到充分利用，现代大型高炉通过长期的生产实践探索，则一般
采用以发展中心气流为主导、适度开放边缘的煤气分布。其特征是炉喉煤气径向
分布中心狭窄区域的 CO_2 含量最低，高炉中间区域 CO_2 含量最高，而炉墙边缘
CO_2 含量略有升高但远低于中心，形成"展翅形"的煤气分布。对应炉喉十字测
温的温度分布其形状恰好相反，在高炉中心部位温度最高为 500～650℃，高炉中

间区域温度大体相同并最低，约为 150℃ 左右，炉墙边缘温度略高于中间区域温度，约在 150~200℃ 的范围内。这种以中心气流为主导、适度开放边缘的煤气流分布，有利于高炉稳定顺行，可以提高煤气利用率、降低燃料消耗、活跃炉缸工作、延长高炉寿命。开放中心煤气流对于提高煤气利用、降低燃料消耗和高炉强化冶炼作用显著，同时对于稳定边缘煤气流也会产生直接影响；由于边缘煤气流的稳定，有利于降低炉墙热负荷，从而形成稳定的

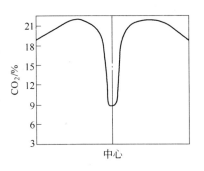

图 10-6 典型的煤气 CO_2 分布曲线

保护性渣皮，有效地保护炉衬和冷却器，不会因过度抑制边缘气流而造成炉墙结厚，破坏高炉顺行。图 10-6 是典型的煤气 CO_2 分布曲线，图 10-7 是首钢 2 号高炉（1780m³）大喷煤条件下的炉喉十字测温温度分布曲线[7]，图 10-8 为宝钢 1 号高炉（4966m³）2009 年扩容大修以后的炉喉温度分布曲线[8]。

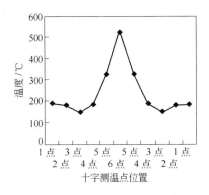

图 10-7 首钢 2 号高炉大喷煤
条件下的炉喉温度分布

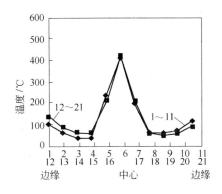

图 10-8 宝钢 1 号高炉炉喉温度分布

　　高炉提高产量和增加燃料比时，炉腹煤气量增加，使边缘煤气流发展。在高炉提高喷煤量时，边缘煤气流也会增加，炉墙热负荷和温度升高。边缘煤气流的增加和炉墙温度及热负荷的增高，使软熔带的形状发生变化，这会加剧边缘煤气的过分发展，使炉衬和冷却器受到更大的热冲击，难以形成稳定的渣皮，甚至会造成冷却器的烧坏。首钢 2 号高炉在 2006 年大喷煤操作时，通过调整送风制度和布料制度，以 "开放中心、稳定边缘" 为控制煤气分布的操作理念，不断改善炉料分布控制，扩大焦炭平台宽度，适当减轻中心矿焦比，在高炉料面中心形成坡度较小的漏斗，为煤气流提供稳定、顺畅的中心煤气通道，减少矿石向中心滚动；在高炉边缘环带形成稳定的焦炭平

台，减少矿石向炉墙边缘滚动，达到稳定的边缘矿焦比，焦炭层形成了平台 +
中心小坡度漏斗的料面形状。矿石平台趋于平坦，矿石堆尖位于高炉中间区域，
有利于提高煤气利用率，并可以适当提高中心矿焦比，进一步提高煤气利用率。
采用这种煤气流控制的操作模式，使高炉焦比降低到 280kg/t，煤比提高到
185kg/t。首钢京唐 1 号高炉（5500m³）2009 年 5 月开炉投产以后，不断优化装
料制度，使装料制度和送风制度相匹配，形成稳定的炉喉料面形状，具有宽度适
宜的平台和深度适当的中心漏斗，平坦化布料为加大矿批创造了有利条件，矿批
逐渐增加到 142t/ch，加之采用烧结矿分级入炉技术，使高炉炉料分布控制更为
灵活，将小粒级的烧结矿布在炉喉边缘用于控制和稳定边缘煤气流，使煤气利用
率显著提高，长期稳定在 52% 左右，炉顶平均温度稳定在 140 ~ 150℃[9]。高炉
投产后煤气利用率变化如图 10-9 所示，炉喉十字测温中心与边缘温度变化如图
10-10 所示。

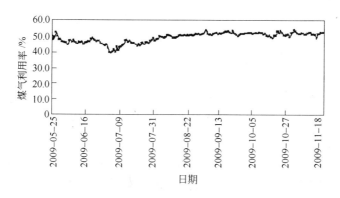

图 10-9 首钢京唐 1 号高炉投产后煤气利用率变化

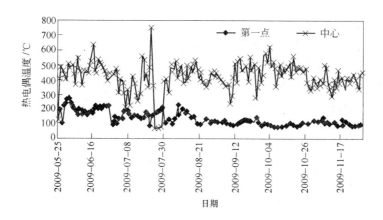

图 10-10 首钢京唐 1 号高炉十字测温中心与边缘第一点温度变化

10.1.5 活跃炉缸工作是高炉长寿的关键环节

炉缸工作是高炉冶炼进程的起始和终结，决定了整个高炉的冶炼进程。焦炭和煤粉在风口回旋区的燃烧、炉缸煤气的形成、液态渣铁汇集存储，以及一系列的直接还原反应和脱硫反应等都集中在炉缸区域进行，而且周期性的渣铁排放也是炉缸工作的一项主要内容。现代高炉要求炉缸工作活跃均匀，热量充沛，炉缸温度分布合理，渣铁反应充分，生铁质量良好，渣铁排放顺畅，炉缸工作状况也是高炉炉况顺行的重要标志。

良好的炉缸工作是实现煤气流合理分布的基础，特别是炉缸初始煤气流的分布，不仅决定了炉缸工作状态，同时也主导了高炉中上部软熔带和块状带的二次和三次煤气流分布，是保证高炉稳定顺行的基础。高炉煤气流的初始分布，主要取决于燃烧带，即风口回旋区。炉缸工作是否均匀，取决于风口回旋区的大小和分布，也就是煤气流的初始分布。高炉鼓风动能则是决定风口回旋区大小、形状和分布特性的主要因素。对于炉缸直径较大的高炉，不易吹透中心，要控制足够的鼓风动能，以确保中心煤气流的稳定和中心焦炭的活性，防止炉缸堆积，确保高炉稳定顺行和长寿。

大喷煤是现代高炉生产的一个重要技术特征，同 20 世纪 80 年代以前的高炉操作具有显著的差异。在高炉大量喷煤时，高炉下部状态发生很大变化，由风口喷入的煤粉替代了焦炭，大部分煤粉在风口前燃烧，煤粉在风口的燃烧率一般可以达到 70% 左右。由于煤粉替代了部分焦炭，使高炉入炉焦比降低，焦炭负荷增加，而高炉内焦炭层厚度则相应变薄，从而使焦炭在高炉内的停留时间延长，加之碳素溶解反应对焦炭的熔损，使焦炭的破碎粉化加剧，焦粉沉积在炉缸死焦柱内，降低了死焦柱的透气性和透液性，使死焦柱变得呆滞；与此同时，部分未燃煤粉也在煤气流的卷携下沉积在死焦柱表面，在风口回旋区前端下部，与粉焦一起形成"焦巢"。由于焦巢的存在，阻碍了炉缸煤气向高炉中心的穿透，进一步加剧了高炉中心的呆滞，使死焦柱内的焦粉增加。其结果是炉缸煤气流沿死焦柱的表面上升，而形成边缘发展的一次煤气分布，造成软熔带形状和位置发生变化，炉墙热负荷增加，甚至造成炉腹冷却壁的大量损坏。这是造成高炉大量喷煤时，边缘煤气流发展的主要原因。高炉大喷煤操作时炉缸风口回旋区的变化如图 6-2 所示。

合理的送风制度是保证炉缸工作均匀活跃的重要条件，与装料制度相匹配，能够实现煤气流合理分布，炉缸工作活跃，炉况稳定顺行。送风制度主要作用是保持适宜的风速和鼓风动能以及合理的理论燃烧温度，使初始煤气流分布合理，炉缸工作均匀活跃，热量充沛稳定。送风制度作为高炉操作下部调剂的主要控制方式包括风口面积、风量、风温、鼓风湿分、喷煤量、富氧率等参数，根据炉况对这些参数进行调节控制,以达到炉况稳定顺行和煤气流合理分布的目的。对于现代大型高炉而言,应着重关注风口回旋区的结构形状和圆周分布的均匀性。

10.1.5.1 风口回旋区

在风口回旋区内,燃料燃烧形成炉缸煤气,并产生高温热量。炉缸煤气具有很高的化学能和热能,是高炉冶炼进程所需的化学能和热能的主要来源。风口回旋区内的传热、传质和动量传输以及高温化学反应过程,不仅影响风口前的燃烧温度和煤气流分布,而且还影响炉缸内渣铁温度和生铁质量,因此风口回旋区是高炉冶炼进程顺利进行和高炉强化的关键。

A 适宜的风速和鼓风动能

风速和鼓风动能是决定风口回旋区结构形状大小以及圆周分布的重要参数。在高炉风量一定的条件下,风速取决于风口送风面积,是高炉送风制度中最重要的工艺参数。高炉容积增大,其进风面积相应增加。国内外高炉多年来的生产实践证明,风口进风面积与风量二者必须相适应,换而言之高炉必须维持合适的风速。随着高炉容积扩大,炉缸直径相应增加,为了保证炉缸工作均匀活跃,要求风口前回旋区向中心延伸,就需要增大鼓风动能。提高风速是增大鼓风动能最根本的方法。在高炉实际生产中,通过选择与风量匹配的风口送风面积,控制合理的风速、鼓风动能,从而形成适宜的风口回旋区。首钢京唐1号高炉投产后,根据风量的变化,通过调整风口直径控制送风面积,使送风面积由原来的 $0.451m^2$ 逐渐扩大到 $0.6274m^2$,保持实际风速在 240m/s,鼓风动能在 130kJ/s 左右,从而形成了适宜的风口回旋区,保证了高炉炉况顺行,炉缸工作活跃[10]。

B 合理的风口回旋区结构形状

风口回旋区的长度、高度等形状参数对于炉缸煤气流初始分布具有密切关系。回旋区结构形状和大小适宜,则炉缸半径方向煤气流和温度分布合理、圆周方向分布均匀。生产实践证实,回旋区长度要与高炉适宜,不宜过长或过小。回旋区长度过长造成中心煤气流过分发展;过小则边缘煤气流发展。炉缸直径越大,回旋区长度相应也就越长,以促使煤气流向中心扩张,使高炉中心保持一定的温度,控制中心死焦柱,从而维持良好的透气性和透液性。影响风口回旋区结构形状的因素很多,一般在原燃料条件相对稳定的条件下,高炉操作中用回旋区长度 D_R 和高度 H_R 以及长度和高度的比值 D_R/H_R 来表示回旋区的结构特征。回旋区的长度和高度可通过下列经验公式计算:

$$D_R = 0.88 + 0.92 \times 10^{-4}E - 0.31 \times 10^{-3}PCI/n \qquad (10-2)$$

$$H_R = 22.856\left(\frac{v_b^2}{gd_{pc}}\right)^{-0.404} - \frac{D_R^{1.286}}{d_{pc}^{0.286}} \qquad (10-3)$$

式中　D_R——风口回旋区长度,m;

　　　H_R——风口回旋区高度,m;

E——鼓风动能，$kg \cdot m/s$；

PCI——高炉喷煤量，kg/h；

n——风口数量，个；

v_b——风速，m/s；

g——重力加速度，$9.81 m/s^2$；

d_{pc}——焦炭的平均粒度，m。

风口回旋区长度 D_R 增长，煤气流趋向中心发展。在一定的风速范围内，随着风速的增加，回旋区长度 D_R 延长，使炉缸内下部的煤气流分布在半径方向趋于均匀，中心气流得到合理发展，使炉缸中心死焦柱保持一定的温度，并处于活跃状态，维持一定的透气性和透液性。与此相反，减少风量或扩大风口面积而造成风速下降时，风口回旋区长度变小，则会造成边缘气流发展。

高炉大喷煤时，风口回旋区缩小，边缘气流加强，D_R/H_R 随风速的增加而下降，相应回旋区高度变小，喷煤操作将对炉况产生不利影响。由此可见，高炉风量、风速的降低和喷煤量的提高，都会使风口回旋区长度 D_R 变小，造成燃烧焦点靠近风口，并会导致炉腹热负荷和温度升高，边缘煤气流过分发展，甚至造成冷却器烧损，破坏高炉长寿。

值得注意的是，入炉焦炭平均粒度变小，风速降低，回旋区长度变小，回旋区高度增加，风口前温度升高，透气性变差，也会造成炉墙热负荷和温度升高，对高炉长寿带来不利影响。

10.1.5.2　理论燃烧温度

理论燃烧温度是指燃料在风口前燃烧，在与周围环境绝热的条件下，燃烧反应放出的热量和鼓风带入的物理热全部用于加热燃烧产物——炉缸煤气所达到的温度，也是炉缸煤气尚未与炉料进行热交换的初始温度。理论燃烧温度是高炉操作中判断炉缸热状态的重要参数，其值通过风口回旋区区域热平衡计算得出，在实际生产中一般通过经验公式计算。

理论燃烧温度对于高炉操作具有重要影响。特别是大喷煤量的高炉，为了使煤粉在风口前燃烧充分，保持合理的煤粉燃烧率，必须控制合理的理论燃烧温度。理论燃烧温度越高，与炉料之间的温差越大，能够将更多的热量传递给炉料，有利于炉料加热，使炉缸保持较高的温度水平，热量充沛。因此，维持合理的理论燃烧温度对高炉稳定顺行和炉缸工作意义重大。

理论燃烧温度过高，会造成炉缸煤气体积膨胀，使煤气流速加快，炉料下降阻力增加，容易破坏高炉顺行；而且过高的理论燃烧温度会促使焦炭中 SiO_2 挥发量显著增加，堵塞在料柱空隙中造成料柱黏结，从而导致高炉难行甚至悬料。理论燃烧温度过低使煤气和炉料之间的热量传递效率降低，不能将炉料充分加热而使其具有足够的热量，难以达到规定的渣铁温度，使渣铁不能具有充足的热量和温度而保持良好的流动性；而且较低的理论燃烧温度不利于大喷煤操作，使煤粉燃烧受到限制，煤粉燃烧率下降，造成未燃煤粉量增加。高炉低燃料比时应提高理论燃烧温度，使炉缸焦炭具有较高的温度，保持合理的透气性、透液性以及较高的铁水温度。

影响理论燃烧温度的因素较多，送风温度、富氧率、鼓风湿度、喷煤量以及喷煤载气等都对理论燃烧温度产生影响。在高炉实际生产中，应采取提高风温、保持合理的富氧率、降低鼓风湿度、提高喷煤量等措施维持合理的理论燃烧温度。实践表明，现代大型高炉喷煤操作时，理论燃烧温度应控制在2050～2350℃的范围内。首钢京唐1号高炉投产后建立了以理论燃烧温度为平衡点的操作理念，通过鼓风富氧、提高风温、增加喷煤量、控制鼓风湿度等调剂手段以维持合理的理论燃烧温度为中心，相互匹配和制约，保持理论燃烧温度在2200±100℃，取得了较好的生产效果。宝钢高炉喷煤量达到200kg/t时，理论燃烧温度维持在2050℃[11]。

10.1.5.3　炉缸热状态

高炉热状态是指高炉具有足够的温度和热量以满足加热炉料，完成高炉冶炼进程一系列物理化学反应所需要的温度和热量，并使铁水达到规定的温度。由于高炉主要热量消耗和燃料消耗都集中在高炉下部区域，炉缸工作对高炉冶炼具有重要影响，因此炉缸热状态也成为表征整个高炉冶炼进程热量传输效果的标志。高炉操作热制度就是调整合理的炉缸热状态，使炉缸温度分布均匀稳定，热量储备充沛，炉缸工作活跃。在高炉低硅冶炼时，更要注重维持炉缸合理的热制度，在铁水化学热降低的同时，应保持较高的物理热，控制合理的铁水温度，稳定铁水硅偏差，防止炉缸热状态大幅度波动而破坏高炉顺行。

首钢根据多年高炉生产实践和对炉缸工作状态的研究[12,13]，提出了炉缸工作活跃指数的概念，用炉缸侧壁的平均温度与炉底各层的中心平均温度的比值来评价炉缸工作的活跃程度，并根据该值控制高炉操作参数。式（10-4）给出了首钢提出的炉缸活跃指数计算公式：

$$A = T_H/T_B \tag{10-4}$$

式中　A——炉缸工作活跃指数；

　　　T_H——炉缸侧壁各层热电偶的平均温度，℃；

　　　T_B——炉底各层中心热电偶的平均温度，℃。

10.1.5.4　炉缸透气性和透液性

保持高炉炉缸中心死焦柱的活跃对于改善炉缸透气性和透液性、抑制炉缸炉底侵蚀意义重大。死焦柱呆滞、透气性和透液性差，会造成铁水聚积在炉缸周边区域，出铁时形成炉缸铁水环流，造成铁口下方炉缸炉底交界处的象脚状异常侵蚀，然后该区域破损加剧，引起炉缸炉底内衬局部过热，甚至造成炉缸炉底烧穿，其危害巨大，对高炉寿命的破坏最为严重而且不可逆转。因此，在高炉操作上要努力采取活跃炉缸死焦柱的措施，避免炉缸中心堆积，控制合理的炉缸侧壁温度和炉底温度。采用控制入炉焦炭粒度、提高焦炭热强度以及中心加焦等措施可以提高炉缸死焦柱的焦炭粒度，改善其透气性和透液性，有利于活跃炉缸。

合理的炉缸工作状态表现为：炉缸死焦柱的温度场分布均匀，风口回旋区工作正常。死焦柱由回旋区前端延伸至高炉中心，该区域焦炭粒度较大并且基本稳定，高炉炉缸半径方向温度较高并均匀稳定。炉缸侧壁温度保持较低水平，炉底中心温度则维持适当的水平，加之高导热炭砖与合理冷却系统匹配，使炉缸内衬热面形成稳定的保护性渣铁凝结层，为炉缸炉底长期稳定工作提供可靠的保障，进而有效延长高炉寿命。图 10-11 是首钢京唐 1 号高炉炉缸活跃指数的变化趋势，图 10-12 是宝钢 2 号高炉炉缸侧壁与炉底的温度关系。

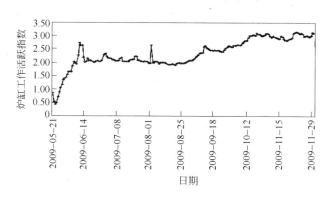

图 10-11　首钢京唐 1 号高炉炉缸活跃指数的变化趋势

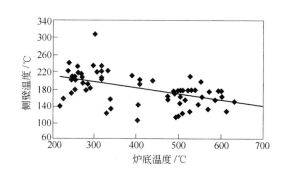

图 10-12　宝钢 2 号高炉炉缸侧壁与炉底的温度关系

10.1.6　合理控制炉体热负荷是高炉长寿的必要条件

高炉炉体热负荷是高炉冶炼过程中由炉衬和冷却器传递出的热量，也是高炉生产过程的热损失。热负荷是高炉生产操作中的重要参数，一般用来判断边缘煤气流的发展状况以及炉衬和冷却器的工作状态。高炉操作中可以根据炉体热负荷的变化，通过布料有效地调整煤气流分布，保证高炉炉况稳定顺行、达到高炉长寿高效的目的。如果热负荷控制不当，过高的热负荷冲击炉衬和冷却器，造成渣皮大量脱落，会加剧对炉体的侵蚀破坏，进而影响高炉长寿，而且还会增加热损失，使燃料消耗升高。因此，要尽可能降低高炉热负荷，将其控制在合理的范围，以有利于减少炉体热损失、节约燃料消耗、延长高炉寿命。

高炉操作中维持合理的炉体热负荷，主要通过高炉炉料分布与控制和调整送风制度来改善煤气流分布，抑制过分发展的边缘煤气流，从而降低炉墙热负荷；对于炉役末期的高炉，则应加强炉体管理，根据炉体侵蚀破损情况和炉体温度监测结果及时调整冷却水量，维持相对稳定的渣皮和高炉操作内型。影响炉体热负荷的因素包括煤气流分布、原燃料条件、冷却制度等，如图 10-13 所示。

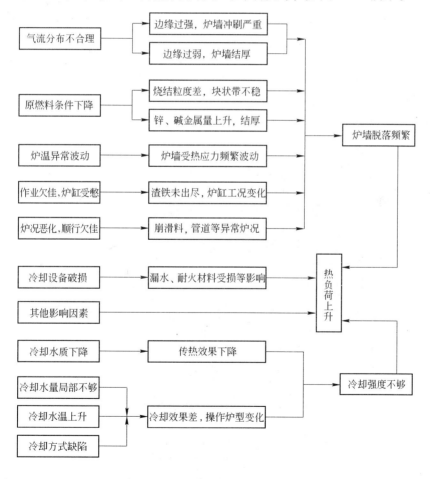

图 10-13　影响高炉热负荷的主要因素

炉体热负荷的控制对于高炉炉体的维护具有极其重要的作用，无论是炉缸炉底还是炉腹至炉身下部，控制合理的热负荷对于维持合理的高炉操作内型，形成基于保护性渣皮或渣铁壳的"永久炉衬"意义重大。合理适度的炉体热负荷是以不出现频繁的渣皮生成和脱落，炉衬不过快侵蚀，煤气流合理分布为依据。

热负荷既是衡量高炉冷却系统和冷却器工作状态的重要参数，也是判断炉衬状态和煤气流分布情况的重要依据。热负荷过低将会造成炉墙结厚；热负荷过高则会造成渣皮脱落、炉衬或冷却器过热甚至损坏。热负荷的控制，除开炉初期高炉各部位的热负荷维持在较低水平以外，高炉一代炉役中绝大部分时间，热负荷应控制在平均值上下，不应超过控制的最大值，这样既能保持高炉稳定顺行，又可以实现高炉长寿。

炉缸炉底寿命是决定高炉一代寿命的关键要素，因此高炉冷却制度应尽可能抑制或消除炉缸炉底象脚状侵蚀和炉缸侧壁的炭砖环裂。生产实践表明，高炉热负荷较高的部位通常集中在炉腹、炉腰和炉身下部区域，该区域不仅热负荷高、热流强度大，而且存在化学侵蚀、热应力破坏等多种影响高炉寿命的不利因素，冷却壁和炉衬很容易破损，因此该区域也是影响高炉寿命的一个薄弱环节。图10-14是首钢4号高炉（2100m³）炉体实测的热流强度分布[14]，表10-8是武钢5号高炉第一代各区域冷却壁热流强度的设计值。

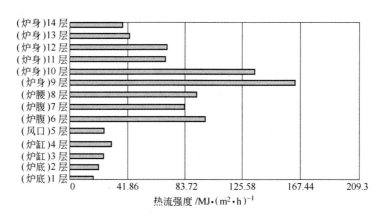

图 10-14　首钢 4 号高炉炉体热流强度分布

表 10-8　武钢 5 号高炉第一代各区域冷却壁热流强度设计值

(MJ/(m² · h))

部　位	炉缸	风口区	炉腹	炉腰至炉身下部	炉身中部	炉身上部
热流强度	16.74	83.72	125.58	167.44	100.46	29.30

10.1.6.1　炉缸炉底热流强度控制

由于高炉炉缸炉底内衬结构和冷却方式不尽相同，高炉炉缸炉底的热负荷也会存在差异。采用导热法或隔热法的炉缸内衬体系，在高炉一代炉役中，其炉缸热流强度也随着炉缸内衬的侵蚀发生很大变化。

尽管高炉炉缸冷却方式和耐火材料内衬结构存在差异，但炉缸炉底热负荷的操作管理的基本思路是一致的。随着冷却器和耐火材料的技术进步，炉缸侧壁的安全热负荷将有可能会提高，炉缸热流强度的安全极限值 50.23MJ/(m² · h) 将可能被突破。值得指出，炉缸热流强度的安全极限是以高炉炉缸烧穿事故为依据设定的，尽管现代高炉炉缸内衬结构和冷却系统进行了许多改进创新，但对此仍应采取谨慎的态度，不宜盲目突破。而且，除了对炉缸炉底热负荷、热流强度、冷却水温差进行监控以外，还要对炉缸炉底工作状况进行在线连续监测，重点对于炉缸侧壁和炉底各层热电偶的温度、炉缸冷却壁的温度，并依据热电偶检测数据进行综合分析，建立炉缸炉底侵蚀数学模型，随时掌握炉缸工作状况。这样将传统的炉缸炉底热负荷管理与现代的自动化在线检测与控制技术相结合，在综合分析判断的基础上采取有效控制措施，而不致于盲目冒进酿成大患。近年来我国大型高炉强化冶炼技术不断提高，高炉产量不断提高，加之高风温、喷煤富氧等现代强化措施的实施，使高炉炉缸炉底热流强度趋于增加，因此炉缸炉底的安全问题对于高炉寿命达到 15～20 年以上仍然是关键所在。表 10-9 是武钢高炉炉缸炉底热流强度的控制范围[15]。首钢根据多年的生产实践经验和高炉炉缸炉底热流强度、冷却壁进出水温差的控制实践，对于采用热压小块炭砖和国产大块炭砖的炉缸冷却壁热流强度提出了控制要求，并制定了相应的防治措施。表 10-10 是首钢高炉炉缸热流强度控制值和采取的防控措施。

表 10-9　武钢高炉炉缸炉底热流强度的控制范围　(MJ/(m² · h))

区　域	正常值	报警值	警戒值	极限值
炉　缸	≤16.74	≥29.30	≥37.67	≥50.23
炉　底	≤12.56	≥16.74	≥20.93	≥33.49

表 10-10　首钢高炉炉缸冷却壁热流强度的控制及采取的防控措施

采用热压炭砖的炉缸冷却壁热流强度控制及措施		采用国产大块炭砖的炉缸冷却壁热流强度控制及措施	
控制值 /MJ · (m² · h)⁻¹	采取措施	控制值 /MJ · (m² · h)⁻¹	采取措施
≥41.86	加入含钛炉料护炉，保持 [Ti] = 0.08% ~0.10%	≥33.49	加入含钛炉料护炉，保持 [Ti] = 0.08% ~0.10%
≥50.23	提高含钛炉料加入量，使[Ti]≥0.10%	≥41.86	提高含钛炉料加入量，使[Ti]≥0.10%
≥54.42	封堵水温差超标的炉缸冷却壁上方的风口	≥46.03	封堵水温差超标的炉缸冷却壁上方的风口
≥62.79	高炉休风凉炉	≥54.42	高炉休风凉炉

10.1.6.2 炉腹热流强度的控制

炉腹部位是高炉热流强度很高的区域。在高炉大喷煤操作时，会导致风口回旋区生成的高温煤气流沿炉腹上升，对炉腹造成热冲击，使炉腹区域渣皮脱落，砖衬受损甚至烧坏冷却器。即使在炉腹区域采用较厚的、抗渣性能良好的耐火材料砖衬，一般开炉以后砖衬很快就会被侵蚀消失，然后主要依靠在炉腹区域形成的保护性渣皮维持工作。因此炉腹冷却壁多采用镶砖结构，其主要目的就是促使炉腹区域更易于黏结渣皮。炉腹形成稳定性渣皮的重要条件是设计足够的冷却强度，否则炉腹区域的冷却壁很容易过热而被烧坏。

在炉腹至炉身下部区域高热负荷冲击和化学侵蚀等恶劣工作条件下，球墨铸铁冷却壁传热能力不足，一旦边缘煤气流发展，在高温热负荷的冲击下渣皮极易脱落，铸铁冷却壁温度会迅速升高，极易超过400℃的安全工作温度，使铸铁冷却壁直接暴露在高温煤气中。由于铸铁冷却壁传热能力不足，在其热面生成新的渣皮保护冷却壁，需要数小时甚至更长的时间。在这段时间内，由于温度过高而造成冷却壁过热，冷却壁基体不可避免地发生表面烧蚀，壁体内部则发生晶型转变，冷却壁热面与冷面的巨大温差产生的热应力会使铸铁冷却壁壁体翘曲乃至开裂，造成冷却壁进出水管拉裂或切断，进而造成冷却壁水管漏水，更加加剧了冷却壁的损坏。铸铁冷却壁在使用多年以后，会经历无数次激冷激热的热震冲击，多次的累积作用最终导致冷却壁破损失效。这一循环往复的过程可以从高炉停炉后冷却壁的破损结果中得到验证。

10.1.6.3 炉身下部和炉腰热流强度的控制

炉身下部和炉腰区域是高炉内热流强度最大的区域。近年来国内外很多高炉炉身下部到炉腹普遍采用铜冷却壁，大大加强了高热负荷区的冷却能力。由于铜冷却壁可以在很短时间内形成渣皮，使用部位的热损失大幅度减少，高炉设计中以球墨铸铁冷却壁为标准的热流强度控制值是否需要相应调整，还有待进一步的研究。对于炉身下部和炉腰区域的热流强度的控制，目前主要依靠冷却壁热电偶温度作为控制依据。

一般而言，采用铜冷却壁的高炉，要将铜冷却壁热面温度控制在150℃以下，在渣皮脱落的情况下，使其低于铜的安全工作温度（约260℃）；采用球墨铸铁冷却壁的高炉，要将冷却壁热面温度控制在400℃以下，使其低于球墨铸铁发生相变的温度（约760℃），使冷却壁在安全的温度下工作，防止冷却壁过热而造成破损。控制合理的热流强度是延长高炉炉腹至炉身下部使用寿命的根本措施。

10.2 延长高炉寿命的炉体维护技术

10.2.1 高炉炉体维护技术

高炉炉体及时有效的维护检修，对于延长高炉寿命具有重要意义。特别是在高炉炉役末期，保持高炉炉体具有良好的工作状态，也是实现高炉正常生产安全稳定的重要保障。因此加强高炉炉体的检查、维护、检修是延长高炉寿命的重要技术措施。高炉炉体的维护主要包括强化高炉冷却、加强高炉炉体热负荷的监测控制、采用含钛物料护炉、炉衬修补、冷却器修复以及高炉铁口、风口部位内衬的维护等内容。

10.2.1.1 强化高炉冷却

现代高炉寿命与高炉冷却系统密切相关，冷却系统是现代高炉不可或缺的工艺单元。没有合理的高炉冷却，高炉根本不可能实现长寿，进而言之，冷却系统是决定现代高炉寿命的根本要素。科学合理的高炉冷却系统的设计最为重要，高炉投产以后，在漫长的一代炉役期间，高炉生产中要加强对高炉冷却水量、水质、水温、水压的监测、调节和控制，根据炉体热负荷的变化加强炉体易损区域热负荷的管理，根据生产条件和炉体工作状态，及时进行相应调整，尤其是在炉役末期更要加强炉体冷却系统的监测、管理和维护，保证系统具有足够的冷却能力，不能达到上述要求，也就无法实现高炉长寿的目标。

在高炉生产中，由于高炉高效化生产、炉役时间延长以及炉衬或冷却器损坏等原因，会出现炉体冷却器进出水温差升高、热负荷升高、冷却系统能力不足等现象。在这种状况下应加强炉体冷却系统的运行管理，使其满足高炉生产的要求。高炉生产一定时间以后，经常会出现以下问题：

（1）冷却水量小，造成冷却系统换热能力不足。在宏观上冷却水不能将高炉传出的热量及时带走，炉衬或冷却器热面难以形成稳固的保护性渣皮，使冷却器在高热负荷的状态下工作，极易造成冷却器热面的工作温度超过其安全温度，直接导致冷却器过热、损坏；在微观上冷却水量不足造成冷却器内冷却水流速低，降低了冷却水的对流换热系数，使冷却器的传热能力不足，而且水速较低也不利于将膜态沸腾产生的气泡及时带走，从而加剧冷却器的过热、损坏。

（2）冷却水质变差，直接影响冷却器使用寿命。理论研究和实践均证实，冷却水结垢对于冷却器是最大的危害。因此现代高炉普遍采用软水或纯水作为冷却介质，其主要原因就是经过脱盐处理的软水或纯水中离子含量很少，在使用过程中可以消除冷却水管内壁结垢，从而避免水管结垢所造成的一系列恶果。但是即便是采用软水作为冷却介质，在生产运行中也需要对水质进行在线监控，保持水质的稳定，防止水质恶化。国内不少高炉由于软水水质达不到控制要求而出现冷却器大量损坏[16~18]，这些教训值得借鉴。

10.2.1.2 冷却水质的控制

A 软水密闭循环冷却系统的水质控制

现代高炉应优先采用软水或纯水密闭循环冷却技术，其最根本的技术优势就是可以消除冷却器水管结垢，使冷却器不会因为形成水垢而造成过热甚至损坏。

因此用于高炉软水或纯水密闭循环冷却系统的水质必须符合工艺要求，无论采用何种水质软化处理工艺，软水或纯水闭路循环系统的水质都应达到控制值范围之内，表 10-11 给出了软水和纯水的水质控制参考值[2]。

表 10-11 高炉密闭循环冷却系统水质控制参考值

项　目	总硬度 /mg·L^{-1}	pH 值	Cl$^-$ /mg·L^{-1}	TFe /mg·L^{-1}	亚硝酸盐 （以 NaNO$_3$ 计） /mg·L^{-1}	细菌个数 /个·mL^{-1}	腐蚀率/mm·a^{-1}		
							碳钢	铜	不锈钢
软水	≤50	7.0	≤50	≤1	<450	1.0×10^5	≤0.028	≤0.005	≤0.005
纯水	≤20	7~8	≤10	≤1	400±20	1.0×10^5	≤0.01	≤0.005	≤0.005

　　高炉采用软水或纯水密闭循环冷却时，由于通过水质处理工艺，可将水中的悬浮物和部分溶解的结垢离子去除，因此可以解决冷却水管结垢的问题。但如果在生产运行中不注重对冷却水质的检查监控和水质的改善，也会造成冷却系统水质变化，使冷却水管出现不同程度的结垢、氧化生锈等现象。

　　采用软水或纯水密闭循环冷却技术，另一个值得关注的问题是要控制水的腐蚀性。由于采用氮气加压的密闭循环系统，系统中有大量的溶解氧存在，随着温度的升高，在具有一定压力的密闭系统中，溶解氧无法析出，因而金属腐蚀速率增加，进而导致冷却水管和冷却器腐蚀、氧化生锈，甚至造成冷却器烧坏、破损，对高炉寿命造成影响。因此对于软水或纯水密闭循环冷却系统，不仅要控制水质达标，还要注重提高冷却系统的防腐性能，使冷却介质达到"不结垢、无腐蚀"。

　　采用缓蚀剂改善软水质量是一种经济效益高、适应性较强的金属保护措施[19]。缓蚀剂是一种用于腐蚀介质中抑制金属腐蚀的添加剂，对于一定的金属腐蚀介质体系而言，只要加入少量的缓蚀剂，就能够有效地降低金属的腐蚀速率，从而保护金属管道和冷却器，抑制氧化腐蚀，消除冷却水管和冷却器内壁的锈垢以延长使用寿命。

　　软水或纯水水质的改进，选择适宜的缓蚀剂非常关键，要根据水质的实际情况，通过实验确定合理的缓蚀剂，从而达到成本最低、效果最优。在优化选择适宜的缓蚀剂的同时，还必须考虑冷却器内壁和管道的防腐问题。在软水密闭循环冷却系统投入运行和使用缓蚀剂以前，对整个冷却系统应当进行预膜钝化处理。软水密闭循环冷却系统预膜钝化的目的，是使经过清洗或酸洗后处于活跃状态的金属管道内表面上形成一层耐腐蚀的保护膜。在冷却系统投入运行之前，对冷却系统的管道、冷却器以及各类罐体进行预膜钝化处理，在管道内壁上生成一层很薄且完整的耐腐蚀保护膜，对金属表面进行保护，防止氧化腐蚀。预膜钝化后的冷却系统，可以在添加较低浓度缓蚀剂的冷却水中正常使用，大幅度提高水处理的经济性，冷却器和金属管道在保护膜的隔离作用下可以减少腐蚀。由此可见，软水或纯水密闭循环冷却系统必须对冷却器和金属管道内表面进行预膜钝化处理，系统的预膜钝化与水质的改质处理对于提高冷却系统的可靠性、延长冷却器使用寿命具有同样重要的作用。

因此，提高冷却系统防腐蚀性能是采用软水或纯水作为冷却介质的一项十分重要的工作。在高炉软水密闭系统投入运行以前，应认真进行冷却系统的流程涂色检查，对冷却系统管道进行严密性试压、清扫、压缩空气吹扫和冷却器进出水管检查挂牌；对冷却系统管道采用工业净化水进行冲洗、冷却器水管的化学清洗和预膜钝化、设备功能调试以及生产试运行准备工作，从而为软水密闭循环冷却系统的正常运行，提高冷却器使用寿命奠定良好的基础。在高炉投产准备阶段要切实做好：（1）对整个高炉冷却系统进行清洗预膜、水管内壁钝化处理，防止冷却器和管道氧化腐蚀；（2）控制冷却水的 pH 值，保持 pH 值大于 7.0；（3）科学合理地加入缓蚀剂、杀菌剂、阻垢剂，保持冷却系统水质达标合格、系统稳定运行。

B 工业水开路循环水质控制

对于容积 $1000m^3$ 以上的大型高炉，设计中应优先选用软水密闭循环冷却系统；对于中型高炉应根据水源、水质条件和炉体冷却结构可以采用工业水开路循环冷却。高炉应根据不同用水水质和水压要求，分别设置供水系统，并应根据不同水质和水温的要求串级使用。某些高炉由于操作模式等因素，高炉风口和炉缸炉底采用工业水开路循环冷却系统，炉腹、炉腰、炉身冷却壁采用软水密闭循环冷却系统，直至目前这种软水—工业水组合式高炉冷却系统仍在为数不少的高炉上应用。尽管高炉容积、冷却结构和操作模式各不相同，所采用的冷却系统设计也不尽相同，但冷却系统都应当能在正常热负荷和峰值热负荷的条件下，顺畅地将冷却器传出的热量充分吸收并传递。

冷却水的质量是保证高炉冷却系统安全可靠运行的首要环节。对高炉冷却水水质不仅要关注冷却水的硬度，还应该考虑冷却水的稳定性温度范围。我国高炉工业水开路循环冷却水质大体可分为 3 级，见表 10-12[20]。

表 10-12 工业水水质等级

水质等级	一级	二级	三级
总硬度/(°)①	< 8	8 ~ 16	>16
水质稳定性/℃	>80	65 ~ 80	50 ~ 65
工业处理建议	自然水、沉淀池处理	软化处理或提高稳定性处理	软化处理

①总硬度 1° = 10mg/L CaO = 10×10^{-6}% CaO 含量。

我国北方绝大部分地区的原水属于三级，水体总硬度高、水质稳定性差，同时北方地区水资源紧缺，在这一地区应大力推广采用高炉软水密闭循环冷却系统，以提高冷却水质量，降低水资源消耗。对于水质属于二级的地区应根据具体情况慎重对待，要综合考虑冷却效果、工程投资、水资源消耗等因素权衡确定高炉冷却工艺。在采用工业水开路循环冷却系统时，必须进行水质及其稳定性分析。无论采用闭路循环还是开路循环冷却系统，所遵循的设计原则是在高炉正常工况条件下，冷却水的工作温度应低于水的稳定温度，避免或减缓冷却器冷却通道内壁结垢，使冷却器不因冷却通道结垢而造成冷却效率下降或失效。图 10-15 是我国部分钢铁企业工业水水质稳定性变化曲线。

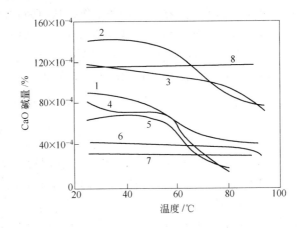

图 10-15　我国部分钢铁企业工业水水质稳定性变化曲线
1—北科大（深井水，下同）；2—邯钢；3—鞍钢；4—唐钢；
5—首钢；6—马钢；7—广钢；8—太钢

普通工业水的硬度高，水中悬浮物和杂质含量高，水质稳定性差，极易在冷却器的冷却通道内结垢或堵塞水管，直接影响高炉冷却效果，是造成冷却器过热烧损的重要原因。一般冷却壁水管水垢厚度为 3～5mm，个别部位可达 7mm 以上。北方地区冷却水管水垢主要是钙垢与锈垢，而南方地区基本为工业水中的悬浮物沉积垢，水垢使冷却水管通道面积减小、冷却能力不足、导热性能变差。

水中钙离子、镁离子含量越高，水的硬度越高，在水温升高以后，将会失去水质稳定性，产生碳酸盐和其他盐类沉淀，在冷却水管内壁形成水垢，所形成的水垢导热系数远远低于金属材料的导热系数，成为制约高炉冷却过程的主要热阻，水垢、铸铁和铜的导热系数见表 10-13。

表 10-13　水垢、铸铁和铜的导热系数

材　料	导热系数/W·(m·℃)$^{-1}$	材　料	导热系数/W·(m·℃)$^{-1}$
碳酸盐水垢（非晶体）	0.23～1.16	钢	约 35
铸　铁	约 45	铜	340～385

由表 10-13 可以看出，水垢的导热性只有铸铁的 1/195 ~ 1/39，与铜相比相差甚远，是冷却器传热过程的主要热阻。过高的热阻阻碍热量传递，甚至因此导致冷却器过热，对冷却器和炉衬造成破坏。因此，即使采用工业水开路循环冷却系统，对水质的改善也绝不能忽视，必须着力解决水质稳定的问题，通过在工业水中添加化学药剂进行水质改质处理，提高水质稳定性，减小或抑制冷却水管内壁水垢的生成。

冷却水水质及稳定性对冷却器的传热效果和高炉长寿具有至关重要的作用。高炉采用工业水冷却时，对工业水水质的总体要求是悬浮物少、硬度低、杂质含量低、稳定性高，水质应控制在一定范围内。高炉冷却用工业水水质指标见表10-14，宝钢高炉冷却用工业水水质指标见表 10-15。

表 10-14 高炉冷却用工业水水质指标

项 目		工业水（净循环水）	过滤水
pH 值		7 ~ 8	7 ~ 8
悬浮物 SS/%		$< 2 \times 10^{-4}$	$< 2 \times 10^{-4}$
总硬度	Ho/°dH	5.6	5.6
	/% $CaCO_3$	100×10^{-4}	100×10^{-4}
钙硬度	Ho/°dH	2.8	2.8
	/% $CaCO_3$	50×10^{-4}	50×10^{-4}
总碱度 Mo/°dH		3.36	3.36
Cl^-/%		平均 60×10^{-4}	平均 60×10^{-4}
		最大 20×10^{-4}	最大 20×10^{-4}
硫酸根（SO_4^{2-}）/%		$< 50 \times 10^{-4}$	$< 50 \times 10^{-4}$
全铁（TFe）/%		$< 2 \times 10^{-4}$	$< 2 \times 10^{-4}$
可溶性 SiO_2/%		$< 6 \times 10^{-4}$	$< 6 \times 10^{-4}$
电导率/μS·cm^{-1}		< 500	< 500
蒸发残渣/%		$< 300 \times 10^{-4}$	$< 300 \times 10^{-4}$

表 10-15 宝钢高炉冷却用工业水水质指标

项 目	原 水	工业净循环水	仪表用水
pH 值	8.5 ~ 10	7 ~ 8	7 ~ 8
悬浮物 SS/mg·L^{-1}	150	10	2
总硬度/mg·L^{-1}	150	100	100
钙硬度/mg·L^{-1}	100	50	50
碱度/mg·L^{-1}	115	60	60
Cl^-/mg·L^{-1}	50	60	60

项　目	原　水	工业净循环水	仪表用水
硫酸根（SO_4^{2-}）/mg·L^{-1}	50	100	100
全铁（TFe）/mg·L^{-1}		2	2
可溶性 SiO_2/%		6×10^{-4}	6×10^{-4}
蒸发残渣/%	300×10^{-4}	300×10^{-4}	300×10^{-4}
电导率/μS·cm^{-1}	400	500	500
进水温度/℃		≤33	

当前我国仍有部分高炉未采用软水或纯水密闭循环冷却技术，不少高炉的炉缸、炉底及风口仍采用工业水开路循环冷却。对用于高炉冷却的工业水水质更应加强控制，进行有效的水质改质处理，降低水中钙、镁离子的含量和水的硬度，提高水质稳定性，以最大限度地减少冷却器结垢。

防止冷却水结垢主要采取冷却水预处理工艺，未经过预处理的工业冷却水不能进入冷却器循环系统。对工业水要进行加药处理改善水质，通过复合处理药剂吸附水垢晶体的活性点，抵制晶体的正常生成、产生晶体结构畸变，使晶体数目减少，以阻止水中沉淀物的生成，达到阻垢的目的。在生产运行中，必须严格配制复合药剂和经常定期加药，才能保证工业水冷却系统的水质稳定。

10.2.1.3　冷却水温度的控制

冷却水温对于高炉冷却系统的正常工作具有重要影响，特别是高炉高效化生产、强化冶炼以及炉役末期，炉体热负荷会比正常设计水平有所增加，控制合理的冷却水进水温度和进出温差是保证高炉冷却系统安全工作的重要环节。

无论采用软水密闭循环冷却系统还是工业水开路循环冷却系统，根据炉体热负荷的变化，控制合理的进水温度都将会对延长冷却器使用寿命产生积极作用。较低的冷却水温度有利于强化传热过程，降低冷却器的工作温度，使冷却器热面温度控制在安全温度以下，有助于稳定的保护性渣皮的形成；较低的冷却水温度还有利于抑制冷却器内的膜态沸腾，控制冷却水中气泡的生成；对于采用工业水开路循环冷却时，较低的冷却水温度有助于提高水质稳定性。

武钢 5 号高炉在长期生产实践中，总结了高炉冷却系统运行的特点，根据炉体热负荷的变化，将软水密闭循环冷却系统的软水进水温度稳定降低到41℃以下，不但延缓了炉衬的侵蚀，有利于渣皮的形成和稳固，而且使冷却壁的进出水温差由最高的 7.09℃降低到5℃以下，炉体热负荷也由原来最高的 133.4GJ/h 降低到84～63GJ/h 以内，有效地防止了冷却壁的早期破损[21]。由此可见，适当降低冷却水温度，对于延长高炉寿命同样具有积极作用。

鞍钢、武钢等企业 2500m^3 以上采用软水或纯水密闭循环冷却系统大型高炉，年平均进水温度都控制在40℃以下。首钢高炉采用软水密闭循环冷却系统，软水年平均进入温度要求低于45℃，夏季控制在50±2℃；炉缸和风口采用工业水开路循环冷却，其年平均进水温度要求低于35℃。

对于采用软水或纯水密闭循环冷却系统的高炉，要控制进水温度低于45℃以下，其关键是要保证换热器的选型设计合理，使系统运行过程中具有足够的换热能力，能将经过冷却器换热后的软水温度降低到控制范围内。高炉冷却系统设计中应根据当地的气候条件和水资源条件，综合评价空气换热器、蒸发式换热器和板式换热器的适用性，合理选择确定换热器形式和工艺参数，以保证在运行过程中，能够在软水回水温度和热负荷升高的条件下，将软水进水温度降低到合理水平。

在生产运行中，还应当加强对换热器的维护和检修，对空气换热器和蒸发式换热器的冷却管束进行定期清洗，对板式换热器进行定期检查清理，以提高换热器换热效率。在炉役末期高炉定修期间，还可以根据换热器实际运行状况，对换热器进行改造或更换，使高炉冷却系统具有足够的换热能力，保持系统安全稳定运行。

对于采用工业水开路循环冷却系统的高炉，同样应当注意加强冷却水温度的控制。开路工业水冷却容量大，经过冷却塔冷却，水温可控制在35℃以下。

10.2.1.4 冷却水量的控制

合理的冷却水量是实现高炉长寿的重要保障条件。冷却水水量和水温是表征冷却系统能力的主要参数，冷却水量是传热过程的容量因素，只有足够的冷却水量才能保证高炉冷却器具有足够的冷却能力，可以及时将高炉内传出的热量充分吸收；冷却水温则是传热过程的强度因素，相对较低的冷却水温度有助于提高冷却器的传热能力，将冷却器热面温度降低到合理的水平，实现冷却系统安全稳定工作。

现代高炉冷却系统设计中，应根据炉体热负荷分布以及冷却器内的合理水速确定合理的冷却水量，保证冷却系统在宏观和微观上都能够满足传热的要求。生产实践证实，冷却水量是决定冷却系统冷却能力最主要的要素，高炉高效化生产或在炉役末期，一般都采取增加冷却水量的措施提高冷却系统的冷却能力[18,22,23]。

武钢5号高炉（3200m³）在生产过程中，随着高炉冶炼强度的提高，将冷却水进水温度降低到40℃以下，同时逐渐增加冷却水量，由开炉初期的4416m³/h增大到5550m³/h，并严格控制进出水温差在3.0~4.5℃的范围，使炉体热负荷降低到100GJ/h。由于冷却水量的提高，使冷却水速超过了设计值，冷却壁凸台管和蛇形管的实际水速达到了2.5m/s，有利于气泡的顺利排出。表10-16是武钢5号高炉投产后的冷却壁冷却参数的控制值，表10-17是武钢5号高炉冷却壁水管的冷却参数。

表 10-16 武钢 5 号高炉投产后冷却壁冷却参数的控制值

年 份	冷却水量/m³·h⁻¹	进水温度/℃	进出水温差/℃	炉体热负荷/GJ·h⁻¹
1991	4416	40.9	0.7	13
1992	4473	44.4	4.2	79
1993	4250	41.3	4.3	81
1994	4640	39.8	4.3	84
1995	4694	39.5	4.2	82
1996	4730	39.4	4.0	79
1997	4795	39.5	3.8	76
1998	5370	38.9	3.7	82
1999	5498	38.8	3.9	90
2000	5550	38.6	3.6	84
2001	5580	41.1	2.1	49

表 10-17 武钢 5 号高炉冷却壁水管的冷却参数

项 目	水管管径/mm	设 计 值		实 际 值	
		流量/m³·h⁻¹	流速/m·s⁻¹	流量/m³·h⁻¹	流速/m·s⁻¹
凸台管	60	13	2.00	17.1	2.62
垂直管	70	14	1.47	16.7	1.75
蛇形管	60	10	1.54	16.3	2.51

宝钢 3 号高炉 (4350m³) 冷却系统最初设计时,本体系循环水量为 2200m³/h,强化系循环水量为 1400m³/h。高炉投产后随着生产水平的不断提高,冷却壁水管不断出现破损。为加强冷却系统能力,对本体系和强化系的供水系统进行了改造,2 个系统各增加了 1 台供水泵,并通过调节本体系和强化系冷却壁进出水阀门,使本体系和强化系的水量逐渐增加到 3500m³/h 和 1800m³/h,从而提高了冷却水速,达到强化冷却的目的,收到了较好的应用效果。

鞍钢 2500 ~ 3200m³ 高炉纯水密闭循环冷却系统要求水质合格、流量稳定,使系统具有足够的冷却能力,通过控制合理的水速,防止冷却器局部过热产生气泡。鞍钢大型高炉炉体各部位的冷却水压力和流速控制参数见表 10-18。

表 10-18 鞍钢 2500 ~ 3200m³ 高炉各部位纯水水压和流速控制参数

部位 \ 参数	冷却壁垂直管及蛇形管	凸台管	炉底水冷管	风口小套	风口中套
压力/MPa	≥1.0	≥1.0	≥0.5	≥1.6	≥0.7
流速/m·s⁻¹	≥1.8	≥2.0	≥2.0	≥15	≥5

发展循环经济、实现低碳冶炼、绿色制造是现代高炉炼铁技术总体发展趋势，因此降低水资源消耗、采用串级冷却、实现"一水多用"、提高水循环利用率也是现代高炉冷却技术的发展趋势。但是特别应当引起注意的是，高炉冷却系统设计时，不能为了片面追求节水、降低冷却水量而造成冷却系统能力不足，对高炉安全生产和高炉寿命都会带来沉重负担。国内不少高炉在设计时冷却水量偏小、系统冷却能力不足，在高炉投产以后造成冷却器大量过早损坏，被迫只能通过冷却系统技术改造，增加冷却水泵、提高供水能力和系统冷却能力。

事实上，高炉采用软水或纯水密闭循环冷却技术，与工业水开路循环系统具有本质的差异。密闭系统和开路系统不同，真实的冷却循环水量仅是储存在密闭系统中的水量，这主要是由冷却器、供回水管道以及膨胀罐、脱气罐等单元系统的内容积决定的。在冷却系统正常运行的情况下，软水补水量仅为系统循环量的0.04%~0.1%，足见其节水的显著优势。降低冷却水量的节水型设计，其实质就是减少了供水泵的能力或数量，相应降低了水泵的投资和运行中的电力消耗，但却因冷却水量不够、冷却能力不足，造成了高炉冷却器大量过早损坏，而为此所付出的代价巨大，相比而言实属得不偿失。因此为了保证现代大型高炉稳定实现20年以上长寿目标，在高炉冷却系统设计中，不应以片面追求节约水量为宗旨，而应结合高炉生产数十年的漫长历程和复杂工况，使高炉冷却系统具有足够的冷却能力，使高炉长寿得到可靠的技术保障。

10.2.2 高炉炉体热负荷的监测与控制

10.2.2.1 建立完善的炉体监测系统

建立完善的炉体监测与控制系统，不仅可以实时掌握高炉炉况变化，还能够及时发现和处理异常炉况，为高炉操作稳定顺行创造条件。建立完善的炉体监控系统，对于延长高炉寿命同样具有重要的作用。

A 高炉冷却水温差和热流强度的监测

高炉生产过程中冷却水进出水温差的监测十分重要。迄今为止我国高炉操作者仍习惯通过对冷却水进出温差的检测，计算得出炉体热负荷或热流强度，从而指导高炉操作和炉体维护。在冷却水流量一定的条件下，水温差直观地反映了冷却器所承受的热负荷状况。在线监测冷却水水温差的重要意义在于，在冷却水量和进水温度相对恒定的情况下，可以根据水温差的变化，及时发现问题，采取有效措施进行处理；此外，高炉圆周方向冷却器进出水温差的均匀性也反映出高炉圆周方向温度分布的均匀性，对于高炉操作炉型的管理和炉体维护具有参考意义。

首钢2号高炉通过对炉体冷却器进出水温差的在线监控，可以及时反映炉体热负荷的变化，为高炉装料制度、送风制度的调整提供依据。表10-19是首钢2

号高炉冷却水进出水温差在线监测系统的热电偶设置，表10-20是首钢2号高炉实际生产中冷却水温差控制指标。

表10-19 首钢2号高炉冷却水进出水温差在线监测的热电偶设置 （个）

部 位	炉底	炉缸1~5段冷却壁	6段冷却壁	7~9段铜冷却壁	10~12段冷却壁	13~15段冷却壁	16段冷却壁	17段冷却壁	风口小套	风口中套	风口大套
测温热电偶	90	60	16	144	48	12	4				
测水温差支管	20	216					80	40	24	24	24

表10-20 首钢2号高炉生产中冷却水温差控制指标 （℃）

| 部位 | 炉缸冷却壁 | | | | | 炉腹至炉身冷却壁 | | | | 风 口 | | | 炉底 |
	1段	2段	3段	4段	5段	6~15段垂直管①	16段凸台管	16段垂直管	17段	小套	中套	大套	水冷管
温差	0.1	0.2	0.3	0.4	1.1	2.5	0.2	0.2	6.5	6.0	0.8	1.5	0.8

① 6~15段冷却壁采用软水密闭循环冷却系统，其余冷却器均采用工业水开路循环冷却系统。

对于采用工业水开路循环冷却系统的高炉，水温差的在线监测意义则尤为重要。高炉生产实践表明，炉缸冷却壁进出水温差变化，特别是炉缸炉底交界部位对应的炉缸第2~3段冷却壁进出水温差的变化，能够比较准确地反映出炉缸内衬工作状态和侵蚀状况。当炉缸第2~3段冷却壁的进出水温差发生较大的变化，超过规定的指标时，应给予足够的重视，要进一步加强水温差的监测，同时要结合冷却壁热流强度、热负荷以及炉缸炉底热电偶温度等参数进行综合分析判断。对于设有炉缸炉底内衬侵蚀数学模型和热流强度监测管理系统的高炉，对水温差、热流强度等冷却工艺参数一般可以实现实时监控。采用工业水开路循环冷却时，冷却壁水温差升高以后要及时采取提高供水压力、增加冷却水量、减少冷却壁串联数量、清洗冷却壁等措施。当炉缸冷却壁水温差超过规定数值时，应根据热负荷或热流强度的变化情况，果断采取有效措施，扼制水温差和热流强度的持续攀升。一般采取堵塞水温差超标的冷却壁上方的风口、适当加重高炉边缘、对水温差超标的冷却壁改用新水或高压水强制冷却等措施将冷却水温差控制在合理的范围之内。如果采取上述措施后仍不奏效，一般应当考虑高炉加入含钛物料进行护炉操作。

对于炉缸炉底采用软水密闭循环冷却系统的高炉，对进出水温差和冷却壁热流强度的在线监控与采用工业水冷却时的要求是一致的。软水密闭循环冷却系统一般采用增加冷却水量，提高冷却水流速等措施改善炉缸冷却壁的传热能力，从而抑制炉缸炉底内衬侵蚀的加剧。含钛物料护炉技术仍是目前延长高炉炉缸炉底寿命最有效的技术措施,生产实践证实只有足够的冷却能力才有助于炉缸炉底Ti(C,N)的沉积,对炉缸炉底侵蚀破损的内衬才能具有有效的修补作用,由此可见冷却系统对于修补炉缸炉底内衬同样具有重要作用。

高炉炉体热流强度和热负荷的监控是保证高炉稳定操作、安全生产的重要措施,也是控制高炉冷却系统正常运行的重要依据。通过在线监测系统能够及时反映高炉内衬、冷却壁所承受的热流强度,进而采用有效措施加以控制,保护高炉内衬、冷却壁和炉壳。

对于尚未采用炉体热流强度或热负荷在线自动监测系统的高炉,要通过冷却水温差、冷却水流量的检测,经常定期监测炉体各部位的热流强度,这对于及时了解和掌握高炉炉况以及炉衬和冷却器的工作状况具有重要意义。因此现代高炉都应建立在线或定期监测高炉各部位热流强度的操作制度,根据高炉的具体条件制定炉体热流强度或热负荷的控制指标。

B　高炉炉体温度在线监测

为了及时准确地掌握高炉炉体的工作状况,为高炉操作和维护提供可靠的参数和信息,现代高炉炉体内衬和冷却壁一般都设置了数百个热电偶在线温度检测装置。高炉各部位的温度不仅可以反映出高炉内温度分布的状况,还能反映出炉衬侵蚀的状态,对于设有炉体温度场数学模型的高炉,还可以根据炉衬或冷却壁温度计算出炉体热负荷或热流强度。根据现代高炉高效化生产、强化冶炼以及高炉长寿的要求,科学合理地设置炉体各部位的温度监测装置,并输入计算机进行数据处理和分析,从而及时准确掌握高炉各部位的温度变化十分重要。

对于高炉内衬的温度监测主要在于炉缸炉底区域,根据高炉炉缸炉底内衬温度场分布的特点,在炉底炭砖之间科学合理地设置热电偶,将传热学关于半无限大物体的非稳态导热理论可近似应用于高炉炉缸炉底的传热过程,因此可以热电偶温度监测结果,计算出炉缸炉底温度场分布和推断出炉缸炉底内衬侵蚀状态。炉缸侧壁热电偶测温点的设置在应根据炉缸侵蚀特点,重点对于炉缸炉底交界处加强热电偶温度监测,热电偶检测点设置应采取步进式,即在炉缸侧壁圆周方向设置2环热电偶测温点,即在同一半径方向设置前后2个热电偶测温点,这样可以根据前后2个热电偶的温度比较便利地计算出炉缸热负荷和热流强度。对于炉底热电偶测温点的设置,也是在圆周方向按一定的圆周角均匀布置,同一直径方向设置若干组对称的检测点,上下2层热电偶测温点的位置也应当相互对应。炉缸炉底内衬的温度监测可以及时准确了解内衬温度分布和侵蚀状况,其灵敏度、准确度和可靠性优于冷却水温度差,对于炉缸采用喷水冷却或夹套式冷却的高炉,炉缸炉底内衬温度的监测则更为重要。国内外炉缸采用喷水冷却的高炉,主要依靠炉缸炉底热电偶检测温度对内衬侵蚀破损状况进行分析和推断,因此现代高炉还应充分重视炉缸炉底内衬热电偶温度监测装置的设计与设置。

对于高炉冷却器的温度监测重点在于炉缸炉底和炉腹至炉身下部。特别是对于炉缸第 2~3 段冷却壁、炉腹至炉身下部高热负荷区域的铜冷却壁应加强温度的监测，热电偶监测点的设置也应采用步进式，即分别检测冷却壁壁体温度和壁后温度，同样可以根据温度差值计算得出冷却壁热负荷或热流强度。由于铜在温度 150℃ 以上时，其力学性能随温度的升高而变差，因此对于铜冷却壁应将壁体最高工作温度控制在 150℃ 以下；球墨铸铁在 760℃ 时产生相变，对冷却壁力学性能影响很大，因此球墨铸铁冷却壁的最高温度不宜超过 760℃，正常工作温度应控制在 400℃ 以下，冷却壁壁后温度应控制在 200℃ 以下。

10.2.2.2　高炉炉体热负荷监测与控制

高炉生产过程中，热量的耗散主要是通过耐火材料炉衬、冷却器及炉壳向外界传递的，这其中绝大部分热量被冷却水吸收，还有少部分热量通过炉壳向环境耗散。由于高炉冶炼进程的特点和高炉特有的炉体结构特征，高炉炉体各部位的热负荷并不相同，甚至差异很大（典型的高炉炉腹以上各部位热流强度的分布如图 6-3 所示）。高炉炉腹至炉身下部是高炉热流强度最高的区域；高炉喷煤和不喷煤操作时，炉体热流强度也随之变化；铜冷却壁和铸铁冷却壁的热流强度具有较大差异。因此在高炉设计中，应根据高炉炉体不同部位所承受的热流强度，合理选择确定炉体冷却结构和冷却器形式。

高炉炉体各部位热负荷一般通过冷却水量、冷却水温差就可以计算得出，这样得出的热负荷实质上是冷却水通过冷却器所吸收的热量，单位传热面积的热负荷就是热流强度。对于采用冷却壁的高炉而言，一般将冷却壁热面面积作为传热面积；对于采用冷却板的高炉，一般将炉壳内壁的面积作为传热面积。关于传热面积在具体高炉热流强度计算中，可能会根据高炉的实际情况略有差异，但一般不会出现较大的偏差。高炉炉体热负荷和热流强度的计算公式见式（10-5）、式（10-6）：

$$Q = c\rho M \Delta t \tag{10-5}$$
$$q = Q/F \tag{10-6}$$

式中　Q——热负荷，kJ/h；

c——水的质量热容，J/(kg·℃)；

ρ——水的体积密度，kg/m³；

M——冷却水流量，m³/h；

Δt——冷却水温差，℃；

q——热流强度，kJ/(m²·h)；

F——传热面积，m²。

高炉炉体热流强度还可以利用设置在炉体内衬或冷却壁内同一半径方向前后 2 支热电偶的差值进行计算。根据傅里叶传热定律，即单位时间内传递的热量与该传热截面处的温度梯度成正比,在高炉大尺度空间条件下,可将高炉炉体传热过程简化为一维稳定态单层或多层平壁传热过程,其计算公式见式(10-7):

$$q = \lambda \Delta t / \Delta s \tag{10-7}$$

式中 q——热流强度,W/m^2;

λ——耐火材料内衬或冷却壁的导热系数,$W/(m \cdot ℃)$;

Δt——前后 2 支热电偶的温度差,℃;

Δs——前后 2 支热电偶的间距,m。

应当指出,由于高炉实际工况与计算设定的条件不同,采用式(10-6)和式(10-7)计算炉体热流强度时,可能会出现差异,但这种差异一般不会很大,可根据高炉具体情况进行适当修正。产生差异的主要原因是:(1)采用冷却壁进出水温差和水量计算热流强度时,冷却水量的在线检测一般会有测量误差;(2)采用热电偶温度计算热流强度时,由于前后 2 支热电偶的实际间距与设计间距可能存在误差,材料在不同温度下导热系数的选取会导致计算误差;(3)按式(10-7)进行热流强度计算时,由于对实际传热过程进行了简化和假设,仅将其作为一维稳定态传热过程处理,和实际情况也会产生差异。如果根据热电偶温度检测数值,建立二维或三维传热数学模型,可以使计算方法和计算结果更为精准,还可以实现炉体热流强度的在线监测和管理。

生产实践证实,延长高炉寿命、控制炉体热流强度的核心是使冷却器热面不能超过允许的热流强度及其相应的工作温度,保持冷却器能够在其传热性能极限和力学性能极限内充分发挥其冷却作用。由此可见,将冷却器的工作温度和热流强度控制在合理范围内,是软水密闭循环冷却系统运行控制的核心,也是制定软水密闭循环冷却系统冷却工艺参数的基本依据。

我国采用软水密闭循环冷却系统的大型高炉,在炉体热负荷、热流强度控制方面积累了许多宝贵的实践经验,这些经验对于延长高炉寿命都是弥足珍贵的。我国武钢、宝钢、首钢、太钢、鞍钢、昆钢等为数众多的 2000m³ 以上大型高炉炉体热流强度控制经验值得学习和借鉴。

武钢 5 号高炉采用软水密闭循环冷却系统,在高炉圆周方向冷却壁系统分为 28 组并联冷却回路,每个冷却回路的运行冷却参数、最大热负荷及水温差控制范围见表 10-21。由表 10-21 中可以看出,降低冷却水流量就意味着降低冷却水管中的冷却水流速,恶化冷却壁的冷却能力,必然导致冷却壁过热而烧坏,控制 28 组冷却回路合理的冷却参数也是保证高炉圆周工作均匀的前提之一。武钢 5 号高炉生产中总结了一系列控制炉体热负荷的技术措施,对冷却壁进出水温差和热负荷进行跟踪监测,统计分析其变化趋势。随着高炉冶炼强度的逐步提高,密切结合炉况变化趋势和炉衬及冷却壁温度的变化,认真贯彻和执行"强化凸台、力保本体"的冷却原则,及时采取分层次加大冷却系统 28 组的冷却水量、调节冷却系统的进出水温度和无料钟炉顶布料矩阵，努力控制系统冷却水温差、炉体热负荷和冷却壁壁体温度在管理目标范围之内，始终保持冷却壁冷却水管的实际工作流速在设计规定的数值以上，从根本上消除了冷却壁产生气塞现象的可能性，达到了预期的最佳的控制效果。

表 10-21　武钢 5 号高炉软水冷却回路的冷却参数

项　目	垂直管（1~4/8~ 11/15~18/22~25）	蛇形管 （5、12、19、26）	凸台管 I 组 （6、13、20、27）	凸台管 II 组 （7、14、21、28）
冷却水流量/m³·h⁻¹	>168	>120	>156	>156
冷却水压力/MPa	0.64	0.4	0.4	0.4
进水温度/℃	≤40	≤40	≤40	≤40
进出水温差/℃	<7.765	<1.212	<3.271	<5.11
热负荷/GJ·h⁻¹	<87.28	<2.43	<8.53	<13.33

在高炉生产过程中，一方面选择合理的高炉操作制度，做好上下部调剂，及时调整了无料钟炉顶布料矩阵，适当加重高炉边缘负荷；另一方面预防性增大冷却壁凸台 I、II 组的冷却水量，使其冷却水管的冷却水流速保持在 2.3m/s 以上，同时连续 3 次采取了降低冷却系统的冷却水进水温度至 41℃ 左右的决定性技术措施，不但延缓了炉墙砖衬的侵蚀，有利于保护性渣皮的形成和稳定，而且使冷却壁的进出水温差和热负荷得到有效的控制。

武钢 5 号高炉除了优化冷却系统的管路设计以外，更重要的是强化软水密闭循环冷却系统的运行管理。一方面保持稳定的系统氮气充填压力，提高冷却介质的欠热度和系统设备的防氧化能力；另一方面经常检查冷却壁冷却水管出口端的排气装置，防止管道产生气塞现象。这项措施对于保护冷却壁凸台冷却水管尤为重要，如果冷却壁凸台烧坏破损，就会使炉衬和渣皮失去附着能力，冷却壁垂直冷却水管失去保护屏障，冷却壁本体很快将会烧损。与此同时，还注重做好软水水质稳定的管理工作，严格控制软水的水质、温度、缓蚀剂浓度等，使之达到规定的运行标准，以达到最佳的缓蚀和冷却效果。表 10-22 是武钢 5 号高炉软水密闭循环冷却系统运行管理的控制措施[21]。

表 10-22　武钢 5 号高炉软水密闭循环冷却系统运行管理控制措施

项　目	控制目标	措施内容
研究冷却壁破损原因	分析破损主导因素	制定具体对策
冷却壁系统水温差和热负荷控制范围计算	最大控制范围及目标： 水温差不高于 7.8℃； 热负荷不高于 110GJ/h。 最佳控制范围： 水温差不高于 3~5℃	严格控制冷却系统的冷却工艺参数不小于设计值；禁止采用减少冷却壁供水量进行炉况调剂

项 目	控制目标	措施内容
欧洲技术资料提示	冷却壁热面温度不高于400℃； 冷却壁测温热电偶温度低于200℃； 冷却系统进水温度为 30~40℃	连续检查冷却壁壁体和炉衬温度及冷却系统进水温度，及时采取防范措施

跟踪监视和调节系统的运行参数	冷却壁系统运行参数：
	  冷却水量不小于4550m³/h；
	  冷却水压不小于0.8MPa；
	  进水温度为 35~40℃；
	  氮气压力为0.1MPa；
	  冷却水速大于 2.0~2.3m/s
		及时调节系统内28组冷却水量（垂直管和凸台管冷却水量不小于170m³/h、蛇形管冷却水量不小于130m³/h），确保各冷却水管的流速大于规定值

按时、按日计算统计和分析冷却系统的水温差和热负荷及发展变化趋势	冷却壁系统运行参数： 进出水温差为 3~5℃； 热负荷为 63~84GJ/h； 进水温度不高于40℃	及时调节无料钟布料矩阵；跟踪调节水/水换热器的二次水量和水温
严密监视冷却系统的排气功能，防止冷却壁的冷却水管产生气塞现象	确保冷却系统中各个部位管路的冷却介质脱气功能正常，氮气压力保持稳定	掌握好系统内加压氮气自动控制功能；及时检查各部位排气阀是否集气
冷却系统安全运行管理	系统运行参数稳定率达到100%，安全运行率100%	按规定制度做好系统中所有设备的正常运转；并定期检查PLC控制功能和柴油机泵及事故水塔安全供水
软水水质稳定管理	冷却水的缓蚀剂量（W655）稳定；冷却系统管路腐蚀率小于 0.002mm/a	每日分析测定水质和缓蚀剂浓度定期挂片检测管道腐蚀率

10.2.3 含钛物料护炉技术

含钛物料护炉技术是迄今为止延长高炉炉缸炉底寿命、保障高炉安全生产的最重要的技术措施，世界上的长寿高炉无一例外都会在炉役末期采取含钛物料护炉技术措施，国内外对高炉含钛物料护炉技术进行了深入的理论和应用研究。

20世纪50年代，日本住友公司小仓炼铁厂率先在烧结矿中配加一定数量的含钛磁铁矿，从而避免了高炉炉缸烧穿事故。此后，这项技术在日本得到全面推广，进而在世界范围内得到普及，成为延长高炉炉缸炉底寿命的重大技术措施。1969年日本钢管公司福山厂1号高炉炉缸侧壁温度上升到300℃，为了控制温度的持续上升，将炉料中 TiO_2 的加入量由最初的5kg/t增加到7kg/t，最后增加到20kg/t。数天之后炉缸侧壁热电偶温度开始陡然下降，很快恢复到100℃的水平，从此以后，该厂把日常操作的 TiO$_2$ 入炉量由 5kg/t 增加到 7kg/t，当炉缸侧壁温度升高时，则增加到 10kg/t，成为高炉炉缸炉底护炉操作的技术规程。

我国 20 世纪 80 年代以前，由于高炉强化冶炼、炭砖质量、设计结构等多种原因，高炉炉缸炉底险情不断，多次出现炉缸炉底烧穿事故。在当时的生产条件下，我国高炉为了抑制炉缸炉底出现烧穿问题，一般采取降低冶炼强度、冶炼铸造生铁的措施。冶炼铸造生铁时，由于铁水中石墨碳的析出可以在炉缸炉底内衬沉积，从而达到补炉护炉的目的。

20 世纪 80 年代，湘钢是我国最早采用含钛物料护炉技术的企业[24]。1975 年 12 月投产的湘钢 2 号高炉在 1981 年以后经常由于炉缸问题被迫休风凉炉，高炉安全状况危急。根据国外含钛物料护炉技术资料，在 1982 年 9 月开始在该高炉上采用攀枝花钒钛磁铁矿进行护炉操作。湘钢 2 号高炉采用钒钛矿护炉一周以后，炉缸冷却壁水温差降低到正常水平，稳定在 2℃ 以下，高炉炉缸转危为安，高炉大修推迟到 1986 年进行，使炉缸炉底的使用寿命延长了 5 年，由此案例足以看出含钛物料护炉的显著功效。20 世纪 80 年代中期以后，我国不少高炉开始采用含钛物料护炉操作。首钢 3 号高炉（1036m³）1985 年 8 月开始加入钒钛块矿护炉，TiO$_2$ 的加入量为 15kg/t，一周以后炉缸冷却壁水温差降低到正常水平，取得了明显的护炉效果。

近 20 年来，国内外大型高炉炉缸炉底内衬结构和冷却结构进行了许多改进优化，用于炉缸炉底内衬的耐火材料质量也相应提高，抗铁水渗透的高导热微孔炭砖、热压炭砖以及陶瓷杯材料相继问世，加之炉缸炉底内衬设计结构的优化和冷却系统的合理配置，使高炉炉缸炉底寿命大幅度延长。但高炉生产一定时间以后，为了保证炉缸炉底的安全工作获得更长的炉役寿命，一般还应采取加入含钛物料护炉操作，对于侵蚀严重部位的炉缸炉底内衬进行修补，使高炉在正常生产条件下可以实现高效长寿。

10.2.3.1 含钛物料护炉机理

理论研究和生产实践表明，对高炉炉缸炉底内衬具有保护作用的是 TiO$_2$ 的还原产物。含钛物料中的 TiO$_2$ 在高炉内高温还原的气氛条件下，可以生成 TiC、TiN 及固熔体 Ti(C,N)。TiC 和 TiN 的熔点都很高，纯 TiC 为 3150℃，TiN 为 2950℃。这些高熔点的钛的氮化物和碳化物在炉缸炉底生成、发育和集结，与铁水及铁水中析出的石墨等形成黏稠状物质，凝结沉积在侵蚀严重的炉缸炉底内衬砖缝中或内衬表面，从而对炉缸炉底内衬侵蚀严重的部位进行有效的修补，是一种自保护的炉衬修补方式，对延长炉缸炉底寿命具有重要作用。

在高炉冶炼条件下，与炉料一起加入的含钛物料中的 TiO$_2$ 绝大部分在高温条件下，被碳还原生成 TiC 和 TiN，其还原反应过程如下：

$$TiO_2 + 3C = TiC + 2CO \tag{10-8}$$

$$2TiO_2 + 4C + N_2 === 2TiN + 4CO \qquad (10-9)$$

此外，有研究表明[25]，Ti(C,N)也可由渣铁间的耦合反应生成。炉渣中(TiO₂)被铁水中[C]还原成[Ti]并溶于铁水中，当[Ti]和[C]的浓度积达到一定值以后，便会析出TiC或Ti(C,N)固体微粒，其反应过程可以表示为：

$$(TiO_2) + 2[C] === [Ti] + 2CO \qquad (10-10)$$

$$[Ti] + [C] === (TiC) \qquad (10-11)$$

由式（10-8）和式（10-9）可以看出，高炉内 TiO_2 的还原是典型的直接还原。上述反应是 TiO_2 在高温条件下成为液态与焦炭具有良好接触的条件下进行的。反应式（10-8）的起始温度为 $1223℃$，式（10-9）的起始温度为 $1108℃$，化学反应生成的 TiC 和 TiN 在高温条件下，又固溶成 Ti(C,N) 的固溶体。研究表明，无论是在高炉的渣相还是铁水相中，Ti(C,N) 都以固体颗粒存在。由于 Ti(C,N) 的微小颗粒悬浮在液相中，使液相的黏度显著增加，从而附着在温度较低的炉缸炉底交界处或渗入到炭砖的砖缝中，在炉缸炉底破损严重的部位形成高熔点具有保护作用的再生炉衬，对炉缸炉底内衬起到修复和保护作用。

还有理论研究认为，Ti(C,N)主要是从铁相中析出。铁水中钛的溶解度有限，并随着温度的降低而降低，如图10-16所示。炉缸炉底内衬侵蚀严重的部位，在冷却壁的冷却作用下，其表面温度较低，因此铁水中[Ti]含量只要大于0.05%以上，就会从铁水中析出。在高炉炉缸中碳、氮充足的条件下，就会生成Ti(C,N)，并且发育、凝聚、集结，与炉缸中炉渣、焦炭和铁水混合一起凝结在炉缸炉底破损严重的内衬表面，生成保护性的"自生炉衬"。由此可见含钛物料护炉是一种自动选择性的炉衬修补过程。

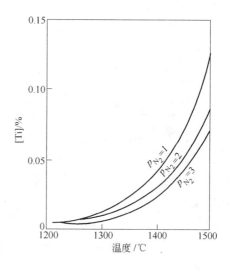

图 10-16　铁水中钛的溶解度（铁水含碳4%）

20世纪80年代以后，含钛物料护炉技术在我国得到推广应用，取得了显著成效。通过对高炉含钛物料护炉机理的研究，取得了丰硕的研究成果，使含钛物料护炉技术得到创新和发展。目前，含钛物料护炉技术已成为国内外延长高炉寿命的重要技术措施，根据理论研究和生产实践证实，高炉含钛物料护炉技术的操作要点是控制炉料中 TiO_2 的加入量和铁水中[Ti]含量等参数，再根据炉缸炉底热电偶温度的变化、冷却壁水温差的变化以及炉缸炉底热流强度等参数，综合判定含钛物料护炉操作的技术成效。

应当指出，采用含钛物料护炉对于高炉冶炼会产生一定的不利影响，控制不当会导致渣铁变黏、流动性变差、渣铁分离困难、渣中带铁，甚至还会造成炉墙结厚或炉缸堆积，而且随着 TiO_2 加入量的提高还会造成燃料比相应增加，不利于高炉稳定顺行、高效低耗生产和强化冶炼。如果高炉采用长期加入含钛物料的护炉操作，也会导致 TiO_2 利用率较低，从而造成生产成本增加。

10.2.3.2 含钛物料成分和种类

我国高炉含钛物料大部分产自四川攀枝花和河北承德，也有产自加拿大魁北克的含钛块矿，其块矿及精粉的主要化学成分见表10-23。含钛物料的选择应有利于高炉冶炼，尽量选择含铁品位和 TiO_2 含量高的含钛物料，减少酸性氧化物和硫、磷等有害杂质，同时对于含钛物料的价格等经济因素也要综合考虑。

表 10-23　常用含钛物料的化学成分 （%）

项　目	TFe	TiO_2	CaO	MgO	SiO_2	Al_2O_3	V_2O_5	S	P
攀枝花块矿	30.89	10.70	6.34	6.21	20.20	8.97	0.315	0.60	0.002
攀枝花铁精粉	51.56	12.73	1.57	3.91	4.64	4.69	0.56	0.53	0.045
攀枝花钛精粉	30.58	47.53	3.04	0.04	5.55	0.06	0.095	0.30	0.004
承德块矿	35.83	9.42	3.33	3.51	17.52	9.78	0.41	0.50	—
承德铁精粉	35.18	34.51	2.63	1.99	8.38	4.46	0.114	—	—
加拿大块矿	36.20	31.50	1.4	3.3	8.60	5.30	—	0.30	0.040

目前，用于高炉护炉的含钛物料，包括含钛块矿、含钛铁精粉、含钛高炉炉渣、钛铁矿等，一般经过磁选分离后的含钛铁精粉含钛量较高，可以用于生产含钛球团或烧结矿，是较好的护炉原料，护炉炉料的选择应根据高炉生产具体条件择优确定：

（1）含钛块矿。含钛块矿一般成本较低，使用灵活简便，可以直接与炉料一起加入高炉。但含铁品位低、SiO_2 含量高，渣量较大，对高炉操作指标也有一定影响。

（2）含钛精矿。含钛精矿是经过磁选分离后的精矿粉，一般含铁品位可以达到50%，TiO_2 含量大约为13%，可以配加进烧结混合料中，对烧结矿的品位影响不大；也可以将其配加进球团中，生产含钛球团。

（3）钛精矿。钛精矿 TiO_2 含量大于47%，含铁品位大于30%，其他杂质较少，用于护炉渣量增加极少。但钛精矿是生产金红石、钛白粉、钛合金的原料，成本较高、经济上不具优势，一般可将其作为风口喷吹或风口喂线的护炉材料使用。

（4）含钛炉渣。我国攀钢和承钢的高炉渣中 TiO_2 含量约为 16% ~ 25%，且炉渣中 CaO 和 MgO 的含量也较高，可以代替含钛精矿粉作为护炉原料。与含钛精矿相比其品位低、杂质含量高，对高炉冶炼不利；但是从资源综合利用角度分析，利用含钛高炉渣作为护炉材料对于发展循环经济、实现废弃资源的循环利用也是一种较好的途径。

10.2.3.3　含钛物料的加入时机、用量及方式

A　含钛物料的加入时机

a　长期加入

为保护炉缸炉底内衬，延长高炉寿命，将含钛物料配入炉料中长期使用。这种加入方式一般在高炉开炉一年左右，在高炉操作内型基本形成以后开始加入含钛炉料。在采用碳质炉缸炉底内衬时，炭砖更易于与含钛炉渣发生化学反应，生成 $Ti(C,N)$，易于在炭砖热面形成保护性的凝结层，对炉缸炉底内衬起到长期的保护作用。日本高炉及我国宝钢、武钢的高炉一般都采取长期加入含钛炉料护炉操作的方式。这种持续加入方式的优点是可以维持 $Ti(C,N)$ 沉积层的稳定，因此从延长高炉寿命的技术角度，连续稳定地加入一定量的含钛物料进行预防性的护炉是非常必要的。特别对于强化程度较高的大型高炉，在高炉投产以后连续少量加入含钛炉料，对于延长高炉寿命作用显著。

b　内衬侵蚀破损后加入

在高炉炉缸炉底侵蚀严重，炉缸炉底热电偶温度、冷却壁水温差、热流强度明显升高，高炉出现炉缸炉底内衬破损明显征兆时，开始加入含钛物料进行护炉操作，此时高炉一般已经生产数年，炉缸炉底内衬已经出现不可逆转的侵蚀破损，因此一旦高炉采取加入含钛炉料护炉操作以后应持之以恒，不应随意减少或停止含钛炉料的加入。如果停止加入含钛炉料，渣铁中将不再有持续稳定的钛源，$Ti(C,N)$ 的析出和沉积也将停止，已经在炉缸炉底内衬沉积下来的 $Ti(C,N)$ 也会被渣铁熔蚀，随着时间的推移，最终可能还会导致 $Ti(C,N)$ 的完全消失，炉缸炉底的侵蚀破损仍不会得到有效遏制反而还会加剧，造成热电偶温度、冷却壁水温差、热流强度再次升高，炉缸炉底安全隐患仍未消除，只得被迫再次加入含钛炉料护炉。

B　含钛物料的加入量

含钛物料加入量是指导含钛物料加入的依据，也是评价高炉护炉效果的重要参数。经过国内外多年的含钛物料护炉操作实践，目前主要采用每吨铁 TiO_2 加入量和铁水中[Ti]含量作为控制指标。实践证实，采用这两项评判标准优于其他评价参数，而且更加符合含钛物料护炉的机理。

对于长期加入含钛物料护炉的高炉，TiO_2 加入量一般可以控制在 5 ~ 7kg/t；在高炉炉缸炉底内衬出现破损以后，TiO_2 加入量可以增加到 7 ~ 15kg/t；在高炉

炉役末期可以根据热电偶温度和炉缸热流强度,将 TiO_2 加入量适当提高到15~20kg/t。铁水中[Ti]含量一般达到0.08%~0.12%时就会具有护炉作用;在炉缸炉底内衬侵蚀破损以后,需要强化护炉时铁水中[Ti]含量应达到0.15%。采用含钛炉料护炉操作的关键问题是要严格控制炉温,将[Ti]含量控制在合理范围内,既可以达到良好的护炉效果,还可以实现高炉炉况稳定顺行。

C　含钛物料的加入方式

a　与炉料一起由炉顶加入

含钛物料炉顶加入方式是将含钛物料以烧结矿、球团矿或块矿的形式由高炉炉顶随炉料一同加入高炉,这是目前国内外高炉普遍采用的方式。采用长期维护性加入方式时,一般每吨铁 TiO_2 的入炉量为5~7kg/t,可以连续加入或间断加入。采用含钛块矿作为护炉炉料时,由于其含铁品位和 TiO_2 含量都不高,对高炉生产的影响相对较大。当[Ti]在铁水中溶解度达到0.15%时,可以获得明显的护炉效果。这种与高炉炉料一同加入方式的不足之处,是不能有效强化侵蚀破损严重部位的内衬修补,含钛物料加入量过多时还会出现炉墙黏结、炉缸堆积等现象,对高炉炉况顺行和燃料比带来影响。

除此之外,还有一种将含钛物料由炉顶直接加入高炉的方法。在热电偶温度和炉缸冷却壁水温差急剧升高,准备计划休风停炉时,经过计算冶炼周期,将含钛物料连续集中数批加入高炉,当含钛物料集中到达炉缸时高炉再进行休风,由于高炉休风后炉缸温度相应降低,有利于集中加入的 TiO_2 在还原后生成 $Ti(C,N)$ 沉积在炉缸炉底内衬热面,在炉缸炉底破损严重的部位形成 $Ti(C,N)$ 沉积保护层,从而达到护炉效果。但这种方法存在的缺点是不能有效处理炉缸炉底的局部破损,含钛物料加入量少时不能有效强化局部内衬的修复,护炉效果不明显;加入量大时则易出现炉缸堆积。

b　由风口喷入钛精矿

由风口喷入钛精矿护炉方式是日本神户制钢公司1984年最早开发的含钛物料护炉方式,在高炉上应用取得了较好的效果,我国首钢、鞍钢、梅山等企业在高炉炉缸炉底出现异常侵蚀时也曾采用过风口喷吹的护炉方法,收到了一定的效果。风口喷吹钛精粉采用与高炉喷煤相类似的工艺,利用喷吹装置将含钛铁精矿粉通过局部风口喷入高炉。进入高炉的 TiO_2 一部分滞留在渣层中,其余部分通过渣层以 TiC 或 TiN 的形式进入铁水中,随着铁水流动,部分 $Ti(C,N)$ 沉积在炉缸炉底局部侵蚀破损严重的部位而达到炉衬修补的目的。采用风口喷吹的技术优点是针对性强,能够将 TiO_2 集中喷吹到所需要修补的炉缸炉底部位,TiO_2 消耗量少,在较短的时间内即可获得较好的护炉效果,而且不改变高炉的炉料特性,对高炉操作影响较小[26]。这种方式能够对炉缸炉底局部侵蚀破损严重的部位,通过选择合适的风口将 TiO_2 喷入高炉内部相应的位置,使局部铁水中[Ti]富集,铁水黏度上升。在高炉出铁过程中,高黏度的铁水滞留在炉缸炉底破损严重的部位,铁水中[Ti]析出以 Ti(C,N)的形式迅速沉积,从而起到局部修补炉缸炉底内衬的作用。同时,这种加入方式还可以提高 TiO_2 的利用率,减少 TiO_2 的损失,而且对炉料特性和高炉操作不产生明显影响。采用喷口喷吹方式时,每个风口喷吹量应控制在 200~300kg,同时应注意控制风口的磨损,喷吹风口与炉缸侧壁损坏部位的角度应在 40°~90°之间,与铁口夹角在 80°~160°之间,因此选择合适的风口进行喷吹和控制风口磨损是该项技术的关键所在。

　　c　风口喂线方式

　　为了克服各种含钛物料加入方式的技术缺陷,近年来以东北大学、鞍钢、济钢等单位为代表,开发了风口喂线的新型含钛物料加入方式[27,28]。这种方法基于炼钢精炼的喂线工艺,将含钛量较高的含钛物料制成包芯线,包芯线直径为 6~12mm,采用自动喂线机将包芯线经过风口窥视孔或喷煤通道,借助连接装置及喂线机将含钛物料直接送入炉缸。包芯线由喷煤枪出口进入风口回旋区,在高温条件下,包芯线熔化其中的 TiO_2 进入渣铁中,TiO_2 在炉缸中被还原,当铁水中[Ti]含量高于铁水饱和溶解度时,含[Ti]铁水流经温度较低的区域时,铁水中[Ti]析出,生成 Ti(C,N),黏结在炉缸炉底侵蚀破损严重的内衬表面,在局部形成保护层从而起到护炉补炉的作用。

　　采用高炉风口喂线方法进行护炉取得较好效果,并在国内多座高炉应用。其操作工艺如图 10-17 所示。这种方式与喷吹钛精粉方式相比,显得更为经济高效,对高炉正常冶炼影响较小,对局部损坏的炉缸炉底内衬可以进行快速修补。

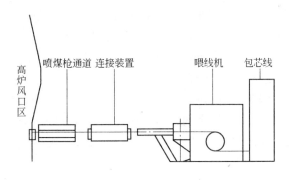

图 10-17　高炉风口喂线护炉操作工艺

　　d　在炮泥中加入含钛物料

　　当高炉铁口及铁口区域的内衬出现严重侵蚀破损时,可将含钛物料按照一定比例加入炮泥中,使之随炮泥打入铁口区,在炮泥中加入的 TiO_2 在高炉条件下可以被还原,在炮泥与铁水接触的部位,即铁口孔道和炉缸侧壁的泥包上形成 Ti(C,N)沉积层,从而可以保护铁口区及其附近的炉缸侧壁内衬。这种方法具有灵活简便的特点，也不会对高炉操作带来影响，适用于铁口区炉缸侧壁的修补，但不适用于对炉缸炉底其余破损部位的修补，护炉补炉作用有限。

10.2.4 高炉炉体内衬修复技术

高炉投产一定时期以后，高炉内衬会出现不规则的侵蚀破损，高炉操作炉型影响高炉稳定顺行，煤气流不易控制，经常出现边缘气流和管道，高炉操作指标开始下降；紧随其后，高炉炉腹以上区域的冷却器开始出现破损，局部区域热流强度不断上升，甚至局部炉壳开始过热发红。出现上述状况时，应该考虑对炉衬进行修复，特别是对于采用凸台冷却壁和冷却板的高炉，由于必须要维持一定的砖衬厚度，所以炉衬修复或再造可以保护冷却器不至于大量损坏而失效，有助于维持规整平滑的高炉操作炉型，使高炉仍能保持稳定顺行获得较好的技术经济指标。

目前，高炉炉体内衬修复技术已成为延长高炉寿命的重要手段。日本和我国许多高炉的长寿实绩也说明，高炉炉体内衬的定期修复对于改善高炉操作、保持炉况顺行、延长高炉寿命具有重要意义。

时至当今高炉长寿技术有了新的创新发展，基于软水密闭循环冷却系统和铜冷却壁的大量应用，新一代薄壁高炉应运而生。其显著的技术特征是在炉腹至炉身区域，不少薄壁高炉已经取消砖衬，仅在铜冷却壁热面喷涂 50~150mm 的喷涂料，用于炉身中部以上的铸铁冷却壁也取消了凸台和砖衬，仅依靠冷却壁热面约 150mm 厚的镶砖作为炉衬。新一代薄壁高炉在炉腹以上甚至可以称其为"无衬"高炉，其最根本的设计理念是依靠高效可靠的冷却系统和无过热铜冷却壁的协同作用，在高炉生产过程中，高效无过热冷却壁热面能够形成稳固的保护性渣皮，以渣皮作为"永久炉衬"而取代耐火材料内衬。换而言之，新一代薄壁高炉的核心技术理念是维持稳定的合理操作炉型。

尽管如此，新一代薄壁内衬高炉的技术创新还在探索和实践。我国仍有数以千计的高炉仍未采用这种新型结构，而且还有相当数量的高炉采用铜冷却板或板壁结合冷却结构，因此保持一定厚度炉体内衬的存在，无疑对于延长高炉寿命也是至关重要的。

10.2.4.1 炉衬喷涂修补

高炉炉衬喷补是最为经典、有效的炉衬修补再造方式，日本早在 20 世纪 70 年代就开始进行炉衬喷补或灌浆造衬，获得了良好的效果。采取炉衬喷补的主要前提条件是：（1）炉体耐火材料砖衬过早损坏；（2）炉体耐火材料砖衬局部损坏严重，影响高炉操作和炉况顺行；（3）冷却器开始损坏，冷却器直接暴露在高温煤气流中，失去了砖衬的保护，造成冷却器热负荷增加、破损加剧；（4）延长炉衬寿命，保护冷却器和炉壳，使高炉维持合理的操作内型；（5）采用定期喷补维修，以延长高炉寿命并有利于改善高炉操作、降低燃料比。

炉衬喷涂修补方法，采用压缩空气作为载气，输送不定型耐火材料，经特殊的喷枪将喷涂料喷涂到炉衬需要修复的部位，并附着在其表面达到一定厚度，在残存砖衬、冷却壁热面或炉壳内表面形成一层新的炉衬。同其他炉衬维修方式相比，炉衬喷补的最大特点是修复的炉衬完整平滑，而且可以实现炉型再造，从而获得较为合理的操作炉型。

A　高炉炉衬喷补方式

目前，国内外对于高炉炉衬常用的喷补方法主要是人工喷补和遥控自动喷补。

a　人工喷补

炉衬人工喷补方法是在高炉休风完全冷却以后，操作人员利用在高炉内搭设的水平活动平台或吊篮进入高炉内，对炉衬需修复的部位进行修补。这种方式是早期高炉炉衬喷补采用的方式，目前一般只用于容积2000m³以下高炉炉衬的喷补。这种人工喷补的作业特点是，喷补设备简单，可以人工清除炉衬上附着的渣皮和松动的残余砖衬，同时对于高炉内裸露出的钢结构件、冷却器等金属构件也可以进行维修更换，炉衬喷补部位及喷补厚度容易控制。其缺点是休风停炉时间较长，高炉内活动平台的搭设工作量较大，对高炉生产影响较大，而且人工操作环境恶劣。

b　遥控自动喷补

炉衬遥控自动喷补方法是将自动喷补设备由高炉炉顶人孔放入高炉内，通过机械悬臂或钢丝绳索悬吊在高炉内做上下移动；操作人员不用进入到高炉内，通过设置在炉外的电视屏幕观察和调节喷枪进行喷补作业。这种喷补方式的特点是不需要操作人员进入炉内，操作人员的作业条件较好、高炉休风时间可以缩短。其缺点是设备比较复杂，喷补作业的投资和维护费用大，如图 10-18 所示是高炉炉衬遥控自动喷补示意图。

20 世纪 70 年代以来，高炉炉衬喷补技术在欧美、日本等工业发达国家的高炉上得到广泛应用。日本鹿岛 3 号高炉（5050m³），寿命达到 13 年 5 个月，累计产铁量 4815 万吨，单位容积产铁量达到9535t/m³。该高炉在 13 年内共进行炉衬喷补 30 余次；英国斯肯索普（Scumthorpe）、

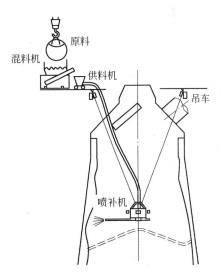

图 10-18　高炉炉衬遥控自动喷补示意图

德国蒂森（Thyssen）、加拿大多法斯科（Dofasto）等钢铁厂都采用高炉炉衬喷补技术，并取得良好的应用效果。

我国高炉炉衬喷补技术的研究和应用始于20世纪90年代初期。20多年来，我国在高炉炉衬喷补设备和高炉耐火材料技术领域的研究取得长足进步，高炉喷补技术得以快速推广应用，已从最初的半干法炉衬喷补发展到湿法喷补。根据喷补方式和喷补耐火材料质量及用量的不同，一次喷补后对高炉炉衬的维持效果可以从6个月至1年以上。实践表明，炉衬喷补对高炉炉体维护的效果非常明显，目前已成为延长高炉风口以上区域炉体寿命的重要长寿技术。

B　高炉炉衬喷补用耐火材料

随着高炉炉衬喷补技术的发展，高炉炉衬喷补已由完全冷态的人工喷补发展到完全遥控的热态自动喷补；喷补用耐火材料也从普通的含水系喷补料发展到预混式湿法喷补料和凝胶结合喷补料；耐火材料材质从普通硅酸铝系喷补料发展到高强、超高强的碳化硅质喷补料。表10-24列出几种典型炉衬喷补料的技术性能。

表 10-24　典型的高炉炉衬喷补料的技术性能

项　目		普通喷补料	热态喷补料	湿法喷补料	湿法喷补料
耐火度/℃		≥1690	≥1790		
显气孔率/%		≤25	≤25	≤25	≤20
体积密度/g·cm⁻³		≥2.0	≥2.1	≥2.4	≥2.7
耐压强度/MPa	干后	≥25	≥30	≥100	≥22
	烧后	≥30	≥50	≥150	≥40
抗折强度/MPa	干后	≥4	≥8	≥15	≥4
	烧后	≥7	≥12	≥20	≥10
线变化率/%		≤0.2(600℃×3h)	≤0.2(1000℃×3h)	≤0.4(1000℃×3h)	≤0.4(1000℃×3h)
热态抗折强度/MPa		≥7(1000℃×1h)	≥7(1000℃×1h)	≥7(1000℃×1h)	≥20(1100℃×1h)
化学成分/%	Al_2O_3	≥40	≥45	≥55	≥70
	SiO_2	≤45	≤45	≤35	≤5
	Fe_2O_3	≤2	≤1	≤1	≤1
	SiC				≥15
备　注		外加促凝剂	外加促凝剂	预混式	凝胶结合

一般而言，用于高炉炉衬喷补用耐火材料必须具备以下性能：（1）具有良好的强度，使其能与喷补面牢固地黏接为一体；（2）重烧线变化率小，体积稳定性强；（3）具有较高的耐火度和抗折强度；（4）具有较高的抗CO侵蚀性和抗磨性。

根据高炉不同部位的侵蚀机理和工作条件，应择优选用不同的喷补材料。用于炉喉钢砖下部区域的耐火材料具有良好的耐磨性和抗 CO 侵蚀性；用于炉身下部区域的材料具有较好的抗热震性和抗 CO 侵蚀性，典型高炉炉衬喷补料的化学成分见表 10-25。

表 10-25 典型的高炉炉衬喷补料的化学成分 （%）

牌 号	Al_2O_3	SiO_2	CaO	Fe_2O_3	TiO_2	MgO
BFS	48.2	41.4	6.2	1.0		
MS-3	62.2	28.2	3.5	0.95		
AR	56.5	36.6	4.2	0.8	1.4	0.3
BFA	55.0	39.4	2.9	0.8	1.5	0.3
YPA	62	20.2	3.5	0.95		
YPB	48.5	40.1	6.9	0.80		

10.2.4.2 炉衬压浆修补

高炉压浆修补也是现代高炉常用的炉体维修方式，也称为压入修补或灌浆修补，压浆造衬技术作为高炉炉衬局部修复技术被国内外广泛采用。炉体压浆造衬技术是利用在炉壳上预留的灌浆孔或在炉壳上新钻出的灌浆孔，在高炉正常休风的条件下，利用特殊的压浆泵，在一定压力的作用下，通过管道把专用的耐火材料泥浆由高炉外部压送到预定的维修部位，以达到充填间隙和修补炉衬等目的。这种炉衬修补方式的主要特点是：可以借助炉衬测温、测厚等辅助设施，确定炉衬侵蚀破损的薄弱位置，实施有效的局部修补，对高炉生产和炉体内部结构影响较小，对于炉体耐火材料内衬局部的修补效果良好，广泛应用于工业炉窑内衬的维修。这项技术特别适用于高炉炉衬的局部维修，可以在高炉正常休风、不降料面的情况下，实现对高炉炉衬的维护修补。但是由于灌浆压入位置的局限性是仅能进行局部修补，很难进行大面积炉衬修复，而且如果操作不当，极容易在炉衬表面形成很多泥浆堆积鼓肚，不利于高炉操作过程的炉料下降和煤气流上升。

压浆维修在高炉上应用广泛，不仅可以用于高炉炉衬侵蚀破损部位的维修，还普遍用于冷却器与炉壳之间的填充，风口区、铁口区的填充，特别是对于处理炉壳或高温管道过热发红压浆填充具有明显效果。压浆维修主要分两类：(1) 用于充填维修。压浆设备将特定的耐火材料泥浆输送到指定部位，包括耐火材料与耐火材料的缝隙，耐火材料与金属构件的缝隙等，达到充填修补缝隙，阻断高温气体通过间隙流动的目的。(2) 用于造衬维修。压浆设备把特定的耐火材料由高炉外压送到高炉内。利用高炉内炉料对残余炉衬的挤压和对压入泥浆的反作用力，使压入的耐火材料泥浆在残余炉衬与炉料之间形成新的再造炉衬，从而达到修补炉衬的效果。一般高炉炉体采用压浆维修主要部位有炉底、炉缸、铁口、风口以及炉身等，高炉压浆修补的部位见表 10-26。

表 10-26　典型的高炉压浆修补部位

部　位		目的	压入设备	压入材料	备　注
炉　底		充填	炭胶压入泵	碳质胶泥	
炉　缸		充填	炭胶压入泵	碳质胶泥	
铁　口		充填	炭胶压入泵	碳质胶泥	包括侧壁和泥套
风　口	大　套	充填	炭胶压入泵或灰浆压入泵	碳质胶泥或非水系压入料	
	中　套	充填	灰浆压入泵	非水系压入料	
冷却器	冷却壁背部	充填	灰浆压入泵	水系或非水系压入料	
	冷却板法兰部位	造衬	灰浆压入泵	水系或非水系压入料	
	微型冷却器	充填或造衬	灰浆压入泵	水系或非水系压入料	
炉　身		造衬	硬质压入设备	硬质压入料	

A　冷却板法兰和微型冷却器的压浆

压浆的维修方式适用于采用冷却板的高炉，用以充填冷却板和砖衬之间、冷却板与炉壳之间的间隙。对于采用冷却板结构的高炉，经常会出现冷却板与炉壳法兰连接处煤气窜漏现象；在冷却板更换以后，新的冷却板与砖衬之间存在间隙，也会造成煤气窜漏。上述情况都可以采用压浆方式将专用的耐火材料泥浆压入冷却板周围的间隙中，使冷却板和砖衬紧密接触，以提高冷却板的冷却效果。

在高炉炉役末期，一般采用在炉体上安装微型冷却器以加强炉体冷却。安装微型冷却器时，需要在炉壳上钻孔，可以利用安装微型冷却器在炉壳上的开孔，采用压浆技术把具有炉衬修补性能的耐火材料压入炉内，达到修补炉衬的目的。微型冷却器安装以后，为了使微型冷却器与残余炉衬和冷却壁紧密接触，也采用压浆技术把其周围的缝隙填充密实。

B　冷却壁的压浆

高炉建造时冷却壁安装以后，在冷却壁与炉壳之间存在间隙，利用炉壳上设置的灌浆孔，压入耐火材料泥浆进行充填。如果高炉生产后这些间隙依然存在，将会在冷却壁冷面与炉壳之间形成煤气通道，导致冷却壁冷热两面受热，而且还会造成炉壳发红、开裂。在这种情况下，需要利用原预留的灌浆孔或重新钻孔，采用压浆方式把具有隔热作用的耐火材料泥浆充填到冷却壁与炉壳的间隙中，填堵冷却壁后部所形成的煤气通道。

C　炉身压浆造衬

高炉长期生产中，炉身部位在炉料磨损、煤气流冲刷、化学侵蚀和热应力破坏等综合作用下，高炉炉衬不断侵蚀减薄，造成冷却器损坏，严重时还会出现局部炉壳发红、开裂，甚至直接暴露在炉料和高温煤气中。对于炉身局部维修，压入硬质泥浆进行造衬是一种有效的修补方式，特别是对于采用冷却板的高炉，使用压入硬质泥浆进行造衬维修，比炉衬喷补的效果更为显著。值得注意的是，这种压入硬质泥浆作业的前提条件是，进行压浆修补的部位必须有炉料存在，而且炉料应尚未熔融，进而言之，该修补方式适用于高炉软熔带以上的块状区，即炉身中上部区域。

10.2.5 高炉炉缸炉底与铁口、风口的维护

10.2.5.1 炉缸炉底维护

现代高炉寿命主要取决于炉缸炉底内衬侵蚀破损的状况。随着现代高炉高效化生产、提高炉顶压力、富氧大喷煤等综合冶炼技术的采用，维护炉缸炉底的安全稳定对高炉长寿具有决定性的意义。因此，从高炉投产之日起，就应当加强对炉缸炉底的监测和维护。高炉炉缸炉底的维护除了采用含钛物料护炉以外，还应该注重加强炉缸炉底冷却，控制炉缸炉底内衬温度、冷却壁水温差和热流强度在合理范围内，有效的冷却有助于 Ti(C,N) 在炉缸炉底内衬侵蚀破损严重区域的沉积和附着，从而形成保护性的沉积层以延长高炉寿命。除此之外，对于高炉炉役末期的炉缸炉底，还应该采取有效的长寿技术措施加强维护和修补，最大限度地保障炉缸炉底安全稳定工作。

A 强化炉缸炉底冷却

强化炉缸炉底冷却的目的是将 1150℃ 铁水凝固等温面尽量推向高炉中心，使炉缸炉底内衬热面能够形成稳固的渣铁壳，以保护炉缸炉底内衬，防止炉缸炉底烧穿。高炉投产以后，控制炉缸炉底温度场合理分布的技术措施，除了从高炉操作上改善炉缸工作状态以外，主要技术措施是合理控制炉缸炉底的冷却水温差和热流强度。在冷却水量恒定的条件下，冷却壁水温差是冷却壁热流强度的反映，热流强度高则水温差升高，反之亦然。

在采用工业水冷却时，当炉缸冷却壁的热流强度高于规定值时，应采用高压水冷却以提高冷却水压力和流量，降低冷却水温差和冷却壁热流强度。炉缸炉底采用工业水冷却时，应按照一定的时间间隔对冷却壁水管进行酸洗和高压水冲洗，以减小冷却水管内壁积结的水垢，从而有效提高冷却效率、改善传热效果、强化炉缸炉底冷却。在采用软水密闭循环冷却系统时，应相应提高冷却水量和冷却水速，降低冷却壁热流强度。

鞍钢 11 号高炉有效容积 2580m³，第 3 代炉役于 2001 年 12 月送风投产。该高炉炉缸炉底采用炭砖 + 陶瓷杯结构，炉缸设 5 段铸铁冷却壁，采用常压工业水冷却。高炉投产以后，随着炉役的延长和冶炼强度的提高，炉缸炉底温度与炉缸冷却壁水温差及热流强度持续上升。至 2009 年 5 月，炉缸环形炭砖温度上升速

度加快,特别是铁口下方第 2 段冷却壁区域的炭砖温度上升幅度最大,2009 年 7 月最高温度达到 539℃,炉缸最大热流强度达到 19.4kW/m²,2011 年 3 月采用超声波检测技术对炉缸残余内衬进行测厚结果显示,炉缸内衬最薄残余厚度约为 200mm。为了加强炉缸炉底内衬的温度监测,2009 年至 2010 年对炉缸侧壁侵蚀破损最严重的第 2、3 段冷却壁位置,又陆续安装了 104 支步进式热电偶,插入炭砖深度分别为 130mm 和 30mm;同时为了准确测量炉缸第 1~3 段冷却壁的热流强度,减少人为因素造成的测量误差,2009 年 5 月在高炉重点区域的冷却壁进出水管上安装了高精度测温热电偶,并将测温数据和水流量数据采集到计算机进行数据处理,自动计算出每块冷却壁的热流强度,形成了水温差和热流强度的实时监测曲线和历史记录曲线[29]。

根据高炉生产实践,结合炉缸第 2 段冷却壁壁体温度和炉缸侧壁环形炭砖温度,制定出炉缸冷却壁热流强度的控制标准是:正常值为 50.4MJ/(m²·h)以下,警戒值为 50.4~64.8MJ/(m²·h),危险值为 64.8MJ/(m²·h)以上。

为了提高炉缸冷却效果,2009 年 7 月新增了 2 根炉缸冷却壁供水管道,使炉缸冷却水量由 2500m³/h 增加到 2800m³/h,其后又在局部范围内将常压水冷却改为高压水冷却,将冷却水压力由 0.7MPa 提高到 1.6MPa,单管水流量由 8t/h 提高到 14t/h,以进一步提高水量、降低冷却壁温度,最大限度提高冷却强度。与此同时,通过采取含钛炉料护炉、降低冶炼强度、铁口压浆维护等综合措施以后,炉缸第 2 段冷却壁热流强度由 2011 年 2 月逐渐下降,铁口下方第 2 段冷却壁热流强度由 61.9MJ/(m²·h)下降到 49.7MJ/(m²·h),炉缸侧壁环形炭砖温度也整体下降,铁口下方炉缸炭砖温度下降约 100℃。

B 加强热流强度监控

对高炉炉缸炉底要进行加强热流强度的监测和管理,及时做好统计分析工作,制定相应的技术预案,发现问题果断采取有效处理措施。目前,国内大型高炉一般采用炉缸炉底内衬热电偶温度和冷却壁热流强度监控炉缸状况,根据温度和热流强度的变化采取相应的技术措施。首钢高炉炉缸炉底热流强度的监控要求和采取的预案处理措施是:

(1)对于炉缸炉底采用热压炭砖的高炉:

1)热流强度不小于 41.86MJ/(m²·h),应加入含钛炉料进行护炉操作,保持铁水中[Ti]含量在 0.08%~0.10%;

2)热流强度不小于 50.23MJ/(m²·h),应增加 TiO₂ 的加入量,使铁水中 [Ti]含量不小于 0.10%;

3)热流强度不小于 54.42MJ/(m²·h),应继续增加 TiO₂ 的加入量,使铁水中[Ti]含量不小于 0.15%,高炉休风封堵水温差升高的冷却壁上方的风口,降低冶炼强度;

4）热流强度不小于 62.79MJ/（m²·h），高炉休风凉炉，经过数日凉炉后再恢复送风。

（2）对于炉缸炉底采用国产大块炭砖的高炉：

1）热流强度不小于 33.49MJ/（m²·h），应加入含钛炉料进行护炉操作，保持铁水中［Ti］含量在 0.08% ~ 0.10%；

2）热流强度不小于 41.86MJ/（m²·h），应增加 TiO₂ 的加入量，使铁水中［Ti］含量不小于 0.10%；

3）热流强度不小于 46.03MJ/（m²·h），应继续增加 TiO₂ 的加入量，使铁水中［Ti］含量不小于 0.15%，高炉休风封堵水温差升高的冷却壁上方的风口，降低冶炼强度；

4）热流强度不小于 54.42MJ/（m²·h），高炉休风凉炉，经过数日凉炉后再恢复送风。

（3）一旦热流强度高于规定值后，采用加入含钛炉料护炉操作的高炉，就必须坚持长期加入含钛炉料，一般不可轻易停加含钛炉料。在炉缸冷却壁热流强度较高、处于加含钛物料护炉操作期间，铁水中［Ti］应控制在较高的水平。首钢要求在高炉炉缸冷却壁热流强度升高、采用含钛炉料护炉操作时，一般应将铁水中［Ti］控制在 0.12% 以上的水平。

（4）控制合理的炉温，保持生铁一级品率在 95% 以上。及时调整炉渣碱度，避免连续出现铁水中［S］大于 0.030%，将铁水中［Si］控制在大于 0.4% 的水平。

（5）当炉缸冷却壁水温差跳跃上升时，严禁切断水源或变动管路，以防止短时间内由于水量下降或断水而增加炉缸烧穿的危险。

（6）当铁口两侧冷却壁水温差或热流强度升高时，要加强铁口维护，保持足够的铁口深度和打泥量。如果铁口深度连续 3 次不合格，高炉休风封堵铁口上方风口，加强铁口泥套维护，杜绝连续跑泥，防止铁口深度连续过浅；控制出铁操作，使炉缸渣铁排放顺畅，按时排净渣铁。

（7）当炉缸冷却壁水温差呈上升趋势时，应加强巡检和冷却壁水温差的监测工作。同时提高冷却水量和水压，保持足够的冷却强度。当冷却壁水温差上升趋势明显加快时，要及时减风、降低顶压，尽快组织出铁，避免出现炉缸烧穿事故。

（8）对于损坏的风口应及时更换，防止长时间向高炉内漏水，从而加剧炉缸侧壁环形炭砖的破损。

（9）在高炉凉炉过程中连续测量炉缸冷却壁水温差。首钢高炉在凉炉后炉缸冷却壁水温差持续上升的情况下，对于炉缸采用国产大块炭砖的高炉，当炉缸冷却壁热流强度大于 58.62MJ/（m²·h）时，辅助人员撤离现场；当炉缸冷却壁热流强度大于 62.80MJ/（m²·h）时，全部人员撤离现场。当确认没有炉缸烧穿危险时，再恢复炉缸冷却壁冷却水测温。高炉凉炉后热流强度低于 50.23MJ/（m²·h）

时，高炉可以恢复送风，高炉送风后应冶炼铸造生铁并维持一定时间。

（10）高炉休风封堵风口以后，要适当降低炉顶压力和冶炼强度，当炉缸热流强度恢复正常水平以后，再逐渐恢复冶炼强度。

（11）水冷炉底的温度要低于100℃，应经常检查冷却水出水温度、水量和炉底温度，并做好检查记录。

（12）当发现炉底侵蚀加剧，炉底、炉基温度过高时，应加强炉底及周围的冷却，加入含钛炉料护炉，高炉应冶炼铸造生铁，降低炉顶压力、冶炼强度和产量，必要时高炉应采取休风凉炉措施，通过凉炉自然降低炉底和炉基温度。

宝钢根据多年生产实践，总结并创新应用了一系列炉缸炉底维护的技术措施[30]。宝钢1号高炉（第二代）炉缸采用喷水冷却，与采用冷却壁的高炉不同，炉缸热流强度不能通过冷却壁进出水温差和水量计算得出。宝钢根据高炉生产实践，将炉缸侧壁450℃等温线的控制作为关键要素，设定炉缸侧壁侵蚀破损的安全界限是内衬残余厚度为500mm，这种炉缸炉底内衬管理的模式与传统的依靠炉缸冷却壁热流强度的管理模式有所不同。该高炉设计时，炉底设置了44个热电偶温度检测点，炉缸侧壁设置了72个热电偶温度检测点。在高炉投产3年以后，在炉缸侧壁关键区域、铁口周围和铁口下部又安装了64支热电偶用于监测炉缸侧壁温度。加上高炉原设计的炉底温度监测点，炉缸炉底共安装热电偶温度检测点180个，建立了基于炉缸侧壁温度场管理的炉缸监测系统，通过热电偶温度可以精确计算炉缸热流强度。

宝钢高炉炉缸炉底维护的预防措施是：（1）检查风口和冷却器是否漏水；（2）降低高炉喷煤量，封堵风口或缩小炉缸侧壁温度升高区域上方的风口直径；（3）检查或增强炉缸冷却能力，控制冷却水温度；（4）调整出铁顺序；（5）加入含钛炉料护炉；（6）改善焦炭质量，净化炉缸死焦柱。

当炉缸侧壁距炉壳500mm处内衬的温度超过450℃时，采取有计划的弥补措施控制炉缸内衬的进一步侵蚀破损：（1）增加含钛炉料加入量；（2）降低产量，封堵风口；（3）调查并优化炉料和焦炭质量；（4）提高冷却强度，增加冷却器，进一步降低冷却水温度。

10.2.5.2　铁口维护

出铁作业是高炉生产过程中极为关键的环节。铁口也是炉缸最为薄弱的部位，高温渣铁排放过程中的冲刷磨损、高温煤气流热冲击等恶劣工况对铁口的破坏更为突出，为保证高炉正常生产和高炉长寿，在生产中必须加强对铁口的维护。加强铁口维护管理，控制合理的出铁速度对于减轻炉缸铁水环流、降低铁口区域冷却壁的热流强度以及延长炉缸炉底寿命的作用十分显著。

A　保持正常的铁口深度

高炉生产中维持正常的铁口深度，可以使铁口孔道和周边区域得到有效的维护，减少铁口区域出现喇叭形侵蚀，出铁过程中可以促进高炉中心的铁水流动，抑制炉缸铁水环流，减轻炉缸侧壁的冲刷磨损。维持较深的铁口深度，会增加铁口孔道的沿程阻力，使铁口前端的泥包稳固，铁口孔道不易出现断裂，有利于高炉出净渣铁，促进炉况的稳定顺行。

不同容积的高炉具有相应合理的铁口深度。研究表明，为了抑制炉缸铁水环流，保护炉缸炉底内衬，减轻象脚状异常侵蚀，铁口深度应为炉缸半径的45%以上。高炉容积越大、炉缸死铁层越深，则铁口深度应越深。高炉生产过程中，随着炉缸侧壁的不断侵蚀减薄，应相应提高铁口深度，以抵抗出铁过程中高温渣铁的冲刷侵蚀。宝钢4000m³级高炉铁口深度的控制标准由最初的3.4m逐渐提高到3.8m，图10-19是宝钢2号高炉投产以后的铁口深度控制情况[31]。

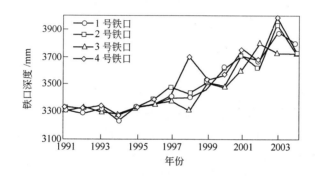

图10-19　宝钢2号高炉投产以后铁口深度的变化

高炉炉役后期，炉缸炉底出现严重侵蚀，随着炉底的不断侵蚀，死铁层的实际深度增加，稳定的泥包和合理的铁口深度对高炉长寿尤为重要。维持足够的铁口深度，对于有效控制铁口区域炉缸侧壁的侵蚀具有重要作用。

由于铁口深度不足将会造成一系列操作问题，例如出铁速度加快，出铁时间缩短，容易出现铁水"跑大流"现象；炉缸渣铁排放不净，造成大量渣铁滞留在炉缸内，炉缸内渣铁液面升高造成死焦柱上移，改变风口回旋区形状，使高炉透气性下降，影响高炉稳定顺行；容易出现温度波动和炉缸工作不稳定，为生产带来不利影响，甚至造成安全事故。铁口深度过深，则出铁时间过长，影响其他工序的作业。根据高炉容积不同，1000～5500m³级高炉铁口深度应控制在1.8～4.0m，不同高炉容积级别的正常铁口深度见表10-27，武钢5号高炉铁口深度的相关参数见表10-28。

表10-27　不同高炉容积级别的正常铁口深度

高炉容积级别/m³	1000	1000～2000	2000～3000	3000～4000	4000～5000	＞5000
铁口深度/m	1.8～2.4	2.0～2.5	2.5～3.2	3.0～3.5	3.2～3.8	3.3～4.5

表10-28 武钢5号高炉铁口深度相关参数

铁口深度与出铁时间对照				铁口角度 /(°)	炉底温度 /℃	日产量 /t·d⁻¹
铁口深度/m	2.5	2.8	3.0	3.2	9	426	7130
出铁时间/min	45	60	80	95	10	455	7460

控制适宜的铁口深度，主要应采取以下措施：（1）采用高质量的炮泥。现代大型高炉应采用无水炮泥，通过调整 SiC、刚玉等高档耐火材料的含量，添加微量 Si_3N_4，提高炮泥烧结后的强度和抗渣性能。（2）及时出净渣铁，泥炮打泥量适宜，形成稳定的泥包。（3）采用适宜的铁口直径，控制合理的出铁速度；根据高炉压力、炮泥质量、出铁速度选择适宜的铁口直径，一般正常条件下选取直径为 40～60mm 开口机的钻头。（4）泥炮堵铁口时应出净渣铁，避免渣铁排放不净时封堵铁口。

B 保持正常的铁口直径

由于现代高炉精料水平的提高，渣量相应减少，大型高炉一般不再单独设置渣口，高炉冶炼生成的渣铁全部经铁口排放。高炉生产中的铁口直径是以开口机钻头直径为代表，实际上在出铁过程中铁口直径也发生了较大的变化。高炉实际生产中，控制铁口直径最根本的目的是控制合理的出铁速度，同时对于控制炉缸铁水环流也有重要影响。高炉出铁速度一般根据高炉容积和日产铁量而确定，对于现代大型高炉日出铁次数一般设为 8～14 次，而且出铁速度与高炉内铁水生成速度也密切相关。1000m³ 以上大型高炉出铁速度一般控制在 4～8t/min，每次出铁时间为 80～120min，特大型高炉多铁口作业时，随着产铁量的增加，一般采取轮流出铁方式，缩短高炉出铁间隔，巨型高炉则一般采取重叠出铁模式。

由此可见，保持合理的铁口直径对于高炉操作十分重要，渣铁排放速度主要取决铁口直径、铁口深度、炉缸内渣铁液面高度和炉内压力。铁口直径太大，出铁速度过快，出铁时间缩短；铁口直径过小或铁口深度过深，则会出现出铁时间过长，炉缸渣铁液面升高，渣铁排放不净，炉况恶化等现象。现代大型高炉铁口直径的确定应根据上述原则合理选择开口机钻头直径，正常情况下一般选择直径为 40～60mm 的钻头。

C 保持铁口泥套完整

铁口泥套是设置在铁口框内用于泥炮堵铁口时与炮嘴配合的凹形接触面，由耐火浇注料浇筑成型。铁口泥套保持完好，泥炮打泥时能压紧封口不向外冒泥。泥套质量不好泥炮打泥堵口容易发生冒泥，甚至要降低打泥压力，这就会影响铁口深度和高炉正常生产。生产中要注意提高泥套质量，延长泥套使用寿命，在生产中要确保泥套的完整，每次出铁后认真进行检查，发现有缺陷必须重新制作新泥套。铁口泥套应具有足够强度、耐压耐磨损、不易开裂和溃破的性能，一旦损坏要及时重新制作并烘干。使用时间过长，泥套疏松后也应及时重新制作。

10.2.5.3　风口区压浆维护

风口将温度为 1200℃ 左右的高温热风送入高炉，高温热风与焦炭在风口前回旋区内发生燃烧反应，形成炉缸煤气；煤粉也是经过风口喷吹到回旋区内，因此炉缸风口部位也是高炉工作条件恶劣的区域，在生产操作中也要注重对风口区域的维护。除了对损坏的风口设备进行及时更换以外，还要对风口组合砖定期进行压浆维护，使风口区砖衬能够维持安全工作。风口压浆包括风口大套压浆和风口中套压浆。在风口安装过程中，为了防止炉缸侧壁砖衬和风口组合砖的热膨胀位移，一般在风口各套与风口组合砖之间都设有膨胀间隙，并充填缓冲填料以吸收砖衬的热膨胀。在高炉烘炉和投产以后，如果风口各套与砖衬之间预留的膨胀间隙没有充分吸收，则可能成为高温煤气的泄漏通道。为了封堵这些通道，需要采用压浆方式，把专用的耐火材料泥浆压入风口大套或中套与砖衬之间的间隙内，封堵煤气通道，抑制煤气窜漏。

10.2.6　高炉冷却器的修复

10.2.6.1　冷却壁穿管修复

采用冷却壁的高炉在炉役中期会出现冷却水管破损，如不采取有效措施进行及时修复处理，将会造成冷却壁本体大量损坏，直接威胁高炉正常生产和高炉寿命。20 世纪 80 年代，日本鹿岛 3 号高炉、千叶 5 号高炉相继对破损的冷却壁进行了修复和更换，取得了较好的应用效果。由于冷却壁与冷却板结构不同，更换修复难度较大，这是采用冷却壁高炉炉体维护的不足之处。近年来，我国开发应用了多种冷却壁修复技术，在不停炉中修的情况下，实现了冷却壁的修复和维护，取得显著的应用效果，为延长高炉寿命创造了有利条件。

武钢 5 号高炉冷却壁从 1995 年开始出现破损，损坏的冷却壁大部分集中在炉腹、炉腰区域（第 6 ~ 8 段）。为了解决软水闭路循环冷却壁出现破损后继续长期生产的难题，武钢开发了冷却壁再生法，有效地缓解了冷却壁的进一步损坏[32]。

冷却壁再生法是将已破损的冷却壁两端的钢管（$\phi 76mm \times 6mm$）用割枪割开，内部穿入一根 $\phi 40mm$（内径为 DN32mm）的耐压不锈钢软管，中间的缝隙用导热性能良好的耐火材料填实，将两种规格的钢管连接起来。由于割开的冷却壁钢管中间穿插的是直径较小的不锈钢软管，冷却壁内冷却水的流量和流速会相应减少。为了克服这一缺陷，在不锈钢软管和钢管连接处安装一个三通，形成旁通管。一部分水由不锈钢软管通过，另一部分水从旁通管通过，这可保证修复的冷却壁有较高的冷却水量，维持较高的冷却能力。1997 年至 2005 年，武钢 5 号高炉第 5~7 段冷却壁有 20 余根垂直冷却水管进行了穿管修复处理，取得了良好的维护效果。采用金属软管修复冷却壁示意图如图 10-20 所示。

10.2.6.2　采用微型冷却器修复冷却壁

采用微型冷却器修复破损冷却壁是目前国内外普遍采用的技术措施。宝钢 3 号高炉投产 11 个月以后，炉体冷却壁开始出现破损，随后炉腹、炉腰、炉身下部冷却壁凸台大量烧损，冷却壁本体普遍产生裂纹、镶砖脱落。为了对破损的冷却壁进行及时的修复，在冷却壁水管

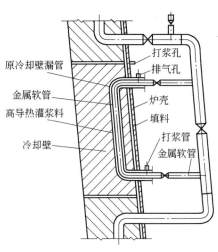

图 10-20　采用金属软管修复冷却壁示意图

出现破损的初期，为了维持炉体冷却，在部分被烧损的冷却水管中穿入不锈钢软管，不锈钢软管内通水冷却，管外与原有水管之间灌入导热性泥浆，使其继续具备冷却功能。在高炉开炉第 11~15 个月之间，采用冷却壁穿管的修复方式效果并不显著，不锈钢软管 1~5 个月就被再次烧坏。为解决冷却壁修复问题，宝钢研制了专用的微型冷却器安装在炉腰、炉身下部。根据微型冷却器插入炉内部位的热流强度、冷却水压力和水量等参数设计微型冷却器，使其传热能力与热流强度相匹配。为了提高微型冷却器抗磨损能力，对微型冷却器插入炉内的部分进行了表面硬化处理，使其高温硬度比纯铜提高 3 倍以上，可以有效抵御炉内物料的磨损[16]。

宝钢微型冷却器设有冷却水进出水孔道和耐火材料压浆孔道，插入炉内并凸出炉衬热面 100~150mm，以利于黏结渣皮；在采用炉衬压浆修补时，还可以对压入的耐火材料提供支撑和锚固作用。宝钢 3 号高炉在投产后第 39 个月开始安装微型冷却器，至 1997 年 7 月已安装 320 根，随着微型冷却器安装数量的增多，冷却器承受的热流强度下降，冷却水管损坏数量明显下降，取得了良好的应用效果[33]。图 10-21 是典型的圆柱形微型冷却器结构。

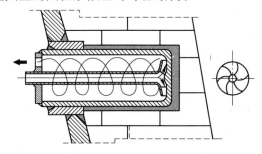

图 10-21　切向进水和自由螺旋流动的微型冷却器

为了修复炉体破损的冷却器、保护炉壳，进一步延长高炉寿命，一种用冷却水管和耐火材料浇注料预制的水冷模块也被应用于高炉炉体的维修，对于炉役末期高炉的维护也能取得较好的维护效果。图 10-22 是采用水冷模块对高炉炉身上部无冷区进行修复的示意图；图 10-23 是一种用于修复高炉炉体冷却壁的小型水冷壁。

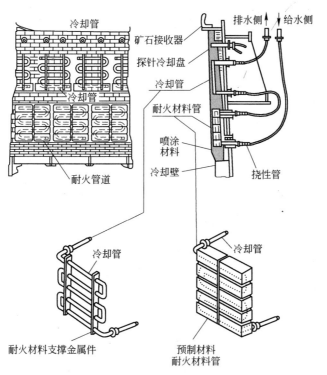

图 10-22 用于修复炉身上部无冷区的水冷模块

10.2.6.3 冷却壁局部更换

现代高炉由于采用了长寿综合技术，高炉寿命在无中修的条件下完全可以达到 15 年以上，工艺技术装备水平高的特大型和巨型高炉在不中修的条件下，寿命完全可以达到 20 年以上，日本、韩国和我国新世纪设计建造的 $5000m^3$ 以上巨型高炉设计寿命都是在不中修的条件下达到 20 年以上。

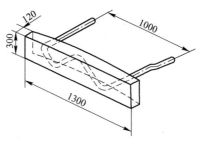

图 10-23 小型水冷壁结构示意图

在此前提下，对于采用冷却壁的高炉，如果完全更换炉腹以上冷却壁其实质就是高炉中修。因此，为了避免冷却壁大量损坏而不影响高炉寿命，对局部破损严重的冷却壁进行更换则是一种延长高炉寿命的可行措施。20 世纪 80 年代，日本鹿岛 3 号、和歌山 4 号等高炉都进行了炉体冷却壁的局部更换，成为延长高炉寿命的有效长寿技术措施。图 10-24 ~ 图 10-26 显示了和歌山 4 号高炉冷却壁更换的过程。

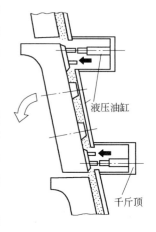

图 10-24 利用液压千斤顶将旧冷却壁拆除

宝钢 3 号高炉为延长高炉寿命，除了采取炉体安装微型冷却器的措施以外，还对炉身下部破损最为严重的第 3 段冷却壁进行了整体更换，2004 年 3 月高炉休风 100h，更换了 56 块冷却壁，取得了良好的效果[34,35]。

宝钢 3 号高炉冷却壁更换以前，制定了详细的作业维修计划，对新更换的冷却壁材质、结构外形和布置方式等都进行了改进和完善，图 10-27 是新更换冷却壁的外形结构。

更换冷却壁作业时，在高炉炉顶外部平台上沿炉身圆周方向，事先架设 20 台左右的无走行固定式电动葫芦，设计特殊结构的吊钩，在高炉休风后通过炉身顶部开孔进入炉内，进行冷却壁吊装作业。根据原冷却壁的结构和安装方式，拆除冷却壁时采用液压千斤顶，利用槽钢制作成固定架并焊接在炉壳上，通过推顶

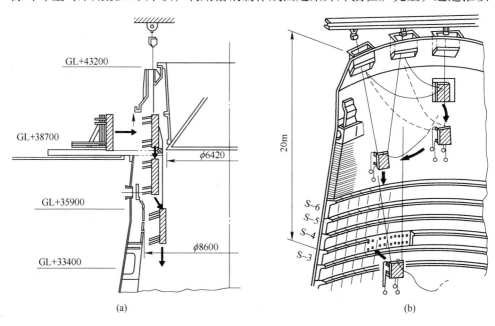

(a)　　　　　　　　　　　　　　　　(b)

图 10-25 新冷却壁的吊装过程

(a) 将冷却壁吊入炉内；(b) 将冷却壁吊移至更换位置

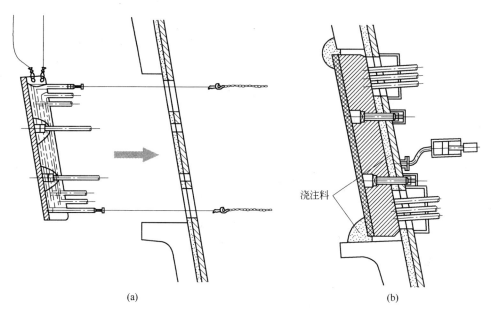

图 10-26　新冷却壁的安装过程

（a）将冷却壁水平移至安装位置；（b）将冷却壁与炉壳固定并压浆填充

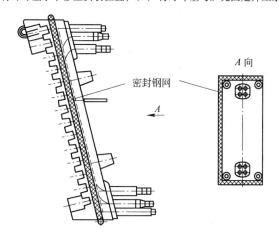

图 10-27　新更换冷却壁的外形结构

炉壳外的冷却壁水管将冷却壁推入高炉内，如图 10-28 所示。

为了将拆除的旧冷却壁吊出炉外，预先在旧冷却壁的水管保护管上焊接吊耳，当旧冷却壁完全被顶出自由落入炉内后，再用电动葫芦将其从炉壳开孔或炉顶人孔处吊出炉内。

当所有冷却壁全部拆除完毕后，对安装面适当清理，然后进行新冷却壁的安装，同样利用炉顶布置的 20 多台电动葫芦进行冷却壁的吊装，新冷却壁进入炉

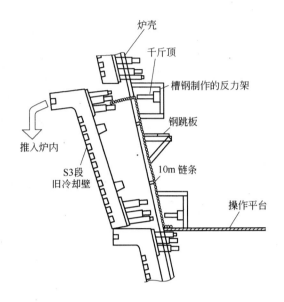

图 10-28　冷却壁拆除示意图

内的通道是利用炉身上部的 4 个炉壳开孔和炉顶人孔。

由于冷却壁更换量较大，共计 56 块、总重量约为 280t。为了使施工时间不受制于运输环节，设置了专门的中间倒运设备。在炉身上部铺设专用环形轨道，在轨道上布置数台自制运输台车，进行冷却壁的倒运。利用运输台车将新冷却壁运至炉身上部吊装孔前，通过操作电动葫芦和链索，将新冷却壁吊进炉内，然后将新冷却壁放到待安装位置进行安装。待新冷却壁就位后，安装垫圈及螺栓螺母并紧固到位，完成冷却壁的安装作业。冷却壁安装过程如图 10-29 所示。

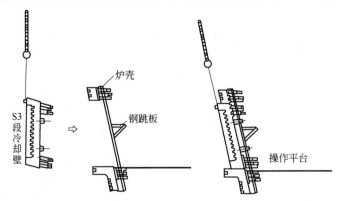

图 10-29　新冷却壁安装过程

10.2.6.4　冷却板的更换

采用冷却板的高炉，在高炉投产一定时期炉衬侵蚀以后，冷却板前端直接暴露在炉料和煤气中，受到下降炉料的磨损、高温煤气流的热冲击以及各类热化学侵蚀，冷却板前端在这种恶劣的工况条件下极易损坏，即便是铜冷却板，也由于其结构扁平，不易在前端黏结成稳固的保护性渣皮而烧坏破损，进而出现漏水、漏煤气、炉壳局部过热发红、炉壳开裂等一系列问题，不但影响高炉寿命，而且对高炉炉料分布和煤气流分布也带来严重影响。

冷却板与冷却壁的不同之处在于二者的冷却方式不同。冷却壁在砖衬破损甚至消失以后可以依靠足够的冷却能力，使渣皮比较稳固地黏结在其热面，形成保护性的"自生型永久炉衬"，特别是铜冷却壁这种"强化冷却、结渣造衬"的功能尤为突出；而冷却板是插入式的"点冷却"方式，冷却板必须与一定厚度的砖衬相匹配才能发挥其功效，一旦砖衬大量损坏，冷却板失去砖衬的保护，由于其扁平型的结构，很难在其表面形成稳定的渣皮，在失去砖衬和渣皮保护的状态下，铜冷却板极易出现破损。

因此，对损坏的冷却板进行及时更换成为冷却板式高炉维护的一项重要工作。冷却板更换程序并不复杂，特别是采用法兰连接的冷却板更换更为便利。值得注意的是，由于高炉设计建造时冷却板与砖衬之间配合严密，更换新的冷却板外形结构应略小于原冷却板，这样便于冷却板的更换安装，同时要对更换以后新的冷却板与砖衬之间灌浆填充密实，防止煤气泄漏造成炉壳过热。图 10-30 是冷却板破损和更换示意图。

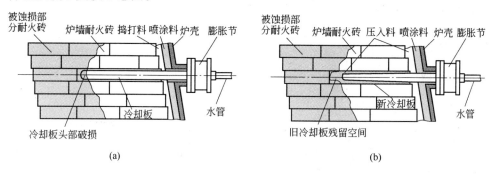

图 10-30　冷却板破损及更换示意图
（a）冷却板破损示意图；（b）冷却板更换后压入填充材料示意图

10.3　首钢高炉炉役末期炉缸炉底工作状况的监测与研究

高炉炉缸炉底内衬温度场分布、侵蚀状况和铁水流动状态的变化都会影响炉缸冷却壁热负荷的变化，冷却壁热负荷的实时变化是分析炉缸工作状态的重要基础数据。首钢 1 号和 3 号高炉炉缸炉底内衬采用了不同的设计结构，却都实现了16 年以上的高炉长寿实绩，其炉缸热负荷的变化特点具有研究意义，尤其是在成功开发了炉缸冷却壁水温差热负荷在线监测系统以后，具备了大量的现场实时数据[36,37]。因此，针对首钢1号和3号高炉在2009年至2010年一年中的炉缸冷却壁进出水温差及热负荷监测结果进行分析研究，从而得出炉缸热负荷的分布和变化特点，对于采用不同炉缸炉底内衬设计结构的高炉炉缸热负荷管理提供参考和借鉴。

10.3.1　首钢1号高炉炉缸冷却壁水温差变化特点

　　首钢1号高炉有效容积为2536m³，于1994年8月9日建成投产，至2009年高炉寿命已达到15年，进入长寿高炉的行列。高炉炉缸炉底采用了热压炭砖—陶瓷杯组合炉缸炉底内衬结构，是我国第一座采用法国陶瓷杯技术的高炉，也是国际上首座将两种不同的炉缸炉底内衬设计体系结合在一起的高炉。该高炉炉缸炉底仍采用工业水开路循环冷却系统，炉缸第2、3段冷却壁采用高压水系统，炉缸第1、4、5段冷却壁采用中压水系统，炉腹以上冷却壁均采用软水密闭循环冷却系统[38]。

　　1号高炉炉缸第2段冷却壁共有60块，沿圆周方向均匀分布，如图10-31所示。在1~3号铁口正下方的冷却壁编号分别是第32、58、14号。每块冷却壁各有2组进出冷却水管，每组进出水管对应安装1对热电偶，实时测量进出水管的水温差。对应第2段第1块冷却壁的第1组进出水温差数据标识为"2-1-1"。通常取同一冷却壁的1组数据进行分析，相应的数据标识简化为"2-1"，以此表示2段第1块冷却壁的水温差数据。

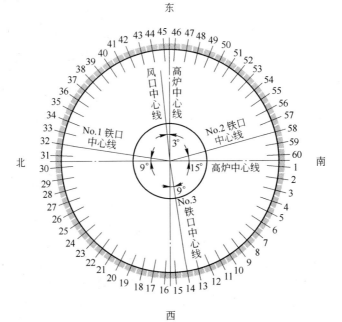

图10-31　首钢1号高炉炉缸2段冷却壁以及和铁口位置的对应关系

针对首钢 1 号高炉炉缸第 2 段冷却壁的进出水温差数据进行分析，在 2009 年 7 月至 2010 年 7 月这段特定时间段内，冷却壁水温差经历了上升、下降、稳定、波动等一系列变化过程，且不同编号的冷却壁水温差在整个过程中体现出的变化规律以及水温差的稳定值、最高值、最低值也不尽相同。通过对比发现，炉缸第 2 段所有冷却壁的水温差在圆周方向上的分布存在一定的规律性，60 块冷却壁水温差的变化可大致划分为下述 8 个不同组别：

（1）第 1~11 号冷却壁水温差的变化趋势较为一致，即从 2009 年 7 月至 2009 年 9 月间，水温差从 0.6℃下降到最低值 0.25℃，自 2009 年 9 月 20 日后逐渐回升，2010 年 5 月 1 日达到最高值 0.7℃，此后稍有下降，2010 年 5 月 15 日达到新的稳定值 0.55℃；

（2）第 12~14 号冷却壁水温差在 2009 年 7 月至 2009 年 9 月间，从 0.4℃下降到 0.15℃，随后持续升至 2010 年 8 月的 0.65℃，并基本保持稳定；

（3）第 15~21 号冷却壁水温差在 2009 年 7 月至 2009 年 8 月间，一直持续上升至 0.4℃，随后下降到 2009 年 9 月 15 日的最低值 0.15℃，此后开始上升，2010 年 1 月 15 日为 0.5℃，一直维持到 2010 年 4 月，又逐渐开始下降至 2010 年 6 月的 0.3℃后趋于稳定；

（4）第 22~28 号冷却壁水温差在 2009 年 7 月至 2010 年 7 月间，表现较为平稳，基本维持在 0.4℃左右，略有波动时的最低值为 0.3℃。

（5）第 29~38 块冷却壁水温差基本始终处于增长态势，至 2010 年 7 月时，最高值达 0.6℃；

（6）第 39~46 号冷却壁水温差从 2009 年 7 月一直升高至 2009 年 10 月时的 0.4℃，此温差维持到 2009 年 11 月后逐渐下降，到 2010 年 1 月降至 0.15℃，此后至 2010 年 7 月，基本稳定在 0.15℃左右；

（7）第 47~53 号冷却壁水温差在一年内波动不大，基本维持在 0.3℃左右，少数冷却壁水温差低至 0.2℃；

（8）第 54~59 号冷却壁水温差自 2009 年 7 月开始下降至 2009 年 9 月 1 日的 0.15℃，随后一直上升至 2009 年 12 月的 0.65℃，随后再次开始下降至 2010 年 3 月 1 日的 0.4℃，此后基本保持稳定。

表 10-29 列举首钢 1 号高炉炉缸第 2 段冷却壁水温差变化的分组情况，可见在圆周方向上每相邻的 7 块冷却壁大体上呈现相同的变化规律。

表 10-29 首钢 1 号高炉炉缸第 2 段冷却壁水温差变化的分组

分组号	起止号码	同组数目	说　明
1	1~11	12	
2	12~14	3	第 14 块冷却壁为 3 号铁口位置
3	15~21	7	

续表10-29

分组号	起止号码	同组数目	说　明
4	22～28	7	
5	29～38	10	第32块为1号铁口位置
6	39～46	8	
7	47～53	7	
8	54～59	6	第58号冷却壁为2号铁口位置

由表10-29得知,铁口与铁口附近区域冷却壁水温差的最高值普遍较高,而距铁口较远区域,特别是两个铁口之间的冷却壁水温差明显偏低,如第22～28号、第39～56号。

图10-32是首钢1号高炉炉缸第2段冷却壁历史最高水温差的周向分布图,最高水温差是指同一块冷却壁的水温差在一年中的较长时间段内(1月以上)处于较为稳定的最大数值。图中3条垂直线为3个铁口中心线对应于冷却壁编号(第14、32和58号)的位置,水平虚线表示所有最高水温差的平均值,为0.591℃。由图10-32可见,铁口所在位置对应的冷却壁最高水温差数值高于其他位置的冷却壁。

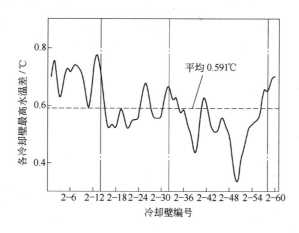

图10-32　首钢1号高炉炉缸第2段冷却壁水温差历史最高值的周向分布

10.3.2　首钢3号高炉炉缸冷却壁水温差变化特点

首钢3号高炉有效容积为2536m³,于1993年6月2日建成投产,至2009年,该高炉已稳定生产16年,同样进入长寿高炉行列。高炉炉缸炉底采用国产大块炭砖和进口热压炭砖内衬结构,在炉缸炉底交界处和炉缸侧壁采用热压炭砖,以抑制炉缸炉底象脚状异常侵蚀和炉缸环裂。高炉炉缸炉底冷却方式与1号相同，炉缸第 2、3 段冷却壁采用高压工业水冷却，第 1、4、5 段冷却壁采用中压工业水冷却。炉缸第 2 段冷却壁数量及沿圆周方向的布置方式与 1 号高炉相同，图 10-33 为冷却壁沿顺时针方向编号。1~3 号铁口正下方的冷却壁编号分别为 28、47、3 号。每块冷却壁同样各有 2 组进出水管，热电偶数量与布置也与首钢 1 号高炉相同。

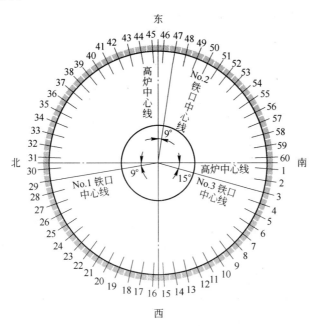

图 10-33　首钢 3 号高炉 2 段冷却壁和铁口位置对应关系

选取 2009 年 10 月至 2010 年 10 月一年的数据，对首钢 3 号高炉炉缸第 2 段冷却壁水温差的变化规律进行分析，得到圆周方向上不同编号冷却壁水温差的变化特点及规律如下：

（1）第 59~5 号冷却壁水温差自 2009 年 10 月至 2009 年 12 月间，基本稳定在 0.2℃，此后逐渐上升至 2009 年 12 月的 0.45℃，此后再次下降至 2010 年 1 月的 0.15℃，自 2010 年 3 月开始，再次上升至 0.4~0.5℃，并基本保持稳定；

（2）第 6~15 号冷却壁水温差自 2009 年 10 月至 2010 年 4 月间，一直处于较低的 0.15~0.2℃，随后开始上升至 2010 年 5 月，达到最高值 0.45℃，此后一直在 0.2~0.5℃之间波动；

（3）第 16~24 号冷却壁水温差自 2009 年 10 月至 2010 年 4 月间，稳定在 0.2~0.3℃，从 2010 年 4 月开始，数值逐渐上升到 2010 年 10 月的 0.4℃；

（4）第 25~32 号冷却壁水温差自 2009 年 10 月至 2010 年 4 月间，稳定在 0.1~0.15℃，此后数值开始小幅度上升，短时间达 0.4℃，大部分时间稳定在 0.2℃；

（5）第33~42号冷却壁水温差自2009年10月至2010年3月间，一直在0.2~0.4℃之间波动，随后开始上升，到2010年5月达到最高值0.5℃，此后略有波动；

（6）第43~49号冷却壁水温差自2009年10月至2010年3月间，始终稳定在0.2~0.3℃，此后上升至2010年4月的0.4℃后基本保持稳定；

（7）第50~58号冷却壁水温差自2009年10月至2010年3月间，维持在0.1~0.2℃，从2010年5月开始明显上升至2010年8月，达到0.6℃，此后温差略有波动。

表10-30列举了首钢3号高炉炉缸第2段冷却壁水温差变化的分组情况，可见在圆周方向上每相邻的7~10块冷却壁呈现相同的变化规律。

表10-30 首钢3号高炉炉缸第2段冷却壁水温差变化的分组情况

分组号	起止号码	同组数目	说 明
1	59~5	7	第3块冷却壁为3号铁口位置
2	6~15	10	
3	16~24	9	
4	25~32	8	第29号冷却壁为1号铁口位置
5	33~42	10	
6	43~49	7	第47块冷却壁为2号铁口位置
7	50~58	9	

通过表10-30可以看出，对于首钢3号高炉，炉缸第2段冷却壁水温差在圆周方向上的可分组性比1号高炉更好，基本上相邻7~10块冷却壁水温差的变化趋势是一致的。

图10-34是首钢3号高炉炉缸第2段冷却壁历史最高水温差的周向分布图，

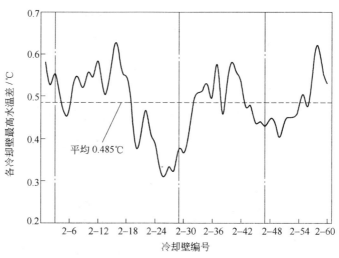

图10-34 首钢3号高炉炉缸第2段冷却壁水温差历史最高值的周向分布

图中 3 条垂直线为 3 个铁口的位置，水平虚线表示所有最高温度值的平均值，为 0.485℃。由图 10-34 可见，两个铁口之间冷却壁的历史最高水温差相对于其他周向的冷却壁要高。

10.3.3 首钢 1 号与 3 号高炉炉缸热流强度对比

高炉炉缸冷却壁热负荷是由冷却壁水温差和水流量共同决定的，由于首钢 1 号和 3 号高炉炉缸冷却壁所用冷却水流量不同，依据实时采集的冷却水流量和水温差数据，计算得出两座高炉在 2009 年至 2010 年间的炉缸热负荷。通过详细分析得知，对于每座高炉而言，圆周方向上不同冷却壁的热负荷变化特点和水温差变化特点相似。对于两座高炉而言，其炉缸第 2 段各块冷却壁在 1 年内达到的热流强度最高值的对比统计结果见表 10-31，2010 年 10 月热流强度对比统计结果见表 10-32，表中的差值为 3 号高炉与 1 号高炉炉缸第 2 段冷却壁热流强度的差值。

表 10-31　首钢 1 号和 3 号高炉炉缸第 2 段冷却壁热流强度历史最高值的对比

(W/m^2)

项　目	最大值	最小值	平均值
1 号高炉	20469	6978	13923
3 号高炉	23747	9016	14967
差　值	3278	2038	1044

表 10-32　首钢 1 号与 3 号高炉炉缸第 2 段冷却壁热流强度的对比（2010 年 10 月）

(W/m^2)

项　目	最大值	最小值	平均值
1 号高炉	16096	5505	7954
3 号高炉	18825	5709	11085
差　值	2729	204	3131

首钢 1 号、3 号两座高炉容积相同、原燃料条件相近，两座高炉均已生产 16 年以上，两座高炉最主要的差别在于，3 号高炉采用基于"传热法"的炉缸炉底内衬结构，而 1 号高炉则采用将"传热法"和"隔热法"相结合的炉缸炉底内衬结构，通过对比分析两座高炉在 2009 年至 2010 年期间炉缸第 2 段冷却壁的热流强度，可以得出以下初步结论：

（1）采用"传热法"炉缸炉底内衬结构的 3 号高炉，其炉缸第 2 段冷却壁热流强度历史最高值和实测值均大于采用"隔热法"与"传热法"相结合的 1 号高炉，尤其是 2010 年 10 月的热流强度平均值，3 号高炉比 1 号高炉高 3131W/ m^2，其差别比率达到 39.4%；

（2）对比两座不同炉缸炉底内衬结构的高炉，其历史最高热负荷平均值的差别比率为 7.5%。

10.3.4 首钢 1 号高炉炉缸水温差及热流强度变化的影响因素与原因分析

入炉原燃料质量、生产操作参数、冷却参数以及高炉侵蚀内型的变化均影响高炉炉缸热负荷，且不同参数的变化对热负荷的影响也具有不同的时效性。高炉实际生产过程中，炉缸冷却壁水温差及热流强度的影响因素与变化原因非常复杂。

通过首钢 1 号高炉炉缸冷却壁水温差及热负荷在线监测系统的开发和应用，保证对炉缸每块冷却壁的水温差及热负荷数据采集的实时性和准确性，据此可以结合高炉原燃料和生产操作的实时参数，绘制出各工艺参数与冷却壁水温差的关系曲线，最终结合炉缸炉底温度场和热负荷计算，得出炉缸冷却壁热负荷变化原因与影响因素。

10.3.4.1 原燃料与生产操作参数对炉缸冷却壁水温差热负荷的影响

众所周知，高炉原燃料和生产操作参数种类繁多，炉缸第 2 段冷却壁的冷却水管布置错综复杂，绘制出全部参数对冷却壁水温差及热负荷的影响曲线是很难实现的，不但耗时过多，而且还会增加分析难度。因此，根据首钢 1 号高炉在 2009 年至 2010 年期间，炉缸第 2 段冷却壁水温差及热负荷的检测结果，选取第 13-1 号冷却水管的水温差作为代表，并且将高炉各种工艺参数进行归类简化，表 10-33 列出了对第 13-1 号冷却水管水温差的产生影响的主要原燃料和生产操作参数。

表 10-33 对炉缸冷却壁水温差产生影响的工艺参数分类

主 要 参 数	参 数 子 项
原料参数	灰分、全铁、生矿比
透气、透液性参数	M_{40}、M_{10}、焦比、焦炭负荷、焦丁比、透气性指数
鼓风参数	鼓风动能、富氧率、风速
产量参数	风量、产量、煤气利用率
炉缸热状态参数	理论燃烧温度、铁水物理热、[Si]
铁水质量参数	[S]、[Ti]、炉渣碱度
出铁参数	出铁时间、日铁次、出铁速度、渣量

图 10-35 为 2009 年 8 月至 2010 年 4 月，炉缸第 2 段 13-1 冷却水管的热流强度和入炉原料参数变化的历史曲线。由图可见，2009 年 10 月以后，炉缸热流强度呈现逐渐上升的趋势，但入炉焦炭灰分、含铁炉料的入炉品位以及生矿入炉比例都未出现类似或相反的变化。

图 10-36 为炉缸冷却壁水温差、高炉日产量、风量以及透气性指数自 2009 年

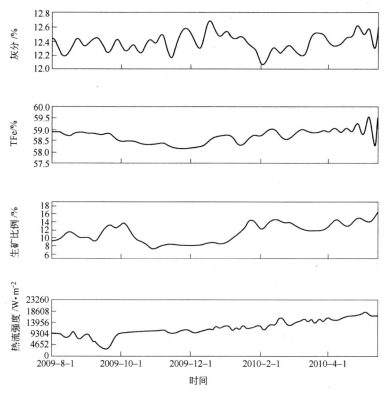

图 10-35　炉缸热流强度与入炉原燃料参数随时间的变化

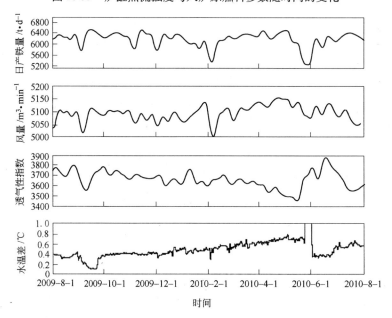

图 10-36　炉缸第 2 段冷却壁水温差与操作参数随时间的变化

8 月至 2010 年 8 月的历史变化曲线。在此期间，炉缸冷却壁水温差经历了短期内先降后升的波动，同一时期高炉风量、产量以及透气性指数也发生同样波动，这是由于在此期间内，高炉炉况不顺而采取大幅度减风措施以促使炉况顺行，更换风口设备后又迅速恢复到正常风量。产量与风量直接相关，而透气性指数是风量和压差的比值，风量的大幅度波动是此期间的主导因素，影响到高炉产铁量和出铁次数。炉缸冷却壁水温差相应地在短期内产生波动，这一现象说明炉缸热负荷对风量变化较为敏感。自 2009 年 10 月至 2010 年 5 月间，虽然风量和产量在 2010 年 2 月曾出现短期波动，但从总体上仍是基本趋于稳定。炉缸冷却壁水温差经历了逐渐升高的过程，与此对应的高炉透气性指数逐渐下降。总体看来，透气性指数的下降并非由短期内风量波动造成，而是由高炉料柱透气性、透液性下降引起的。由此可见，料柱透气性、透液性下降反而会导致炉缸热负荷升高，在高炉日产铁量基本恒定而透气性、透液性下降时，出铁时炉缸侧壁的铁水环流加剧，进而导致高温铁水更容易接触到炉缸侧壁大部分热面，从而增强了与炉缸侧壁砖衬的热交换，最终导致炉缸冷却壁水温差热负荷升高。

　　由图 10-36 的分析可以得知，高炉料柱透气性指数直接影响炉缸冷却壁水温差和热负荷。图 10-37 是高炉日常检测的焦炭质量指标和高炉透气性指数在同一历史时期内的变化曲线，并未发现焦炭灰分、M_{10}、M_{40} 和透气性指数的明显对应关系，这说明对焦炭的高温强度 CRI 和 CSR 进行定期监测对判断高炉料柱透气性变化会更加有效。

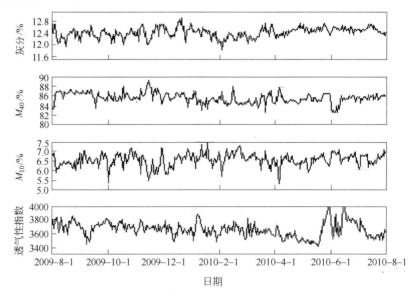

图 10-37　焦炭机械强度、灰分与高炉透气性指数随时间的变化

图 10-38 为 2009 年 8 月至 2010 年 8 月间，首钢 1 号高炉鼓风参数与炉缸第 2 段冷却壁水温差随时间变化的历史曲线。由图可见，富氧量和鼓风动能存在明显的对应关系，但鼓风参数和炉缸冷却壁水温差并未体现出明显的对应关系。

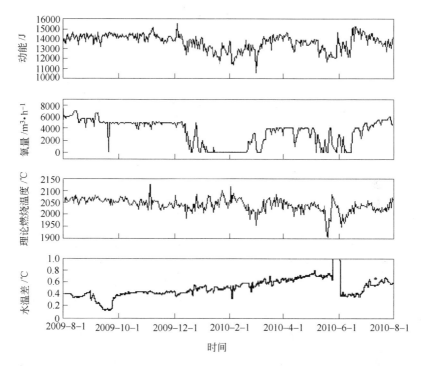

图 10-38　炉缸第 2 段冷却壁水温差与鼓风参数随时间的变化

炉缸内铁水流动对炉缸炉底内衬温度场分布、内衬侵蚀和热负荷变化均会产生影响，而铁水和砖衬之间的换热系数又受铁水流动速度的影响。通过高炉日产铁量、出铁时间和出铁次数，可求出平均出铁速率，见式（10-12）：

$$v_{\mathrm{d}} = \frac{m_{\mathrm{d}}}{T_{\mathrm{d}} t_{\mathrm{tap}}} \tag{10-12}$$

式中　v_{d}——当日出铁平均单次出铁速率，t/min；

　　　m_{d}——当日出铁总量，t/d；

　　　T_{d}——当日出铁次数，次；

　　　t_{tap}——当日平均单次出铁时间，min。

图 10-39 为 2009 年 8 月至 2010 年 8 月的一年期间内，1 号高炉每日单次出铁速率 v_{d}，数值变化范围介于 4.5 ~ 5.5t/min 之间，和炉缸冷却壁水温差变化无明显对应关系。

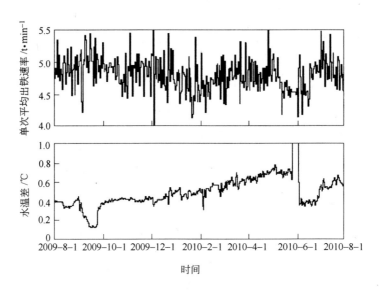

图 10-39 炉缸第 2 段冷却壁水温差与平均出铁速率随时间的变化

分析历史曲线可以看出，从长期看，炉缸冷却壁水温差和出铁速率无明显对应关系；从短期看，由图 10-40 比较 2010 年 4 月 1~3 日的出铁速率和水温差变化，可见当日平均单次出铁速率值较大时，炉缸冷却壁水温差波动幅度则更加明显。

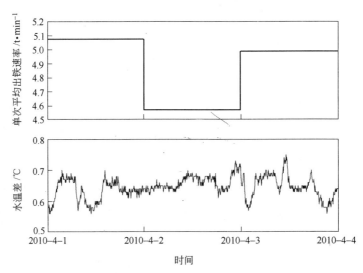

图 10-40 短期内炉缸出铁速率与炉缸冷却壁水温差变化

图 10-41 为 2009 年 8 月至 2010 年 8 月间，高炉铁水温度、[Si] 和 [S] 含量及炉缸第 2 段冷却壁水温差的历史变化曲线。由图 10-41 可以看出，铁水温度

与炉缸冷却壁水温差变化无明显对应规律。这说明一方面是由于炉缸冷却壁水温差是由多项因素共同作用的结果，另一方面说明铁水温度对炉缸热负荷的影响较小。铁水温度与［Si］基本同步升降，与［S］基本呈现相反的变化规律。

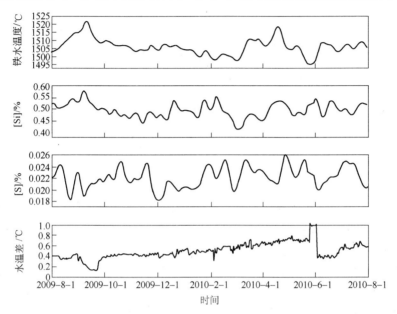

图 10-41　铁水温度、［Si］和［S］与炉缸冷却壁水温差随时间的变化

通过统计首钢 1 号高炉在实际生产过程中的原燃料参数、生产操作参数和炉缸冷却壁水温差热负荷的历史数据，分析各种因素对炉缸冷却壁水温差及热负荷的影响，针对首钢 1 号和 3 号高炉炉缸炉底，建立了二维非稳态包含凝固潜热的温度场数学模型，计算不同参数变化对炉缸温度场和热负荷的影响，以此掌握各因素对炉缸热负荷的影响规律。

10.3.4.2 首钢高炉炉缸原始设计及侵蚀过程温度场和热负荷计算

图 10-42 为首钢 1 号高炉开炉后炉缸炉底的温度场分布，可见由于炉缸中低导热陶瓷杯的存在，使炉缸侧壁 350～1350℃的等温线集中在棕刚玉砖内，炉底 550～1350℃的等温线集中在莫来石砖内，以此实现开炉后对炭砖的良好保护。由于炉底陶瓷垫莫来石砖的导热系数为 2W/(m·K)，低于炉缸陶瓷壁棕刚玉预注块的导热系数 4W/(m·K)，炉底陶瓷垫莫来石砖的厚度为 1042mm，炉缸陶瓷壁棕刚玉预注块的厚度为 400mm。此外，炉底满铺半石墨炭砖的热阻也大于炉缸 NMA 砖的热阻，因此 1150℃侵蚀线与 1350℃等温线在高炉开炉初期，陶瓷杯保持完好时被阻滞在陶瓷杯内，难以被推出陶瓷杯的热面，使炉缸炉底在开炉初期不易形成"自保护"的渣铁壳，但却可以使炉缸炉底炭砖层避开了 800～1100℃的脆性断裂温度区间，免受铁水渗透和碱金属的侵蚀破坏。在高炉开炉后

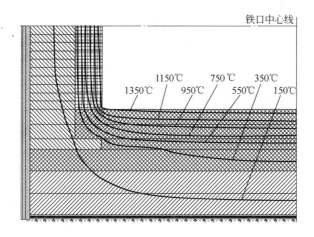

图 10-42 首钢 1 号高炉设计炉型的温度场分布

一定时期内，是以陶瓷杯作为保护层抵抗铁水的侵蚀破坏，其结果是用陶瓷杯的损耗为代价来保护其冷面的炭砖。

首钢 1 号高炉开炉以后，炉缸陶瓷杯将逐渐被侵蚀减薄，为了研究分析陶瓷杯减薄以后炉缸炉底温度场的变化情况，以及陶瓷杯热面能否形成保护性渣铁壳，对炉缸炉底内衬剩余不同厚度时的温度场进行了计算分析。图 10-43 是假设 1 号高炉在陶瓷杯被侵蚀，剩余厚度减半后炉缸炉底的温度场分布。当炉缸侧壁铁口区棕刚玉预注块剩余厚度为 350mm 时，550～1150℃ 等温线仍集中于其中，炉缸侧壁 NMA 砖温度仍处于安全工作温度，同时 1350℃ 等温线已大部分被推出炉缸侧壁陶瓷壁的热面，说明炉缸陶瓷壁棕刚玉预注块的侵蚀厚度减缓，并且在炉缸侧壁形成铁水固—液两相区的可能性增加。1 号高炉在投产 5 年后，炉缸侧壁插入深度为 200mm 的热电偶最高温度仅为 200℃ 左右，说明在炉役前期炉缸侵

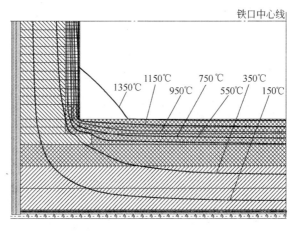

图 10-43 首钢 1 号高炉陶瓷杯厚度减薄以后炉缸炉底的温度场分布

蚀得到有效抑制。对于炉底陶瓷垫莫来石砖而言，1350℃等温线大部分未被推出其热面，1150℃侵蚀线仍进入莫来石砖层较深，说明炉底仍难以形成"自保护"渣铁壳，莫来石砖的侵蚀速度远大于炉缸侧壁，1号高炉运行过程中炉底热电偶温度的实际变化和温度场计算分析结果相一致。在1号高炉运行5年后，炉底莫来石砖层下面的热电偶温度普遍升高，尤其是靠近中心的炉底热电偶温度已达到500℃。

为了研究分析陶瓷杯侵蚀后的工作状态，计算分析了假设炉缸陶瓷壁和炉底陶瓷垫均被侵蚀剩余到200mm时的温度场分布，图10-44为高炉炉缸陶瓷壁棕刚玉预注块和炉底陶瓷垫莫来石砖均剩余200mm时的温度场分布。对于炉缸侧壁而言，随着棕刚玉预注块厚度的减薄，750℃等温线已进入NMA砖，但绝大部分NMA砖仍处于安全工作温度，而1150℃侵蚀线也逐渐被推至热面，因此炉缸基本仍处于安全工作状态。炉缸炉底温度场分布要考虑砖衬热阻、冷却参数和内部铁水流动的综合作用，在炉缸侧壁虽然可能形成"自保护"渣铁壳，但是在砖衬厚度减薄到一定程度的过程中，如果原燃料条件与生产操作参数发生波动，炉缸侵蚀仍可能进一步加剧，直到形成稳定的渣铁保护壳。由图10-44可见，即使炉底莫来石砖仅剩余200mm，但炉底的较高的热阻使1150℃侵蚀线仍未被推出莫来石砖热面，莫来石砖下部满铺的半石墨炭砖靠炉底中心部位的温度已接近950℃。这种基于陶瓷杯侵蚀后假设砖衬残余厚度的温度场分布计算推断结果，在高炉实际生产中得到了印证。2003年1号高炉在生产运行9年以后，炉底莫来石砖下部的炉底中心热电偶温度开始达到900℃以上，高炉通过加入含钛炉料护炉操作等措施将炉底温度降低到控制范围内。

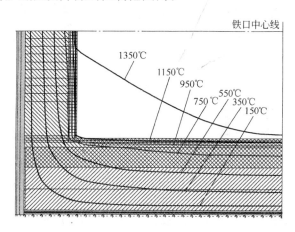

图 10-44　首钢1号高炉陶瓷杯剩余厚度为200mm时炉缸炉底温度场分布

通过对首钢1号高炉炉缸炉底原始设计以及侵蚀变化过程的温度场计算分析，并结合高炉实际生产过程中炉缸炉底砖衬测温热电偶的温度变化，可以得出在靠近铁水的炉缸炉底内衬热面采用低导热耐火材料对延缓炉缸炉底侵蚀具有积极作用，但低导热耐火材料的导热系数也不宜过低，应做到合理"避热"而不是"绝热"，同时与具有高导热性热压炭砖相匹配，充分发挥冷却系统的功能，可以实现高炉炉缸炉底长寿，这和第3章高炉长寿理论研究提出的"扬冷避热梯度布砖"的理论相符合，从而验证了这种炉缸炉底内衬设计体系的合理性。

首钢3号高炉于1993年6月2日开炉，该高炉有效容积与1号高炉相同，均为2536m³，炉缸冷却壁的结构形式和冷却系统设置均与1号高炉相同。该高炉炉缸侧壁采用"传热法"炉缸设计结构，即全部采用高导热的NMA砖，开炉前仅在NMA砖的热面砌筑一层150mm厚的保护性黏土砖。

图10-45是3号高炉开炉后炉缸炉底的温度场分布。由图可见，在低导热保护性黏土砖存在时，750～1150℃的高温等温线全部集中在黏土砖内，由于黏土砖抗渣铁侵蚀性较差，因此在开炉后将很快被侵蚀消失。图10-46是3号高炉炉缸侧壁保护性黏土砖全部被侵蚀后的温度场分布。由图可见，虽然炉缸侧壁只剩

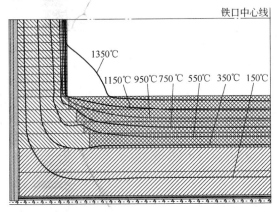

图10-45 首钢3号高炉开炉后炉缸炉底温度场分布

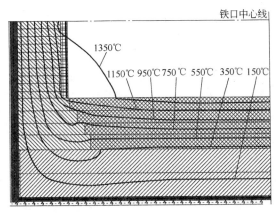

图10-46 首钢3号高炉炉缸保护性黏土砖完全侵蚀后的温度场分布

余高导热的热压炭砖,但是由于炉缸侧壁热压炭砖原始厚度为1257.3mm,且靠近铁水的砖衬热面不再有保护砖存在,热压炭砖尚不能将1150℃侵蚀线推出其热面。对于"传热法"炉缸来说,在未形成保护性渣铁壳以前,由于其导热性高,炉缸热压炭砖内温度梯度小,因此热压炭砖内大于750℃的高温区间较大。与1号高炉相比,3号高炉在炉役前期,炉缸侧壁的温度更高,直到炉缸侧壁热压炭砖厚度减薄到一定程度以后,在其热面可以形成稳定的低导热系数的渣铁壳,两座高炉炉缸侧壁的温度分布才可能趋于相近,这一分析结论与两座高炉的实际生产状况基本一致。

图10-47~图10-50计算了炉缸热压炭砖剩余厚度分别为1000mm、800mm、600mm和400mm时对应的炉缸侧壁温度场分布。当炉缸侧壁热压炭砖剩余厚度为800mm时,1150℃侵蚀线已基本被推出砖衬的热面;当厚度剩余为400mm时,1150℃侵蚀线明显被推出热压炭砖砖衬热面。这意味在高炉实际生产过程中,这种"传热法"炉缸侧壁厚度达到800mm时将生成"自保护"渣铁壳,此

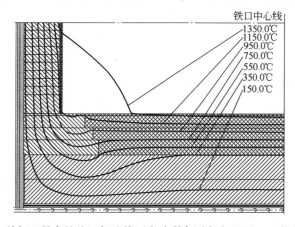

图10-47 首钢3号高炉炉缸侧壁热压炭砖剩余厚度为1000mm时温度场分布

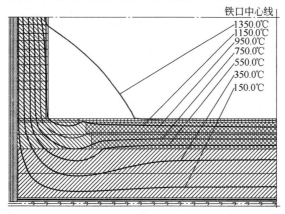

图10-48 首钢3号高炉炉缸侧壁热压炭砖剩余厚度为800mm时温度场分布

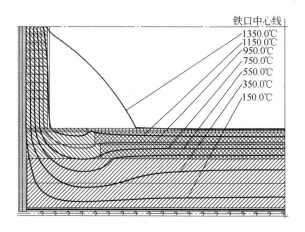

图 10-49　首钢 3 号高炉炉缸侧壁热压炭砖剩余厚度为 600mm 时温度场分布

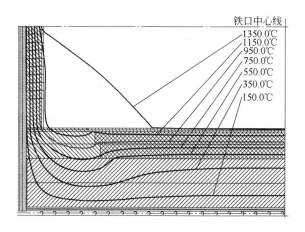

图 10-50　首钢 3 号高炉炉缸侧壁热压炭砖剩余厚度为 400mm 时温度场分布

渣铁壳的动态生成和脱落将延缓炉缸热压炭砖的侵蚀，即实际炉缸热压炭砖的最终剩余厚度约为 800mm 左右。

表 10-34、表 10-35 为首钢 1 号、3 号高炉炉缸第 2 段冷却壁平均热流强度的变化。1 号、3 号高炉炉缸侧壁单块冷却壁的热流强度最高值分别为 $20469W/m^2$ 和 $23747W/m^2$，冷却壁热流强度的平均值分别为 $13923W/m^2$ 和 $14967W/m^2$。对比两座高炉生产 16 年以后炉役末期炉缸热流强度的实时监测值可知，两座高炉炉缸侧壁均只剩余热压炭砖，推算炉缸侵蚀最严重部位的热压炭砖剩余厚度为 $600 \sim 800mm$，此时的炉缸热流强度均低于历史最高值，说明剩余热压炭砖已基本可以形成保护性渣铁壳。

表 10-34 首钢 1 号高炉炉役末期实时监测的炉缸侧壁热流强度变化

(W/m²)

原始设计	无陶瓷杯	炉缸侧壁 NMA 砖剩余 1000mm	炉缸侧壁 NMA 砖剩余 800mm	炉缸侧壁 NMA 砖剩余 600mm	炉缸侧壁 NMA 砖剩余 400mm
2066	12773	15849	19749	25883	35132

表 10-35 首钢 3 号高炉炉缸侧壁在不同砖衬厚度时的热流强度变化

(W/m²)

原始设计	无保护砖	炉缸侧壁 NMA 砖剩余 1000mm	炉缸侧壁 NMA 砖剩余 800mm	炉缸侧壁 NMA 砖剩余 600mm	炉缸侧壁 NMA 砖剩余 400mm
6676	10694	15268	19840	26074	35000

10.3.4.3 不同因素对炉缸温度场和热负荷影响的计算分析

当高炉炉缸炉底内衬厚度维持相对恒定时,炉缸炉底温度场和热负荷主要由铁水流动状态、铁水温度、渣铁壳厚度和冷却参数所决定。通过计算分析得知,首钢 1、3 号高炉炉缸侧壁在侵蚀最严重部位剩余厚度平均约为 600~800mm。为研究各种因素对炉缸炉底温度场和热负荷的影响,以炉缸侧壁热压炭砖剩余厚度为 800mm 时作为计算基础,分析炉缸炉底温度场和热负荷变化。

当炉缸侧壁热压炭砖剩余厚度为 800mm 时,1150℃ 侵蚀线已基本被推出砖衬热面,即具备形成 "自保护" 渣铁壳的能力。图 10-51 是炉缸侧壁热压炭砖热面形成厚度分别为 100mm 和 200mm 渣铁壳的温度场分布,通过与图 10-48 炉缸侧壁剩余厚度仅有 800mm 的热压炭砖的温度场对比得知,低导热系数的渣铁壳生成后,炉缸侧壁热压炭砖的温度将大幅度下降,当渣铁壳厚度达到 200mm 时,

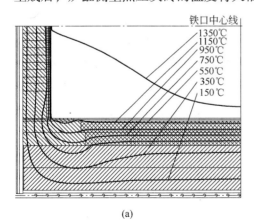
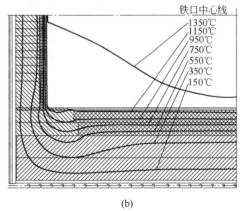

图 10-51 不同渣铁壳厚度对炉缸炉底温度场分布的影响
(a) 炉缸侧壁渣铁壳厚度为 100mm;(b) 炉缸侧壁渣铁壳厚度为 200mm

550℃以上的高温等温线都集中在渣铁壳内部。值得注意的是，随着渣铁壳厚度增加到一定程度时，会维持相对稳定的渣铁壳厚度，温度分布也维持在合理的范围内。当渣铁壳减薄或脱落以后，1150℃侵蚀线仍会进入砖衬内部，只有在达到新的热平衡以后，新的渣铁壳才会形成。炉缸炉底渣铁壳变化经历了形成—增厚—脱落—再形成这一循环往复的过程，炉缸炉底内衬在渣铁壳形成和消失的往复进程中也被逐渐侵蚀而减薄，即炉缸侧壁总是处于动态的渣铁壳生成、增厚、脱落、再生成的过程中工作的。

表10-36是在不同的渣铁壳厚度下炉缸侧壁热负荷的对比情况，可见渣铁壳的形成对炉缸热负荷具有显著影响。

表 10-36 渣铁壳厚度对炉缸侧壁热流强度的影响

假设条件	无渣铁壳	渣铁壳厚为 100mm	渣铁壳厚为 200mm
炉缸热流强度/W·m^{-2}	19840	10072	7355

图10-52为炉缸冷却壁进水温度变化对炉缸炉底温度场分布的影响，表10-37为冷却水温度对炉缸热流强度的影响。由此可见，进水温度的变化对炉缸炉底温度场和热流强度的影响较小。

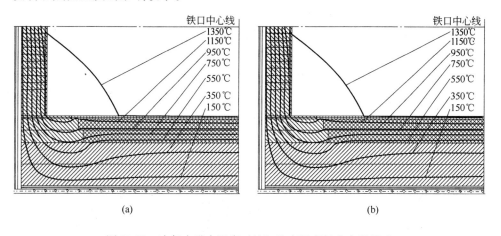

图10-52 冷却水进水温度对炉缸炉底温度场分布的影响
(a) 冷却水进水温度为15℃；(b) 冷却水进水温度为45℃

表 10-37 炉缸冷却壁进水温度对热流强度的影响

不同冷却水进水温度/℃	15	30	45
炉缸热流强度/W·m^{-2}	19982	19840	19481

图10-53为炉缸冷却壁水速对温度场分布的影响，表10-38为水速对热流强度的影响，可见冷却水速的变化对炉缸炉底温度场和热负荷的影响较小。

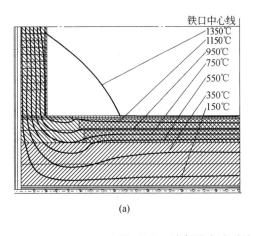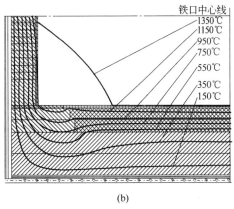

(a)　　　　　　　　　　　　　　　　(b)

图 10-53　冷却壁水速对炉缸炉底温度场分布的影响

（a）冷却水速为 1m/s；（b）冷却水速为 7m/s

表 10-38　炉缸冷却水水速对其热负荷的影响

不同冷却水水速/m·s^{-1}	1	3.5	7
炉缸热流强度/W·m^{-2}	19340	19840	20109

图 10-54 为铁水与炉缸侧壁砖衬间的换热系数对炉缸炉底温度场分布的影响，表 10-39 为不同换热系数对热流强度的影响。可见当炉缸侧壁铁水环流增强时，靠近热面的砖衬温度明显升高，特别是 1150~1350℃ 等温线容易进入砖衬内部，说明抑制炉缸环流对形成稳定的渣铁壳和降低炉缸热流强度具有重大意义。

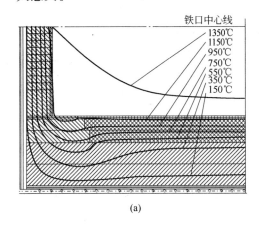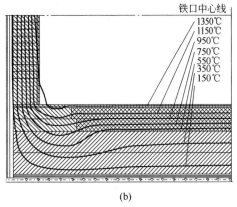

(a)　　　　　　　　　　　　　　　　(b)

图 10-54　铁水换热系数对炉缸炉底温度场分布的影响

（a）铁水换热系数为 40W/(m^2·K)；（b）铁水换热系数 160W/(m^2·K)

表 10-39 铁水换热系数对炉缸热流强度的影响

铁水换热系数/W·m^{-2}·K^{-1}	40	80	160
炉缸热流强度/W·m^{-2}	19209	19840	22641

参 考 文 献

[1] 张寿荣, 于仲洁, 等. 武钢高炉长寿技术[M]. 北京: 冶金工业出版社, 2009: 26~33.

[2] 项钟庸, 王筱留, 等. 高炉设计——炼铁工艺设计理论与实践[M]. 北京: 冶金工业出版社, 2009: 73~81.

[3] 张思斌, 王涛, 李颖. 首钢外购焦炭质量恶化后的高炉生产实践[J]. 炼铁, 2004, 23(1): 18~21.

[4] 张福明. 大型长寿高炉的设计探讨[C]//中国金属学会. 高炉长寿技术会议论文集. 1994: 22~28.

[5] 刘云彩. 关于高炉布料操作[J]. 炼铁, 2006, 25(1): 54~57.

[6] 杜鹤桂, 郭可中. 高炉无料钟布料的重要环节——平台的形成[J]. 炼铁, 1995, 14(3): 33~36.

[7] 张贺顺, 刘利锋, 马洪斌. 首钢2号高炉喷煤降焦生产实践[J]. 炼铁, 2006, 25(6): 7~10.

[8] 王天球, 俞樟勇. 宝钢1号高炉自主集成国产化设备的生产实践[J]. 炼铁, 2011, 30(3): 33~35.

[9] 张卫东, 魏红旗. 首钢京唐1号高炉低燃料比生产实践[J]. 炼铁, 2010, 29(6): 1~4.

[10] 任立军, 魏红旗. 首钢京唐1号高炉强化达产实践[J]. 炼铁, 2010, 29(3): 16~19.

[11] 朱锦明. 宝钢高炉200kg/t以上喷煤比的实践[J]. 炼铁, 2005, 24(增刊): 36~40.

[12] 张贺顺, 马洪斌. 首钢2号高炉炉型管理实践[J]. 炼铁, 2010, 29(1): 22~26.

[13] 张贺顺, 马洪斌. 首钢2号高炉炉缸工作状态探析[J]. 炼铁, 2009, 28(4): 10~13.

[14] 韩庆, 丁汝才, 赵民革, 等. 首钢4号高炉长寿技术与实践[J]. 炼铁, 2001, 20(1): 3~7.

[15] 王映红, 迟建生, 赵思, 等. 武钢高炉炉缸炉底管理技术[J]. 炼铁, 2003, 22(3): 10~12.

[16] 曹传根, 周渝生, 叶正才. 宝钢3号高炉冷却壁破损的原因及防止对策[J]. 炼铁, 2000, 19(2): 1~5.

[17] 居勤章. 宝钢高炉冷却系统的改造与优化[J]. 炼铁, 2005, 24(9): 70~75.

[18] 王屹, 刘泽民, 陈奕. 宝钢不锈钢2500m^{3}高炉冷却板破损分析[J]. 炼铁, 2006, 25(6): 39~42.

[19] 冯超, 顾飞, 冯根生, 等. 我国高炉冷却系统软水质量现状及改进措施[J]. 炼铁, 2002, 21(5): 14~16.

[20] 顾飞, 姚家瑜, 李静, 等. 我国高炉冷却水水质调查及评价[J]. 炼铁, 1996, 15(4): 27~29.

[21] 连诚, 刘海欣, 王永焰. 武钢3200m^{3}高炉冷却壁软水密闭循环冷却系统的管理[J]. 炼

铁，1995，14（1）：1～5.

[22] 居勤章. 宝钢3号高炉炉体冷却系统的优化[J]. 炼铁，2004，23（2）：1～4.

[23] 熊亚非，曹裕曾，朱青峰. 武钢5号高炉冷却壁的维护[J]. 炼铁，2001，20（增刊）：23～25.

[24] 孟庆辉，刘坤庭，潘群仆，等. 关于含钛物料护炉技术的讨论[J]. 炼铁，1992，11（2）：1～5.

[25] 邓守强. 高炉炼铁技术[M]. 北京：冶金工业出版社，1990：290～303.

[26] 沙永志，叶才彦. 高炉风口喷钛护炉[J]. 炼铁，1995，14（2）：17～20.

[27] 李东生，朱建伟，王文忠. 鞍钢1号高炉风口喂线定向修复炉缸试验[J]. 炼铁，2006，25（1）：48～49.

[28] 杨宪礼，孔凡朔，李丙来，等. 济钢含钛物料包芯线法定向护炉技术开发应用[J]. 炼铁，2005，24（6）：26～29.

[29] 谢明辉，刘德辉，李晓春. 鞍钢11号高炉炉役末期护炉实践[C]//中国金属学会，第八届（2011）中国钢铁年会论文集. 北京：冶金工业出版社，2011：110.

[30] 李晓清. 宝钢1号高炉炉缸的安全及长寿管理[J]. 炼铁，2005，24（1）：32～35.

[31] 张龙来，敖爱国. 宝钢高炉炉前作业技术进步[J]. 炼铁，2005，24（增刊）：27～29.

[32] 李怀远，董琳，黄益辉，等. 武钢5号高炉破损冷却壁的修复技术[J]. 炼铁，2002，21（3）：6～8.

[33] 刘兆宏. 微型冷却器技术的开发及在宝钢3号高炉的应用[J]. 炼铁，2000，19（3）：4～7.

[34] 朱仁良，陶卫忠. 宝钢3号高炉冷却壁更换及效果[J]. 炼铁，2004，23（5）：1～5.

[35] 施科. 宝钢3号高炉冷却壁更换技术[J]. 炼铁，2005，24（增刊）：92～95.

[36] 赵宏博，程树森，霍守峰. 高炉冷却壁及炉缸炉底工作状态在线监测[J]. 炼铁，2008，27（5）：4～8.

[37] 张贺顺，温太阳，陈军. 首钢高炉长寿维护实践[J]. 炼铁，2009，28（6）：21～24.

[38] 毛庆武，张福明，姚轼，等. 首钢高炉高效长寿技术设计与应用实践[J]. 2011，30（5）：1～6.

11 现代高炉长寿技术的应用实践与发展方向

11.1 国外高炉长寿技术应用实践

20世纪中后期,世界各主要产钢国对高炉寿命都给予了足够的重视。炼铁工作者已经深刻地认识到高炉寿命对高炉生产的影响,研究开发了许多高炉长寿技术并将其应用在高炉生产实践中,取得了显著的技术成效,使高炉寿命得到较大幅度的延长。

高炉长寿综合技术的开发与应用,使当时的高炉寿命由原来的5~6年延长到8~10年。高炉寿命不再成为高炉大型化、现代化和稳定生产的技术障碍;相反,高炉长寿技术为高炉大型化、现代化和生产技术的进步提供了有效的技术支撑。

20世纪70年代,以日本和苏联为代表的钢铁工业发达国家开始建设5000m³巨型高炉,这些高炉的设计建造已充分考虑了当时的原燃料条件、操作条件和预期达到的效果。采用了许多当时先进的工艺技术装备,在延长高炉寿命方面也采取了许多技术措施,使不少在70年代建成的巨型高炉寿命都达到了10年以上,成为当时的世界纪录。

20世纪70年代,日本高炉寿命为6~10年,进入80年代以后高炉长寿技术取得了长足的进步,高炉寿命显著提高。福山厂5号高炉寿命达到了19年,仓敷厂2号高炉(2857m³)寿命达到了24年以上,千叶厂6号高炉寿命达到20年9个月,住友和歌山厂4号高炉(2700m³)寿命达到了24.5年以上,成为目前世界上寿命最长的高炉。和歌山厂5号高炉(2700m³)开炉至今已生产了18年,正在向寿命30年的目标迈进,目前日本高炉一代炉役单位容积产铁量最高超过了15000t/m³。

进入21世纪以后,日本在保持高炉数量不增加的条件下,通过对高炉的扩容大修改造,扩大高炉容积、提高技术装备水平,实现高炉巨型化和工艺技术现代化。日本新日铁公司君津厂4号高炉进行了扩容大修改造,高炉容积由原来的5151m³扩大到5555m³,于2003年5月建成投产,随后大分厂2号高炉容积由原来的5245m³扩大到5775m³,于2004年5月建成投产,成为当时世界上高炉容积最大的高炉;2009年8月,大分厂1号高炉容积也由原来的4884m³扩大到

$5775m^3$, 形成了一个钢铁厂同时拥有两座世界上容积最大的巨型高炉的生产格局; 2007 年 4 月, 新日铁公司名古屋厂 1 号高炉容积由大修前的 $4650m^3$ 扩大到 $5443m^3$; 日本住友公司鹿岛厂于 2004 年 9 月移地新建的新 1 号高炉 ($5370m^3$) 建成投产, 这座高炉是日本近 10 年来唯一新建的巨型高炉; 2005 年 3 月, 日本 JFE 福山 5 号高炉扩容大修改造, 高炉容积由大修前的 $4664m^3$ 扩大到 $5500m^3$; 2006 年 5 月, JFE 福山厂 4 号高炉扩容大修改造, 高炉容积由大修前的 $4288m^3$ 扩大到 $5000m^3$。2007 年 5 月, 日本神户公司加古川厂 2 号高炉容积也由 $3850m^3$ 扩容到 $5400m^3$。这 9 座巨型高炉分别归属于日本的四大钢铁公司, 由此可看出在新世纪之初日本炼铁工业发展的技术趋向。日本近些年开炉投产的高炉一代炉役设计寿命均在 23.5 ~ 25 年以上, 单位容积产铁量最高超过 $16500t/m^3$。随着现代高炉向大型化、生产高效化方向快速发展, 高炉长寿的重要性日益突显。表 11-1 和表 11-2 是日本部分高炉一代炉龄和产铁量统计, 其中具有代表性的日本长寿高炉是鹿岛厂 3 号高炉和千叶厂 6 号高炉。

表 11-1　日本部分高炉一代寿命和产铁量统计

公　司	高　炉	高炉容积/m^3	停炉时间 (年. 月. 日)	一代炉龄	累计产铁量 /万吨	单位容积产铁量 /$t \cdot m^{-3}$
住友	鹿岛 3 号	5050	1990. 1. 31	13 年 5 个月	4815. 2	9535
JFE	鹿岛 1 号	4052	1989. 7. 14	12 年 8 个月	3398. 0	8386
新日铁	大分 2 号	5070	1988. 8. 2	11 年 10 个月	3961. 0 .	7810
JFE	福山 3 号	3223	1986. 2. 14	11 年 1 个月	2475. 0	7680
新日铁	君津 4 号	4930	1986. 7. 18	10 年 10 个月	3800. 4	7709
新日铁	广畑 4 号	4250	1988. 12. 25	10 年 5 个月	3067. 6	7218
JFE	千叶 6 号	4500	1997	12 年 6 个月	3839. 6	8532

表 11-2　国外部分高炉一代炉龄

高　炉	高炉容积 /m^3	开停炉时间 (年. 月. 日)	寿命 /a	一代炉役单位容积铁产量 /$t \cdot m^{-3}$
日本千叶 6 号	4500	1977. 6. 17 ~ 1998. 3. 24	20. 9	13386
日本鹿岛 3 号 (第一代)	5050	1976. 9. 9 ~ 1990. 1. 31	13. 4	9535
日本鹿岛 3 号 (第二代)	5108	1990. 8 ~ 2004. 9. 24	14	9246
日本鹿岛 2 号	4800	1990. 1 ~ 2005	16	
日本福山 4 号	4288	1978. 2 ~ 1990. 2	12	8162
日本福山 4 号	4288	1990. 2 ~ 2006. 2. 22	16	
日本福山 5 号	4664	1986. 2. 19 ~ 2005. 1. 31	19	
日本名古屋 1 号	3890	1979. 3 ~ 1992. 1	12. 9	9230

高 炉	高炉容积 /m³	开停炉时间 （年.月.日）	寿命 /a	一代炉役单位容积铁产量 /t·m⁻³
日本大分 1 号	4158	1979. 8 ~ 1993. 1	13. 3	9803
日本大分 2 号	5245	1988. 12. 12 ~ 2004. 2. 26	15. 2	11826
日本仓敷 4 号	4826	1982. 1. 29 ~ 2001. 10. 15	19. 9	
日本君津 4 号	5151	1988. 7. 4 ~ 2003. 2. 9	14. 6	
日本君津 3 号	4063	1986. 4. 17 ~ 2001. 1. 19	14. 8	
日本仓敷 2 号	2857	1979. 3. 20 ~ 2003. 8. 29	24. 5	15600
日本仓敷 3 号	3363	1978. 6 ~ 1990. 3	11. 9	
日本小仓 2 号	1850	1981. 3. 18 ~ 2002. 3. 31	21	
日本京滨 2 号	4052	1979. 7 ~ 1990. 6	10. 9	
日本和歌山 4 号	2700	1982. 2 ~ 2009. 7. 11	27	
日本和歌山 5 号	2700	1988. 2 至今	>23	
韩国光阳 1 号	3800	1987. 4 ~ 2002. 3. 5	15	11316
韩国光阳 2 号	3800	1988. 7 ~ 2005. 3. 14	16. 8	13557
韩国浦项 2 号	2550	1983. 5 ~ 1997. 8	13. 9	10287
韩国浦项 3 号	3795	1989. 1 ~ 2006. 3	17. 2	13720
荷兰艾莫伊登 6 号	2678	1986. 4 ~ 2002. 5. 28	16	12696
荷兰艾莫伊登 7 号	4450	1991. 6 ~ 2005. 12	14. 5	11034
法国福斯 1 号	2843	1981. 7 ~ 1991. 7	10	6102
法国福斯 2 号	2843	1982. 5 ~ 1993. 11	11. 7	7342
英国雷德卡 1 号	4305	1986. 10 ~ 1997. 10	10	7468
德国汉博恩 9 号	2132	1987. 12 ~ 2006	18	15000
德国施委尔根 2 号	5513	1993. 10 至今	>18	
德国迪林根 5 号	2631	1985. 12. 17 ~ 1997. 5. 16	11. 4	7754
比利时西德玛 A 号	2931	1992. 6. 1 ~ 2003. 3. 28	10. 8	6576
比利时西德玛 B 号	2630	1989. 6. 16 ~ 2001. 9. 21	12. 3	8205

11.1.1 日本鹿岛 3 号高炉

日本住友公司鹿岛厂 3 号高炉，有效容积为 5050m³，于 1976 年 9 月 9 日开炉投产，当时这座高炉是世界上容积最大的高炉。该高炉于 1990 年 1 月 31 日停炉大修，一代炉役长达 13 年 5 个月，累计产铁量 4815 万吨，单位容积产铁量达到 9535t/m³，创造了 20 世纪 90 年代初高炉长寿的世界纪录[1]。

鹿岛 3 号高炉的设计寿命为 6 ~ 7 年。高炉在一代炉役期间，在高产和冶炼低硅生铁的情况下，不断改善高炉操作，加强炉体维护，实现了高炉生产的稳定顺行和长寿。通过采用炉墙热负荷控制技术，减少炉衬侵蚀和破损；同时还采用了降低料面修补的升降料面操作技术，开发了更换冷却壁、安装小型冷却器的炉衬修补技术。表 11-3 是鹿岛 3 号高炉主要技术特征。

表 11-3 鹿岛 3 号高炉的主要技术特征

项 目		参数及性能
高炉容积/m^3		5050
炉缸直径/m		15.0
炉腰直径/m		16.3
风口高度/m		4.5
工作高度/m		26.7
铁口数量/个		4
风口数量/个		40
炉体冷却结构	炉身至铁口区	冷却壁
	炉缸侧壁	海水喷水冷却
炉体耐火材料	炉身中上部	黏土砖
	炉身下部	黏土砖，靠炉壳处为高铝砖
	炉腹	黏土砖
	风口区	高铝砖
	炉缸壁	炭 砖
	炉底	综合炉底结构，上部为黏土砖，下部为炭砖
炉顶装料设备	形式	双钟一阀式
	可调炉喉保护板	GHH 式
	大钟直径/mm	8600
	小钟直径/mm	4500
	炉顶压力/MPa	最高 0.25
热风炉形式		KOPPERS 外燃式
热风温度/℃		最高 1300

11.1.1.1 高炉生产操作实绩

从 1976 年 9 月鹿岛 3 号高炉投产后，生产了 13 年 5 个月，高炉操作可以划分为 5 个阶段：

（1）第一阶段（1976 ~ 1980 年）。

在高炉投产后的 5 年中，通过控制煤气流分布，采用高风温和脱湿鼓风，取得了高产和低燃料比的结果。煤气流分布主要依靠炉料分布控制技术，炉料的分布控制影响高炉操作的稳定顺行和高炉寿命。由于采用炉料分布控制技术，3 号高炉从 1977 年至 1979 年，燃料比稳定地低于 450kg/t。

(2) 第二阶段 (1981 ~ 1984 年)。

在这个阶段，高炉利用系数降低至 1.8t/(m³·d)。1981 年前后，炉身上部砖衬开始损坏，炉料下降和料柱透气性变得不稳定，经常出现小的煤气管道，因此开始对炉身上部的砖衬进行维修，并开始研究适宜的布料方式。在此期间，炉身下部砖衬开始破损，冷却壁热负荷升高。

从 1981 年开始，炉身上部的砖衬开始破损脱落，炉衬表面呈现凹凸不平，造成高炉操作的不稳定。作为临时措施，在炉身上部砖衬脱落的部位采取了安装冷却水管的修补措施，此后通过定期对炉衬喷涂耐火材料，从而解决了因炉身上部砖衬脱落而造成的高炉停炉问题。

(3) 第三阶段 (1985 ~ 1987 年)。

第二阶段的对策是改善炉料下降和透气性，但这一期间冷却壁水管开始损坏，因此将冷却壁的汽化冷却系统改为水冷系统。由于全厂煤气平衡的需要，高炉操作由低燃料比改为高燃料比，通过控制布料、降低风温，降低风口理论燃烧温度，使生铁含硅量降低到 0.2% ~ 0.3%。

1983 年前后，即高炉投产后约 7 年左右，高炉炉身中下部由于冷却壁的损坏，使炉墙热负荷增加，炉壳开始出现红热现象。从 1985 年起，炉腹部位也开始出现炉壳红热现象。为此，在采用炉壳喷水冷却的同时，还采取了灌注耐火材料和安装小型冷却壁等措施。其结果是炉壳损坏速度虽有所控制，但是由于炉身中下部的炉壳损坏严重，当时预计高炉寿命只能维持 10.5 年左右。

(4) 第四阶段 (1988 ~ 1990 年)。

在此阶段高炉利用系数提高到 2.0 ~ 2.2t/(m³·d)，煤气流不稳定性增加，炉墙热负荷升高。为了延缓炉身下部至炉腹区域砖衬的破损，改善了炉料性能，增加了鼓风湿度，对炉身进行了喷补，对炉腹冷却壁也进行了修复。

1986 年，住友公司根据鹿岛 1 号高炉炉体破损情况进行了炉衬喷补。把料线降低到炉身下部，然后高炉停风，在高炉内对炉衬损坏的部位喷涂耐火材料，取得了较好的效果。1987 年，住友公司在和歌山 3 号高炉停风时，成功地更换了炉身冷却壁，当时在日本尚属首次。1988 年，在鹿岛 1 号高炉上也对破损的冷却壁进行了更换，从而证实了局部更换破损的冷却壁和炉衬喷补技术是延长高炉寿命的有效措施，因此，炉身中下部的破损将不再成为威胁高炉寿命而造成高炉停炉大修的关键因素。

1987 年，鹿岛 3 号高炉实施减料停风，对炉腹部位进行了维修。在炉腹损坏的区域安装了小型冷却壁；1989 年将料线降低到风口平面，成功地更换了炉腹冷却壁。至此，建立了炉腹部位冷却壁和炉衬的修复技术，通过采取上述炉体维护措施，解决了由于炉体破损带来的问题，使高炉炉腹至炉身区域的破损不再成为高炉停炉大修的制约性环节。

（5）停炉。

从1986年开始，鹿岛3号高炉的炉缸侧壁温度开始上升。对此采取了强化外部冷却、灌注耐火材料泥浆、炉料中加入TiO_2护炉等技术措施，通过增加热电偶数量，加强对炉缸炉底的监控。从炉缸侧壁温度推断，炉缸内衬的残余厚度最小不足400mm，尽管这样的侵蚀程度对高炉寿命并无根本的影响，但当时对炉缸炉底内衬的侵蚀机理仍不清晰，又没有抑制炉缸炉底侵蚀的有效措施，因此很难推断高炉末期的寿命。

在这种条件下，鹿岛厂根据当时的钢材市场情况进行了综合分析，调整了高炉运行的体制，3号高炉于1990年1月31日休风停炉，开始进行大修改造。

11.1.1.2 延长高炉寿命的生产操作和维护技术

A 高炉长寿技术措施

高炉生产实践表明，在高炉操作出现波动时，就会增加炉墙热负荷，加快炉体的破损，所以延长高炉寿命最根本的措施是确保高炉操作的稳定性。从高炉操作方面，延长高炉寿命的措施有：降低炉墙热负荷的操作技术以及采用降料面进行炉衬修补的料面升降操作技术。

a 降低炉墙热负荷的操作技术

鹿岛3号高炉投产以后，通过调整可调炉喉的行程、改变装料程序、调整焦炭等炉料分布控制，减少了炉墙热负荷。从1985年起，由于钢铁厂煤气平衡的需要，提高了高炉燃料比，降低了送风温度和风口前理论燃烧温度。实践证实，降低送风温度和理论燃烧温度可以改善高炉透气性，进而稳定高炉炉况、促进高炉顺行。

b 降低料面进行炉衬喷补操作

采用降低料面更换冷却壁技术，可以避免因炉体破损而造成的高炉被迫停风和安全事故，高炉升降料面的操作技术与延长高炉寿命具有密切关系。为了对高炉炉体破损的部位进行修补，采用降低料面的措施，将料面降低到炉衬破损的部位，然后高炉停风，从炉内对炉衬破损的区域进行喷补，或是更换已经破损的冷却壁。炉衬喷补完成后高炉开始复风，再将料面恢复到正常的操作水平。

鹿岛厂对高炉降料面喷补造衬的操作技术进行了系统的研究。因为在当时高炉降料面操作技术并非像现今被广泛应用，巨型高炉降料面操作仍存在一定的技术风险。在高炉不装料的条件下进行降料面操作，降料面的时间与高炉停风时间（炉衬的喷补时间）的总和大约是每次降料面操作中的减产时间。因此，缩短降料面的时间，可以控制高炉减产。但是如果为了缩短降料面的时间而加大风量，在炉内则容易出现煤气管道现象，反而更加影响产量。为了解决这个问题，住友公司采用二维气流模型，模拟升降料面时炉内的气流分布，以计算出保持炉内气流稳定分布的临界风量，而且需要在高炉操作中进行修正，作为高炉降料面操作风量控制的技术标准。在降低料面对炉衬进行喷补时，休风时间长达 30～100h，炉内热量损失很大，会降低铁水温度，导致渣铁排放不良。因此采用一维模型，对高炉进行动态模拟，确定合理的高炉焦比等操作参数。

在高炉降料面的操作过程中，还采取了有效措施防止炉顶煤气温度过高。炉顶喷水是控制炉顶温度的一项措施，为了降低过多的热量损失，使用了雾化性能良好的喷嘴，可以避免对炉料直接喷水或造成炉衬潮湿、影响炉衬喷补效果。通过采用降低料面到风口平面的喷补造衬操作，大幅度提高了风口以上部位炉衬修补的可靠性，有效地延长了高炉寿命。

B　炉身上部的修补措施

鹿岛 3 号高炉投产以后，炉身上部砖衬出现磨损，砖衬热面呈现凹凸不平状态，使操作炉型出现不规则变化，在磨损后的炉墙附近会出现炉料的滞积层和混合层，使料柱结构发生变化，炉料分布和煤气分布出现紊乱，混合层也是造成炉内出现气流、管道的原因。炉身上部砖衬的破损，导致操作炉型的畸变，造成高炉炉况失稳，顺行状况恶化，进而影响高炉正常生产。

炉身上部区域除了喷补修复以外，还安装了蛇形冷却水管以加强炉衬冷却。为提高耐火材料内衬与冷却水管的结构稳定性，将冷却水管与耐火材料预制成一体结构，再将其安装在破损的部位。这样对破损凹凸不平的部位就可以得到有效的修补，使炉型变得光滑平整，从而改善炉料分布和煤气分布，提高料柱透气性，避免炉内频繁出现的气流和管道。在高炉稳定送风的条件下，通过采取布料控制，使炉况稳定顺行。因此，炉身上部操作炉型的平滑规整对稳定高炉操作、改善高炉顺行具有很大的促进作用，而且对保护炉身中下部的炉衬也起到了有益的作用。

C　炉身中下部的修补措施

鹿岛 3 号高炉采用全冷却壁结构，炉身中下部耐火材料和冷却壁破损以后，使冷却壁后的炉壳暴露出来，炉壳受到高温煤气流和液态渣铁的破坏，炉壳多处出现了红热和开裂现象。

研究发现，在高炉投产后的前 6 年，炉身中下部的砖衬已经完全损耗消失，对高炉安全生产造成了一系列问题。1984 年（投产后 7 年）炉墙热负荷开始升高，炉壳出现首次开裂；1985 年（投产后 8 年）冷却壁水管开始损坏，因此炉身下部问题成为影响 3 号高炉寿命的决定性因素之一。1984 年对炉身中下部采取了强化冷却和灌浆维护，从 1987 年（投产后 11 年）开始，每年进行 1～2 次炉衬喷补，使得炉身下部的破损对 3 号高炉寿命的影响逐渐减弱。

鹿岛3号高炉为了延长炉身中下部寿命所采取的最根本的措施是局部更换已损坏的冷却壁，其主要作业程序是：

（1）高炉停风降料面至风口平面；

（2）采用专用设备将已经损坏的冷却壁推入炉内；

（3）从炉顶吊装新的冷却壁并将其固定安装在炉壳上；

（4）在新更换的冷却壁与原有冷却壁的缝隙中喷涂耐火材料，使其形成完整的一体结构；

（5）在炉壳上开孔，在新更换的冷却壁与炉壳之间灌注耐火泥浆，使冷却壁与炉壳之间填充密实，防止煤气窜漏而造成炉壳过热。

实践表明，更换后的冷却壁使用寿命一般可以达到5年左右。炉身中下部另一项比较简便的修补方式就是高炉休风降料面进行炉衬喷补，在炉衬破损部位定期进行喷补造衬，其寿命可以维持4个月左右。

D　炉腹修补措施

炉腹在高炉冶炼过程中具有重要作用。炉缸煤气与铁、硅、锰、硫、磷等元素直接还原后产生的煤气在炉腹区域形成炉腹煤气。炉腹煤气在上升过程中，穿透滴落带、软熔带和块状带，是高炉冶炼进程中影响高炉顺行重要的因素之一。高炉软熔带根部一般处于炉腹区域，因此炉腹既受到高温煤气排升过程中高热负荷的冲击，还受到液态渣铁滴落的侵蚀和冲刷。该区域的侵蚀机理十分复杂，要防止炉腹区域的过早侵蚀，应采取有效措施使炉腹区域能够形成较为稳定的保护性渣皮，保护砖衬、冷却壁和炉壳。

鹿岛3号高炉投产后几个月，炉腹部位的砖衬就被侵蚀消失，使冷却壁失去了砖衬的保护，直接暴露在高温炉腹煤气中。炉腹冷却壁水管于1984年损坏（投产后7年），炉壳热负荷从1985年开始升高。起初采用灌注耐火泥浆的方法维护，1987年开始在炉腹冷却壁损坏的部位安装小型铜冷却器，1989年成功地更换了3块炉腹冷却壁。

a　安装小型冷却器

鹿岛3号高炉炉腹区域的B2、B3冷却壁损坏严重，为了抑制冷却壁大量破损，及时采取了降低料面到炉腹，从炉内修补炉衬并在炉壳上开孔安装小型冷却器。为了保护炉腹区域的炉壳，在已经破损的冷却壁进出水管与炉壳的连接处钻孔（直径为130mm），安装钢制套管，将小型铜制冷却器（$\phi 110 \times 500$）安装在钢制套管内，并在其周边压入填充低温固化的泥浆，形成保护层，防止煤气泄漏和冷却器过热。

在高炉休风检修时，就可以安装小型冷却器，小型冷却器的作用如同小型冷却板或支梁式水箱，对已破损的冷却壁起到了"点冷却"的作用，但一旦小型冷却器损坏以后，这种维护措施就将失效。为了验证安装小型冷却器的效果，在炉内进行了炉衬喷补，同时安装了热电偶用于监测炉衬的侵蚀状况。实践证明，安装小型冷却器后对炉衬喷补的作用很大，小型冷却器的使用寿命一般可以达到1年左右。表11-4是鹿岛3号高炉小型冷却器的应用情况。

表11-4 鹿岛3号高炉小型冷却器应用情况

时 间	安装小型冷却器数量/个	休风时间	备 注
1987.10	17（计划40）	40h10min	由于冷却壁上有黏结物，安装数量减少
1988.4	31	49h10min	采用爆破方式清除冷却壁黏结物
1989.3	40	53h	采用爆破方式清除冷却壁黏结物，更换3块B2冷却壁

b 更换炉腹冷却壁

将小型冷却器安装在炉腹B2～B3冷却壁之间，B2～B3冷却壁之间损坏的区域和B2冷却壁得到了渣皮的有效保护，取得了较好的效果，但渣皮对B2冷却壁的保护作用并不显著，B2冷却壁安装了小型冷却器之后仍然继续破损。为了扼制炉腹区域B2冷却壁的大量损坏，开始研究制定冷却壁更换的技术方案。

此前在鹿岛1号高炉上曾经更换过炉腹冷却壁，但由于受到休风降料面的限制，更换炉腹冷却壁需要确保炉内具有足够的冷却壁更换作业空间。一般将料面降低到风口平面是降料面操作的极限，很难将料面降至更低。更换炉腹区域的冷却壁，需要在料面降低到风口平面后，其上铺设隔热材料封闭料面以后就必须休风，开始更换冷却壁作业。

采用爆破的方式清理冷却壁热面黏结的渣皮附着物，拆除已破损的冷却壁将其推入炉内，为不影响新冷却壁的安装，将拆除的冷却壁从料面上移开，清理炉壳内壁，清除已拆除的冷却壁周边的炉料，以确保新冷却壁有足够的安装空间。将新冷却壁由炉顶吊装至炉内，并将其安装固定就位，在新冷却壁与相邻的冷却壁缝隙处喷涂耐火材料，防止煤气泄漏和冷却壁后压入泥浆的溢漏，在新安装的冷却壁与炉壳之间灌注耐火泥浆，使冷却壁与炉壳之间填充密实。

鹿岛3号高炉于1989年3月对炉腹区域破损严重的3块B2冷却壁进行了更换，取得了较好的效果，这样炉腹部位就不再成为制约高炉寿命的关键因素。

11.1.1.3 鹿岛3号高炉长寿的启示

鹿岛3号为延长高炉寿命开发研究并采取了多项技术措施，包括局部更换损坏的冷却壁、安装小型冷却器、炉衬喷补、压浆造衬等一系列炉体维护措施，取得了显著效果，使炉腹至炉身部位的破损不再成为高炉寿命的制约因素。特别是在高炉炉衬、冷却壁破损以后采取有效的炉料分布、煤气流分布控制技术和炉体维护技术，使高炉在炉役末期仍能保持较好的操作指标，在20年前能取得如此成就实属不易。回顾鹿岛 3 号高炉延长寿命的历程，对当今延长大型高炉的寿命仍具有启示和参考借鉴意义。

鹿岛 3 号高炉在 20 世纪 70 年代建成投产，其技术装备水平很难和现代大型高炉相媲美。尽管采用钟式炉顶和可调炉喉，炉体耐火材料也是普通的黏土砖、高炉砖和炭砖，冷却壁也是最初的常规结构，但高炉寿命却达到了 13 年以上，这在当时不能不说是一个奇迹。通过鹿岛 3 号高炉的长寿技术实践可以看出，稳定的高炉操作、有效的炉体维护是延长高炉寿命的重要措施。制约高炉寿命的关键因素仍是炉缸炉底的使用寿命，在当时的条件和技术水平下，对炉缸炉底内衬侵蚀机理尚不完全清晰，3 号高炉在运行 13 年 5 个月以后，于 1990 年 1 月停炉进行大修改造。

鹿岛 3 号高炉经过 206 天的大修改造，于 1990 年 8 月 24 日送风投产。这次大修改造，炉缸侧壁采用了具有抗铁水渗透性的石墨—碳化硅砖，增加了死铁层深度，将炉缸侧壁砌筑成锅底状，以控制炉缸炉底耐火材料的侵蚀。炉缸炉底的温度监控系统，采用了分布式光纤热电偶，可以进行炉衬侵蚀的高精度监控。

11.1.2　日本千叶 6 号高炉

11.1.2.1　概述

日本川崎制铁公司（现为 JFE）千叶厂 6 号高炉[2]，有效容积为 4500m³，于 1977 年 6 月 17 日开炉投产。该高炉于 1997 年停炉大修，一代炉役长达 20 年 9 个月，累计产铁量 4820 万吨，单位容积产铁量达到 10700t/m³，创造了当时高炉长寿的世界纪录。在长达 20 余年的生产实践中，开发研究并应用了一系列行之有效的高炉长寿技术，成为世界高炉长寿的典范和样本，为全世界高炉长寿提供了有益的参考和借鉴。千叶 6 号高炉的操作者注重采用以保护炉体为目的的高炉稳定操作技术、设备诊断技术及修补维护技术，使千叶 6 号高炉实现了长寿。

11.1.2.2　长寿设计思想

图 11-1 是千叶 6 号高炉的炉体结构图，该高炉是有效容积为 4500m³ 的特大型高炉，是当时川崎公司最大的一座高炉。设计寿命比当时高炉的平均寿命长 8～10 年，高炉日产铁量为 10000t/d。高炉炉缸直径

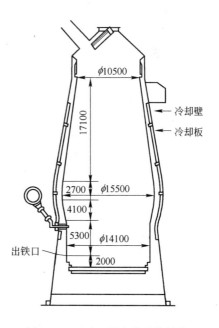

图 11-1　千叶 6 号高炉炉体结构

为 14.1m，炉腰直径 15.5m，炉喉直径为 10.5m，4 个铁口，40 个风口，高炉设计在以下几个方面体现了高炉长寿的技术思想：

（1）高炉内型。根据日本大型高炉的内型和操作实绩，从炉体砖衬损坏程度、稳定操作等角度分析，以水岛厂 4 号高炉的操作实践为基础，确定了千叶 6 号高炉的内型。其特点是提高了炉腹部位以下的高度，即增加了炉缸高度和死铁层深度。根据千叶 6 号高炉以前停风高炉的解剖调查结果，炉腹部位的侵蚀角度为 68°~80°。在 Babarykin 的研究中指出，风口前的料柱与炉腹间的缓塞带的形状呈漏斗状，其角度为 79°~80°，炉腹到铁口的距离比原来有所延长。6 号高炉内型设计根据当时高炉的解剖研究结果，进行了调整优化。高炉炉腰高度为 2.7m，炉腹高度为 4.1m，炉缸高度为 5.3m，死铁层深度为 2.0m。

（2）炉壳材质。在以前的高炉上，由于比较重视炉壳钢板的抗拉强度，一般采用 SM50 钢板。但是，在由日本钢铁协会"防止高炉炉壳龟裂对策委员会"研究报告中指出，高炉炉壳的最佳材质为 SM41，一般以 SM41B 和 SM41C 为主。

（3）炉底结构。通过调查千叶 6 号高炉上一代炉役炉底破损结果，确认了炉底的侵蚀一般出现在炭砖的最上层。根据调查结果，6 号高炉采用了全炭砖的炉底结构，炉底砌砖结构为第一层是调整底找平炭砖，其上 5 层为大块炭砖。为了防止炉缸炉底交界部位的侵蚀，减少了陶瓷质耐火砖的使用面积，相应加厚炉底环形炭砖的厚度。另外，为了抑制炉缸铁水环状流动，死铁层深度增加到 2m。

（4）炉体冷却设备。为了稳固支撑炉体的耐火材料砖衬，炉体冷却结构采用铸铁冷却壁与铜冷却板结合的冷却方式。为了保持炉体砖衬的稳定性，以前支撑炉体砖衬一般采用 Γ 形冷却壁。Γ 形冷却壁的使用寿命短，特别是冷却壁凸台在高炉开炉几年以后就会损坏，不能充分达到稳固支撑砖衬的作用。因此，为了保持砖衬长期稳定存在，采取了把铜冷却板插入冷却壁之间的板壁结合冷却结构。冷却壁为 12 层，只在最上层设置 Γ 形冷却壁，在冷却壁之间设置 3 层铜冷却板，以达到稳定支撑砖衬的作用。高炉采用纯水强制密闭循环的冷却壁冷却工艺，以改善冷却效果，延长冷却器和砖衬的使用寿命。

（5）炉体砖衬。川崎公司最初用于高炉炉腹至炉身下部的砖衬是 SiC 砖。在以前的高炉上，考虑到抗氧化性、强度等特性，炉身中部以上部位的砖衬使用高铝质耐火砖。这次高炉大修后使用的是具有良好热弯曲强度、热传导性、耐碱性的 SiC 系耐火砖。

（6）无料钟炉顶设备。在 4000m³ 特大型高炉上，日本开始普遍采用 PW（Paul Wurth）式的双罐并列式无钟炉顶设备。与传统的料钟式炉顶和可调炉喉（MA）设备相比，由于没有实际的操作经验，当时对此仍存有顾虑。高炉实际生产中，无料钟炉顶操作上的自由度非常大，经过不断完善大型高炉无钟设备的布料控制技术，研究认为无料钟炉顶设备将是高炉炉顶的主流装备。因此，对川崎公司的其他高炉也采用了无料钟炉顶设备，在千叶2号高炉（第4代炉役）上采用了该技术，并以其实际操作经验为基础，进行了炉料分布控制，这次千叶6号高炉大修也采用了无料钟炉顶设备。

11.1.2.3 长寿操作技术

A 千叶6号高炉的操作演变

图11-2表示千叶6号高炉从开炉到停炉的一代炉役的操作变化过程，一代炉役的生产操作大致分为6个阶段。各阶段的高炉操作特点如下：

第一阶段（1977年6月~1980年11月）——高利用系数、低燃比操作。期间采用喷吹重油操作，月平均最低燃比达到418kg/t。

第二阶段（1980年12月~1983年6月）——低利用系数、低燃比操作。期间停喷重油，改为全焦操作。

第三阶段（1983年7月~1987年9月）——高利用系数、高燃比操作。发电站投产以后，为使炼铁厂能源平衡，实行高燃比操作。

第四阶段（1987年10月~1991年5月）——低利用系数、高燃比操作。由

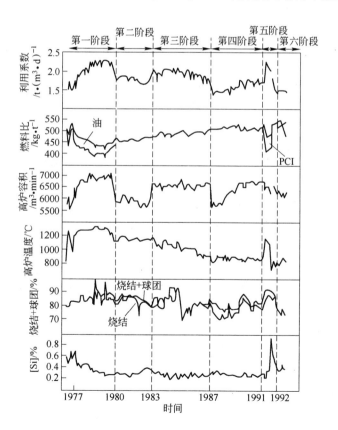

图11-2 千叶6号高炉一代炉役的生产操作演变

于千叶炼铁厂采取集约化生产，而进行减产操作。

第五阶段（1991 年 6 月~1991 年 12 月）——高利用系数操作。千叶 5 号高炉大修后，为了保证生产平衡，6 号高炉采用高利用系数操作；期间喷煤设备投产后，采取喷煤操作。

第六阶段（1992 年 1 月~1997 年 12 月）——低利用系数超高燃料比操作。为保持炼铁厂的能源平衡，而采取超高燃料比操作，燃料比不小于530kg/t。

从高炉投产以后开始的喷吹重油操作，石油危机后的全焦操作，到钢铁厂发电站投产后的高燃料比操作，1991 年以后的喷煤操作，1992 年以后的超高燃料比操作，随着时间推移，操作状态也随之改变。尤其高炉燃料比变化很大，从最低燃料比418kg/t(第一阶段)到全焦操作时的最高燃料比大于530kg/t。

B　长期稳定操作技术

要实现高炉的长寿，首先要保证高炉操作的稳定顺行。千叶 6 号高炉以维护炉体长寿为目标的稳定操作技术包括以下方面。

a　炉料分布控制技术

高炉投产后在稳定操作的基础上，最重要的技术就是开发高炉使用无料钟炉顶设备的炉料分布控制技术，并以其基本操作为基础，在大型高炉上开发了各种控制技术。典型的炉料分布控制技术包括：

（1）检测料仓、炉顶料罐内炉料粒度的偏析以及控制技术。采用料仓、炉顶料罐中炉料粒度偏析的控制技术，研究由炉顶料罐排出炉料的粒度特性，为了最大限度控制高炉布料的粒度偏析，安装了耐磨的导料装置，以提高高炉煤气利用率。此外，还研究了料罐下料顺序以及炉顶料罐内的下料运动，再通过在上料胶带机上的炉料混合，防止了从炉顶料罐下料时的炉料偏析。由于合理地使用了上述技术，达到了大量使用小粒度烧结矿（100kg/t以上）的目的。

（2）实现高炉圆周方向均匀布料技术。为了改善并罐式无料钟炉顶设备的圆周工作均匀性，对炉料分布控制进行了深入研究。双罐并列式无料钟炉顶设备的特点是炉料在圆周方向存在圆周偏析。研究了高炉内圆周方向上矿焦比（O/C）的偏析与铁口之间的铁水温度、成分变化所产生的关系，如果将矿石、焦炭在两个料罐中交替倒换使用，并通过布料溜槽的回旋方向的控制，开发出了防止炉料圆周偏析的技术，从而可确保稳定的铁渣排放，使高炉炉料分布和煤气流分布变得均匀合理。这项技术也是大型高炉采用并罐无料钟炉顶设备进行炉料分布控制的一项关键技术。

（3）合理的矿石和焦炭层厚度比的设定技术。合理的矿石层与焦炭层厚度比的给定技术是一项通过科学地控制炉内煤气流在圆周方向的均匀分布，从而有效控制炉身部位炉墙热负荷的技术，图11-3 显示了炉体冷却壁的热负荷变化状

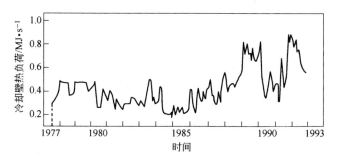

图 11-3　高炉冷却壁的热负荷变化

况。从图中可以看出高炉开炉后实现了 10 年以上炉墙低热负荷的稳定控制。

图 11-4 是根据千叶 6 号高炉的操作实绩得出的，适应高炉操作的目标炉墙矿焦比（O/C）的关系。图中的 O/C 是采用探尺测量出的炉喉处的矿石层与焦炭层的厚度比（L_O/L_C）。在高炉内煤气量增加、产量增加或热流比降低（高焦比）时，高炉内产生了足够的热交换，从而导致炉墙的热负荷上升。在这种情况下，采取的措施应是增加炉墙区域料层厚度比来抑制边缘煤气流，从而降低炉墙热负荷。在高炉入炉风量降低的减产期，或在高热流比、低焦比以及富氧操作的情况下，由于炉墙渣皮过分黏结也有可能造成炉墙结厚，此时降低 L_O/L_C 适度发展边缘煤气流也是必要的。这种炉墙 L_O/L_C 的控制基本上通过调整无料钟设备布料溜槽的倾动角度、改变布料矩阵实现的。另外还要根据料线、上料程序的变化进行调整。由于精准地调整了炉墙部位的 L_O/L_C，从而将冷却壁的热负荷稳定地控制在最低水平。

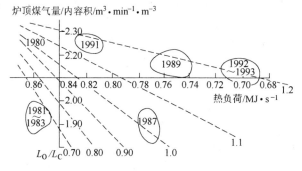

图 11-4　不同操作条件下最佳的矿焦厚度比（L_O/L_C）

用软熔带形状预测模拟计算得出的典型时期的软熔带形状的计算结果如图 11-5 所示。由计算结果可以看出，在任何情况下，软熔带根部在炉墙区域的位置几乎没有变化。以图 11-5 为基础，由于调整了炉料分布，就可在较大的操作范围内把炉墙热负荷稳定维持在较低的水平上。而且采用无钟布料装置可以精确调整炉料分布的最佳位置，控制高炉边缘煤气流的发展，调整煤气流的圆周均匀分

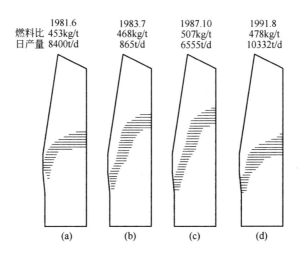

图 11-5 采用数学模型推算高炉软熔带形状

布，有效控制炉墙热负荷。

b 炉缸炉底的操作管理

炉缸炉底部位的破损、炉缸和炉底交界处的象脚状异常侵蚀一直是技术难题。在当时普遍认为炉缸炉底异常侵蚀是由于炉缸铁水环流的冲刷侵蚀而引起的。因此在千叶 6 号高炉上，采取了防止铁水环流的技术措施。为了防止高炉炉芯死焦柱的惰性，对炉底中心部位高度方向上的温度差（ΔT）进行了管理。炉底中心部位温度差的下降是指炉底中心部位的热流通量的下降，一般认为这是由于在炉底中央部位形成了凝铁层，从而促成了炉缸铁环流的发展所造成的。为了解决炉底中心温度降低、炉缸铁水环流加剧的问题，实施了利用炉料分布控制技术，以确保稳定中心煤气流。图 11-6 表示 ΔT 的控制结果。由于采用了炉料分布

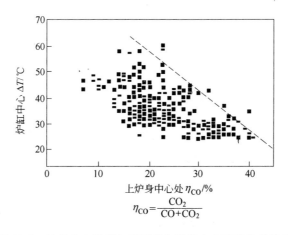

图 11-6 炉身中心处煤气利用率与炉底中心温度差的关系

控制，确保了中心气流的稳定，从而可保持高炉炉底中心温差 ΔT 在稳定的水平。

另一方面，需定量控制炉缸炉底砖衬的破损状况。在 1977 年高炉建设时，把原有 14 个炉缸炉底测温热电偶增加到 81 个，从而强化了炉缸炉底砖衬的温度管理。图 11-7 表示增加后炉缸炉底热电偶的安装情况。圆周方向 8 个断面，在炉缸侧壁高度方向第 5 层，增加了热电偶。

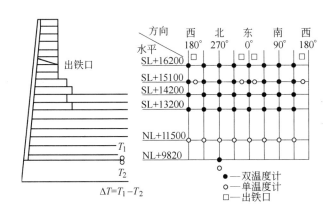

图 11-7　炉缸炉底热电偶布置

利用这些炉缸炉底温度检测数据，根据有限元法定期地推定出最大炉缸炉底砖衬侵蚀线以及死铁层。再根据各测温点的温度变化的最高温度，推测其最大侵蚀线。根据其温度变化，推断死铁层线，采用以上方法每月输出一次推断结果，来进行炉缸炉底死铁层的管理。图 11-8 是千叶 6 号高炉最大侵蚀线的推断结果，高炉持续运行 16 年以后，仍未发现炉底砖衬的异常侵蚀。因此，认为炉底部没有较大异常破损的主要原因：一是高炉炉型设计时加深了死铁层的深度；二是由于对炉底中心高度方向的温度差（ΔT）进行了管理，从而有效抑制了炉缸铁水环流的发生。

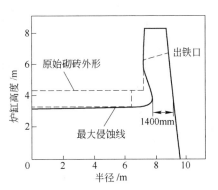

图 11-8　采用有限元模型计算的
炉缸炉底最大侵蚀线

11.1.2.4　炉体长寿的维护技术

千叶 6 号高炉运行 16 年之后，炉体各部位均出现了损坏，特别是炉身上部至炉喉之间的损坏更为明显。这是因为在高炉建设时预定高炉寿命为 8～10 年，对炉缸炉底部位进行了充分的研究，而炉身上部延长寿命的技术措施未得到重点关注的缘故。由于炉身上部区域的破损，当时已成为影响高炉稳定操作的原因，因此实施了炉体长寿维护措施延长炉身上部区域的寿命。

A　炉身上部的长寿措施

用于炉料分布控制的炉喉保护板是稳定的炉料分布控制的基础条件，因此炉喉、炉身上部的完整性是十分重要的，这对于保证高炉炉料分布控制的合理性、保持合理的煤气流分布具有重要意义。

a　炉喉保护板的修复

在炉喉部位由于炉身上部砖衬的破损，导致支撑炉喉保护板的支撑板发生热变形，最下段的固定板被挤进炉内，一部分保护板已出现了脱落。于 1985 年在炉喉保护板下部整个圆周方向安装了如图 11-9 所示的支撑炉喉保护板的冷却板，在金属固定件脱落部分、挤压变形严重的部分安装了压紧金属板。

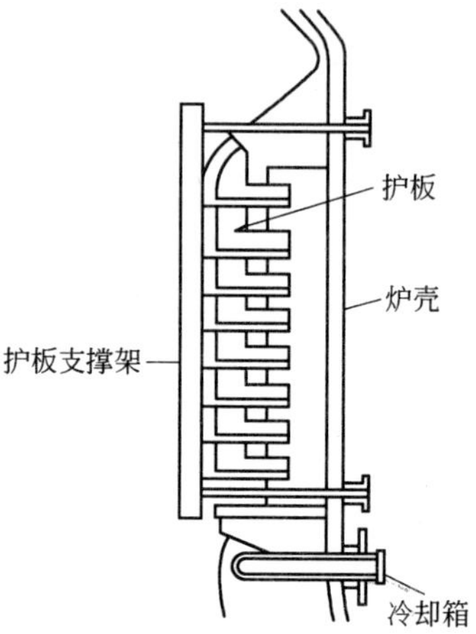

b　炉身上部砖衬的损坏与修补

千叶 6 号高炉炉身上部至炉喉区域的砖衬未采用冷却结构，因此高炉投产 10 年以后，该区

图 11-9　炉喉保护板的修复措施

域的砖衬破损状况逐渐恶化。自从炉身上部砖衬破损加剧以后，即使采用同一种布料方法，边缘气流也随之增加，而中心煤气流减少，其煤气流分布变化的实例如图 11-10 所示。这就使高炉难以确保稳定的中心煤气流，加大了煤气流分布变化。为了控制煤气流的合理分布，通过改变无料钟布料模式，使焦炭的布料位置在中心方向产生了变化，从而抑制了边缘煤气流，确保了中心煤气流开放。但是尽管如此，也未能恢复到 1987 年以前的煤气流分布状况，边缘煤气流过分发展的状态仍在继续。由此而认识到，炉身上部砖衬的损坏对控制稳定的煤气流分布

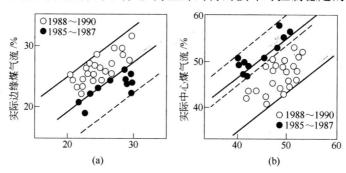

图 11-10　炉身上部砖衬破损后煤气流分布的情况

（a）被侵蚀的外围煤气流；（b）被侵蚀的中心煤气流

造成了较大困难，为高炉操作的稳定顺行带来了难以控制的影响。

研究分析产生这种现象的原因，是由于炉型轮廓凹凸不平使炉料的局部下降异常，形成了炉料混合层而造成的。由于对煤气流合理分布的可操控性下降，造成了边缘煤气流的增加，从而导致了炉体热负荷的提高，这对于炉体保护又带来了新的问题。由于确保稳定的中心煤气流在操作中是十分困难的，从而又导致了焦炭料柱的惰性，为继续稳定操作造成了一系列影响。为了解决这些问题，修复了炉身上部的炉体结构，以恢复煤气流分布的可控制性。

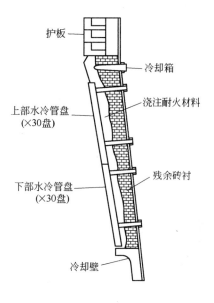

图 11-11　炉身上部区域的修补措施

1989 年 1 月对于炉身上部损坏的部位采取了修复措施。从炉喉保护板的下部到炉身最上段的冷却壁 4.2m 处，安装了水冷盘管，采用灌注耐火材料的措施修补炉衬，使炉身上部内衬形成光滑的内型，如图 11-11 所示。

　c　炉体冷却装置的损坏情况

图 11-12 是千叶厂高炉冷却装置的冷却水管破损情况。从图中可以看出，6 号高炉工作 16 年以后，冷却装置只有 2 个铜冷却板和 3 根冷却壁的冷却水管破损。与以前的高炉相比，水管破损量非常小。图 11-13 是千叶 5 号高炉炉内残余砖衬厚度的测定结果。把测定炉墙上渣皮等附着物层厚度之前的最小值作为残余

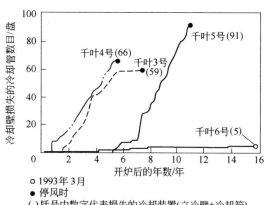

图 11-12　千叶厂高炉冷却装置破损的情况

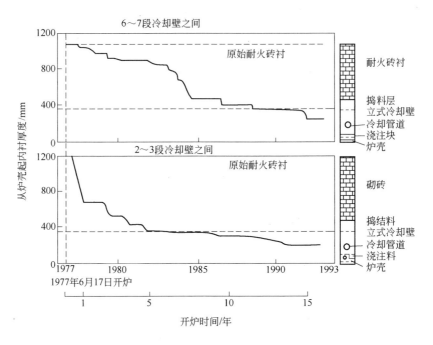

图 11-13 千叶 5 号炉身部位炉墙厚度的变化情况

砖衬（冷却壁）的厚度，而且检测位置为冷却壁的边角部位。通过对残余炉衬的实测可以确认炉身下部在高炉投产后 9 年、炉身上部在投产后 12 年，仍有残余的耐火砖衬。通过与 5 号高炉的对比发现，采用冷却板结构可以改善对砖衬的支撑功能；采用无料钟布料装置能够对炉体热负荷进行适当的控制等。这些在高炉建造时就已经考虑的炉体维护技术理念和炉体维护的操作技术都是非常有效的，对于延长高炉寿命都起到了至关重要的作用。

B 设备管理上的长寿措施

随着高炉的长寿化，由于辅助设备的老化易出现设备故障问题，为高炉操作带来了重大影响。千叶 6 号高炉采取了相应的维护措施，强化设备管理，提早检查发现设备异常、故障等问题。1988 年安装了远程监视装置，同时还安装了使用光电缆的网络系统的设备远程监视系统；安装了无料钟驱动装置的远程监视系统，作为监视固定、驱动布料溜槽的大型轴承的磨损状态的一项措施。通过这些在线监视系统，将设备故障防患于未然，防止因设备故障而影响高炉生产，保持了高炉稳定操作。

11.1.2.5 千叶 6 号高炉长寿的启示

千叶 6 号高炉 1977 年 6 月开炉到 1998 年大修，一代炉役长达 20 年 9 个月，为了实现高炉的长寿，采取了以下主要技术措施：

（1）在高炉设计中采用先进的高炉长寿设计理念，优化高炉内型、采用无料钟炉顶设备、采用可实现高炉长寿的板壁结合的新型炉体设计结构。

（2）为高炉实现长寿采用了无料钟布料装置和 GO-STOP 专家系统的高炉操作管理，运用炉料分布控制技术控制合理的炉料分布和煤气流分布，降低炉墙热负荷，减少炉衬和冷却设备的破损。

（3）由于在炉身上部原无冷区安装了水冷盘管和设备系统管理，从设备方面消除了影响高炉稳定操作的因素；在炉缸炉底通过对炉底中心温度的监控。

（4）通过在线检测炉缸炉底温度和温差，采用有限元数学模型，逐月推测炉缸炉底侵蚀状态，为保护炉缸炉底寿命具有积极作用。由于高炉末期操作炉型的变化影响了高炉操作，为了强化长寿高炉的操作管理，还安装了新型传感器，采取炉衬修补等措施，维持合理的操作炉型，使长寿高炉的操作仍具有较好的稳定状态。

11.1.3 康力斯艾莫伊登厂（原荷兰霍戈文公司）高炉

11.1.3.1 概述

荷兰康力斯艾莫伊登厂（Ijmuiden）原是英—荷金属公司康力斯的一部分，2010 年又被印度塔塔钢铁公司兼并，康力斯艾莫伊登厂现有生产能力为年产钢坯 700 万吨。目前炼铁能力为年产 550 万吨，这是由仅存的 6 号高炉（内容积 2670m³）和 7 号高炉（内容积 4450m³）生产的。这两座高炉的主要参数列于表 11-5。从康力斯艾莫伊登厂使用自产的球团矿时开始，炉料结构就始终维持 50%烧结矿和 50%球团矿，是国际上大型高炉使用高比率球团矿的主要典范。

表 11-5　康力斯艾莫伊登厂高炉主要设计及操作参数

项　目	6 号高炉	7 号高炉
炉缸直径/m	11.0	13.85
工作容积/m³	2350	3800
内容积/m³	2670	4450
风口数量/个	28	38
炉顶设备	无料钟	料钟＋可调炉喉（MA）
炉体冷却结构	铜冷却板＋石墨砖	铜冷却板＋石墨砖
平均日产量/t·d⁻¹	6300	9600
烧结矿：球团矿/%	50：50	50：50
焦比/kg·t⁻¹	320	311
煤比/kg·t⁻¹	197	215
风温/℃	1132	1260
鼓风含氧/%	29.7	28.9

6号高炉上一次大修完成于1986年，从那时起一直连续生产到2002年进行炉缸炉底大修，在这16年间共生产铁水3430万吨，单位容积产铁量达到12704t/m³。炉腹上部、炉腰和炉身区域仅有非常轻微的侵蚀，不需要进行任何维修。基于上述结果，康力斯艾莫伊登6号高炉在炉龄和利用系数方面在欧洲位居前列。7号高炉上次大修完成于1991年，从那时起的11年间总共生产铁水3400万吨。高炉生产11年以后炉体状况仍然很好，仍可实现高效化生产。

图11-14是6号高炉在12年内利用系数不断提高的情况。由于高炉长寿以及在冷却系统和炉衬耐火材料方面的维护费用非常低，因而康力斯艾莫伊登厂的生铁成本一直在欧洲保持最低水平。

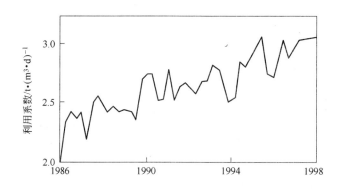

图11-14 6号高炉利用系数的变化

康力斯艾莫伊登厂高炉的冷却和炉衬设计采用高导热设计体系。高炉炉体结构是由铜冷却板及炉腹、炉腰和炉身区域的石墨砖、碳化硅砖相结合而构成的，这些区域是高炉最容易发生侵蚀的部位，炉体冷却系统被设计成可以承受在关键部位（炉腰和炉身下部区域）高达450000W/m²的热流强度。高炉实际操作中在炉衬热面能够形成渣皮保护层，这种保护性渣皮在炉衬热面能起到隔热的作用，因而炉体平均热负荷要低得多。

11.1.3.2 长寿设计理念

高炉炉腹、炉腰和炉身部位冷却结构和炉衬系统的设计标准对高炉长寿是至关重要的，在高炉设计时必须综合考虑冷却系统、耐火材料和炉壳以及必要的热膨胀。设计其中任何一个子系统时都必须和其他系统一并考虑。在艾莫伊登的高炉炉体设计中，形成了以高导热强化冷却为核心的炉体设计理念，其主要技术特征是：

（1）采用密集式铜冷却板与高导热耐火材料相结合的高效冷却系统；

（2）耐火材料必须具有极好的抗温度波动及抗热震稳定性；

（3）炉衬热面具有形成和保持稳定的保护性渣皮的能力；

（4）一旦渣皮暂时脱落，冷却板和耐火材料砖衬具有应对峰值热负荷的能力，并能迅速生成新的渣皮。

11.1.3.3　高效铜冷却板

康力斯的炉体设计体系中，铜冷却板是在高加工标准下制造的，以确保其在无泄漏情况下使用更长时间。铜冷却板是通过焊接的方式与炉壳进行固定连接的。铜冷却板为楔形，上下表面均为加工面，以确保与其上下石墨砖的良好接触。典型的密集式铜冷却板的层间距为 300～450mm。由于在炉身中上部的峰值热负荷较低，该区域的冷却板层间距可以进一步加大。这一设计概念的优点是铜冷却板的层间距可以根据高炉炉料结构和典型的操作条件进行优化设计，以适应每一区域预期的峰值热负荷。铜冷却板的配置是与石墨质、碳化硅质（或高铝质）耐火材料综合设计考虑的，图 11-15 是铜冷却板与炉壳的焊接安装结构示意。

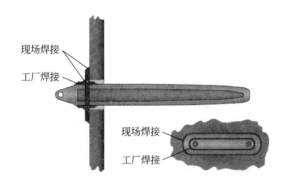

图 11-15　铜冷却板与炉壳的焊接安装结构

11.1.3.4　冷却/炉衬系统的设计标准

在康力斯的炉体设计体系中，最重要的设计标准就是冷却系统所能承受的最大的峰值热负荷以及与之密切相关的高峰热负荷的波动。高炉在各种操作状况下所能出现的高峰热流强度列于表 11-6。

表 11-6　不同高炉操作条件下冷却系统的设计值

操作模式	利用系数 $/t \cdot (m^3 \cdot d)^{-1}$	高峰热流强度 $/kW \cdot m^{-2}$	典型温度波动 $/^{\circ}\!C \cdot min^{-1}$
低利用系数，块矿等	<1.5	10～40	5～10
中等利用系数，块矿＋烧结矿	1.5～2.2	20～100	10～50
中等利用系数，块矿＋球团矿	1.5～2.2	50～180	30～70
高利用系数大于80%烧结矿	2.2～2.7	50～250	50～100
高利用系数大于20%球团矿	2.2～2.7	100～450	100～200

注：以上数据仅为示例，即使在可比的操作实践中对不同的高炉也会有相当大的波动。

康力斯公司对现代高炉常用的两种炉体冷却结构——冷却板和冷却壁系统及其所能承受的最大热流强度计算结果示于图11-16。从该示意图也可分析出各种设计概念对免维护长寿高炉的适用范围。

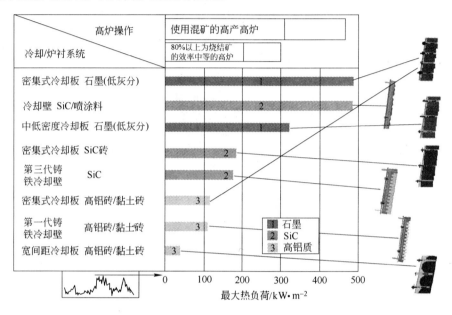

图11-16 各种炉体冷却结构所能承受的最大热负荷

采用高导热密集式铜冷却板炉体结构比采用第三代、第四代铸铁冷却壁的投资会高很多，但是在15～20年的炉役期间这种冷却系统需要较少的维修费用。康力斯艾莫伊登厂的高炉上均采用了高导热密集式铜冷却板的炉体结构。

11.2 国内高炉长寿技术应用实践

11.2.1 宝钢高炉总体概况

目前，宝钢股份公司有4座高炉生产，分别是1号高炉（第三代）、2号高炉（第二代）、3号高炉和4号高炉，其中3号高炉炉龄已超17年[3]，宝钢高炉炉体主要配置见表11-7。根据宝钢高炉的生产经验技术，在高炉设计、结构等方面均进行了较大改进；在运行中高炉的生产操作、监测维护方面更是具有突破性的发展，从而实现了高炉长时期强化冶炼与长寿。

表11-7 宝钢高炉本体配置情况

项 目	炉 底	炉 缸	炉身中、下部	炉身上部
1号高炉（第一代）	炭砖/水冷	炭砖/外部喷水	刚玉砖/冷却板	黏土砖/冷却壁
2号高炉（第一代）	炭砖/水冷	炭砖/外部喷水	SiC砖/冷却板	黏土砖/冷却壁

项　目	炉　底	炉　缸	炉身中、下部	炉身上部
3 号高炉	炭砖/水冷	炭砖/冷却壁	Si_3N_4-SiC 砖/冷却壁	镶砖冷却壁
1 号高炉（第二代）	炭砖/水冷	炭砖/外部喷水	刚玉砖/冷却板	高铝砖/冷却壁
4 号高炉	炭砖/水冷	炭砖/冷却壁	石墨、SiC 砖/冷却板、水冷壁	冷却壁镶 Si_3N_4-SiC 砖
2 号高炉（第二代）	炭砖/水冷	炭砖/冷却壁	石墨、SiC 砖/冷却板	冷却壁镶 Si_3N_4-SiC 砖
1 号高炉（第三代）	炭砖/水冷	炭砖/冷却壁	石墨、SiC 砖/冷却壁	冷却壁镶 Si_3N_4-SiC 砖

11.2.1.1　宝钢高炉炉体设计演变

为实现大型高炉长寿的目标，根据宝钢高炉生产实践，近年来，宝钢新建或大修改造的高炉在设计方面进行了许多改进。

A　高径比与死铁层深度

实践表明，大型高炉高径比（H_u/D）随着高炉容积的扩大呈逐渐缩小的趋势，而且同一级别高炉的高径比也呈逐渐缩小的趋势。适当降低高炉高径比在实现高利用系数、低能耗的同时，对延长高炉寿命也有益处。宝钢高炉发展史上高径比总体呈下降趋势，1 号高炉（第一代）、1 号高炉（第二代）和 2 号高炉（第一代）的高径比均为 2.199，3 号高炉为 2.072，4 号高炉为 1.988，2 号高炉（第一代）为 1.975，1 号高炉（第三代）为 1.957。

1 号高炉（第一代）、1 号高炉（第二代）和 2 号高炉（第一代）一代炉役期间，炉缸侧壁温度都曾有过大幅上升的现象，为降低炉缸部位对高炉炉龄的制约，宝钢新建或大修高炉对炉缸设计也进行了优化，增加了死铁层厚度，使炉缸死焦柱不沉坐到炉底上（见表 11-8）。增加死铁层厚度，有利于炉缸死焦柱上浮，减少铁水环流对炉缸侧壁砖衬的冲刷侵蚀。

表 11-8　宝钢高炉高径比及死铁层变化

项　目	高炉容积/m³	投产时间 （年.月.日）	高径比（H_u/D）	死铁层深度/m
1 号高炉（第一代）	4063	1985.9.15	2.199	1.800
2 号高炉（第一代）	4063	1991.6.29	2.199	1.800
3 号高炉	4350	1994.9.20	2.072	2.953
1 号高炉（第二代）	4063	1998	2.199	2.600
4 号高炉	4747	2005.4	1.988	3.072
2 号高炉（第二代）	4706	2006	1.975	3.672
1 号高炉（第三代）	4966	2009	1.957	3.672

B　炉体砖衬

随着高炉炼铁技术的发展及限制高炉长寿环节的演变，宝钢高炉设计时对炉体耐火材料的选择发生了较大变化。1 号高炉（第一代）炉身主要采用刚玉砖，炉缸炉底为普通炭砖；2 号高炉（第一代）所使用的耐火材料与 1 号高炉（第一代）基本相同，只是炉缸炉底增加了部分微孔炭砖，强化了炉缸炭砖的热导性；3 号高炉在炉体耐火材料的选择上，与 1 号高炉（第一代）、2 号高炉（第一代）有较大的变化，炉底采用了石墨化炭砖结合普通大块炭砖，炉缸侧壁为热压小块炭砖，炉体冷却壁的镶砖主要为 Si_3N_4-SiC 砖；1 号高炉（第二代）炉缸炉底采用了微孔炭砖 + 陶瓷垫结构，炉腹至炉身采用了耐磨的塞隆-SiC 砖。3 号高炉投产以后，炉缸状况一直维护较好，没有出现炉缸侧壁温度大幅上升现象。因此，在 4 号高炉、2 号高炉（第二代）及 1 号高炉（第三代）炉缸侧壁均使用了与 3 号高炉相同的热压小块炭砖；炉腹至炉身则采用导热性能良好的石墨砖和碳化硅砖。

C　冷却系统

1 号高炉（第一代）与 2 号高炉（第一代）采用相同的冷却形式，炉体采用开路循环的密集铜冷却板冷却，炉缸采用喷水冷却。3 号高炉采用全冷却壁结构，在冷却系统的设计上，分别设置了本体冷却和强化冷却的纯水密闭循环系统。鉴于 1 号高炉（第一代）炉役末期，炉身中上部出现炉壳红热、开裂现象及冷却水量不足的状况，1 号高炉（第二代）设计时，虽然炉体、炉缸的冷却方式没有改变，但大幅度增加了炉体中上部的冷却水量，并以四通道的冷却板替代原来的二通道冷却板，提高炉体中上部冷却能力。4 号高炉、2 号高炉（第二代）及 1 号高炉（第三代）在炉缸冷却系统设计上，都采用了与炉缸壁热压小块炭砖相匹配的冷却壁结构；宝钢 4 座高炉炉体既有冷却板结构，也有全冷却壁结构。

宝钢高炉冷却系统总体变化趋势是用冷却壁代替冷却板、用纯水密闭循环冷却系统代替工业水开路循环冷却系统，对仍采用的开路循环冷却系统，则需要增加炉体设计水量来提高冷却能力。

11.2.1.2　宝钢高炉长寿的操作与维护技术

由于不同高炉使用原燃料质量、炉料结构不同，会采取不同的操作制度；同一座高炉在不同阶段、不同外部市场环境下，也会进行不同的生产组织，采取相对应的操作制度。对于宝钢高炉而言，一般有 3 种生产组织模式：低负荷生产、高负荷生产及高负荷高煤比生产。宝钢高炉在近些年主要采取了高负荷高煤比生产，取得了较好的经济效益。

A　控制入炉原燃料标准

以前为了保证高炉顺行，强调改善炉料理化性能，以"高、熟、净、小、匀、稳"的质量要求作为入炉原燃料的控制标准。随着市场竞争加剧，企业不断追求经济效益及适应资源的变化，精料的要求在逐渐降低，宝钢能获得的原燃料总体质量出现下降。除了高炉操作上优化调整积极应对外，宝钢对入炉原燃料标准主要坚持在匀矿技术和有害元素碱金属、锌负荷控制。强化原燃料匀矿管理和筛分管理，强调原料的"匀和稳"，可确保炉况的稳定、减少热负荷的波动。原燃料中有害元素含量严格受控（锌小于 0.15kg/t、钾 + 钠小于 2kg/t）可大大减缓炉身砖衬的侵蚀。

B　建立炉缸气隙指数，控制炉缸侧壁温度

宝钢生产中根据动态传热学原理和炉缸温度分布规律，建立了炉缸气隙指数监视炉缸侧壁传热状态，出现异常时可及时采取正确措施进行处理[4]。

尽管依靠炉缸气隙指数，控制炉缸侧壁温度技术取得了较好的效果，但是真正解决炉缸侧壁问题的关键在于消除铁口区周围的煤气通道。由于宝钢 2 号高炉（第一代）和 1 号高炉（第二代）在铁口结构有很大区别，1 号高炉（第二代）炉缸长寿管理比 2 号高炉（第一代）还要困难。

C　保证良好的炉前作业

维持稳定的铁口深度，可以改善炉缸侧壁的工作状态。选择炮泥性能及与之配合的操作方法，既可获得适宜的铁口深度，又可以得到操作上的便利及成本上的降低，宝钢高炉铁口深度一般维持在 3.5 ~ 3.8m。

D　加强炉役末期炉缸的日常管理

加强炉役末期炉缸的日常管理主要应从以下几方面着手：

（1）关注炉芯温度。对炉芯温度的管理是把炉芯温度维持在一定范围内，有利于炉缸侧壁的维护。宝钢通过多年的摸索，认为采取如下措施有利于提高炉芯温度：适当减少炉底冷却水量，降低炉底冷却强度；降低炉渣黏度，改善炉渣的流动性；低煤比操作时减少未燃煤粉量、提高焦炭的热性能，提高炉芯的透液性。

（2）炉缸侧壁温度的监视与管理。高炉炉缸炉底状况是决定高炉寿命的关键因素，对炉缸炉底温度及砖衬侵蚀趋势的管理，有助于及时采取维护措施。为此，进一步加强炉底、炉缸侵蚀状况监视，完善相应的数学模型。同时，可在炉缸监测的盲区新增热电偶，如 2 号高炉（第一代）炉役末期，在炉底、炉缸侧壁的不同部位，共安装了 70 多个热电偶。尽可能减少非受控盲区，以便更加全面的对炉缸侧壁的状况进行监控与诊断。目前宝钢高炉每半年进行一次炉体寿命的诊断与分析。

（3）采取钛矿护炉。一旦炉缸侧壁热电偶温度失控而短时期内异常升高时，除了操作上调整气流分布、控制产量、提高炉缸侧壁高温区域的冷却水量或炉缸临时增设喷水管外，还必须进行加钛矿护炉操作。钛矿加入量的控制按照宝钢高炉侧壁温度管理标准执行。

E　炉身造壁技术与炉缸压浆技术

宝钢对高炉炉身炉衬侵蚀严重的部位，采取压入硬质泥浆造衬技术，压入的耐火材料可维持 4 个月或更长的时间，较好地控制了局部恶化，休风停炉时仍能见到压入料附着良好。但随着高炉强化冶炼的推进，压入材料可维持的时间逐渐缩短。降低料面进行内衬喷涂是另一项造壁技术，宝钢 1 号高炉（第一代）曾经使用过，而且主要是针对炉身上部进行喷补造衬。由于 2 号高炉（第一代）采用了无料钟炉顶和炉体全部冷却方式，炉身上部设有冷却壁，一代炉役期间没有进行过炉衬喷补。

炉缸部位的热胀冷缩使砖衬中产生气隙，在休风时有计划地采取压浆处理，由于铁口是炉缸区域工作最恶劣的部位，加强了铁口压浆，将铁口区煤气泄漏控制到最低程度。在炉缸的其他部位也用同样方法进行过处理。采用冷却壁的炉缸压浆时受到一定的限制，但近些年也在冷却壁间的缝隙处进行了开孔压浆试验，取得了较好的效果。

F 炉身冷却强度的调控

生产实践表明，高炉强化冶炼以后，原来设计的炉身下部冷却强度已不能满足高炉生产要求，出现了冷却设备频繁破损，炉身下部渣皮容易脱落，甚至出现炉身炉壳红热现象。新建高炉在设计时就提高了炉身下部的冷却强度，对于再役高炉只有采取增加冷却系统水量和安装微型冷却器等维护措施来提高炉身冷却强度。1 号高炉（第二代）大修时，因炉壳未更换而保持了原来的炉体冷却结构，但冷却水量比上一代高炉增加了 1 倍；2 号高炉（第一代）2002 年经过改造，炉身冷却水量也增加了 1 倍；同时，1 号高炉（第二代）、2 号高炉（第一代）和 3 号高炉都在关键部位安装了必要的微型冷却器，为确保高炉强化冶炼、延长高炉寿命发挥了作用。

宝钢高炉长寿实践证实，提高冷却水量，特别是强化炉身下部的冷却，对于延长强化冶炼高炉的炉体寿命具有显著效果。1 号高炉（第二代）与 1 号高炉（第一代），尽管冷却方式和布置形式完全一样，但前者冶炼强度大于后者，只因冷却水量前者是后者的 2 倍，结果冷却设备的破损数量明显降低。1 号高炉（第二代）1998 年至 2004 年冷却设备的破损量与 1 号高炉（第一代）同炉龄比较的结果见表 11-9。

表 11-9 宝钢高炉冷却板破损数量

炉 龄	1 年	2 年	3 年	4 年	5 年	6 年	7 年
1 号高炉（第一代）冷却板破损数量/个		12	13	17	67	34	6
1 号高炉（第二代）冷却板破损数量/个	0	0	1	2	0	0	8

G 更换冷却壁

宝钢 3 号高炉于 2004 年 3 月成功地实施了休风降料面，更换了 60 块 S3 段冷却壁，整个过程休风 100.2h。宝钢冷却壁更换技术是将料面降低到需要更换的部位而不是降至风口平面,然后将破损的冷却壁尽可能吊运出来,再安装上新的经过改进后的冷却壁。这种冷却壁更换方式对于高炉恢复炉况操作增加了难度,但可以在最短的时间内把炉况恢复到正常生产水平,把产量损失减少到最低。实施了 S3 段冷却壁整体更换技术后,高炉达到了 $2.6t/(m^3 \cdot d)$ 以上的利用系数。

宝钢高炉的长寿实践证明,高炉寿命涉及高炉设计、耐火材料选择、冷却系统配置、生产操作和炉体维护等许多技术领域,但炉体维护对高炉长寿的作用最为重大。高炉炉体在不同生产条件下出现了新的问题以后,一定要尽快采取有效的技术措施及时处理解决,才能保证高炉生产的稳定顺行和长寿。

11.2.2 宝钢 3 号高炉

11.2.2.1 概述

宝钢 3 号高炉($4350m^3$)是我国自行设计建造的第一座 $4000m^3$ 级巨型高炉,也是当时我国最大的高炉[5],其设备国产化率达到 95% 以上。设计一代炉龄为 12 年,年产铁水 325 万吨。该高炉于 1994 年 9 月 20 日投产,至 2009 年 3 月 31 日,3 号高炉已稳定运行了 15 年 3 个月,累计产铁量超过 5220 万吨,单位容积产铁量已超过 $12000t/m^3$。

11.2.2.2 冷却系统及内衬的设计

A 冷却系统概况及特点

宝钢 3 号高炉炉体采用全冷却壁冷却方式。冷却系统按位置和水管性质分为本体系和强化系两个系统,如图 11-17 所示。本体系的冷却范围为炉缸 H5 段至

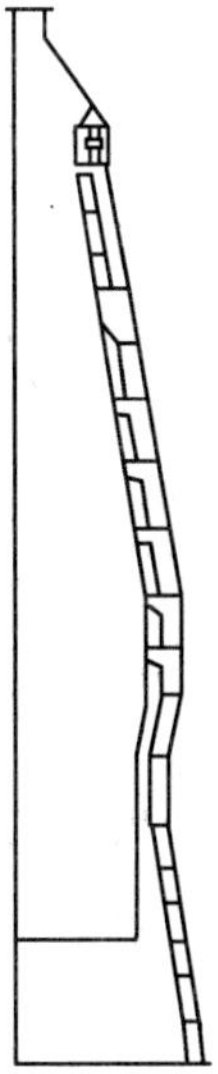

高炉部位	段号	符号	块数	冷却壁形式	本体系	强化系
炉身上部	18	R3	40	光面冷却壁		Z
	17	R2	40			
	16	R1	40			
炉身中部	15	S5	56	镶砖强化冷却壁		J
	14	S4	56			
炉身下部	13	S3	56	镶砖带凸台强化冷却壁	Z	JT
	12	S2	56			SJT
	11	S1	56			
炉腰	10	B3	56			
	9	B2	56			
炉腹	8	B1	56	镶砖强化冷却壁		SJ
风口	7	T	38	光面冷却壁		
	6	H6	52	光面水冷壁		TH
	5	H5	56			
炉底炉缸	4	H4	20	光面横行水冷壁		Z
	3	H3	20			
	2	H2	22			
	1	H1	20			

图 11-17 宝钢 3 号高炉炉体冷却结构

炉身中部 S5 段的直管（Z），圆周方向分 4 个区，分别对应 4 台头部罐。强化系冷却范围包括炉缸 H1 ~ H4 段（Z）、铁口区（TH）、中部各段冷却壁的角部（J）、凸台（T）和背部蛇形管（S）、炉身上部 R1 ~ R3 光面冷却壁直管（Z）的冷却，对应 1 台头部罐。

冷却壁按照各区域的工作条件和工艺要求，采用了不同的结构形式：炉底、炉缸砌筑了导热性良好的炭砖，该部位采用高冷却强度的新式横形冷却壁、铁口冷却壁、风口冷却壁；炉腹、炉腰及炉身中、下部因热负荷高、温度波动大、热震剧烈、碱金属侵蚀严重，工作条件差，采用了新日铁第三代冷却壁，主要特点是增加了角部水管和蛇形管，冷却壁内耐火材料为 SiC 质；炉身上部砌体容易受炉料的磨损以及装料时温度波动而遭到损坏，因此，炉身上部也采用了冷却壁。

B　内衬材质及特点

宝钢 3 号高炉在炉缸及炉底侧壁使用超微孔炭砖，炉墙侧壁采用薄壁热压小块炭砖，中心部位为一般炭砖。炉腹、炉腰和炉身下部采用了国产的氮化物结合的碳化硅砖，其内砌黏土质保护砖。

炉身中部砌筑高铝砖，冷却壁与砌砖紧密接触，以保证对内衬的冷却和利用凸台的支承作用。为了提高焦炭料柱透液性，减少炉缸铁水环流，防止炉缸侧壁呈象脚状侵蚀，宝钢 3 号高炉将死铁层的深度增加到 2985mm，设计了内衬侵蚀、砌体开裂时维护用的灌浆孔，考虑了炉身上部冷却壁损坏后快速更换的预案，从而把高炉内型变化限制在最小限度，为控制炉料分布和煤气分布，为高炉长寿、顺行提供了新的保障措施。2004 年降料线对 S3 段冷却壁进行整体更换时发现，历经 10 年的使用，所有冷却系统中除 S3、S4 段因部分冷却壁破损炉型有所改变外，其余各段仍基本维持了原设计的炉型。

11.2.2.3　长寿维护实践

A　保护炉况长期稳定顺行

保护炉况长期稳定顺行的措施有：

（1）加强原燃料质量管理，严格控制碱金属和锌的入炉量。

精料是高炉稳定顺行的基础，也是实现高炉长寿的基本条件，原燃料质量波动必然会导致炉况不稳，从而损坏炉体砖衬，影响高炉寿命。对于高煤比操作的特大型高炉，保持焦炭质量高且稳定尤为重要。

随着劣质原燃料逐步在宝钢 3 号高炉的推广使用，操作上相应采取了如下措施：烧结矿必须具有足够的冷热强度和良好的还原性，焦炭具有较高的冷热强度（$CSR > 66\%$）、较低的反应性（$CRI < 26\%$）和较大的粒度；通过优化炉料结构，采用高品位烧结矿配加少量球团矿和块矿的炉料结构，尽量不用副原料，以控制较低的渣比；通过加强筛网管理、控制筛出量、提高筛分效果，控制入炉矿的粉末率，改善料柱的透气性，为炉况稳定和长寿奠定了物质基础。

由于碱金属和锌的侵蚀、渗透，会造成砖衬脆裂破损，影响高炉寿命。因此，原燃料的使用综合考虑了高炉长寿的需要，严格控制高碱金属、锌原料的使用量，要求吨铁入炉碱金属的质量分数小于2kg，$w(Zn) < 0.15kg$。

（2）优化操作制度，确保炉况稳定顺行，炉体热负荷稳定适宜。

高炉炉况的稳定顺行，不仅直接影响高炉的各项技术经济指标，而且直接影响高炉炉体的寿命。3号高炉的生产实践证明，炉体砖衬损坏的主要原因是受热应力波动的影响。当遇到局部的煤气流冲击（如发生管道行程时），炉墙砖衬温度场发生较大的波动，导致热应力对砖衬的破坏，并加剧了水管的破损。3号高炉开炉初期由于设备故障频繁、大量使用外购焦、操作制度需要逐渐摸索等原因，炉况一度顺行欠佳，经常出现崩滑料、管道行程，炉墙黏结物脱落频繁，炉温波动大，加剧了冷却壁水管的破损，对高炉长寿带来了很大的危害。针对3号高炉投产后气流分布不稳定、经常出现崩滑料、炉温波动大的现象，1997年8月对布料档位进行了较大的调整，主要是矿石布料向中心平移（如图11-18所示），并适当扩大矿批，调整合理料线，使边缘、中心的煤气量比率相对稳定，保证了高炉良好的透气性，煤气流分布明显改善，炉墙热负荷趋于稳定，崩滑料和悬料次数明显减少（图11-19），煤气利用率由原来的50%左右提高到51%~52%，

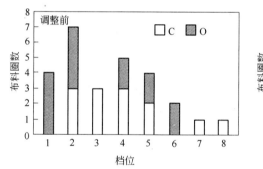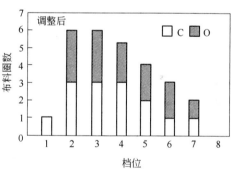

图11-18　布料档位调整前后的布料情况

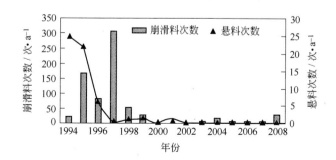

图11-19　宝钢3号高炉炉况稳定性统计

炉况稳定顺行。同时，在日常操作中力求减少低料线、休减风等现象，避免煤气流急剧变化，减少渣皮脱落，减少热应力对砖衬的破坏作用，保护冷却壁水管，为延长炉体寿命创造了条件。

  B 改进冷却系统

  3 号高炉在冷却系统设计和耐火材料选择进行了许多改进，但随着高炉冶炼强度的逐步提高，仍然出现了冷却强度不够、水质难以控制、冷却壁水管较早出现破损等问题。针对冷却系统存在的问题进行了一系列优化改造，以提高冷却强度，延长高炉寿命[6]。这些措施包括：

  (1) 提高水量水压及冷却强度。

  3 号高炉投产初期，本体系和强化系各采用 2 台水泵运行，1 台水泵备用，冷却水流量分别为 2200m^3/h、1400m^3/h，水速为 1.5m/s，冷却强度不足，水温差偏高。尤其在炉况出现波动、炉墙黏结物大面积脱落的情况下，强化系的水温差经常超出设计标准，导致投产不久后冷却壁凸台水管出现大量破损。1996 年 7 月对水系统进行技术改造，本体系和强化系各增加 1 台水泵，采用 3 台水泵运行，1 台水泵备用（见表 11-10），本体系水量增加到 3500m^3/h，强化系水量增加到 1800m^3/h，水速由 1.5m/s 提高到 2.5m/s，冷却强度提高，在正常生产条件下，本体系水温差下降 1.5℃，强化系水温差下降 0.8℃，冷却壁水管破损趋势逐步减缓。

表 11-10 冷却壁系统调整前后参数比较

项 目	强 化 系		本 体 系	
	调整前	调整后	调整前	调整后
水泵数/台	2 用 1 备	3 用 1 备	2 用 1 备	3 用 1 备
水压/MPa	0.85	1.02	0.58	0.44
流量/$m^3 \cdot h^{-1}$	1400	1800	2200	3500

  (2) 增设脱气罐，提高脱气功能。

  3 号高炉冷却系统原设计中，没有脱气罐，仅靠头部罐进行脱气，脱气效果不好，加上系统漏水，大量补水使水质难于控制，造成水管氧化腐蚀、生成锈垢，影响传热，最终导致冷却壁破损。1997 年 3 月在本体系和强化系分别增设了 2 台脱气罐，强化系的脱气效果良好，但本体系的脱气罐位于头部罐数米以下，脱气能力较弱。为此，2001 年又增设了 4 个高于头部罐的卧式脱气罐，本体系水质显著改善，水中含氧量明显下降。

  (3) 优化水处理技术，改善水质。

  1999 年以前，3 号高炉采用亚硝酸盐防腐剂和非氧化性杀菌剂等药剂，效果不理想。经分析研究，使用亚硝酸盐和钼酸盐的混合型防腐剂，提高防腐效果，同时增加除氧剂，除去水中溶解的氧，此外，在正常使用非氧化性杀菌剂的基础上，定期投加含溴氧化性杀菌剂，有效去除了水中的微生物。增设脱气罐和优化水处理后，3 号高炉冷却壁纯水水质得到了显著的改善，pH 值和钼酸根离子稳定，本体系的总铁下降明显，2002 年以来纯水中总铁一直控制在安全线以下，没有因总铁超标而大量置换纯水，从而保护了冷却壁水管，同时也使水系统运行成本明显下降。

C　加强炉体维护

3 号高炉开炉初期由于水量小、水速低、冷却强度不足，S3~S5 段冷却壁制造工艺存在缺陷，铸铁本体容易开裂使水管暴露在高温环境中（2004 年 S3 段整体更换后解剖分析证明了这一点），加之大喷煤操作，使得炉身中部成为最薄弱环节。对此，一方面通过调整操作参数，确保炉况稳定顺行以及热负荷稳定适宜，减少热应力对炉体砖衬破坏；另一方面采取安装微型冷却器、人工造壁、硬质泥浆压入、冷却壁更换等技术加强炉体维护。具体措施如下：

（1）安装微型冷却器。

3 号高炉于 1997 年开始在冷却壁上钻孔安装微型冷却器，先后在 B2、B3、S1、S2、S3 段安装了 855 根微型冷却器。安装微型冷却器，有效增大了冷却壁的冷却强度。研究表明，影响冷却壁温度的首要因素是渣壳厚度，安装微型冷却器后，由于形成稳定的渣皮保护层，在冷却壁本体上黏结渣皮厚度约为 15mm 左右，相同条件下的球铁冷却壁最高温度可降低 1/3，使冷却壁热负荷降低约 25%（如图 11-20 所示），有利于保护冷却壁，减少水管破损，从而延长了高炉的寿命。

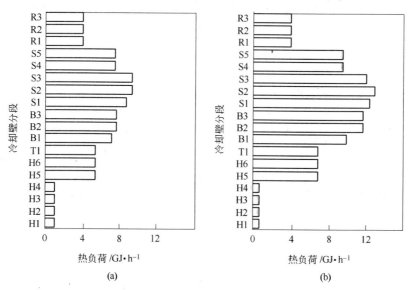

图 11-20　宝钢 3 号高炉安装微型冷却器前后各段冷却壁热负荷对比

（a）安装冷却器后；（b）安装冷却器前

3 号高炉对微型冷却器实行周期管理，利用定修更换破损及虽未破损但使用时间较长的微型冷却器，至今已经更换了 1019 根破损或者已超期的微型冷却器（如图 11-21 所示）。安装微型冷却器为稳定炉身冷却强度起到了保障作用。

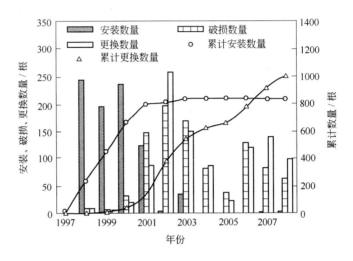

图 11-21 宝钢 3 号高炉微型冷却器安装、破损、更换情况

（2）整体更换冷却壁。

由于 3 号高炉 S3 段部分冷却壁水管破损严重，导致冷却强度严重不足，炉皮温度高，限制了产能，因此 2004 年 3 月整体更换了 S3 段 56 块冷却壁，并在短时间内恢复了正常生产[7]。S3 段冷却壁在线快速整体更换的成功为炉役后期炉况顺行、炉体长寿创造了有利的条件。

S4 段冷却壁也出现部分水管破损和铸铁本体脱落现象，部分区域炉皮温度偏高，参照处置 S3 段冷却壁的经验，于 2009 年 5 月对 S4 冷却壁进行了整体更换。

（3）实施人工造壁。

S3 段冷却壁更换以后，S4 段冷却壁成为薄弱环节，部分铸铁本体出现了脱落，仅靠炉皮维持，该部位温度容易升高。针对这一问题，对该部位进行炉壳开孔安装锚固件，并压入硬质料进行人工造壁，经调查确认吸附在炉壳上的硬质料厚度约 150mm，达到了预期的效果。人工造壁形成后，利用定修再安装长度较短的微型冷却器，提高该部位的冷却强度，较好地解决了炉壳发红的问题。

（4）消除炉体泄漏点，加强炉壳温度监控。

炉体部位煤气泄漏，存在安全隐患，对炉体砖衬和炉壳造成损害。3 号高炉坚持每逢定修对炉体泄漏部位进行焊补，消除煤气泄漏点。同时，坚持对炉壳表面进行红外线测温，加强炉壳温度变化趋势的管理。对温度较高的重点部位重点监测，通过报警系统及时提醒操作人员采取措施控制炉壳温度。3 号高炉投产以后，只发生过两次炉壳发红现象。

D 加强炉缸炉底维护

3 号高炉自投产以来炉缸状态总体良好，炉缸侧壁温度安全受控。但随着炉龄的延长，炉缸部分出现侵蚀，炉缸侧壁温度总体呈上升趋势，因此加强炉缸维护非常重要。

3 号高炉投产初期，炉缸冷却水量为 680m³/h，水速为 1.5m/s，冷却水量和水压低，冷却强度相对不足，造成炉缸水温差偏高。1996 年 7 月强化系增加一台水泵运行，水量水压增加，炉缸的冷却强度得到明显提高，炉缸水温差下降 0.3℃。炉缸气隙是影响炉缸有效传热、导致铁口区域容易出现侵蚀的关键因素。3 号高炉通过定修期间有计划地更换铁口保护砖，进行铁口压浆，消除铁口区域煤气泄漏，避免气隙的扩大，提高了炉缸的有效传热[8]。维护好铁口工作状况，保证打泥量，保证铁口深度，是确保炉缸长寿的关键技术。为了适当延长出铁时间，减少出铁次数，减少铁水环流对炉缸侧壁的冲刷，3 号高炉随着炉龄的延长，铁口深度相应提高到 3.8 ± 0.2m、每次出铁时间控制在 140min 左右，日均出铁次数控制在 12 次左右。此外，为了保证打泥量、稳定铁口深度，加强了铁口泥套维护，减少铁口冒泥；加强泥炮管理，发现泥炮活塞环与炮筒间隙变大时，则及时更换，避免返泥。为防止冷却设备破损向炉内漏水，3 号高炉加强了对炉顶煤气成分中 H_2 含量、冷却壁纯水补水曲线、风口中套、风口小套给排水流量差的监控，一旦发现水管破损，立即进行有效的处理[9]。

11.2.2.4 宝钢 3 号高炉长寿的启示

宝钢 3 号高炉的长寿技术实践可以得到如下启示：

（1）合理的冷却系统设计是高炉顺行、长寿的前提，3 号高炉根据炉体各区域的工作条件和要求，设计了不同的冷却结构，采用了新型冷却壁。另外，设计时考虑了炉役后期的维护，为高炉长寿提供了保障。操作上采取了安装微型冷却器、人工造壁、压浆、喷补、更换冷却壁等措施，有效地保证了炉况稳定顺行。

（2）加强入炉原燃料管理是保持炉况稳定顺行和长寿的基础，必须做到入炉原燃料质量合格，严格控制碱金属和锌的入炉量。

（3）保持炉况稳定顺行，控制热负荷稳定适宜，降低休风率，避免煤气流的急剧变化以及减少热应力对砖衬的破坏作用，为延长炉体寿命创造条件；同时冷却系统应保持足够的冷却强度，改善并稳定纯水水质，减少水管的锈蚀和破损，避免冷却系统过早损坏。

（4）高炉炉底炉缸维护非常重要，重点是要做好铁口区的维护，保证打泥量和铁口深度；同时，减少冷却壁和封口漏水，加强冷却系统监控，确保炉缸侧壁温度安全受控。

11.2.3 武钢 5 号高炉

11.2.3.1 概述

武钢 5 号高炉（3200m³）于 1991 年 10 月 19 日建成投产，连续生产了 15 年 3 个月，期间没有进行中修和停炉喷补造衬，累计生产生铁 3550.91 万吨，一代炉役单位容积产铁 10996t/m³，高炉长寿指标达到了国际先进水平[10]。5 号高炉一代炉役的主要技术经济指标见表 11-11。

表 11-11 武钢 5 号高炉第一代主要技术经济指标

时间	利用系数 /t·m⁻³·d⁻¹	产量 /万吨·年⁻¹	焦比 /kg·t⁻¹	煤比 /kg·t⁻¹	风量 /m³·min⁻¹	风温 /℃	富氧率 /%	熟料率 /%	TFe /%	休风率 /%	炉顶压力 /kPa
1991	1.073	24.45	590.5	—	3212				53.80	5.14	104
1992	1.424	165.95	533.8	31.5	4941	1034	—		55.19	3.07	152
1993	1.718	200.20	486.9	69.4	5843	1088	0.06	88.29	57.89	5.05	187
1994	1.829	213.22	471.6	77.9	5902	1130	1.09	92.78	57.97	4.90	191
1995	1.812	192.22	478.4	82.8	6001	1133	1.33	88.72	57.91	4.64	188
1996	1.572	183.46	478.5	79.5	5313	1075	1.368	89.25	57.76	5.56	168
1997	2.082	233.03	429.1	99.5	6133	1136	1.213	87.15	57.91	3.53	199
1998	2.189	245.16	412.9	108.2	6224	1130	1.433	87.71	58.36	1.51	207
1999	2.160	241.90	405.9	120.0	6274	1125	1.568	87.29	58.52	2.36	210
2000	2.185	245.41	398.7	122.1	6283	1102	1.520	87.75	58.67	2.66	208
2001	2.229	249.67	396.6	123.3	6285	1104	1.588	87.54	59.17	2.28	204
2002	2.313	258.98	386.7	124.1	6357	1107	1.551	89.41	59.71	1.90	208
2003	2.216	248.14	376.1	136.2	6138	1104	2.179	90.53	60.03	3.20	204
2004	2.115	237.43	378.0	131.1	6081	1097	1.959	90.92	60.13	3.02	204
2005	2.252	250.74	361.6	152.0	6297	1096	2.692	88.78	59.58	2.2	215
2006	2.306	258.24	318.7	178.9	6333	1115	2.807	91.02	58.92	3.10	217
2007	2.218	102.72	308.3	183.2	6363	1117	2.743	91.02	58.77	3.38	216
累计		3550.91									

20 世纪 90 年代以前建设的武钢高炉寿命短，一代炉役期间需要进行 2~3 次中修。为延长高炉寿命，武钢在球墨铸铁冷却壁、微孔炭砖等领域进行了长期的研究工作，并应用于 5 号高炉建设。武钢引进了卢森堡 PW 公司的软水密闭循环冷却技术和无钟炉顶技术，对实现 5 号高炉长寿起了关键作用。

5 号高炉（第一代）生产期间，在原燃料条件相对较差的情况下，通过对引进设备的消化、吸收和创新，逐渐探索出了比较适宜的高炉操作制度，经济技术指标不断改善。尤其是炉役后期，不断刷新了历史记录，2002 年 5 月高炉平均利用系数达到 2.313t/(m³·d)，2006 年全年平均煤比达到 181.2kg/t，单月最高煤比达到 210kg/t。

5 号高炉一代炉役期间未进行中修，也未在炉役后期进行降料面喷补造衬。由于在高炉长寿方面采取了综合措施，5 号高炉一代炉役生产期间冷却壁热负荷均处于受控状态，冷却壁水管总计 3136 根，只有 80 根垂直水管损坏漏水，损坏率为 2.6%。炉缸炉底内衬和冷却壁温度都未出现长时间超标现象，也未出现炉壳发红与开裂。

11.2.3.2 设计中采用的长寿技术

A 设计目标及采用的先进设备和耐火材料

5 号高炉是我国自行设计、建设和调试的大型高炉，当时的设计目标是在不进行中修的条件下，高炉寿命达到 10~12 年，一代炉役平均利用系数达到 2.0t/(m³·d)。

5 号高炉建设时，引进了当时世界先进的炼铁技术和设备，包括水冷无料钟炉顶、INBA 法炉渣粒化装置、软水密闭循环冷却系统、高温内燃式热风炉陶瓷燃烧器、圆形出铁场、TRT 余压发电、高性能轴流式鼓风机、TDC3000 集散控制系统等 8 项设备，引进了法国 AM102 型微孔炭砖，还采用了武钢自主开发的球墨铸铁冷却壁以及烧成微孔铝炭砖、磷酸浸渍黏土砖等优质耐火材料。

B 优化高炉内型

5 号高炉采用了武钢 4 号高炉开发成功的水冷炭砖薄炉底技术，死铁层深度由武钢其他高炉的 1.1m 左右加深到 1.9m，适当加大炉缸高度和直径，缩小炉身角、炉腹角与高径比，以提高强化水平，为高炉在一代炉役期间保持合理的操作内型奠定了基础。

C 炉体采用全冷却壁结构，采用武钢自主开发的球墨铸铁冷却壁

5 号高炉是国内第一座从炉底到炉喉钢砖以下全部采用球墨铸铁冷却壁的高炉，共设计 17 段冷却壁。球墨铸铁冷却壁全部由武钢自主开发研制，具有伸长率高（δ>20%）和抗拉强度高（σ_b>400MPa）等特点。1~5 段为光面冷却壁，6~17 段为镶砖冷却壁。6~7 段为炉腹区域，热负荷最高，采用双层冷却水管结构，背部为蛇形管。为支撑炉体砖衬，8~15 段冷却壁设计了带水冷管的凸台结构。17 段冷却壁内不砌砖衬，与条形炉喉钢砖相连接，如图 11-22 所示。冷却壁固定采用滑动点和浮动点相结合的特殊工艺，可以消除冷却壁受热变形切断冷却水管的隐患。冷却壁水管采用了特制的防渗碳涂料，能有效地防止水管渗碳，并确保水管与铸体不黏连。

D 采用软水密闭循环冷却系统

5 号高炉引进了卢森堡 PW 公司的软水密闭循环冷却技术，以消除冷却水管结垢、提高冷却能力和节约用水。冷却系统分为冷却壁、风口区、炉底区 3 个相

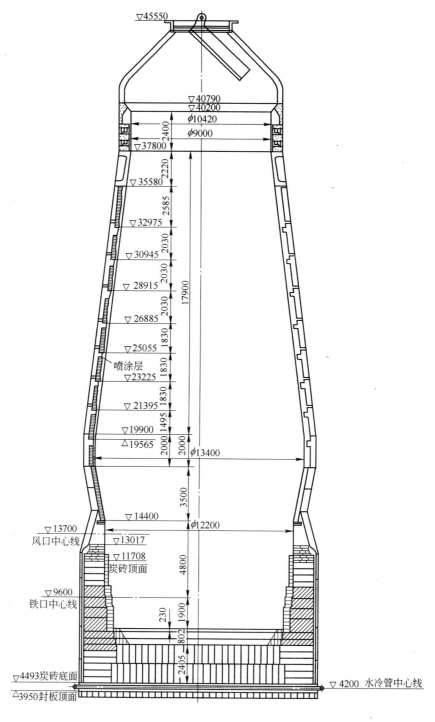

图 11-22　武钢 5 号高炉（第一代）炉体结构

互独立的子系统，各子系统都设有脱气罐、膨胀罐，可有效消除"气塞"现象，保证各部位的冷却强度。

E 炉衬采用优质耐火材料

炉身上部采用磷酸浸渍黏土砖，炉身中部采用烧成微孔铝炭砖，炉腰和炉身上部采用 Si_3N_4-SiC 砖，炉缸炭砖以上至风口区及炉腹区采用硅线石砖，炉缸下部砌筑 7 层法国 AM102 型微孔炭砖，炉缸上部砌筑 4 层普通炭砖，炉底上部砌筑 2 层高铝砖，下部采用 2 层国产普通炭砖，炉底砖衬厚度为 3.2m，为水冷炭砖薄炉底结构。

11.2.3.3 高炉操作及维护

高炉的长寿设计和良好的施工质量只是实现长寿的基础，实现长寿目标则必须从高炉投产开始就重视操作维护，5 号高炉为延长高炉寿命，在操作上主要采取了以下措施。

A 保持软水密闭循环冷却系统正常运行

武钢 5 号高炉是国内第一座成功应用软水密闭循环冷却系统的高炉。在消化引进技术的基础上进行改进，创造出一套行之有效的软水密闭循环冷却系统操作管理方法。

高炉炉役后期，炉衬出现不规则侵蚀，局部冷却壁水管损坏，为此将冷却壁水量适当增加。如开炉初期水量为 $4410m^3/h$，2002 年后提高到 $5800m^3/h$，水温差由原来的 3℃左右降到 1.8℃，热负荷低于 10000MJ/h。提高冷却强度有利于形成稳定的渣皮，对保护冷却壁具有明显效果。

B 改善炉料质量

5 号高炉投产初期设备故障较多，20 世纪 90 年代初原燃料质量差，经常影响生产，以致技术经济指标较差。2002 年开始提高进口球团矿配比，由 16% 提高到 24%，到 2003 年入炉品位提高到 60%，熟料率提高到 90%，炉料理化性能和冶金性能都有了明显提高。同时改进了筛分设备，提高了筛分效率，将入炉粉末降低到 3% 以下，此时原燃料供给平衡情况也大大改善，减少了原料质量的波动，为 5 号高炉长期稳定、顺行、高效、长寿提供了重要保证。

C 控制煤气流分布，保持合理炉型

5 号高炉的操作方针是打通中心，维护一定的边缘气流，高炉布料始终遵循这一原则。具体做法是矿焦布料最大角度相同，维持 20% 左右的中心加焦量，必要时还配合下部调剂，以获得合理的煤气分布。

高炉操作保护冷却壁主要通过调节控制煤气流分布，维持合理的炉型来实现。具体做法是控制冷却壁的温度、进出水温差和冷却壁的热流强度。实践表明，球墨铸铁冷却壁的温度不得较长时间大于 200℃，否则冷却壁热面温度可能超过 400℃，引起球墨铸铁冷却壁变质。在正常情况下，5 号高炉 6 段（炉腹）

和 8 段（炉腰）的冷却壁温度变化能敏感地反映炉衬热面渣皮的形成与脱落的炉型变化。根据经验 6 段冷却壁温度控制在 100~200℃，8 段冷却壁温度控制在 80~130℃，冷却壁系统热负荷稳定有利于炉况顺行。

D   加强出铁出渣管理

维护好铁口，出尽渣铁直接关系到高炉的强化及长寿。铁口过深时铁水对炉底冲击大，炉底侵蚀会加快；铁口过浅则渣铁排放不净，对铁口周围冷却壁的安全产生威胁。5 号高炉铁口深度一般维持在 3m 左右。

E   对损坏的冷却壁进行修复处理

高炉后期局部出现冷却壁垂直水冷管烧坏，1997 年开发成功冷却壁水管修复技术，采用插入金属软管修复损坏的冷却壁水管，使用效果很好，有效延长了冷却壁的使用寿命。从高炉投产到停炉大修的近 16 年期间，只有炉腹区域的 80 根冷却垂直水管损坏，损坏率只有 2.5%。这为炉役后期的强化冶炼提供了保障，并有效延长了高炉寿命。

F   采用钒钛矿护炉

5 号高炉投产 2 年后，1993 年 5 月至 6 月，炉底第一层炭砖温度升高到 610~650℃。为此采用了钒钛矿护炉。钒钛矿使用量占入炉总量的 2.5% 左右，生铁含钛量维持在 0.10%~0.15%。半月后炉底热电偶温度下降到 550℃ 左右。此后采用增减钒钛矿入炉量的方式将炉底第二层热电偶最高温度控制在 600~700℃，保证了安全生产，延长了炉缸炉底的使用寿命。

11.2.3.4   武钢高炉长寿技术的进展

武钢在总结 5 号高炉长寿技术的基础上进一步发展了高炉长寿技术，包括炉身下部、炉腰、炉腹及炉缸采用铜冷却壁，炉腹、炉腰和炉身采用薄壁炉衬，仅在冷却壁上镶砖，冷却壁内不砌砖衬，改进炉缸炉底结构等。为总结高炉长寿经验，2006~2007 年借高炉大修之机对 4 号和 5 号高炉进行了全面的破损调查研究，研究了进一步提高高炉寿命新途径。

A   薄壁炉身和铜冷却壁的采用

5 号高炉（第一代）炉腹、炉腰和炉身都砌筑 300~345mm 砖衬，下部为 Si_3N_4-SiC 砖，炉身中部为烧成微孔铝炭砖，上部为磷酸浸渍黏土砖。根据生产实际观察，炉身中下部砖衬 2~3 年全部侵蚀消失，上部使用时间稍长。以后的 10 年多高炉完全依靠冷却壁维持生产，5 号高炉停炉观察炉腹以上冷却壁仍保持完好。由于对炉缸采用铜冷却壁的必要性尚有一些争议，武钢根据高炉破损调查认为，提高炭砖导热系数，提高冷却强度，可以将炭砖环裂带向炉内推移。经计算炭砖导热系数达到 20W/(m·K)，采用铜冷却壁，环裂带可以推移到距冷却壁 1m 的区间，这样可基本消除炉缸环裂的产生。因为炉缸环裂的产生主要是 K、Na、Zn 等有害物质渗入炭砖，生成 K_2CO_3、Na_2CO_3、ZnO、沉积炭的过程中产生膨胀破坏炭砖，其反应温度为 800~1000℃。强化冷却可以将 800~1000℃ 的温度区间向炉内推移，因而可有效防止炭砖环裂的产生。

B 炉缸内衬结构的改进

2004 年以前，武钢高炉一直采用全炭砖炉缸炉底结构，炉底炭砖上部砌筑 2 层高铝砖，一直未采用炉缸陶瓷杯内衬结构，近年来出现以下变化：

（1）2004 年 7 月 16 日新建的 6 号高炉开始采用陶瓷杯结构。

（2）2006 年 6 月 28 日投产的 7 号高炉采用陶瓷杯结构，炉缸采用铜冷却壁。

（3）为提高冷却强度，解决炭砖与冷却壁之间炭素捣料导热系数低，严重影响传热的问题，在靠近冷却壁处砌筑 200mm 厚的高导热小块炭砖。小块炭砖与冷却壁间只留 2mm 左右的泥浆缝，小块炭砖与大炭砖之间留 80mm 炭捣料层。武钢分析认为，这种设计结构对提高炉缸冷却强度十分有利，5 号高炉（第二代）炉缸炉底内衬结构如图 11-23 所示。

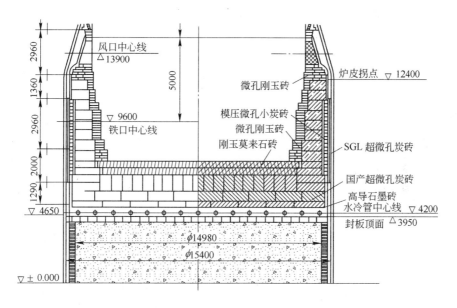

图 11-23 武钢 5 号高炉（第二代）炉缸炉底内衬结构

（4）炉缸直径扩大 200mm，死铁层深度加深到 2.3m，进一步减薄炉底砖衬厚度，总厚度减薄到 2.8m。

C 新型优质耐火材料的开发应用

在武钢 6、7、4、5、8 号高炉新建和大修中采用了新开发的性能指标先进的耐火材料，在武钢 7 号高炉使用的炭砖、陶瓷杯用砖性能指标检验结果见表 11-12。

表 11-12 武钢 2 号高炉用炭砖及陶瓷杯砖性能检验结果

项　目		单　位	德国超微孔炭砖（平均）	兰州超微孔炭砖（平均）	五耐模压小炭砖（平均）	吉林石墨炭砖（平均）	微孔刚玉砖
灰　分		%	22.52	23.03	—	0.21	—
体积密度		g/cm³	1.66	1.68	1.74	1.72	3.21
显气孔率		%	16.52	16.95	12.62	13.59	10.08
耐压强度		MPa	55.75	43.59	32.13	32.80	207.26
抗折强度		MPa	15.55	9.79	10.01	14.55	—
氧化率		%	10.14	5.97	4.12	8.53	—
铁水熔蚀指数		%	26.96	29.47	19.46	34.83	0.79
透气度		mDa	0.55	0.46	1.37	36.87	0.94
平均孔径		μm	0.157	0.099	0.13	1.47	0.116
<1μm 孔容积			76.81	82.41	79.64	47.27	87.17
固定碳		%	—	—	—	99.59	—
Al₂O₃		%	—	—	—	—	82.18
Fe		%	—	—	—	—	0.47
炉渣侵蚀率		%	—	—	—	—	4.89
导热系数	室温	W/(m·K)	18.65	19.13	18.32	111.92	7.25
	200℃		—	—	—	90.79	—
	300℃		20.05	20.89	20.03	82.96	4.83
	600℃		21.59	22.97	21.43	—	3.61
	800℃		21.19	21.97	20.68	—	—
抗碱性	原耐压强度	MPa	55.75	43.59	32.13	32.80	207.26
	原耐压强度	MPa	58.37	56.54	48.04	33.12	285.17
	强度变化率	%	+4.88	+29.70	+49.90	+1.09	+37.59
	体积变化率	%	5.54	2.89	2.94	0.78	1.64
	试样外观		微裂纹	无裂纹	无裂纹	无裂纹	无裂纹
评　价			优（U）	优（U）	优（U）	优（U）	优（U）

　　武钢高炉炉缸炉底用的进口超微炭砖、国产超微孔炭砖、石墨砖、微孔刚玉砖、模压小炭砖的理化性能指标优良，特别是导热系数、平均孔径、小于 1μm 孔容积、抗碱性等主要指标均属国际先进。特别是炭素捣打料的导热系数已达到 20W/(m·K)。武钢新建高炉设计寿命预计将达到 20 年以上，这些优质耐火材料为实现新高炉的长寿目标奠定了良好的基础。

　　D　针对风口区冷却壁损坏采取的措施

采用铜冷却壁以后，随着高炉冶炼的强化，武钢 1 号、6 号和 7 号高炉先后出现了风口区冷却壁损坏的新问题。虽然对损坏的冷却壁进行了修复，但这个薄弱环节不得到彻底解决，势必影响高炉寿命。经分析出现这样的问题是设计上存在缺陷，在4号高炉第三代、5号高炉第一代大修时对风口冷却壁的设计，炉腹冷却壁和风口区冷却壁的连接处采取了改进措施，在制造工艺上进行了改进，炉腹冷却壁增加凸台，增加风口区砖衬的厚度，提高了风口区冷却壁抵抗高温侵蚀的能力。通过以上措施取得了明显的效果，4号、5号高炉大修投产以后冷却壁未出现损坏，8号高炉在风口区还采用了铜冷却壁。

武钢在5号高炉取得长寿经验的基础上，创新发展了高炉长寿技术。主要包括薄壁炉衬结构，炉缸新型结构，铜冷却壁的应用，球墨铸铁冷却壁的开发应用，超微孔炭砖、微孔炭砖、微孔刚玉砖等优质耐火材料的开发应用，软水密闭循环冷却系统应用以及高炉操作、高炉维护的长寿经验等。这些新技术将在武钢多座设计寿命15~20年以上的新建和大修的高炉上经受历史的考验。

武钢在4号、5号高炉的破损调查研究中还发现：

（1）锌对高炉炉衬有严重的侵蚀破坏作用，比K、Na的危害更大；

（2）在使用高导热系数炭砖和强化冷却的条件下，炉缸炉底有可能生成石墨加炉渣的保护层，对炭砖具有很好的保护作用，有可能是形成永久性炭砖炉衬的重要条件；

（3）在炭砖导热系数提高的条件下，很多高炉投产后2~3年甚至几个月，炉缸炉底温度突然升高到900℃以上甚至高达1050℃，针对这种问题一般都立即采用钒钛护炉，造成一代高炉护炉时间过长，有必要对此进行深入研究，降低护炉成本；

（4）武钢将进一步研究巩固现有超微孔炭砖的质量，并开发导热系数更高的新型超微孔炭砖。

11.2.4 首钢4号高炉

1991年首钢4号高炉原地扩容大修，高炉容积由1200m³扩大到2100m³，于1992年5月15日建成投产。为了成功举办2008年北京奥运会，首钢北京厂区进行减产，4号高炉于2007年12月31日停炉，在高炉无中修的条件下，一代炉役寿命达到15年7个月，累计产铁量达到2638万吨，一代炉役单位容积产铁量达到12560t/m³，4号高炉停炉时炉体状况依然良好。

11.2.4.1 设计上采用的高炉长寿技术

A 优化高炉炉型

根据首钢原燃料条件和首钢高炉生产经验，矮胖型高炉稳定性好，易于强化冶炼，因此4号高炉扩容大修改造设计时，在有效容积扩大的同时，高径比（H_u/D）由原来的2.769降低到2.242。相应炉腹角缩小到80°24′04″，较小的炉腹角将有利于在炉腹和炉腰部位形成稳定的渣皮，提高炉腹和炉腰冷却壁的寿命。死铁层加深到 1600mm，以减轻铁水环流。设有 28 个风口，2 个铁口，1 个渣口（高炉实际生产中并未采用）。

B 选用优质耐火材料

在炉缸炉底侵蚀最严重的象脚状侵蚀位置，采用了美国 UCAR 公司生产的 NMA 小块热压成型炭砖。NMA 具有优异的导热性、抗渗透性和抗碱性，其导热性是国产普通大块炭砖的 2 倍多，渗透性只有后者的 5%，砖块尺寸小，能防止应力断裂，高导热性促使在热面形成保护性渣皮。

1992 年 4 号高炉大修停炉时进行了破损调查，结果表明，炉腹、炉腰和炉身下部位置是热流强度最大、侵蚀最严重的部位。所以此处紧贴冷却壁的耐火材料使用了 Si_3N_4-SiC 砖，靠近炉内的部分选用高密度黏土砖，Si_3N_4-SiC 导热性好（导热系数约 23W/(m·K)），抗热震性、抗碱性和抗氧化性良好，这种导热性优良的砖衬与合理的冷却形式结合，可形成较为稳定的保护性渣皮[11]。

C 采用第三代冷却壁

4 号高炉第 6~15 段冷却壁采用第三代冷却壁结构形式，为双排管冷却。炉腹第 6、7 段冷却壁不设凸台，第 8 段以上设有凸台，冷却壁 4 根前排管单进单出，避免了因单根水管烧坏而引起整块冷却壁损坏的问题。前排管、后排管和凸台管分别为独立的冷却系统，冷却壁材质为高韧性球墨铸铁 QT400-18。冷却壁由首钢自行设计制造，冷却壁抗拉强度实际达到 380~415MPa，伸长率达到 21%~30%，冷却壁芯部取样（深度 500~550mm）伸长率也大于 15%，全部达到设计要求。

D 软水密闭循环冷却系统

首钢用工业水水质较硬，总硬度 320.3mg/L（按 $CaCO_3$ 计），暂时硬度 275.2mg/L。工业水水温超过 40℃时水质失去稳定性，产生钙镁离子沉淀，在冷却水管内壁形成水垢，使热阻增加，传热效率下降，冷却壁因壁体温度升高而被烧坏。所以 1992 年 4 号高炉大修改造设计，第 5 段以上的冷却壁均采用软水密闭循环冷却系统，以改善冷却水质，延长高炉寿命[12]。

11.2.4.2 操作上的技术措施

A 保持合理的煤气流分布

4 号高炉的生产大致分为两个阶段。第一阶段为 1992 年投产至 1995 年，此阶段由于过分追求高强度冶炼，加之外购焦炭质量极差，且极不稳定，被迫增加焦比，依靠发展边缘、增加鼓风量来提高产量，高炉顺行状况极差，这一时期为 4 号高炉生产不稳定期。第二阶段为 1995 年以后，这一时期为 4 号高炉的稳定生产期。主要是高炉操作时控制煤气流的中心发展，抑制边缘煤气流过分发展，疏通中心、抑制边缘，通过炉料分布控制，使煤气流分布合理，促进高炉顺行。

B 长期稳定的钛化物护炉

对于因炉缸局部侵蚀引起的冷却壁冷却水温差和热流强度升高的问题，所能采取的措施是增加 TiO_2 入炉量进行护炉，同时通过提高炉缸冷却水水压而增加炉缸冷却强度。从 1993 年 10 月开始，4 号高炉开始使用钛渣护炉，并将炉缸第 2、3 段冷却壁由常压水改为高压水，以增大炉缸冷却壁冷却强度。1996 年 6 月之前，4 号高炉加钛渣一直是根据炉缸热流强度变化间断加入，实践证实这种护炉方法效果不佳。1996 年 6 月以后，改用钛矿（钛球）护炉，在热制度方面强调铁水保持足够的物理热和化学热水平，树立了长期护炉的技术思想，TiO_2 负荷稳定在 5~7kg/t，铁水中 [Ti] 为 0.08%~0.12%，以确保炉缸钛化物沉积保护层稳定，使炉缸冷却壁水温差不断降低，保证了炉缸的安全生产。

11.2.4.3 加强炉体冷却系统的管理

4 号高炉炉缸第 1~5 段冷却壁冷却介质为工业水，水质差、硬度高，水中悬浮物大于 20mg/L（不含机械杂质）。为了保证冷却效果，采取措施的重点是防止并处理水管结垢和堵塞，主要措施包括：（1）设置 10 台电动过滤器，定期清理杂物，防止管道阻塞；（2）进水温度夏季低于 32℃，出水不高于 45℃；（3）保持正常水压供水，维持合理流速；（4）炉缸冷却壁每半年酸洗 1 次，清除冷却水管内壁结垢，降低系统热阻，改善传热过程，提高冷却水量和冷却效率。

11.2.4.4 应用炉衬喷补技术

4 号高炉炉喉高度只有 2m，在高炉深料线操作时，炉身上部至炉喉钢砖下沿无冷却区炉墙直接受到炉料冲击和煤气流冲刷、损坏严重，导致高炉操作炉型不规则、煤气流分布不稳定且难以控制。针对这种情况，采用了高炉炉衬热喷补技术。每次炉衬喷补之后，高炉的技术指标都有明显改善。

11.2.4.5 监测技术

为了满足高炉长寿和生产的需要，炉体各部位都装有热电偶，以定性分析炉体侵蚀程度，同时为高炉炉内调整提供参考。1996 年 5 月，利用 4 号高炉休风检修的机会，在第 9 段、第 11 段和第 12 段冷却壁高度安装了 12 点的 QHCZ-Ⅱ型高炉炉墙厚度在线监测系统，可对喷补炉衬的侵蚀情况进行定量实时监测。

11.2.4.6 首钢 4 号高炉长寿启示

首钢 4 号高炉长寿技术实践得到如下启示：

（1）采用优质的耐火材料和高韧性球墨铸铁双排管冷却壁是 4 号高炉实现的长寿基础；

（2）软水密闭循环冷却系统和严格的冷却系统管理保证了炉体具有足够的冷却强度；

（3）长期稳定顺行的炉况是延长高炉寿命的必要条件和关键，采取两条通路的煤气流分布与首钢当时的原燃料条件是相适应的，有利于高炉长寿；

（4）定期及时地进行热炉衬喷补，既能延长高炉冷却壁寿命，又可使高炉长期高产低耗。

11.2.5 首钢1号、3号高炉

首钢1号高炉于1993年进行移地新建，高炉有效容积由原来的576m³扩容到2536m³，该高炉于1994年8月9日建成投产，是我国第一座采用引进法国SAVOIE公司陶瓷杯的高炉。1992年首钢3号高炉进行移地新建，高炉容积由原来的1036m³扩大到2536m³，于1993年6月3日建成投产。2010年6月曹妃甸首钢京唐钢铁厂工程建成投产后，按照北京市城市规划要求，首钢关闭北京地区钢铁厂。因此，首钢1号、3号两座高炉于2010年12月20日停产，尽管两座高炉均已运行15年以上，但停产时炉体状况依然良好，两座高炉均在没有进行中修的条件下，获得了高炉长寿的实绩，超过了高炉的设计目标。首钢1号高炉一代炉役寿命达到16年5个月，累计产铁量为3380万吨，高炉单位容积产铁量达到13328t/m³；首钢3号高炉一代炉役寿命达到17年7个月，累计产铁量为3548万吨，高炉单位容积产铁量达到13991t/m³。

11.2.5.1 高炉内型

A 矮胖炉型的设计

在总结当时国内外同类容积高炉内型尺寸的基础上，根据首钢的原燃料条件和操作条件，以适应高炉强化生产的要求，设计了矮胖炉型，其炉型参数见表11-13。首钢3号高炉的高径比为1.985，是当时同类级别高炉高径比最小的高炉，引起了国内外炼铁工作者的广泛关注和大讨论，引领了高炉矮胖炉型的发展，也为高炉矮胖炉型的设计奠定了坚实的基础。

表11-13 国内几座2500m³级高炉内型尺寸比较

项 目	单位	首钢 1、3号高炉	迁钢 1、2号高炉	鞍钢 7号高炉	宝钢不锈钢厂 2号高炉	唐钢 3号高炉	武钢 4号高炉	本钢 5号高炉
有效容积 V_u	m³	2536	2650	2580	2500	2560	2516	2600
炉缸直径 d	mm	11560	11500	11500	11100	11000	11200	11000
炉腰直径 D	mm	13000	12700	13000	12200	12200	12200	12880
炉喉直径 d_1	mm	8200	8100	8200	8200	8300	8200	8200
死铁层高度 h_0	mm	2200	2100	2004	2300	2200	2004	1900
炉缸高度 h_1	mm	4200	4200	4100	4100	4600	4500	4300
炉腹高度 h_2	mm	3400	3400	3600	3600	3400	3400	3600
炉腰高度 h_3	mm	2900	2400	2000	2000	1800	1900	2000
炉身高度 h_4	mm	13500	16600	17500	17400	17500	17400	17000

项　目	单位	首钢 1、3 号高炉	迁钢 1、2 号高炉	鞍钢 7 号高炉	宝钢不锈钢厂 2 号高炉	唐钢 3 号高炉	武钢 4 号高炉	本钢 5 号高炉
炉喉高度 h_5	mm	1800	2200	2300	2000	2000	2300	2000
有效高度 H_u	mm	25800	28800	29500	29100	29300	29500	28900
炉腹角 α		78°02′36″	79°59′31″	78°13′54″	81°18′49″	79°59′31″	81°38′02″	75°57′49″
炉身角 β		79°55′09″	82°06′42″	82°11′27″	83°26′34″	83°38′30″	83°26′34″	82°17′42″
风口数	个	30	30	30	30	30	28	28
铁口数	个	3	3	3	3	3	2	3
风口间距	mm	1211	1204	1204	1162	1152	1257	1234
H_u/D		1.985	2.268	2.269	2.385	2.402	2.418	2.243
V_1/V_u	%	17.38	16.29	15.16	15.50	16.96	17.10	15.31

B　加深死铁层深度

实践证实，高炉炉缸炉底象脚状异常侵蚀的形成，主要是由于铁水渗透到炭砖中，使炭砖脆化变质，再加之炉缸内铁水环流的冲刷作用而形成的。加深死铁层深度，是抑制炉缸象脚状异常侵蚀的有效措施。死铁层加深以后，避免了死料柱直接沉降在炉底上，加大了死料柱与炉底之间的铁流通道，提高了炉缸透液性，减轻了铁水环流，延长了炉缸炉底寿命。理论研究和实践表明，死铁层深度一般为炉缸直径的 15% ~ 20%。

C　适当加高炉缸高度

高炉在大喷煤操作条件下，炉缸风口回旋区结构将发生变化。适当加高炉缸高度，不仅有利于煤粉在风口前的燃烧，而且还可以增加炉缸容积，以满足高效化生产条件下的渣铁存储，减少在强化冶炼条件下出现的炉缸"憋风"的可能性。近年我国已建成或在建的大型高炉都有炉缸高度增加的趋势，高炉炉缸容积约为有效容积的 16% ~ 18%。

D　加深铁口深度

铁口是高炉渣铁排放的通道，铁口区的维护十分重要。研究表明，适当加深铁口深度，对于抑制铁口区周围炉缸内衬的侵蚀具有显著作用，铁口深度一般为炉缸半径的 45% 左右。这样可以减轻出铁时在铁口区附近形成的铁水涡流，延长铁口区炉缸内衬的寿命。

E　降低炉腹角

降低炉腹角有利于炉腹煤气的顺畅排升，从而减小炉腹热流冲击，而且还有助于在炉腹区域形成比较稳定的保护性渣皮，保护冷却器长期工作。现代大型高炉的炉腹角一般在80°以内，本钢5号高炉（2600m³）炉腹角已降低到75.37°。国内几座2500m³级高炉内型尺寸比较见表11-13。

11.2.5.2 炉缸炉底内衬结构

实践证实，高炉炉缸炉底的寿命是决定高炉一代寿命的关键，受到国内外炼铁工作者的高度重视。

炉缸、炉底内衬的破损是一个综合侵蚀过程，有热化学侵蚀、机械磨蚀和热应力破损。因而，用于炉缸炉底内衬的碳质耐火材料必须具有很高的抗铁水渗透性、导热性和抗化学侵蚀性等。而且必须改进炉缸内衬的设计结构，采用合理的设计结构和新型优质耐火材料，设计与之相匹配的冷却系统，抑制象脚状异常侵蚀和炉缸环裂，延长高炉寿命。

目前，国内外炉缸炉底内衬结构的主流模式是"碳质炉缸＋综合炉底"结构和"碳质＋陶瓷杯复合炉缸炉底"结构两种技术体系。这两种炉缸炉底结构体系在首钢高炉上均有实践业绩，首钢2号（1726m³）、3号（2536m³）、4号（2100m³）高炉均采用热压炭砖—综合炉底结构（见图11-24），首钢1号高炉（2536m³）是热压炭砖—陶瓷杯组合式炉缸炉底结构（见图11-25）[13]。首钢1号、3号高炉的容积和内型参数都相同，在原燃料条件、设备条件、操作条件基本相同的情况下，采用两种不同的炉缸炉底内衬结构体系，在首钢搬迁、高炉停产的要求下，两座高炉均于2010年12月停产，一代炉役寿命分别达到了16.5年和15.4年，实践证实了这两种炉缸炉底内衬设计体系在高炉上应用均获得了成功。

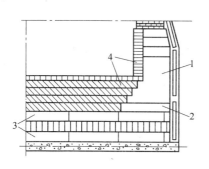

图11-24 首钢2号高炉炉缸炉底内衬结构
1—热压小块炭砖 NMA；2—大块炭砖；
3—炉底满铺炭砖；4—高铝砖

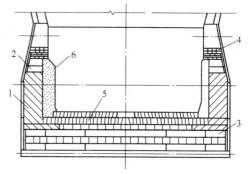

图11-25 首钢1号高炉炉缸炉底内衬结构
1—热压小块炭砖；2—大块炭砖；3—炉底满铺炭砖；
4—高铝砖；5—陶瓷垫；6—陶瓷杯壁

首钢高炉炉底陶瓷垫与炭砖的总厚度为2800mm。风口、铁口区域设计采用刚玉莫来石组合砖，提高其稳定性和整体性。炉腹、炉腰、炉身下部区域采用美国 UCAR 热压炭砖 NMD 和高密度黏土砖组合砌筑；炉身中上部采用高密度黏土砖及高铝砖。

炉缸长期处于渣铁的浸泡及冲刷作用下，极易发生炉缸耐火材料的异常侵蚀，只有导热能力良好的炭砖和合理的冷却相结合，才能形成理想的1150℃等温线。炉缸工作表面形成稳定的渣铁保护层则是炉缸长期稳定工作的保证，利用渣铁保护层把炙热的铁水与炉缸、炉底耐火内衬隔离开，实现高炉的长寿。

高炉炉缸的薄弱环节更多体现在炉缸侧壁的异常侵蚀，炉底由于采用了导热能力良好的炭砖及采用水冷的冷却形式，炉底的长寿问题基本得到解决，炉缸侧壁的长寿成为炉缸长寿的制约环节，炉缸工作状态下降及炉缸圆周工作不均匀都易导致炉缸侧壁的异常侵蚀，所以炉缸长寿是在确保炉缸有效传热的基础上，提高炉缸工作状态的活跃性，减少铁水在炉缸内的环流，减少炭砖的直接侵蚀，保持一定的炉缸侧壁残余炭砖厚度，实现炉缸侧壁的长寿[14]。

11.2.5.3 冷却器

冷却器设计的长寿技术思想是：（1）改善冷却介质，采用软水（纯水）密闭循环冷却系统；（2）采用新型高效冷却器；（3）采用优质耐火材料。这是高炉长寿的必要条件。当然，高质量的施工、合理的操作对于高炉长寿也同样重要。应该指出，高效冷却器对高炉长寿的作用不可忽视，国内外高炉长寿实践已充分证明了这一点。

首钢高炉全部采用冷却壁结构，在选择高炉各部位的冷却壁形式时考虑了以下因素：

（1）炉缸、炉底区域。此部位的热负荷虽然较高，但比炉腹以上区域的热负荷要小，并且温度波动较小，在整个炉役中冷却壁前的炭砖衬能很好地保存下来，使冷却壁免受渣铁的侵蚀，因此在炉底炉缸部位（包括风口带）均采用导热系数较高的灰铸铁（HT200）光面冷却壁，共设5段冷却壁。

（2）高炉中部。这一区域跨越了炉腹、炉腰及炉身下部，是历来冷却壁破损最严重的部位。由于砖衬不能长期地保存下来，冷却壁表面直接暴露在炉内，受到剧烈的热负荷作用和冲击、渣铁侵蚀、强烈的煤气流冲刷和炉料的机械磨损等，所以要求此区域的冷却壁有较高的热力学性能及较强的冷却能力。设计时采用了第三代双排管捣料型冷却壁，壁体材质为球墨铸铁（QT400-18），共设6段，炉腰及炉身下部冷却壁带凸台。

（3）高炉中上部。此区域的冷却壁寿命主要受炉料的磨损、煤气流的冲刷及碱金属的化学侵蚀，并承受较高的热负荷，所以设计时采用了镶砖型带凸台冷却壁，壁体材质为球墨铸铁（QT400-18），镶砖材质为黏土砖，共设4段冷却壁。

（4）在炉身上部至炉喉钢砖下沿，增加1段C形球墨铸铁水冷壁，水冷壁直接与炉料接触，取消了耐火材料内衬。

11.2.5.4 高炉冷却系统

根据首钢多年的实践得出采用先进的炉缸炉底结构的同时要特别注意炉缸炉

底炭砖的选用,强化炉缸炉底冷却,加强检测监控。关键部位选用高导耐侵蚀的优质炭砖,其言外之意就是强化冷却,所以在冷却水量上要节约而不要制约,在冷却流量的设计能力上要考虑充分的调节能力,冷却流量控制应根据生产实践的实际情况实施,从而达到节能降耗的目的,而不能在设计能力上过分炫耀冷却水量小,说明设计先进,从而导致调节能力不足,在检测到炉缸炉底温度或热负荷异常时诸多措施难以实施。

首钢高炉炉底水冷管、炉缸冷却壁(1~5段)、C形冷却壁、风口设备采用工业净水循环冷却,其中炉底水冷管,第1、4、5段冷却壁,风口大套采用常压工业水冷却,水压为0.60MPa(高炉±0.000平面);为强化冷却能力,第2、3段冷却壁采用中压工业净水循环冷却,压力为1.2MPa(高炉±0.000平面)。风口中、小套采用高压工业净水循环冷却,压力为1.7MPa(高炉±0.000平面)。第2、3段冷却壁位于炉缸炉底交界处,即象脚状异常侵蚀区,故在此处强化冷却能力,采用中压工业净水循环冷却。炉腹以上冷却壁(C形冷却壁除外)采用软水密闭循环冷却。

20世纪80年代末期,我国高炉开始采用软水密闭循环冷却技术,经过不断地改进和完善,软水密闭循环冷却技术已日趋完善,并成为我国大型高炉冷却系统的主流发展模式。

A 首钢1号高炉软水密闭循环冷却系统工艺流程

首钢1号高炉软水密闭循环冷却系统供炉腹到炉身上部的6~15段冷却壁冷却,设有加压循环泵5台(3用2备),工作中循环泵发生事故时,备用泵能自动启动。软水通过两根DN600mm供水主管送到炉体平台汇集到DN700mm的供水总环管中,再分成四路,其中两根DN400mm供水环管供冷却壁本体前排管用水;一根DN350mm供水环管供冷却壁后排管及第12~15段冷却壁凸台管用水,一根DN300mm供水环管供第8~11段冷却壁凸台管用水。冷却壁配管按前排管、后排管和凸台管分成单系统,自下而上连接。在高炉上部对应设有回水环管(DN400mm两根、DN350mm一根、DN300mm一根),冷却回水经4根回水环管汇集到两根DN600mm的回水主管上,每根回水主管上串联一个脱气罐($9.1m^3$),最后经两根DN600mm的管道沿管桥经空冷器回到软水泵房。

软水系统的补水作为辅助系统单独设立,补水经过补水泵加压后,供到软水泵房中的膨胀罐联管上。系统补水是通过膨胀罐的水位变化来控制补水泵的启动和停止。

B 首钢1号高炉软水密闭循环冷却系统的主要参数

首钢1号高炉软水密闭循环冷却系统的主要参数包括:

(1)设计热流强度。由于炉体各部位工作条件不同,冷却元件受热状况差异很大，其热流强度大小也十分悬殊，炉腹至炉身下部的热流强度极大，在炉役后期热流强度更高，而且受生产操作的影响，热流强度分布也极不均匀。根据首钢多年的生产实践和现场实测数值统计，并参照国内外有关资料，为确保整个高炉炉役的安全生产，首钢 1 号高炉炉腹以上冷却壁的设计热流强度详见表 11-14。

（2）系统循环水量。根据不同子系统分别计算其循环水量，计算公式如下：

$$M = qS/(1000c\Delta t) \tag{11-1}$$

式中 M——循环水流量，m^3/h；

q——平均热流强度，$kJ/(m^2 \cdot h)$；

c——水的质量热容，$4.1868kJ/(kg \cdot ℃)$；

S——冷却壁总的传热面积，m^2；

Δt——软水进出水温差，℃。

经计算系统的总循环水量设计为 $3450m^3/h$，其中前排管系统为 $2200m^3/h$，后排管系统为 $740m^3/h$，凸台管系统为 $510m^3/h$。炉体循环水量计算结果详见表 11-14。

表 11-14 首钢 1 号高炉炉体软水密闭循环冷却系统工艺参数

序号	冷却元件	受热面积 /m²	热流强度		热负荷		水温差 /℃	循环水量 /m³·h⁻¹
			kJ/(m²·h)	kW/m²	kJ/h	kW		
一、冷却壁前排管								
1	第 6 段冷却壁	59.39	146540	40.705	8.703×10^6	2.417×10^3	0.95	2188
2	第 7 段冷却壁	62.19	146540	40.705	9.113×10^6	2.531×10^3	1	2177
3	第 8 段冷却壁	62.23	167470	46.520	10.422×10^6	2.895×10^3	1.15	2165
4	第 9 段冷却壁	62.23	167470	46.520	10.422×10^6	2.895×10^3	1.15	2165
5	第 10 段冷却壁	74	167470	46.520	12.393×10^6	3.442×10^3	1.35	2193
6	第 11 段冷却壁	70.67	146540	40.705	10.356×10^6	2.877×10^3	1.15	2151
7	第 12 段冷却壁	66.14	146540	40.705	9.692×10^6	2.692×10^3	1.06	2184
8	第 13 段冷却壁	62.99	126500	34.890	7.912×10^6	2.198×10^3	0.86	2197
9	第 14 段冷却壁	59.85	104670	29.075	6.264×10^6	1.74×10^3	0.7	2137
10	第 15 段冷却壁	56.7	83740	23.260	4.748×10^6	1.319×10^3	0.52	2181
	合　计	636.39			90.025×10^6	25.01×10^3	9.89	2174

续表 11-14

序号	冷却元件	受热面积/m²	热流强度 kJ/(m²·h)	热流强度 kW/m²	热负荷 kJ/h	热负荷 kW	水温差/℃	循环水量/m³·h⁻¹
二、冷却壁凸台管								
1	第 8 段冷却壁	20.27	272140	75.595	5.516×10^6	1.532×10^3	2.58	510
2	第 9 段冷却壁	20.27	272140	75.595	5.516×10^6	1.532×10^3	2.58	510
3	第 10 段冷却壁	20.06	272140	75.595	5.516×10^6	1.516×10^3	2.56	509
4	第 11 段冷却壁	19.13	251210	69.780	4.806×10^6	1.335×10^3	2.25	510
	合 计	79.13			21.297×10^6	5.915×10^3	9.97	510
三、冷却壁后排管及凸台管								
1	第 6 段后排管	59.39	50240	13.956	2.984×10^6	0.829×10^3	0.97	735
2	第 7 段后排管	62.19	50240	13.956	3.124×10^6	0.868×10^3	1.01	739
3	第 8 段后排管	62.23	58615	16.282	3.648×10^6	1.013×10^3	1.18	738
4	第 9 段后排管	62.23	58615	16.282	3.648×10^6	1.013×10^3	1.18	738
5	第 10 段后排管	74	58615	16.282	4.338×10^6	1.205×10^3	1.4	740
6	第 11 段后排管	70.67	50240	13.956	3.55×10^6	0.986×10^3	1.15	737
7	第 12 段凸台管	18.33	167470	46.520	3.07×10^6	0.853×10^3	1	733
8	第 13 段凸台管	17.43	146540	40.750	2.554×10^6	0.71×10^3	0.83	735
9	第 14 段凸台管	16.53	125600	34.890	2.076×10^6	0.577×10^3	0.67	740
10	第 15 段凸台管	18.04	104670	29.075	1.888×10^6	0.525×10^3	0.61	739
	合 计	461.04			30.88×10^6	8.579×10^3	10	738
	总 计	1177.16			142.202×10^6	39.5×10^3		3422

注：1. 第 6 段至第 11 段双排管冷却壁的热负荷，前排管承担约 75%，后排管承担约 25%；

2. 热流强度按高炉炉役后期平均热流强度设计。

（3）冷却水温度。高炉软水冷却系统中，冷却元件的进出水温差是一个很重要的参数，如果水温差设计过高，循环水量虽可减少，但水温升得过高，易在局部区域汽化，产生汽塞而使冷却元件烧损；而水温差设定过低，使循环水冷却能力得不到充分发挥，造成浪费。根据国外经验，系统水温差应控制在 10℃ 以下，所以首钢 1 号高炉软水密闭循环冷却系统中水温差设计为小于或等于 10℃，进水温度 55℃，回水温度在炉役初期为 62℃、后期为 65℃。

（4）冷却水压。高炉软水密闭循环冷却系统中，循环水泵的扬程就是系统的总阻力损失，并考虑一定的富裕能力。经计算整个软水系统的阻损为 0.35MPa 左右，其中工艺管道的阻损为 0.15MPa，最后设计选用的水泵扬程为 56m。另外，为防止高炉煤气渗漏进入冷却水中，必须保持各部位冷却元件的水压大于炉内煤气压力，一般高 0.1MPa 左右，因此设定膨胀罐内的氮气压力为 0.36MPa。

（5）软水系统水速和管径。软水系统水速和管径见表 11-15。

表 11-15 首钢 1 号高炉冷却回路水量分配及冷却水速

项 目	冷却管数/根	管径/mm	流量/m³·h⁻¹		流速/m·s⁻¹
			单管	总量	
冷却壁前排管	4×44=176	φ60×6	12.5	2200	1.92
冷却壁后排管	2×44=88	φ54×6	8.4	740	1.69
第 8~11 段冷却壁凸台管	44	φ54×6	11.6	510	2.32
合 计				3450	

（6）膨胀罐和脱气罐容积的确定。脱气罐的容积按水流速度由 1.64m/s 降到 0.24m/s，并保证罐内汽水分离时间（水在脱气罐停留时间约 18s），设计脱气罐容积为 9.1m³（罐体内径 φ1600mm）。膨胀罐容积设计为 9.2m³，罐体内径上部 φ800mm、下部为 φ1800mm，全高为 5550mm。系统内循环水受热膨胀的体积 4.5m³，氮气充填体积为 0.7m³，水的储存容积为 4m³。

（7）补水量的确定。补水量按系统总循环水量的 0.3% 考虑，设计定为正常补水量为 10m³/h，紧急补水量为 35m³/h。

11.2.5.5 高炉长寿的监测技术

A 炉缸水温差自动监测技术研究

实现实时采集监测炉缸冷却水温差与热流强度变化，才能对炉缸工作状态进行正确判断，并据此做出相应的高炉上下部调剂、护炉措施及产量调节，以保证生产的顺利进行，延长高炉的使用寿命，达到长寿和高效的统一。

首钢高炉开发了高炉炉缸冷却壁水温及侵蚀在线监测系统。为生产过程中高炉炉内状况和操作提供有效的参考及指导。

B 炉腹、炉腰、炉身下部水温差自动监测技术研究

3 号高炉冷却系统上分为 3 段：即炉缸工业水冷却系统、炉体（第 6~12 段）工业水冷却系统和炉体（第 13~15 段）软水密闭循环冷却系统。随着高炉服役时间延长，焦炭负荷和冶炼强度的提高，矮胖型高炉的炉体边缘煤气流不易控制逐渐显露，且炉体工业水冷却系统设计能力较弱等原因，炉身中下部第 9~12 段冷却壁易出现烧损，影响高炉长寿和炉况顺稳运行。

2010 年 2 月在 3 号高炉炉腰及炉身下部第 9、10、11 段冷却壁开发、安装无线数字高精度测温探头，水温采集模块、数据处理模块及通讯模块，冷却水管流量在线采集系统，建立无线自动测温系统。通过无线自动测温系统，能够实时采集冷却壁冷却水水温差与冷却水流量，计算冷却壁的水温差及热流强度和热负荷；创建生产过程中这些参数的数据库并实时存储数据等功能，为判断炉内炉墙侵蚀及结厚变化、合理调整冷却参数提供了重要依据。

11.2.5.6　高炉长寿的强化维护技术

A　喷补造衬技术研究

为减缓炉体的破损,高炉定期对炉内风口以上至炉喉位置进行喷补造衬,随着对历次经验的总结、分析,由降料面停炉至开炉恢复的操作技术日臻完善,实现了停开炉的定量化操作,为高炉喷补造衬工作的顺利进行奠定了坚实的基础。2008 年 1 号、3 号高炉喷补检修前后生产指标对比见表 11-16。

表 11-16　2008 年 1 号、3 号高炉喷补检修前后生产指标对比

高　炉		平均日产量 /t·d⁻¹	焦比 /kg·t⁻¹	煤比 /kg·t⁻¹	风温 /℃	利用系数 /t·m⁻³·d⁻¹
1 号高炉	检修前	6185	340	139	1177	2.44
	检修后	6542	325	135	1152	2.58
3 号高炉	检修前	5959	334	100	1100	2.35
	检修后	6738	329	142	1150	2.66

B　冷却壁更换技术

2004 年 6 月,3 号高炉更换第 9 ~ 12 段冷却壁及 8 段 5 块冷却壁;2008 年 7 月,3 号高炉更换第 8 ~ 13 段冷却壁。高炉降料面至风口带,停炉,拆除破损的冷却壁后更换新冷却壁,之后对炉内风口以上至炉喉位置进行喷补造衬,冷却壁更换消除了炉体长寿的薄弱环节,使炉体破损部位的冷却能力得到有效加强,为高炉的长寿及强化冶炼奠定了基础[15]。

C　冷却壁穿管修复技术研究

少量冷却壁的损坏,如果采用中修更换的方式,将浪费大量的人力、物力、财力,而冷却壁不做处理,向炉内大量漏水或往炉外泄漏煤气都对高炉安全顺稳生产大为不利。为避免破损冷却壁向高炉内漏水,维护高炉各向冷却均匀,研究开发具有推广价值的冷却壁穿管修复技术在首钢得到的广泛的应用,为首钢高炉高效长寿奠定了坚实的外围设备基础。

11.2.5.7　加钛护炉技术研究应用

现代高炉强化冶炼程度较高,尤其是处于炉役末期的高炉,含钛料的加入应成为炉缸维护的日常措施,长期连续加入含钛料,控制适宜的 TiO_2 加入量,这样一方面可在炉缸内部形成黏度较高的保护层,减缓铁水对炉缸的冲刷侵蚀,另一方面可在炉缸侵蚀处及时形成高熔点的 TiC、TiN 及 Ti(C,N) 的聚集物,避免炉缸炉底内部发生连续性侵蚀。首钢高炉 TiO_2 加入量在 5.5 ~ 8.5kg/t 时,炉况稳定顺行,各项经济技术指标基本持平[16]。

首钢高炉加钛护炉综合技术是根据首钢高炉炉料结构,测定不同含钛炉料在不同钛负荷下组成的含钛炉料结构的冶金性能，以及采集首钢炼铁厂高炉现场炉渣，进行现场终渣和实验室配渣的流动性能测试研究。通过首钢高炉冶炼条件的适宜含钛炉料、适宜含钛炉料结构和适宜钛负荷的研究分析，得出在首钢高炉炉料结构的基础上，选定若干组不同含钛炉料在不同钛负荷下的炉料组成，测定这些含钛炉料结构的冶金性能。根据测定结果，选择合适的含钛炉料和钛负荷。

首钢高炉冶炼条件的适宜炉渣结构和适宜的渣中 TiO_2 含量的研究是以首钢高炉现阶段的炉渣结构为基础，选定炉渣高 Al_2O_3 含量情况下，测定不同碱度、不同 MgO 含量、不同 Al_2O_3 含量以及不同 TiO_2 含量的实验室配渣的黏度，以研究碱度和 TiO_2 含量对炉渣黏度的影响。根据测定结果，选择 TiO_2 含量较高且流动性能较好的炉渣成分作为首钢高炉的炉渣结构，通过控制渣中 TiO_2 含量来控制钛负荷，以满足炉缸维护要求的钛负荷。

首钢高炉加钛护炉综合技术为首钢末期高炉生产提供了理论依据，以实验室研究为指导，在实践中不断完善总结，取得了良好护炉效果，确保了高炉在炉役末期仍能保持较高水平的生产。

11.3 现代高炉长寿技术的发展方向

有研究结果表明，预计到 21 世纪中期，高炉炼铁技术仍将是炼铁工业的主流工艺[17]。延长高炉寿命仍有许多课题需要研究，高炉长寿技术仍是现代高炉炼铁工艺的核心关键技术。随着高炉炼铁技术进步和相关行业的快速发展，更先进的工艺、技术、设备和材料也将陆续问世，在 21 世纪为进一步延长高炉寿命创造条件。

高炉大型化、高效化、现代化、长寿化仍将是 21 世纪高炉炼铁技术的重要发展方向，而且相互支撑、相互促进。以高炉大型化带动高炉长寿化，以高炉长寿化促进高炉大型化，将是未来高炉炼铁技术发展的显著特征。进入 21 世纪以来，高炉炼铁工艺再次受到自然资源短缺、能源供给不足以及环境保护等方面的制约，面临着较大的发展问题。面对当前严峻的形势和挑战，21 世纪高炉炼铁工业要实现可持续发展，必须在高效长寿、优质低耗、节能减排、循环经济、低碳冶炼、清洁环保等方面取得显著突破，高炉长寿是保障高炉炼铁技术实现可持续发展的重要技术支撑[18]。

21 世纪高炉炼铁技术的发展目标是：

（1）高炉燃料比不大于 500kg/t，先进高炉燃料比应不大于 480kg/t；入炉焦比应不大于 300kg/t，先进高炉焦比应不大于 280kg/t；煤比不小于 180kg/t，先进高炉煤比应达到 200~250kg/t，喷煤率达到 45%~50%。

（2）高炉有效容积利用系数达到 2.0~2.3t/（m³·d），炉缸面积利用系数达到 60~65t/（m²·d）；原燃料条件好、技术装备水平高的大型高炉应达到或超过

2.5t/(m³·d)，炉缸面积利用系数达到65~70t/(m²·d)。

（3）在不中修的条件下，高炉一代炉役寿命不少于15年，高炉一代炉役单位容积产铁量应达到10000~15000t/m³；技术装备水平高、原燃料条件好的大型高炉，一代炉役寿命要力争达到20年以上，高炉单位容积产铁量达到15000t/m³以上；热风炉寿命要大于或等于一代高炉寿命。

（4）热风温度达到1200~1250℃，大型高炉风温应达到1250~1300℃。

（5）高炉富氧率达到3%~5%，先进高炉富氧率应达到5%~10%。

现代高炉长寿技术的核心，是构建高炉"无过热、低应力、自保护"的炉体内衬和冷却体系，在一代炉役期间，使高炉保持具有合理操作内型的"永久性炉衬"，高炉一代炉役寿命达到上述目标。为了构建高炉一代炉役期间具有合理操作内型的永久性炉衬，高炉长寿技术路线图可以表述为：在高炉设计方面，高炉合理内型—无腐蚀无结垢冷却水—无过热低应力冷却器—无过热低应力炉衬；在高炉操作维护方面，精料—炉料分布控制—煤气流分布控制—炉体冷却与热负荷管理—渣铁流动控制—保持合理操作内型。对于运行的高炉，通过控制合理的煤气流分布、炉体热负荷分布和炉缸渣铁流动，抑制或减缓高温煤气和液态渣铁对冷却器和内衬的侵蚀破坏，以最大限度延长高炉寿命。对于高炉炉腹以上区域，必须构建高效的冷却体系，使冷却器在高炉峰值热负荷的条件下仍能可靠工作，依靠保护性渣皮形成"永久性炉衬"以延长高炉冷却器使用寿命，与此同时，使高炉在一代炉役期间长期保持合理的操作内型，从而使高炉操作保持稳定顺行。对于高炉炉缸炉底区域，必须构建合理内衬与高效冷却协同的集成体系，合理内衬与高效冷却两者相互依存、缺一不可。高质量、高性能的炭砖及其合理的炉缸炉底内衬设计结构至关重要，高效可靠的炉缸炉底冷却系统也是不可或缺，其核心是最大限度地抑制炉缸炉底的异常侵蚀，从而控制炉缸炉底内衬均匀破损，也是要达到使高炉获得合理操作内型的目标。构建高效的炉缸炉底内衬与冷却系统的协同功能，形成无过热—低应力—自保护的"永久性炉缸炉底内衬"，同样是在炉缸炉底内衬热面形成稳定的保护性渣铁壳，从而抑制或减缓耐火材料内衬的侵蚀破损。显而易见，高炉炉缸炉底区域与炉腹以上区域的长寿技术原理是完全相同的，只是对于炉缸炉底区域还要着重关注耐火材料内衬的功能和作用，在一代炉役期间必须维持一定厚度的耐火材料内衬，因此必须择优选用高质量、高性能的耐火材料，而且还必须采用合理的内衬设计结构与冷却系统。

综上所述，现代高炉长寿技术的发展方向可以概括为以下几个方面：

（1）利用现代技术设计合理的高炉内型，为高炉一代炉役期间获得合理的操作内型奠定基础。

（2）在高炉设计中推广应用软水或纯水密闭循环冷却技术，实现并确保高炉在一代炉役期间冷却水无腐蚀无结垢。

（3）设计开发并研制应用新一代高效无过热冷却器。高炉冷却器的选用和配置，应依据高炉不同区域的热负荷状态和工况环境，通过传热学计算对不同区域的冷却器材质、结构以及冷却参数进行优化，实现冷却器的冷却能力与高炉不同区域热状态的自动耦合匹配，例如，在高炉炉缸侧壁采用铸铁冷却壁，关键部位还可以采用铜冷却壁；在炉腹、炉腰和炉身下部，采用铜冷却壁或铜冷却板；炉身中上部采用球墨铸铁冷却壁。通过冷却器功能的解析与集成，实现冷却器结构优化、功能优化和效率优化，确保高炉运行过程中冷却壁热面温度低于其安全工作温度，在冷却器或炉衬的热面形成能够达到动态平衡的稳定且具有合理厚度的"自保护"渣皮或渣铁壳。冷却器的制造质量进一步提高，铸铁冷却壁或铸铜冷却壁要严格防止冷却壁基体和冷却水管之间存在气隙。冷却器的力学性能、传热性能应进一步提高。

（4）采用精准无线数字化检测元件实现对高炉各区域冷却壁水温差热负荷的在线检测，采用传热学"正、反问题"相结合的方法实现对高炉操作内型、渣皮黏结厚度、热面温度的智能监测，依据监测诊断结果优化高炉操作，控制煤气流合理分布，实现高炉操作稳定顺行和炉体长寿。针对不同容积、不同设计结构、不同装备水平、不同原燃料条件、不同冶炼操作模式的高炉，制定适合其高炉自身特点的合理热负荷和操作内型管理标准和体系。

（5）进一步完善现代高炉炉缸炉底设计理论。运用传热学、流体力学、材料学理论，优化高炉炉缸炉底设计，对炉缸炉底耐火材料选择和匹配进行优化。将炉缸炉底耐火材料内衬的热面温度控制在1150℃侵蚀线以下，进而形成可动态生成的"自保护"渣铁壳。开发研制并应用具有优异的导热性、抗铁水渗透性、抗碱金属侵蚀性的新型炭砖也将是未来炭素材料行业的重点课题；用于炉缸炉底的陶瓷质材料也将进一步提高质量和性能。

（6）进一步研究解析高炉炉缸渣铁排放及风口回旋区工作过程。未来高炉将进一步降低燃料消耗、增加喷煤量、提高风温和富氧率，入炉焦比将在现有基础上进一步降低，高炉燃料结构也将发生较大的变化。在未来的高炉冶炼条件下，高炉风口回旋区工作状态和传输理论的研究将成为普遍关注的重点，高炉大喷煤条件下，炉缸渣铁流动、炉缸透气性与透液性以及死焦柱行为的研究也将取得新的成果。基于上述高炉冶炼工艺过程的理论研究成果，高炉设计以及高炉操作将会在现有的基础上有所创新。

参 考 文 献

[1] 鹿岛3号高炉保持最佳操作[C]. Ironmaking Conference Proceedings, 1988.
[2] 小林敬司, 等. 高炉长寿技术[N]. 川崎制铁技报, 1993 - 04.
[3] 张龙来, 金觉生, 居勤章. 宝钢大型高炉长寿生产实践[J]. 炼铁, 2010, 29(2): 23 ~ 27.

[4] 金觉生. 宝钢高炉长寿命实践[J]. 炼铁，2005，24（增刊）：30~35.

[5] 梁利生，沈峰满，魏国，等. 宝钢3号高炉长寿技术实践[J]. 钢铁，2009，44(11)：7~11.

[6] 居勤章. 宝钢高炉冷却系统的改造与优化[J]. 炼铁，2005，24(增刊)：70~75.

[7] 施科. 宝钢3号高炉冷却壁更换技术[J]. 炼铁，2005，24(增刊)：92~95.

[8] 金觉生. 宝钢高炉长寿新技术的开发与应用[J]. 炼铁，2005，(1)：1~5.

[9] 梁利生，陈俊，张龙来. 宝钢3号高炉炉役后期稳产高产生产实践[J]. 2009，28(3)：1~4.

[10] 宋木森，于仲洁，熊亚非，等. 武钢高炉长寿技术实践[C]//中国金属学会，2008年全国炼铁生产技术会议暨炼铁年会文集，2008：849~853.

[11] 张福明，刘兰菊. 新型优质耐火材料在首钢高炉上的应用[J]. 炼铁，1994，(3)：22~25.

[12] 张福明，王颖生. 首钢高炉长寿技术的设计与实践[J]. 钢铁，1999，34(增刊)：251~254.

[13] 张福明. 首钢高炉炉缸内衬的设计与实践[C]//中国金属学会炼铁专业委员会，高炉长寿及快速修补研讨会论文集，1999：164~169.

[14] 张福明. 热压炭砖—陶瓷杯技术在首钢1号高炉上的应用[J]. 炼铁，1996，15(2)：11~15.

[15] 马洪斌，张贺顺. 首钢高炉长寿的实践[J]. 钢铁研究，2010，38(2)：38~42.

[16] 毛庆武，张福明，姚轼，等. 首钢高炉高效长寿技术设计与应用实践[J]. 2011，30(5)：1~6.

[17] 张寿荣，于仲洁. 武钢高炉长寿技术[M]. 北京：冶金工业出版社，2009：227~231.

[18] 张福明. 21世纪初巨型高炉的技术特征[J]. 炼铁，2012，31(2)：1~8.

冶金工业出版社部分图书推荐